Nancy Blachman

**Mathematica griffbereit**
**Version 2**

**Aus dem Programm Computeralgebra**

N. Blachman
**Mathematica griffbereit**

E. Heinrich und H.-D. Janetzko
**Das Mathematica Arbeitsbuch**

W. Koepf, A. Ben-Israel und B. Gilbert
**Mathematik mit DERIVE**

Weitere Bände zur Computeralgebra sind in Vorbereitung.

**Vieweg**

Nancy Blachman

# Mathematica griffbereit

## Version 2

Aus dem Amerikanischen übersetzt von
Carsten Herrmann und Uwe Krieg

Die Deutsche Bibliothek – CIP-Einheitsaufnahme

**Blachman, Nancy:**
Mathematica griffbereit: Version 2 / Nancy Blachman.
Aus dem Amerikan. übers. von Carsten Herrmann und
Uwe Krieg. – Braunschweig; Wiesbaden: Vieweg, 1993
Einheitssacht.: The mathematica quick reference ⟨dt.⟩
ISBN-13: 978-3-528-06524-9 e-ISBN-13: 978-3-322-84993-9
DOI: 10.1007/978-3-322-84993-9
NE: HST



Der Verlag Vieweg ist ein Unternehmen der Verlagsgruppe Bertelsmann International.

Gedruckt auf säurefreiem Papier

ISBN-13: 978-3-528-06524-9

# Geleitwort

Gute Nachschlagewerke sind schwer zu schreiben und werden auch sehr benötigt. Dies gilt insbesondere für ein Programm wie *Mathematica*, das über 800 eingebaute Begriffe kennt, ganz zu schweigen von denen, die in Paketen definiert werden. Ist die von mir gewünschte Funktion `Thread` oder `Map`? Oder vielleicht `MapThread`? Ich ertappe mich andauernd dabei, wie ich zum Anhang des *Mathematica*-Handbuchs und nun zu diesem Buch greife.

Nancy Blachmans Werk ist eindrucksvoll. Dieser kleine Band bündelt die Informationen über alle eingebauten *Mathematica*-Objekte; Informationen, die häufig verstreut im Handbuch zu finden sind. Es betont die neuen Möglichkeiten in Version 2. Es listet die Verzeichnisinhalte der mit der Software gelieferten Pakete nach Funktionsnamen und nach Paket auf. Es enthält Verweise auf andere Quellen: Bücher und Zeitschriften über *Mathematica*, auf Anwendergruppen sowie auf Hilfsprogramme. Und es bietet Anwendern, die nicht mit allen Aspekte des Programmes vertraut sind, einen lesbaren und kompakten Überblick über *Mathematica*s Fähigkeiten

Genau das schätze ich an Nancy. Ich kann mir niemand anders vorstellen, der eine derartige Anleitung besser schreiben könnte. Durch Ihre Erfahrungen im Unterricht von *Mathematica*-Klassen, im Einzel- und Gruppentraining und als Autorin von *Mathematica: A Practical Approach* weiß Sie sehr genau, was die *Mathematica*-Gemeinde benötigt.

Auf daß Sie immer die richtige Anweisung finden!

Silvio Levy
Herausgeber, 1990-1991
The *Mathematica* Journal

# Inhaltsverzeichnis

# Überblick

*Mathematica griffbereit, Version 2* ist ein kompaktes Nachschlagewerk zu *Mathematica* und bietet eine vollständige Auflistung der Systemanweisungen. Das Buch wird Ihnen helfen, sowohl die benötigten Anweisungen zu finden als auch sie effektiv einzusetzen. Es eignet sich für Anwender jeder Stufe als handliches Begleitmaterial zum letzten Release von *Mathematica*, Version 2 und zur zweiten Ausgabe von Stephen Wolframs Buch, *Mathematica: A System for Doing Mathematics by Computer*. Diese Anleitung ist in acht Kapitel unterteilt.

Kapitel A, Über *Mathematica*, bietet einen Überblick und eine Einführung in *Mathematica*. Es beschreibt die Syntax und die Semantik der Sprache.

Kapitel B, Aufgliederung nach Kategorien, präsentiert alle Anweisungen in *Mathematica*, aufgelistet entsprechend ihrer Funktion. Dieses Kapitel kann sich als besonders nützlich erweisen, wenn Sie Symbole oder Funktionen nachschlagen wollen, deren Namen Sie nicht kennen.

Kapitel C, Vollständige Auflistung der Anweisungen, bietet eine kurze Beschreibung aller in *Mathematica* eingebauten Funktionen, Optionen, Symbole. Es führt auch die Symbole auf, die in den mit *Mathematica* ausgelieferten Paketen definiert werden.

Kapitel D, Mitgelieferte Pakete, beschreibt die Funktionen und Symbole, die in den Paketen (oder Bibliotheken) enthalten sind, die mit *Mathematica*, Version 2, ausgeliefert werden.

Kapitel E, Elektronische Information, enthält Informationen, wo Sie elektronische Mailing-Listen and Archive, die sich auf *Mathematica* beziehen, finden können.

Kapitel F, Benutzeroberfläche, beschreibt die Notebook- Benutzeroberfläche, die es für Macintosh und NeXT-Rechner sowie für Windows auf MS-DOS-Rechnern gibt.

Kapitel G, Glossar, enthält die Definitionen einiger der in diesem Buch verwendeten Begriffe.

Kapitel H, Hilfe, informiert, an wen Sie sich wegen Hilfe zu *Mathematica* wenden können. Es listet Anwendergruppen und andere hilfreiche Quellen für *Mathematica*-Anwender auf.

## Die Geschichte dieses Buches

Ich hatte festgestellt, daß es schwierig ist, alle Anweisungen in *Mathematica* zu lernen, also entwickelte ich die *Mathematica* Übersichtskarten (ein Satz von vier Plastikkarten der Größe 8 1/2" mal 11"), die alle Symbole in *Mathematica* aufführen. Ich hatte diese Karten sehr schnell verkauft. Daraufhin erstellte ich stattdessen die *Mathematica Quick Reference* für Version 1.2, eine 72-seitige Anleitung mit Querverweisen und Information über die mit *Mathematica* ausgelieferten Pakete. Für *Mathematica* Version 2, habe ich dieses Buch erweitert um:

- Einen kurzen Überblick und eine Einführung in *Mathematica*.
- Eine Auflistung der Anweisungen, organisiert bezüglich ihrer Wirkung.
- Beschreibungen aller in *Mathematica* eingebauten Funktionen, Optionen und Symbole.
- Eine Auflistung aller Pakete (Biblitheken), die in Version 2 beschrieben werden.

Hier werden Sie, wenn Sie *Mathematica* einsetzen, ein praktisches Nachschlagewerk finden, sowie eine ausgezeichnete Ergänzung zu allen anderen *Mathematica*-Hilfen und -Büchern.

## Wie dieses Buch erstellt wurde

Diese Anleitung enthält Anwendungs-Meldungen aus dem Softwareprogramm *Mathematica*, die von Wolfram Research, Inc. stammen, sowie aus einer Informationsdatenbank, die von Robert Campbell zusammengestellt wurde. Die Information wurde mit Unix-Hilfsprogrammen wie awk (gawk), sed und grep auf einer NeXTstation und einer HP 9000/375 in TeX-Input umgearbeitet. Das Ergebnis wurde dann mit LaTeX formatiert.

## Danksagungen

Ich bin all denen sehr dankbar, die mir mit ihren Ratschägen bei der Erstellung dieser Anleitung sowie früherer Versionen geholfen haben. Insbesondere möchte ich Henry Cejtin und meinen Eltern, Nelson and Anne Blachman, für Ihre Unterstützung und Aufmunterung danken, Sheldon Axler, Mike Bell, Silvio Levy, Chris Overton, Darren Redfern, Curtis Wu, für Ihre Ratschläge, sowie Robert Campbell für die Zusammenstellung der Information über alle eingebauten Symbole. Ich bin dankbar für Cameron Smith's Rat zu TeX. Ich danke Stephen Wolfram, Chris Rogers, Paul Katula, Joe Grohens, Dara Eisenberg und John Bonadies von Wolfram Research für Ihre Ratschläge und ihre Hilfe. Stephen Wolframs Buch *Mathematica: A System for Doing Mathematics by Computer* war eine Quelle für Ideen und Informationen für diese Anleitung.

## Ein letztes Wort

Ich hoffe, daß Sie *Mathematica griffbereit, Version 2* als nützlich ansehen werden. Sollten Sie Fehler oder Auslassungen entdecken, so informieren Sie mich bitte.

Nancy Blachman
Variable Symbols, Inc.
2161 Shattuck Ave., Suite 202
Berkeley, CA 94704-1313
Email: `nb@cs.stanford.edu`
Fax: 510-843-8702
Tel: 510-843-8701

# A Über *Mathematica*

*Mathematica* ist zur Zeit das sich am besten verkaufende Computeralgebra-System auf dem Markt. Mit dieser Software können Anwender mathematische Probleme lösen, mit denen sich Wissenschaftler, Ingenieure und Mathematiker konfrontiert sehen. *Mathematica* ist ein nützliches Werkzeug für jene, die quantitative Analysis, symbolische Berechnungen und Manipulationen durchführen, sowie für jene, die Funktionen oder Daten anschaulich darstellen wollen. Sie können damit rechnen, modellieren, Prototypen erstellen und Ergebnisse analysieren.
*Mathematica* ist eine interpretierende Sprache. Mit anderen Worten: Es liest einen Ausdruck, evaluiert das Ergebnis und druckt es dann aus. Da es interaktiv ist, ist es leichter einzusetzen als kompilierte Sprachen wie C, FORTRAN oder Pascal.
*Mathematica* ist programmierbar. Jede (noch) nicht verfügbare Funktion können Sie selbst schreiben. *Mathematica* bietet viele der Primitiven und Konstrukte, die in C, FORTRAN und Pascal zu finden sind. Zusätzlich zu prozeduraler Programmierung unterstützt *Mathematica* regelbasierte Programmierung mit Mustervergleich.
*Mathematica* läuft auf sehr vielen verschiedenen Computern von Hardware-Anbietern, unter anderem auf Geräten von Apple, Convex, Data General, Digital Equipment, Hewlett-Packard/Apollo, IBM, MIPS, NeXT, Silicon Graphics, Sony und Sun. In *Mathematica* geschriebene Funktionen sind portierbar; Sie können dasselbe Programm sowohl auf einem Personalcomputer (Macintosh oder 386-basierter MS-DOS Computer) als auch auf einer Workstation laufen lassen.

Mathematica *bestellen*

*Mathematica* wurde von Wolfram Research, Inc. entwickelt, die Hauptniederlassung der Firma befindet sich in Illinois und mehr als 100 Angestellte sind dort tätig. Weitere Informationen oder das Produkt *Mathematica* selber erhalten Sie von Ihrem lokalen Software-Händler, oder aber Sie nehmen Kontakt auf mit:

| | |
|---|---|
| Wolfram Research, Inc. | Wolfram Research (UK) Ltd. |
| 100 Trade Center Drive | P.O. Box 114 |
| Champaign, IL 61820-7237 | Abingdon, Oxon OX13 6TG |
| Fax: 217-398-0747 | Fax: +44 (235) 550 445 |
| Telefon: 217-398-0700 | Telefon: +44 (235) 550 440 |

## A.1 Eine kurze Einführung

In diesem Anschnitt werden Sie die Anfangsgründe von *Mathematica* kennenlernen. Es beschreibt die in *Mathematica* verwendeten Konventionen zu Schreibweisen und den Zugriff auf on-line-Hilfe. Es zeigt, wie man *Mathematica* interaktiv einsetzt, d.h., wie eingebaute Funktionen aufgerufen werden, um Ausdrücke zu manipulieren und zu evaluieren. Es werden auch die Konstrukte erwähnt, die zum Schreiben von Funktionen und Paketen zur Verfügung stehen. Am Ende des Kapitels finden Sie Beispiele, die einige der Fähigkeiten von *Mathematica* illustrieren. Das Material dieses Kapitels entstammt meinem Buch *Mathematica*: A Practical Approach (Prentice-Hall, 1992).

### Konventionen zu Schreibweisen

Dieses Buch enthält Beschreibungen von Funktionen und konkrete Beispiele, die einige der Möglichkeiten von *Mathematica* illustrieren. Die Beschreibungen enthalten mitunter eine Funktionsschablone. In einer Schablone sind in einer `Schreibmaschinen-`Schrifttype erscheinende Wörter und Symbole genauso wie gezeigt zu schreiben, während Wörter und Symbole in *Kursivschrift* durch die konkreten *Mathematica*-Ausdrücke ersetzt werden müssen. Die Schablone für `Apply` zeigt zum Beispiel, daß diese Funktion zwei Argumente benötigt, das erste ist eine Funktion und das zweite ein Ausdruck.

`Apply[`*`funktion, ausdr`*`]`

Zum Beispiel kann ich mittels `Apply` die Elemente in einer Liste durch Anwendung des Operators `Plus` auf die Liste summieren:

```
Apply[Plus, {1, 2, 3}]
```

*Zahlen*

*Mathematica* stellt Größen so exakt wie möglich dar. Ganze und rationale Zahlen sowie Symbole werden als exakt angesehen. Reelle Zahlen werden in Annäherungen als Gleitpunktzahlen dargestellt. Komplexe Zahlen können exakt oder oder Gleitpunktzahlen sein. Die folgende Tabelle liefert Beschreibungen und Beispiele dafür, welche Zahlentypen *Mathematica* unterstützt.

| **Typ** | **Beschreibungen** | **Beispiel** |
|---|---|---|
| `Integer` | Eine ganze Zahl | `3` |
| `Real` | Eine relle Zahl der Form `nn.mm` | `3.4` |
| `Rational` | Eine rationale Zahl `a/b`, für ganze Zahlen `a` und `b` | `3/4` |
| `Complex` | Eine komplexe Zahl der Form `x + I y` | `3+4.2I` |
| `Symbol` | Eine Variable oder Wert dargestellt durch ein Symbol | `E` |
| `Infinity` | Eine positive reelle unendliche Größe. | |
| `-Infinity` | Eine negative reelle unendliche Größe. | |
| `ComplexInfinity` | Eine Größe mit unendlichem Betrag, aber unbestimmter komplexer Phase. | |
| `Indeterminate` | Eine numerische Größe, deren Betrag nicht bestimmt werden kann. | |

*Allgemein übliche Konstanten*

*Mathematica* kennt übliche mathematische Konstanten.

| **Konstante** | **Symbol** | **Beschreibung/Wert** |
|---|---|---|
| $\sum_{k=0}^{\infty}(-1)^k/(2k+1)^2$ | `Catalan` | Catalansche Konstante $\approx 0.915966$ |
| $\pi/180 \approx 0.017453$ | `Degree` | Umwandlung Grad in Radiant |
| $e$ | `E` | Exponentialkonstante $\approx 2.71828$ |
| $\gamma$ | `EulerGamma` | Eulersche Konstante Gamma $\approx 0.577216$ |
| $(1+\sqrt{5})/2$ | `GoldenRatio` | Quotient des goldenen Schnittes $\approx 1.61803$ |
| $i$ oder $j$ | `I` | Die imaginäre Einheit $\sqrt{-1}$ |
| $\pi$ | `Pi` | Umfang eines Kreises geteilt durch seinen Durchmesser $\approx 3.14159$ |

Die Symbole `Catalan`, `Degree`, `E` usw. repräsentieren exakte mathematische Größen. *Mathematica* berechnet ihre Näherungswerte nicht, solange Sie es nicht dazu auffordern. Mit `N` können Sie eine numerische Näherung für diese Konstanten erhalten. Geben Sie versuchsweise `N[Pi]` ein.

*Listen*

Außer mit einzelnen Zahlen arbeitet *Mathematica* auch mit Vektoren und Matrizen. Ein Vektor wird als eine Liste mit Objekten dargestellt, eingeschlossen in gschweiften Klammern, { }, und durch Kommata getrennt.

`{item`$_1$`, item`$_2$`, item`$_3$`, ..., item`$_n$`}`

Elemente einer Liste müssen nicht vom selben Typ sein. Die folgende Liste enthält eine ganze Zahl, eine reelle Zahl, einige Symbole, ein Polynom und eine Regel.

`{4, 6.7, a, 7x + 8, Sin[x], I, Integer, x -> E}`

In *Mathematica* wird eine Matrix durch eine Listen von Listen derselben Länge dargestellt. Die Matrix

$$\begin{pmatrix} 2 & 3 & 7 \\ 5 & 2 & 6 \end{pmatrix}$$

wird in *Mathematica* dargestellt als: `{{2, 3, 7}, {5, 2, 6}}`.

Sie können eine Liste konstruieren, indem Sie einen Satz Werte in geschweifte Klammern einschließen und sie durch Kommata trennen oder aber duch Anwendung der Funktionen `Range`, `Table` und `Array`.

| **Funktion** | **Beschreibung/Beispiel** |
|---|---|
| `Range[`*min*`,`*max*`,`*schritt*`]` | Erzeugt eine Liste (arithmetische Progression). Die Argumente *max* und *schritt* sind wahlfrei. `Range[5]` |
| `Table[`*ausdr*`, `*laufindex*`]` `Table[i x, {i, 2, 6}]` | Erzeugt eine Liste (allgemeiner). |
| `Array[`*s*`, `*dim*`]` | Erzeugt eine Liste der Länge *dim*. `Array[a, {2, 3}]` |

*Laufindizes*

Laufindizes zeigen an, wie oft eine Berechnung ausgeführt werden soll. Mehrere *Mathematica*-Funktionen verwenden Laufindizes, z.B. `Do`, `Product`, `Sum` und `Table`. Die folgende Tabelle beschreibt diese vier Funktionen und enthält ein Beispiel der vier verschiedenen Laufindex-Typen.

| **Funktion** | **Beschreibung** |
|---|---|
| `Do[`*ausdr*`, {`*max*`}]` | Evaluiert *ausdr max* Mal. |
| `Product[`*ausdr*`, {`*i*`, `*max*`}]` | Evaluiert das Produkt der *ausdr*, wobei *i* von 1 bis *max* läuft. |
| `Sum[`*ausdr*`, {`*i*`, `*min*`, `*max*`}]` | Evaluiert die Summe der *ausdr*, wobei *i* von *min* bis *max* läuft. |
| `Table[`*ausdr*`,{`*i*`,`*min*`,`*max*`,`*schritt*`}]` | Erzeugt eine Liste der *ausdr*, wobei *i* von *min* bis *max* läuft und *i* jeweils um *schritt* erhöht wird. |

*Mathematische Schreibweise*

In der Regel verwendet *Mathematica* englische Wörter. Die meisten Leute sind daran gewöhnt, die üblichen mathematischen Funktionen mit Symbolen statt mit Wörtern zu bezeichnen, d.h. Symbole wie +, -, *, /, < und > statt den Wörtern `Plus`, `Minus`, `Times`, `Divide`, `Less` und `Greater`. Die folgende Tabelle enthält einige der in *Mathematica* unterstützten Symbole .

| **Mathematisches Symbol** | **Funktionsaufruf** |
|---|---|
| + | Plus |
| - | Minus, Subtract |
| * | Times |
| / | Divide |
| ^ | Power |
| ! | Factorial |
| < | Less |
| <= | LessEqual |
| > | Greater |
| >= | GreaterEqual |

In der mathematischen Schreibweise wird das Produkt von `a` und `c` üblicherweise als `a c` geschrieben. *Mathematica* versteht diese Schreibweise auch. Das Sternchen oder Asteriskus `*` für die Multiplikation ist wahlfrei. Ein Leerzeichen bedeutet auch die Multiplikation. Deshalb kann 127 mal 9721 als `127 * 9721` oder `127 9721` geschrieben werden.

*Klammern*

Sie sollten sich bewußt machen, daß *Mathematica* im Unterschied zu C, Pascal und FORTRAN leicht unterschiedliche Vereinbarungen übernommen hat. Runde Klammern werden zur Gruppierung, ein einzelner Satz eckiger Klammern wird zum Aufruf oder zur Angabe von Funktionen verwendet. Geschweifte Klammern schließlich werden für Listen, Vektoren und Matrizen verwendet. Hier ist eine Zusammenfassung der verschiedenen Klammerarten.

| **Klammer** | **Zweck** | **Beispiele** |
|---|---|---|
| (*term*) | Gruppierung | `(a + b)/(c + d)` |
| *f*[*ausdr*] | Argumente einer Funktion | `Sin[2 Pi x]` |
| {*a, b, c*} | Vektoren, Matrizen & Listen | `{x, 2 x, 3 x}` |
| *v*[[*i*]] | Indizierung | `m[[3]], m[[1, 2]]` |
| (* *bemerkung* *) | Kommentar | `(* aufpassen *)` |

*Zuweisungen*

Sie können einen Namen einem Ergebnis zuweisen. Namen werden aus alphanumerischen Zeichen und/oder dem `$`-Zeichen zusammengesetzt. Namen können Zahlen enthalten, das erste Zeichen muß aber ein Buchstabe oder das Zeichen `$` sein. Nach Vereinbarung beginnen anwenderdefinierte Namen mit einem Kleinbuchstaben. Namen eingebauter globaler Variablen beginnen in der Regel mit dem Zeichen `$`, z.B. `$Context`. Die Länge eines Namens ist nicht begrenzt.

| **Schreibweise** | **Anweisung** | **Beschreibung/Beispiel** |
|---|---|---|
| = | `Set` | Sofortige Zuweisung<br>`a = 3` |
| := | `SetDelayed` | Verzögerte Zuweisung<br>`f[x_] := x^2` |
| -> | `Rule` | Sofort-Regel |

| | | |
|---|---|---|
| | | `x -> 3` |
| `:>` | `RuleDelayed` | Verzögerte Regel<br>`r :> Random[ ]` |
| `/.` | `ReplaceAll` | Zur Anwendung einer Regel oder Regel-Liste<br>`x + 3 y /. x -> 3` |
| `//.` | `ReplaceRepeated` | Zur wiederholten Anwendung von Regeln<br>`f[a b c] //.`<br>`f[x_ y_] -> f[x] + f[y]` |
| `==` | `Equal` | Test auf Gleichheit<br>`x == y` |
| `!=` | `Unequal` | Test auf Ungleichheit<br>`1 != 2` |
| `===` | `SameQ` | Test, ob syntaktisch dasselbe<br>`x === y` |
| `=!=` | `UnsameQ` | Test, ob nicht dasselbe<br>`x =!= y` |

*Schreiben einer Funktion*

Es kann vorkommen, daß *Mathematica* für das, was Sie tun wollen, keine Funktion hat. In solchen Fällen können Sie selbst eine Funktion schreiben. Die allgemeine Form einer Funktionsdefinition lautet:

*f*[*arg1_*, *arg2_*, ...] := *rumpf*

Das Symbol *f*, bekannt als *kopf*, soll mit der Funktionsdefinition verknüpft werden. Die formalen Parameter *arg1*, *arg2*, ..., sind die Namen, die innerhalb des Prozedurrumpfes verwendet werden und auf die entsprechenden Argumente der Prozedur verweisen. Der Ausdruck vor der öffnenden Klammer ist dasjenige Symbol, das mit der Funktionsdefinition verbunden wird. Der *Rumpf* ist ein Ausdruck, der den Wert der Prozedur-Applikation ergibt, wenn die formalen Parameter durch die konkreten Argumente ersetzt werden, auf die die Prozedur angewendet wird. Der *Rumpf* kann ein einzelner Ausdruck sein oder aus mehreren Ausdrücken bestehen, die zusammengruppiert sind. Die Funktion `polarTransform` besteht aus drei Anweisungen, die mit Klammern zusammengefaßt werden.

```
polarTransform[r_, theta_] := (
    x = r Cos[theta];
    y = r Sin[theta];
    {x, y}
)
```

*Mustervergleich*

Dank *Mathematicas* Fähigkeiten zum Mustervergleich können Sie Funktionsargumente flexibel spezifizieren. Sie können Funktionen so einschränken, daß sie nur dann wirksam werden, wenn ihnen bestimmte Typen von Argumenten oder Argumente, die bestimmte Bedingungen erfüllen, übergeben werden.

| Muster | Beschreibung |
|---|---|
| `x_` | Ein Muster, das zu jedem einzelnen Ausdruck paßt. Der passende Ausdruck erhält den Namen *x*. |
| `x_typ` | Ein Muster, das zu einem einzelnen Ausdruck paßt, dessen `Head` *typ* ist. |
| `x_?test` | Ein Muster, das zu einem einzelnen Ausdruck paßt, der `True` ergibt, wenn *test* auf den Ausdruck angewandt wird. |
| `x_/;bedingung` | Ein Muster, das zu einem einzelnen Ausdruck paßt, für den *bedingung* `True` ergibt. |
| `x_:v` | Ein Muster mit Vorgabewert *v*. |
| `x_.` | Ein Muster mit einem global definierten Vorgabewert, der so definiert ist, daß er den Wert des vollständigen Ausdrucks nicht ändert. |
| `x__` (2 Leerzeichen) | Ein Muster, das zu einem oder mehreren Ausdrücken paßt. Der passende Ausdruck erhält den Namen *x*. |
| `x___` (3 Leerzeichen) | Ein Muster, daß zu null oder mehreren Ausdrücken paßt. |
| `x:muster` | Ein Muster, das den Namen *x* erhält. |
| `muster1 \| muster2` | Ein Muster, das zumindest zu einem der $muster_i$ paßt. |

*Prozedurale Konstrukte*

Mit *Mathematica* können Sie wie mit den Sprachen C, FORTRAN und Pascal prozedurale Programme mit Schleifen, Flußkontrolle und bedingten Anweisungen schreiben. Die folgende Tabelle enthält die Kontrollstrukturen, die in *Mathematica* zur Verfügung stehen.

| Konstrukt | Beschreibung |
|---|---|
| `Do[ausdr, {n}]` | Evaluiere *ausdr n* Mal |
| `For[start, test, inkr, rumpf]` | Für Schleifen oder Iterationen |
| `While[test, rumpf]` | Für Schleifen oder Iterationen |
| `++, +=, --, -=, *=, /=` | Ändern von Variablenwerten |
| `If[bedingung, t, f]` | Evaluiert *t*, wenn *bedingung* `True` ergibt und *f*, wenn `False` |
| `Switch[ausdr, f1, v1, f2, v2, ...]` | Bedingte Verzweigung |
| `Which[test1, v1, test2, v2, ...]` | Bedingte Verzweigung |
| `Block[{var1, var2}, rumpf]` | Zur Erklärung lokaler Variablen |
| `Module[{var1, var2}, rumpf]` | Lexikalische Geltungsbereiche |
| `With[{x = x0, y = y0}, ausdr]` | Zum Definieren lokaler Konstanten |

*„Reine" Funktionen*

Wenn Sie die betreffende Operation nicht häufig einzusetzen gedenken, sollten Sie erwägen, die Operation mit einer anonymen Funktion zu spezifizieren. Eine anonyme Funktion ist eine Operation, die keinen Namen erhalten hat. In *Mathematica* werden derartige Funktionen reine Funktionen genannt.

Eine anonyme Funktion wird mit `Function` spezifiziert (oder der Schreibweise & und # für das Argument). Das erste Argument spezifiziert die formalen Parameter und das zweite Argument den Rumpf der Funktion.

```
Function[var, rumpf]
```

Die anonyme Funktion `Function[x, x^2]` berechnet ein Quadrat. Wie bei anderen

Funktionen werden die Argumente einer anonymen Funktion in Klammern eingeschlossen. Die Schreibweise

```
Function[x, x^2][5]
```

wendet die anonyme Funktion auf den Wert 5 an.
Die folgende Liste faßt die in anonymen Funktionen verwendeten Schreibweisen zusammen.

`Function[x, rumpf][arg]`
: Das Ergebnis der Evaluierung von *arg* wird für alle Vorkommen von *x* in *rumpf* substituiert, und der sich ergebende Ausdruck wird evaluiert und zurückgegeben.

`Function[{x1, x2, ...}, rumpf][arg1, arg2, ...]`
: Das Ergebnis der Evaluierung von $arg_i$ wird für alle Vorkommen von $x_i$ in *rumpf* substituiert, und der sich ergebende Ausdruck wird evaluiert und zurückgegeben.

`Function[rumpf][arg]`
: Das Ergebnis der Evaluierung von *arg* wird für alle Vorkommen von # in *rumpf* substituiert, und der sich ergebende Ausdruck wird evaluiert und zurückgegeben.

`Function[rumpf][arg1, arg2, ...]`
: Das Ergebnis der Evaluierung von $arg_i$ wird für alle Vorkommen von #*i* in *rumpf* substituiert, und der sich ergebende Ausdruck wird evaluiert und zurückgegeben.

`(rumpf)&[arg]`
: Das Ergebnis der Evaluierung von *arg* wird für alle Vorkommen von # in *rumpf* substituiert, und der sich ergebende Ausdruck wird evaluiert und zurückgegeben.

`(rumpf)&[arg1, arg2, ...]`
: Das Ergebnis der Evaluierung von $arg_i$ wird für alle Vorkommen von #*i* in *rumpf* substituiert, und der sich ergebende Ausdruck wird evaluiert und zurückgegeben.

Anonyme Funktionen werden häufig zusammen mit `Map`, `Apply`, und `Select` eingesetzt. Mit einer anonymen Funktion selektiere ich Werte im Bereich [0, 100].

```
Select[{-22, 7, 56, 979}, (0 < # < 100)&]
```

*Eingabe/Ausgabe*

Es gibt mehrere Wege, Daten zu erhalten: (1) sie erzeugen, (2) sie vom Anwender anfordern, oder (3) sie aus einer Datei importieren. Die folgende Tabelle zeigt Primitive zur Anforderung von Daten vom Anwender und zum Lesen von Daten aus einer Datei.

| **Funktion** | **Beschreibung** |
|---|---|
| `Input[''prompt'']` | Fordere Eingabe vom Anwender an, und behandele das Ergebnis als einen Ausdruck. |
| `InputString[''prompt'']` | Fordere Eingabe vom Anwender an und behandele das Ergebnis als eine Zeichenkette. |
| << oder `Get` | Lies eine Datei ein, evaluiere jeden Ausdruck darin und gib das letzte Ergebnis zurück. |
| >> oder `Put` | Schreibe einen Ausdruck in eine Datei. |
| `ReadList[strom, typ]` | Lies Einträge aus einer Datei. |
| `Save[''datei'', symbol]` | Speichere Definitionen von *symbol* in einer Datei. |
| `Splice[''datei'']` | Füge *Mathematica*-Ausgabe in eine externe Datei ein. |

Die Funktion `ReadList` ist speziell dafür bestimmt, Daten aus einer Datei (oder einer Pipe bei Unix-Systemen) in *Mathematica* einzulesen. Sie liest die Daten eines spezifizierten Typs und gibt eine Liste mit diesen Elementen zurück.

`ReadList[`*`strom, typ`*`]`

Wenn aus einer Datei gelesen wird, ist *strom*, der Name der Datei, eine Zeichenkette. Das zweite Argument, *typ*, kann von folgendem Typ sein:

| Typ | Beschreibung |
|---|---|
| `Number` | Liest exakte oder Gleitpunktzahlen. Unterstützt auch die wissenschaftliche Schreibweise von FORTRAN (`%e`-Format für C-Benutzer) |
| `Real` | Liest alle Zahlen als *Mathematica*-Gleitpunktzahlen, auch wenn es keinen expliziten Dezimalpunkt gibt. Unterstützt auch die wissenschaftliche Schreibweise von FORTRAN. |
| `Byte` | Gibt die Bytes jedes Zeichens in der Datei als ganze Zahlen zurück. |
| `Character` | Gibt Zeichenketten der Länge 1 zurück. |
| `String` | Liest Zeichenketten ein, die mit einem Zeilenvorschub-Zeichen enden. |
| `Expression` | Liest einen gewöhnlichen *Mathematica*-Ausdruck ein. |
| `Record` | Liest eine Zeichenfolge ein, die durch Record-Trennzeichen begrenzt werden. |
| `Word` | Liest eine Zeichenfolge ein, die durch Leerzeichen, Tabulatoren oder Zeilenvorschübe getrennt werden. |

Um das Einlesen von Records (Datensätzen) und Wörtern zu ermöglichen, wurden `ReadList` in der Version 2.0 folgende Optionen hinzugefügt.

| Optionsname | Beschreibung | Vorgabewert |
|---|---|---|
| `RecordLists` | Eine separate Liste für Objekte in jedem Record erstellen? | `False` |
| `RecordSeparator` | Trennzeichen für Records. | {„\n“} |
| `WordSeparators` | Trennzeichen für Wörter. | {„ ”, „\t“} |
| `NullRecords` | Records der Länge Null beachten? | `False` |
| `NullWords` | Wörter der Länge Null beachten? | `False` |
| `TokenWords` | Wörter, die als Symbolwörter zu nehmen sind. | `{}` |

*Formatierung von Ausdrücken*

Anwender geben Ausdrücke in *Mathematica* in ASCII in eindimensionaler Form ein (d.h. eine Form, die weder hoch- noch tiefgestellte Indizes enthält).

```
x^7 / 7 + y^z^3
```

*Mathematicas* Antwort wird in `OutputForm` ausgegegeben, eine Form, die sowohl hoch- als auch tiefgestellte Indizes unterstützt und die einen Bruch mit einer horizontalen Linie schreibt.

```
 7       3
x       z
-- + y
7
```

*Mathematica* speichert Ergebnisse in einer Datei in `InputForm`, so daß sie leicht wieder in *Mathematica* eingegeben werden können. *Mathematica* kann auch Ausdrücke in C, FORTRAN und $\TeX$ erzeugen. Sie können auch Ihre eigenen Formate schreiben.

| Formen | Beschreibung |
|---|---|
| `CForm[`*`ausdr`*`]` | Übersetze *ausdr* in C. |

| | |
|---|---|
| `FortranForm[`*ausdr*`]` | Übersetze *ausdr* in FORTRAN. |
| `InputForm[`*ausdr*`]` | *Mathematica*-Eingabeform. |
| `OutputForm[`*ausdr*`]` | *Mathematica*-Standardausgabeform. |
| `TeXForm[`*ausdr*`]` | Übersetze *ausdr* in TEX-Eingabeschreibweise. |
| `Format[`*ausdr*`]` | Drucke eine formatierte Form von *ausdr*. |

*Pakete*

Der größte Teil von *Mathematica* ist in der Programmiersprache C verfaßt. Zum Teil wird *Mathematica* in *Mathematica*s eigener Programmiersprache geschrieben. In Dateien spezifizierte Definitionen werden Pakete genannt. Kapitel D beschreibt die Pakete, die mit *Mathematica* vertrieben werden. Weitere Informationen über diese Pakete finden Sie im Wolfram Research, Inc. Technical Report 10, *Guide to Standard Mathematica Packages.* Um auf die in einem Paket definierten Funktionen zugreifen zu können, müssen Sie das Paket laden.

| **Mechanismus zum Laden von Paketen** | **Versionen, die diesen Mechanismus unterstützen** |
|---|---|
| << *PackageName* | Macintosh |
| << *Directory/PackageName* | MS-DOS und Unix |
| `Needs['`*'context'''*`]` | Alle Systeme |
| << *context'* | Version 2.0 |

Zum Laden des Paketes `Statistics/LinearRegression.m` geben Sie ein:

```
<< Statistics'LinearRegression'
```

Sie können ein Paket erstellen, indem Sie *Mathematica*-Definitionen in einer Datei abspeichern. Mit Paketen können Sie:

- eine Funktion oder einen Satz Funktionen definieren, die Sie oder andere häufig verwenden werden,
- die Implementierung vor dem Anwender verbergen,
- eine Funktion oder einen Satz Funktionen abspeichern, die Sie entwickeln,
- Funktionen erneut laden (wenn Sie es so einrichten, automatisch), ohne sie eingeben zu müssen, wenn Sie sie einsetzen

*Kontexte*

Pakete laden in der Regel Definitionen in einem Kontext. Kontexte schützen, so wie die Deklaration lokaler Variablen, davor, daß Symbole miteinander kollidieren. Ein Kontext ist wie ein Inhaltsverzeichnis in Unix. Es ist ein Ort, wo alle gültigen Symbolnamen den Kontextnamen als Erweiterungen Ihrer Namen erhalten und sich so von denselben Namen in jedem anderen Kontext unterscheiden. Stellen Sie sich einen Kontext als ein Inhaltsverzeichnis auf einem Unix-System vor. Es kann Dateien mit dem Namen `Gesichter` in mehreren verschiedenen Inhaltsverzeichnissen geben. Auf welche Datei Sie zugreifen, hängt davon ab, wo Sie sind und in welcher Reihenfolge Sie die Inhaltsverzeichnisse durchsuchen, so wie es in `$PATH` spezifiziert wurde. Kontexte können so wie Inhaltsverzeichnisse verschachtelt sein. Ähnlich hängt es vom aktuellen Kontext und der Reihenfolge ab, in der Sie Kontexte durchsuchen, auf welche Funktion Sie zugreifen.

Kontextnamen sind Zeichenketten, die mit einem Gravis enden. Zum Beispiel ist `''myContext`'''` ein gültiger Kontextname.

| Funktion | Beschreibung |
|---|---|
| `Context[`*`symbol`*`]` | Liefert den aktuellen Kontext oder den Kontext von *symbol* |
| `$Context` | Der aktuelle Kontext |
| `$ContextPath` | Die Liste der Kontexte, die nach einem Symbol zu durchsuchen sind |
| `$Path` | Eine Liste der Inhaltsverzeichnisse, die beim Versuch, eine externe Datei zu finden, zu durchsuchen ist |

Der Wechsel von Kontexten schützt davor, Symbole zu verwenden, denen bereits Werte zugewiesen wurden. Sie können den Kontext mit den eingebauten Primitiven `Begin`, `BeginPackage`, `End` und `EndPackage` ändern. Die Anweisungen `Begin` und `BeginPackage` speichern den Kontext, in denen diese Funktionen aufgerufen wurden, so daß dieser restauriert werden kann, wenn dann in der Folge `End` oder `EndPackage` aufgerufen wird.

| Funktion | Beschreibung |
|---|---|
| `Begin[`*`context`*`']` | Wechselt den aktuellen Kontext. |
| `End[ ]` | Kehrt zum vorigen Kontext zurück. |
| `BeginPackage[`*`context`*`']` | Wechselt aktive Kontexte. |
| `EndPackage[ ]` | Stellt den aktuellen Kontext an den Anfang von `$ContextPath`. Kehrt zum vorigen Kontext zurück. |

*Eingebaute Namen*

Die Namen aller Funktionen, Variablen, Optionen und Konstanten in *Mathematica* beginnen mit Großbuchstaben, z. B. `Integrate`, `Plot`. Besteht ein Name aus zwei oder mehr Wörtern, so wird der erste Name jedes Wortes groß geschrieben, z. B. `ContourPlot`, `InterpolatingPolynomial` und `MapAt`.
Die meisten Namen der in*Mathematica* eingebauten Objekte sind vollständige Wörter. Im Unterschied zu Unix, MS-DOS und anderen Systemen verwendet *Mathematica* kaum jemals Abkürzungen. Abkürzungen werden nur dann verwendet, wenn sie allgemein bekannt sind. Die folgende Tabelle enthält Beispiele einiger Abkürzungen, die in *Mathematica* eingebaut sind.

| Funktion | Beschreibung |
|---|---|
| `Abs` | liefert den Absolutbetrag einer Zahl |
| `Cos` | liefert die trigonometrische Funktion Kosinus |
| `D` | berechnet die Ableitung |
| `Det` | berechnet die Determinante einer Matrix |
| `GCD` | berechnet den größten gemeinsamen Teiler (ggT) |

*On-Line Hilfe*

Mehr als 700 Funktionen sind in *Mathematica* eingebaut. Der Name einer *Mathematica*-Funktion zeigt im allgemeinen den Zweck der Funktion an.

| Funktion | Beschreibung |
|---|---|
| `Eigenvalues` | liefert eine Liste der Eigenwerte |
| `FindRoot` | sucht nach einer numerischen Lösung für eine Gleichung |
| `Integrate` | evaluiert das Integral |
| `Timing` | gibt die Zeit für die Evaluierung eines Ausdrücks zurück |

Ist der Name selber nicht aufschlußreich genug, so können sie diese Anleitung, den *Mathematica*Help Stack (siehe Kapitel H) oder *Mathematicas* eingebaute On-line-Hilfe verwenden. On-line-Hilfe kann für den Zugriff auf Information, auch auf Namen von Anweisungen, verwendet werden. Der Operator ? dient zum Einholen von Information. Das Fragezeichen muß an der ersten Stelle der Zeile stehen. Das Symbol `*`, verwendet mit dem ? Operator, agiert als Joker-Zeichen, d.h., es kann mit einem beliebigen Zeichen oder Zeichenfolge übereinstimmen. Stimmt mehr als eine Anweisung mit der Anfrage überein, so listet *Mathematica* die Namen aller Anweisungen auf.

| **Anweisung** | **Beschreibung** |
|---|---|
| `?var` | Zeige Information über `var`. |
| `??var` | Zeige extra Information über `var`. |
| `?xyz*` | Liste Objekte auf, deren Namen mit `xyz` beginnen. |
| `?*xyz*` | Liste Objekte auf, deren Namen `xyz` enthalten. |
| `?@` | Liste Objekte auf, deren Namen mit einem Kleinbuchstaben beginnen. |

Eine vollständige Liste der in *Mathematica* zur Verfügung stehenden Spezialformen finden Sie auf der zweiten Umschlagseite dieses Buches.

*Vorhergehende Ein- oder Ausgabe*

Wenn Sie vorhergehende Ein- oder Ausgabe sehen wollen, können Sie eine der folgenden Anweisungen verwenden:

| **Anweisung** | **Beschreibung** |
|---|---|
| `InString[n]` | Eingabezeile *n* (eine Zeichenkette). |
| `??In` | Liste alle Eingaben der aktuellen Session auf. |
| `??Out` | Liste alle Ergebnisse oder Ausgaben der aktuellen Session auf |

*Debuggen*

Liefert Ihr *Mathematica*-Code nicht das von Ihnen erwartete Ergebnis, so könnten die folgenden Fragen sich als nützlich beim Debuggen Ihrer Eingabe erweisen.

- Haben Sie einen Kleinbuchstaben eingetippt, wo Sie stattdessen einen Großbuchstaben hätten eintippen sollen oder umgekehrt.?
- Hat jede runde, eckige und geschweifte Klammer ein Gegenstück?
- Sind irgendwelchen Variablen versehentlich Werte zugewiesen worden?
- Sind Ihre Indexvariablen unterschiedlich?
- Haben Sie die Funktion aufgerufen, die sie aufrufen wollten?
- Funktioniert jede Anweisung wie beabsichtigt?
- Haben Sie Funktionen mit der richtigen Anzahl und dem richtigen Typ der Argumente aufgerufen?
- Haben Sie irgendwelche Zeichensetzung vergessen?
- Befinden sich Semikola und Kommata zwischen Anweisungen oder Elementen?
- Funktioniert der Code mit Testdaten?

- Haben Sie alle relevanten Pakete geladen?
- Ist die Funktion in mehr als einem Kontext definiert worden?

Die folgende Tabelle listet Funktionen auf, die zum Debuggen von *Mathematica*-Programmen verwendet werden können.

| **Anweisung** | **Beschreibung** |
|---|---|
| `On, Off` | Trace |
| `Print` | Ein einfaches Werkzeug zum Debuggen |
| `Trace` | Erzeuge eine Liste mit Zwischen-Ausdrücken |
| `Input` | Zusammen mit ? |
| `Interrupt` | Zum Unterbrechen von *Mathematica* |

## Zum Anfangen

*Mathematica* lernt man am besten kennen, indem man das Programm benutzt. Dieser Abschnitt enthält Beispiele, die einige der Fähigkeiten von *Mathematica* zeigen. Versuchen Sie, die Beispiele dieser Anleitung einzutippen. Wenn Sie nicht dieselben oder ähnliche Ergebnisse erhalten, versuchen Sie erneut, die Eingabe genauso einzutippen, wie sie erscheint. Achten Sie auf dieselbe:

- Groß- und Kleinschreibung
- Art der eckigen und runden Klammerung
- Anzahl Leerzeichen
- Zeichensetzung (Kommata und Semikola)

So wie in C ist auch in *Mathematica* die Groß-/Kleinschreibung wichtig, d.h. `Log[x]` ist ungleich `log[x]`. Die Namen aller eingebauten Funktionen beginnen mit einem Großbuchstaben.
Symbole von Variablen, die multipliziert werden sollen, müssen durch Leerzeichen voneinander getrennt werden, und in Namen von Anweisungen oder Symbolen mit mehreren Buchstaben oder Funktionsnamen darf es keine Leerzeichen geben. Ansonsten werden Leerzeichen ignoriert. Sie können einige einfügen, um das Lesen der Eingabe zu vereinfachen.

## *Mathematica* interaktiv einsetzen

Die Nutzung von *Mathematica* ist wie ein Gespräch. Sie stellen eine Frage und *Mathematica* antwortet mit einem Ergebnis. *Mathematica* weist jedem Eingabe/Ausgabe-Paar aufeinanderfolgende Zahlen zu. Die n-te Anwendereingabe in einer *Mathematica*-Session erhält die Kennung In[n] und die entsprechende Computer-Ausgabe hat die Kennung Out[n]. Mit diesen Kennungen können Sie auf frühere Ein- und Ausgaben verweisen.
Beim ersten Paar mit der Kennung In[1] frage ich *Mathematica* nach $5^{10}$.

```
In[1] := 5^10
Out[1] = 9765625
```

*Numerische Fähigkeiten*

*Mathematica* unterstützt, ähnlich wie ein Taschenrechner, arithmetische Operationen wie: Addition, Subtraktion, Multiplikation, Division und Potenzierung. Sollen zwei Zahlen addiert werden, so tippen Sie die erste Zahl ein, ein Plus-Zeichen (+) und dann die zweite Zahl. Leerzeichen vor und nach dem Plus-Zeichen sind erlaubt; sie erleichtern das Lesen der Eingabe.

```
In[2] := 53 + 78
Out[2] = 131
```

Im Unterschied zum Taschenrechner stellt *Mathematica* bei der Arbeit mit ganzen Zahlen das exakte Ergebnis dar, auch wenn dieses mehr Stellen hat, als auf den ganzen Bildschirm passen. *Mathematica* liefert den exakten Wert von $34^{56}$.

```
In[3] := 34^56
Out[3] = 5791877320528712784204425412617959 9\
    852840968492056164062843692360166371779 7\
    46690236416
```

*Mathematica* stellt ganze und rationale Zahlen exakt dar, die Funktion N liefert jedoch eine numerische Approximation. Mit N erhalte ich eine numerische Approximation für $\sqrt{17}$.

```
In[4] := N[Sqrt[17]]
Out[4] = 4.12311
```

*Mathematica* enthält Funktionen zur numerischen Lösungssuche für Gleichungen: `NRoots` und `FindRoot`. Die Schreibweise == dient in *Mathematica* zur Bezeichnung der Gleichheit und außerdem zur Spezifikation einer Gleichung.
Die Funktion `NRoots` liefert die numerischen Approximationen für die Wurzeln einer Polynom-Gleichung. Mit `NRoots` frage ich nach numerischen Approximationen für die Wurzeln der Gleichung $x^4 + 3x^2 + 5x = 7$ für die Variable $x$.

```
In[5] := NRoots[x^4 + 3x^2 + 5x == 7, x]
Out[5] = x == -1.63541 ||
    x == 0.390304 - 2.2034 I ||
    x == 0.390304 + 2.2034 I || x == 0.854804
```

Das Symbol || ist die logische *Oder*-Funktion. Dieses Ergebnis besagt, wenn $x$ gleich $-1.63541$ oder $x = 0.390304 \pm 2.2034i$ oder $x = 0.854804$ ist, dann wird die Gleichung $x^4 + 3x^2 + 5x = 7$ erfüllt.
Die Funktion `FindRoot` sucht nach einer numerischen Lösung der Gleichung *ls* = *rs* und beginnt mit der Approximation $x = x_0$.

```
FindRoot[ls == rs, {x, x0}]
```

Mit `FindRoot` fordere ich eine Wurzel der Gleichung $\sin x/x = 0$ an; die Suche beginnt mit $x = 2$.

```
In[6] := FindRoot[Sin[x]/x == 0, {x, 2}]
Out[6] = {x -> 3.14159}
```

*Mathematica* kann numerisch integrieren und numerisch Differentialgleichungen lösen. Die Funktion `NIntegrate` liefert eine numerische Approximation für das Integral eines Ausdrucks *ausdr* nach *x* von *min* bis *max*, d.h., $\int_{min}^{max} ausdr\, dx$.

```
NIntegrate[ausdr, {x, min, max}]
```

Hier integriere ich $\int_0^1 \sin x^2/x^2\, dx$.

```
In[7] := NIntegrate[Sin[x^2]/x^2, {x, 0, 1}]
Out[7] = 0.967577
```

In *Mathematica* können Sie ab Version 2.0 die numerische Lösung für eine Differentialgleichung mit `NDSolve` oder mit den Funktionen im Paket `RungeKutta.m` erhalten. `NDSolve` ermittelt die numerische Lösung der Differentialgleichungen $gl_i$, mit der abhängigen Variablen *y[x]* und der unabhängigen Variablen $x$ im Bereich $x_{min}$ bis $x_{max}$.

`NDSolve[{gl1, gl2 ...}, y[x], {x, xmin, xmax}]`

*Mathematica* liefert eine interpolierende Funktion.

```
In[8] := NDSolve[
    {y''[x] - y'[x] + x y[x] == 0,
    y'[0] == -1, y[0] == 1},
    y, {x, 0, 5}]
Out[8] = {{y->InterpolatingFunction[{0.,5.},<>]}}
```

Mit der Anweisung `Plot` erstellen Sie ein Diagramm dieser Lösung.

```
In[9] := Plot[y[x] /. %, {x, 0, 5},
  Frame -> True ];
```

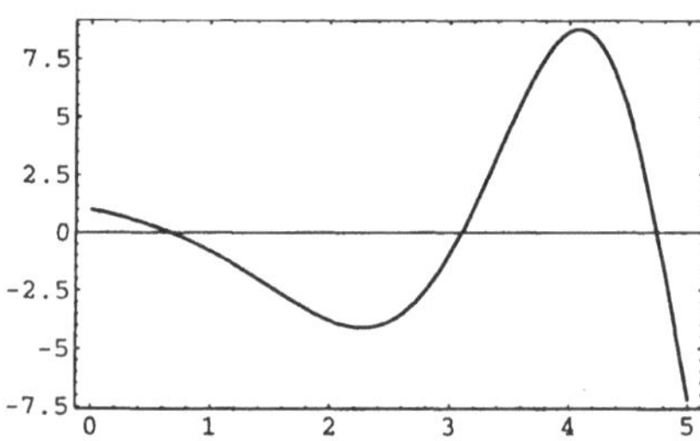


Mit der Schreibweise `y[x] /. %` weisen Sie *Mathematica* an, `y` durch den im vorhergenden Ergebnis gelieferten Wert zu ersetzen. Das Ergebnis, `InterpolatingFunction[0., 5., <>]`, repräsentiert die Lösung der Differentialgleichung $y''(x) - y'(x) + xy(x) = 0$ im Bereich [0, 5] mit den Randbedingungen $y'(0) = -1$ und $y(0) = 1$.

*Symbolische Fähigkeiten*

*Mathematica* kann auch die exakten Lösungen für eine Polynom-Gleichung höchstens vierten Grades (sowie für einige Polynom-Gleichungen höheren Grades) finden. `Solve` liefert die exakten Wurzeln dieser Polynom-Gleichung dritten Grades.

```
In[10] := Solve[x^3 - 3 x^2 - 17 x + 51 == 0, x]
Out[10] = {{x -> 3}, {x -> Sqrt[17]},
    {x -> -Sqrt[17]}}
```

Außer Wurzeln zu ermitteln kann *Mathematica* auch Gleichungssysteme lösen. Das erste Argument für `Solve` kann eine Liste mit Gleichungen sein.

`Solve[{gl1, gl2, ..., gln}]`

Die folgende Anweisung instruiert *Mathematica*, das Gleichungssystem bestehend aus $xy + 5x + 6y = 7$ und $x^2 + 5x + 7y = 8$ zu lösen und mit `ColumnForm` jede Lösung auf einer separaten Zeile darzustellen.

```
ColumnForm[
    Solve[{x y + 5x + 6y == 7,
        x^2 + 5x + 7y == 8}]
]
```

Hier frage ich *Mathematica* nach dem unbestimmten Integral $\int x^4 \cos x \, dx$.

```
In[11]:= Integrate[2 Sin[Log[a x]], x]
Out[11]= -(x Cos[Log[a x]]) + x Sin[Log[a x]]
```

Die Funktion `Limit` ermittelt den Grenzwert des Ausdrucks *ausdr*, wenn $x$ gegen $x_0$ strebt.

Limit[*ausdr*, $x$ -> $x_0$]

Bei Funktionen mit Unstetigkeiten kann der Grenzwert an einem bestimmten Punkt von der Richtung, aus der man sich dem Punkt nähert, abhängen. Nehmen Sie zum Beispiel $1/x$. Wenn $x$ gegen 0 wächst (von unten gegen 0 strebt), dann strebt $1/x$ gegen $-\infty$. Durch Festlegung der Option `Direction` auf 1 wird *Mathematica* instruiert, den Grenzwert zu ermitteln, indem es die Variable anwachsen läßt.

```
In[12] := Limit[1/x, x -> 0, Direction -> 1]
Out[12] = -Infinity
```

Die Funktion `DSolve` gibt es in *Mathematica* seit Version 1.2, um Anwendern zu ermöglichen, Differentialgleichungen zu lösen. Bei `DSolve` wird eine Differentialgleichung oder ein Satz Differentialgleichungen sowie eine abhängige und eine unabhängige Variable spezifiziert.

DSolve[*gl*, *y[x]*, *x*]
DSolve[$\{gl_1, gl_2, \ldots, gl_n\}$, *y[x]*, *x*]
DSolve[$\{gl_1, gl_2, \ldots, gl_n\}$, $\{y_1[x], y_2[x], \ldots\}$, *x*]

Hier weise ich *Mathematica* an, die Differentialgleichung zu lösen:

$$y'(x) + y(x)\tan x = \sec x$$

```
In[13]:= DSolve[y'[x] + y[x] Tan[x] == Sec[x], y[x], x]
Out[13]= {{y[x] -> C[1] Cos[x] + Sin[x]}}
```

*Grafische Fähigkeiten*

Die grafischen Fähigkeiten von *Mathematica* haben sehr zum Erfolg von *Mathematica* beigetragen. Die grafischen Primitiven sind sehr vielseitig. Mit *Mathematica* können Sie Funktionen und Daten in zwei und drei Dimensionen zeichnen, Kontur- und Dichtediagramme erstellen, sowie beliebige Figuren und Objekte zeichnen.

Lassen Sie uns beginnen, indem wir `Plot` zur Erstellung eines zweidimensionalen Graphen einer Funktion einer Variablen verwenden. Die Anweisung `Plot` benötigt zumindest zwei Argumente, einen Ausdruck *ausdr* und einen Wertebereich. Der Wertebereich ist ein Tripel (eine Liste mit drei Elementen): die Variable $x$ im Ausdruck, ein minimaler Wert $x_{min}$ und ein maximaler Wert $x_{max}$.

Plot[*ausdr*, {$x$, $x_{min}$, $x_{max}$}]

Die folgende Anweisung produziert einen Graphen der Parabel $x^2+5x+6$ für $x$ im Bereich $[-10, 5]$. Das Semikolon am Zeilenende unterdrückt die Ausgabezeile Out[n] = -Graphics-, die sonst erscheinen würde.

```
In[14] := Plot[x^2 + 5x + 6, {x, -10, 5}];
```

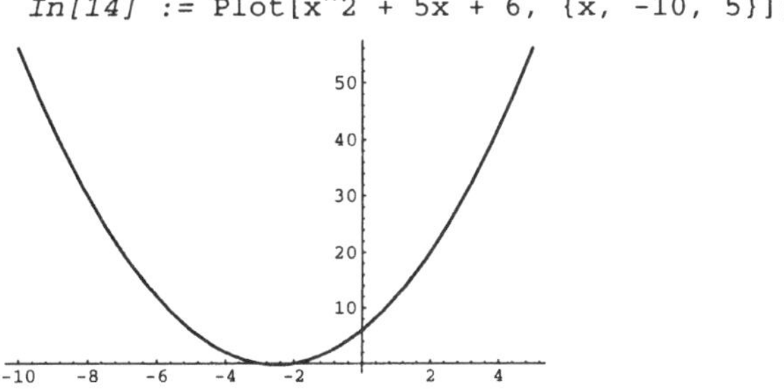

Wenn *Mathematica* eine Graphen erstellt, muß es viele Entscheidungen treffen, zum Beispiel zur Häufigkeit der Stützstellen, wo die Achsen und Skalenstriche zu positionieren sind, welcher Wertebereich darzustellen ist und wie der Graph zu schattieren oder einzufärben ist. Die getroffenen Entscheidungen hängen vom Wert für *Optionen* ab. Mit `??Plot` oder der Anweisung `Options` können Sie alle Optionen der `Plot`-Funktion zusammen mit ihren Vorgabewerten sehen.
Optionen können in beliebiger Reihenfolge nach den erforderlichen Argumenten spezifiziert werden.

`Plot[`*ausdr*`, {`*x*`,` $x_{min}$`,` $x_{max}$`},` *optionen*`]`

Optionen werden durch Angabe des Optionsnamens zusammen mit ihrem Wert spezifiziert. Eine Option ist eine Regel der Form *OptionName* `->` *OptionWert*, wobei *OptionName* der Name der Option ist, und *OptionWert* ist der ihr zugewiesene Wert. Wird eine Option nicht spezifiziert, so wird die Vorgabe verwendet.
Im folgenden Beispiel spezifiziere ich die Option `PlotStyle` zur Festlegung der Dicke, Farbe und des Stils der Kurve sin $x$.

```
In[15] := Plot[Sin[x], {x, 0, 2Pi},
    PlotStyle -> {
        { Thickness[0.01],
          RGBColor[0.8, 0.2, 0.2],
          Dashing[0.04]
        }
    }
];
```

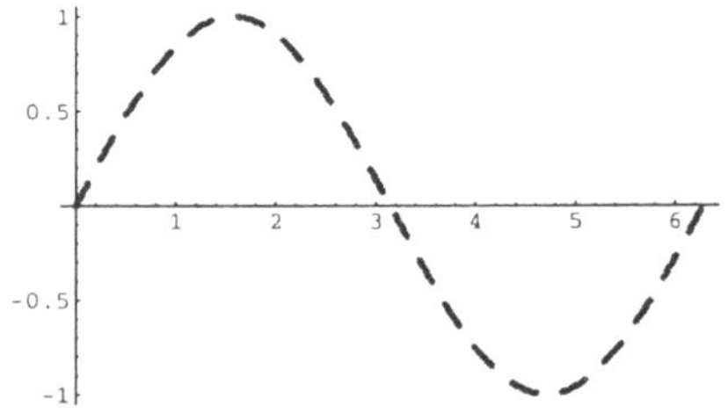

Mit `Plot` und weiteren Grafik-Anweisungen können Sie in einem Graphen einen Ausdruck oder mehrere Ausdrücke darstellen. Das erste Argument für `Plot` spezifiziert die zu zeichnende Funktion oder die Funktionen. Wenn das erste Argument eine Liste ist, zeichnet *Mathematica* mehr als einen Ausdruck in einem einzelnen Graphen.

`Plot[{`$gl_1$`,` $gl_2$`, ...},` *bereich*`]`

Die folgende Eingabe zeichnet die Funktion $e^x$ mit einer dicken gestrichelten Linie und $x^e$ mit einer dünneren Magenta-farbenen Linie. Für den Schwarzweiß-Ausdruck wird eine Schraffur verwendet.

```
In[16] := Plot[{E^x, x^E}, {x, 0, 5},
    PlotStyle -> {
        {Thickness[0.02], Dashing[{0.05, 0.03}]},
        {Thickness[0.01], RGBColor[1, 0, 1]}
    }
];
```

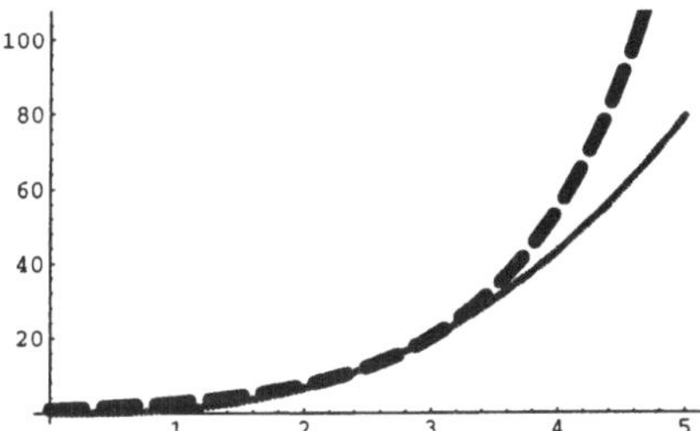


Die Funktion `ParametricPlot` zeichnet eine parametrische Kurve, eine Funktion, bei der die Werte von $x$ und $y$ durch eine andere Variable wie $t$ oder die Zeit ausgedrückt wird.

`ParametricPlot[{`$f_x[t]$`, `$f_y[t]$` }, {t, `$t_{min}$`, `$t_{max}$`}]`

In Voreinstellung wird ein Diagramm so gezeichnet, daß das Verhältnis von Höhe zu Breite des Graphen gleich `1/GoldenRatio` ist. Keine Achsen werden gezeichnet, wenn ich die Option `Axes` gleich `None` festlege. Durch Festlegung der Option `AspectRatio` auf `Automatic`, wird der Graph maßstabsgetreu gezeichnet, d.h., eine Einheit in der x-Richtung wird in derselben Größe gezeichnet wie eine Einheit in der y-Richtung.

```
In[17] := ParametricPlot[
    {
        4 Cos[-11t/4] + 7 Cos[t],
        4 Sin[-11t/4] + 7 Sin[t]
    },
    {t, 0, 8Pi},
    AspectRatio -> Automatic,
    Axes -> None
];
```

Mir der Funktion `Plot3D` können Sie ein dreidimensionales Diagramm erstellen. Ihre Argumente sind ein Ausdruck und die Wertebereiche für zwei Variablen.

`Plot3D[`*ausdr*`, {x, `$x_{min}$`, `$x_{max}$`}, {y, `$y_{min}$`, `$y_{max}$`}, `*opts*`]`

Die folgende Anweisung zeichnet $\sin xy$. Ich habe die Achsen beschriftet, um Ihnen dabei zu helfen, die Orientierung des Graphen zu erkennen.

```
In[18] := Plot3D[
        Sin[x y], {x, 0, Pi} , {y, 0, 2Pi},
        AxesLabel -> {''x'', ''y'', ''z''}
];
```

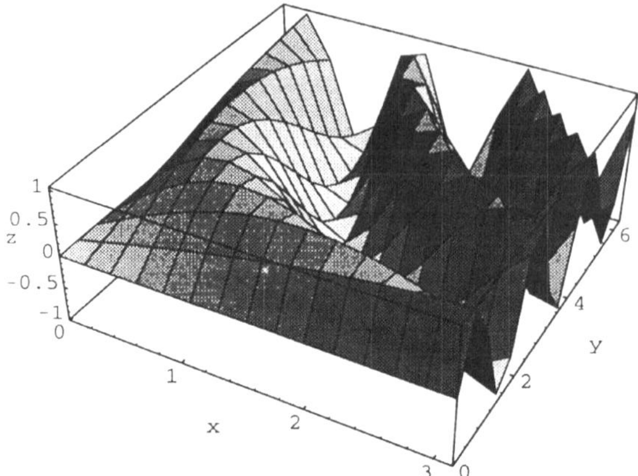


Neben der Möglichkeit, Funktionen in zwei oder drei Dimensionen zeichnen zu können, bietet *Mathematica* die Fähigkeit Linien, Punkte, Kreise und Polygone zu zeichnen. Dazu dienen die Funktionen `Graphics` und `Graphics3D`. Die folgende Eingabe zeichnet einen Fisch, der unter der Golden Gate Brücke schwimmt. Die Kabel sind mit Parabeln gezeichnet. Damit keine Zwischendiagramme gezeichnet werden, habe ich `DisplayFunction` gleich `Identity` gesetzt.

```
Show[
     (* Kabel der Golden Gate Br\"ucke *)
Plot[x^2, {x, -1, 1},
             DisplayFunction ->Identity
],
Plot[x^2 + 4x + 4, {x, -2, -1},
             DisplayFunction ->Identity
],
Plot[x^2 -4x + 4, {x, 1, 2},
             DisplayFunction ->Identity
],
    Graphics[{  (* Golden Gate Br\"ucke *)
        Line[{{-2, 0}, {2, 0}}],
        Line[{{-1, -0.5}, {-1, 1}}],
        Line[{{1, -0.5}, {1, 1}}]
    }],
    Graphics[  (* Wasser *)
        Table[Circle[{x,-0.5},0.1,{Pi,2Pi}],
            {x, -2, 2, 0.2}
        ]
    ],
    Graphics[{  (* Fisch *)
        Circle[{0,-1.2},0.4,{Pi/6,5Pi/6}],
        Circle[{0,-0.8},0.4,{7Pi/6,11Pi/6}],
        Point[{-0.2, -.95}],
        Circle[{-0.3,-1},0.2,{-Pi/4,Pi/4}],
        Line[{{0.35, -1}, {0.5, -0.85},
              {0.5, -1.15}, {0.35, -1}}]
    }],
    AspectRatio -> Automatic,
```

```
    Axes -> None,
    DisplayFunction :> $DisplayFunction,
    PlotRange -> All
];
```

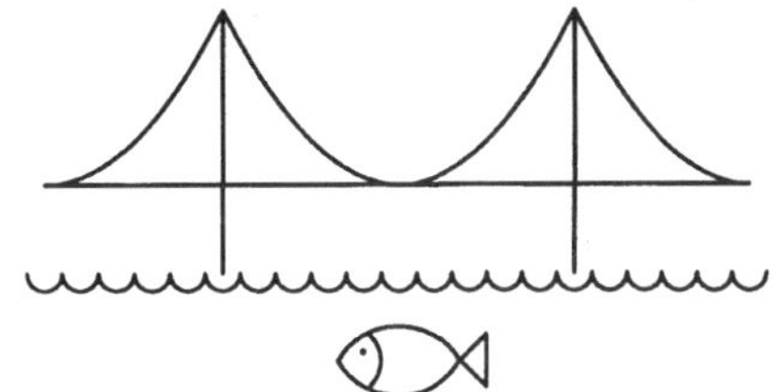

Die folgende Tabelle listet einige der Grafik-Funktionen auf.

| **Funktion** | **Beschreibung** |
|---|---|
| `Plot[`*ausdr*`, `*bereich*`]` | Erzeugt ein 2D-Diagramm |
| `Plot[{`$ausdr_1$`, `$ausdr_2$`, ...}, `*bereich*`]` | Zeichnet mehrere 2D-Funktionen in einem Graphen |
| `ParametricPlot[{`$f_x$`, `$f_y$`}, {`*t*`, `$t_0$`, `$t_1$`}]` | Produziert ein parametrisches Diagramm |
| `Plot3D[`*ausdr*`, {`*x*`, `$x_0$`, `$x_1$`}, {`*y*`, `$y_0$`, `$y_1$`}]` | Erzeugt ein 3D-Diagramm |
| `ListPlot[{`$y_1$`, `$y_2$`, ...}]` | Zeichnet eine Liste mit Werten |
| `ListPlot3D[`*array*`]` | Zeichnet eine Oberfläche, die ein Array mit Höhenwerten darstellt |
| `ListContourPlot[`*array*`]` | Erzeugt ein Konturdiagramm aus einem Array von Höhenwerten |
| `ListDensityPlot[`*array*`]` | Erzeugt ein Dichtediagramm aus einem Array von Höhenwerten |
| `ContourPlot[`*ausdr*`, {`*x*`, `$x_0$`, `$x_1$`}, {`*y*`, `$y_0$`, `$y_1$`}]` | Erzeugt ein Konturdiagramm |
| `DensityPlot[`*ausdr*`, {`*x*`, `$x_0$`, `$x_1$`}, {`*y*`, `$y_0$`, `$y_1$`}]` | Erzeugt ein Dichtediagramm |
| `Show[`*graphik*`]` von Grafiken | Darstellung oder erneute Darstellung |
| `Graphics[`*prim*`]` | Repräsentiert 2D-Grafikbilder |
| `Graphics3D[`*prim*`]` | Repräsentiert 3D-Grafikbilder |
| `GraphicsArray[{`$g_1$`, `$g_2$`, ...}]` | Repräsentiert ein Array mit Grafik-Objekten |

Die folgende Tabelle beschreibt und zeigt ein Beispiel für einige der Grafikoptionen.

| **Funktion** | **Beschreibung und ein Beispiel** |
|---|---|
| `Axes` | Wie Achsen gezeichnet werden sollen<br>`Axes -> Automatic` |
| `AxesOrigin` | Wo Achsen sich schneiden sollen<br>`AxesOrigin -> {2, 1}` |
| `AspectRatio` | Das Verhältnis von Höhe zu Breite für ein Diagramm<br>`AspectRatio -> Automatic` |
| `Background` | Hintergrundfarbe<br>`Background -> GrayLevel[.7]` |
| `Frame` | Einen Rahmen um ein Diagramm zeichnen<br>`Frame -> True` |
| `GridLines` | Zur Spezifizierung von Rasterlinien |

| | |
|---|---|
| | `GridLines -> Automatic` |
| `Ticks` | Skalenstriche für Achsen |
| | `Ticks -> {{0, 5}, None}` |
| `AxesLabel` | Beschriftung der Achsen |
| | `AxesLabel -> {''x'',''y'',''z''}` |
| `FontForm` | Drucke ausdr in spezifizierter Schrifttype und Größe |
| | `FontForm[ausdr, {''Bold'', 9}]` |
| `PlotLabel` | Die Beschriftung für einen Graphen |
| | `PlotLabel ->''Mein Graph''` |
| `Dashing` | Eine gestrichelte Linie |
| | `Dashing[{.04,.02}]` |
| `GrayLevel` | Eine Grauschattierung, 0 für Schwarz, 1 für Weiß |
| | `GrayLevel[0.5]` |
| `RGBColor` | Eine Farbe |
| | `RGBColor[0, 1, 1]` |
| `Thickness` | Die Dicke einer Linie |
| | `Thickness[0.001]` |
| `PlotJoined` | Zum Verbinden der Punkte |
| | `PlotJoined -> True` |
| `DisplayFunction` | Eine Funktion, die auf Grafiken anzuwenden ist, um diese zu unterdrücken/darzustellen |
| | `DisplayFunction -> Identity` |
| `Lighting` | Verwende simulierte Beleuchtung |
| | Stellt eine Oberfläche in Farbe dar |
| | `Lighting -> True` |

*Grafik drucken*

Grafikanweisungen wie `Plot`, `Plot3D`, `ContourPlot` und `ListPlot` stellen eine Grafik auf Ihrem Bildschirm dar. Die Anweisung

```
Display[''dateiname'', graphik]
```

speichert Grafiken in einer Datei in PostScript-Form.

```
In[20] := Plot[Exp[-x^2] Cos[20x], {x, -2, 2}];
In[21] = Display[''graphicsForGuide.ps'', %]
```

Die Datei `graphicsForGuide.m` enthält sehr viele Zeilen. Unten sehen Sie die ersten in der Datei.

```
In[22] := !!graphicsForGuide.ps
  %!
  %%Creator: Mathematica
  %%AspectRatio: 0.61803
  MathPictureStart
  /Courier findfont 10 scalefont setfont
  % Scaling calculations
  0.5 0.238095 0.305404 0.297915 [
  [(-2)] 0.02381 0.3054 0 2 Msboxa
```

Ehe die Datei zu einem PostScript-Drucker geschickt werden kann, müssen Sie einen Kopfteil (engl. header) mit Definitionen hinzufügen. Die Anweisung `psfix`, die bei den *Mathematica*-Versionen für Unix mitgeliefert wird, erzeugt diesen Kopfteil. Wenn Sie also einen Unix-Computer verwenden, können Sie eine Grafik ausdrucken, indem Sie `Display` aufrufen und dann `psfix` aufrufen. Aus der Unix-Shell heraus fügt die Anweisung `psfix` *`file.ps`* `| lpr` die Kopfteil-Information hinzu und sendet die PostScript-Datei *file.ps* zum Vorgabedrucker. Wenn Sie keine Zwischendatei erzeugen wollen, können Sie `Display` anweisen, `psfix` und `lpr` aufzurufen, wie unten angezeigt.

```
In[22] := Plot[Exp[-x^2] Cos[20x], {x, -2, 2}];
In[23] = Display[''!psfix | lpr'', %]
```

**MS-DOS Anwender**: Die Anweisung `Hardcopy[`*`graphics`*`]` schickt Grafikausgabe zu einem Drucker. Alternativ können Sie mit `Display` eine PostScript-Datei erzeugen. Die Datei können Sie mit folgender Anweisung ausdrucken

```
PRINTPS -printer printer -fonts fontpath opts psfile
```

**Notebook-Benutzeroberfläche**: Um den PostScript-Code für eine *Mathematica*-Grafik zu sehen, klicken Sie die Grafik an, die Sie sehen wollen, um sie zu selektieren. Anschließend entformatieren (engl. unformat) Sie die Zelle, indem Sie gleichzeitig auf die <*Befehl*>-Taste und den Buchstaben `t` drücken, oder indem Sie die Wahl des Menüpunktes `Formatted` aufheben. Bei der Notebook-Benutzeroberfläche können Sie die Grafik in die Zwischenablage kopieren und sie dann in ein anderes Programm oder in eine andere Datei einfügen. Speichern Sie die Grafik als Encapsulated PostScript Textdatei (EPSF) ab, dann fügt *Mathematica* den Kopfteil der Definitionen hinzu, so daß die Datei auf einem PostScript-Drucker ausgegeben werden kann.

### Benutzeroberfläche versus Kern

*Mathematica* besteht aus zwei Teilen: dem Kern und der Benutzeroberfläche. Der Kern ist die rechnende Maschine. Er berechnet und ermittelt Ergebnisse. Der *Mathematica*-Kern ist im Grunde auf den diversen Computern identisch. Die Benutzeroberfläche ist die Benutzerschnittstelle zum *Mathematica*-Kern.
Diese Anleitung konzentriert sich auf den *Mathematica*-Kern. Das meiste Material sollte für alle *Mathematica*-Anwender interessant sein, ob sie einen Personalcomputer, wie zum Beispiel einen 386 MS-DOS-Computer, einen Macintosh oder eine Workstation benutzen.

#### *Notebook-Benutzeroberflächen*

Notebook-Benutzeroberflächen für *Mathematica* existieren im Augenblick für den Macintosh, für NeXT-Computer und für MS DOS-Computer mit Microsoft (MS) Windows. Starten Sie *Mathematica* durch Doppelklick auf dem *Mathematica*-Icon. Bei Notebook-Benutzeroberflächen verlassen oder beenden Sie *Mathematica* mit der Anweisung *Exit*, die sich im Menü *File* befindet.
Die Benutzeroberfläche und der Kern sind getrennte Programme. Die Benutzeroberfläche schickt eine Berechnung nur dann zum Kern, wenn es so angewiesen wurde. Anforderungen, daß Berechnungen durchgeführt werden sollen, werden dann zum Kern gesendet, wenn der Anwender entweder

1. die <Eingabe>-Taste betätigt oder

2. die <Eingabe>-Taste drückt, während die <Hochstell>-Taste gedrückt ist.

Das Drücken auf „.“, während die <*Befehl*>-Taste gedrückt ist, unterbricht eine Berechnung. Auf dem Macintosh ist die <*Befehl*> -Taste mit einem angebissenen Apfel bedruckt. Man nennt sie mitunter auch Blumenkohltaste (wegen des zweiten Symbols auf der Taste). Diese Taste befindet sich zumeist neben der Leerzeichentaste.

*Macintosh*

Der Kern muß in den Speicher geladen sein, ehe *Mathematica* irgendwelche Berechnungen durchführen wird. Durch Auswahl der Option *Automatically start a kernel on launch* in der Schablone *Startup Preferences* im Untermenü *Preferences* des Menüs *Edit* wird der Kern automatisch geladen, wenn Sie *Mathematica* laden. Sonst wird er geladen, ehe *Mathematica* das erste Ergebnis berechnet. Das Laden des Kerns dauert ungefähr eine Minute auf einem Macintosh II.
Es ist angeraten, daß *Mathematica* in einer fünf Megabyte großen Partition läuft (8 Megabytes RAM sind empfohlen).

*MS-DOS*

*Mathematica* läuft auf 386-MS-DOS-Computer. Es wird nicht auf 286-MS-DOS Maschinen laufen. Es gibt eine Notebook-Benutzeroberfläche, die unter MS-Windows läuft. Die MS-DOS-Version von *Mathematica* bietet ein Anweisungszeile-Schnittstelle. Die aktuelle Anwendereingabe wird auf der letzten Bildschirmzeile dargestellt. Sie können die aktuelle Eingabezeile mit den Pfeiltasten, der Löschtaste, der Home-Taste (um zum Zeilenanfang zurückzugehen), der End-Taste (die den Cursor an das Ende des bislang Eingetippten bewegt) und der Hochpfeiltaste (um vorhergehende Anweisungen zurückzurufen) editieren.
MS-DOS unterstützt virtuellen Speicher. In der Version 2 brauchen Sie zumindest 4 Megabytes (extended Memory). Bei mehr Speicher läuft *Mathematica* schneller.
Starten Sie *Mathematica* durch Eintippen von `math`. Es ist günstig, *Mathematica* dann aufzurufen, wenn man sich im Inhaltsverzeichnis befindet, in dem man *Mathematica*-Eingabe und -Ausgabe ablegen will; Sie müssen nicht in dem Inhaltsverzeichnis sein, wo *Mathematica* gespeichert ist, wenn es sich in Ihrem PATH befindet. Um *Mathematica* zu verlassen, geben Sie `Quit` ein.

*Unix-Workstations*

Die Workstation-Version bietet eine Befehlszeilen-Schnittstelle zu *Mathematica*. Obwohl *Mathematica* unter X-Windows oder in einem TTy-Fenster nicht die mausorientierten Möglichkeiten bietet, die man bei Notebook- Benutzeroberflächen findet, können Sie doch Ihre Eingabe mit Ihrem Lieblings-Editor mit einer der folgenden Funktionen editieren: `Edit`, `EditIn` oder `EditDefinition`.
Starten Sie *Mathematica* durch Eingabe von `math`, vorausgesetzt, das Inhaltsverzeichnis mit *Mathematica* befindet sich in `$PATH`. Verwenden Sie die Funktion `Quit[ ]`, um eine *Mathematica*-Session zu beenden.

# B Aufgliederung nach Kategorie

Dieses Kapitel soll dem Anwender bei der Suche nach benötigten Anweisungen helfen und bietet zu diesem Zweck eine Liste mit Anweisungen, Optionen und Objekten, die nach ihrer Wirkung organisert sind. Jedes Objekt wird in einer von vier Kategorien aufgelistet: Grafik, Mathematik, Programmierung und System. Die Schrifttype deutet die Versionen an, in denen das Objekt unterstützt wird. *Anweisungen in Version 1.2, die nicht in Version 2.0 vorkommen oder die auslaufen, erscheinen kursiv. Anweisungen, die mit Version 2 seit Version 1.2 hinzukamen, erscheinen unterstrichen.* `Dateinamen und externe Anweisungen erscheinen in Courier.` Alle anderen Anweisungen erscheinen in Normalschrift.

## B.1 Grafik

### 2D-Grafik

*AbsoluteDashing*, *AbsolutePointSize*, *AbsoluteThickness*, Circle, *Dashing*, Disk, Display, *FontForm*, *FrameLabel*, *FrameStyle*, *FrameTicks*, *FullAxes*, *FullGraphics*, Graphics, *GraphicsArray*, Line, ListPlot, ParametricPlot, Plot, Point, PointSize, Polygon, PostScript, *Raster*, *RasterArray*, Rectangle, *RotateLabel*, Show, Text, Thickness

### 3D-Grafik

*AbsoluteDashing*, *AbsolutePointSize*, *AbsoluteThickness*, ClipFill, ContourGraphics, ContourPlot, *Cuboid*, *Dashing*, DensityGraphics, DensityPlot, Display, EdgeForm, FaceForm, *FaceGrids*, *FontForm*, *FullGraphics*, Graphics3D, *GraphicsArray*, Line, *LineForm*, ListContourPlot, ListDensityPlot, ListPlot3D, *ParametricPlot3D*, Plot3D, Point, *PointForm*, PointSize, Polygon, PostScript, Show, *SurfaceColor*, SurfaceGraphics, Text, Thickness, *ViewCenter*, *ViewVertical*

### Optionen

All, AmbientLight, AspectRatio, *Axes*, AxesEdge, AxesLabel, *AxesOrigin*, AxesStyle, Background, Boxed, BoxRatios, BoxStyle, ClipFill, *ColorFunction*, *ColorOutput*, *ContourLevels*, *ContourLines*, *Contours*, *ContourShading*, *ContourSmoothing*, *ContourSpacing*, *ContourStyle*, DefaultColor, *DefaultFont*, DisplayFunction, Epilog, *FaceGrids*, *Frame*, *Framed*, *FrameLabel*, *FrameStyle*, *FrameTicks*, *FullGraphics*, *FullOptions*, *GraphicsSpacing*, *GridLines*, HiddenSurface, Lighting, LightSources, MaxBend, Mesh, MeshRange, MeshStyle, Plot3Matrix, *PlotColor*, PlotDivision, PlotJoined, PlotLabel, PlotPoints, PlotRange, *PlotRegion*, PlotStyle, *PolygonIntersections*, Prolog, RenderAll, *RotateLabel*, Shading, *SphericalRegion*, *SurfaceColor*, Ticks, *ViewCenter*, ViewPoint, *ViewVertical*

### Ausgabe-Funktionen

$Display, $DisplayFunction

### Primitiven

*AbsoluteDashing*, *AbsolutePointSize*, *AbsoluteThickness*, CellArray, Circle, *CMYKColor*, *Cuboid*, *Dashing*, Disk, EdgeForm, FaceForm, *FontForm*, *GraphicsArray*, GrayLevel, *Hue*, Line, *LineForm*, Point, *PointForm*, PointSize, Polygon, PostScript, *Raster*, *RasterArray*, Rectangle, RGBColor, Scaled, Text, Thickness, *ToColor*

### Ton

Display, *ListPlay*, *Play*, *PlayRange*, *SampleDepth*, *SampledSoundFunction*, *SampledSoundList*, *SampleRate*, *Sound*

### Hilfsprogramme

Display, `psfix`

## B.2 Mathematik

### Algebraische Manipulation

*Ausdruck-Manipulation*

Apart, Cancel, Collect, *ComplexExpand*, Decompose, Denominator, Distribute, Expand, ExpandAll, ExpandDenominator, ExpandNumerator, Factor, FactorList, FactorSquareFree, FactorSquareFreeList, FactorTerms, FactorTermsList, *GaussianIntegers*, Numerator, *OldExpand*, *PowerExpand*, Simplify, *TargetFunctions*, Together, *Trig*, *TrigExpand*

*Teile eines Ausdrucks herausziehen*

Coefficient, CoefficientList, Exponent, Variables

*Polynome manipulieren*

*PolynomialDivision*, PolynomialGCD, *PolynomialLCM*, *PolynomialMod*, PolynomialQuotient, *PolynomialQuotientRemainder*, PolynomialRemainder, Resultant, *Resultant2*, *SparseCoefficientList*

### Grundlagen

*Komplexe Zahlen*

Abs, Arg, Complex, ComplexInfinity, Conjugate, I, Im, Re

*Elementare Funktionen*

Abs, Ceiling, Divide, Floor, Max, Min, Minus, NonCommutativeMultiply, Plus, Power, Quotient, Round, Sqrt, Subtract, Times

*Exp, Log und Hyperbolische*

Cosh, Coth, Csch, Exp, Log, Sech, Sinh, *SinhIntegral*, Tanh, ArcCosh, ArcCoth, ArcCsch, ArcSech, ArcSinh, ArcTanh

*Trigonometrie*

ArcCos, ArcCot, ArcCsc, ArcSec, ArcSin, ArcTan, Cos, Cot, Csc, Sec, Sin, Tan

**Analysis**

Integrate, Product, Residue, Series, Sum

*Differentialgleichungen*

C, DSolve, *DSolveConstants*, *NDSolve*

*Differentiation*

Constant, Constants, D, Derivative, Dt, NonConstants

*Reihen und Grenzwerte*

*Analytic*, ComposeSeries, *Direction*, InverseSeries, Limit, Normal, O, SequenceLimit, SeriesCoefficient, SeriesData

**Kombinatorik und Statistik**

Binomial, Order, Random, SeedRandom, Signature, Sort

**Konstanten**

Catalan, ComplexInfinity, Degree, DirectedInfinity, E, EulerGamma, GoldenRatio, I, Indeterminate, Infinity, Pi

**Lineare Algebra**

Array, *CharacteristicPolynomial*, Det, DiagonalMatrix, Dimensions, Dot, Eigensystem, Eigenvalues, Eigenvectors, IdentityMatrix, Inner, Inverse, *JordanForm*, LinearSolve, MatrixExp, MatrixPower, MatrixQ, Minors, NullSpace, Outer, *Pivoting*, PseudoInverse, *QRDecomposition*, Range, RowReduce, *SchurDecomposition*, SingularValues, Table, TensorRank, Tolerance, Transpose, VectorQ, ZeroTest

**Zahlentheorie**

Divisors, DivisorSigma, EulerPhi, ExtendedGCD, FactorComplete, Factorial, Factorial2, FactorInteger, *GaussianIntegers*, GCD, JacobiSymbol, LatticeReduce, LCM, LogIntegral, Mod, Modulus, MoebiusMu, Multinomial, PartitionsP, PartitionsQ, PowerMod, Prime, *PrimePi*, PrimeQ, *ProbablePrimeQ*, Quotient, StirlingS1, StirlingS2, Zeta

## Numerik

*Funktionen*

ArithmeticGeometricMean, FindMinimum, FindRoot, Fit, Fourier, Gradient, *InterpolatingFunction*, InterpolatingPolynomial, *Interpolation*, InverseFourier, Jacobian, N, NBernoulliB, *NDSolve*, NIntegrate, NProduct, NRoots, *NSolve*, NSum

*Optionen*

AccuracyGoal, DampingFactor, DoubleExponential, DoublyInfinite, *ExtraFactors*, *ExtraTerms*, *Factors*, Fit, *GaussianQuadrature*, *GaussKronrod*, *GaussPoints*, *InterpolationOrder*, LerchPhi, MaxIterations, MaxRecursion, *MaxSteps*, Method, MinRecursion, *MultiDimensional*, *NProductExtraFactors*, *NProductFactors*, *NSumExtraTerms*, *NSumTerms*, *NValues*, *Points*, *PrecisionGoal*, SingularityDepth, *StartingStepSize*, *Terms*, *Trapezoidal*, *UpValues*, *VerifyConvergence*, WorkingPrecision, WynnDegree

*Verwandte Funktionen*

Accuracy, Chop, *MachineNumberQ*, Precision, Rationalize, SetAccuracy, SetPrecision

## Gleichungen lösen

Eliminate, GroebnerBasis, MainSolve, Reduce, Solve, SolveAlways, *VerifySolutions*

*Minimierungs-Probleme*

ConstrainedMax, ConstrainedMin, LinearProgramming

*Optionen*

Cubics, Generic, InverseFunctions, MakeRules, Mode, Modular, Modulus, Rational, Real, Sort

*Andere Funktionen*

AlgebraicRules, AlgebraicRulesData, Auxiliary, *EquatedTo*, FixedPoint, *FixedPointList*, InverseFunction, LinearSolve, Multiplicity, NRoots, *NSolve*, Quartics, Roots, *SameTest*, ToRules, Using

## Spezialfunktionen

*Elliptische Funktionen und Integrale*

EllipticE, EllipticExp, *EllipticExpPrime*, EllipticF, EllipticK, EllipticLog, *EllipticNomeQ*, ellipticnotation, *EllipticPi*, InverseJacobiCD, InverseJacobiCN, InverseJacobiCS, InverseJacobiDC, InverseJacobiDS, InverseJacobiNC, *InverseJacobiND*, InverseJacobiNS, InverseJacobiSC, InverseJacobiSD, InverseJacobiSN, *InverseWeierstrassP*, JacobiAmplitude, JacobiCD, JacobiCN, JacobiCS, JacobiDC, JacobiDN, JacobiDS, JacobiNC, JacobiND, JacobiNS, JacobiSC, JacobiSD, JacobiSN, *JacobiZeta*, WeierstrassP, WeierstrassPPrime

*Andere Funktionen*

Gamma, GammaRegularized, Hypergeometric0F1, Hypergeometric0F1Regularized, Hypergeometric1F1, Hypergeometric1F1Regularized, Hypergeometric2F1, Hypergeometric2F1Regularized, *HypergeometricPFQ*, *HypergeometricPFQRegularized*, HypergeometricU, *IncludeSingularTerm*, *LogGamma*, Pochhammer, PolyGamma, PolyLog, *RiemannSiegelTheta*, *RiemannSiegelZ*, *StieltjesGamma*, Zeta

*Andere Spezialfunktionen*

AiryAi, *AiryAiPrime*, *AiryBi*, *AiryBiPrime*, BernoulliB, BesselI, BesselJ, BesselK, BesselY, Beta, BetaRegularized, *CoshIntegral*, CosIntegral, Erf, *Erfc*, *Erfi*, ExpIntegralE, ExpIntegralEi, *FresnelC*, *FresnelS*, LegendreQ, LegendreType, LogIntegral, NBernoulliB, SinIntegral

*Polynome*

BernoulliB, ChebyshevT, ChebyshevU, *ClebschGordan*, Cyclotomic, EulerE, GegenbauerC, HermiteH, JacobiP, LaguerreL, LegendreP, NBernoulliB, *SixJSymbol*, SphericalHarmonicY, *ThreeJSymbol*

### Statistik

Erf, *Erfc*, *Erfi*

## B.3 Programmierung

### Attribute

Attributes, ClearAttributes, Constant, Flat, HoldAll, HoldFirst, HoldRest, Listable, Locked, OneIdentity, *OptionQ*, Orderless, Protect, Protected, ReadProtected, SetAttributes, Unprotect

### Eingabe und Ausgabe

*Record*, *RecordSeparators*, *SetStreamPosition*, *Skip*, *StreamPosition*, *Streams*, *StringToStream*, *TokenWords*, *WordSearch*, *WordSeparators*

*Datei-Manipulation*

`!!file`, `!cmd`, $PathnameSeparator, Close, ContextToFilename, Delimiters, Encode, Environment, Get, *GetContext*, MachineID, MachineName, *Medium*, OpenAppend, OpenRead, OpenTemporary, OpenWrite, Put, PutAppend, ResetMedium, Run, RunThrough, Splice

*Ausdrücke formatieren*

*AccountingForm*, BaseForm, CForm, DigitBlock, *Digits*, EngineeringForm, *ExponentFunction*, *ExponentStep*, *FormatValues*, FortranForm, FullForm, InputForm, *IntegerDigits*, *MantissaExponent*, *NumberForm*, *NumberFormat*, *NumberPadding*, NumberPoint, NumberSeparator, *NumberSigns*, OutputForm, *PaddedForm*, *RealDigits*, ScientificForm, *SignPadding*, TeXForm, TreeForm

*Eingabe-Anweisungen*

Byte, Character, EndOfFile, Expression, Input, *InputStream*, InputString, *NullRecords*, *NullWords*, Number, *OutputStream*, PromptForm, Read, ReadList, Real, *RecordLists*, String, *Word*

*Manuelle Formatierung*

Above, Below, Bottom, Center, ColonForm, *Column*, ColumnForm, Continuation, Format, *Hide*, HoldForm, Indent, Infix, MatrixForm, Postfix, PrecedenceForm, Prefix, *PrintExpr*, PrintForm, Right, *Row*, SequenceForm, *Shallow*, Short, SpaceForm, StringBreak, StringForm, Subscript, Subscripted, Superscript, *TableAlignments*, *TableDepth*, *TableDirections*, TableForm, *TableHeadings*, *TableSpacing*, TextForm, Left, NonAssociative, None, *StringConversion*

*MathLink*

*CallProcess*, *EndProcess*, *LinkPatterns*, *StartProcess*, *ThisLink*, *Uninstall*

*Meldungen*

General, Message, *MessageList*, MessageName, Messages, Off, On

*Optionen*

FormatType, *GraphicsFont*, *GraphicsLeading*, LineBreak, PageHeight, PageWidth, Plain, PostScript, Skeleton, StringSkeleton, *TextFont*, *TextLeading*, TextRendering, TotalHeight, TotalWidth

*Ausgabe*

Definition, FullDefinition, Headers, Null, Print, Save, Write, WriteString

*Systemvariablen*

$$Media, $Echo, $IgnoreEOF, $Messages, $Off, $Output, *$OutputForms*, $PathnameSeparator, *$Pipes*, *$PipeSupported*, $Post, $Pre, $PrePrint, *$PreRead*, $PrintForms, *$StringConversion*, *$SyntaxHandler*, $TemporaryPrefix, $Urgent

### Logik

*Operationen*

And, False, Implies, LogicalExpand, Not, Or, True, Xor

*Prädikate*

AtomQ, *DigitQ*, EvenQ, FreeQ, Greater, GreaterEqual, IntegerQ, Less, LessEqual, *LetterQ*, *ListQ*, *LowerCaseQ*, *MachineNumberQ*, MatrixQ, NameQ, Negative, NonNegative, NumberQ, tests, OddQ, *OptionQ*, OrderedQ, PolynomialQ, Positive, PrimeQ, Sign, *StringQ*, *SyntaxQ*, TrueQ, *UpperCaseQ*, ValueQ, VectorQ

*Relationen*

Equal, MatchQ, MemberQ, SameQ, StringMatchQ, Unequal, UnsameQ

### Muster

Alternatives, Blank, BlankNullSequence, BlankSequence, Condition, Default, *DefaultValues*, *Fail*, *NValues*, Optional, *OwnValues*, Pattern, patterns, PatternTest, Repeated, RepeatedNull, *SubValues*, *UpValues*

### Prozedurales

*Compile*, *Compiled*, *CompiledFunction*, iterators

*Flußkontrolle*

Block, Break, Catch, Check, CompoundExpression, Continue, Do, For, Goto, If, Label, *Module*, *Pause*, Return, Scan, Switch, Throw, Which, While, *With*

*Variablen*

AddTo, Decrement, DivideBy, *DownValues*, *FormatValues*, Increment, *NValues*, *OwnValues*, PreDecrement, PreIncrement, SubtractFrom, *SubValue*, *SubValues*, TimesBy, *UpValues*

### Regeln

Dispatch, *Evaluate*, *HeldPart*, Hold, Literal, Release, *ReleaseHold*, Replace, ReplaceAll, ReplaceRepeated, Rule, RuleDelayed, Set, SetDelayed, TagSet, TagSetDelayed, TagUnset, *Unevaluated*, Unset, Update, UpSet, UpSetDelayed

### Mengen

Complement, Intersection, *MemberQ*, Union

**Zeichenketten-Manipulation**

Characters, *FromASCII*, *FromCharacterCode*, *ToASCII*, *ToCharacterCode*, ToExpression

**Zeichenketten**

*AnchoredSearch*, *DigitQ*, *Find*, *FindList*, *IgnoreCase*, *LetterQ*, *LowerCaseQ*, *MetaCharacters*, metachars, *Overlaps*, *Record*, *RecordSeparators*, Space, *SpellingCorrection*, *StringByteCount*, *StringConversion*, *StringDrop*, *StringInsert*, StringJoin, StringLength, StringMatchQ, *StringPosition*, *StringQ*, *StringReplace*, *StringReverse*, *StringTake*, *StringToStream*, *SyntaxLength*, *SyntaxQ*, Tab, *ToHeldExpression*, *TokenWords*, *ToLowerCase*, ToString, *ToUpperCase*, *UpperCaseQ*, *WordSearch*, *WordSeparators*

**Struktur**

levelspec, partspec, sequencespec

*Teile herausziehen*

Take, Cases, Count, *Delete*, *DeleteCases*, Depth, Drop, First, Head, *HeldPart*, Last, Length, Level, Part, Position, *ReplaceHeldPart*, *ReplacePart*, Rest, Select

*Listen erzeugen*

*Accumulate*, Append, AppendTo, Array, Insert, Join, Partition, Permutations, Prepend, PrependTo, Range, Table

*Reine Funktionen*

Apply, *Compose*, *ComposeList*, *Composition*, FixedPoint, *FixedPointList*, *Fold*, *FoldList*, Function, HeadCompose, *Heads*, Identity, Map, MapAll, MapAt, *MapIndexed*, *MapThread*, Nest, NestList, Operate, *SameTest*, Slot, SlotSequence, Thread, Through

*Umordnen*

RotateLeft, RotateRight, Sequence, Flatten, *FlattenAt*, Inner, List, Outer, Reverse, Sort, Transpose

**Typen**

Complex, Integer, List, Rational, Raw, Real, *RealInterval*, String, Symbol

## B.4 System

Environment, Second, *TimeZone*, *ToDate*, Top, Underflow

**Kontext-Manipulation**

Begin, BeginPackage, *DeclarePackage*, End, EndAdd, EndPackage, Needs, *Stub*

**Kontexte**

Context, *Contexts*, ContextToFilename, *GetContext*

**Ressourcen-Verwaltung**

Clear, ClearAll, Remove, Removed

**System-Variable**

$$Media, *$Aborted*, *$BatchInput*, *$BatchOutput*, $CommandLine, $Context, $ContextPath, *$CreationDate*, *$Credits*, *$DefaultFont*, $Display, $DisplayFunction, *$DumpDates*, *$DumpSupported*, $Echo, $Epilog, *$Failed*, *$GenericForm*, $IgnoreEOF, *$Input*, *$Inspector*, *$Interrupted*, *$IterationLimit*, *$Language*, *$Letters*, $Line, *$Linked*, *$LinkSupported*, *$MachineEpsilon*, $MachineID, $MachineName, *$MachinePrecision*, *$MachineType*, *$MaxMachineNumber*, *$MaxNumber*, *$MessageList*, *$MessagePrePrint*, $Messages, *$MinMachineNumber*, *$MinNumber*, *$ModuleNumber*, *$NewMessage*, *$NewSymbol*, *$Notebooks*, *$NumberBits*, $Off, *$OperatingSystem*, $Output, *$OutputForms*, *$Packages*, $Path, $PathnameSeparator, *$Pipes*, *$PipeSupported*, $Post, $Pre, $PrePrint, *$PreRead*, $PrintForms, $RecursionLimit, *$ReleaseNumber*, $Remote, *$SessionID*, *$SoundDisplay*, *$SoundDisplayFunction*, *$StringConversion*, *$StringOrder*, $SuppressInputFormHeads, *$SyntaxHandler*, $System, $TemporaryPrefix, *$TimeUnit*, $Urgent, $Version, $VersionNumber

**Hilfsprogramme**

*Date*, `end.m`, *FromDate*, `init.m`, Overflow, `psfix`, `sysinit.m`

*Attribute und Optionen*

All, Attributes, Automatic, Flat, HoldAll, HoldFirst, HoldRest, Listable, Locked, OneIdentity, *OptionQ*, Options, Orderless, Protected, ReadProtected, SetAttributes, SetOptions

*Debuggen*

$TraceOff, $TraceOn, $TracePattern, $TracePostAction, $TracePreAction, *Debug*, Definition, FullDefinition, *MatchLocalNames*, Off, On, *Stack*, *StackBegin*, *StackComplete*, *StackInhibit*, *Trace*, *TraceAbove*, *TraceAction*, *TraceBackward*, *TraceDepth*, *TraceDialog*, *TraceForward*, *TraceLevel*, *TraceOff*, *TraceOn*, *TraceOriginal*, *TracePrint*, *TraceScan*

*Dateiverwaltung*

*CopyDirectory*, *CopyFile*, *CreateDirectory*, *DeleteContents*, *DeleteDirectory*, *DeleteFile*, *Directory*, *DirectoryStack*, *File*, *FileByteCount*, *FileDate*, *FileInformation*, *FileNames*, files, *FileType*, *HomeDirectory*, metachars, *ParentDirectory*, *RenameDirectory*, *RenameFile*, *ResetDirectory*, *SetDirectory*, *SetFileDate*

*Weitere Hilfsprogramme*

?, ??, Information

*Namen*

*Alias*, NameQ, Names, *UnAlias*, Unique

*Andere Hilfsprogramme*

*Abort*, *AbortProtect*, *CheckAbort*, *Dialog*, *DialogIndent*, *DialogProlog*, *DialogSymbols*, Dump, Edit, EditDefinition, EditIn, Exit, Hash, HashTable, In, *InString*, *Interrupt*, Out, Quit, *Recall*

*Ressourcen-Verwaltung*

*AbsoluteTime*, ByteCount, *ElapsedTime*, LeafCount, MaxMemoryUsed, MemoryConstrained, MemoryInUse, *SessionTime*, Share, *Temporary*, TimeConstrained, *TimeUsed*, Timing

# C Vollständige Liste der Anweisungen

Dieses Kapitel enthält Informationen über alle eingebauten Funktionen, Optionen und Symbole. Die Beschreibungen sind alphabetisch nach Symbolnamen angeordnet. Jeder Eintrag enthält den Namen und, falls es eine Funktion ist, seine Argumente, zusammen mit einer kurzen Beschreibung des Symbols. Die Schriftart jedes Symbols zeigt die Version von *Mathematica* an, in der das Symbol oder Objekt unterstützt wird. *Symbole aus Version 1.2, die in Version 2.0 nicht vorhanden sind, werden kursiv gedruckt.* ***Symbole, die seit der Version 1.2 zur Version 2.0 hinzugefügt wurden, sind fett kursiv gedruckt.*** Beschreibungen von Konstrukten erscheinen in einfacher Schrift. **Alle anderen Symbole erscheinen in fetter Schrift.** Symbole, die in den mit *Mathematica* Version 2 vertriebenen Paketen definiert sind, werden ebenfalls aufgelistet. Sie sind in Kapitel D dokumentiert. Der Daumenindex auf der rechten Seite soll das schnelle Auffinden der gesuchten Funktion ermöglichen. Jede Beschreibung wird in folgendem Format dargestellt:

## Schlüssel

**Symbol**[*args*] ***beispiel oder alias*** Seitenzahlen oder Paket

Den Kopf der Beschreibung bildet ein Symbol zusammen mit den benötigten Argumenten. Die Typen der Argumente werden angegeben. Es folgt eine Liste einiger Argumente, die von Funktionen verwendet werden.

| | | | |
|---|---|---|---|
| a, ausdr = | Ausdruck | n | = Zahl |
| elem, elt = | Element | m, mst | = Muster |
| gl(n) = | Gleichung(en) | pt | = Punkt |
| f, fkt = | Funktion | poly | = Polynom |
| datei = | Dateiname | regel | = Regel der Form n -> v |
| g = | Graph | s | = Symbol |
| i = | Ganze Zahl | str | = Zeichenkette |
| liste = | Liste | symb | = Symbol |
| M, m, mat = | Matrix | wert | = Wert |
| max = | Maximumwert | var | = Variable |
| min = | Minimumwert | z | = Komplexe Zahl |

Manchmal wird ein Beispiel oder Alias (eine abgekürzte Schreibweise des Symbols) in der ersten Zeile angegeben. Am rechten Rand der ersten Zeile werden Seitenzahlen aus Stephen Wolframs Buch Mathematica: A System for Doing Mathematics, 2nd edition (Addison-Wesley, 1991) oder der Paketname, in dem das Symbol definiert wurde, aufgelistet. (Für weitere Informationen zu Symbolen, die in Paketen definiert wurden, siehe Kapitel D oder *Guide to Standard Mathematica Packages* von Wolfram Research.) Jedes Symbol wird kurz in seiner Wirkungsweise beschrieben. Die Anwendungs-Meldung wird aufgelistet. ◇ Zusätzliche Kommentare erscheinen nach der Raute. *Attribute: Die Attribute des Symbols.. Vergleiche auch: Andere Anweisungen mit ähnlichen Möglichkeiten oder Namen. Optionsargumente werden am Ende der Beschreibung aufgelistet..*
OptionName1 -> VorgabeWert1 OptionName2 -> VorgebeWert2

## A

**Abbreviation** Miscellaneous'ChemicalElements'

***Abort*[ ]** 311, 732, 750

erzeugt einen Interrupt, um eine Berechnung abzubrechen. ◇ Der Interrupt-Befehl erzeugt einen Interrupt und tritt in den Debugger ein. *Attribute: Protected. Vergleiche auch:* **AbortProtect, CheckAbort, Interrupt, MemoryConstrained, TimeConstrained, $Aborted**.

***AbortProtect[ausdr]*** 311, 750

evaluiert ausdr, und verschiebt alle Abbrüche, bis die Evaluierung beendet ist oder bis CheckAbort aufgerufen wird. ◇ AbortProtect verschiebt die Wirkung des Abbruchs nur, bis die Funktion AbortProtect selbst evaluiert wird. Wird ein Abbruch generiert, so wird er ausgeführt. Alle Anweisungen, die der Anweisung AbortProtect folgen, werden nicht ausgeführt und es wird $Aborted zurückgegeben. Mit der Anweisung CheckAbort können Abbrüche aufgefangen werden, anstatt sie nur zu verschieben. Abbruchsignale, die durch AbortProtect aufgeschoben werden können, werden auch von den Funktionen MemoryConstrained und TimeConstrained produziert. *Attribute: HoldAll Protected. Vergleiche auch:* **Abort, CheckAbort, Interrupt, MemoryConstrained, TimeConstrained, $Aborted**.

**Above *z.B. ColumnForm[liste, horiz, Above]***

dient zur Festlegung der Ausrichtung in Druckformen wie beispielsweise ColumnForm und TableForm. ◇ Wenn Above spezifiziert ist, wird das untere Element der Spalte nach der Grundlinie ausgerichtet (d.h. der größte Teil der Spalte wird über der Grundlinie positioniert). Andere mögliche vertikale Ausrichtungen für ColumnForm sind Below (die Voreinstellung) und Center. *Attribute: Protected. Vergleiche auch:* **Below, Bottom, Center, ColumnForm, Left, MatrixForm, Right, TableForm, Top**.

**Abs[z]** 49, 52, 550, 551, 604, 750

ergibt den Absolutbetrag der reellen oder komplexen Zahl z. ◇ Für reelle Zahlen num ergibt Abs[num] den Absolutbetrag, und für komplexe Zahlen z ergibt Abs[z] die Norm oder Länge von z. Wenn z keine Zahl ist, dann wird Abs[z] nicht evaluiert. Die Funktionen Re, Im und Arg extrahieren den Realteil, den Imaginärteil und das Argument oder den Phasenwinkel einer komplexen Zahl. *Attribute: Listable Protected. Vergleiche auch:* **Arg, Im, Mod, Re**.

***AbsoluteDashing*[*{d1, d2, ...}*]** 409, 435, 750

ist eine zweidimensionale Grafikanweisung, die festlegt, daß die nachfolgenden Linien gestrichelt zu zeichnen sind, wobei aufeinanderfolgende Segmente die absoluten Längen d1, d2, ... (zyklisch wiederholt) haben. Die Längen di werden in Punkten angegeben. ◇ Ein Punkt hat 1/72 Zoll. AbsoluteDashing kann auch als 3D-Grafik-Primitive verwendet werden. Die Primitive AbsoluteDashing[{ }] spezifiziert durchgezogene Linien. Diese Funktion unterscheidet sich von der Primitive Dashing, die die Länge von Strichen als Bruchteil der Gesamtgröße des Bildes spezifiziert. *Attribute: Protected. Vergleiche auch:* **AbsolutePointSize, AbsoluteThickness, Circle, Dashing, Graphics, Graphics3D, Line, Thickness, GrayLevel**.

***AbsolutePointSize*[*d*]** 408, 435, 750

ist eine Grafikanweisung, die festlegt, daß die nachfolgenden Punkte, wenn möglich, als kreisförmige Bereiche mit dem absoluten Radius d angezeigt werden sollen. Der Radius d wird in Punkten angegeben. ◇ Ein Punkt hat 1/72 Zoll. AbsolutePointSize kann auch als 3D-Grafik-Primitive verwendet werden. Diese Funktion unterscheidet sich von der Primitiven PointSize, die die Größe von Punkten als Bruchteil der Gesamtgröße des Bildes spezifiziert. Auch mit der 2D-Primitiven Disk können Punkte einer spezifizierten Größe produziert werden. Das Aussehen der Punkte kann auch mit den Primitiven GrayLevel[st] oder RGBColor[r,g,b] verändert werden. Listen von Grafik-Primitiven können tief verschachtelt werden, wobei AbsolutePointSize nur auf der Stufe wirkt, in der es sich befindet. Vollständige Listen der Primitiven finden Sie in den Einträgen für Graphics und Graphics3D. Wenn für die Größe von Punkten keine Primitiven spezifiziert wurden, sind die Voreinstellungen PointSize[0.008] für 2D-Grafik und PointSize[0.01] für 3D-Grafik. *Attribute: Protected. Vergleiche auch:* **AbsoluteDashing, AbsoluteThickness, Disk, Graphics, Graphics3D, GrayLevel, Point**.

***AbsoluteThickness[d]*** 409, 435, 750
ist eine Grafikanweisung, die spezifiziert, daß die nachfolgenden Linien mit der absoluten Dicke d zu zeichnen sind. Die Dicke d wird in Punkten angegeben. ◇ Ein Punkt hat 1/72 Zoll. AbsoluteThickness kann auch als 3D-Grafik-Primitive eingesetzt werden. Diese Funktion unterscheidet sich von der Primitiven Thickness, die die Größe von Linien und Kreisen als Bruchteil der Gesamtgröße des Bildes spezifiziert. Das Aussehen der Linien und Kreise kann auch mit den Primitiven Dashing[ ], AbsoluteDashing[ ], GrayLevel[st] oder RGBColor[r,g,b] verändert werden. Listen von Grafik-Primitiven können tief verschachtelt werden, wobei AbsolutePointSize nur auf der Stufe wirkt, in der es sich befindet. Vollständige Listen der Primitiven finden Sie in den Einträgen für Graphics und Graphics3D. Wurde keine Primitive für die Dicke der Linien spezifiziert, so sind die Voreinstellungen für 2D-Grafik Thickness[0.004] und Thickness[0.001] für 3D-Grafik. *Attribute: Protected. Vergleiche auch:* **AbsoluteDashing, AbsolutePointSize, Circle, Dashing, Graphics, Graphics3D, GrayLevel, Line, RGBColor**.

***AbsoluteTime*[ ]** 524, 743, 751
ergibt die Gesamtzahl der Sekunden in Ihrer Zeitzone seit Beginn des 1. Januar 1900. ◇ AbsoluteTime darf weder mit Times, einer arithmetischen Funktion, noch mit Ticks, das zur Konstruktion von Achsen für Grafiken verwendet wird, verwechselt werden. *Attribute: Protected. Vergleiche auch:* **Date, FromDate, SessionTime, TimeConstrained, Times, TimeUsed, TimeZone, Timing, ToDate, $TimeUnit**.

***AccountingForm[ausdr]*** 350, 751
druckt alle Zahlen in ausdr in kaufmännischer Standard-Schreibweise. ◇ Negative Zahlen werden in runden Klammern gedruckt. Normalerweise werden sechs Stellen einer Zahl gedruckt, außer wenn mehr Stellen links vom Dezimalpunkt auftreten. Wissenschaftliche Schreibweise wird nie benutzt. Obwohl die Anweisung AccountingForm nicht das Attribut Listable hat, verhält sie sich so, als wenn es der Fall wäre. Wird sie auf einen Ausdruck angewandt, so werden alle ganzen Zahlen im Ausdruck formatiert, die anderen Elemente des Ausdrucks werden nicht beeinflußt. *Attribute: Protected. Vergleiche auch:* **BaseForm, EngineeringForm, Format, NumberForm, PaddedForm, ScientificForm**.

| | |
|---|---|
| DigitBlock -> Infinity | NumberPoint -> „." |
| SignPadding -> False | NumberSigns -> {{„(", „)"}, „ "} |
| ExponentStep -> 1 | NumberFormat -> Automatic |
| NumberPadding -> {„", „"} | NumberSeparator -> „," |
| ExponentFunction -> Automatic | |

*Accumulate[f, g[a1, a2, ...]]* xix
ist eine veraltete Funktion, ersetzt durch FoldList. Accumulate[f, g[a1, a2, ...]] ergibt g[a1, f[a1, a2], f[f[a1, a2], a3], ...]. ◇ FoldList[f,a1,g[a2,...] ist äquivalent zu Accumulate[f,g[a1,a2,...]]. *Attribute: Protected. Vergleiche auch:* **FoldList**.

**Accuracy[*x*]** xv, 51, 525, 538, 539, 543, 544, 684, 700, 751, 865, 904
ergibt die Anzahl der Stellen rechts vom Dezimalpunkt in der Zahl x (Genauigkeit). ◇ Exakte Werte können ganze Zahlen, rationale Zahlen und Symbole enthalten oder eine Kombination aus ihnen. Die Genauigkeit einer exakten Zahl ist unendlich. Die Genauigkeit einer komplexe Zahl ist die kleinere der Genauigkeiten der beiden Komponenten. Die Genauigkeit einer rellen Zahl ist (Präzision - Anzahl der Stellen links vom Dezimalpunkt). Präzision ist das Maximum von (Maschinengenauigkeit) und der Anzahl der angegebenen Stellen. Die Genauigkeit eines Ausdrucks kann mit der Anweisung SetAccuracy explizit festgelegt werden. (Beachten Sie: Wenn Sie die Genauigkeit einer Zahl auf diese Weise erhöhen, wird die Zahl mit binären Nullen aufgefüllt, dies würde in der Dezimaldarstellung normalerweise Unsinn ergeben.) Genauigkeit wird in Zusammenhang mit Präzision verwendet, die Anzahl der signifikanten Ziffern einer Zahl. $MachinePrecision enthält die Anzahl der Stellen einer von der Hardware unterstützten Zahl (im allgemeinen 16 oder 19) und MachinePrecisionQ gibt True zurück, wenn eine Zahl diese Präzision hat. Chop und Round wandeln eine gebrochene Zahl in eine ganze Zahl um, dabei wird ihre Genauigkeit Unendlich. N wandelt jede Zahl in eine Gleitpunktzahl einer spezifizierten Präzision um. AccuracyGoal ist eine Option für bestimmte numerische Funktionen, die die gewünschte Genauigkeit der Antwort deklariert. Die Genauigkeit einer Summe zweier Ausdrücke ist das Minimum ihrer beiden Genauigkeiten. Die Genauigkeit eines Produktes zweier Ausdrücke kann bestimmt werden, indem zuerst die Präzision (das ist das Minimum der beiden Präzisionen) berechnet wird und dann die Anzahl der Stellen links vom Dezimalpunkt im Ergebnis subtrahiert wird. Interne *Mathematica*-Funktionen (wie beispielsweise Cot[ ]) legen die Genauigkeit ihres Ergebnisses fest, um die Genauigkeit des verwendeten Algorithmus widerzuspiegeln. *Attribute: Protected. Vergleiche auch:* **AccuracyGoal, Chop, MachineNumberQ, N, Precision, Round, SetAccuracy, $MachinePrecision**.

**AccuracyGoal -> *n*** 687, 690, 695, 700, 751
ist eine Option für mehrere numerische Operationen, die festlegt, wie viele genaue Stellen im Endergebnis angestrebt werden sollen. Der Fehler gilt als akzeptabel, und das Ergebnis wird ausgegeben, wenn entweder AccuracyGoal oder PrecisionGoal erreicht ist. ◇ Diese Option wird von den Anweisungen FindMinimum, FindRoot, NDSolve, NIntegrate und NSum dazu verwendet, dem Algorithmus mitzuteilen, wie viele genaue Stellen (die Anzahl korrekter Stellen rechts vom Dezimalpunkt) gewünscht sind. In den meisten Fällen muß WorkingPrecision höher als AccuracyGoal gesetzt werden. Die Einstellung AccuracyGoal -> n garantiert nicht, daß das Ergebnis eine Genauigkeit n haben wird. *Attribute: Protected. Vergleiche auch:* **Accuracy, FindMinimum, FindRoot, NDSolve, NIntegrate, NSum, Options, PrecisionGoal, SetAccuracy, SetOptions, WorkingPrecision.**

**AcyclicQ** DiscreteMath'Combinatorica'
**AddEdge** DiscreteMath'Combinatorica'
**AddTo[*x, dx*] *oder x += dx*** 248, 751
addiert dx zu x und gibt den neuen Wert von x zurück. ◇ Ähnliche Anweisungen sind SubtractFrom (x-=y), TimesBy (x*=y) und DivideBy (x/=y). Darf nicht mit PrependTo verwechselt werden, das eine ähnliche Aufgabe erfüllt, indem ein Element einer Liste hinzugefügt (nicht „addiert") wird. *Attribute: HoldFirst Protected. Vergleiche auch:* **DivideBy, Increment, Plus, PreIncrement, PrependTo, Set, SubtractFrom, TimesBy.**

**AddVertex** DiscreteMath'Combinatorica'
**AdjustedRSquared** Statistics'LinearRegression'
**AffineRationalize** NumberTheory'Rationalize'
**AffineShape** Graphics'Shapes'
**Africa** Miscellaneous'WorldNames'
**AiryAi[*z*]** 570, 576, 751
ergibt die Airy-Funktion Ai(z). ◇ Diese Funktion ist eine spezielle Lösung der Differentialgleichung D[y,x,x]-x*y=0. Steht in Beziehung zu den Bessel-Funktionen. Die Funktion AiryAiPrime ist die Ableitung der Funktion AiryAi. *Attribute: Listable Protected. Vergleiche auch:* **AiryAiPrime, AiryBi, AiryBiPrime, BesselI, BesselJ, BesselK, BesselY.**

***AiryAiPrime*[*z*]** 570, 752
ergibt die Ableitung der Airy-Funktion Ai'(z). ◇ Die Funktion AiryAi ist eine spezielle Lösung der Differentialgleichung D[y,x,x]-x*y=0. Ist mit den Bessel-Funktionen verwandt. *Attribute: Listable Protected. Vergleiche auch:* **AiryAi, AiryBi, AiryBiPrime, BesselI, BesselJ, BesselK, BesselY.**

***AiryBi*[*z*]** 570, 576, 752
ergibt die Airy-Funktion Bi(z). ◇ Diese Funktion ist eine spezielle Lösung der Differentialgleichung D[y,x,x]-x*y=0. Steht in Beziehung zu den Bessel-Funktionen. Die Funktion AiryBiPrime ist die Ableitung der Funktion AiryBi. *Attribute: Listable Protected ReadProtected. Vergleiche auch:* **AiryAi, AiryBiPrime, BesselI, BesselJ, BesselK, BesselY.**

***AiryBiPrime*[*z*]** 570, 752
ergibt die Ableitung der Airy-Funktion Bi'(z). ◇ Die Funktion AiryBi ist eine spezielle Lösung der Differentialgleichung D[y,x,x]-x*y=0. Steht in Beziehung zu den Bessel-Funktionen. *Attribute: Listable Protected. Vergleiche auch:* **AiryAi, AiryAiPrime, AiryBi, BesselI, BesselJ, BesselK, BesselY.**

**Albers** Miscellaneous'WorldPlot'
**AlgebraicRules[*gln, {x1, x2, ...}*]** 622, 752
erzeugt einen Satz algebraischer Regeln, die Variablen vorne in der Liste der xi durch solche hinten in der Liste ersetzen, gemäß der Gleichung oder den Gleichungen gln. ◇ Die Ausgabe von AlgebraicRules ist ein Objekt mit dem Kopf (des Typs) AlgebraicRulesData, das die Regeln als Groebner-Basis für das Gleichungssystem darstellt. Dies kann dann auf Ausdrücke angewendet werden, wie in der Anweisungsfolge: algregeln=AlgebraicRules[{gl,gl,...},{var,var,...}]; ausdr /. algregeln. Die von AlgebraicRules produzierten Regeln enthalten gewöhnlich die Funktion Auxiliary, die innerhalb des Algorithmus dazu dient, die Evaluierung von bestimmten Funktionen zu verhindern. Die Konstruktion InverseFunction wird von AlgebraicRules häufig produziert. Die Konstruktionen Eliminate und Solve verwenden die Methode der Groebner-Basen ebenfalls zur Lösung eines Gleichungssystems. Rule ist der Kopf einer Ersetzungsregel, die mit dem Replace-Operator angewendet wird. *Attribute: Protected. Vergleiche auch:* **Auxiliary, AlgebraicRulesData, Eliminate, InverseFunction, Replace, Rule, Solve.**

| | |
|---|---|
| InverseFunctions -> Automatic | MakeRules -> True |
| Method -> 1 | Mode -> Rational |
| Sort -> False | VerifySolutions -> False |
| WorkingPrecision -> Infinity | |

**AlgebraicRulesData**
ist ein Objekt, das von AlgebraicRules zurückgegeben wird. Seine OutputForm macht den Eindruck einer Regel-Liste, aber die Regeln werden von Replace und verwandten Funktionen algebraisch statt syntaktisch angewandt. ◇ Durch das Objekt AlgebraicRulesData erhalten die Gleichungen die Form einer Groebner-Basis. Ein Gleichungssystem im Format AlgebraicRulesData kann dann auf dieselbe Weise wie ein Satz Regeln in einer Replace-Anweisung (d.h. „/.") verwendet werden. *Attribute: Protected. Vergleiche auch:* **Auxiliary, AlgebraicRules, Eliminate, Replace**.

**AlgExpQ** ProgrammingExamples'AlgExp'
*Alias* ***oder input ::= translated*** xix
ist eine veraltete Funktion, ersetzt durch $Pre und $PreRead. ◇ Die Funktion $PreRead wirkt auf der Eingabe während sie noch in Zeichenkettenform ist. Der anspruchsvolle Programmierer kann dies zur Syntaxanalyse der Eingabe nutzen, wodurch nach Wunsch jede beliebige neue Syntax verwendet werden kann. Die Funktion $Pre wird angewandt, nachdem die Eingabe syntaktisch analysiert, in einen Ausdruck konvertiert und soweit wie möglich evaluiert wurde. Mit der Funktion $Pre kann die alte Funktion Alias direkt ersetzt werden. Wenn $Pre keinen früheren Wert hat, ist die Zeile $Pre = (#/.alt -> new)& äquivalent zu der alten Alias-Anweisung alt::=neu. Wenn $Pre einen existierenden Wert hat, kann ein neuer Alias mit der Zeile $Pre = (#/.{alt -> neu,alt1 -> neu1})& hinzugefügt werden. *Attribute: HoldAll Protected. Vergleiche auch:* **UnAlias, $Pre, $PreRead**.

**All** ***z.B. PlotRange -> All*** 141, 752
ist eine Einstellung für bestimmte Optionen. ◇ PlotRange -> All erzwingt, daß alle Punkte gezeichnet werden, auch wenn sie nahe einer Singularität liegen. PlotRange ist eine Option für Grafikanweisungen wie Plot, Plot3D, Graphics und Graphics3D. *Attribute: Protected. Vergleiche auch:* **Graphics, Graphics3D, Options, Plot, PlotRange, Plot3D, SetOptions**.

**All** DiscreteMath'Combinatorica'
**AllPairsShortestPath** DiscreteMath'Combinatorica'
**AllPoints** DiscreteMath'ComputationalGeometry'
**Alternatives** ***oder m1 | m2 | ...*** 229, 752
ist ein Muster-Objekt, das jedes der Muster mi repräsentiert. ◇ Muster können mit dem Operator Alternatives kombiniert werden. So paßt das Muster (x_Integer | Complex[x_,_]) entweder zu einer ganzen oder zu einer komplexen Zahl, wobei x dem Realteil zugewiesen wird. Alternatives, „|", darf nicht mit dem logischen Operator Or, „||", verwechselt werden. *Attribute: Protected. Vergleiche auch:* **Blank, Or, PatternTest, muster**.

**AmbientLight -> GrayLevel/Hue/RGBColor** 455, 752
ist eine Option für Graphics3D und verwandte Funktionen, die den Grad der simulierten Umgebungsbeleuchtung in einem 3D-Bild angibt. ◇ Eine Schwarzweiß-Lichtstufe kann durch AmbientLight -> GrayLevel[intensität] festgelegt werden, wobei intensität eine Zahl zwischen 0 (schwarz) und 1 (weiß) ist. Eine farbige Umgebungsbeleuchtung kann durch AmbientLight -> RGBColor[rot,grün,blau] festgelegt werden, wobei rot, grün und blau Zahlen zwischen 0 und 1 sind oder durch Hue[farbton,sättigung,helligkeit], wobei jeder der Parameter eine Zahl zwischen 0 und 1 ist. Der Vorgabewert von AmbientLight ist GrayLevel[0.] (keine Umgebungsbeleuchtung). Um Umgebungsbeleuchtung zu erhalten, muß die Option Lighting -> True gesetzt werden. Punktlichtquellen können dann durch die Option LightSources spezifiziert werden. *Attribute: Protected. Vergleiche auch:* **Graphics3D, GrayLevel, Hue, Lighting, LightSources, ListPlot3D, Options, Plot3D, RGBColor, SetOptions, SurfaceColor**.

***Analytic*** **-> True oder False**
ist eine Option für Limit und Series, die festlegt, ob unbekannte Funktionen als analytisch zu behandeln sind. ◇ Wenn Analytic -> True ist, wird angenommen, daß der Grenzwert der Funktion gleich dem Funktionswert im Grenzwert ist. Wenn dieser Wert eine unbestimmte Form hat, dann wird zur Auswertung die L'Hopitalsche Regel angewandt. Die Voreinstellung ist Analytic -> False. *Attribute: Protected. Vergleiche auch:* **Direction, Limit, Series**.

***AnchoredSearch*** **-> True oder False** 501, 752
ist eine Option für Find und FindList, die angibt, ob der Text, nach dem gesucht wird, am Anfang eines Records stehen muß. ◇ Ein Record ist normalerweise eine Eingabezeile aus einer Datei, mit dem Vorgabewert von RecordSeparators -> "\n". *Attribute: Protected. Vergleiche auch:* **Find, FindList, IgnoreCase, RecordSeparators, WordSearch**.

**And[*a1, a2, ...*]** ***oder a1 && a2 && ...*** 94, 289, 614, 730, 753
ist die logische AND-Funktion. Sie evaluiert ihre Argumente der Reihe nach und gibt sofort False zurück, wenn irgendeines False ergibt, und True, wenn sie alle True ergeben. ◇ And evaluiert seine Argumente nicht standardmäßig. Sie werden nur evaluiert, wenn sie benötigt werden. Im Ausdruck a1&&a2&&a3 werden die ai der Reihe nach evaluiert. Sobald irgendein ai als False bestimmt wird, wird die Evaluierung beendet und False zurückgegeben. Auf diese Weise können die ai in einem Programm als Verzweigungen dienen. And liefert die Werte True, False oder ein symbolisches Ergebnis in einer teilweise vereinfachten Form. Ein symbolisches Ergebnis kann mit LogicalExpand entwickelt werden. Mit And werden gewöhnlich Tests kombiniert. *Attribute: Flat HoldAll OneIdentity Protected. Vergleiche auch:* **LogicalExpand, True, False, Or, Not, Xor, Implies, tests**.

**Animate** Graphics'Animation'
**Animation** Graphics'Animation'
**AnimationFunction** Graphics'Animation'
**ANOVATable** Statistics'LinearRegression'
**Apart[*ausdr*]** 78, 596, 753
schreibt einen rationalen Ausdruck als Summe von Termen mit minimalen Nennern. Apart[ausdr, var] behandelt alle Variablen außer var als Konstanten. ◇ Die Zerlegung wird nur ausgeführt, wenn der Nenner über den rationalen Zahlen faktorisiert werden kann. Wenn der Nenner komplexe oder irrationale Wurzeln hat, muß er zuerst per Hand faktorisiert werden. Danach kann Apart angewendet werden. Die Wirkung von Apart kann durch die Anweisung Together umgekehrt werden, die die Terme einer Summe über einen Hauptnenner kombiniert und gemeinsame Terme entfernt. PolynomialQuotient[ausdr] bestimmt den Polynomteil von Apart[ausdr]. *Attribute: Protected. Vergleiche auch:* **Cancel, Expand, PolynomialQuotient, Simplify, Together**.
Modulus -> 0 Trig -> False

**Append[*ausdr, elem*]** 128, 196, 753
ergibt ausdr mit angehängtem elem. ◇ Die Anweisung Prepend fügt das neue Element an den Anfang der Liste ein. Mit der Anweisung Insert kann ein neues Element mitten in die Liste eingefügt werden. Die Anweisung Append ist nichtdestruktiv; der Wert von ausdr wird nicht verändert. AppendTo dagegen ist destruktiv; AppendTo[s, elem] hängt elem an s an und legt das Ergebnis als s ab. Diese Anweisungen unterscheiden sich von OpenAppend und PutAppend, mit denen Dateien etwas hinzugefügt (in sie geschrieben) wird. *Attribute: Protected. Vergleiche auch:* **AppendTo, Insert, List, OpenAppend, Prepend, PutAppend**.

**AppendColumns** LinearAlgebra'MatrixManipulation'
**AppendRows** LinearAlgebra'MatrixManipulation'
**AppendTo[*s, elem*]** 249, 753
hängt elem an s an und legt das Ergebnis in s ab. ◇ AppendTo[s,elem] ist im wesentlichen äquivalent zu s=Append[s,elem]. Mit dieser Anweisung kann, Element für Element, eine Liste aufgebaut werden. Die Anweisung Prepend fügt das neue Element an den Anfang der Liste ein. Mit der Anweisung Insert kann ein neues Element mitten in die Liste eingefügt werden. Die Anweisung Append[liste,elem] unterscheidet sich von AppendTo dadurch, daß die Definition der Liste nicht verändert wird. *Attribute: HoldFirst Protected. Vergleiche auch:* **Append, List, OpenAppend, PrependTo, PutAppend**.

**Apply[*f, ausdr*]** ***oder f @@ ausdr*** 131, 203, 725, 753
ersetzt den Kopf von ausdr durch f. Apply[f, ausdr, stufenspez] ersetzt Köpfe in den durch stufenspez festgelegten Teilen von ausdr. ◇ Die üblichen *Mathematica*-Stufenspezifikationen werden im Eintrag stufenspez dokumentiert. Die Stufe kann mit der Anweisung Level überprüft werden. Die Form Apply[f,ausdr] ist äquivalent zu Apply[f,ausdr,{0}]. Map wendet eine Funktion auf jedes Element eines Ausdruck auf der angegebenen Stufe an, anstatt den Kopf zu ersetzen. MapAt wendet eine Funktion auf einen spezifizierten Teil eines Ausdrucks an. Scan führt dieselben Aktionen wie Map aus, gibt aber kein Ergebnis zurück. Level liefert eine Liste aller Unterausdrücke eines Ausdrucks auf einer angegebenen Stufe. *Attribute: Protected. Vergleiche auch:* **Map, MapAt, Scan, Level, stufenspez**.
Heads -> False

**ArcCos[*z*]** 49, 562, 753
ergibt den Arkuskosinus der komplexen Zahl z. ◇ Die Ergebnisse werden im Bogenmaß angegeben, können aber durch Multiplikation mit der Konstanten Degree in Grad umgewandelt werden. Obwohl arccos eine mehrwertige Funktion ist, ist *Mathematicas* ArcCos-Funktion einwertig und liefert für reelle z einen Wert zwischen 0 und Pi. *Attribute: Listable Protected. Vergleiche auch:* **Cos, ArcSin, ArcTan, ArcSec, ArcCsc, ArcCot, Degree, ArcCosh**.

**ArcCosh[z]** 562, 754
ergibt den inversen Cosinus Hyperbolicus (oder Areakosinus) der komplexen Zahl z. ◇ ArcCosh liefert Werte auf einem einzelnen Blatt der Riemannschen Fläche. Somit kann man Ergebnisse erhalten, für die ArcCosh[Cosh[z]] ungleich z ist. *Attribute: Listable Protected. Vergleiche auch:* **Cosh, ArcSinh, ArcTanh, ArcSech, ArcCsch, ArcCoth, Exp, ArcCos.**

**ArcCot[z]** 562, 754
ergibt den Arkuskotangens der komplexen Zahl z. ◇ Die Ergebnisse werden im Bogenmaß angegeben, können aber durch Multiplikation mit der Konstanten Degree in Grad umgewandelt werden. Obwohl arccot eine mehrwertige Funktion ist, ist *Mathematicas* ArcCot Funktion einwertig und liefert für reelle z einen Wert zwischen 0 und Pi. *Attribute: Listable Protected. Vergleiche auch:* **Cot, ArcSin, ArcCos, ArcTan, ArcSec, ArcCsc, Degree, ArcCoth.**

**ArcCoth[z]** 562, 754
ergibt den inversen Cotangens Hyperbolicus (oder Areakotangens) der komplexen Zahl z. ◇ ArcCoth liefert Werte auf einem einzelnen Blatt der Riemannschen Fläche. Somit kann man Ergebnisse erhalten, für die ArcCoth[Coth[z]] ungleich z ist. *Attribute: Listable Protected. Vergleiche auch:* **Coth, ArcSinh, ArcCosh, ArcTanh, ArcSech, ArcCsch, Exp, ArcCot.**

**ArcCsc[z]** 562, 754
ergibt den Arkuskosekans der komplexen Zahl z. ◇ Die Ergebnisse werden im Bogenmaß angegeben, können aber durch Multiplikation mit der Konstanten Degree in Grad umgewandelt werden. Obwohl arccsc eine mehrwertige Funktion ist, ist *Mathematicas* ArcCsc-Funktion einwertig und liefert für reelle z einen Wert zwischen -Pi/2 und Pi/2. *Attribute: Listable Protected. Vergleiche auch:* **Csc, ArcSin, ArcCos, ArcTan, ArcSec, ArcCot, Degree, ArcCsch.**

**ArcCsch[z]** 562, 754
ergibt den inversen Cosecans Hyperbolicus (oder Areakosekans) der komplexen Zahl z. ◇ ArcCsch liefert Werte auf einem einzelnen Blatt der Riemannschen Fläche. Somit kann man Ergebnisse erhalten, für die ArcCsch[Csch[z]] ungleich z ist. *Attribute: Listable Protected. Vergleiche auch:* **Csch, ArcSinh, ArcCosh, ArcTanh, ArcSech, ArcCoth, Exp, ArcCsc.**

**ArcLengthFactor** Calculus'VectorAnalysis'

**ArcSec[z]** 562, 754
ergibt den Arkussekans der komplexen Zahl z. ◇ Die Ergebnisse werden im Bogenmaß angegeben, können aber durch Multiplikation mit der Konstanten Degree in Grad umgewandelt werden. Obwohl arcsec eine mehrwertige Funktion ist, ist *Mathematicas* ArcSec-Funktion einwertig und liefert für reelle z einen Wert zwischen 0 und Pi. *Attribute: Listable Protected. Vergleiche auch:* **Sec, ArcSin, ArcCos, ArcTan, ArcCsc, ArcCot, Degree, ArcSech.**

**ArcSech[z]** 562, 754
ergibt den inversen Secans Hyperbolicus (oder Areasekans) der komplexen Zahl z. ◇ ArcSech liefert Werte auf einem einzelnen Blatt der Riemannschen Fläche. Somit kann man Ergebnisse erhalten, für die ArcSech[Sech[z]] ungleich z ist. *Attribute: Listable Protected. Vergleiche auch:* **Sech, ArcSinh, ArcCosh, ArcTanh, ArcCsch, ArcCoth, Exp, ArcSec.**

**ArcSin[z]** 49, 562, 754
ergibt den Arkussinus der komplexen Zahl z. ◇ Die Ergebnisse werden im Bogenmaß angegeben, können aber durch Multiplikation mit der Konstanten Degree in Grad umgewandelt werden. Obwohl arcsin eine mehrwertige Funktion ist, ist *Mathematicas* ArcSin-Funktion einwertig und liefert für reelle z einen Wert zwischen -Pi/2 und Pi/2. *Attribute: Listable Protected. Vergleiche auch:* **Sin, ArcCos, ArcTan, ArcSec, ArcCsc, ArcCot, Degree, ArcSinh.**

**ArcSinh[z]** 562, 754
ergibt den inversen Sinus Hyperbolicus (oder Areasinus) der komplexen Zahl z. ◇ ArcSinh liefert Werte auf einem einzelnen Blatt der Riemannschen Fläche. Somit kann man Ergebnisse erhalten, für die ArcSinh[Sinh[z]] ungleich z ist. *Attribute: Listable Protected. Vergleiche auch:* **Sinh, ArcCosh, ArcTanh, ArcSech, ArcCsch, ArcCoth, Exp, ArcSin.**

**ArcTan[z]** 49, 562, 755

ergibt den Arkustangens von z. ArcTan[x, y] ergibt den Arkustangens von y/x, wobei x und y reell sind,dabei wird berücksichtigt, in welchem Quadranten sich der Punkt (x, y) befindet. ◇ Die Ergebnisse werden im Bogenmaß angegeben, können aber durch Multiplikation mit der Konstanten Degree in Grad umgewandelt werden. Obwohl arctan eine mehrwertige Funktion ist, ist *Mathematicas* ArcTan-Funktion einwertig, und sie liefert für reelle z einen Wert zwischen -Pi/2 und Pi/2. Die verwandten Funktionen Arg und Abs liefern jeweils das Argument (Winkel) und den Absolutbetrag einer komplexen Zahl. *Attribute: Listable Protected. Vergleiche auch:* **Abs, ArcSin, ArcCos, ArcSec, ArcCsc, ArcCot, ArcTanh, Arg, Degree, Tan**.

**ArcTanh[z]** 562, 755

ergibt den inversen Tangens Hyperbolicus (oder Areatangens) der komplexen Zahl z. ◇ ArcTanh liefert Werte auf einem einzelnen Blatt der Riemannschen Fläche. Somit kann man Ergebnisse erhalten, für die ArcTanh[Tanh[z]] ungleich z ist. *Attribute: Listable Protected. Vergleiche auch:* **Tanh, ArcSinh, ArcCosh, ArcSech, ArcCsch, ArcCoth, Exp, ArcTan**.

**Area** Geometry'Polytopes'

**Arg[z]** 52, 551, 604, 755

ergibt das Argument der komplexen Zahl z. ◇ Arg[z] ist der Phasenwinkel oder das Argument der komplexen Zahl z im Bogenmaß. Das Ergebnis kann durch Multiplikation mit der Konstanten Degree in Grad umgewandelt werden. *Attribute: Listable Protected. Vergleiche auch:* **ArcTan, Re, Im, Abs, Degree**.

**ArgColor** Graphics'ArgColors'

**ArgColor** ProgrammingExamples'ArgColors'

**ArgPi** DiscreteMath'RSolve'

**ArgShade** Graphics'ArgColors'

**ArgShade** ProgrammingExamples'ArgColors'

**Arithmetic** NumericalMath'ComputerArithmetic'

**ArithmeticGeometricMean[*a*, *b*]** 580, 755

ergibt das arithmetisch-geometrische Mittel von a und b. ◇ Das ArithmeticGeometricMean[a,b] zweier Zahlen a und b wird mittels folgender Iteration berechnet: a(0)=a, b(0)=b, a(n+1) = (a(n) + b(n))/2, b(n+1)=Sqrt[a(n)b(n)]. *Attribute: Listable Orderless Protected. Vergleiche auch:* **Sqrt**.

**Array[*f*, *n*]** 122, 210, 649, 668, 755

erzeugt eine Liste der Länge n mit den Elementen f[i]. Array[f, {n1, n2, ...}] erzeugt ein n1 X n2 X ... Array verschachtelter Listen mit den Elementen f[i1, i2, ...]. Array[f, dims, ursprung] erzeugt eine Liste unter Verwendung des spezifizierten Index-Anfangswertes (Vorgabewert ist 1). Array[f, dims, ursprung, h] verwendet für jede Stufe des Arrays den Kopf h anstelle von List. ◇ Mit der Anweisung Table können Arrays ausgegeben werden. Im Unterschied zu Table erfordert Array keine Iterationsvariable. Zum Beispiel kann die Liste der f[i] für i =1 bis 5 mit Table[f[i],{i,5}]) oder Array[f,5] erzeugt werden. Während für Table die Schrittweite festgelegt werden kann, ist die Schrittweite für Array 1. Beachten Sie, daß die für Array angegebenen Dimensionen nicht in der normalen Laufindex-Form ({x,xstart,xend,dx}) angegeben werden. Beachten Sie auch, daß der Anfangswert eine einzelne Zahl ist, die den Anfangswert für alle Indizes angibt. DiagonalMatrix und IdentityMatrix sind einfache Möglichkeiten, bestimmte Listen der Tiefe 2 (d.h. Matrizen) zu erzeugen. Range erzeugt Listen der Tiefe 1 (d.h. Vektoren). Array[f,ende,start,Plus] ist äquivalent zu Sum[f[i],{i,start,ende}] und Array[f,ende,start,Times] ist äquivalent zu Product[f[i],{i,start,ende}]. Array darf nicht mit GraphicsArray verwechselt werden, das Grafik in einem rechteckigen Array anzeigt. *Attribute: Protected. Vergleiche auch:* **DiagonalMatrix, GraphicsArray, IdentityMatrix, List, Product, Sum, Table**.

**ArticulationVertices** DiscreteMath'Combinatorica'

**Asia** Miscellaneous'WorldNames'

**AspectRatio -> *n* / Automatic** 139, 156, 403, 416, 445, 775
ist eine Option für Show und verwandte Funktionen, die das Verhältnis von Höhe zu Breite für ein Diagramm festlegt. ◇ Als Option für Plot, Graphics, ListPlot und ParametricPlot hat AspectRatio einen Vorgabewert von 1/GoldenRatio oder ungefähr 0.6. Andere akzeptierte Werte sind beliebige Zahlen und Automatic. Wenn AspectRatio auf Automatic gesetzt ist, wird ein Graph skaliert gezeichnet, d.h. eine Einheit in die x-Richtung wird mit derselben Länge wie eine Einheit in y-Richtung gezeichnet. Als Option für ContourGraphics, ContourPlot, DensityGraphics und DensityPlot hat AspectRatio einen Vorgabewert von 1. Als Option für Graphics3D, ListContourPlot, ListDensityPlot, ListPlot3D, Plot3D und SurfaceGraphics hat AspectRatio den Vorgabewert Automatic. Diese Einstellung überprüft die Werte von BoxRatios, um den Wert für AspectRatio zu bestimmen. Bei jeder Einstellung von AspectRatio, außer Automatic, wird eine Änderung von BoxRatios in der Weise erzwungen, daß der Graph den Rahmen ausfüllt. Die Option PlotRegion skaliert die Grafik und plaziert sie in dem durch AspectRatio spezifizierten Teil der Fläche. *Attribute: Protected. Vergleiche auch:* **Automatic, BoxRatios, GoldenRatio, Graphics, Graphics3D, Plot, Plot3D, PlotRegion, Options, SetOptions**.

**AtomicNumber** Miscellaneous'ChemicalElements'
**AtomicWeight** Miscellaneous'ChemicalElements'
**AtomQ[*ausdr*]** 228, 756
ergibt True, wenn ausdr ein Ausdruck ist, der nicht weiter in Unterausdrücke unterteilt werden kann, sonst False. ◇ AtomQ kann in rekursiven Prozeduren verwendet werden, die Ausdrücke zerlegen, um zu bestimmen, wann die unterste Stufe (die Blätter der Baumdarstellung des Ausdrucks) erreicht wurde. Spezielle Typen von Atomen sind zum Beispiel Symbole, Zahlen und Zeichenketten mit Head[ausdr] gleich Symbol, Complex, Integer, Rational oder Real oder String. *Attribute: Protected. Vergleiche auch:* **Head, IntegerQ, NameQ, NumberQ, LeafCount, StringQ, Symbol, tests**.

**Attributes[*symbol*]** 230, 271, 736, 756
liefert die Liste aller Attribute eines Symbols. ◇ Einem Symbol (oder einer Anweisung) kann eine Liste von Attributen durch die Anweisung „Attributes[symbol]={attr1,attr2,...}“ zugewiesen werden. Die Attribute mehrerer Anweisungen können mit Attributes[{anw1,anw2,...}] aufgelistet werden. Die Attribute einer Funktion müssen festgelegt werden, bevor irgendwelche Werte (oder Regeln) der Funktion zugewiesen werden. Eingebaute Attribute in *Mathematica* sind: Constant - alle Ableitungen sind Null, Flat - die Funktion ist assoziativ, HoldAll - kein Argument von f wird evaluiert, HoldFirst - das erste Argument von f wird nicht evaluiert, HoldRest - nur das erste Argument von f wird evaluiert, Listable - f wird automatisch über Listen „verteilt“ (siehe Thread), Locked - Attribute von f können nicht verändert werden, OneIdentity - f[a],f[f[a]] usw. sind beim Mustervergleich äquivalent zu a, Orderless - die Funktion ist kommutativ, Protected - Werte von f (und Regeln) können nicht verändert werden, ReadProtected - Werte von f (und Regeln) können nicht gelesen werden, Stub - die Funktion Needs wird automatisch aufgerufen, wenn das Symbol verwendet wird und Temporary - dies ist eine lokale Variable, die entfernt wird, wenn sie nicht mehr benötigt wird. Individuelle Attribute können mit den Anweisungen SetAttributes und ClearAttributes hinzugefügt oder gelöscht werden. Das Attribut Protected kann mit den Anweisungen Protect und UnProtect gesetzt oder entfernt werden. *Attribute: HoldAll Listable Protected. Vergleiche auch:* **ClearAttributes, Options, Protect, SetAttributes, UnProtect**.

**Automatic** ***z.B. option -> Automatic*** 141, 756
repräsentiert einen Optionswert, der automatisch durch eine eingebaute Funktion ausgewählt wird. ◇ Wenn die Grafik-Option AspectRatio auf Automatic gesetzt ist (AspectRatio-> Automatic), wird ein Graph skaliert gezeichnet, d.h. eine Einheit in x-Richtung wird mit derselben Länge wie eine Einheit in y-Richtung gezeichnet. Wenn Sie einen Kreis zeichnen, müssen Sie diese Option angeben, damit der Kreis wie ein Kreis und nicht wie eine Ellipse aussieht. *Attribute: Protected. Vergleiche auch:* **Options, SetOptions**.

**Automorphisms** DiscreteMath'Combinatorica'
**Auxiliary[*v*]**
wird vom Solve-Paket verwendet, um anzugeben, daß die Variable v von Roots für die Produktion von Lösungen verwendet wird, daß aber die entsprechenden Werte von v nicht in die endgültige Antwort aufgenommen werden. *Attribute: Protected. Vergleiche auch:* **AlgebraicRules, AlgebraicRulesData, Roots, Solve**.

**Axes -> *wert*** 139, 156, 418, 419, 420, 429, 459, 462, 756, 757, 884
ist eine Option für Grafikfunktionen, die festlegt, ob Achsen gezeichnet werden sollen. ◇ Axes kann folgende Werte annnehmen: False (produziert keine Achsen), True (bewirkt, daß alle Achsen gezeichnet werden), {xwert,ywert} für 2D-Grafik oder {xwert,ywert,zwert} für 3D-Grafik (wobei xwert, ywert und zwert jeweils entweder True oder False sind). Die meisten Grafikfunktionen haben als Vorgabewert für Axes True, wenn aber eine Grafik völlig mit Grafik-Primitiven aufgebaut wird, ist der Vorgabewert False. Die Option Axes kann auch auf Automatic (äquivalent zu True), None (äquivalent zu False) und {x,y} (äquivalent zu Axes -> True und AxesOrigin -> {x,y}) gestellt werden. Wenn Achsen spezifiziert werden, werden sie gemäß der Einstellung der Option AxesOrigin (2D) oder AxesEdge (3D) plaziert. *Attribute: Protected. Vergleiche auch:* **AxesEdge, AxesLabel, AxesOrigin, AxesStyle, Options, Plot, Show, Ticks**.

**AxesEdge -> *wert*** 461, 757
ist eine Option für 3D-Grafikfunktionen, die angibt, auf welchen Kanten des Rahmens Achsen gezeichnet werden sollen. ◇ AxesEdge hat den Vorgabewert Automatic, der automatisch exponierte Rahmenkanten für die Achsen wählt, so daß die Skalenstriche das Diagramm nicht verdecken. AxesEdge kann auch die Werte None oder {{dir(xy),dir(xz)},{dir(yx),dir(yz)},{dir(zx),dir(xy)}} annehmen. Jedes der dir(ij) ist entweder 1 oder -1, abhängig davon, ob die i-Achse auf der Rahmenkante mit großen oder kleinen Werten von j liegen soll. Jedes Paar {dir,dir} kann auch durch None oder Automatic ersetzt werden. AxesEdge ist eine gültige Option für die Anweisungen Plot3D, ListPlot3D, ParametricPlot3D, SurfaceGraphics, Graphics3D und Show (wenn 3D-Grafik angezeigt wird). *Attribute: Protected. Vergleiche auch:* **Axes, AxesLabel, AxesOrigin, AxesStyle, Graphics3D, Options, Plot3D, SetOptions**.

**AxesLabel -> *{xkenn, ykenn}*** 139, 156, 419, 462, 757
ist eine Option für Grafikfunktionen, die die Achsenbeschriftungen festlegt. ◇ Mit der Option PlotLabel können Sie eine Titelbeschriftung für den ganzen Graphen und mit der Option FrameLabel Beschriftungen für jede der Rahmenseiten der Grafik angeben. *Attribute: Protected. Vergleiche auch:* **Plot, Plot3D, Show, Axes, AxesEdge, AxesStyle, FrameLabel, Options, SetOptions, PlotLabel**.

***AxesOrigin* -> *{x, y}*** 139, 419, 757
ist eine Option für zweidimensionale Grafikfunktionen, die bestimmt, wo sich gezeichnete Achsen kreuzen sollen. ◇ Der Vorgabewert von AxesOrigin ist Automatic, in welchem Fall sich die Achsen, wenn möglich, gewöhnlich in (0,0) kreuzen. Für Kontur- und Dichtediagramme plaziert die Einstellung Automatic den Ursprung außerhalb der Zeichenfläche. Die Einstellung AxesOrigin -> {x,y} legt den Ursprung in den Punkt (x,y). *Attribute: Protected. Vergleiche auch:* **Axes, AxesEdge, AxesLabel, AxesStyle, Options, Plot, SetOptions**.

**AxesStyle -> *{prim1, ...}*** 419, 461, 757
ist eine Option für Grafikfunktionen, die angibt, wie Achsen dargestellt werden sollen. ◇ Der Vorgabewert von AxesStyle ist Automatic. Der Option AxesStyle kann als ein Wert auch eine Liste von Grafikanweisungen übergeben werden. Diese Anweisungen sind zum Beispiel AbsoluteDashing, AbsoluteThickness, CMYKColor, Dashing, GrayLevel, Hue, RGBColor und Thickness. *Attribute: Protected. Vergleiche auch:* **Axes, AxesLabel, BoxStyle, Dashing, FrameStyle, GrayLevel, PlotStyle, Thickness, Ticks**.

**Axis** Graphics'FilledPlot'

# B

**Back** Graphics'FilledPlot'

**Background -> *wert*** 412, 757
ist eine Option für Grafikfunktionen, die die Hintergrundfarbe festlegt. ◇ Der Vorgabewert von Background ist Automatic. Background kann folgende Werte haben: Automatic (Voreinstellung), CMYKColor[zyan,magenta,gelb,schwarz] (wobei jeder Wert zwischen 0 und 1 liegt), GrayLevel[n] (wobei n einen Wert zwischen 0 (schwarz) und 1 (weiß) annimmt ), Hue[farbton,sättigung,helligkeit] (wobei jeder Wert zwischen 0 und 1 liegt) oder RGB[rot,grün,blau] (wobei rot, grün und blau Werte zwischen 0 und 1 annehmen). Andere Optionen, die auf die Farben einer Grafik einwirken, sind: ColorFunction (nur 3D), ColorOutput, DefaultColor und SurfaceColor (nur 3D). Die Voreinstellung von DefaultColor bewirkt, daß das Diagramm in einer Farbe komplementär zum Hintergrund gezeichnet wird. *Attribute: Protected. Vergleiche auch:* **CMYKColor, DefaultColor, GrayLevel, Hue, Options, Plot, Plot3D, RGBColor, SetOptions**.

**Backtrack** DiscreteMath'Combinatorica'

**BarChart** Graphics'Graphics'
**BarChart3D** Graphics'Graphics3D'
**BarEdges** Graphics'Graphics'
**BarEdgeStyle** Graphics'Graphics'
**BarOrientation** Graphics'Graphics'
**BarSpacing** Graphics'Graphics'
**BarStyle** Graphics'Graphics'
**BaseForm[*ausdr, n*]** 353, 537, 758
druckt die in ausdr angegebenen Zahlen zur Basis n. ◇ Die maximale erlaubte Basis ist 36. Eine Zahl kann auch in der Form basis^^ziffern eingegeben werden. Wenn eine Zahl in irgendeiner Basis in wissenschaftlicher Schreibweise angegeben wird, wird vorausgesetzt, daß der Exponent die Basis 10 hat. *Attribute: Protected. Vergleiche auch:* **AccountingForm, NumberForm, ScientificForm, EngineeringForm.**

**BasisNames** Statistics'LinearRegression'
**Begin[*"kontext'"*]** 339, 341, 758
ändert den aktuellen Kontext. ◇ Wenn kontext' der Kontext (der Wert der Variablen $Context) vor Ausführung von Begin["'neu'"] war, dann wird der Kontext zu kontext'neu' verändert. Wenn kontext' der Kontext vor Ausführung von Begin["neu'"] war (beachten Sie das fehlende Akzentzeichen, das hier Kontextmarkierungszeichen heißt), dann wird er zu neu'. Wenn End aufgerufen wird, ist der aktuelle Kontext wieder derselbe wie vor dem Aufruf von Begin. Die Anweisung Begin ändert den aktuellen Kontext, beeinflußt aber nicht den Kontextpfad $ContextPath. Mit der Änderung der Kontexte können Sie „lokale" Variablen definieren, die keine Variablen außerhalb des Kontextes beeinflussen (wenn sie nicht vor Eintritt in den Kontext definiert wurden). Die Anweisung EndAdd fügt den aktuellen Kontext zum Kontextpfad hinzu und kehrt zum vorhergehenden Kontext zurück. Mit den Konstrukten Block und Module können auch lokale Variable erzeugt werden. *Attribute: Protected. Vergleiche auch:* **BeginPackage, Block, Context, End, EndAdd, EndPackage, Module, $Context, $ContextPath.**

**BeginPackage[*"kontext'"*]** 339, 758
macht kontext' und System' zu den einzig aktiven Kontexten. BeginPackage["kontext'", {"benötigt1'", "benötigt2'", ...}] ruft Needs für die benötigti auf. ◇ Wenn kontext' der Kontext (der Wert der Variablen $Context) vor der Ausführung von BeginPackage["'neu'"] war, dann wird der Kontext zu kontext'neu' verändert. Wenn kontext' der Kontext vor der Ausführung von BeginPackage["neu'"] war (beachten Sie das fehlende Akzentzeichen, das hier Kontextmarkierungszeichen heißt), dann wird er zu neu'. Der Aufruf von EndPackage setzt den Kontext von vor dem Aufruf von BeginPackage wieder ein. Die als Argumente angegebenen Kontexte werden dem Kontextpfad vorangestellt. Die Anweisungen Begin und End ändern $ContextPath nicht. BeginPackage ändert $ContextPath in der Weise, daß sich nur der neue Kontext und System' in ihm befinden. Mit dieser Änderung des Kontextes können Sie „lokale" Variablen definieren, die keine Variablen außerhalb des Kontextes beeinflussen (wenn sie nicht vor der Eingabe des Kontextes im Kontext System' definiert wurden). Die Form BeginPackage["kontext'", {"benötigt1'", "benötigt2'", ...}] lädt die Kontexte "benötigti'" (durch Einlesen des Dateinamens, der durch die Anweisung ContextToFilename["benötigti'"] geliefert wird). Diese Aktion ähnelt der Anweisung Needs["benötigtkont'"] - wenn der Kontext bereits eingelesen wurde, wird er nicht noch einmal eingelesen. Mit den Konstrukten Block und Module können auch lokale Variable erzeugt werden. *Attribute: Protected. Vergleiche auch:* **Begin, Block, Context, ContextToFilename, End, EndPackage, EndAdd, Module, Needs, $Context, $ContextPath.**

**Below *z.B. ColumnForm[liste,horiz,Below]***
dient zur Festlegung der Ausrichtung in Druckformen wie ColumnForm und TableForm. ◇ Die Ausrichtung Below spezifiziert, daß das oberste Element der Spalte nach der Grundlinie ausgerichtet wird (d.h. der größte Teil der Spalte wird unter der Grundlinie positioniert). Below ist die Voreinstellung sowohl für ColumnForm als auch für die Option TableAlignment für MatrixForm und TableForm. Andere mögliche vertikale Ausrichtungen für ColumnForm sind Above und Center. ColumnForm und TableForm können auch die horizontalen Ausrichtungen Left, Center und Right annehmen. MatrixForm und TableForm nehmen die vertikalen Ausrichtungen Top, Center, Bottom und Below an. *Attribute: Protected. Vergleiche auch:* **Above, Bottom, Center, ColumnForm, Left, MatrixForm, Right, TableAlignments, TableForm, Top.**

**BernoulliB[*n*]** 558, 758
ergibt die n-te Bernoulli-Zahl. BernoulliB[n, x] ergibt das n-te Bernoulli-Polynom. ◇ Die Bernoulli-Polynome genügen der erzeugenden Funktion t E^(xt)/(E^t-1)=Sum[BernoulliB[n,x] t^n/n!,{n,0,Infinity}]. Die Bernoulli-Zahlen werden dann durch BernoulliB[n]=BernoulliB[n,0] abgeleitet. Die Bernoulli-Zahlen treten in der Euler-Maclaurinschen Summationsformel auf (die Basis für die Romberg-Integration und andere numerische Integrationsmethoden). Eine einfachere Rekursion für die Bernoulli-Zahlen kann aus der Tatsache abgeleitet werden, daß Sum[Binomial[n,k]Bernoulli[k],{k,0,n-1}]=0 für alle n gilt. Ebenso kann man die Bernoulli-Polynome aus den Bernoulli-Zahlen durch BernoulliB[n,z]=Sum[Binomial[n,k]BernoulliB[k]t^(n-k),{k,0,n}] erzeugen. NBernoulliB[n] ist eine numerische Methode zur Berechnung der Bernoulli-Zahlen, die wesentlich schneller als BernoulliB[n] ist. *Attribute: Protected. Vergleiche auch:* **NBernoulliB, Sum.**

**BernoulliDistribution** Statistics'DiscreteDistributions'

**BesselI[*n, z*]** 570, 576, 758
ergibt die modifizierte Bessel-Funktion der ersten Art I(n, z). ◇ Die Funktionen BesselI[n,z] und BesselK[n,z] bilden eine Basis für den Lösungsraum der Differentialgleichung z^2 D[y,{z,2}]+z D[y,z]-(z^2-n^2)y=0. BesselI[n,z] wird gewöhnlich mit $I_n(z)$ bezeichnet. BesselI wird manchmal auch als hyperbolische Bessel-Funktion bezeichnet. *Attribute: Listable Protected. Vergleiche auch:* **BesselJ, BesselK, BesselY, AiryAi.**

**BesselJ[*n, z*]** 2, 570, 576, 758
ergibt die Bessel-Funktion der ersten Art J(n, z). ◇ Die Funktionen BesselJ[n,z] und BesselY[n,z] bilden eine Basis für den Lösungsraum der Differentialgleichung z^2 D[y,{z,2}]+z D[y,z]+(z^2-n^2)y=0. BesselJ[n,z] wird oft als Bessel-Funktion der ersten Art bezeichnet oder einfach als Bessel-Funktion und wird gewöhnlich mit $J_n(z)$ bezeichnet. Die assoziierte Kugel-Bessel-Funktion ist durch $j_n$(z)=Sqrt[Pi/2z]BesselJ[n+1/2,z] definiert. *Attribute: Listable Protected. Vergleiche auch:* **BesselI, BesselK, BesselY, AiryAi.**

**BesselK[*n, z*]** 570, 576, 758
ergibt die modifizierte Bessel-Funktion der zweiten Art K(n, z). ◇ Die Funktionen BesselI[n,z] und BesselK[n,z] bilden eine Basis für den Lösungsraum der Differentialgleichung z^2 D[y,{z,2}]+z D[y,z]-(z^2-n^2)y=0. BesselK[n,z] wird gewöhnlich mit $K_n(z)$ bezeichnet. *Attribute: Listable Protected. Vergleiche auch:* **BesselI, BesselJ, BesselY, AiryAi.**

**BesselY[*n, z*]** 570, 576, 759
ergibt die Bessel-Funktion der zweiten Art Y(n, z). ◇ Die Bessel-Funktionen BesselJ[n,z] und BesselY[n,z] bilden eine Basis für den Lösungsraum der Differentialgleichung z^2 D[y,{z,2}]+z D[y,z]+(z^2-n^2)y=0. BesselY[n,z] wird oft als Bessel-Funktion der zweiten Art bezeichnet und wird gewöhnlich mit $Y_n(z)$ bezeichnet. BesselY[n,z] wird auch Weber- oder Neumann-Funktion genannt, bezeichnet mit $N_n(z)$. Die assoziierte Kugel-Bessel-Funktion ist durch $y_n$(z)=Sqrt[Pi/2z]BesselY[n+1/2,z] definiert. *Attribute: Listable Protected. Vergleiche auch:* **BesselI, BesselJ, BesselK, AiryAi.**

**BestFit** Statistics'LinearRegression'

**BestFitCoefficients** Statistics'LinearRegression'

**Beta[*a, b*]** 570, 572, 759
ergibt die Eulersche Beta-Funktion B(a, b). Beta[z, a, b] ergibt die unvollständige Beta-Funktion. Beta[z0, z1, a, b] ergibt die verallgemeinerte unvollständige Beta-Funktion Beta[z1, a, b] - Beta[z0, a, b]. ◇ Beta[x,y]=Gamma[x]Gamma[y]/Gamma[x+y]=Integrate[t^(x-1)(1- t)^(y-1),{t,0,1}] und Beta[a,x,y]=Integrate[t^(x- 1)(1-t)^(y-1),{t,0,a}]. *Attribute: Listable Protected. Vergleiche auch:* **BetaRegularized, Gamma.**

**BetaDistribution** Statistics'ContinuousDistributions'

**BetaRegularized[*z, a, b*]** 573, 759
ergibt die reguläre unvollständige Beta-Funktion I(z, a, b) = Beta[z, a, b]/Beta[a, b]. BetaRegularized[z0, z1, a, b] ergibt die verallgemeinerte unvollständige Beta-Funktion I(z1, a, b) - I(z0, a, b). ◇ Obwohl BetaRegularized durch Beta definiert ist, kann sie auch durch die Gamma-Funktion definiert werden. *Attribute: Listable Protected. Vergleiche auch:* **Beta, Gamma.**

**Bezier** Graphics'Spline'

**Bias** NumericalMath'Approximations'

**BiconnectedComponents** DiscreteMath'Combinatorica'

**BiconnectedQ** DiscreteMath'Combinatorica'

**Biharmonic** Calculus'VectorAnalysis'

**BinarySearch** DiscreteMath'Combinatorica'

**BinarySubsets** DiscreteMath'Combinatorica'
**BinCounts** Statistics'DataManipulation'
**BinLists** Statistics'DataManipulation'
**Binomial[*n, m*]** 558, 759
ergibt den Binomialkoeffizienten. ◇ Für ganzzahlige Werte von n und m gilt Binomial[n,m]=n!/(m! (n - m)!). Dies ergibt die Anzahl der Möglichkeiten eine Menge von m Objekten aus einer Menge von n Objekten auszuwählen. Wenn n oder m nicht ganzzahlig sind, wird Binomial mit der Gamma-Funktion evaluiert, der Erweiterung der Fakultät für nicht ganzzahlige Werte. Die Anzahl der Möglichkeiten, eine Menge von N Objekte in Teilmengen der Größe $n_i$ aufzuteilen, beträgt Multinomial[n1,n2,...]. (Die Binomialfunktion ist ein Spezialfall der Multinomialfunktion, da Binomial[n,m] = Multinomial[n-m,m].) Die Funktion PartitionP (bzw. PartitionQ) ergibt die Anzahl der Möglichkeiten, eine ganze Zahl in Summen positiver (bzw. unterschiedlicher) ganzer Zahlen aufzuteilen. *Attribute: Listable Protected. Vergleiche auch:* **Factorial, Gamma, Multinomial, PartitionP, PartitionQ.**

**BinomialDistribution** Statistics'DiscreteDistributions'
**BipartiteMatching** DiscreteMath'Combinatorica'
**BipartiteQ** DiscreteMath'Combinatorica'
**Bipolar** Calculus'VectorAnalysis'
**Bispherical** Calculus'VectorAnalysis'
**Bit** Miscellaneous'Units'
**Blank[ ]** *oder* _ 219, 759
ist ein Muster-Objekt, das für jeden *Mathematica*-Ausdruck stehen kann. _h oder Blank[h] kann für jeden Ausdruck mit dem Kopf h stehen. ◇ Unter „muster" finden Sie eine allgemeine Beschreibung der Muster-Vergleichsmöglichkeiten von *Mathematica. Attribute: Protected. Vergleiche auch:* **BlankNullSequence, BlankSequence, Optional, Pattern, muster.**

**BlankNullSequence[ ]** *oder* ___ *(3 _-Zeichen)* 232, 719, 759
ist ein Muster-Objekt, das für alle Folgen von null oder mehreren *Mathematica*-Ausdrücken stehen kann. ___h oder BlankNullSequence[h] kann für jede Folge von Ausdrücken stehen, die alle den Kopf h haben. ◇ Unter „muster" finden Sie eine allgemeine Beschreibung der Muster-Vergleichsmöglichkeiten von *Mathematica. Attribute: Protected. Vergleiche auch:* **Blank, BlankSequence, Flat, Sequence, Pattern, muster.**

**BlankSequence[ ]** *oder* __ *(2 _-Zeichen)* 232, 719, 760
ist ein Muster-Objekt, das für jede Folge eines oder mehrerer *Mathematica*-Ausdrücke stehen kann. __h oder BlankSequence[h] kann für jede Folge eines oder mehrerer Ausdrücke mit dem Kopf h stehen. ◇ Unter „muster" finden Sie eine allgemeine Beschreibung der Muster-Vergleichsmöglichkeiten von *Mathematica. Attribute: Protected. Vergleiche auch:* **Pattern, Optional, Blank, BlankNullSequence, Sequence, muster.**

**Block[*{x, y, ...}, ausdr*]** xix, 329, 760
spezifiziert, daß ausdr mit lokalen Werten für die Symbole x, y, ... ausgewertet werden soll. Block[{x = x0, ...}, ausdr] definiert lokale Anfangswerte für x, .... Mit Block[{vars}, rumpf /; bedg] können lokale Variablen in Bedingungen und Funktionsrümpfen gemeinsam genutzt werden. ◇ Das Block-Konstrukt wird implizit verwendet, um die Iterationsvariable in einer Iteration lokal bezüglich der Iteration einzurichten. *Attribute: HoldAll Protected. Vergleiche auch:* **Begin, CompoundExpression, Do, For, Module, While, iteratoren.**

**BlockMatrix** LinearAlgebra'MatrixManipulation'
**BoilingPoint** Miscellaneous'ChemicalElements'
**BooleanSelect** Statistics'DataManipulation'
**Bottom** ***z.B. TableForm[table,TableAlignments -> {Bottom}]***
ist eine Einstellung für die Option TableAlignments von TableForm. ◇ Bottom sollte nicht mit Below, eine vertikale Ausrichtung für ColumnForm, verwechselt werden. *Attribute: Protected. Vergleiche auch:* **Above, Below, Center, Left, MatrixForm, Right, TableAlignments, TableForm, Top.**

**Boxed -> True oder False** 156, 459, 760
ist eine Option für Graphics3D, die angibt, ob die Kanten des Rahmen in einem 3D-Bild zu zeichnen sind. ◇ Boxed ist eine Option für die Anweisungen Graphics3D, ListPlot3D, Plot3D und SurfaceGraphics. Die Voreinstellung ist True, man kann aber auch den Wert False angeben, um zu verhindern, daß der Rahmen gezeichnet wird. Die Option BoxRatios legt die Proportionen des Rahmens fest und BoxStyle gibt an, wie der Rahmen gezeichnet werden soll. Die Option Frame für 2D-Grafik legt fest, ob ein Rahmen um die Grafik zu zeichnen ist. *Attribute: Protected. Vergleiche auch:* **BoxStyle, BoxRatios, Frame, Graphics3D, Plot3D, Options, SetOptions**.

**BoxRatios -> *wert*** 441, 760
ist eine Option für Graphics3D und SurfaceGraphics, die die Verhältnisse der Seitenlängen für den Rahmen des 3D-Bildes angibt. ◇ BoxRatios ist eine Option für die Anweisungen Graphics3D, ListPlot3D, Plot3D und SurfaceGraphics. Der Vorgabewert ist {1,1,0.4}, außer für Graphics3D, dort ist die Voreinstellung Automatic. Wenn BoxRatios auf Automatic gesetzt wird, werden die tatsächlichen Verhältnisse zwischen den Koordinatenbereichen verwendet. Die Option Boxed legt fest, ob der Rahmen zu zeichnen ist und BoxStyle legt fest, wie der Rahmen zu zeichnen ist. Die Option AspectRatio spezifiziert das Verhältnis von Höhe zu Breite für die gesamte Fläche einer 2D- oder 3D-Grafik. *Attribute: Protected. Vergleiche auch:* **AspectRatio, Boxed, BoxStyle, Graphics3D, Plot3D, Options, SetOptions**.

**BoxStyle -> {*prim*, ..}** 411, 461, 760
ist eine Option für 3D-Grafikfunktionen, die festlegt, wie der einschließende Rahmen dargestellt werden soll. ◇ Die 2D-Grafik-Option FrameStyle legt fest, wie der Rahmen (falls vorhanden) um eine 2D-Grafik zu zeichnen ist. *Attribute: Protected. Vergleiche auch:* **Boxed, FrameStyle, Graphics3D, GrayLevel, Options, Plot3D, RGBColor, SetOptions, Thickness**.

**Brake** NumericalMath'Approximations'
**BreadthFirstTraversal** DiscreteMath'Combinatorica'
**Break[ ]** 293, 760
springt aus dem nächsten einschließenden Do, For oder While heraus. ◇ Die Ausführung einer Break-Anweisung gibt aus der Schleife Null zurück. Break[ausdr] evaluiert ausdr und gibt Null zurück. Continue veranlaßt die nächste Iteration der Schleife und Return verläßt die einschließende Subroutine, wobei ein spezifizierter Wert zurückgegeben wird. Throw und Goto sind Anweisungen, die das Verlassen allgemeinerer Strukturen ermöglichen. *Attribute: Protected. Vergleiche auch:* **Catch, Continue, For, Goto, Null, Return, Throw, While**.

**BreakRoots** Examples'IntegerRoots'
**Bridges** DiscreteMath'Combinatorica'
**Byte** 495, 760
repräsentiert ein einzelnes Datenbyte in Read. ◇ Die Anweisungen Read und ReadList lesen Rohdaten aus einer Datei oder Pipe. Der Byte-Parameter weist sie an, jedes Byte als ganze Zahl zu interpretieren. Andere von Read und ReadList unterstützte Formate sind Character, Expression (Voreinstellung), Number, Real, Record, String, Word und jeder Ausdruck, der eine Kombination dieser Typen enthält. *Attribute: Protected. Vergleiche auch:* **Character, Expression, Number, Read, ReadList, Real, Record, String, Word**.

**ByteCount[*ausdr*]** 528, 761
ergibt die Anzahl der Bytes, die von *Mathematica* intern verwendet werden, um ausdr zu speichern. ◇ Da nicht berücksichtigt wird, daß einige Ausdrücke gemeinsam Unterausdrücke, und damit Speicher, nutzen, liefert ByteCount häufig zu hohe Werte. ByteCount wird auch in der Ausgabe von FileInformation verwendet, um den gesamten Platz auf der Festplatte zu bezeichnen, der von einer Datei benutzt wird. Diese Information kann direkt mit der Anweisung FileByteCount erhalten werden. StringByteCount gibt die Anzahl der Bytes im Speicher aus, die benötigt werden, um die tatsächlichen Zeichen in einer Zeichenkette zu speichern (in der Regel kleiner als der gesamte benötigte Speicherbedarf der Zeichenkette). Share versucht die Speicheranforderungen zu minimieren, indem veranlaßt wird, daß Unterausdrücke gemeinsam Speicherplatz nutzen. LeafCount liefert die Anzahl der Blätter in einem Ausdrucksbaum, MemoryInUse gibt die Gesamtzahl der Bytes im Speicher aus, die gegenwärtig von *Mathematica* verwendet werden, MaxMemoryUsed gibt den maximalen Speicherplatz aus, der während dieser Session verwendet wurde. Mit MemoryConstrained kann eine Berechnung unterbrochen werden, wenn sie mehr als eine spezifizierte Speichergröße verwendet. *Attribute: Protected. Vergleiche auch:* **FileByteCount, FileInformation, LeafCount, Share, MaxMemoryUsed, MemoryConstrained, MemoryInUse, StringByteCount**.

# C



**C[*i*]** 99, 638, 761
ist die Voreinstellungsform für die i-te Integrationskonstante, die bei der Lösung einer Differentialgleichung mit DSolve produziert wird. ◇ Die Indizes i werden als aufeinanderfolgende ganze Zahlen gewählt, die jedesmal, wenn DSolve aufgerufen wird, wieder bei 1 starten. Die Funktion, die auf den Index i angewandt wird, um die i-te Integrationskonstante zu erzeugen, wird durch die Einstellung der Option Constants in DSolve bestimmt. Die Voreinstellung ist Constants -> C. Integrate verwendet diesen Mechanismus nicht und produziert keine Integrationkonstanten. *Attribute: Protected. Vergleiche auch:* **DSolve, Constants, Integrate.**

**Calendar** Miscellaneous'Calendar'
**CalendarChange** Miscellaneous'Calendar'
*CallProcess["anweisung", f, {x1, x2, ...}]*
ruft die Funktion f mit den Argumenten xi in einem externen Prozeß auf. (CallProcess wurde durch MathLink-Operationen ersetzt.) *Attribute: Protected. Vergleiche auch:* **EndProcess, StartProcess, RunThrough, Put, Run, !anw.**

**Cancel[*ausdr*]** 78, 596, 761
kürzt gemeinsame Faktoren im Zähler und Nenner von ausdr. ◇ Cancel wirkt unabhängig auf separate Terme. Cancel[(x-1)/(x^2-1)+(x-1)/(x^2-2x+1)] ergibt demgemäß 1/(x+1)+1/(x-1). Kürzt nur rationale Faktoren, somit werden Terme der Form (1-Sqrt[2]) oder (x-I) nicht gekürzt. *Attribute: Listable Protected. Vergleiche auch:* **Apart, Denominator, Factor, Numerator, PolynomialGCD.**
Modulus -> 0 Trig -> False

**Cartesian** Calculus'VectorAnalysis'
**CartesianMap** Graphics'ComplexMap'
**CartesianMap** ProgrammingExamples'ComplexMap'
**CartesianProduct** DiscreteMath'Combinatorica'
**Cases[*{a1, a2, ...}, muster*]** 221, 222, 725, 761
ergibt eine Liste der ai, die zum Muster passen. Cases[{a1, ...}, muster -> rs] oder Cases[{a1, ...}, muster :> rs] liefert eine Liste der Werte von rs, die zu den ai gehören, die zum Muster passen. Cases[ausdr, muster, stufe] liefert eine Liste aller Teile von ausdr auf den durch stufe spezifiziert Stufen, die zum Muster passen. ◇ Count und Position liefern die Gesamtzahl der ausgewählten Elemente bzw. ihre Positionen in der Liste. *Attribute: Protected. Vergleiche auch:* **Count, DeleteCases, Position, Select, stufenspez, muster.**
Heads -> False

**Catalan** 566, 761
ist die Catalansche Konstante mit dem numerischen Wert 0.915966.... ◇ Die Catalansche Konstante wird durch Sum[(-1)^k (2k+1)^(-2),{k,0,Infinity}] gegeben. Die Catalansche Konstante sollte nicht mit den Catalanschen Zahlen, $c_n$ = 1/(n+1)*Binomial[2n,n], verwechselt werden. *Attribute: Constant Protected. Vergleiche auch:* **NSum.**

**CatalanNumber** DiscreteMath'CombinatorialFunctions'
**CatalanNumber** DiscreteMath'Combinatorica'
**Catch[*ausdr*]** 293, 761
liefert das Argument des ersten Throw, das in der Evaluierung von ausdr erzeugt wird. ◇ Mit Catch und Throw können nichtlokale Rücksprünge und Sprünge in prozeduralen Programmen implementieren werden. Mit dieser Konstruktion kann ein Satz verschachtelter Schleifen verlassen werden. *Attribute: Protected. Vergleiche auch:* **Throw, Do, Break.**

**CategoryCounts** Statistics'DataManipulation'
**CategoryLists** Statistics'DataManipulation'
**CauchyDistribution** Statistics'ContinuousDistributions'
**CauchyPrincipalValue** NumericalMath'CauchyPrincipalValue'
**CDF** Statistics'ContinuousDistributions'
**CDF** Statistics'DiscreteDistributions'
**CDF** Statistics'NormalDistribution'

**Ceiling[*x*]** 550, 762
ergibt die kleinste ganze Zahl größer oder gleich x. ◇ Floor ergibt die größte ganze Zahl kleiner als x, Round ergibt die nächstliegende ganze Zahl und Chop setzt jede Zahl, die kleiner als eine gewisse Toleranz ist auf Null. *Attribute: Listable Protected. Vergleiche auch:* **Floor, Round, Chop, Integer**.

**CellArray[*{{a11, a12, ...}, ...}*]** xix
ist eine zweidimensionale Grafik-Primitive, die ein rechteckiges Array grauer Zellen repräsentiert. ◇ CellArray ist eine veraltete Funktin, die durch die Funktionen Raster und RasterArray ersetzt wurde. *Attribute: Protected ReadProtected. Vergleiche auch:* **Raster, RasterArray**.

**Center *z.B. ColumnForm[liste,Center,Center]*** 357
dient zur Spezifizierung der Ausrichtung in Druckformen wie beispielsweise ColumnForm und TableForm. ◇ Center ist sowohl eine vertikale als auch eine horizontale Ausrichtung. Wenn Center als vertikale Ausrichtung festgelegt wurde, werden alle Spalteneinträge (z.B. Brüche) und Spalten bezüglich der Grundlinie zentriert. Andere mögliche vertikale Ausrichtungen für ColumnForm sind Above und Below (Voreinstellung). Wenn Center als horizontale Ausrichtung festgelegt wurde, werden die Elemente der Spalte oder Tabelle übereinander zentriert. Andere mögliche horizontale Ausrichtungen für ColumnForm sind Left (Voreinstellung) und Right. Center kann auch mit der Option TableAlignment als Ausrichtung für MatrixForm und TableForm angegeben werden. Die Wirkungen von Center sind dieselben wie für ColumnForm. Andere vertikale Ausrichtungen für diese Funktionen sind Top und Bottom (Voreinstellung) und andere horizontale Ausrichtungen sind Right und Left (Voreinstellung). *Attribute: Protected. Vergleiche auch:* **Above, Below, Bottom, ColumnForm, Left, MatrixForm, Right, TableAlignments, TableForm, Top**.

**CenterSpot** Examples'CellularAutomata'
**Centimeter** Miscellaneous'Units'
**CentralMoment** Statistics'DescriptiveStatistics'
**Certificate** NumberTheory'PrimeQ'
**CertificateDiscriminant** NumberTheory'PrimeQ'
**CertificateK** NumberTheory'PrimeQ'
**CertificateM** NumberTheory'PrimeQ'
**CertificateNextPrime** NumberTheory'PrimeQ'
**CertificatePoint** NumberTheory'PrimeQ'
**CertificatePrime** NumberTheory'PrimeQ'
**CForm[*ausdr*]** 182, 344, 739, 762
druckt ausdr in der C-Sprachversion. ◇ CForm übersetzt einfache Arithmetik (bis zu Potenzen), konvertiert eckige Klammern in runde Klammern und konvertiert die Form von Array-Elementen (z.B. c[[n]] -> c[n]). Es werden keine Deklarationen erzeugt und keine Kontrollstrukturen übersetzt. Mit der Anweisung Format können neue CForm-Übersetzungen definiert werden. Mit Splice können Sie in C-Quelldokumenten eingebettete *Mathematica*-Ausdrücke auswerten und Sie durch das CForm-Äquivalent des Ergebnisses ersetzen. Eine Liste aller vordefinierten Druckformate (u.a. TeXForm und FortranForm) ist in der Systemvariablen $PrintForms enthalten. *Attribute: Protected. Vergleiche auch:* **Format, FortranForm, Splice, TeXForm, $PrintForms**.

**CGS** Miscellaneous'Units'
**ChangeEdges** DiscreteMath'Combinatorica'
**ChangeVertices** DiscreteMath'Combinatorica'
**Character** 495, 520, 762
repräsentiert ein einzelnes Zeichen in Read. ◇ Die Anweisungen Read und ReadList können Rohdaten aus einer Datei oder Pipe lesen. Der Character-Parameter weist sie an, jedes Byte als ein Zeichen zu interpretieren. Andere von Read und ReadList unterstützten Formate sind Byte, Expression (Voreinstellung), Number, Real, Record, String, Word und jeder Ausdruck, der eine Kombination dieser Typen enthält. Character sollte nicht mit Characters verwechselt werden, womit eine Zeichenkette in eine Liste von Zeichen konvertiert wird. *Attribute: Protected. Vergleiche auch:* **Byte, Characters, Expression, Number, Read, ReadList, Real, Record, String, Word**.

**CharacteristicFunction** Statistics'ContinuousDistributions'
**CharacteristicFunction** Statistics'DiscreteDistributions'
**CharacteristicFunction** Statistics'NormalDistribution'

***CharacteristicPolynomial* [*matrix,x*]**
◇ CharacteristicPolynomial[matrix,x] gibt das charakteristisches Polynom der angegebenen Matrix aus, wobei die Matrix als Liste von Listen dargestellt wird. Das charakteristische Polynom wird mittels der Determinante definiert: Det[matrix - x*IdentityMatrix[n]] (wobei matrix vom Typ (n,n) ist). Die Wurzeln des charakteristischen Polynoms sind die Eigenwerte der Matrix. *Attribute: Protected. Vergleiche auch:* **Det, Eigenvalues, Eigensystem, IdentityMatrix**.



**Characters[*"string"*]** 366, 374, 378, 762
liefert eine Liste der Zeichen in einer Zeichenkette. ◇ Jedes Zeichen wird als Zeichenkette der Länge Eins angegeben. Die Wirkung von Characters kann mit StringJoin umgekehrt werden. ToString konvertiert einen Ausdruck in eine Zeichenkette, ohne ihn in Zeichen aufzuteilen. Die Anweisungen IntegerDigits und RealDigits teilen eine ganze bzw. reelle Zahl in eine Liste der Ziffern ihrer Druckform auf. *Attribute: Listable Protected. Vergleiche auch:* **FromCharacterCode, InputForm, IntegerDigits, RealDigits, StringJoin, ToString, ToExpression, ToCharacterCode**.

**CharacterTable** Utilities'Language'
**ChebyshevT[*n, x*]** 567, 762
ergibt das n-te Tschebyscheff-Polynom der ersten Art. ◇ Diese Polynome, gewöhnlich mit $T_n(x)$ bezeichnet, werden durch die Relation ChebyshevT[n,Cos[t]]=Cos[n t] definiert. Der Name „Chebyshev" ist die im Englischen übliche Transliteration aus dem kyrillischen Alphabet. Für ganzzahliges n ist ChebyshevT[n,x] ein Polynom, das der rekursiven Relation $T_{n+1}(x)$-$2xT_n(x)$+$T_{n-1}(x)$=0 genügt. Die Tschebyscheff-Polynome genügen der Orthogonalitätsrelation Integrate[ChebyshevT[m,x]*ChebyshevT[n,x]/Sqrt[1-x^2],{x,-1,1}]=0, wenn n ungleich m ist. Sie werden durch die Relation ChebyshevT[n,1]=1 normalisiert. *Attribute: Listable Protected ReadProtected. Vergleiche auch:* **ChebyshevU, GegenbauerC, HermiteH, JacobiP, LaguerreL, LegendreP, SphericalHarmonicY**.

**ChebyshevU[*n, x*]** 567, 762
ergibt das n-te Tschebyscheff-Polynom der zweiten Art. ◇ Diese Polynome, gewöhnlich mit $U_n(x)$ bezeichnet, werden durch die Relation ChebyshevU[n,Cos[t]]=Sin[(n+1)t]/Sin[t] definiert. Der Name „Chebyshev" ist die im Englischen übliche Transliteration aus dem kyrillischen Alphabet. Für ganzzahliges n ist ChebyshevU[n,x] ein Polynom, das der rekursiven Relation $U_{n+1}(x)$-$2xU_n(x)$+$U_{n-1}(x)$=0 genügt. Sie genügen der Orthogonalitätsrelation Integrate[ChebyshevU[m,x]*ChebyshevU[n,x]*Sqrt[1-x^2],{x,-1,1}]=0, wenn n ungleich m ist, und werden durch ChebyshevU[n,1]=n+1 normalisiert. *Attribute: Listable Protected ReadProtected. Vergleiche auch:* **ChebyshevT, GegenbauerC, HermiteH, JacobiP, LaguerreL, LegendreP, SphericalHarmonicY**.

**Check[*ausdr, fehlausdr*]** 389, 547, 762
evaluiert ausdr und liefert das Ergebnis, falls dabei keine Meldungen erzeugt wurden, sonst evaluiert und liefert es fehlausdr. Check[ausdr, fehlausdr, s1::t1, s2::t2, ...] prüft nur, ob die angegebenen Meldungen auftauchen. ◇ Check testet Meldungen, unabhängig davon, ob die tatsächliche Ausgabe der Meldungen mittels Off unterdrückt wurde. Damit kann man eine Fehlerbedingung auffangen und den Kontrollfluß umleiten, entweder um den Fehler zu vermeiden oder um ihn dem Nutzer zu erklären. Die Anweisung CheckAbort fängt ein Abbruchsignal ein und führt eine spezifizierte Anweisung aus, wenn eines entdeckt wird. *Attribute: HoldAll Protected. Vergleiche auch:* **Catch, CheckAbort, Messages, Message, Off, On**.

***CheckAbort*[*ausdr, fehlausdr*]** 311, 762
evaluiert ausdr und liefert fehlausdr, wenn ein Abbruch auftritt. ◇ Wenn ein Abbruchsignal durch Abort, MemoryConstrained oder TimeConstrained produziert wird, wird das Signal normalerweise sofort ausgeführt und jede weitere Berechnung verhindert. Durch die Funktion AbortProtect wird dieses Abbruchsignal verschoben, aber nicht ignoriert. Mit CheckAbort kann das Abbruchsignal abgefangen, statt $Abort ein ausgewählter Wert zurückgegeben und die Berechnung fortgesetzt werden. Die Anweisung Check fängt jede Meldung oder eine spezifizierte Meldung ab und leitet den Kontrollfluß um. *Attribute: HoldAll Protected. Vergleiche auch:* **Abort, AbortProtect, Check, MemoryConstrained, TimeConstrained, $Aborted**.

**ChiDistribution** Statistics'ContinuousDistributions'
**ChineseRemainderTheorem** NumberTheory'NumberTheoryFunctions'
**ChiSquareCI** Statistics'ConfidenceIntervals'
**ChiSquareDistribution** Statistics'ContinuousDistributions'
**ChiSquareDistribution** Statistics'NormalDistribution'
**ChiSquarePValue** Statistics'HypothesisTests'
**CholeskyDecomposition** LinearAlgebra'Cholesky'

**Chop[*ausdr*]** 541, 656, 674, 763
ersetzt Gleitpunktzahlen in ausdr, die in der Nähe von Null liegen, durch die exakte ganze Zahl 0. Chop[ausdr, tol] ersetzt Gleitpunktzahlen in ausdr, die sich von Null um weniger als tol unterscheiden durch 0. ◇ Chop verwendet eine Vorgabewert für die Toleranz von 10^(-10). Chop funktioniert sowohl mit reellen als auch mit komplexen Zahlen. Ähnliche Anweisungen sind Round, die zur nächstliegenden ganzen Zahl rundet, N, die eine Zahl mit einer angegebenen Präzision (Gesamtanzahl der Stellen) ausdrückt und Rationalize, die eine Zahl in einen nahen Bruch konvertiert, falls ein solcher existiert. SetAccuracy und SetPrecision erzwingen, daß die Genauigkeit (Anzahl der Stellen rechts vom Dezimalpunkt) und die Präzision (Gesamtanzahl der Stellen) spezielle Werte annehmen. *Attribute: Protected. Vergleiche auch:* **Round, N, Rationalize, SetAccuracy, SetPrecision**.

**ChromaticNumber** DiscreteMath'Combinatorica'
**ChromaticPolynomial** DiscreteMath'Combinatorica'
**Circle[*{x, y}, r*]** 400, 404, 763
ist eine zweidimensionale Grafik-Primitive, die einen Kreis mit dem Radius r und dem Mittelpunkt {x, y} darstellt. Circle[{x, y}, {rx, ry}] ergibt eine Ellipse mit den Halbachsen rx und ry. Circle[{x, y}, r, {theta1, theta2}] repräsentiert einen Kreisbogen. ◇ Die Art, in der der Kreis gezeichnet wird, hängt von anderen festgelegten Grafik-Primitiven ab. Thickness[dicke] spezifiziert die Dicke der Linien, wobei dicke ein Bruchteil der Gesamtgröße des Bildes ist. GrayLevel[st] und RGBColor[r,g,b] (oder Hue oder CMYKColor) spezifizieren den Grauton oder die Farbe mit der gedruckt werden soll, wobei st, r, g und b zwischen 0 und 1 sind. Mit Scaled können die Koordinaten in Termen des angezeigten Bildes angeben werden (z.B. Scaled[{0.5,0.5}], in der Mitte). Obwohl theta1 und theta2 normalerweise im Bogenmaß angegebenen werden, können Sie sie mit Degree in Grad angeben. Show zeichnet Grafik-Objekte in der Reihenfolge, wie es auf sie stößt, wobei ältere Objekte überdeckt werden. Zuletzt aufgelistete Objekte sind „oben". Im allgemeinen verzerrt Show Bilder, um AspectRatio (Höhe/Breite) an den Wert von 1/GoldenRatio anzupassen. Damit ein Kreis wie ein Kreis und nicht wie eine Ellipse aussieht, setzen Sie AspectRatio -> Automatic. Andere 2D-Grafik-Primitiven sind Disk (ein ausgefüllter Kreis), Point und Line. Eine vollständige Liste der Primitiven finden Sie im Eintrag Graphics. *Attribute: Protected. Vergleiche auch:* **Dashing, Degree, Disk, Graphics, GrayLevel, Line, Point, RGBColor, Scaled, Thickness**.

**CirculantGraph** DiscreteMath'Combinatorica'
**CircularVertices** DiscreteMath'Combinatorica'
**Circumscribed** Geometry'Polytopes'
**CityData** Miscellaneous'CityData'
**CityDistance** Miscellaneous'CityData'
**CityDistanceMethod** Miscellaneous'CityData'
**CityPosition** Miscellaneous'CityData'
**ClassList** NumberTheory'NumberTheoryFunctions'
**ClassNumber** NumberTheory'NumberTheoryFunctions'
**ClassQ** Examples'Class'
**Clear[*symb1, symb2, ...*]** 55, 113, 247, 251, 273, 335, 385, 736, 763
löscht Werte und Definitionen für die angegebenen Symbole. Clear["muster1", "muster2", ...] löscht Werte und Definitionen für alle Symbole, deren Namen zu einem der angegebenen Zeichenketten-Muster passen. ◇ Clear hat keine Wirkung auf ein Symbol mit dem Attribut Protected. Clear löscht keine mit Symbolen verknüpften Attribute, Meldungen oder Voreinstellungen. Das Argument von Clear kann Metazeichen enthalten, wie beispielsweise „*". Clear["Context' *"] löscht alle Symbole in einem spezifizierten Kontext. *Attribute: HoldAll Protected. Vergleiche auch:* **ClearAll, Remove, ClearAttributes, Information, Names, ??, StringMatchQ**.

**ClearAll[*symb1, symb2, ...*]** 273, 736, 763
löscht alle mit Symbolen verknüpften Werte, Definitionen, Attribute, Meldungen und Voreinstellungen. ClearAll["muster1", "muster2", ...] löscht alle Symbole, deren Namen in Textform zu einem der angegebenen Zeichenkettenmuster passen. ◇ ClearAll hat keine Wirkung auf ein Symbol mit dem Attribut Protected. ClearAll löscht alle mit einem Symbol verknüpften Attribute, Meldungen oder Voreinstellungen, zusätzlich zu Regeln und Werten. Das Argument für ClearAll kann Metazeichen wie beispielsweise * enthalten. ClearAll["Context' *"] löscht alle Symbole in einem spezifizierten Kontext. *Attribute: HoldAll Protected. Vergleiche auch:* **Clear, ClearAttributes, Information, Names, Remove, ??, metachars**.

**ClearAttributes[*s, attr*]** 230, 271, 763
entfernt attr aus der Liste der Attribute des Symbol s. ◇ Die Attribute, die mit einem Symbol verknüpft sind, können mit Attributes, dem ??-Operator oder der fast äquivalenten Anweisung Information bestimmt werden. *Attribute: Protected. Vergleiche auch:* **Attributes, Clear, ClearAll, Information, Protect, Remove, SetAttributes, Unprotect, ??.**

**ClearProperties** Examples'Class'

***ClebschGordan[{j1,m1},{j2,m2},{j3,m3}]*** 561, 763
evaluiert den Clebsch-Gordan-Koeffizienten mittels seiner Beziehung zum 3-j-Symbol. Die ji müssen eine Dreiecksungleichung erfüllen und m1+m2 = m3. ◇ Die Phasenkonventionen von Edmonds werden verwendet. Parameter für ClebschGordon können ganze Zahlen, halbe ganze Zahlen oder symbolisch sein. Andere Funktionen aus der Quantenmechanik sind zum Beispiel die Wigner-Koeffizienten ThreeJSymbol, SphericalHarmonicY und das SixJSymbol. Die ClebschGordan-Koeffizienten können durch ThreeJSymbol ausgedrückt werden: ClebschGordan[{j1,m1},{j2,m2},{j,m}] = (-1)^(m+j1-j2) Sqrt[2*j3+1] ThreeJSymbol[{j1,m1},{j2,m2},{j,-m}]. *Attribute: Protected. Vergleiche auch:* **SixJSymbol, SphericalHarmonicY, ThreeJSymbol.**

**ClipFill -> *wert*** 450, 764
ist eine Option für SurfaceGraphics, die angibt, wie abgeschnittene Teile der Oberfläche zu zeichnen sind. ◇ ClipFill gibt an, wie die Flächen auszufüllen sind, wo der Graph außerhalb des Rahmens wäre und die abgeschnitten werden müssen. Mögliche Werte sind: Automatic - wie die Oberfläche (Voreinstellung), None - wie ein Loch, GrayLevel[st] - mit einem speziellen Grauschatten, CMYKColor[c,m,g,s] - mit einer speziellen Farbe, Hue[f,s,h] - mit einer speziellen Farbe, RGBColor[r,g,b] - mit einer speziellen Farbe, SurfaceColor[d] - als reflektierende Oberfläche und {top,bottom} - separate Spezifikationen für die oberen und unteren Flächen. *Attribute: Protected. Vergleiche auch:* **CMYKColor, GrayLevel, Hue, ListPlot3D, Plot3D, Options, RGBColor, SetOptions, SurfaceColor, SurfaceGraphics.**

**CliqueQ** DiscreteMath'Combinatorica'

**Close[*strom*]** 485, 499, 502, 764
schließt einen Strom. ◇ Wenn nur ein Strom mit einem gegebenen Namen existiert, kann er mit der Form Close["stromname"] geschlossen werden. Wenn mehrere Ströme mit demselben Namen existieren, muß die Form Close[OutputStream["name",n]] verwendet werden. Mit Close kann jede Datei oder Pipe gelöscht werden. Der Record des Objektes wird aus der Liste Streams gelöscht. Eine Datei oder Pipe kann explizit mit OpenRead, OpenTemporary, OpenWrite oder OpenAppend geöffnet werden. Sie kann auch durch Bezugnahme auf die Datei in einer Read-, Write-, Put-, Get- oder Display-Anweisung geöffnet werden. *Attribute: Protected. Vergleiche auch:* **InputStream, OpenAppend, OpenRead, OpenTemporary, OpenWrite, OutputStream, Streams.**

**Closed** Graphics'Animation'

**Closed** NumericalMath'NewtonCotes'

**CloseLog** ProgrammingExamples'SessionLog'

**CMYColor** Graphics'Colors'

***CMYKColor[zyan, magenta, gelb, schwarz]*** 472, 764
ist eine Grafikanweisung, die festlegt, daß die folgenden grafischen Objekte in der angegebenen Farbe anzuzeigen sind. ◇ Farben können zwischen diesen Formen mit der Anweisung ToColor oder der Option ColorOutput konvertiert werden. Mit der Primitiven Raster kann ein Array grauer oder farbiger Zellen spezifiziert werden. Wenn entweder die Option Lighting oder AmbientLight auf True gesetzt wird, werden alle Farben in die RGBColor-Form konvertiert. *Attribute: Protected. Vergleiche auch:* **ColorOutput, Graphics, Graphics3D, GrayLevel, Hue, Raster, RGBColor, ToColor.**

**CodeToLabeledTree** DiscreteMath'Combinatorica'

**Coefficient[*ausdr, form*]** 82, 593, 764
ergibt den Koeffizienten von form im Polynom ausdr. Coefficient[ausdr, form, n] ergibt den Koeffizienten von form^n in ausdr. ◇ Coefficient wählt nur Terme aus, die den spezifizierten Ausdruck enthalten. Folglich wird x^2 nicht als Teil von x^3 betrachtet. Coefficient[poly,ausdr,0] wählt Terme aus, die nicht proportional zu ausdr sind. CoefficientList liefert eine Liste der Koeffizienten von Termen wachsender Potenz. SeriesCoefficient extrahiert Koeffizienten aus Reihendarstellungen. Collect faßt Terme der gleichen Potenz von x zusammen. *Attribute: Protected. Vergleiche auch:* **CoefficientList, Collect, Exponent, SeriesCoefficient.**

Modulus -> 0 Trig -> False

**CoefficientList[*poly, var*]** 593, 764
liefert eine Liste der Koeffizienten der Potenzen von var in poly, beginnend mit der Potenz 0. CoefficientList[poly, {var1, var2, ...}] liefert eine Koeffizientenmatrix der vari. ◇ Die Dimensionen der Matrix, die durch CoefficientList zurückgegeben werden, werden durch die Werte von Exponent[ausdr,var] bestimmt. Terme, die keine positiven ganzzahligen Potenzen einer bestimmten Variable enthalten, werden in das erste Element der Liste für diese Variable aufgenommen. *Attribute: Protected. Vergleiche auch:* **Coefficient, SeriesCoefficient, Exponent, Collect**.
Modulus -> 0 Trig -> False

**Cofactor** DiscreteMath'Combinatorica'
**Collatz** Examples'Collatz'
**Collatz** ProgrammingExamples'Collatz'
**Collect[*ausdr, x*]** 80, 591, 765
faßt Terme mit derselben Potenz von x zusammen. Collect[ausdr, {x1, x2, ...}] faßt Terme zusammen, die die gleichen Potenzen von x1, x2, ... haben. ◇ Collect[ausdr,x] schreibt ausdr als Polynom in x. Die x können selbst Produkte sein. *Attribute: Protected. Vergleiche auch:* **Coeffient, Expand, ExpandAll, Factor, FactorTerms, Simplify**.
Modulus -> 0 Trig -> False

**ColonForm[*a,b*]**
druckt a: b. ◇ Hiermit kann ein Ausgabeformat, wie beispielsweise PrintForm oder OutputForm, definiert werden. *Attribute: Protected. Vergleiche auch:* **ColumnForm, Infix, Postfix, Prefix, SequenceForm, SpaceForm, Subscript, Superscript**.

**Color** Graphics'Graphics3D'
**ColorCircle** Graphics'ArgColors'
**ColorCircle** ProgrammingExamples'ArgColors'
***ColorFunction -> fkt*** 152, 154, 156, 406, 425, 452, 765
ist eine Option für verschiedene Grafikfunktionen, die eine Funktion spezifiziert, die auf z-Werte angewendet wird, um die zu verwendende Farbe für einen bestimmten x, y-Bereich zu bestimmen. ◇ Der Vorgabewert von ColorFunction ist Automatic, der mit GrayLevel einen Wertebereich von Graustufen ausgibt. ColorFunction kann den Wert Automatic (Voreinstellung) annehmen oder jede Funktion, die, wenn sie eine Zahl zwischen 0 und 1 ergibt, eine CMYKColor-, GrayLevel-, Hue- oder RGBColor-Anweisung liefert. In 3D-Grafik wird der Wert von ColorFunction nur verwendet, wenn Lighting -> False ist. Für 3D-Grafik ist der Wert, auf den die ColorFunction angewandt wird, der skalierte z-Wert. Andere Optionen, die auf die Farben einer Grafik einwirken, sind Background, ColorOutput, DefaultColor und SurfaceColor (nur 3D). *Attribute: Protected. Vergleiche auch:* **Background, CMYKColor, DefaultColor, GrayLevel, Hue, Lighting, Options, Diagramm3D, Raster, RGBColor, SetOptions**.

**ColorFunction** Graphics'PlotField'
**ColorFunction** Graphics'PlotField3D'
***ColorOutput -> wert*** 473, 765
ist eine Option für Grafikfunktionen, die den Typ der zu produzierenden Farbausgabe spezifiziert. ◇ Mögliche Werte für ColorOutput sind Automatic - verwende die gegebenen Farbspezifikationen (die Voreinstellung), GrayLevel - konvertiere Farbe in Grautöne, RGBColor, CMYColor und f - wende eine Funktion auf jede Farbanweisung an. Mit der Option ToColor können Farbanweisungen konvertiert werden. Wenn entweder die Option Lighting oder AmbientLight auf True gesetzt wird, werden alle Farben in die RGBColor-Form konvertiert. *Attribute: Protected. Vergleiche auch:* **CMYKColor, GrayLevel, Hue, RGBColor, ToColor**.

***Column z.B. TableDirections -> Column*** 356
ist eine Einstellung für die Option TableDirections von TableForm. ◇ Der Vorgabewert von TableDirections ist Automatic, der äquivalent zur Einstellung Row (oder {Row,Column,Row,...}) ist. *Attribute: Protected. Vergleiche auch:* **Automatic, MatrixForm, Row, TableDirections, TableForm**.

**Column** Statistics'DataManipulation'
**ColumnDrop** Statistics'DataManipulation'

**ColumnForm[*{a1, a2, ...}*]** 352, 361, 766
druckt die Spalte mit a1 über a2 usw. ColumnForm[liste, horiz] spezifiziert die horizontale Ausrichtung eines jeden Elementes. ColumnForm[liste, horiz, vert] spezifiziert auch die vertikale Ausrichtung der ganzen Spalte. ◇ Das Argument von ColumnForm braucht keine Liste zu sein. ColumnForm beinflußt die Druckform des Ergebnis, hat aber keine Wirkung auf die Evaluierung des Ausdruck. Mit der Anweisung Format kann das Voreinstellungformat für die Ausgabe eingestellt werden. *Attribute: Protected. Vergleiche auch:* **Left, Center, Right, Below, Above, Format, MatrixForm, SequenceForm, Subscripted**.

C

**ColumnJoin** Statistics'DataManipulation'
**ColumnTake** Statistics'DataManipulation'
***Compile*[*{x1, x2, ...}, ausdr*]** 312, 766
erzeugt eine kompilierte Funktion, die ausdr unter Annahme numerischer Werte für die xi evaluiert. Compile[{{x1, t1}, ...}, ausdr] nimmt an, daß die xi von einem Typ sind, der zu ti paßt. Compile[vars, ausdr, {{m1, mt1}, ...}] nimmt an, daß Unterausdrücke in expr, die zu mi passen, von Typen sind, die zu mti passen. ◇ Das Ergebnis von Compile ist eine CompiledFunction, die in derselben Weise wie Function verwendet werden kann. Compiled ist eine Option für einige numerische und Ton-Funktionen, die spezifiziert, daß ihre Argumente aus Effizienzgründen zu kompilieren sind. *Attribute: HoldAll Protected. Vergleiche auch:* **Compiled, CompiledFunction, Complex, False, Function, Integer, MachineNumberQ, Real, True, $MachinePrecision**.

***Compiled* -> True oder False** 143, 152, 154, 313, 688, 690, 695, 700, 766
ist eine Option für verschiedene numerische und Druckfunktionen, die angibt, ob die Ausdrücke mit denen die jeweilige Funktion arbeitet, automatisch kompiliert werden sollen. ◇ Der Vorgabewert für Compiled ist True. Die numerischen Funktionen FindMinimum, FindRoot, NDSolve, NIntegrate, NProduct und NSum verwenden die Option Compiled. Die Druckfunktionen ContourPlot, DensityPlot, ParametricPlot, ParametricPlot3D, Plot und Plot3D verwenden Compiled, genauso wie die Ton-Funktion Play. Für Berechnungen, in denen eine Arbeitspräzision größer als die Maschinen-Voreinstellung (in der Variablen $MachinePrecision) benötigt wird, kann die Option Compiled -> False verwendet werden. *Attribute: Protected. Vergleiche auch:* **Compile, CompiledFunction, FindRoot, NDSolve, NIntegrate, Plot, Play, WorkingPrecision, $MachinePrecision**.

***CompiledFunction*[*args, nregs, instr, funk*]** 212, 316, 475, 767
repräsentiert kompilierten Code zur Evaluierung einer kompilierten Funktion. ◇ Das Objekt CompiledFunction ist die Beschreibung eines Programms in Pseudoassembler, wie es für eine einfache Registermaschinen geschrieben wird. Eine vollständige Beschreibung dieses Pseudoassembler-Formats und der Registermaschine befindet sich im WRI technical report „The *Mathematica* Compiler" (siehe Kapitel H). *Attribute: Protected. Vergleiche auch:* **Compile, Compiled, SampledSoundFunction**.

**Complement[*aall, a1, a2, ...*]** 129, 767
ergibt die Elemente in aall, die in keinem der ai enthalten sind. ◇ Der Kopf von aall braucht nicht List zu sein. Die resultierende Liste (oder Funktion) ist in der Standard-Reihenfolge sortiert. Complement behandelt die Liste als Menge. *Attribute: Protected. Vergleiche auch:* **Intersection, Union, MemberQ**.

**CompleteQ** DiscreteMath'Combinatorica'
**Complex[*r, i*]** 534, 713, 767
ist der Kopf für komplexe Zahlen. ◇ Eine komplexe Zahl kann in der Form a+bI eingegeben werden und wird in dieser Form gedruckt. Das Muster _Complex paßt zu einer komplexen Zahl, das Muster a_+b_*I nicht. *Attribute: Protected. Vergleiche auch:* **Abs, Arg, ComplexExpand, ComplexInfinity, Conjugate, I, Im, Integer, Rational, Real**.

***ComplexExpand*[*ausdr*]** 81, 604, 767
entwickelt ausdr unter der Annahme, daß alle Variablen reell sind. ComplexExpand[ausdr, {x1, x2, ...}] entwickelt ausdr unter der Annahme, daß Variablen, die zu einem xi passen komplex sind. ◇ Die Anweisung Expand entwickelt Produkte und positive ganzzahlige Potenzen auf der obersten Stufe von ausdr und ExpandAll entwickelt alle Produkte oder ganzzahligen Potenzen auf jeder Stufe im Ausdruck. Die Anweisungen ExpandNumerator und ExpandDenominator multiplizieren die Terme im Zähler bzw. Nenner eines rationalen Ausdrucks aus. LogicalExpand entwickelt logische Ausdrücke (d.h. solche die And, Or, Not usw. enthalten). Simplify versucht die „einfachste" Form eines Ausdrucks zu bestimmen. *Attribute: Protected ReadProtected. Vergleiche auch:* **Abs, Arg, Complex, Conjugate, Expand, GaussianIntegers, LogicalExpand, Re, Sign, Simplify**.

TargetFunctions -> {Re, Im, Abs, Arg, Conjugate, Sign rbracket

**ComplexInfinity** 548, 767
repräsentiert eine Größe mit unendlichem Betrag, aber unbestimmter komplexer Phase (Argument). ◇ Die interne Darstellung von ComplexInfinity ist DirectedInfinity[ ]. Die interne Darstellung von Infinity ist DirectedInfinity[1]. *Attribute: Protected. Vergleiche auch:* **DirectedInfinity, Infinity, Indeterminate, Complex, Check**.

**ComplexToTrig** Algebra'Trigonometry'
*Compose[f1,f2,..][x]* xix
ist eine veraltete Funktion, ersetzt durch Composition. Compose[a,b,c,d] ergibt a[b[c[d]]]. *Attribute: Protected. Vergleiche auch:* **Composition**.

**ComposedFunctionQ** Calculus'Common'Support'
***ComposeList[{f1, f2, ...}, x]*** 210, 767
erzeugt eine Liste der Form {x, f1[x], f2[f1[x]], ...}. ◇ Der Kopf des ersten Parameters muß List sein. Ähnliche Funktionen sind Composition, die das letzte Element der durch ComposeList produzierten Liste ausgibt, Apply, die eine Funktion auf den Kopf einer Liste anwendet und ComposeList, die eine Liste von Funktionen auf einen einzelnen Parameter anwendet. MapIndexed wendet eine Funktion auf die durch den Index bezeichneten Elemente einer Liste an und MapThread wendet eine Funktion auf mehrere Listen an. Nest wendet eine Funktion eine spezifizierte Anzahl Mal auf einen Parameter an. *Attribute: Protected. Vergleiche auch:* **Apply, Composition, Fold, HeadCompose, List, MapIndexed, MapThread, Nest, NestList, Thread**.

**ComposeSeries[*s,t,u,...*]**
verkettet die Potenzreihen s,t,u usw. Die Reihen (bis auf das erste Element) müssen mit einer positiven Potenz der Variablen beginnen. ◇ Außerdem muß der konstante Term der Reihe si derselbe sein wie der Punkt, um den die Reihe s(i-1) entwickelt wird. Die Anweisung ComposeSeries leistet in Bezug auf Reihenentwicklungen dasselbe, wie Compose für konventionelle Funktionen. ComposeSeries kann nicht mit konventionellen Polynomen umgehen, sondern ist lediglich für die durch die Anweisung Series produzierten Reihen gedacht (repräsentiert durch SeriesData-Objekte). *Attribute: Protected. Vergleiche auch:* **ComposeList, Composition, InverseSeries, Normal, O, Series, SeriesData**.

**CompositeBezier** Graphics'Spline'
***Composition[f1, f2, f3, ...]*** 201, 210, 213, 278, 767, 768, 829
repräsentiert eine Komposition der Funktionen f1, f2, f3, .... ◇ Composition repräsentiert die Funktional-Komposition. Äquivalent zu Composition[f,g,h][x] sind f@g@h@x und x//h//g//f. Wenn alle Funktionen dieselben sind, kann das Ergebnis auch mit Nest erhalten werden. Mit Operate und HeadCompose kann man die ähnliche Konstruktion f[g][x] erzeugen (wenn z.B. f der Differentialoperator ist, dann ist d[f][x] gleich f'[x]). Mit Function können die Funktionen für eine dieser Konstruktionen definiert werden. Compose sollte nicht mit ComposeSeries verwechselt werden, das Potenzreihen verkettet. *Attribute: Flat OneIdentity Protected. Vergleiche auch:* **ComposeList, ComposeSeries, Function, HeadCompose, Identity, InverseFunction, Nest, Operate**.

**Compositions** DiscreteMath'Combinatorica'
**CompoundExpression[*a1, a2*] *oder ausdr1; ausdr2; ...*** 59, 718, 768
evaluiert die ausdri der Reihe nach und gibt den letzten als Ergebnis aus. ◇ Die Ausdrücke in einer CompoundExpression-Anweisung werden einer nach dem anderen evaluiert bis der letzte evaluiert ist oder eine Return-, Throw- oder Goto-Anweisung ausgeführt wird. Die Anweisung „ausdr1;ausdr2;" (oder CompoundExpression[expr1,expr2, ]) gibt Null zurück (da *Mathematica* eine leere Anweisung nach dem letzten Semikolon einfügt). Der Wert von ausdr2 wird Out[n] zugewiesen, so daß Ergebnisse dennoch in weiteren Berechnungen verwendet werden können. *Attribute: HoldAll Protected. Vergleiche auch:* **Block, Goto, Module, Null, Return, Throw**.

**ComputerNumber** NumericalMath'ComputerArithmetic'
**Condition *oder muster /; test*** xx, 224, 287, 320, 768
ist ein Muster, das nur paßt, wenn die Evaluierung von test True ergibt. ls :> rs /; test repräsentiert eine Regel, die nur gilt, wenn die Evaluierung von test True ergibt. ls := rs /; test ist eine Definition, die nur verwendet wird, wenn test True ergibt. ◇ Condition gibt Null zurück, wenn test nicht True ergibt. Wenn test nicht True ergibt, wird der Ausdruck überhaupt nicht evaluiert. Die Wirkung von Condition kann manchmal durch den Operator PatternTest nachvollzogen werden (z.B. f[n_?OddQ]:=ausdr). Die Konstruktion x:=Module[{lvars},ausdr/;test] erlaubt die Verwendung lokaler Variablen. Siehe unter „tests" wegen weiterer in *Mathematica* vorhandenen Tests. *Attribute: HoldAll Protected. Vergleiche auch:* **If, Module, PatternTest, Switch, Which, tests**.

**Cone** Graphics'Shapes'
**ConfidenceIntervalTable** Statistics'LinearRegression'
**ConfidenceLevel** Statistics'ConfidenceIntervals'
**ConfocalEllipsoidal** Calculus'VectorAnalysis'
**ConfocalParaboloidal** Calculus'VectorAnalysis'
**Conical** Calculus'VectorAnalysis'
**Conjugate[z]** 52, 551, 604, 768
ergibt die zur komplexen Zahl z komplex konjugierte Zahl. ◇ Conjugate kann auch zur Konjugation einer komplexen Matrix verwendet werden. *Attribute: Listable Protected. Vergleiche auch:* **Abs, Arg, Complex, I, Im, Re**.

**ConjugateQ** DiscreteMath'RSolve'
**ConnectedComponents** DiscreteMath'Combinatorica'
**ConnectedQ** DiscreteMath'Combinatorica'
**Constant** 272, 625, 727, 768
ist ein Attribut, das anzeigt, daß die Ableitung eines Symbols bezüglich aller Parameter Null ist. ◇ Wenn das Symbol f das Attribut Constant hat, wird angenommen, daß die Ableitung der Funktion f[x] und des Ausdrucks f Null sind. Dieses Attribut beinflußt sowohl D als auch Dt, die partielle und vollständige Ableitung. Mit Attributes können Sie nachschauen, ob ein Symbol das Attribut Constant hat. Benutzen Sie SetAttributes, um das Attribut Constant zu setzen und ClearAttribute, um es aufzuheben. NonConstants ist eine Option für D (partielle Differentiation), um Konstanten zu spezifizieren. Constant sollte nicht mit Constants, einer Option für Dt, verwechselt werden. DSolveConstants ist eine Option für DSolve. *Attribute: Protected. Vergleiche auch:* **Attributes, ClearAttributes, Constants, D, DSolveConstants, Dt, NonConstants, SetAttributes**.

**Constants -> {*x1*, ...}** 50, 320, 566, 625, 727, 768, 894
ist eine Option für Dt, die eine Liste von Objekten ausgibt, die als Konstanten genommen werden. ◇ Als Option für Dt hat Constants als Vorgabewert die leere Liste { }. Wenn f in der Liste von Constants erscheint, dann sind sowohl Dt[f] als auch Dt[f[..]] Null. NonConstants ist eine Option für D (partielle Differentiation), um Konstanten zu spezifizieren. Constants sollte nicht mit Constant verwechselt werden, einem Attribut, das spezifiziert, daß das Ergebnis der Anwendung von Dt Null sein soll. DSolveConstants ist eine Option für DSolve. *Attribute: Protected. Vergleiche auch:* **Constant, Dt, DSolveConstants, NonConstants**.

**Constants** ProgrammingExamples'Constants'
**ConstrainedMax[*f*, *{ungln}*, *{x, y, ...}*]** 705, 769
bestimmt das globale Maximum von f im Definitionsbereich, der von den Ungleichungen festgelegt wird. Die Variablen x, y, ... werden alle als nichtnegativ vorausgesetzt. ◇ ConstrainedMax verwendet lineare Programmierung. Die Funktion und die Ungleichungen müssen in den Variablen linear sein und dürfen keine komplexen Zahlen enthalten. ConstrainedMax gibt { } aus, wenn die Nebenbedingungen inkonsistent sind, Infinity, wenn die Funktion unbeschränkt im Definitionsbereich ist und die Liste {max,{x -> x0,y -> y0,..}}, wenn ein Maximum bestimmt wurde. Der Punkt (x0,y0,..) ist die Stelle, in der das Maximum bestimmt wurde. Dieser Punkt kann sich auf dem Rand des Gebietes befinden, auch wenn strenge Ungleichungen verwendet werden. *Attribute: Protected. Vergleiche auch:* **ConstrainedMin, FindMinimum, LinearProgramming, Max**.
Tolerance -> Automatic

**ConstrainedMin[*f*, *{ungln}*, *{x, y, ...}*]** 109, 705, 769
bestimmt das globale Minimum von f im Definitionsbereich, der durch die Ungleichungen festgelegt wird. Die Variablen x, y, ... werden alle als nichtnegativ vorausgesetzt. ◇ ConstrainedMin verwendet lineare Programmierung. Die Funktion und die Ungleichungen müssen linear in den Variablen sein und dürfen keine komplexen Zahlen enthalten. ConstrainedMin gibt { } aus, wenn die Nebenbedingungen inkonsistent sind, Infinity, wenn die Funktion unbeschränkt im Definitionsbereich ist und die Liste {min, {x -> x0, y -> y0,..}}, wenn ein Minimum bestimmt wurde. Der Punkt (x0,y0,..) ist die Stelle, in der das Minimum bestimmt wurde. Dieser Punkt kann auf dem Rand des Gebietes liegen, auch wenn strenge Ungleichungen verwendet werden. *Attribute: Protected. Vergleiche auch:* **ConstrainedMax, FindMinimum, LinearProgramming, Min**.
Tolerance -> Automatic

**ConstructTableau** DiscreteMath'Combinatorica'

**Context[ ]** 334, 711, 769
ergibt den aktuellen Kontext. Context[symbol] ergibt den Kontext, in dem ein Symbol erscheint. ◇ Der aktuelle Kontext ist der Wert der globalen Variablen $Context. Wenn Sie die Kontexte nicht ändern, ist der aktuelle Kontext Global'. Durch das System vordefinierte Symbole (wie beispielsweise Max, Integrate) haben den Kontext „System'". Context[symbol] sucht zuerst im aktuellen Kontext nach einem Symbol, dann in allen Kontexten des Kontext-Suchpfades, die in der globalen Variablen $ContextPath aufgeführt sind. Ein Symbol kann mit Remove aus einem Kontext entfernt werden, und mit den Anweisungen Begin, BeginPackage, End und EndPackage können der aktuelle Kontext und der Kontext-Suchpfad geändert werden. Mit der Anweisung Needs kann ein Kontext zum Kontext-Suchpfad hinzugefügt werden. ContextToFilename ergibt die Zeichenketten-Spezifikation des Dateinamens, der nach Übereinkunft mit einem speziellen Kontext verknüpft ist. *Attribute: HoldFirst Protected. Vergleiche auch:* **Remove, Begin, BeginPackage, End, EndPackage, Needs, ContextToFilename, $Context, $ContextPath**.

***Contexts*** 334, 385, 769
liefert eine Liste aller Kontexte. Contexts["string"] liefert eine Liste der Kontexte, die zum String passen. Die Zeichenkette kann Metazeichen enthalten. Siehe auch: $Packages, $ContextPath. ◇ Aufrufe von Begin, BeginPackage und DeclarePackage fügen Kontexte zur Liste hinzu, die bei einem Aufruf von Context zurückgegeben werden. (Viele der Kontexte in der Liste können durch Anweisungen in den Startup-Paketen init.m und sysinit.m hinzugefügt worden sein.) Im Unterschied zu der Liste der Kontexte in $ContextPath, sind nicht alle Kontexte in Contexts[ ] erreichbar. Mit der Anweisung Context kann man entweder den aktuellen Kontext (d.h. die Inhalte von $Context) oder den Kontext eines spezifizierten Symbols erhalten. Die Variable $ContextPath liefert eine Liste all jener Kontexte, die durchsucht werden, wenn auf ein Symbol Bezug genommen wird. *Attribute: Protected. Vergleiche auch:* **Begin, BeginPackage, Context, DeclarePackage, init.m, sysinit.m, $ContextPath, $Packages, metachars**.

**ContextToFilename[*"kontext'"*]** 492, 769
ergibt die Zeichenketten-Spezifikation des Dateinamens, der nach Übereinkunft mit einem speziellen Kontext verknüpft ist. ◇ ContextToFilename verwendet die Systemvariable $PathnameSeparator, die das Trennzeichen enthält, das vom Betriebssystem verwendet wird. Siehe unter „dateien" wegen einer Beschreibung der Dateinamen. *Attribute: Protected. Vergleiche auch:* **BeginPackage, Context, Contexts, Needs, $PathnameSeparator, dateien**.

**Continuation[*n*]** 61, 517, 721, 769
ist die Ausgabe am Anfang der n-ten Zeile in einem mehrzeilig gedruckten Ausdruck. ◇ Die Voreinstellung für Continuation ist entweder die Zeichenkette „ " oder die Zeichenkette „>". Der Wert von Continuation kann mit der Anweisung Format[Continuation[n_]] := ausdr verändert werden. Das Symbol LineBreak wird zwischen fortgesetzten Zeilen gedruckt, Indent spezifiziert den verwendeten Einzug, wenn eine Zeile mit einem Unterausdruck beginnt, StringBreak ist ein Symbol, das verwendet wird, wenn eine Zeichenkette in Ausgabezeilen zerlegt wird, und Skeleton und StringSkeleton werden für Short- oder Shallow-Ausgabeformen eingesetzt. *Vergleiche auch:* **Format, Indent, LineBreak, Skeleton, StringBreak, StringSkeleton**.

**Continue[ ]** 293, 770
verläßt das nächste einschließende Do, For oder While in einem prozeduralen Programm. ◇ Break verläßt die Schleife völlig, und Return verläßt die einschließende Subroutine, wobei ein spezifizierter Wert zurückgegeben wird. Throw und Goto sind Anweisungen, mit denen man allgemeinere Strukturen oder mehrere verschachtelte Schleifen verlassen kann. *Attribute: Protected. Vergleiche auch:* **Break, Catch, CompoundExpression, Do, For, Goto, Return, Throw, While**.

**ContinuedFraction** NumberTheory'ContinuedFractions'

**ContinuedFractionForm** NumberTheory'ContinuedFractions'

**ContourGraphics[*array*]** 395, 425, 770
ist eine Darstellung eines Konturdiagramms. ◇ Das Argument array muß ein rechteckiges Array reeller Zahlen sein, die z-Werte darstellen. Ein ContourGraphics-Objekt kann mit der Anweisung Show angezeigt werden, kann aber nicht mit irgendwelchen anderen Objekten kombiniert werden. Mit der Anweisung ContourGraphics[g] kann ein DensityGraphics-Objekt (produziert durch DensityPlot) oder SurfaceGraphics-Objekt (produziert durch Plot3D) in ein ContourGraphics-Objekt konvertiert werden. ContourGraphics-Objekte werden durch ContourPlot und ListContourPlot erzeugt. *Attribute: Protected ReadProtected. Vergleiche auch:* **ContourPlot, ListContourPlot, Show, DensityPlot, DensityGraphics, Plot3D, SurfaceGraphics**.

| | | | | | |
|---|---|---|---|---|---|
| AspectRatio | -> | 1 | Axes | -> | False |
| AxesLabel | -> | None | AxesOrigin | -> | Automatic |
| AxesStyle | -> | Automatic | Background | -> | Automatic |
| ColorFunction | -> | Automatic | ColorOutput | -> | Automatic |
| ContourLines | -> | True | Contours | -> | 10 |
| ContourShading | -> | True | ContourSmoothing | -> | None |
| ContourStyle | -> | Automatic | DefaultColor | -> | Automatic |
| Epilog | -> | {} | Frame | -> | True |
| FrameLabel | -> | None | FrameStyle | -> | Automatic |
| FrameTicks | -> | Automatic | MeshRange | -> | Automatic |
| PlotLabel | -> | None | PlotRange | -> | Automatic |
| PlotRegion | -> | Automatic | Prolog | -> | {} |
| RotateLabel | -> | True | Ticks | -> | Automatic |
| DefaultFont | :> | $DefaultFont | DisplayFunction | :> | $DisplayFunction |

*ContourLevels -> n* xix

ist eine veraltete Grafik-Option, ersetzt durch Contours. *Vergleiche auch:* **Contours**.

***ContourLines* -> True oder False** 427, 770

ist eine Option für Konturdiagramme, die angibt, ob explizite Konturlinien zu zeichnen sind. ◇ Der Vorgabewert von ContourLines ist True, das heißt, daß Konturlinien zu zeichnen sind. *Attribute: Protected. Vergleiche auch:* **ContourGraphics, ContourPlot, Contours, ContourStyle, ContourSmoothing, Options, SetOptions**.

**ContourPlot[*f, {x,min,max},{y,min,max}*]** 151, 395, 425, 771

erzeugt ein Konturdiagramm von f als Funktion von x und y. ◇ ContourPlot liefert ein ContourGraphics Objekt und kann mit der Anweisung Show angezeigt werden. Ein Array der Höhenwerte kann mit der Anweisung ListContourPlot in ein Konturdiagramm umgewandelt werden. *Attribute: HoldAll Protected. Vergleiche auch:* **ContourGraphics, DensityPlot, ListContourPlot, Plot3D, Show**.

| | | | | | |
|---|---|---|---|---|---|
| AspectRatio | -> | 1 | Axes | -> | False |
| AxesLabel | -> | None | AxesOrigin | -> | Automatic |
| AxesStyle | -> | Automatic | Background | -> | Automatic |
| ColorFunction | -> | Automatic | ColorOutput | -> | Automatic |
| Compiled | -> | True | ContourLines | -> | True |
| Contours | -> | 10 | ContourShading | -> | True |
| ContourSmoothing | -> | None | ContourStyle | -> | Automatic |
| DefaultColor | -> | Automatic | Epilog | -> | {} |
| Frame | -> | True | FrameLabel | -> | None |
| FrameStyle | -> | Automatic | FrameTicks | -> | Automatic |
| PlotLabel | -> | None | PlotPoints | -> | 15 |
| PlotRange | -> | Automatic | PlotRegion | -> | Automatic |
| Prolog | -> | {} | RotateLabel | -> | True |
| Ticks | -> | Automatic | DefaultFont | :> | $DefaultFont |
| DisplayFunction | :> | $DisplayFunction | | | |

***Contours* -> *n*** 152, 427, 771

ist eine Option für ContourGraphics, die die zu verwendenden Konturen festlegt. ◇ Der Vorgabewert Contours -> 10 ergibt 10 Konturen, verteilt über den Wertebereich der z-Werte, die durch PlotRange gegeben sind. Contours kann die Liste der zu zeichnenden Konturen zugewiesen werden, z.B. Contours -> {z1, z2, ...}. Die Erhöhung von Contours vermehrt die sichtbaren Details auf Kosten erhöhter Rechenzeit. Wenn Contours sehr stark erhöht wird, muß auch der Wert von PlotPoints erhöht werden, damit ein Diagramm exakt wird. Andere Optionen, die auf die Darstellung von Konturlinien einwirken, sind ContourLines, die festlegt, ob Konturen zu zeichnen sind oder nicht, ContourStyle, die angibt, wie sie zu zeichnen sind und ContourSmoothing. *Attribute: Protected. Vergleiche auch:* **ContourGraphics, ContourLines, ContourPlot, ContourSmoothing, ContourStyle, PlotRange, Options, SetOptions**.

***ContourShading* -> True oder False** 152, 427, 771
ist eine Option für Konturdiagramme, die angibt, ob die Bereiche zwischen Konturlinien schattiert werden sollen. ◇ Die Voreinstellung ist ContourShading -> True, die festlegt, daß die Fläche zwischen Konturlinien schattiert wird. Wenn ContourShading -> True ist, werden die Intervalle zwischen den Konturlinien gemäß der Einstellung von ColorFunction eingefärbt, mit einem wachsenden Argument (variierend zwischen 0 bis 1) für wachsende Werte der Funktion. Andere Optionen, die auf die Darstellung von Konturlinien einwirken, sind ContourLines, die festlegt, ob Konturen zu zeichnen sind oder nicht, Contours, die angibt, wo Konturlinien plaziert werden sollen, ContourStyle, die festlegt, wie sie zu zeichnen sind und ContourSmoothing. *Attribute: Protected. Vergleiche auch:* **ColorFunction, ContourGraphics, ContourLines, ContourPlot, Contours, ContourSmoothing, ContourStyle, Options, SetOptions**.

***ContourSmoothing* -> *n*/Automatic/None** 152, 427, 429, 771
ist eine Option für Konturdiagramme, die angibt, wie Konturlinien geglättet werden sollen. ◇ Die Voreinstellung für ContourSmoothing ist None (d.h. ContourSmoothing -> None), die festlegt, daß jede Konturlinie als gerade Linie zwischen Gitternetzlinien gezeichnet werden soll. Andere Einstellungen für ContourSmoothing sind ContourSmoothing -> n, die festlegt, daß das Gitter durch einen Faktor n unterteilt wird oder Automatic, die äquivalent zu ContourSmoothing -> 4 ist. Andere Optionen, die auf die Darstellung von Konturlinien einwirken, sind ContourLines, die angibt, ob Konturen zu zeichnen sind oder nicht, Contours, die festlegt, wo Konturlinien plaziert werden sollen, ContourStyle, die angibt, wie sie zu zeichnen sind und ContourSmoothing. *Attribute: Protected. Vergleiche auch:* **ContourGraphics, ContourLines, ContourPlot, Contours, ContourStyle, Options, PlotPoints, SetOptions**.

*ContourSpacing*
ist eine veraltete Grafik-Option, ersetzt durch Contours. *Vergleiche auch:* **Contours**.

***ContourStyle* -> {*prim1*, ..}** 427, 771
ist eine Option für Konturdiagramme, die den Stil festlegt, in dem Konturlinien gezeichnet werden sollen. ◇ Die Voreinstellung ist ContourStyle -> Automatic, die festlegt, daß die Konturen als dünne, schwarze, nicht gestrichelte Linien zu zeichnen sind. ContourStyle kann die Liste der zu zeichnenden Grafik-Primitiven zugewiesen werden, die verwendet werden, wenn die Konturen gezeichnet werden. Einige dieser Primitiven sind GrayLevel, Dashing, Thickness und Hue, RGBColor oder CMYKColor. Eine vollständige Liste der Grafik-Primitiven befindet sich im Eintrag Graphics. *Attribute: Protected. Vergleiche auch:* **AxesStyle, ContourGraphics, ContourLines, ContourPlot, Contours, ContourSmoothing, ContourStyle, Dashing, FrameStyle, GrayLevel, Options, SetOptions, Thickness**.

**Contract** DiscreteMath'Combinatorica'
**Convert** Miscellaneous'Units'
**ConvertTemperature** Miscellaneous'Units'
**ConvexHull** DiscreteMath'ComputationalGeometry'
**CoordinateRanges** Calculus'VectorAnalysis'
**Coordinates** Calculus'VectorAnalysis'
**CoordinatesFromCartesian** Calculus'VectorAnalysis'
**CoordinatesToCartesian** Calculus'VectorAnalysis'
**CoordinateSystem** Calculus'VectorAnalysis'
**Coords** Geometry'Polytopes'

***CopyDirectory*["*dir1*", "*dir2*"]** 493, 772
kopiert das Verzeichnis dir1 nach dir2. ◇ CopyDirectory führt Funktionen der UNIX-Anweisung cp (nur für Verzeichnisse) oder die MS-DOS-Anweisung xcopy aus. *Attribute: Protected. Vergleiche auch:* **CopyFile, CreateDirectory, DeleteDirectory, Directory, FileNames, RenameDirectory, SetDirectory, $Failed, dateien**.

***CopyFile*["*datei1*", "*datei2*"]** 180, 492, 772
kopiert datei1 nach datei2. ◇ CopyFile führt Funktionen der UNIX-Anweisung cp (nur für Dateien) oder die MS-DOS-Anweisung copy aus. *Attribute: Protected. Vergleiche auch:* **CopyDirectory, DeleteFile, File, FileInformation, FileNames, RenameFile, $Failed, dateien**.

**CorrelationMatrix** Statistics'LinearRegression'

**Cos[z]** 49, 562, 603, 772
ergibt den Kosinus von z. ◇ Das Argument wird im Bogenmaß erwartet; es kann aber durch Multiplikation mit der Konstanten Degree in Grad umgewandelt werden. *Attribute: Listable Protected. Vergleiche auch:* **ArcCos, Cosh, CosIntegral, Cot, Csc, Degree, Pi, Sec, Sin, Tan**.

C

**Cosh[z]** 562, 772
ergibt den Kosinus Hyperbolicus von z. ◇ Cosh[z]=(E^z+E^(-z))/2. Der Graph dieser Funktion wird Kettenlinie oder Katenoide genannt. Er unterscheidet sich vom üblichen trigonometrischen Kosinus, Cos. *Attribute: Listable Protected. Vergleiche auch:* **ArcCosh, Cos, CoshIntegral, Coth, Csch, E, Sech, Sinh, Tanh**.

***CoshIntegral*[*x*]**
ergibt den hyperbolischen Integralkosinus EulerGamma + Log[x] + Integrate[(Cosh[t] - 1)/t, {t, 0, x}]. *Attribute: Listable Protected ReadProtected. Vergleiche auch:* **Cosh, CosIntegral, EulerGamma, Integrate**.

**CosIntegral[*x*]** 570, 772
ergibt den Integralkosinus EulerGamma + Log[x] + Integrate[(Cos[t] - 1)/t, {t, 0, x}]. ◇ CosIntegral[z]=-Integrate[Cos[t]/t,{t,z,Infinity}] (Hauptwert). Beachten Sie, daß die Beziehung ExpIntegralEi[I*z]=CosIntegral[z]+I*(SinIntegral[z]-SinIntegral[Infinity]) gilt. Beachten Sie auch, daß sich die Definition von CosIntegral in vielen Texten unterscheidet. *Attribute: Listable Protected ReadProtected. Vergleiche auch:* **Cos, CoshIntegral, ExpIntegralE, ExpIntegralEi, Integrate, LogIntegral, SinIntegral**.

**CostOfPath** DiscreteMath'Combinatorica'

**Cot[z]** 562, 772
ergibt den Kotangens von z. ◇ Cot[z]=1/Tan[z]=Cos[z]/Sin[z]. Das Argument wird im Bogenmaß erwartet; es kann aber durch Multiplikation mit der Konstanten Degree in Grad umgewandelt werden. *Attribute: Listable Protected. Vergleiche auch:* **ArcCot, Cos, Coth, Csc, Degree, Pi, Sec, Sin, Tan**.

**Coth[z]** 562, 772
ergibt den Kotangens Hyperbolicus von z. ◇ Coth[z] = 1/Tanh[z] = Cosh[z]/Sinh[z] = (E^z+E^(-z))/(E^z-E^(-z)). *Attribute: Listable Protected. Vergleiche auch:* **ArcCoth, Cosh, Cot, Csch, E, Sech, Sinh, Tanh**.

**Count[*liste, muster*]** 127, 221, 222, 725, 772
ergibt die Anzahl der Elemente in liste, die zu muster passen. Count[ausdr, muster, stufe] ergibt die Gesamtzahl der Unterausdrücke auf den durch stufenspez festgelegten Stufen in ausdr, die zu muster passen. ◇ Position liefert die Positionen der ausgewählten Elemente in liste. *Attribute: Protected. Vergleiche auch:* **Cases, Select, Position, muster, stufenspez**.
Heads -> False

**CountRoots** Algebra'CountRoots'

**CovarianceMatrix** Statistics'LinearRegression'

***CreateDirectory*["*dir*"]** 493, 773
erzeugt ein Verzeichnis. ◇ Verwandte Anweisungen sind CopyDirectory, DeleteDirectory und RenameDirectory. Die Anweisung Directory gibt das aktuelle Arbeitsverzeichnis aus und die Anweisung SetDirectory wechselt das Arbeitsverzeichnis. CreateDirectory führt die Funktionen der UNIX-Anweisung mkdir oder der MS-DOS-Anweisung mkdir oder md aus. *Attribute: Protected. Vergleiche auch:* **CopyDirectory, DeleteDirectory, Directory, RenameDirectory, SetDirectory, $Failed, dateien**.

**Cross** LinearAlgebra'CrossProduct'

**CrossProduct** Calculus'VectorAnalysis'

**Csc[z]** 562, 773
ergibt den Kosekans von z. ◇ Csc[z]=1/Sin[z]. Das Argument wird im Bogenmaß erwartet; es kann aber durch Multiplikation mit der Konstanten Degree in Grad umgewandelt werden. *Attribute: Listable Protected. Vergleiche auch:* **ArcCsc, Cos, Cot, Csch, Degree, Pi, Sec, Sin, Tan**.

**Csch[z]** 562, 773
ergibt den Kosekans Hyperbolicus von z. ◇ Csch[z]=1/Sinh[z]=2/(E^z-E^(-z)). *Attribute: Listable Protected. Vergleiche auch:* **ArcCsch, Cosh, Coth, Csc, E, Sech, Sinh, Tanh**.

**Cubic** Graphics'Spline'

**Cubics -> True oder False** 773
ist eine Option für Roots und verwandte Funktionen, die spezifiziert ob explizite Lösungen für irreduzible kubische Gleichungen erzeugt werden sollen. ◇ Die Voreinstellung ist Cubics -> True. Dann werden Lösungen für kubische Gleichungen, die nicht faktorisiert werden können, mit der kubischen Formel explizit ermittelt. Wenn Cubics auf False gestellt ist, werden irreduzible kubische Gleichungen von Roots ungelöst zurückgegeben. Die Option Quartics leistet dasselbe für irreduzible Gleichungen vierten Grades. (Galois zeigte, daß keine allgemeine Lösungsformel für Gleichungen fünften Grades existiert.) *Attribute: Protected. Vergleiche auch:* **Quartics, Roots, Options, SetOptions**.

***Cuboid[{xmin, ymin, zmin}]*** 430, 773
ist eine 3D-Grafik-Primitive, die einen Einheitsquader, parallel zu den Achsen orientiert, darstellt. Cuboid[{xmin, ymin, zmin}, {xmax, ymax, zmax}] spezifiziert einen Quader durch Angabe der Koordinaten gegenüberliegender Ecken. *Attribute: Protected. Vergleiche auch:* **Polygon, Rectangle**.

**CumulativeSums** Statistics'DataManipulation'
**Curl** Calculus'VectorAnalysis'
**CurveCountLimit** NumberTheory'FactorIntegerECM'
**CurveNumber** NumberTheory'FactorIntegerECM'
**Curves** Graphics'FilledPlot'
**Cycle** DiscreteMath'Combinatorica'
**Cyclotomic[*n*, *x*]** 601, 773
ergibt die Kreisteilungspolynome der Ordnung n in x. ◇ Diese Polynome werden gewöhnlich mit $C_n(x)$ bezeichnet und sind als das Produkt von Termen der Form (x-E^(2Pi*I*k/n)) definiert, wobei k über alle positiven ganzen Zahlen kleiner als n läuft, die teilerfremd zu n sind. Die Kreisteilungspolynome treten als Faktoren der Polynome x^n - 1 auf. *Attribute: Protected. Vergleiche auch:* **Factor**.

**Cylinder** Graphics'Shapes'
**Cylindrical** Calculus'VectorAnalysis'
**CylindricalPlot3D** Graphics'ParametricPlot3D'
**CylindricalPlot3D** ProgrammingExamples'ParametricPlot3D'

## D

**D[*f*, *x*]** 88, 624, 774
ergibt die partielle Ableitung von f bezüglich x. D[f, {x, n}] ergibt die n-te partielle Ableitung bezüglich x. D[f, x1, x2, ...] ergibt eine gemischte Ableitung. ◇ D unterscheidet sich von Dt (dem vollständigen Differential) durch das, was es als konstant betrachtet. Während D normalerweise voraussetzt, daß der Ausdruck f unabhängig von x ist, nimmt Dt an, daß Dt[f,x] ungleich Null ist. (Beachten Sie, daß D[f[x],x] ungleich Null ist, während D[f,x] Null ist.) NonConstants ist eine Option, die von D verwendet wird, um Ausdrücke f zu spezifizieren, für die D[f,x] ungleich Null ist. Auf eine Funktion angewandt, über die *Mathematica* nichts weiß, gibt D die Form Derivative[1][f] zurück (auch f'[x] geschrieben). Integrate ist eine Inverse von D und DSolve löst Differentialgleichungen. *Attribute: Protected. Vergleiche auch:* **Derivative, DSolve, Dt, Integrate**.
NonConstants -> {}

**DampingFactor -> *n***
ist eine Option für FindRoot, mit der das Konvergenzverhalten überwacht werden kann. ◇ Der Vorgabewert von DampingFactor ist 1. Da FindRoot die Newton-Methode verwendet, hat jeder Schritt die Form x -> x-k*f(x)/f'(x), wobei k der DampingFactor ist. DampingFactor ist ein zweischneidiges Schwert. Für sich schnell ändernde Funktionen vergrößert ein kleiner Wert von DampingFactor den Bereich der möglichen x0-Werte, für die die Methode konvergiert, indem sichergestellt wird, daß Sie nicht über die gewünschte Lösung hinwegschießen. Für sich langsam ändernde Funktionen verlangsamt ein kleiner Wert von DampingFactor die Konvergenzrate. Andere Optionen für FindRoot sind AccuracyGoal, WorkingPrecision, MaxIterations und Jacobian. *Attribute: Protected. Vergleiche auch:* **FindRoot, AccuracyGoal, WorkingPrecision, MaxIterations, Jacobian, Options, SetOptions**.

**Dashing[*{r1, r2, ...}*]** 409, 434, 774
ist eine zweidimensionale Grafikanweisung, die festlegt, daß die nachfolgenden Linien gestrichelt zu zeichnen sind, wobei aufeinanderfolgende Segmente die Längen r1, r2, ... (zyklisch wiederholt) haben. Die ri werden als Bruchteil der Gesamtgröße des Graphen angegeben. ◇ Dashing kann auch als 3D-Grafik-Primitive verwendet werden. Die Primitive Dashing[{ }] spezifiziert durchgezogene Linien. Diese Primitive unterscheidet sich von der ähnlichen Primitive AbsoluteDashing, die die Länge der Segmente in Punkten (1 Punkt = 1/72 Zoll) festlegt. Das Aussehen von Linien oder Kreisen kann auch mit den Primitiven Thickness, GrayLevel[st] oder RGBColor[r,g,b] (oder CMYKColor oder Hue) verändert werden. Listen von Grafik-Primitiven können tief verschachtelt werden, wobei Dashing nur auf der Stufe wirkt, in der es sich befindet. Vollständige Listen der Primitiven finden Sie in den Einträgen für Graphics und Graphics3D. *Attribute: Protected. Vergleiche auch:* **AbsoluteDashing, Circle, Graphics, Graphics3D, GrayLevel, Line, RGBColor, Thickness**.

D

***Date*[ ]** 523, 743, 774
ergibt das aktuelle lokale Datum und die Zeit in der Form {jahr, monat, tag, stunde, minute, sekunde}. ◇ Date[zz] liefert das Datum und die Zeit in der Zeitzone zz, wobei zz eine ganze Zahl ist. Alle Werte, die von Date[ ] zurückgegeben werden, sind ganze Zahlen, ausgenommen die Anzahl der Sekunden. Die Anzahl der Sekunden ist nie genauer als $TimeUnit. Mit Order können Sie zwei von Date zurückgegebene Listen vergleichen. Date verwendet das auf Ihrem Computer eingestellte Datum und die Zeit. Korrekturen für Zeitzonen, Sommerzeit usw. werden nicht ausgeführt. Wenn die Zeit nicht korrekt ist, kann sie mit der date-Anweisung (UNIX), der time-Anweisung (MS-DOS) oder mit dem Kontrollfeld (Mac) neu eingestellt werden. Die Zeit in einer spezifizierten Zeitzone wird aus dem lokalen Datum und der Zeit sowie der lokalen Zeitzone abgeleitet. Die Zeitzone wird als die Anzahl der Stunden angegeben, die zur Mittleren Greenwich-Zeit zu addieren sind, um die lokale Zeit zu erhalten. Die Ergebnisse von Date[ ] hängen von der angenommenen lokalen Zeitzone ab, die von der Funktion TimeZone[ ] ausgegeben werden kann. Date wird auch in der Ausgabe von FileInformation verwendet, als Kennung für Datum und Zeit, wann eine Datei letztmalig modifiziert wurde. Die Ergebnisse von Date können mit der Anweisung FromDate umformatiert werden, um die Gesamtzahl der Sekunden seit Beginn des 1. Januars 1900 zu liefern. Dies kann mit der Anweisung ToDate rückgängig gemacht werden. Die Anweisung AbsoluteTime gibt die Zeit in diesem Format aus. FileDate ist eine Anweisung zur Dateimanipulation, die die Zeit ausgibt, zu der eine Datei zuletzt modifiziert wurde und $CreationDate gibt die Zeit aus, wann diese bestimmte Ausgabe von *Mathematica* erzeugt wurde. Die Anweisungen SessionTime und TimeUsed liefern die gesamte Zeitdauer seit dem Start der *Mathematica*-Session und die gesamte Rechenzeit der *Mathematica*-Session. *Attribute: Protected. Vergleiche auch:* **AbsoluteTime, FileDate, FileInformation, FromDate, SessionTime, SetFileDate, TimeUsed, TimeZone, ToDate, $TimeUnit, $CreationDate**.

**DayOfWeek** Miscellaneous'Calendar'
**DaysBetween** Miscellaneous'Calendar'
**DaysPlus** Miscellaneous'Calendar'
**DeBruijnSequence** DiscreteMath'Combinatorica'
*Debug[ausdr]* xix
evaluiert ausdr. Sie können an bestimmten Punkten in einigen Kontrollstrukturen stoppen und sich ansehen, was geschieht oder Anweisungen laufen lassen. Debug[ausdr, {f1, f2, ...}] stoppt nur in der Evaluierung der Funktionen fi (und in dem, was sie aufrufen). ◇ Debug ist eine veraltete Funktion, ersetzt durch Trace. *Attribute: HoldFirst Protected. Vergleiche auch:* **Trace**.

***DeclarePackage*[*"kontext '", {"name1", "name2", ...}*]** 342, 774
deklariert, daß Needs["kontext '"] automatisch ausgeführt wird, wenn ein Symbol mit einem beliebigen der spezifizierten Namen verwendet wird. ◇ DeclarePackage kann verwendet werden, wenn die Definition einer Funktion lang ist und die Funktion nicht während jeder *Mathematica*-Session benötigt wird. Die Wirkung von DeclarePackage besteht darin, dafür zu sorgen, daß die Funktion vorhanden ist, wenn sie gebraucht wird, aber keinen Speicherplatz während der Sessionen verbraucht, in denen sie nicht benötigt wird. DeclarePackage definiert die Namen als Symbole (die Wirkung von $NewSymbol, falls vorhanden, wird jedoch nicht ausgeführt) mit dem Attribut Stub. Der Kontext wird auch der Liste in $ContextPath hinzugefügt. *Attribute: Protected. Vergleiche auch:* **Contexts, Needs, Stub, $ContextPath, $NewSymbol**.

**Decompose[*poly, x*]** 601, 608, 774
zerlegt ein Polynom, wenn möglich, in eine Komposition von einfacheren Polynomen. ◇ Decompose liefert eine Liste der Polynome Pi[x], deren Komposition wieder das ursprüngliche Polynom liefert, d.h. poly=P1[P2[..]]. Die resultierende Liste der Polynome ist nicht notwendigerweise eindeutig (beachten Sie, wenn q1[x]=p1[x-a] und q2=p2[x]+a, dann ist q1[q2[x]]=p1[p2[x]]). Decompose unterscheidet sich von der Faktorisierung eines Polynoms, wie sie durch die Anweisungen Factor und FactorList implementiert ist. *Attribute: Protected. Vergleiche auch:* **Factor, FactorList**.

**Decrement[*x*] *oder x–*** 248, 774
vermindert den Wert von x um 1 und gibt den alten Wert von x zurück. ◇ Diese Anweisung wird gewöhnlich in For- und While-Schleifen verwendet. Sie ist im wesentlichen äquivalent zur Anweisungsfolge „x=x-1; x+1". Andere ähnliche Anweisungen sind PreDecrement (–x), die äquivalent zu „x=x-1" ist, SubtractFrom[x,y] (x-=y), die die Verwendung anderer Dekremente außer 1 erlaubt und Increment (x++). *Attribute: HoldFirst Protected. Vergleiche auch:* **For, Increment, PreDecrement, SubtractFrom, While.**

**Default[*f*]** 734, 775
liefert, falls definiert, den Vorgabewert für Argumente der Funktion f, die mit einem _. Muster-Objekt erhalten werden. Default[f, i] ergibt den Vorgabewert, der zu verwenden ist, wenn _. als das i-te Argument von f erscheint. Default[f, i, n] ergibt den Vorgabewert für das i-te Argument aus einer Gesamtheit von n Argumenten. ◇ Wenn eine Funktion definiert wird, kann das Muster „_." (oder Optional[Blank[ ]]) für einen der Parameter verwendet werden. (Die Vorgabewerte für f werden mit Default festlegt.) Wenn die Funktion mit einem fehlenden Parameter aufgerufen wird, wird er durch den vorher spezifizierten Vorgabewert ersetzt. Voreinstellungen können mit der Anweisung DefaultValues, der Anweisung Definition oder der ??-Anweisung angezeigt werden. Voreinstellungen, die mit einer Funktion verknüpft sind, können mit der Anweisung ClearAll (aber nicht mit der Anweisung Clear) oder mit der Konstruktion Default[f]=. (oder Unset[Default[f]]) gelöscht werden. Mit dem Muster „_:wert" (oder Optional[Blank[ ],wert]) kann ein Vorgabewert definiert werden, der nur diese Regel beinflußt. Die Funktionen Times, Plus und Power haben vordefinierte Voreinstellungen. DefaultColor und DefaultFont beeinflussen die Darstellung von Grafik. *Attribute: Protected. Vergleiche auch:* **Blank, ClearAll, DefaultColor, DefaultFont, DefaultValues, Definition, Optional, Unset, ??.**

**DefaultColor -> *wert*** 412, 775
ist eine Option für Grafikfunktionen, die die Vorgabefarbe für Linien, Punkte usw. angibt. ◇ Der Vorgabewert ist Automatic, der durch die Option Background eine Vorgabefarbe komplementär zur Hintergrundfarbe festgelegt. Akzeptierte Werte für DefaultColor sind CMYKColor[c,m,g,b], GrayLevel[st], Hue[f,s,h] und RGBColor[r,g,b], wobei alle Parameter sich im Bereich [0,1] befinden. Die Option Background spezifiziert eine Farbe für den Hintergrund des Diagramms. Mit den Primitiven in AxesStyle und BoxStyle können Farben für die Achsen bzw. den Rahmen einer Grafik spezifiziert werden. Die Farben für Linien und Punkte können mit LineForm und PointForm festgelegt werden. *Attribute: Protected. Vergleiche auch:* **AxesStyle, Background, BoxStyle, CMYKColor, GrayLevel, Hue, LineForm, Options, PointForm, RGBColor, SetOptions.**

***DefaultFont -> {"fontname",größe}*** 467, 775
ist eine Option für Grafikfunktionen, die angibt, welcher Vorgabe-Schrifttyp für Text verwendet werden soll. ◇ Die Voreinstellung dieser Option ist die globale Variable $DefaultFont, in der der Vorgabe-Schrifttyp für Grafik enthalten ist (normalerweise {"Courier,10}). Der Schrifttyp wird als Liste spezifiziert, die den Namen des Schrifttyps als Zeichenkette und die Größe des Schrifttyps in Punkten enthält. Mit dem Grafik-Objekt FontForm können Sie eine Mischung von Schrifttypen in einer einzelnen Grafik verwenden. *Attribute: Protected. Vergleiche auch:* **FontForm, Graphics, Plot, Plot3D, $DefaultFont.**

**DefaultValues[*f*]** 736
liefert eine Liste von Transformationsregeln bezüglich aller Voreinstellungen (Werte für Default[f[x,..],..] usw.), die für das Symbol f definiert wurden. ◇ Vorgabewerte können für f mit der Funktion Default definiert werden. Vorgabewerte werden immer dann benutzt, wenn ein Parameter in einer Funktionsdefinition den Operator Optional verwendet (z.B. f[x_.]:=wert), und dieser Parameter wird dann in gewissen Funktionsaufrufen entfernt (z.B. f[ ]). Vorgabewerte werden gewöhnlich mit dem Operator Literal gespeichert. Mit dem Operator Optional kann auch ein Vorgabewert definiert werden, der nur eine einzelne Regel betrifft (z.B. f[x_:2]:= x). Diese Voreinstellungen werden nicht von DefaultValues angezeigt. Einem Symbol f zugewiesene Werte, die Muster wie f[x1,..] ersetzen, werden DownValues genannt. Solche der Form fkt[f] können mit der Anweisung UpValues, solche der Form f=wert können mit der Anweisung OwnValues und solche der Form f[x,..][..] können mit der Anweisung SubValues überprüft werden. Die spezielle Anweisung FormatValues liefert Regeln der Form Format[f]. Alle numerischen Werte, die f zugewiesen wurden, können mit der Anweisung NValues betrachtet werden. DefaultColor und DefaultFont beeinflussen die Darstellung von Grafik. *Attribute: HoldAll Protected. Vergleiche auch:* **Default, DefaultColor, DefaultFont, DownValues, FormatValues, Literal, Optional, OwnValues, SubValues, UpValues**.

**Definition[*s1, s2, ...*]** 479, 775
druckt die Definitionen der Symbole si. ◇ Definition[s1,..] druckt die Werte, Attribute und Voreinstellungen, die mit den Symbolen s1,.. verknüpft sind. FullDefinition[f] druckt rekursiv die Werte aus, die mit f verknüpft sind und die Werte, die mit jedem Symbol verknüpft sind, das in jenen Werten erscheint. Definition druckt keine Definition eines Symbols mit dem Attribut ReadProtected. Werte können mit den Anweisungen Set (z.B. f=a), SetDelayed (z.B. f:=a), TagSet (z.B. f/:f=a), TagSetDelayed (z.B. f/:f:=a), UpSet (z.B. f[x]^=a) oder UpSetDelayed (z.B. f[x]^:=a) zugewiesen werden. Definitionen können mit der Anweisung Clear gelöscht werden. Definitionen können mit der Anweisung Remove entfernt werden. Die ??-Anweisung druckt alle Werte und Attribute eines Symbols, sowie auch mehrere andere Klassen von Informationen. *Attribute: HoldAll Protected. Vergleiche auch:* **Attributes, Clear, Default, FullDefinition, ReadProtected, Set, TagSet, UpSet, ??**.

**Degree** 50, 82, 562, 566, 775, 789
ergibt den Umrechnungsfaktor von Bogenmaß in Grad. Er hat einen numerischen Wert von Pi/180. ◇ Degree ist nützlich beim Umgang mit den trigonometrischen Funktionen, z.B. Sin, Cos und Tan. Diese Funktionen setzen voraus, daß ihre Parameter im Bogenmaß angegeben werden. Mit Degree kann zwischen Grad und Bogenmaß umgerechnet werden. *Attribute: Constant Protected. Vergleiche auch:* **Cos, Pi, Sin, Tan**.

**DegreeSequence** DiscreteMath'Combinatorica'
**DelaunayTriangulation** DiscreteMath'ComputationalGeometry'
**DelaunayTriangulationQ** DiscreteMath'ComputationalGeometry'
***Delete*[*ausdr, n*]** 128, 775
entfernt das Element auf der Position n in ausdr. Wenn n negativ ist, wird die Position vom Ende gezählt. Delete[ausdr, {i, j, ...}] löscht den Teil auf der Position {i, j, ...}. Delete[ausdr, {{i1, j1, ...}, {i2, j2, ...}, ...}] löscht Teile auf mehreren Positionen. ◇ DeleteCases löscht jene Teile eines Ausdruck, die gewissen Kriterien genügen. Mit DeleteDirectory und DeleteFile kann die Dateistruktur manipuliert werden. *Attribute: Protected. Vergleiche auch:* **DeleteCases, DeleteDirectory, DeleteFile, Insert, ReplacePart**.

***DeleteCases*[*ausdr, muster*]** 222, 776
entfernt alle Elemente von ausdr, die zu muster passen. DeleteCases[ausdr, muster, stufe] entfernt alle Teile von ausdr auf den durch stufe spezifizierten Stufen, die zu muster passen. ◇ Das erste Argument von DeleteCases braucht keine Liste zu sein. Cases liefert jene Elemente einer Liste oder eines Ausdrucks, die zu einem angegebenen Muster passen. Delete löscht Elemente an spezifizierten Stellen in einem Ausdruck. *Attribute: Protected. Vergleiche auch:* **Cases, Delete, Position, stufenspez, muster**.
Heads -> False

***DeleteContents* -> True oder False** 493
ist eine Option für DeleteDirectory, die festlegt, ob das Verzeichnis gelöscht werden soll, wenn es nicht leer ist. ◇ Der Vorgabewert dieser Option ist False, der bewirkt, daß es der Anweisung DeleteDirectory nicht gelingt, ein nichtleeres Verzeichnis zu löschen. Wenn diese Option auf True gestellt wird, wird das Verzeichnis mit allen Inhalten gelöscht. *Attribute: Protected. Vergleiche auch:* **DeleteDirectory, DeleteFile, Options, SetOptions**.

**DeleteCycle** DiscreteMath'Combinatorica'

***DeleteDirectory*****[*"dir"*]** 493, 776
löscht das spezifizierte Verzeichnis. ◇ Die Anweisung Directory gibt das aktuelle Arbeitsverzeichnis aus, und die Anweisung SetDirectory wechselt das Arbeitsverzeichnis. Die Anweisungen Delete und DeleteCases löschen Elemente aus Listen und sollten nicht mit DeleteDirectory verwechselt werden. DeleteDirectory führt Funktionen der UNIX-Anweisung rmdir oder der MS-DOS-Anweisung rmdir oder rd aus. Wenn die Option DeleteContents auf True gestellt wird, ist DeleteDirectory äquivalent zur UNIX-Anweisung rm -r (MS-DOS hat kein Äquivalent). *Attribute: Protected. Vergleiche auch:* **CopyDirectory, CreateDirectory, Delete, DeleteCases, DeleteFile, Directory, Null, RenameDirectory, ResetDirectory, SetDirectory, $Failed, dateien**.

**DeleteEdge** DiscreteMath'Combinatorica'

***DeleteFile*****[*"datei"*]** 180, 492, 776
löscht eine Datei. DeleteFile[{"datei1", "datei2", ...}] löscht eine Liste von Dateien. ◇ DeleteFile ist äquivalent zur UNIX-Anweisung rm (nur für Dateien) oder zur MS-DOS-Anweisung del. *Attribute: Protected. Vergleiche auch:* **CopyFile, DeleteDirectory, File, FileInformation, FileNames, RenameFile, $Failed**.

**DeleteFromTableau** DiscreteMath'Combinatorica'

**DeleteVertex** DiscreteMath'Combinatorica'

**Delimiters -> {*links,rechts*}**
◇ Delimiters ist eine Option für die Anweisung Splice. Sie spezifiziert die Begrenzer, die *Mathematica*-Ausdrücke in einer Quelldatei markieren. Der Vorgabewert ist Delimiters -> {"<*",-"*>"}. *Attribute: Protected. Vergleiche auch:* **Splice**.

**Delta** Calculus'Common'Support'

**DeltaRules** Calculus'Common'Support'

**Denominator[*ausdr*]** 82, 776
ergibt den Nenner von ausdr. ◇ Denominator arbeitet entweder mit rationalen Ausdrücken oder rationalen Zahlen. Es werden alle Terme ausgewählt, deren Exponent eine negative Zahl als Faktor hat. (Folglich wird (x + 1)^(-3k) ausgewählt, auch wenn unbekannt ist, ob k positiv ist.) Wenn keine Terme dieses Kriterium erfüllen, wird 1 zurückgegeben. Die restlichen Terme werden durch die Anweisung Numerator ausgewählt. Somit gilt immer ausdr==Numerator[ausdr]/Denominator[ausdr]. Die Anweisung ExpandDenominator multipliziert jene Terme aus, die sich im Nenner befinden. Cancel kürzt gemeinsame Terme im Zähler und Nenner. Simplify führt eine allgemeinere Vereinfachung aus. Together und Apart stellen einen Ausdruck auf einen Hauptnenner bzw. führen eine Partialbruchzerlegung aus. *Attribute: Protected. Vergleiche auch:* **Apart, Cancel, Coefficient, ExpandDenominator, Exponent, Numerator, Simplify, Together**.
Modulus -> 0 Trig -> False

**Density** Miscellaneous'ChemicalElements'

**DensityGraphics[*array*]** 395, 425, 777
ist eine Darstellung eines Dichtediagramms. ◇ Das Argument array muß ein rechteckiges Array reeller Zahlen sein, das die z-Werte repräsentiert. Ein DensityGraphics-Objekt kann mit der Anweisung Show angezeigt werden, kann aber nicht mit irgendwelchen anderen Objekten kombiniert werden. Mit der Anweisung DensityGraphics[g] kann ein ContourGraphics-Objekt (produziert durch ContourPlot) oder SurfaceGraphics-Objekt (produziert durch Plot3D) in ein DensityGraphics-Objekt konvertiert werden. DensityGraphics-Objekte werden durch DensityPlot und ListDensityPlot erzeugt. Raster produziert ein Grafik-Objekt, das ein Array grauer Zellen ist, ähnlich einem Dichtediagramm und RasterArray produziert ein Array farbiger Zellen. *Attribute: Protected ReadProtected. Vergleiche auch:* **ContourGraphics, DensityPlot, ListDensityPlot, Raster, Show, SurfaceGraphics**.

| | | | |
|---|---|---|---|
| AspectRatio | -> 1 | Axes | -> False |
| AxesLabel | -> None | AxesOrigin | -> Automatic |
| AxesStyle | -> Automatic | Background | -> Automatic |
| ColorFunction | -> Automatic | ColorOutput | -> Automatic |
| DefaultColor | -> Automatic | Epilog | -> {} |
| Frame | -> True | FrameLabel | -> None |
| FrameStyle | -> Automatic | FrameTicks | -> Automatic |
| Mesh | -> True | MeshRange | -> Automatic |
| MeshStyle | -> Automatic | PlotLabel | -> None |
| PlotRange | -> Automatic | PlotRegion | -> Automatic |
| Prolog | -> {} | RotateLabel | -> True |
| Ticks | -> Automatic | DefaultFont | :> $DefaultFont |
| DisplayFunction | :> $DisplayFunction | | |



**DensityPlot[*f*, *{x,min,max}*,*{y,min,max}*]** 151, 395, 425, 777
erzeugt ein Dichtediagramm von f als Funktion von x und y. ◇ Raster produziert ein Grafik-Objekt, das ein Array grauer Zellen ist, ähnlich einem Dichtediagramm, und RasterArray produziert ein Array farbiger Zellen. *Attribute: HoldAll Protected. Vergleiche auch:* **ContourPlot, DensityGraphics, ListDensityPlot, Plot3D, Raster, Show**.

| | | | |
|---|---|---|---|
| AspectRatio | -> 1 | Axes | -> False |
| AxesLabel | -> None | AxesStyle | -> Automatic |
| Background | -> Automatic | ColorFunction | -> Automatic |
| ColorOutput | -> Automatic | Compiled | -> True |
| DefaultColor | -> Automatic | Epilog | -> {} |
| Frame | -> True | FrameLabel | -> None |
| FrameStyle | -> Automatic | FrameTicks | -> Automatic |
| Mesh | -> True | MeshStyle | -> Automatic |
| PlotLabel | -> None | PlotPoints | -> 15 |
| PlotRange | -> Automatic | PlotRegion | -> Automatic |
| Prolog | -> {} | RotateLabel | -> True |
| Ticks | -> Automatic | DefaultFont | :> $DefaultFont |
| DisplayFunction | :> $DisplayFunction | | |

**Depth[*ausdr*]** 199, 710, 725, 778
ergibt die maximale Anzahl der Indizes, die benötigt werden, um jeden Teil des ausdr zu spezifizieren, plus Eins. ◇ Die Tiefe eines Ausdrucks ist auch die Anzahl der Zeilen, die benötigt werden, um den Ausdruck in TreeForm auszudrucken . Grundobjekte (Atome) haben die Tiefe 1. Die Anweisung Part (oder ausdr[[n1,n2,..]]) wählt einen speziellen Unterausdruck aus, und Level wählt alle Unterausdrücke auf einer angegebenen Stufe aus. Die Länge eines Ausdruck ist die Anzahl der Unterausdrücke, die er auf seiner obersten Stufe hat, und sie sollte nicht mit Depth verwechselt werden. Die Anweisungen TensorRank und Dimensions liefern ähnliche Information für Matrizen und Tensoren (d.h. Listen, deren Unterlisten einer gegebenen Tiefe alle dieselbe Länge haben). *Attribute: Protected. Vergleiche auch:* **Dimensions, Length, Level, Part, TensorRank, TreeForm**.

**DepthFirstTraversal** DiscreteMath'Combinatorica'
**DerangementQ** DiscreteMath'Combinatorica'
**Derangements** DiscreteMath'Combinatorica'
**Derivative[1][*f*]** ***oder f'*** 212, 627, 630, 637, 778
repräsentiert die Ableitung einer Funktion f mit einem Argument. Derivative[n1, n2, ...][f] ist die allgemeine Form, die eine Funktion repräsentiert, die aus f durch n1-fache Differentiation bezüglich des ersten Arguments, n2-fache bezüglich des zweiten Arguments usw. erhalten wurde. ◇ Die Funktion Derivative wird zurückgegeben, wenn Sie D auf eine Funktion anwenden, die *Mathematica* nicht differenzieren kann. Die Derivative- oder Strich-Schreibweise wird verwendet, wenn Differentialgleichungen für DSolve und NDSolve spezifiziert werden. *Vergleiche auch:* **D, DSolve, Dt, Integrate, NDSolve**.

**Derivatives** NumericalMath'Approximations'
**DescendentQ** Examples'Class'
**DesignedRegress** Statistics'LinearRegression'
**DesignMatrix** Statistics'LinearRegression'
**Det[*m*]** 123, 657, 778
ergibt die Determinante der quadratischen Matrix m. ◇ Matrizen werden in *Mathematica* als Liste von Listen dargestellt, die alle dieselbe Länge haben, z.B. {{1,2},{3,4}}. Determinant kann auch mit der Option Modulus -> p über die ganzen Zahlen mod p (d.h. $Z_p$) berechnet werden. *Attribute: Protected. Vergleiche auch:* **Eigenvalues, Eigenvectors, Eigensystem, Inverse, NullSpace, Minors, RowReduce**.

Modulus -> 0

**DetCirculant** Examples'OneLiners'

**DiagonalMatrix[*liste*]** 122, 649, 778

ergibt eine Matrix mit den Elementen von liste auf der Hauptdiagonalen, sonst Null. ◇ Matrizen werden in *Mathematica* als Liste von Listen dargestellt, die alle dieselbe Länge haben, z.B. {{1,2},{3,4}}. Mit der Anweisung IdentityMatrix kann eine Matrix mit Einsen auf der Hauptdiagonalen erzeugt werden. Mit den Anweisungen Array und Table können allgemeinere Matrizen erzeugt werden. *Attribute: Protected. Vergleiche auch:* **Array, IdentityMatrix, List, MatrixForm, Table.**

**DiagramPlot** DiscreteMath'ComputationalGeometry'

***Dialog*[ ]** 520, 778

startet einen Dialog. Dialog[ausdr] beginnt einen Dialog mit ausdr als aktuellen Wert von %. ◇ Die Voreinstellung von $Inspector (die Interruptvariable inspector) ist Dialog. Dialog kann auch direkt aufgerufen werden, um dem Nutzer zu erlauben, Berechnungen auszuführen, ohne die Zeilennummer zu wechseln. Mit der Option DialogSymbols kann verhindert werden, daß die Berechnungen Werte von Variablen verändern. Ein Dialog wird durch Aufruf der Funktion Return beendet. Die Funktion TraceDialog verfolgt schrittweise die Evaluierung einer Funktion und startet in jedem Schritt einen Dialog. Die Funktion DialogIndent rückt jede Zeile eines Dialogs ein oder druckt etwas vor jeder Zeile eines Dialog. *Attribute: HoldAll Protected. Vergleiche auch:* **DialogIndent, Interrupt, Return, TraceDialog, $Inspector.**

DialogProlog -> Null DialogSymbols -> {}

***DialogIndent*[*d*]** 517, 779

wird als Einzug für Eingabe- und Ausgabezeilen in einem Dialog der Tiefe d gedruckt. ◇ In der Voreinstellung druckt DialogIndent[d] nichts. Mit der Anweisung Format[DialogIndent[n_]] := ausdr kann ein Wert zugewiesen werden. Dieser Ausdruck wird dann auf jeder Zeile entweder vor In[n] oder Out[n] gedruckt. Ähnliche Funktionen sind Indent, die den Einzug für den Druck von Unterausdrücken festlegt, und Continuation, die festlegt, wie Fortsetzungszeilen beginnen, wenn sie gedruckt werden. Beachten Sie: Wenn Format[DialogIndent[n_]] ein nicht-trivialer Wert zugewiesen wird, dann werden Dialogzeilen gedruckt, als ob sie im Dialog der Stufe 0 wären. *Vergleiche auch:* **Continuation, Dialog, Format, Indent.**

***DialogProlog -> ausdr*** 522, 779

ist eine Option für Dialog, die einen Ausdruck zur Evaluierung übergeben kann, bevor der Dialog beginnt. ◇ Der Wert von DialogProlog wird nach einer durch die Option DialogSymbols spezifizierten Initialisierung und vor einem Ausdruck, der Dialog übergeben wurde, evaluiert. Der Wert von $Epilog wird evaluiert, wenn entweder ein Dialog oder eine *Mathematica*-Session beendet wurde. DialogProlog sollte weder mit Prolog noch mit Epilog verwechselt werden, welches Listen von Grafik-Primitiven sind, die bei der Anzeige einer Grafik ausgeführt werden. *Attribute: Protected. Vergleiche auch:* **Dialog, Prolog, $Epilog.**

***DialogSymbols -> {sym1,...}*** 522, 779

ist eine Option für Dialog, die eine Liste der Symbole liefert, deren Werte im Dialog lokalisiert werden sollen. ◇ Mit DialogSymbols können diese Variablen auch initialisiert werden. Die Werte der Symbole $Epilog, $Line und $MessageList sind immer lokal innerhalb eines Dialogs, unabhängig davon, ob sie durch DialogSymbols spezifiziert wurden. Die Wirkung der Option DialogSymbols auf die Aufstellung und Initialisierung der lokalen Variablen ähnelt der Anwendung von Module oder Block. *Attribute: Protected. Vergleiche auch:* **Block, Dialog, Module, Symbol, $Epilog, $Line, $MessageList.**

**Diameter** DiscreteMath'Combinatorica'

**DigitBlock -> *n*** 351, 779

ist eine Option für NumberForm und verwandte Funktionen, die die maximale Länge von Ziffernblöcken zwischen Lücken angibt. ◇ Der Vorgabewert von DigitBlock ist Infinity, der angibt, daß Zahlen nicht in Blöcke aufgeteilt werden. (In den USA schreibt man beispielsweise gewöhnlich 3-Ziffern-Blöcke, getrennt durch Kommata, z.B. 3,127,543) Die Option NumberSeparator hat nur eine Wirkung, wenn die Option DigitBlock auf einen endlichen Wert gesetzt wird. Formate, die DigitBlock als Option haben, sind AccountingForm, EngineeringForm, NumberForm und ScientificForm. Andere Optionen für NumberForm sind ExponentStep, ExponentFunction, NumberFunction, NumberPadding, NumberPoint und NumberSigns und SignPadding. *Attribute: Protected. Vergleiche auch:* **AccountingForm, EngineeringForm, ExponentFunction, NumberForm, NumberPoint, NumberSeparator, ScientificForm.**

***DigitQ[string]*** 378, 779
ergibt True, wenn alle Zeichen in der Zeichenkette Ziffern im Bereich 0 bis 9 sind, sonst False. ◇ DigitQ[n] ergibt einen Fehler, wenn n keine Zeichenkette ist. Andere ähnliche Tests sind LetterQ, NumberQ, StringMatchQ und SyntaxQ. IntegerDigits produziert eine Liste der Ziffern einer ganzen Zahl als Zeichenketten der Länge 1. *Attribute: Protected. Vergleiche auch:* **IntegerDigits, LetterQ, NumberQ, StringMatchQ, SyntaxQ**.

*Digits[n]*
ist eine veraltete Funktion, ersetzt durch IntegerDigits und RealDigits. Digits[n] liefert eine Liste der Ziffern der ganzen Zahl n. Digits[n, b] liefert eine Liste der Ziffern zur Basis b. Digits[x, b] liefert eine Liste, die eine Liste der Ziffern des ganzzahligen Teils von x, eine Liste der Ziffern des gebrochenen Teils und des Exponenten von b enthält. *Attribute: Protected. Vergleiche auch:* **IntegerDigits, MantissaExponent, RealDigits**.

D

**DigitsToNumber** Examples'OneLiners'
**Dijkstra** DiscreteMath'Combinatorica'
**DilateVertices** DiscreteMath'Combinatorica'
**Dimensions[*ausdr*]** 122, 210, 652, 755, 779
liefert eine Liste der Dimensionen von ausdr. Dimensions[ausdr, n] liefert eine Liste der Dimensionen von ausdr, hinab bis zur Stufe n. ◇ Die Liste, die von Dimension zurückgegeben wird, hat die Länge (Depth[ausdr]-1)=TensorRank[ausdr]. Die Tests VectorQ (für Objekte der Tiefe 1), MatrixQ (für Objekte der Tiefe 2) und allgemein TensorRank==Depth-1 teilen mit, ob die Bedingung, daß ausdr Unterausdrücke gleicher Länge hat, erfüllt ist. Das erste Element der Liste, das von Dimensions zurückgegeben wird, kann auch mit Length erhalten werden. *Attribute: Protected. Vergleiche auch:* **Depth, Length, MatrixQ, TensorRank, VectorQ**.

**Directed** DiscreteMath'Combinatorica'
**DirectedInfinity** 548, 780
repräsentiert eine unendliche numerische Größe, deren Richtung in der komplexen Ebene unbekannt ist. DirectedInfinity[z] repräsentiert eine unendliche numerische Größe, die ein positiv reelles Vielfaches der komplexen Zahl z ist. ◇ Einige arithmetische Operationen arbeiten mit DirectedInfinity, wie beispielsweise Integrate[f,{x,a,Infinity}], NSum[term,{i,0,Infinity}], ArcCsc[Infinity] -> 0. Numerische Vergleiche mittels Infinity (wie beispielsweise Infinity>5) funktionieren auch. *Mathematica* betrachtet Infinity nicht als Zahl, folglich liefert NumberQ[Infinity] False. Das Ergebnis einer Operation wie 0/0 oder Infinity-Infinity ist Indeterminate. *Attribute: Protected. Vergleiche auch:* **Check, Complex, ComplexInfinity, Infinity, Indeterminate.**

***Direction* -> *x* / Automatic** 647
ist eine Option für Limit, die spezifiziert, in welche Richtung der Grenzwert angenähert werden soll. ◇ Wenn Direction -> 1 ist, wird der Grenzwert mittels einer Folge wachsender Werte angegangen und wenn Direction -> -1 ist, wird der Grenzwert mittels einer Folge fallender Werte angegangen. Die Voreinstellung ist Direction -> Automatic, die zu Direction -> -1 äquivalent zu sein scheint. Analytic ist eine andere Option für Limit, die spezifiziert, daß die Funktion in einer gewissen Umgebung des Grenzwerts analytisch ist. *Attribute: Protected. Vergleiche auch:* **Analytic, Limit**.

***Directory*[ ]** 180, 489, 490, 780, 807, 839, 858
ergibt das aktuelle Arbeitsverzeichnis. ◇ Mit den Anweisungen SetDirectory und ResetDirectory wird das Arbeitsverzeichnis gewechselt. Wenn das Verzeichnis mit SetDirectory geändert wird, wird das alte Verzeichnis in der Liste abgelegt, die von DirectoryStack zurückgegeben wird. Wenn die Anweisung ResetDirectory verwendet wird, wird zum vorhergehenden Verzeichnis zurückgekehrt und sein Name wird aus dem Stack geholt. Siehe unter „dateien" wegen einer Beschreibung, wie Verzeichnisse spezifiziert werden. ParentDirectory repräsentiert das Verzeichnis, das sich im Verzeichnisbaum eine Stufe über dem aktuellen Verzeichnis befindet und HomeDirectory ist ein spezielles Verzeichnis für jeden Nutzer, das nur in UNIX-Systemen definiert ist. Directory ähnelt der UNIX- und MS-DOS-Anweisung pwd. *Attribute: Protected. Vergleiche auch:* **CopyDirectory, CreateDirectory, DeleteDirectory, DirectoryStack, File, FileType, FileInformation, HomeDirectory, ParentDirectory, RenameDirectory, ResetDirectory, SetDirectory**.

***DirectoryStack*[ ]** 489, 780
ergibt den Verzeichnis-Stack, der die Folge der verwendeten aktuellen Verzeichnisse repräsentiert. ◇ Jeder Aufruf von SetDirectory fügt das letzte Verzeichnis vorn in diese Liste ein. Jeder Aufruf von ResetDirectory entfernt das erste Element dieser Liste und öffnet dieses Verzeichnis. Die Anweisung Directory liefert das aktuelle Arbeitsverzeichnis. Mit den Anweisungen SetDirectory und ResetDirectory wird das Arbeitsverzeichnis geändert. Siehe unter „dateien" wegen einer Beschreibung, wie Verzeichnisse spezifiziert werden. ParentDirectory repräsentiert das Verzeichnis, das sich im Verzeichnisbaum eine Stufe über dem aktuellen Verzeichnis befindet, und HomeDirectory ist ein spezielles Verzeichnis für jeden Nutzer, das nur in UNIX-Systemen definiert ist. $Path verwaltet eine Liste der Verzeichnisse, die nach der gewünschten Datei durchsucht wird, wenn versucht wird, eine existierende Datei zu öffnen. DirectoryStack sollte nicht mit den Anweisungen Stack, StackBegin, StackComplete oder StackInhibit verwechselt werden, die alle mit dem Ausdrucksevaluierungsstack von *Mathematica* umgehen. *Attribute: Protected. Vergleiche auch:* **Directory, HomeDirectory, ParentDirectory, ResetDirectory, SetDirectory, Stack, $Path, dateien**.

**DiscreteUniformDistribution** Statistics'DiscreteDistributions'

**Disk[*{x, y}, r*]** 400, 404, 780
ist eine zweidimensionale Grafik-Primitive, die eine ausgefüllte Scheibe mit dem Radius r und dem Mittelpunkt im Punkt {x, y} repräsentiert. Disk[{x, y}, {rx, ry}] ergibt eine elliptische Scheibe mit den Halbachsen rx und ry. Disk[{x, y}, r, {theta1, theta2}] repräsentiert ein Segment einer Scheibe. ◇ GrayLevel[st] und RGBColor[r,g,b] (oder Hue oder CMYKColor) spezifizieren den Grauton oder die Farbe, mit der gedruckt werden soll, wobei st, r, g und b sich zwischen 0 und 1 befinden. Mit Scaled können Koordinaten in Termen des angezeigten Bildes angeben werden (z.B. Scaled[{0.5,0.5}] in der Mitte). Obwohl theta1 und theta2 normalerweise im Bogenmaß angegeben werden, können sie mit Degree in Grad angegeben werden. Show zeichnet Objekte in der Reihenfolge, in der es auf sie stößt, wobei ältere Objekte überdeckt werden. Folglich liegen zuletzt aufgelistete Objekte „oben". Show verzerrt gewöhnlich Bilder, um sie an AspectRatio (Höhe/Breite) von 1/GoldenRatio anzupassen. Damit ein Kreis wie ein Kreis und nicht wie eine Ellipse aussieht, verwende AspectRatio -> Automatic. Andere ähnliche 2D-Grafik-Primitiven sind Raster und RasterArray (Matrizen grauer bzw. farbiger Rechtecke), Polygon, Rectangle, Circle (eine nichtausgefüllte Scheibe), Point und Line. Eine vollständige Liste der 2D-Primitiven finden Sie im Eintrag Graphics. *Attribute: Protected. Vergleiche auch:* **AspectRatio, Degree, Graphics, GrayLevel, Point, Polygon, Rectangle, RGBColor**.

**Dispatch[*{ls1 -> rs1, ls2 -> rs2, ...}*]** 246, 780
erzeugt eine optimierte Dispatch-Tabellen-Darstellung einer Regel-Liste. Mit dem von Dispatch produzierten Objekt kann man die Regeln in ausdr /. regeln angeben. ◇ Dispatch ändert nicht die Ergebnisse der Anwendung eines Satzes von Regeln, erhöht aber die Ausführungsgeschwindigkeit eines langen Satzes von Regeln. In einigen Fällen sind Regeln unverträglich. Folglich braucht man, wenn die Regel f[A] -> a erfolgreich auf einen Unterausdruck angewandt wurde, die Anwendbarkeit der Regel f[B] -> b auf jenen Unterausdruck nicht zu prüfen. Regel-Listen werden normalerweise (ohne die Verwendung von Dispatch) sequentiell durchsucht, Dispatch erzeugt jedoch eine Hash-Tabelle, um eine Folge von Regelanwendungen zu spezifizieren. Jene Regeln, die durch Set- (z.B. a=b) oder SetDelayed- (z.B. a:=b) Mechanismen eingegeben werden, werden auf diese Weise automatisch optimiert. Dispatch-Tabellen können mit den Anweisungen ReplaceAll (d.h. ausdr /. regel) oder ReplaceRepeated (d.h. ausdr //. regel) angewendet werden. *Attribute: Protected. Vergleiche auch:* **Rule, ReplaceAll, ReplaceRepeated, Set, SetDelayed**.

**DispersionReport** Statistics'DescriptiveStatistics'

**Display[*kanal, grafik*]** 137, 399, 465, 476, 485, 781
schreibt Grafik oder Ton in den spezifizierten Ausgabekanal. ◇ Display schreibt eine PostScript-(Text)-Beschreibung von grafik der Form Graphics (erzeugt durch Plot, ListPlot, Line usw.), Graphics3D (z.B. Point, Line usw.), ContourGraphics (erzeugt durch ContourPlot3D), DensityGraphics (erzeugt durch DensityPlot3D) und SurfaceGraphics (erzeugt durch Plot3D usw.) in eine Datei, Anweisung, Pipe oder Liste von Dateien, Pipes und Anweisungen. Mit Display kann auch eine Wellenform-Beschreibung der Töne gesichert werden, die durch die Anweisungen Play oder ListPlay produziert werden. PostScript, das durch Display produziert wird, enthält keine Initialisierungs- oder Terminierungs-Anweisungen, noch enthält es Text-Schrifttypen-Beschreibungen. In UNIX-Systemen können mit dem Programm psfix diese notwendigen Headers hinzugefügt werden. Mit Show kann man eine Grafik auf dem Bildschirm darstellen, und Write schreibt Text in eine Datei. Der Wert der Option DisplayFunction für Show ist im allgemeinen eine Funktion mit der Anweisung Display. Um eine PostScript-Datei auf Macintosh- oder MS-Windows-Systemen erneut darzustellen, öffnen Sie die Datei als Notebook und ändern den Stil der Zelle in „Graphics". Um eine PostScript-Datei auf einem UNIX- oder MS-DOS-System anzuzeigen, betrachten Sie die Anweisungen, die durch die globale Variable $DisplayFunction spezifiziert sind, und führen sie aus. *Attribute: Protected. Vergleiche auch:* **DisplayFunction, Graphics, Graphic3D, Show, Sound, Write, psfix**.

D

**DisplayAnimation** Graphics'Animation'

**DisplayFunction -> *wert*** 139, 156, 175, 399, 464, 781
ist eine Option für Grafik- und Ton-Funktionen, die die Funktion spezifiziert, die auf Grafik- und Ton-Primitiven angewendet werd, um sie darzustellen. ◇ Der Vorgabewert von DisplayFunction ist die Systemvariable $DisplayFunction (für Grafik) oder die Systemvariable $SoundDisplayFunction (für Töne). $DisplayFunction enthält den Namen des Prozesses, der die Grafik tatsächlich auf dem Bildschirm anzeigt. (Das gilt für UNIX und MS-DOS, für das Macintosh-System wird jedoch eine spezielle Beschreibung verwendet.) Ebenso spezifiziert $SoundDisplayFunction den Prozeß, der Töne abspielt. Wenn DisplayFunction auf Identity gestellt wird, wird eine Grafik erzeugt, die aber nicht auf dem Bildschirm angezeigt wird. Display[datei,#]& schreibt den PostScript-Code oder Töne in Wellenform in eine Datei. *Attribute: Protected. Vergleiche auch:* **Display, Graphics, Graphics3D, Identity, Show, Sound, $DisplayFunction, $SoundDisplayFunction**.

**DistinctPermutations** DiscreteMath'Combinatorica'

**Distribute[*f[x1, x2, ...]*]** 216, 655, 781
wendet f distributiv bezüglich Plus an, wenn es in irgendeinem der xi erscheint. Distribute[ausdr, g] wendet das Distributivgesetz bezüglich g an. Distribute[ausdr, g, f] wendet das Distributivgesetz nur an, wenn der Kopf von ausdr f ist. ◇ Distribute implementiert ein Distributivgesetz. Das Distributivgesetz bezieht sich in der Voreinstellung auf den Plus-Operator. Die weitere Form Distribute[ausdr,g,f,gp,fp] ist äquivalent zu (Distribute[ausdr,g,f]/.{g -> gp, f -> fp}). Distribute ähnelt dem Operator Expand und wird teilweise durch Simplify umgekehrt. Distribute unterscheidet sich von Thread dadurch, daß alle möglichen Kombinationen der Argumente produziert werden. Beachten Sie: Wenn die Funktion f nicht linear ist, führt *Mathematica* trotzdem die Distribute-Operation aus, was zu einem nicht äquivalentem Ergebnis führt. *Attribute: Protected. Vergleiche auch:* **Expand, Thread, Simplify**.

**Distribution** DiscreteMath'Combinatorica'

**Div** Calculus'VectorAnalysis'

**Div** ProgrammingExamples'VectorCalculus'

**Divide[*x, y*] *oder x/y*** 47, 781
ist äquivalent zu x y^-1. ◇ Divide, Subtract (x-y), Times (x*y), Plus (x+y) und Minus (das unäre Minus -x) sind elementare mathematische Funktionen. Divide[x,y] (x/y) sollte nicht mit DivideBy[x,y] (x/=y) verwechselt werden. DivideBy unterscheidet sich von Divide dadurch, daß es den Wert von x ändert. Divide unterscheidet sich auch von Rational[x,y] (oder x/y), obwohl es dieselbe Ausgabe-Form hat. Wenn x und y ganze Zahlen sind, wird Divide[x,y] zu Rational[x,y] evaluiert. Divide unterscheidet sich von Quotient, das den größten ganzzahligen Quotienten zweier ganzer Zahlen ausgibt. *Attribute: Listable Protected. Vergleiche auch:* **DivideBy, Plus, Power, Rational, Quotient, Subtract, Times**.

**DivideBy[*x, c*] *oder x /= c*** 248, 781
teilt x durch c und gibt den neuen Wert von x zurück. ◇ Ähnliche Anweisungen sind AddTo[x,y] (x+=y), SubtractFrom (x-=y) und TimesBy (x*=y). *Attribute: HoldFirst Protected. Vergleiche auch:* **AddTo, Divide, Set, SubtractFrom, TimesBy**.

**Divisors[*n*]** 554, 781

liefert eine Liste der ganzen Zahlen, die n teilen. ◇ Diese Funktion unterscheidet sich von DivisorSigma[k,n], die die Summe der k-ten Potenzen der Teiler von n ist. Folglich ist DivisorSigma[0,n] die Anzahl der Teiler von n oder die Anzahl der Elemente in Divisors. Da die Funktion EulerPhi die Anzahl der ganzen Zahlen kleiner als n liefert, die paarweise teilerfremd zu n sind, ist die Summe EulerPhi[n]+Length[Divisors[n]] größer oder gleich n. *Attribute: Listable Protected. Vergleiche auch:* **DivisorSigma, EulerPhi, FactorInteger**.

**DivisorSigma[*k, n*]** 556, 781

ergibt die Summe der k-ten Potenzen der positiven Teiler von n. ◇ DivisorSigma[0,n] ist die Anzahl der Teiler von n oder die Anzahl der Elemente in Divisors und DivisorSigma[1,n] ist ihre Summe. Da die Funktion EulerPhi die Anzahl der ganzen Zahlen kleiner als n liefert, die paarweise teilerfremd zu n sind, ist die Summe EulerPhi[n]+DivisorSigma[0,n] größer oder gleich n. *Attribute: Listable Protected. Vergleiche auch:* **Divisors, EulerPhi, FactorInteger**.

**Do[*ausdr, {imax}*]** 115, 279, 290, 330, 782

evaluiert ausdr imax-mal. Do[ausdr, {i, imax}] evaluiert ausdr, wobei die Variable i nacheinander die Werte 1 bis imax (in Einerschritten) annimmt. Do[ausdr, {i, imin, imax}] startet mit i = imin. Do[ausdr, {i, imin, imax, di}] verwendet die Schrittweite di. Do[ausdr, {i, imin, imax}, {j, jmin, jmax}, ...] evaluiert ausdr, wobei für jedes i eine Schleife über die verschiedenen Werte von j usw. durchlaufen wird. Do[ ] gibt Null oder das Argument des ersten Return, das evaluiert wird, zurück. ◇ Die Do-Anweisung verwendet die normale Laufindex-Form. Die Iterationsvariable wird als lokale Variable behandelt. Do evaluiert seine Argumente auf eine nicht standardmäßige Weise, da ihre Evaluierung verhindert wird. Über dieses Zurückhalten der Evaluierung kann man sich mit der Anweisung Evaluate hinwegsetzen. Eine Do-Schleife gibt den Wert Null zurück. Do-Schleifen können mit den Anweisungen Goto oder Throw abgebrochen werden. (Die Anweisungen Break und Continue funktionieren nur mit For- und While-Schleifen, nicht mit Do-Schleifen.) Die Anweisungen For, While, If und Goto implementieren auch Kontroll-Strukturen für die prozedurale Programmierung. Einige Anwendungen von Do-Schleifen können mit den Anweisungen Sum und Product implementiert werden. *Attribute: HoldAll Protected. Vergleiche auch:* **Evaluate, For, Goto, Null, Product, Sum, Throw, While, iteratoren**.

**Domain** Statistics'ContinuousDistributions'

**Domain** Statistics'DiscreteDistributions'

**Domain** Statistics'NormalDistribution'

**Dot[*a, b, c*] *oder a.b.c*** 121, 232, 654, 782

ergibt Produkte von Vektoren, Matrizen und Tensoren. ◇ Dot[a,b] kontrahiert die letzte Richtung in einem Vektor a mit der ersten Richtung in b. Folglich ist Dot[a,b] (oder a.b) gleich Sum[a[[i1,i2,..,k]]*b[[k,i2,..,in]], {k,1,len}]. Dot angewandt auf einen Tensor der Stufe n und einen Tensor der Stufe m ergibt einen Tensor der Stufe n+m-1. Dot wird nicht evaluiert, wenn seine Argumente keine Listen sind (aber es erzeugt auch keinen Fehler). (Wie Sie wissen, ist in *Mathematica* ein Vektor eine Liste und eine Matrix eine Liste von Listen, die alle dieselbe Länge haben.) Das innere Produkt, eine Verallgemeinerung von Dot, kann mit der Anweisung Inner produziert werden. Das äußere oder Kronecker-Produkt kann mit der Anweisung Outer produziert werden. Die Funktionen Det, Inverse und Transpose führen andere übliche Matrix-Operationen aus. *Attribute: Flat OneIdentity Protected. Vergleiche auch:* **Inner, Outer, Det, Inverse, Transpose**.

**DotProduct** Calculus'VectorAnalysis'

**DotShapes** Graphics'MultipleListPlot'

**DoubleExponential** ***z.B. Method -> DoubleExponential***

ist eine Auswahlmöglichkeit für die Option Method von NIntegrate. Method -> DoubleExponential veranlaßt die Verwendung eines Algorithmus mit doppelt-exponentieller Konvergenz. Für mehrdimensionale Integration wird DoubleExponential auf ein Kartesisches Produkt von eindimensionalen Quadratur-Regeln mit doppelt-exponentieller Konvergenz zurückgeführt. ◇ Die DoubleExpontial-Methode nimmt an, daß sich alle Unstetigkeiten in der Nähe der Endpunkte befinden und versucht sie durch Umparametrisierung in einen doppelt unendlichen Definitionsbereich zu behandeln. Das Integral wird dann mit der Trapezregel evaluiert, um das Integral auf einem endlichen Teilintervall abzuschätzen. Der Fehler wird dann abgeschätzt und, wenn nötig, wird die Schrittweite halbiert und die Trapezregel wieder angewandt. Wenn der DoubleExpontial-Algorithmus gewählt wird, beziehen sich die Optionen MinRecursion und MaxRecursion auf die Anzahl, wie oft die Schrittweite halbiert wird, bevor irgendeine Fehlerabschätzung ausgeführt wird und die maximale Anzahl, wie oft die Schrittweite halbiert werden kann. Der Vorgabewert für die Option Method ist GaussianQuadrature. *Attribute: Protected. Vergleiche auch:* **Exp, GaussianQuadrature, MaxRecursion, Method, MinRecursion, NIntegrate**.

**DoubleHelix** Graphics'Shapes'

**DoublyInfinite -> True oder False** 575
ist eine Option für LerchPhi, die den Wertebereich der Summationsvariablen spezifiziert. Die möglichen Werte für die Option sind True und False. ◇ Wenn DoublyInfinite auf False (die Voreinstellung) gestellt wird, dann läuft die Summation über den Bereich 0<=k<Infinity (außer dem Term, für den k+a=0 ist, falls vorhanden). Wenn DoublyInfinite auf True gestellt wird, dann läuft die Summation über den Bereich -Infinity<k<Infinity. LerchPhi[z,s,a] ist äquivalent zu LerchPhi[z,s,a,DoublyInfinite -> False] und ergibt Sum[z^k/((a+k)^s,{k,0,Infinity}]. LerchPhi[z,s,a,DoublyInfinite -> True] ergibt Sum[z^k/((a+k)^s,{k,-Infinity,Infinity}]. *Attribute: Protected. Vergleiche auch:* **LerchPhi, Sum**.

**DownValues[*f*]** 266, 736, 782
liefert eine Liste der Transformationsregeln, die zu allen für das Symbol f definierten Ab-Werten gehören. ◇ Die Werte und Regeln, die mit einem Symbol verknüpft sind, können mit dem Operator Information (oder dem ?-Operator) betrachtet werden. Jene Werte, die Muster wie f[x1,..] ersetzen, werden DownValues genannt. Jene der Form fkt[f] können mit der Anweisung UpValues, jene der Form f=wert können mit der Anweisung OwnValues und jene der Form f[x,..][..] können mit der Anweisung SubValues betrachtet werden. Die spezielle Anweisung FormatValues liefert Regeln der Form Format[f]. Alle Vorgabewerte, die f zugewiesen wurden, können mit der Anweisung DefaultValues betrachtet werden. Numerische Werte können mit der Anweisung NValues betrachtet werden. Die Regeln, die mit DownValue betrachtet werden, werden mit den Anweisungen Set (a=b), SetDelayed (a:=b), TagSet (s/: a=b) und TagSetDelayed (s/: a:=b) eingegeben. Mit der Anweisung EditDefinition (nicht auf dem Macintosh vorhanden) können diese Regeln editiert werden. Der Operator ValueQ gibt True zurück, wenn das Symbol mit irgendwelchen Werten oder Regeln verknüpft ist. *Attribute: HoldAll Protected. Vergleiche auch:* **DefaultValues, EditDefinition, FormatValues, Information, OwnValue, Set, SubValues, UpValues, ValueQ, ?**.

**Drop[*liste, n*]** 125, 782
liefert liste unter Weglassen der ersten n Elemente. Drop[liste, -n] liefert liste unter Weglassen der letzten n Elemente. Drop[liste, {n}] liefert liste unter Weglassen des n-ten Elements. Drop[liste, {m, n}] liefert liste unter Weglassen der Elemente m bis n. ◇ Die Anweisung Drop verwendet das übliche Folgen-Spezifikationsformat, um die Elemente anzugeben, die weggelassen werden sollen. Das erste Argument braucht keine Liste zu sein. Rest ist äquivalent zu Drop[liste,1]. Mit Take kann man eine allgemeinere Menge von Elementen aus einer Liste oder einer verketteten Liste auswählen. Part[liste,n] (oder liste[[n]]) wählt das n-te Element aus der Liste aus. Mit Append, Insert und Prepend können Elemente zu einer Liste hinzugefügt werden. Drop sollte nicht mit StringDrop verwechselt werden, das auf Zeichenketten wirkt. *Attribute: Protected. Vergleiche auch:* **Append, Insert, Part, Prepend, Rest, StringDrop, Take, sequencespec**.

**DropNonNumeric** Statistics'DataManipulation'
**DropNonNumericColumn** Statistics'DataManipulation'
**DSolve[*gl, y[x], x*]** 99, 637, 683, 783
löst eine Differentialgleichung für die Funktionen y[x] mit der unabhängigen Variablen x. DSolve[{gl1, gl2, ...}, {y1[x1, ...], ...}, {x1, ...}] löst eine Liste von Differentialgleichungen. ◇ NDSolve kann Differentialgleichungen numerisch lösen, einschließlich jener, die DSolve nicht lösen kann. *Attribute: Protected. Vergleiche auch:* **Derivative, Integrate, NDSolve, Solve**.
DSolveConstants -> C

***DSolveConstants* -> *fkt***
ist eine Option für DSolve, die die Integrationskonstanten festlegt, die zurückgegeben werden können. ◇ Allgemeiner gesagt, wird eine Funktion festgelegt, die auf die aufeinanderfolgenden ganzen Zahlen 1,2,... angewendet wird, um die Integrationskonstanten zu erhalten. DSolveConstants hat als Vorgabewert C. *Attribute: Protected. Vergleiche auch:* **Constant, Constants, DSolve, Unique**.

**Dt[*f, x*]** 88, 625, 783
ergibt die vollständige Ableitung von f bezüglich x. Dt[f] ergibt das vollständige Differential von f. Dt[f, {x, n}] ergibt die n-te vollständige Ableitung bezüglich x. Dt[f, x1, x2, ...] ergibt eine gemischte vollständige Ableitung. ◇ Dt unterscheidet sich von D (das partielle Differential) durch das, was es als konstant betrachtet. Während D normalerweise voraussetzt, daß der Ausdruck f unabhängig von x ist, nimmt Dt an, daß Dt[f,x] ungleich Null ist. Die Option Constants für Dt hat als Vorgabewert die leere Liste { }. Constants kann sich über dieses Verhalten hinwegsetzen. Wenn f in der Liste von Constants erscheint, dann sind sowohl Dt[f] als auch Dt[f[..]] Null. Wenn ein Ausdruck f das Attribut Constant hat, dann sollte das Ergebnis der Anwendung von Dt auf f Null sein. *Attribute: Protected. Vergleiche auch:* **Constant, Constants, D, Integrate**.

Constants -> {}

**Dual** Geometry'Polytopes'

**Dump[*"dateiname"*]** 180, 531, 783

schreibt ein vollständiges Bild (Speicherabzug) des aktuellen Status Ihrer *Mathematica*-Session in eine Datei. Dump["dateiname", startup] fügt den *Mathematica*-Ausdruck startup hinzu, der ausgeführt wird, wenn der Speicherabzug ausgeführt wird. Dump["dateiname", startup, "code"] verwendet den ausführbaren Binärcode in der Datei "code". Die Voreinstellung für „code" ist First[$CommandLine]. ◇ Die Systemvariable $DumpSupported wird in Systemen auf True gestellt, die die Anweisung Dump unterstützen. Dump ist nicht auf Macintosh-Versionen von *Mathematica* vorhanden. Mit dieser Anweisung können Kopien von *Mathematica* mit vorgeladenen Daten erzeugt werden. Die Größe der von Dump erzeugten Binärdateien kann mehr als zwei Megabytes betragen. Wenn Dump ausgeführt wird, werden offene Dateien geschlossen. Mit der Option DataOnly -> True kann auf einigen Systemen spezifiziert werden, daß nur Daten in die Dump-Datei aufgenommen werden. Die zu Dump ähnlichste Anweisung ist Save. Sie sichert die Definition eines *Mathematica*-Objektes in Textform. Display und Write schreibt Grafik und Text in Dateien. *Attribute: HoldRest Protected. Vergleiche auch:* **Display, Save, Write, $CommandLine, $DumpSupported**.

**DurfeeSquare** DiscreteMath'Combinatorica'

## E

**E** 50, 566, 783

ist die Exponentialkonstante e (Basis der natürlichen Logarithmen) mit dem numerischen Wert 2.71828.... ◇ Die Funktion Exp[x] ist äquivalent zu E^x. Die inverse Funktion ist Log[x]. Andere Funktionen, die mittels Exponentialfunktionen aufgebaut werden, sind Sinh[x]=(E^x-E^(-x))/2, Cosh[x]=(E^x+E^(-x))/2 und Tanh[x]=Sinh[x]/Cosh[x]. E tritt natürlicherweise als Grenzwert von (1+1/n)^n für n -> Infinity auf. Wenn die Differentialgleichung y'[x]=y gelöst wird, hat die Antwort die Form y[x]=E^x. *Attribute: Constant Protected. Vergleiche auch:* **Cosh, Exp, Log, Sinh, Tanh**.

**EasterSunday** Miscellaneous'Calendar'
**EasterSundayGreekOrthodox** Miscellaneous'Calendar'
**Eccentricity** DiscreteMath'Combinatorica'
**Eccentricity** Miscellaneous'Geodesy'
**EconomizedRationalApp roximation** Calculus'Pade'
**Edge** DiscreteMath'Combinatorica'
**EdgeChromaticNumber** DiscreteMath'Combinatorica'
**EdgeColoring** DiscreteMath'Combinatorica'
**EdgeConnectivity** DiscreteMath'Combinatorica'
**EdgeForm[*g*]** 437, 784

ist eine 3D-Grafikanweisung, die festlegt, daß Kanten von Polygonen unter Verwendung der Grafikanweisung oder der Liste von Grafikanweisungen g zu zeichnen sind. ◇ Diese 3D-Grafikanweisung hat Einfluß darauf, wie die Kanten von Polygonen und Quadern angezeigt werden. Die Primitive EdgeForm[ ] bewirkt, daß keine Kanten zwischen Polygonen zu zeichnen sind. GrayLevel[st] und RGBColor[r,g,b] spezifizieren den Grauton oder die Farbe, mit der gedruckt werden soll, wobei st, r, g und b sich zwischen 0 und 1 befinden. Thickness[dicke] oder AbsoluteThickness[dicke] gibt die Dicke der Kanten an, wobei dicke ein Bruchteil der Gesamtgröße des Bildes ist. Die Graphics3D-Primitive FaceForm spezifiziert GrayLevel oder RGBColor für Vorder- und Rückseiten von 3D-Polygonen. Die Primitiven LineForm und PointForm steuern die Wiedergabe von 3D-Linien und Punkten. Eine vollständige Liste der Primitiven finden Sie im Eintrag Graphics3D. *Attribute: Protected. Vergleiche auch:* **AbsoluteThickness, Cuboid, FaceForm, Graphics3D, GrayLevel, LineForm, PointForm, Polygon, RGBColor, Thickness**.

**Edges** DiscreteMath'Combinatorica'
**Edges** Geometry'Polytopes'

**Edit[*ausdr*___]** 62
läßt Sie die Ausdrücke expr editieren. ◇ Die Funktion Edit ist nicht auf dem Macintosh vorhanden. Die Anweisung Edit schreibt den Ausdruck in eine temporäre Datei und öffnet Ihren voreingestellten Editor für diese Datei. Beachten Sie, daß der Ausdruck evaluiert wird, bevor Edit ihn in die Datei schreibt. In UNIX- und MS-DOS-Systemen befindet sich der voreingestellte Editor in einer System-Variablen. In *Mathematica* liefert die Anweisung Environment["EDITOR"] Ihren voreingestellten Editor. In UNIX-Systemen wird diese Varible normalerweise durch eine Anweisung in Ihren .login, .cshrc oder .profile Dateien eingestellt. In MS-DOS-Systemen wird diese Variable normalerweise durch eine Anweisung in der autoexec.bat-Datei festgelegt. Nach Verlassen des Editors werden die Inhalte des Puffers als Eingabe für *Mathematica* verwendet. *Attribute: Protected. Vergleiche auch:* **Environment, EditDefinition, EditIn, OpenTemporary**.



**EditDefinition[*syms*___]** 62
läßt Sie die mit den Symbolen syms verknüpften Regeln editieren. ◇ Die Anweisung EditDefinition wird nicht auf Notebook-Benutzeroberflächen-Versionen von *Mathematica* unterstützt. Die Anweisung EditDefinition schreibt den Ausdruck in eine temporäre Datei und öffnet Ihren voreingestellten Editor für diese Datei. In UNIX- und MS-DOS-Systemen befindet sich der voreingestellte Editor in einer System-Variablen. In *Mathematica* liefert die Anweisung Environment["EDITOR"] Ihren voreingestellten Editor. In UNIX-Systemen wird diese Varible normalerweise durch eine Anweisung in Ihren .login, .cshrc oder .profile Dateien eingestellt. In MS-DOS-Systemen wird diese Variable normalerweise durch eine Anweisung in der autoexec.bat-Datei festgelegt. Nach Verlassen des Editors werden die Inhalte des Puffers als Eingabe für *Mathematica* verwendet. *Attribute: HoldAll Protected. Vergleiche auch:* **Clear, Definition, Environment, EditIn, OpenTemporary, Set, SetDelayed**.

**EditIn[*n*_*Integer*]** 62
läßt Sie die Eingabezeile n editieren. EditIn[ ] editiert die vorhergehende Eingabezeile. ◇ Die Anweisung EditIn ist nicht auf dem Macintosh vorhanden. Die Anweisung EditIn schreibt den Ausdruck in eine temporäre Datei und öffnet Ihren voreingestellten Editor für diese Datei. In UNIX- und MS-DOS-Systemen befindet sich der voreingestellte Editor in einer System-Variablen. In *Mathematica* liefert die Anweisung Environment["EDITOR"] Ihren voreingestellten Editor. In UNIX-Systemen wird diese Varible normalerweise durch eine Anweisung in Ihren .login, .cshrc oder .profile Dateien eingestellt. In MS-DOS-Systemen wird diese Variable normalerweise durch eine Anweisung in der autoexec.bat-Datei festgelegt. Nach Verlassen des Editors werden die Inhalte des Puffers als Eingabe für *Mathematica* verwendet. *Attribute: Protected. Vergleiche auch:* **EditDefinition, EditIn, Environment, In, OpenTemporary**.

**EGf** DiscreteMath'RSolve'

**Eigensystem[*m*]** 664, 784
liefert eine Liste {werte, vektoren} der Eigenwerte und Eigenvektoren der quadratischen Matrix m. ◇ Die Anweisung Eigensystem funktioniert nicht mit großen Matrizen, die rationale (oder ganzzahlige) oder symbolische Elemente hat. Die Anweisungen Eigenvalues und Eigenvectors liefern die Eigenwerte und Eigenvektoren einer Matrix. *Attribute: Protected. Vergleiche auch:* **Det, Eigenvalues, Eigenvectors, Minors, NullSpace, RowReduce**.

**Eigenvalues[*m*]** 9, 123, 124, 664, 665, 784
liefert eine Liste der Eigenwerte der quadratischen Matrix m. ◇ Eigensystem produziert eine Liste sowohl der Eigenwerte als auch der Eigenvektoren, und Eigenvectors produziert eine Liste der Eigenvektoren. *Attribute: Protected. Vergleiche auch:* **Det, Eigensystem, Eigenvectors, Minors, NullSpace, RowReduce**.

**Eigenvectors[*m*]** 123, 664, 665, 784
liefert eine Liste der Eigenvektoren der quadratischen Matrix m. ◇ Die Eigenvektoren sind nicht normalisiert, werden aber so gewählt, daß sie linear unabhängig sind. Einige Matrizen können weniger Eigenvektoren als Eigenwerte haben. Die Anweisung Eigensystem produziert eine Liste sowohl der Eigenwerte als auch der Eigenvektoren, und die Anweisung Eigenvalues produziert eine Liste der Eigenwerte einer Matrix. *Attribute: Protected. Vergleiche auch:* **Det, Eigensystem, Eigenvalues, Minors, NullSpace, RowReduce**.

**ElectronConfiguration** Miscellaneous'ChemicalElements'
**ElectronConfigurationFormat** Miscellaneous'ChemicalElements'
**Element** DiscreteMath'Combinatorica'
**ElementAbbreviations** Miscellaneous'ChemicalElements'
**Elements** Miscellaneous'ChemicalElements'

**Eliminate[*gln, vars*]** 97, 617, 784

eliminiert Variablen in einem Gleichungssystem. ◇ Variablen können alle Ausdrücke sein. Eliminate arbeitet primär mit linearen und Polynomgleichungen, aber einige transzendente Gleichungen können gelöst werden, wenn sie als Polynomgleichungen einer einfachen transzendenten Funktion ausgedrückt werden können. Eliminate eliminiert eine Menge von Variablen, Solve versucht allgemeine Lösungen für ein Gleichungssystem zu bestimmen, und Reduce bestimmt alle Lösungen. Alle diese Anweisungen verwenden die Routine MainSolve. Mit der Anweisung AlgebraicRules kann auch eine Groebner-Basis erzeugt werden, um ein Gleichungssystem zu lösen. Die Anweisung SolveAlways[gln,vars] ist äquivalent zu Solve[!Eliminate[!gln,vars]]. *Attribute: Protected. Vergleiche auch:* **AlgebraicRules, Equal, MainSolve, Reduce, Solve, SolveAlways**.

| | |
|---|---|
| InverseFunctions -> Automatic | MakeRules -> False |
| Method -> 2 | Mode -> Rational |
| Sort -> True | VerifySolutions -> False |
| WorkingPrecision -> Infinity | |

**EllipticCylindrical** Calculus'VectorAnalysis'

**EllipticE[*m*]** 580, 582, 784

ergibt das vollständige elliptische Integral E(m). EllipticE[phi, m] ergibt das elliptische Integral der zweiten Art E(phi|m). ◇ Die Inverse des elliptischen Integrals EllipticF[phi,m] ist die Jacobische elliptische Funktion JacobiSN. Beachten Sie, daß das vollständige Integral auch in Ausdrücken der hypergeometrischen Funktionen als EllipticE[m]=Pi/2*Hypergeometric2F1[1/2, -1/2, 1, k^2] geschrieben werden kann. In vielen Texten wird das Argument m als k^2 geschrieben und k als Modulus bezeichnet. Siehe unter „elliptische schreibweise" wegen einer Beschreibung der Schreibweise elliptischer Funktionen. *Attribute: Listable Protected. Vergleiche auch:* **EllipticExp, EllipticF, EllipticK, EllipticLog, EllipticPi, WeierstrassP, WeierstrassPPrime, elliptische schreibweise**.

**EllipticExp[*u, {a, b}*]** 580, 585, 785

ergibt die verallgemeinerte Exponentialfunktion, verknüpft mit der elliptischen Kurve y^2 = x^3 + a x^2 + b x. ◇ Diese Funktion und ihre Inverse EllipticLog sind die Basis aller elliptischen Funktionen in *Mathematica*. EllipticExp[u,{a,b}] liefert das Paar {x,y}, das die Eingabe von EllipticLog war. EllipticExpPrime ist die Ableitung bezüglich des ersten Arguments von EllipticExp. *Attribute: Protected. Vergleiche auch:* **EllipticE, EllipticExpPrime, EllipticF, EllipticK, EllipticPi, EllipticLog, WeierstrassP, WeierstrassPPrime**.

***EllipticExpPrime*[*u, {a, b}*]**

ergibt die Ableitung bezüglich des ersten Arguments von EllipticExp[u, {a, b}]. ◇ Die Funktion EllipticExp und ihre Inverse EllipticLog, die verallgemeinerte Exponentialfunktion und der Logarithmus, verknüpft mit der Kurve y^2 = x^3 + a x^2 + b x, sind die Basis aller elliptischen Funktionen in *Mathematica*. EllipticExp[u,{a,b}] liefert das Paar {x,y}, das die Eingabe von EllipticLog war. *Vergleiche auch:* **EllipticE, EllipticExpPrime, EllipticF, EllipticK, EllipticPi, EllipticLog, WeierstrassP, WeierstrassPPrime**.

**EllipticF[*phi, m*]** 580, 581, 785

ergibt das elliptische Integral der ersten Art F(phi|m). ◇ EllipticF[phi,m] ist durch Integrate[1/Sqrt[1-m*Sin[theta]^2],{theta,0,phi}], oder äquivalent dazu, Integrate[1/Sqrt[(1-t^2)(1-m*t^2)],{t, 0, Sin[phi]}] definiert. Andere elliptische Integrale sind EllipticE (sowohl die vollständigen als auch die unvollständigen elliptischen Integrale der zweiten Art), EllipticK (das vollständige elliptische Integral der ersten Art), EllipticPi (das elliptische Integral der dritten Art), WeierstrassP und WeierstrassPPrime. Beachten Sie, daß EllipticK[m]=EllipticF[Pi/2,m] ist. Die Inverse des elliptischen Integrals EllipticF[phi,m] ist die JacobiAmplitude, das ist der Arkussinus der Jakobischen elliptischen Funktion JacobiSN. In vielen Texten wird das Argument m als k^2 geschrieben und k wird Modulus genannt. Siehe unter „elliptische schreibweise" wegen einer Beschreibung der Schreibweise elliptischer Funktionen. *Attribute: Listable Protected. Vergleiche auch:* **EllipticE, EllipticK, EllipticPi, JacobiAmplitude, JacobiSN, WeierstrassP, WeierstrassPPrime, elliptische schreibweise**.

**EllipticK[*m*]** 580, 581, 785

ergibt das vollständige elliptische Integral der ersten Art K(m). ◇ EllipticK[m] ist durch EllipticF[Pi/2,m] definiert, wobei EllipticF das unvollständige elliptische Integral der ersten Art ist, definiert durch EllipticF[phi,m]=Integrate[1/Sqrt[1-m*Sin[theta]^2],{theta,0,phi}] (oder äquivalent dazu Integrate[1/Sqrt[(1-t^2)(1-m*t^2)],{t,0,Sin[phi]}]). *Attribute: Listable Protected. Vergleiche auch:* **EllipticE, EllipticF, EllipticPi, JacobiSN, WeierstrassP, WeierstrassPPrime, Hypergeometric2F1, elliptische schreibweise**.

**EllipticLog[*{x, y}, {a, b}*]** 580, 585, 785
ergibt den verallgemeinerten Logarithmus verknüpft mit der elliptischen Kurve y^2 == x^3 + a x^2 + b x. ◇ Diese Funktion und ihre Inverse EllipticExp sind die Basis aller elliptischen Funktionen in *Mathematica. Attribute: Protected. Vergleiche auch:* **EllipticE, EllipticExp, EllipticF, EllipticK, WeierstrassP, WeierstrassPPrime**.

***EllipticNomeQ*[*m*]**
ergibt das Nomen q == Exp[-Pi EllipticK[1-m]/EllipticK[m]]. ◇ In vielen Texten wird das Argument m als k^2 geschrieben und k wird Modulus genannt. Siehe unter „elliptische schreibweise" wegen einer Beschreibung der Schreibweise elliptischer Funktionen. *Attribute: Protected ReadProtected. Vergleiche auch:* **EllipticE, EllipticF, EllipticK, EllipticPi, WeierstrassP, WeierstrassPPrime, elliptische schreibweise**.

E

**elliptische schreibweise**
◇ Die für elliptische Integrale und Funktionen verwendete Schreibweise variiert sehr in den unterschiedlichen Quellen. Elliptische Integrale: (Schreibweise von Legendre) F(phi|m)=Integrate[1/ Sqrt[1 - m* Sin[theta]^2],{theta,0,phi}] ist das elliptische Integral der ersten Art, EllipticF[phi,m]. K(m) = F(Pi/2|m) ist das vollständige elliptische Integral der ersten Art, EllipticK[m]. Com(phi|m) = Integrate[1/ Sqrt[1 - m*Sin[theta]^2],{theta,0,phi}] ist das elliptische Integral der ersten Art, EllipticF[phi,m]. K(m)=F(Pi/2|m) ist das vollständige elliptische Integral der ersten Art, EllipticK[m]. Die komplementäre Form wird mit K'(m)=K(1-m) bezeichnet. K(m) wird manchmal auch $F_1$(m) geschrieben. E(phi|m)=Integrate[Sqrt[1-m*Sin[theta]^2],{theta,0,phi}] ist das elliptische Integral der zweiten Art, EllipticE[phi,m]. E(m)=E(Pi/2|m) ist das vollständige elliptische Integral der zweiten Art, EllipticE[m]. Die komplementäre Form wird mit E'(m)=E(1-m) bezeichnet. E(m) wird manchmal auch E_1(m) geschrieben. Pi(n;phi|m)=Integrate[1/((1-n*Sin[theta]^2)*Sqrt[1-m*Sin[theta]^2]),{theta,0,phi}] ist das elliptische Integral der dritten Art. Dies ist gegenwärtig noch nicht in *Mathematica* implementiert. Pi(n|m)=Pi(n;Pi/2|m) ist das vollständige elliptische Integral der dritten Art. Dies ist gegenwärtig noch nicht in *Mathematica* implementiert. Z(phi|m)=E(phi|m)-E(m)*F(phi|m)/K(m) ist die Jakobische Zeta-Funktion. (Nicht zu verwechseln mit der Weierstraßschen Zeta-Funktion $\zeta$(u).) Parameter elliptischer Integrale: phi - wird als Amplitude bezeichnet (*Mathematica* akzeptiert die Amplitude im Bogenmaß. Mit der Konstanten Degree können Sie das Bogenmaß in Grad umrechnen.), u - steht durch phi=JacobiAmplitude[u] mit der Amplitude in Beziehung, x - steht durch x=Sin[phi] mit der Amplitude in Beziehung, \Delta - wird als \Delta-Amplitude bezeichnet. Sie steht durch \Delta=Sqrt[1-m*Sin[phi]^2] mit der Amplitude in Beziehung und k - wird als Modulus bezeichnet. Wenn eine Funktion k verwendet, wird ihm im allgemeinen ein Komma vorangestellt, wie in I(phi,k). Der Modulus steht zum Parameter m von *Mathematica* durch m=k^2 in Beziehung. k' wird als der komplementäre Modulus bezeichnet. Er steht zum Modulus durch k^2+k'^2=1 in Beziehung. Der Parameter m von *Mathematica* steht zum Modulus durch m=k^2 in Beziehung. Wenn eine Funktion m verwendet, wird ihm im allgemeinen ein vertikaler Balken vorangestellt, wie in I(phi|m). Das Symbol alpha wird als der Modularwinkel bezeichnet. Er steht durch k=sin[alpha] zum Modulus in Beziehung. Wenn eine Funktion alpha verwendet, wird ihm im allgemeinen ein umgekehrter Schrägstrich (Backslash) vorangestellt, wie in I(phi\alpha). *Vergleiche auch:* **JacobiSN, JacobiAmplitude, EllipticE, WeierstrassP**.

***EllipticPi*[*n, phi, m*]** 580, 582, 785
ergibt das elliptische Integral der dritten Art Pi(n; phi|m). EllipticPi[n, m] ergibt das vollständige elliptische Integral Pi(n|m). ◇ EllipticPi[n, phi, m] ist durch Integrate[1/((1-n Sin[t]^2) Sqrt[1-m Sin[t]^2]),{t,0,phi}] definiert. EllipticPi[n, m] ist durch EllipticPi[n,Pi/2,m] definiert. *Attribute: Listable Protected. Vergleiche auch:* **EllipticE, EllipticF, EllipticK, WeierstrassP, WeierstrassPPrime, elliptische schreibweise**.

***EllipticTheta*[*i, z, q*]** 580, 584, 785
ergibt die elliptische Theta-Funktion $theta_i$(z, q), wobei i = 1, 2, 3 oder 4. ◇ EllipticTheta[1, z, q] ist durch 2q^{1/4) Sum[(-1)^n q^(n(n+1)) Sin[(2n+1)z],{n,0,Infinity}] definiert. EllipticTheta[2, z, q] ist durch 2q^{1/4) Sum[(-1)^n q^(n(n+1)) Cos[(2n+1)z],{n,0,Infinity}] definiert. EllipticTheta[3, z, q] ist durch 1 + 2Sum[q^(n^2) Cos[2n*z],{n,1,Infinity}] definiert. EllipticTheta[4, z, q] ist durch 1 + 2Sum[(-1)^n q^(n^2) Cos[2n*z],{n,1,Infinity}] definiert. Die Ableitung bezüglich des zweiten Arguments von EllipticTheta ist EllipticThetaPrime. Die Nevilleschen elliptischen Theta-Funktionen EllipticThetaC, EllipticThetaD, EllipticThetaN und EllipticThetaS werden mit den elliptischen Theta-Funktionen definiert. *Attribute: Listable Protected. Vergleiche auch:* **EllipticE, EllipticF, EllipticK, EllipticPi, EllipticThetaC, EllipticThetaPrime, WeierstrassP, WeierstrassPPrime, elliptische schreibweise**.

***EllipticThetaC[u, m]*** 584, 785

ergibt die Nevillesche Theta-Funktion theta_c(u, m). ◇ Die Nevilleschen elliptischen Theta-Funktionen EllipticThetaC, EllipticThetaD, EllipticThetaN und EllipticThetaS werden mit den elliptischen Theta-Funktionen definiert. *Attribute: Protected ReadProtected. Vergleiche auch:* **EllipticK, EllipticPi, EllipticTheta, EllipticThetaD, EllipticThetaN, EllipticThetaS, WeierstrassP, elliptische schreibweise**.

***EllipticThetaD[u, m]*** 584, 785

ergibt die Nevillesche Theta-Funktion theta_d(u, m). ◇ Die Nevilleschen elliptischen Theta-Funktionen EllipticThetaC, EllipticThetaD, EllipticThetaN und EllipticThetaS werden mit den elliptischen Theta-Funktionen definiert. *Attribute: Protected ReadProtected. Vergleiche auch:* **EllipticK, EllipticPi, EllipticTheta, EllipticThetaC, EllipticThetaN, EllipticThetaS, WeierstrassP, elliptische schreibweise**.

***EllipticThetaN[u, m]*** 584, 785

ergibt die Nevillesche Theta-Funktion theta$_n$(u, m). ◇ Die Nevilleschen elliptischen Theta-Funktionen EllipticThetaC, EllipticThetaD, EllipticThetaN und EllipticThetaS werden mit den elliptischen Theta-Funktionen definiert. *Attribute: Protected ReadProtected. Vergleiche auch:* **EllipticK, EllipticPi, EllipticTheta, EllipticThetaC, EllipticThetaD, EllipticThetaS, WeierstrassP, elliptische schreibweise**.

***EllipticThetaPrime[i, z, q]*** 584, 785

ergibt die Ableitung bezüglich des zweiten Arguments der elliptischen Theta-Funktion theta$_i$(z, q), wobei i = 1, 2, 3 oder 4. ◇ Die Nevilleschen elliptischen Theta-Funktionen EllipticThetaC, EllipticThetaD, EllipticThetaN und EllipticThetaS werden mit den elliptischen Theta-Funktionen definiert. *Attribute: Listable Protected. Vergleiche auch:* **EllipticE, EllipticF, EllipticK, EllipticPi, EllipticTheta, EllipticThetaC, WeierstrassP, WeierstrassPPrime, elliptische schreibweise**.

***EllipticThetaS[u, m]*** 584, 785

ergibt die Nevillesche Theta-Funktion theta_s(u, m). ◇ Die Nevilleschen elliptischen Theta-Funktionen EllipticThetaC, EllipticThetaD, EllipticThetaN und EllipticThetaS werden mit den elliptischen Theta-Funktionen definiert. *Attribute: Protected ReadProtected. Vergleiche auch:* **EllipticK, EllipticPi, EllipticTheta, EllipticThetaC, EllipticThetaD, EllipticThetaN, WeierstrassP, elliptische schreibweise**.

**EmptyGraph** DiscreteMath'Combinatorica'

**EmptyQ** DiscreteMath'Combinatorica'

**Encode[*"quelle", "ziel"*]** 480, 786

schreibt eine verschlüsselte Version der Datei quelle in die Datei ziel. <<ziel entschlüsselt die Datei, bevor die Inhalte gelesen werden. Encode["quelle", "ziel", "schlüssel"] produziert eine verschlüsselte Datei, die mittels Get["ziel", "schlüssel"] eingelesen werden muß. ◇ Verschlüsselte Dateien enthalten nur druckbare ASCII-Zeichen. Sie beginnen mit einer Folge, die durch die Anweisung Get erkannt wird. Die erste Form von Encode fügt auch den Codeschlüssel vorn in die Datei ein, so daß sie mit Get gelesen werden kann, ohne daß ein Nutzer-Eingabe-Schlüssel benötigt wird. Einige Systeme (wie beispielsweise UNIX, aber nicht Macintosh) ermöglichen mittels Encode["plainfile","codefile",MachineID -> "ID"] eine Form des Kopierschutzes für Programme. Diese Datei kann dann nur auf einem Computer mit $MachineID gleich ID eingelesen werden. Mit der Option MachineName kann ein Name für die Empfangsstation angegeben werden. Wenn eine Datei verschlüsselt wird, wird die Liste der Verzeichnisse $Path nach der benannten Datei durchsucht. Ein Dateiname muß in Anführungsstrichen eingeschlossen werden (z.B. "dateiname"), wenn er irgendwelche alphanumerischen Zeichen außer ./ und ~ enthält. Bevor eine Datei verschlüsselt wird, muß sie entweder mit der einfachen Anweisung Put oder der allgemeineren Anweisung Write auf die Festplatte geschrieben werden. Dieses Kodierungsschema sollte nicht mit dem Attribut ReadProtected verwechselt werden, das verhindert, daß der Nutzer alle mit einem Symbol verknüpften Werte besichtigt, nachdem es in das System eingelesen wurde. *Attribute: Protected. Vergleiche auch:* **Get, Put, ReadProtected, Write, $MachineID, $MachineName, $Path**.

MachineID -> "" MachineName -> ""

**EncroachingListSet** DiscreteMath'Combinatorica'

**end.m**
◇ Die Datei end.m enthält *Mathematica*-Anweisungen, die ausgeführt werden, wenn der Nutzer *Mathematica* mit Exit oder Quit verläßt. Mit den Anweisungen in dieser Datei können Teile des Systemstatus oder eine Transkription der Session gesichert werden. Die Anweisungen Quit und Exit bewirken die Evaluierung der Systemvariablen $Epilog. Die Voreinstellung von $Epilog liest die Anweisungen in end.m ein und führt sie aus. Die Dateien "init.m" und "sysinit.m" werden in einer ähnliche Weise verwendet, um Dateien bereitzustellen, die ausgeführt werden, wenn *Mathematica* gestartet wird. *Vergleiche auch:* **Exit, init.m, Quit, sysinit.m, $Epilog**.

**End[ ]** 339, 341, 786
liefert den gegenwärtigen Kontext und kehrt zum vorhergehenden zurück. ◇ Mit den Konstrukten Block und Module können auch lokale Variablen erzeugt werden. *Attribute: Protected. Vergleiche auch:* **Begin, BeginPackage, Block, Context, EndAdd, EndPackage, Module, $Context, $ContextPath**.

E

**EndAdd[ ]**
liefert den gegenwärtigen Kontext und kehrt zum vorhergehenden zurück, wobei der gegenwärtige Kontext vorn in die Liste $ContextPath eingefügt wird. ◇ Die Anweisung Begin sichert den Wert des aktuellen Kontextes und ändert dann den aktuellen Kontext. Die globale Variable $Context wird auf den Wert des aktuellen Kontextes gestellt. Obwohl mit einem Begin-End-Paar „lokale" Variablen definiert werden können, macht die Einfügung des Kontextes an den Anfang der Liste durch EndAdd alle Variablen erreichbar, die nach dem vorhergehenden Aufruf von Begin definiert wurden. Mit den Konstrukten Block und Module können auch lokale Variable erzeugt werden. *Attribute: Protected. Vergleiche auch:* **Begin, BeginPackage, Block, Context, End, EndPackage, Module, $Context, $ContextPath**.

**EndOfFile** 498, 786
ist ein Symbol, das von Read zurückgegeben wird, wenn das Ende einer Datei erreicht wird. ◇ Die Anweisung ReadList gibt auch EndOfFile zurück, wenn sie aufgerufen wird, nachdem das Dateiende erreicht wurde. Wenn das Dateiende erreicht wurde, kann die Datei wieder gelesen werden, indem sie geschlossen wird (mit der Anweisung Close) und dann wieder geöffnet wird (mit der Anweisung OpenRead). EndOfFile sollte nicht mit der Systemvariablen $IgnoreEOF verwechselt werden, die angibt, ob die *Mathematica*-Session beendet werden soll, wenn ein Dateiendezeichen eingegeben wird. *Attribute: Protected. Vergleiche auch:* **Read, ReadList, $IgnoreEOF**.

**EndPackage[ ]** 339, 786
setzt $Context und $ContextPath auf ihre Werte vor dem vorangegangenen BeginPackage und stellt den aktuellen Kontext der Liste $ContextPath voran. ◇ Die Anweisung BeginPackage eines BeginPackage-EndPackage-Paares bewirkt, daß der alte Kontext auf einem durch den Nutzer nicht erreichbaren Stack abgelegt wird, wobei ein spezifizierter Kontext zum aktuellen Kontext wird (durch Zuweisung von $Context zu jenen Kontext) und die globale Variable $ContextPath zurückgesetzt wird. Die Anweisungen Begin, End und EndAdd ändern $ContextPath nicht. BeginPackage sorgt dafür, daß der neue Kontext und System\` die einzigen aktiven Kontexte sind. Mit dieser Änderung des Kontextes kann man „lokale" Variablen definieren, die keine Variablen außerhalb des Kontextes beeinflussen. Mit den Konstrukten Block und Module können auch lokale Variable erzeugt werden. *Attribute: Protected. Vergleiche auch:* **Begin, BeginPackage, Block, Context, End, EndAdd, $Context, $ContextPath**.

*EndProcess["anweisung"]*
terminiert einen externen Prozeß, in dem Funktionen aus *Mathematica* heraus aufgerufen werden können. (EndProcess wurde durch MathLink-Operationen ersetzt.) ◇ Mit RunThrough kann auf denselben Maschinen eine einzelne Anweisung ausgeführt werden, Put schreibt in eine Datei und Run oder das !anw-Konstrukt führt ein einzelnes Betriebssystemkommando aus. *Attribute: Protected. Vergleiche auch:* **CallProcess, StartProcess, RunThrough, Put, Run, !anw**.

**EndTranscript** ProgrammingExamples\`Transcript\`

**EngineeringForm[*ausdr*]** 350, 786
druckt alle reellen Zahlen in ausdr in technischer Schreibweise. ◇ Gleitpunktzahlen werden mit ein bis drei Stellen links vom Dezimalpunkt gedruckt, die so angeordnet werden, daß der Exponent von 10 durch 3 teilbar ist. Insgesamt werden sechs oder weniger Stellen gedruckt. Obwohl EngineeringForm nicht das Attribut Listable hat, verhält sie sich so, als wenn sie es hätte. Auf einen Ausdruck angewandt, formatiert sie alle ganzen Zahlen im Ausdruck, hat aber keine Wirkung auf die anderen Elemente des Ausdrucks. Andere Formate, mit denen Zahlen gedruckt werden, sind NumberForm, ScientificForm (wissenschaftliche Schreibweise) und AccountingForm (negative Zahlen werden in runde Klammern eingeschlossen). PaddedForm druckt Zahlen, die bis zu einer gegebenen Größe mit Leerzeichen und Nullen aufgefüllt werden. Mit BaseForm können Zahlen in einer anderen Basis als 10 gedruckt werden. Mit dem Operator Format kann EngineeringForm zum voreingestellten Format gemacht werden. *Attribute: Protected. Vergleiche auch:* **AccountingForm, BaseForm, Format, NumberForm, PaddedForm, ScientificForm.**

DigitBlock -> Infinity    ExponentFunction -> Automatic
ExponentStep -> 3    NumberFormat -> Automatic
NumberPadding -> {" ", " "}    NumberPoint -> "."
NumberSeparator -> ","    NumberSigns -> {"-", " "}
SignPadding -> False

**Entails** DiscreteMath'RSolve'

**Environment[*"var"*]** 529, 743, 786
ergibt den Wert einer Betriebssystem-Umgebungsvariable. ◇ Die Anweisung Environment liefert den Wert der Variable in Form einer Zeichenkette oder gibt $Failed aus, wenn die Variable nicht gefunden wird. (Auf dem Macintosh liefert diese Anweisung nur $Failed, da Umgebungsvariablen nicht unterstützt werden. Diese Anweisung liefert auch $Failed auf MS-Windows-Systemen.) Mit der Anweisung Environment kann die voreingestellte Shell für !anw-Anweisungen oder der voreingestellte Editor für die Anweisungen Edit, EditDefinition und EditIn bestimmt werden. Die Systemvariablen $CommandLine und $System liefern die ursprüngliche Anweisungszeile, die zur Ausführung des *Mathematica*-Kerns verwendet wurde, bzw. eine Beschreibung des verwendeten Computers und Betriebssystems. *Attribute: Protected. Vergleiche auch:* **Edit, EditDefinition, EditIn, $CommandLine, $System, !anw.**

**Epilog -> *liste*** 412, 786
ist eine Option für Grafikfunktionen, die eine Liste der Grafik-Primitiven liefert, die dargestellt werden, nachdem der Hauptteil der Grafik dargestellt wurde. ◇ Epilog sollte nicht mit der globalen Variable $Epilog verwechselt werden, die eine Anweisung enthält, die ausgeführt wird, wenn Sie *Mathematica* beenden. *Attribute: Protected. Vergleiche auch:* **Graphics, Graphics3D, AxesStyle, BoxStyle, PlotStyle, Prolog, Options, SetOptions, $Epilog.**

**Equal[*ls, rs*] *oder ls == rs*** 92, 94, 606, 787
gibt True zurück, wenn ls und rs identisch sind. ◇ ls==rs gibt False zurück, wenn ls und rs als ungleich bestimmt werden, entweder durch Vergleich numerischer Werte oder Vergleich von Zeichenkettenwerten. Zwei Zahlen werden als gleich betrachtet, wenn ihre Differenz kleiner ist als die Präzision einer von ihnen. Wenn die Gleichung weder offensichtlich True oder False ist, wird sie unevaluiert zurückgegeben. Andere logische Prädikate sind Unequal (d.h. ls!=rs), FreeQ (bestimmt, ob ein Ausdruck frei von einem angegebenen Symbol ist), Greater (d.h. ls>rs), Less (d.h. ls<rs), MemberQ (bestimmt, ob ein Symbol in einem Ausdruck enthalten ist), OrderedQ (bestimmt, ob zwei Elemente in kanonischer Ordnung stehen), StringMatchQ (vergleicht eine Zeichenkette mit einem Muster, das aus Zeichen und Metazeichen besteht), SameQ (oder ls===rs, bestimmt, ob zwei Ausdrücke identisch sind) und UnsameQ (oder ls =!=rs, bestimmt, ob zwei Ausdrücke nicht identisch sind). TrueQ ist eine Prädikatsfunktion, die nur True oder False liefert. Folglich ist TrueQ[ls==rs] äquivalent zu ls===rs. Beachten Sie die Ähnlichkeit der Kurzformen des Zuweisungsoperators Set (ls=rs) und der logischen Operatoren Equal (ls==rs) und SameQ (ls===rs). *Attribute: Protected. Vergleiche auch:* **FreeQ, Greater, MemberQ, OrderedQ, SameQ, Set, StringMatchQ, TrueQ, Unequal, UnsameQ.**

**EqualVariances** Statistics'Common'HypothesisCommon'

***EquatedTo* -> *ausdr***
ist eine Option für Roots, die einen Ausdruck spezifiziert, der anstelle der Variablen in der Lösung verwendet wird. ◇ Der Vorgabewert von EquatedTo ist Null, der spezifiziert, daß keine Substitution ausgeführt wird. *Attribute: Protected. Vergleiche auch:* **ReplaceAll, Roots.**

**Equirectangular** Miscellaneous'WorldPlot'
**EquivalenceClasses** DiscreteMath'Combinatorica'
**EquivalenceRelationQ** DiscreteMath'Combinatorica'
**Equivalences** DiscreteMath'Combinatorica'

**Erf[z]** 570, 576, 787
ergibt die Fehlerfunktion erf(z). Erf[z0, z1] ergibt die verallgemeinerte Fehlerfunktion erf(z1) - erf(z0). ◇ Die Fehlerfunktion ist das Integral der Gaußverteilung und damit die analytische Fortsetzung von Erf[z] = (2/Sqrt[Pi])*Integrate[Exp[-t^2], {t,0,z}]. Die Fehlerfunktion kann auch in Termen der hypergeometrischen Funktionen Hypergeomentric1F1 und HypergeometricU geschrieben werden. Erf[x]=2/Sqrt[Pi]*x*Hypergeometric1F1[1/2,3/2,-x^2]. Die Gaußverteilung ist ein Grenzfall der Binomialverteilung und von zentraler Bedeutung für viele statistische Berechnungen. *Attribute: Listable Protected. Vergleiche auch:* **Binomial, Erfc, Erfi, Hypergeometric1F1, HypergeometricU**.



***Erfc*[z]** 570, 576, 787
ergibt die komplementäre Fehlerfunktion erfc(z) == 1 - erf(z). ◇ Die Fehlerfunktion ist das Integral der Gaußverteilung und damit die analytische Fortsetzung von Erf[z] = (2/Sqrt[Pi])*Integrate[Exp[-t^2], {t,0,z}]. Die Fehlerfunktion kann auch in Termen der hypergeometrischen Funktionen Hypergeomentric1F1 und HypergeometricU geschrieben werden. Erf[x]=2/Sqrt[Pi]*x* Hypergeometric1F1 [1/2, 3/2, -x^2]. Die Gaußverteilung ist ein Grenzfall der Binomialverteilung und von zentraler Bedeutung für viele statistische Berechnungen. *Attribute: Listable Protected. Vergleiche auch:* **Binomial, Erf, Erfi, Hypergeometric1F1, HypergeometricU**.

***Erfi*[z]**
ergibt die imaginäre Fehlerfunktion erfi(z) == -i erf(i z). ◇ Die Fehlerfunktion ist das Integral der Gaußverteilung und damit die analytische Fortsetzung von Erf[z] = (2/Sqrt[Pi])*Integrate[Exp[-t^2], {t,0,z}]. Die Fehlerfunktion kann auch in Termen der hypergeometrischen Funktionen Hypergeomentric1F1 und HypergeometricU geschrieben werden. Erf[x]=2/Sqrt[Pi]*x*Hypergeometric1F1 [1/2, 3/2, -x^2]. Die Gaußverteilung ist ein Grenzfall der Binomialverteilung und von zentraler Bedeutung für viele statistische Berechnungen. *Attribute: Listable Protected. Vergleiche auch:* **Binomial, Erf, Erfc, Hypergeometric1F1, HypergeometricU**.

**ErrorListPlot** Graphics'Graphics'
**EstimatedVariance** Statistics'LinearRegression'
**EulerE[*n*]** 558, 787
ergibt die n-te Eulersche Zahl. EulerE[n, x] ergibt das n-te Euler-Polynom. ◇ Verwechseln Sie die Eulerschen Zahlen nicht mit der Konstanten EulerGamma oder der Funktion EulerPhi. *Attribute: Protected. Vergleiche auch:* **BernoulliB, EulerGamma, EulerPhi, StirlingS1, StirlingS2**.

**EulerGamma** 566, 787
ist die Eulersche Konstante Gamma mit dem numerischen Wert 0.577216.... ◇ Die Eulersche Konstante Gamma ist durch den Grenzwert von Sum[1/k, {k,1,n}] - Integrate[1/x,{x,1,n}] für n -> Infinity definiert. Für ganzzahlige Werte von n ist PolyGamma[z]= -EulerGamma + Sum[1/k, {k,1,n-1}]. Die Eulersche Konstante Gamma sollte nicht mit der Eulerschen Gamma-Funktion Gamma[z] verwechselt werden. Einen numerischen Wert für diese Konstante können Sie mit der N-Anweisung bestimmen. *Attribute: Constant Protected. Vergleiche auch:* **Gamma, N, NSum, PolyGamma**.

**Eulerian** DiscreteMath'Combinatorica'
**EulerianCycle** DiscreteMath'Combinatorica'
**EulerianQ** DiscreteMath'Combinatorica'
**EulerPhi[*n*]** 556, 787
ergibt die Eulersche phi-Funktion phi(n). Das ist die Anzahl der positiven ganzen Zahlen kleiner als n, die relativ prim zu n sind. ◇ Diese Funktion wird gewöhnlich mit $\phi$(n) bezeichnet. Falls n prim ist, gilt EulerPhi[n]=n-1 und EulerPhi[n^k]=(n-1)n^(k-1). Wenn m und k paarweise teilerfremd sind, gilt EulerPhi[n*m] = EulerPhi[n]*EulerPhi[m]. Andere zahlentheoretische Funktionen sind FactorInteger, PrimeQ (bestimmt, ob n prim ist), Divisors (eine Liste der Teiler von n), MoebiusMu, DivisorSigma und das JacobiSymbol. *Attribute: Listable Protected. Vergleiche auch:* **Divisors, DivisorSigma, FactorInteger, JacobiSymbol, MoebiusMu, PrimeQ**.

**EulerRatio** NumericalMath'NLimit'
**EulerSum** NumericalMath'NLimit'
**Europe** Miscellaneous'WorldNames'
**Evaluate[*ausdr*]** 135, 280, 286, 731, 787
veranlaßt, daß ausdr evaluiert wird, auch wenn er als Argument einer Funktion auftritt, deren Attribute festlegen, daß er unevaluiert belassen werden soll. *Attribute: Protected. Vergleiche auch:* **Hold, ReleaseHold**.

**Even** DiscreteMath'RSolve'

**EvenQ[*ausdr*]** 227, 535, 787

ergibt True, wenn ausdr eine gerade ganze Zahl ist, sonst False. ◇ Damit EvenQ[n] True liefert, muß n eine ganze Zahl und gerade sein. In allen anderen Fällen liefert EvenQ False. *Attribute: Listable Protected. Vergleiche auch:* **IntegerQ, NumberQ, OddQ, PrimeQ, TrueQ**.

**EvolveCA** Examples'CellularAutomata'

**ExactRandomGraph** DiscreteMath'Combinatorica'

**Exit[ ]** 71, 519, 747, 788

Beendet eine *Mathematica*-Session. ◇ Die Anweisung Exit[ ] beendet die *Mathematica*-Session und kehrt zum System-Prompt zurück (oder auf dem Macintosh zum Finder). Vor dem Verlassen werden alle Anweisungen der Systemvariablen $Epilog ausgeführt. (Die Voreinstellung von $Epilog bewirkt, daß die Anweisungen, die in der Datei end.m enthalten sind, ausgeführt werden.) Exit[ ] ist ein Synonym für Quit[ ]. Wenn die Systemvariable $IgnoreEOF nicht auf False (die Voreinstellung) gestellt ist, dann wird *Mathematica* verlassen, wenn beim Lesen einer Datei ein Dateiendezeichen auftritt. Exit sollte nicht mit Return verwechselt werden, das aus Subroutinen zurückspringt oder mit End, das einen Begin-End-artigen Kontextblock beendet. *Attribute: Protected. Vergleiche auch:* **End, end.m, Quit, Return, $Epilog, $IgnoreEOF**.

**Exp[*z*]** 49, 562, 788

ist die Exponentialfunktion. ◇ Die Funktion Exp[x] ist äquivalent zu E^x (oder Power[E,x]). Die inverse Funktion ist Log[x]. Andere Funktionen, in denen Exponentialfunktionen auftreten, sind Sinh[x]=(E^x-E^(-x))/2, Cosh[x]=(E^x+E^(-x))/2 und Tanh[x]=Sinh[x]/Cosh[x]. Exp tritt natürlicherweise als Lösung der Differentialgleichung y'[x]=y auf. ExpIntegralE ist durch den Hauptwert von -Integrate[Exp[-z*t]/t^n,{t,1,Infinity}] definiert. MatrixExp ist die Matrix-Exponentialfunktion. *Attribute: Listable Protected. Vergleiche auch:* **Cosh, E, ExpIntegralE, Log, MatrixExp, Power, Sinh**.

**Expand[*ausdr*]** 76, 78, 591, 595, 603, 788

multipliziert Produkte und positive ganzzahlige Potenzen in ausdr aus. Expand[ausdr, muster] verhindert das Ausmultiplizieren der Elemente von ausdr, die keine Terme enthalten, die zu muster passen. ◇ LogicalExpand entwickelt logische Ausdrücke (d.h. solche, die And Or, Not usw. enthalten). Simplify versucht, die „einfachste" Form eines Ausdrucks zu bestimmen. Distribute implementiert ein Distributivgesetz, und Collect faßt gemeinsame Terme in einem Polynom zusammen. *Attribute: Protected. Vergleiche auch:* **Apart, Collect, ComplexExpand, Distribute, ExpandAll, ExpandDenominator, LogicalExpand, PowerExpand, Factor, Simplify**.

Modulus -> 0    Trig -> False

**ExpandAll[*ausdr*]** 78, 595, 788

multipliziert alle Produkte und ganzzahligen Potenzen in jedem Teil von ausdr aus. ExpandAll[ausdr, muster] verhindert das Ausmultiplizieren der Teile von ausdr, die keine Terme enthalten, die zu muster passen. ◇ LogicalExpand entwickelt logische Ausdrücke (d.h. solche, die And, Or, Not usw. enthalten). Simplify versucht die „einfachste" Form eines Ausdrucks zu bestimmen, wobei teilweise die Wirkung von Expand rückgängig gemacht wird. Distribute implementiert ein Distributivgesetz, und Collect faßt gemeinsame Terme in einem Polynom zusammen. *Attribute: Protected. Vergleiche auch:* **Apart, Collect, ComplexExpand, Distribute, Expand, ExpandDenominator, LogicalExpand, PowerExpand, Factor, Simplify**.

Modulus -> 0    Trig -> False

**ExpandBoth** ProgrammingExamples'ExpandBoth'

**ExpandDenominator[*ausdr*]** 595, 788

multipliziert Produkte und Potenzen aus, die als Nenner in ausdr erscheinen. ◇ ExpandDenominator ist äquivalent zur Anwendung von Expand auf den Nenner von ausdr, da nur auf der obersten Stufe von ausdr ausmultipliziert wird. Der Nenner von ausdr ist durch all jene Terme definiert, die einen Exponenten mit einem negativen Faktor haben (siehe Denominator). *Attribute: Protected. Vergleiche auch:* **Apart, Cancel, Denominator, Expand, ExpandAll, ExpandNumerator, Simplify, Together**.

Modulus -> 0    Trig -> False

**ExpandGraph** DiscreteMath'Combinatorica'

**ExpandNumerator[*ausdr*]** 595, 788

multipliziert Produkte und Potenzen aus, die im Zähler von ausdr erscheinen. ◇ ExpandNumerator ist äquivalent zur Anwendung von Expand auf den Zähler von ausdr, da nur auf der obersten Stufe von ausdr ausmultipliziert wird. Der Zähler von ausdr ist durch all jene Terme definiert, die keinen Exponenten mit einem negativen Faktor haben (siehe Numerator). *Attribute: Protected. Vergleiche auch:* **Apart, Cancel, Denominator, Expand, ExpandAll, ExpandDenominator, Simplify, Together**.

Modulus -> 0 Trig -> False

**ExpIntegralE[*n*, *z*]** 570, 575, 788
ergibt die Integralexponentialfunktion E(n,z). ◇ ExpIntegralE[n,z]=-Integrate[Exp[-z*t]/t^n,{t, 1, Infinity}] (Hauptwert). Diese Funktion wird oft mit $E_n(z)$ bezeichnet. Beachten Sie, daß die Beziehung ExpIntegralE[1,I*z]=CosIntegral[z]+I*(SinIntegral[z]-SinIntegral[Infinity]) gilt. Beachten Sie auch, daß das Exponentialintegral in vielen Texten unterschiedlich definiert wird. *Attribute: Listable Protected. Vergleiche auch:* **CosIntegral, Erf, Exp, ExpIntegralEi, Gamma, Integrate, LogIntegral, NIntegrate, SinIntegral**.

**ExpIntegralEi[*z*]** 570, 575, 789
ergibt die Integralexponentialfunktion Ei(z). ◇ ExpIntegralEi[z]=-Integrate[Exp[-t]/t, {t, -z, Infinity}] (Hauptwert). Diese Funktion wird oft mit Ei(z) oder $E_1(z)$ bezeichnet. Beachten Sie, daß die Beziehung ExpIntegralEi[I*z]=CosIntegral[z]+I*(SinIntegral[z]-SinIntegral[Infinity]) gilt. Beachten Sie auch, daß das Exponentialintegral in vielen Texten unterschiedlich definiert wird. ExpIntegralEi ist ein Spezialfall der Gamma-Funktion, da ExpIntegralEi[z] = -Gamma[0,-z] + Pi I. *Attribute: Listable Protected. Vergleiche auch:* **CosIntegral, Erf, Exp, ExpIntegralE, Gamma, Integrate, LogIntegral, NIntegrate, SinIntegral**.

**Explode** ProgrammingExamples'Atoms'

**Exponent[*ausdr, form*]** 82, 593, 789
ergibt die maximale Potenz, mit der form in ausdr auftritt. Exponent[ausdr, form, h] wendet h auf die Gesamtheit der Exponenten an, mit denen form in ausdr erscheint. ◇ Power[n,m] (oder n^m) ist die Potenzierung und Exp ist die Exponentialfunktion (d.h. Exp[x]=E^x). *Attribute: Listable Protected. Vergleiche auch:* **Coefficient, CoefficientList, Exp, Length, PolynomialQ, Power, Variables**.

Modulus -> 0 Trig -> False

***ExponentFunction -> fkt*** 351, 789
ist eine Option für NumberForm und verwandte Funktionen, die den Exponenten angibt, der beim Druck von reellen Gleitpunktzahlen verwendet wird. ◇ Die ExponentFunction ist auch eine Option für AccountingForm, EngineeringForm, PaddedForm und ScientificForm. Diese Formate bestimmen zuerst den Exponenten, der sich ergeben würde, wenn die Zahl mit einer Stelle links vom Dezimalpunkt erscheint. Die durch ExponentFunction bestimmte Funktion nimmt diese Zahl als Eingabe und produziert den tatsächlich angezeigten Exponenten. Wenn als Wert Null produziert wird, wird die Zahl ohne einen Exponenten angezeigt. Der Vorgabewert von ExponentFunction ist Automatic. Für die Funktion NumberForm wird hiermit Null (kein Exponent) als Wert produziert, außer wenn der Absolutbetrag des Exponenten größer als 5 oder die Präzision der Zahl kleiner als der Exponent ist. Für ScientificForm ist der Vorgabewert Automatic äquivalent zu Identity, wodurch derselbe Exponent angezeigt wird, der ursprünglich berechnet wurde. Für EngineeringForm ist der Vorgabewert Automatic äquivalent zur Funktion If[Abs[#]>2,3*Floor[#/3],]&, wodurch ein durch 3 teilbarer Exponent zurückgegeben wird und der Exponent unterdrückt wird, wenn er Null ist. *Attribute: Protected. Vergleiche auch:* **AccountingForm, DigitBlock, EngineeringForm, NumberForm, NumberFormat, NumberSeparator, Options, ScientificForm, SetOptions**.

**ExponentialDistribution** Statistics'ContinuousDistributions'
**ExponentialGeneratingFunct ion** DiscreteMath'RSolve'
**ExponentialPowerSum** DiscreteMath'RSolve'
**ExponentRange** NumericalMath'ComputerArithmetic'
*ExponentStep -> n*
(Veraltet: siehe ExponentFunction) ExponentStep ist eine Option für NumberForm und verwandte Funktionen, die das Intervall zwischen möglichen Exponenten festlegt, das beim Druck reeller Gleitpunktzahlen verwendet wird. *Attribute: Protected. Vergleiche auch:* **ExponentFunction, NumberForm**.

**Expression** 495, 789
ist ein Symbol, das in Read und verwandten Funktionen einen gewöhnlichen *Mathematica*-Ausdruck repräsentiert. ◇ Die Anweisungen Read und ReadList lesen Rohdaten aus einer Datei oder Pipe. Das voreingestellte Format Expression weist *Mathematica* an, die Inhalte als Text und dann jenen Text als Ausdruck zu interpretieren. Andere Formate für Read und ReadList sind Byte, Character, Number, Real, Record, String, Word und Ausdrücke mit diesen Typen, z.B. Log[Number]. Die Anweisung ToExpression konvertiert eine Zeichenkette in einen Ausdruck, und ToString konvertiert einen Ausdruck in eine Zeichenkette. *Attribute: Protected. Vergleiche auch:* **Byte, Character, Number, Read, ReadList, Real, Record, String, ToExpression, Word**.

**ExprPlot** DiscreteMath'Tree'

**ExtendedGCD[*n*, *m*]** 556, 789

ergibt den erweiterten größten gemeinsamen Teiler der ganzen Zahlen n und m. ◇ Die Funktion ExtendedGCD[n,m] liefert eine Liste mit 3 ganzen Zahlen {g,r,s}, wobei g=GCD[n,m] ist und r und s so sind, daß r*n+m*s=g gilt. Prime liefert die k-te Primzahl, PrimeQ bestimmt, ob eine Zahl prim ist, und PolynomialGCD liefert den ggT der Polynome. Divisors[n] gibt eine Liste der Teiler der ganzen Zahl n aus. *Attribute: Protected. Vergleiche auch:* **Divisors, GCD, Prime, PrimeQ, PolynomialGCD**.

**ExtractCycles** DiscreteMath'Combinatorica'

**ExtraTerms** NumericalMath'NLimit'

**ExtremeValueDistribution** Statistics'ContinuousDistributions'

## F

**FaceForm[*gv*, *gr*]** 438, 789

ist eine 3D-Grafikanweisung, die festlegt, daß die Vorderseiten von Polygonen mit der Grafik-Primitiven gv und die Rückseiten mit gr zu zeichnen sind. ◇ Die Anweisung FaceForm beinflußt auch die Darstellung von Quadern, da sie aus Polygon-Primitiven aufgebaut werden. Die Seitenflächen-Primitiven können GrayLevel[st], CMYKColor[c,m,g,b], Hue[f], RGBColor[r,g,b] oder SurfaceColor[farbe] sein. Farb-Primitiven, die außerhalb einer FaceForm-Anweisung verwendet werden, gelten für beide Seitenflächen der Polygone. Die Graphics3D-Primitive EdgeForm legt die Thickness von Linien und den GrayLevel oder RGBColor für Kanten von 3D-Polygone fest. Die Primitiven LineForm und PointForm kontrollieren die Wiedergabe von 3D-Linien und Punkten. Eine vollständige Liste der Primitiven finden Sie im Eintrag Graphics3D. FaceForm sollte nicht mit FaceGrid verwechselt werden, das Gitternetzlinien für den Rahmen einer 3D-Grafik spezifiziert. *Attribute: Protected. Vergleiche auch:* **CMYKColor, Cuboid, EdgeForm, FaceGrids, Graphics3D, GrayLevel, Hue, LineForm, PointForm, Polygon, RGBColor, SurfaceColor**.

**FaceGrids** 156, 158, 459, 463, 790

ist eine Option für 3D-Grafikfunktionen, die die Gitterlinien festlegt, die auf die Seitenflächen des Rahmens gezeichnet werden sollen. *Attribute: Protected. Vergleiche auch:* **Ticks**.

**Faces** Geometry'Polytopes'

**Faces** Graphics'Polyhedra'

**Factor[*poly*]** 76, 78, 591, 596, 598, 602, 603, 608, 790

faktorisiert ein Polynom über den ganzen Zahlen. Factor[poly, Modulus -> p] faktorisiert ein Polynom modulo einer Primzahl p. ◇ Mit Factor[{poly1,poly2,..}] kann eine Liste von Polynomen mit einer Anweisung faktorisiert werden. Factor kann auch auf einen rationalen Ausdruck angewendet werden. Der Ausdruck wird wie in der Anweisung Together auf einen Hauptnenner gestellt. Dann wird sowohl der Zähler als auch der Nenner faktorisiert. Die Anweisungen Expand und Simplify kehren die Wirkung von Factor um. FactorInteger faktorisiert ganze Zahlen. FactorList liefert dieselbe Grundinformation wie Factor, aber Faktoren werden mit ihren Vielfachheiten in einer Liste aufgeführt. FactorSquareFree liefert einen Ausdruck, der frei von quadrierten Termen ist und FactorTerms klammert alle gemeinsamen Faktoren aus den Termen des Polynoms aus. Wenn die Wurzeln eines Polynom nicht rational sind oder wenn *Mathematica* nicht in der Lage ist, ein Polynom zu faktorisieren, können die Wurzeln mit Solve, Roots und NRoots bestimmt werden. *Attribute: Protected. Vergleiche auch:* **Expand, FactorInteger, FactorList, FactorSquareFree, FactorTerms, NRoots, Roots, Simplify, Solve, Together**.

GaussianIntegers -> False Modulus -> 0
Trig -> False

**FactorComplete -> True oder False** 555, 790

ist eine Option für FactorInteger, die angibt, ob eine vollständige Faktorisierung ausgeführt werden soll. ◇ TimeConstrained ist ein allgemeineres Mittel, um die von einer Anweisung benötigte Zeit zu begrenzen. *Attribute: Protected. Vergleiche auch:* **FactorInteger, PrimeQ, TimeConstrained, Timing**.

**Factorial[*n*] *oder n!*** 49, 558, 790

ergibt die Fakultät von n. ◇ n! ist durch das Produkt n*(n-1)*..*3*2*1 für positive ganzzahlige Werte von n definiert. Für andere Werte von n wird sie durch Gamma[n+1] definiert. n! kann als die Anzahl der Möglichkeiten betrachtet werden, n Objekte anzuordnen. Factorial wird zur Definition des Binomialkoeffizienten verwendet, da Binomial[n,m]=n!/(m!*(n-m)!). Die ähnliche Funktion Factorial2 wird durch n!!=n*(n-2)*(n-4)*... definiert. *Attribute: Listable Protected. Vergleiche auch:* **Binomial, Factorial2, Gamma**.

**Factorial2[*n*] *oder n!!*** 558, 790
ergibt die doppelte Fakultät von n. ◇ n!! ist durch das Produkt n*(n-2)*(n-4)*... für positive ganzzahlige Werte von n definiert. *Attribute: Listable Protected. Vergleiche auch:* **Factorial**.

**FactorialSimplify** DiscreteMath'RSolve'

**FactorInteger[*n*]** 2, 49, 84, 554, 791
ergibt eine Liste der Primfaktoren der ganzen Zahl n zusammen mit ihren Exponenten. ◇ Wenn n negativ ist, dann ist einer der zurückgegebenen Faktoren -1. Divisors liefert eine Liste der Teiler von n ohne ihre Vielfachheiten (Exponenten). Prime liefert die k-te Primzahl und der Test PrimeQ, testet ob eine Zahl Primzahl ist. Es geht wesentlich schneller zu testen, ob eine Zahl Primzahl ist, als sie zu faktorisieren. *Attribute: Listable Protected. Vergleiche auch:* **Divisors, Factor, Integer, Prime, PrimeQ**.
FactorComplete -> True GaussianIntegers -> False

F

**FactorIntegerECM** NumberTheory'FactorIntegerECM'

**FactorList[*poly*]** 598, 791
ergibt eine Liste der Faktoren eines Polynoms zusammen mit ihren Exponenten. FactorList[poly, Modulus -> p] faktorisiert ein Polynom modulo einer Primzahl p. ◇ Die Anweisung FactorList liefert dieselbe Information wie die Anweisung Factor, aber in Form einer Liste von Faktoren mit ihren Vielfachheiten, anstatt in der Form eines Polynoms. Wenn die Wurzeln eines Polynoms nicht rational sind oder wenn *Mathematica* nicht in der Lage ist, ein Polynom vollständig zu faktorisieren, können die Wurzeln numerisch mit NRoots bestimmt werden. Mit der Option GaussianIntegers können Polynome faktorisiert werden, wenn ihre Wurzeln die Form n + m I haben, wobei n und m ganze Zahlen sind und I die Quadratwurzel von -1 ist. FactorInteger faktorisiert ganze Zahlen. *Attribute: Protected. Vergleiche auch:* **Factor, FactorInteger, FactorSquareFree, FactorTerms, Roots, NRoots**.
GaussianIntegers -> False Modulus -> 0
Trig -> False

**FactorSize** NumberTheory'FactorIntegerECM'

**FactorSquareFree[*poly*]** 598, 791
schreibt ein Polynom als Produkt quadratfreier Faktoren. FactorSquareFree[poly, Modulus -> p] faktorisiert ein Polynom modulo einer Primzahl p. ◇ Im Gegensatz zur Wirkung von Factor, das eine vollständige Faktorisierung ausführt, faktorisiert FactorSquareFree nur jene Faktoren mit gerader Vielfachheit. Mit FactorSquareFree[{poly1,poly2,..}] können quadratfreie Faktorisierungen mehrerer Polynome mit derselben Anweisung ausgeführt werden. Die Anweisung FactorSquareFreeList liefert dieselbe Information wie FactorSquareFree, aber in Form einer Liste von Faktoren und ihrer Vielfachheiten. FactorList liefert dieselbe Grundinformation wie Factor, aber Faktoren werden mit ihren Vielfachheiten in einer Liste angeordnet. Wenn die Wurzeln eines Polynom nicht rational sind oder wenn *Mathematica* nicht in der Lage ist, ein Polynom vollständig zu faktorisieren, können die Wurzeln mit Solve, Roots oder NRoots bestimmt werden. *Attribute: Protected. Vergleiche auch:* **Factor, FactorInteger, FactorSquareFreeList, FactorTerms, NRoots, Roots, Solve**.
Modulus -> 0 Trig -> False

**FactorSquareFreeList[*poly*]** 598, 791
ergibt eine Liste von quadratfreien Faktoren eines Polynoms zusammen mit ihren Exponenten. FactorSquareFreeList[poly, Modulus -> p] faktorisiert ein Polynom modulo einer Primzahl p. ◇ Im Gegensatz zur Wirkung von FactorList, das eine vollständige Faktorisierung ausführt, faktorisiert FactorSquareFreeList nur jene Faktoren mit gerader Vielfachheit. Die Anweisung FactorSquareFree liefert dieselbe Information, aber in Form eines faktorisierten Polynoms, anstelle einer Liste von Faktoren. FactorList liefert dieselbe Grundinformation wie Factor, aber Faktoren werden mit ihren Vielfachheiten in einer Liste angeordnet. *Attribute: Protected. Vergleiche auch:* **Factor, FactorInteger, FactorList, FactorSquareFree, FactorTerms, FactorTermsList, NRoots, Roots**.
Modulus -> 0 Trig -> False

**FactorTerms[*poly*]** 80, 591, 598, 791
zieht jeden numerischen Gesamtfaktor aus poly heraus. ◇ Die Wirkung der Form FactorTerms[poly] besteht darin, den ggT der CoefficientList des Polynoms zu extrahieren. Die Form FactorTerms[poly, {var1,...}]] zieht den PolynomialGCD der Liste der Terme des Polynoms heraus. FactorTerms unterscheidet sich von Factor dadurch, daß es eine weit weniger vollständige Faktorisierung ausführt. Die Anweisung FactorTermsList liefert dieselbe Information, aber in Form einer Liste der Faktoren gemeinsam mit ihren Vielfachheiten. FactorSquareFree liefert einen Ausdruck, der frei von quadrierten Termen ist. *Attribute: Protected. Vergleiche auch:* **CoefficientList, Factor, FactorInteger, FactorSquareFree, FactorTermsList, GCD, PolynomialGCD**.

Modulus -> 0 Trig -> False

**FactorTermsList[*poly*]** 598, 791
zieht jeden numerischen Gesamtfaktor aus poly heraus und gibt eine Liste der Faktoren aus. ◇ Die Wirkung von FactorTermsList[poly] besteht darin, den ggT der CoefficientList des Polynoms herauszuziehen. Die Form FactorTermsList[poly, {var1,...}] zieht den PolynomialGCD der Liste der Terme des Polynoms heraus. Die Anweisung FactorTerms liefert dieselbe Information, aber in Form eines Polynoms, anstelle einer Liste der Faktoren. FactorTermsList unterscheidet sich von FactorList dadurch, daß es eine weit weniger vollständige Faktorisierung ausführt. *Attribute: Protected. Vergleiche auch:* **CoefficientList, Factor, FactorInteger, FactorSquareFree, FactorTermsList, GCD, PolynomialGCD.**
Modulus -> 0 Trig -> False

*Fail*
ist ein Spezialsymbol, das bei der Evaluierung einer veralteten Anwendung von Condition zurückgegeben wird. *Attribute: Locked Protected. Vergleiche auch:* **Condition.**

**False** 93, 141, 287, 791
ist das Symbol für den Booleschen Wert False. ◇ False und True können mit den Boolschen Operatoren And (d.h. a&&b), Or (d.h. a||b), Not (d.h. !a) und Xor kombiniert werden. *Attribute: Locked Protected. Vergleiche auch:* **And, Equal, Not, Or, True, TrueQ, Xor, tests.**

**FerrersDiagram** DiscreteMath'Combinatorica'
**Fibonacci** DiscreteMath'CombinatorialFunctions'
**Fibonacci** ProgrammingExamples'Fibonacci1'
***File -> "pfad"***
ist ein möglicher Wert, der von FileType und verwandten Funktionen zurückgegeben wird, um den Typ einer Datei anzugeben. ◇ Mit der Funktion ContextToFilename können Pfade in einer maschinenunabhängigen Weise erzeugt werden. *Attribute: Protected. Vergleiche auch:* **CopyFile, DeleteFile, FileInformation, FileNames, FileType.**

***FileByteCount["datei"]*** 492, 792
ergibt die Anzahl der Bytes in einer Datei. ◇ FileByteCount gibt $Failed aus, wenn es auf ein Verzeichnis angewandt wird. Mit der Funktion ContextToFilename können Pfade in einer maschinenunabhängigen Weise erzeugt werden. FileByteCount liefert einige der Informationen der UNIX-Anweisung ls -l oder der MS-DOS-Anweisung dir. *Attribute: Protected. Vergleiche auch:* **ContextToFilename, DeleteFile, FileDate, FileInformation, FileNames, FileType, $Failed.**

***FileDate["datei"]*** 492, 792
ergibt das Datum und die Zeit, zu der eine Datei das letzte Mal modifiziert wurde. ◇ Mit der Funktion ContextToFilename können Pfade in einer maschinenunabhängigen Weise erzeugt werden. Date gibt das aktuelle lokale Datum und die Zeit aus, FromDate konvertiert aus einem Datelist-Format in die Anzahl der Sekunden seit Mitternacht dem 1. Jan. 1900 und ToDate konvertiert zurück. SetFileDate setzt das Datum einer Datei, und FileNames listet die Dateien des aktuellen Verzeichnis auf. $CreationDate gibt das Datum aus, an dem Ihr *Mathematica*-Kern erzeugt wurde. FileDate liefert einige der Informationen der UNIX-Anweisung ls -l oder der MS-DOS-Anweisung dir. *Attribute: Protected. Vergleiche auch:* **ContextToFilename, Date, FileInformation, FileNames, FromDate, SetFileDate, ToDate, $CreationDate.**

***FileInformation[datei]***
liefert Information über eine Datei. ◇ Mit der Funktion ContextToFilename können Pfade in einer maschinenunabhängigen Weise erzeugt werden. Date gibt das aktuelle lokale Datum und die Zeit aus, und es ist auch die linke Seite einer der Regeln, die von FileInformation zurückgegeben wird. SetFileDate setzt das Datum einer Datei, und FileNames listet die Dateien im aktuellen Verzeichnis auf. Information liefert Informationen über ein *Mathematica*-Symbol. FileInformation liefert einige der Information der UNIX-Anweisung ls -l oder der MS-DOS-Anweisung dir. *Attribute: Protected. Vergleiche auch:* **ByteCount, Date, File, FileByteCount, FileDate, FileNames, FileType, SetFileDate, dateien.**

***FileNames***[ ] 180, 491, 792
listet alle Dateien des aktuellen Arbeitsverzeichnisses auf. FileNames["form"] listet alle Dateien des aktuellen Arbeitsverzeichnisses auf, deren Namen zum Zeichenkettenmuster form passen. FileNames[{"form1", "form2", ...}] listet alle Dateien auf, deren Namen zu irgendeiner der formi passen. FileNames[forms, {"dir1", "dir2", ...}] listet Dateien auf, deren Namen in irgendeinem der Verzeichnisse diri zu forms passen. FileNames[forms, dirs, n] bezieht Dateien ein, die sich in Unterverzeichnissen bis zu n Stufen tiefer befinden. ◇ FileNames liefert einige der Information der UNIX-Anweisung ls oder der MS-DOS-Anweisung dir. Mit FileNames können auch einige der Funktionen der UNIX-Anweisung find ausgeführt werden. *Attribute: Protected. Vergleiche auch:* **CopyFile, DeleteFile, FileByteCount, FileDate, FileInformation, Names, RenameFile, metazeichen**.

IgnoreCase -> False

**dateien**
◇ Dateien und Verzeichnisse werden auf den verschiedenen Computern unterschiedlich spezifiziert. Mit der Anweisung ContextToFilename können auf grobe Weise maschinenunabhängige Pfade erzeugt werden. Auf jedem Computer existiert ein Konzept eines Arbeitsverzeichnisses (pwd) und eines Suchpfades (d.h. $Path). Die Anweisungen, die Dateien direkt manipulieren (z.B. DeleteFile, CopyFile, CreateDirectory), verwenden den Pfad nicht. Für diese Anweisungen wird die Datei entweder durch den Namen (wenn er sich im Arbeitsverzeichnis befindet), durch den relativen Pfad (d.h. ein Verzeichnispfad vom Arbeitsverzeichnis zur Datei) oder durch den absoluten Pfad (d.h. ein Pfad von der Spitze - die Festplattenebene oder das Wurzel-Verzeichnis - zur Datei) spezifiziert. Wenn Sie zum Beispiel mit einem Macintosh arbeiten und das Arbeitsverzeichnis ist HD:Applications und die Datei „meinedatei" befindet sich im Verzeichnis (d.h. Ordner) „HD:Applications:MacWrite", dann ist der relative Pfad „MacWrite:meinedatei" und der absolute Pfad „HD:Applications:MacWrite:meinedatei". Die Anweisungen, die Dateien zum Lesen öffnen (z.B. OpenRead, Get), suchen in den in der Variablen $Path angegebenen Verzeichnissen nach der Datei. Sie öffnen die erste Datei mit dem gewünschten Namen, die gefunden wird. Ein Pfad wird durch eine Liste der Verzeichnisse, getrennt durch ein Trennzeichen, spezifiziert. Dieses Zeichen ist in der Variablen $PathnameSeparator enthalten. Es ist „:" auf dem Macintosh, „/" für UNIX und „\" für MS-DOS. Das Wurzelverzeichnis wird auf UNIX-basierten Systemen durch einen einzelnen Slash (d.h. „/") spezifiziert, eine gemountete Festplatte auf Macintosh-Systemen wird durch einen Namen und einen Doppelpunkt (z.B. „HD:") und auf MS-DOS-basierten Systemen durch einen Buchstabe und einen Doppelpunkt (z.B. „C:") spezifiziert. Zur Spezifizierung von Dateinamen können Metazeichen verwendet werden. In der Anweisung FileNames kann das Metazeichen „*" verwendet werden, um eine beliebige Kette von Zeichen zu vertreten. Die Argumente für die Anweisungen, die Dateien manipulieren (z.B. CopyFile, CopyDirectory, DeleteFile), können die Metazeichen enthalten, die durch das Betriebssystem unterstützt werden. Auf dem Macintosh werden keine Metazeichen unterstützt. In MS-DOS sind die unterstützten Metazeichen: * - eine Kette von Zeichen, ohne „.", . - das Arbeitsverzeichnis und .. - die Eltern des Arbeitsverzeichnisses. In UNIX-Systemen sind die unterstützten Metazeichen: * - eine Kette von Zeichen, ? - ein einzelnes Zeichen, . - das Arbeitsverzeichnis, .. - die Eltern des Arbeitsverzeichnisses und ~ - das Home-Verzeichnis. Die Dateien init.m und end.m, die sich normalerweise im Verzeichnis Packages/StartUp befinden, enthalten *Mathematica*-Anweisungen, die ausgeführt werden, wenn *Mathematica* gestartet bzw. beendet wird. *Vergleiche auch:* **ContextToFilename, CreateDirectory, Directory, Get, HomeDirectory, ParentDirectory, Put, Read, SetDirectory, Streams, Write, $Path, $PathnameSeparator, metazeichen**.

***FileType["datei"]*** 492, 792
ergibt den Typ einer Datei, in der Regel File, Directory oder None. ◇ Mit der Funktion ContextToFilename können Pfade in einer maschinenunabhängigen Weise erzeugt werden. FileInformation liefert eine vollständige Liste der Informationen über eine Datei. FileType liefert einige der Information der UNIX-Anweisung ls -l oder der MS-DOS-Anweisung dir. *Attribute: Protected. Vergleiche auch:* **ContextToFileName, CopyFile, Directory, File, FileByteCount, FileDate, FileInformation, FileNames, RenameFile, SetFileDate**.

**FilledPlot** Graphics'FilledPlot'

**Fills** Graphics'FilledPlot'

**FilterOptions** ProgrammingExamples'FilterOptions'

**FilterOptions** Utilities'FilterOptions'

**Find[*strom, "text"*]** 502, 505, 793
bestimmt den ersten Record in einem Eingabestrom, der die spezifizierte Zeichenkette enthält. Find[strom, {"text1", "text2", ...}] bestimmt den ersten Record, der irgendeine der spezifizierten Zeichenketten enthält. *Attribute: Protected. Vergleiche auch:* **Read, Skip, StreamPosition, StreamPosition, StringToStream**.

| | |
|---|---|
| AnchoredSearch -> False | IgnoreCase -> False |
| RecordSeparators -> "\n" | WordSearch -> False |
| WordSeparators -> {" ", "\t"} | |

**FindCycle** DiscreteMath'Combinatorica'

**FindList[*"datei", "text"*]** 16, 181, 500, 505, 793

liefert eine Liste aller Records in der Datei, die die spezifizierte Zeichenkette enthalten. FindList["datei", {"text1", "text2", ...}] liefert eine Liste aller Records, die irgendeine der spezifizierten Zeichenketten enthalten. FindList[{"datei1", ...}, text] liefert eine Liste der Records in irgendeiner der Dateien, die die spezifizierten Zeichenketten enthalten. FindList[dateien, text, n] enthält nur die ersten n gefundenen Records. *Attribute: Protected. Vergleiche auch:* **Readlist**.

AnchoredSearch -> False

**FindMaxima** ProgrammingExamples'Collatz'

**FindMinimum[*f, {x, x0}*]** 109, 703, 794

sucht nach einem lokalen Minimum von f und startet dabei vom Punkt x=x0. ◇ Das Ergebnis ist eine Liste der Form {minwert,{x -> minx}}, wobei minx der Wert von x ist, in dem das lokale Minimum gefunden wurde. Wenn für f keine symbolische Ableitung bestimmt werden kann, sollten zwei Anfangspunkte angegeben werden, wie in FindMinimum[f,{x,{x0,x1}}]. Mit der Option Gradient kann auch eine Gradientenfunktion spezifiziert werden. Die Form FindMinimum[f,{x,xstart,xmin,xmax}] sucht nach einem lokalen Minimum im Intervall xmin<x<xmax und beendet die Suche, wenn x dieses Intervall verläßt. Das lokale Minimum einer Funktion mit mehreren Variablen kann mit der Form FindMinimum[f,{x,x0},{y,y0},..] bestimmt werden. *Attribute: HoldAll Protected. Vergleiche auch:* **ConstrainedMin**, **FindRoot**, **Min**.

| | |
|---|---|
| AccuracyGoal -> Automatic | Compiled -> True |
| Gradient -> Automatic | MaxIterations -> 30 |
| PrecisionGoal -> Automatic | WorkingPrecision -> 19 |

**FindRoot[*ls == rs, {x, x0}*]** 96, 107, 692, 794

sucht eine numerische Lösung der Gleichung ls == rs, beginnend mit x == x0. ◇ Das Ergebnis ist eine Liste von Ersetzungsregeln für die verschiedenen Argumente, wie in {{x -> 0.2},{y -> 2.4},..}. Wenn für f keine symbolische Ableitung bestimmt werden kann, sollten zwei Anfangspunkte angegeben werden, wie in FindRoot[f,{x,{x0,x1}}]. Mit der Option Jacobian kann auch eine Ableitungsfunktion spezifiziert werden. Die Form FindRoot[f,{x,xstart,xmin,xmax}] sucht eine Lösung im Intervall xmin<x<xmax und beendet die Suche, wenn x dieses Intervall verläßt. Die Lösung einer Funktion von R^n bis R^n kann mit der Form FindMinimum[{ls1==rs1,..},{x,x0},{y,y0},..] bestimmt werden. *Attribute: HoldAll Protected. Vergleiche auch:* **FindMinimum**, **NRoots**, **Roots**, **Solve**.

| | |
|---|---|
| AccuracyGoal -> Automatic | Compiled -> True |
| DampingFactor -> 1 | Jacobian -> Automatic |
| MaxIterations -> 15 | WorkingPrecision -> 19 |

**FindSet** DiscreteMath'Combinatorica'

**First[*ausdr*]** 125, 794

ergibt das erste Element in ausdr. ◇ First[liste] ist äquivalent zu liste[[1]] (oder Part[liste,1]). Die Anweisung Rest liefert den Rest der Liste (das erste Element wird ausgeschlossen). Mit Take kann eine allgemeinere Menge von Elementen aus einer Liste oder einer verschachtelten Liste ausgewählt werden, und Last wählt das letzte Element aus. Die Anweisung Prepend fügt ein neues Element am Anfang der Liste hinzu. *Attribute: Protected. Vergleiche auch:* **Part**, **Last**, **Prepend**, **Rest**, **Take**, **Select**.

**FirstLexicographicTableau** DiscreteMath'Combinatorica'

**FirstPos** DiscreteMath'RSolve'

**Fit[*daten, funs, vars*]** 8, 110, 672, 795

bestimmt eine Kleinste-Quadrate-Anpassung für eine Liste von Daten als Linearkombination der Funktionen funs mit den Variablen vars. Die Daten können die Form {{x1, y1, ..., f1}, {x2, y2, ..., f2}, ...} haben, wobei die Anzahl der Koordinaten x, y, ... gleich der Anzahl der Variablen in der Liste vars ist. Die Daten können auch die Form {f1, f2, ...} haben, wobei für eine einzelne Koordinate vorausgesetzt wird, daß sie die Werte 1, 2, ... annimmt. Das Argument funs kann jede Liste von Funktionen sein, die nur von den Objekten vars abhängen. ◇ Exakte Zahlen, die Fit übergeben werden, werden in Gleitpunktzahlen mit Maschinengenauigkeit konvertiert. Die Methode der kleinsten Quadrate ist mit einer Singulärwertzerlegung implementiert. Fit ist auch ein möglicher Wert der Option Method für NProduct und NSum. Wenn Method -> Fit gewählt wird, wird die Wynnsche Epsilon-Methode verwendet. Wenn für Integrate die Option Method eingestellt wird, wird die Euler-Maclaurinsche Methode verwendet. Andere Funktionen, die eine numerische Anpassung für Daten produzieren, sind Fourier und InterpolatingPolynomial. Fourier produziert eine exakte Anpassung mit trigonometrischen Basis-Funktionen. InterpolatingPolynomial produziert eine exakte Anpassung an einparametrige Daten mit einem Polynom minimalen Grades. (Im Unterschied zu Fit können auch symbolische Daten verarbeitet werden.) *Attribute: Protected. Vergleiche auch:* **Fourier, InterpolatingPolynomial, PseudoInverse, Method, NProduct, NSum, Series, SingularValues**.

F

**FitResiduals** Statistics'LinearRegression'

**FittingPolynomial** NumericalMath'PolynomialFit'

**FixedPoint[*f, ausdr*]** 201, 291, 795

startet mit ausdr und wendet dann f wiederholt an, bis sich das Ergebnis nicht mehr verändert. FixedPoint[f, ausdr, n] stoppt nach höchstens n Schritten. ◇ FixedPointList ähnelt FixedPoint, gibt aber eine Liste der Ausdrücke aus, die auf jeder Stufe der Berechnung zurückgegeben werden. Nest wendet eine gegebene Funktion eine bestimmte Anzahl Mal an, ohne Rücksicht darauf, ob sie aufhört, sich zu ändern. NestList produziert eine Liste der Ergebnisse von Nest für wachsende Werte von n. Mit Operate und HeadCompose kann die ähnliche Konstruktion f[g][x] erzeugt werden (z.B., wenn f der Differentialoperator ist, dann ist d[f][x] gleich f'[x]). Mit Function können die Funktionen für diese Konstruktionen definiert werden. *Attribute: Protected. Vergleiche auch:* **Compose, FindRoot, FixedPointList, Function, HeadCompose, Nest, NestList, Operate**.

SameTest -> SameQ

***FixedPointList[f, ausdr]*** 201, 795

erzeugt eine Liste mit den Ergebnissen der wiederholten Anwendung von f, beginnend mit ausdr, bis sich die Ergebnisse nicht mehr ändern. FixedPointList[f, ausdr, n] stoppt nach höchstens n Schritten. ◇ FixedPoint ist äquivalent zu Last[FixedPointList[#]]&, wobei nur der letzte Wert der Liste zurückgegeben wird. Nest wendet eine gegebene Funktion eine bestimmte Anzahl Mal an, ohne Rücksicht darauf, ob sie aufhört sich zu ändern. NestList produziert eine Liste der Ergebnisse von Nest für wachsende Werte von n. Mit Operate und HeadCompose kann die ähnliche Konstruktion f[g][x] erzeugt werden (z.B., wenn f der Differentialoperator ist, dann ist d[f][x] gleich f'[x]). Mit Function können die Funktionen für diese Konstruktionen definiert werden. *Attribute: Protected. Vergleiche auch:* **Compose, FindRoot, FixedPoint, Function, HeadCompose, Nest, NestList, Operate**.

SameTest -> SameQ

**Flat** 230, 272, 275, 734, 795

ist ein Attribut, daß einem Symbol f zugewiesen werden kann, um anzugeben, daß alle Ausdrücke, die verschachtelte Funktionen f enthalten, eingeebnet werden sollen. Diese Eigenschaft wird beim Mustervergleich berücksichtigt. ◇ Andere übliche Attribute sind Orderless (die Funktion ist kommutativ), HoldAll, Listable (die Funktion „verteilt" über Listen), OneIdentity (d.h. f[x]=x) und Protected (Funktionswerte können nicht verändert werden). *Attribute: Protected. Vergleiche auch:* **Attributes, Flatten, SetAttributes, ClearAttributes, HoldAll, Listable, OneIdentity, Orderless, Protected**.

**Flatten[*liste*]** 11, 132, 215, 250, 796

ebnet verschachtelte Listen ein. Flatten[liste, n] ebnet bis zur Stufe n ein. Flatten[liste, n, h] ebnet Unterausdrücke mit dem Kopf h ein. ◇ Funktionen, denen das Attribut Flat zugewiesen wurde, werden automatisch von *Mathematica* eingeebnet. *Attribute: Protected. Vergleiche auch:* **Flat, FlattenAt, List, Partition, Transpose, Union**.

***FlattenAt[liste, n]*** 132, 215, 796
ebnet eine Unterliste ein, die als n-tes Element der Liste auftritt. Wenn n negativ ist, wird die Position vom Ende her gezählt. FlattenAt[ausdr, {i, j, ...}] ebnet den Teil von ausdr auf der Position {i, j, ...} ein. FlattenAt[ausdr, {{i1, j1, ...}, {i2, j2, ...}, ...}] ebnet Teile von ausdr auf mehreren Positionen ein. ◇ FlattenAt unterscheidet sich von Flatten, das die Einebnungsoperation entweder global oder auf speziellen Stufen anwendet (anstatt auf spezielle Teile). *Attribute: Protected. Vergleiche auch:* **Flat, Flatten, List, MapAt, Partition, Transpose, Union, partspec**.

**Floor[*x*]** 550, 796
ergibt die größte ganze Zahl, die kleiner oder gleich x ist. ◇ Ceiling ergibt die kleinste ganze Zahl, die größer als x ist, Round ergibt die nächstliegende ganze Zahl, und Chop setzt jede Zahl auf Null, die kleiner als eine gewisse Toleranz ist. *Attribute: Listable Protected. Vergleiche auch:* **Ceiling, Round, Chop, Integer**.

***Fold[f, x, liste]*** 202, 796
ergibt das letzte Element von FoldList[f, x, list]. ◇ Der Kopf des dritten Parameter braucht nicht List zu sein. Ähnliche Funktionen sind FoldList, die eine Liste liefert, in der jedes Element durch Anwendung einer Funktion auf ihren Vorgänger und das nächste Element einer Liste gebildet wird, Apply, das eine Funktion auf den Kopf einer Liste anwendet, und ComposeList, das eine Liste von Funktionen auf einen einzelnen Parameter anwendet. MapIndexed wendet eine Funktion auf die durch den Index bezeichneten Elemente einer Liste an und MapThread wendet eine Funktion auf mehrere Listen an. Nest wendet eine Funktion auf einen Parameter eine festgelegte Anzahl Mal an. *Attribute: Protected. Vergleiche auch:* **Apply, ComposeList, FoldList, List, MapIndexed, MapThread, Nest, Thread**.

***FoldList[f, x, {a, b, ...}]*** 11, 202, 210, 796
ergibt {x, f[x, a], f[f[x, a], b], ...}. ◇ Der Kopf des dritten Parameter braucht nicht List zu sein. Ähnliche Funktionen sind Fold, die das letzte Element der Liste, die von FoldList produziert wurde, liefert, Apply, die eine Funktion auf den Kopf einer Liste anwendet und ComposeList, die eine Liste von Funktionen auf einen einzelnen Parameter anwendet. MapIndexed wendet eine Funktion auf die durch den Index bezeichneten Elemente einer Liste an und MapThread wendet eine Funktion auf mehrere Listen an. Nest wendet eine Funktion auf einen Parameter eine festgelegte Anzahl Mal an. *Attribute: Protected. Vergleiche auch:* **Apply, ComposeList, Fold, List, MapIndexed, MapThread, Nest, NestList, Thread**.

**FontForm[*ausdr, {"font", größe}*]** xx, 468, 796
spezifiziert, daß ausdr in der spezifizierten Schriftart und Größe gedruckt wird. ◇ FontForm kann von den Grafik-Primitiven AxesLabel, FrameLabel, PlotLabel und Text verwendet werden, um Text mit einer speziellen Schriftart, Type oder Größe in eine Grafik einzufügen. Die Größe wird in Punkten (1/72 Zoll) angegeben. Die Schriftart wird als PostScript-Schriftart-Name erwartet. Typische Schriftartennamen sind „Courier", „Times" und „Helvetica". Für fette und kursive Formen werden Namen wie beispielsweise „Courier-Bold", „Courier-Oblique" oder „Courier-BoldOblique" verwendet. (Eine Ausnahme von dieser Regel ist, daß „Times-Italic" anstelle von „Times-Oblique" verwendet wird.) Die tatsächlich anzeigbaren Zeichensätze hängen von den auf Ihrem Computer oder Drucker installierten Zeichensätzen ab. Die meisten Implementationen von *Mathematica* stellen nicht alle möglichen Zeichensätze auf dem Bildschirm dar. Die Schriftarten für Grafik können durch Ausdruck auf einem PostScript-Drucker zuverlässiger betrachtet werden. *Attribute: Protected ReadProtected. Vergleiche auch:* **AxesLabel, DisplayFont, Graphics, Graphics3D, PlotLabel, Text, $DefaultFont**.

**For[*start, test, incr, rumpf*]** 292, 797
führt start aus und evaluiert dann wiederholt rumpf und incr, bis test nicht mehr True ergibt. ◇ For evaluiert seine Argumente nicht standardmäßig, da ihre Evaluierung zurückgehalten wird. Darüber kann man sich mit der Anweisung ReleaseHold hinwegsetzen. Eine For-Schleife gibt den Wert Null zurück, außer wenn sie durch eine Return- oder Throw-Anweisung unterbrochen wird. Die Inkrement-Variable (falls vorhanden) ist nicht lokal bezüglich der For-Schleife. Nach Beendigung der For-Anweisung hat die Variable den Wert, der zum Mißlingen von test führte. Mit der Anweisung Break können Sie eine For-Schleife verlassen. Mit Continue kann zur nächsten Iteration einer For-Schleife übergegangen werden. Mit Return und Throw können mehrere verschachtelte Kontroll-Strukturen verlassen werden, oder es kann ein anderer Wert als Null zurückgegeben werden. Beachten Sie, daß die Rollen von Komma und Semikolon in einer For-Anweisung im Vergleich zu ihrer Anwendung in der C-Sprache vertauscht sind. In *Mathematica* wird ein Komma zwischen start, test, increment und rumpf der Anweisung verwendet, und ein Semikolon wird zwischen Anweisungen innerhalb einer dieser Sektionen verwendet. Increment (d.h. i++) und Decrement (z.B. i–) werden im allgemeinen im „increment"-Segment der For-Schleife verwendet. *Attribute: HoldAll Protected. Vergleiche auch:* **Break, Continue, Decrement, Do, Evaluate, If, Increment, Return, Throw, While, tests**.

F

**Format[*ausdr*]** 119, 122, 343, 345, 350, 354, 358, 359, 478, 487, 516, 797, 810, 824, 838, 880
druckt die formatierte Form von ausdr. Die Zuweisung von Werten zu Format[ausdr] definiert Druckformen für Ausdrücke. Format[ausdr, typ] ergibt ein Format des spezifizierten Typs. ◇ Einige Standard-Formattypen, die mit Format definiert werden können, sind CForm, FortranForm, InputForm, OutputForm, TeXForm und TextForm. Wenn Format ohne Spezifizierung eines Formattyps verwendet wird, wird der Typ OutputForm verwendet. Formatierungsprimitiven, die in der Definition eines Formats verwendet werden können, sind ColumnForm, ScientificForm (druckt Zahlen in wissenschaftlicher Form), SequenceForm, Subscripted und die Formate Prefix, Infix und Postfix für Funktionen. Mit Format können auch Einstellungen für In, Out, Continuation, Indent und andere Ausgabeformelemente definiert werden. Eine Liste aller vordefinierten Formate ist in der Systemvariablen $PrintForms enthalten. *Attribute: Protected. Vergleiche auch:* **CForm, ColumnForm, FortranForm, InputForm, OutputForm, PrintForm, SequenceForm, Subscripted, TeXForm**.

**FormatType -> *fmt*** 487, 738, 797
ist eine Option für Ausgabeströme, die den voreingestellten Formattyp für den Druck von Ausdrücken spezifiziert. ◇ FormatType ist eine Option für die Funktionen OpenAppend und OpenWrite. Die Voreinstellung für die Option ist InputForm. Einige nützlich Formate, um in Dateien zu schreiben, sind CForm, FortranForm, TeXForm oder FullForm. Die Variable $PrintForms listet die möglichen Formate auf. Andere Ausgabedatei-Optionen sind PageWidth, PageHeight, TotalWidth, TotalHeight und StringConversion. *Attribute: Protected. Vergleiche auch:* **OpenAppend, OpenWrite, OutputStream, PageHeight, PageWidth, SetOptions, $PrintForms**.

**FormatValues[*f*]** 736
liefert eine Liste von Transformationsregeln zu allen für das Symbol f definierten Druckformaten (Werte für Format[f[x,..],..] usw.). ◇ Die Werte und Regeln, die zu einem Symbol gehören, können mit dem Operator Information (oder dem ?-Operator) betrachtet werden. Jene Werte, die Muster wie f[x1,..] ersetzen, werden DownValues genannt. Jene der Form fkt[f] können mit der Anweisung UpValues, jene der Form f=wert können mit der Anweisung OwnValues und jene der Form f[x,..][..] können mit der Anweisung SubValues betrachtet werden. Numerische Werte (jene, die mit dem N-Operator zugewiesen werden) können mit der Anweisung NValues betrachtet werden. Alle Vorgabewerte, die f zugewiesen wurden, können mit der Anweisung DefaultValues betrachtet werden. Die Regeln, die mit FormatValues zugewiesen werden, werden mit den Anweisungen Set (Format[f]=b) und SetDelayed (Format[f]:=b) eingegeben. Die Anweisung Format ist eine der wenigen ausgewählten Anweisungen (siehe die Beschreibung der Anweisung Set wegen einer vollständigen Liste), für die Regeln der Form Format[f]=b nicht mit Format, sondern mit dem Symbol f verknüpft sind. Mit der Anweisung EditDefinition (nicht auf dem Macintosh vorhanden) können diese Regeln editiert werden. Der Operator ValueQ gibt True zurück, wenn das Symbol mit irgendwelchen Werten oder Regeln verknüpft ist. *Attribute: HoldAll Protected. Vergleiche auch:* **DefaultValues, DownValues, EditDefinition, Format, Information, NValues, OwnValue, OutputForm, SubValues, UpValues, ValueQ, ?**.

**FortranForm[*ausdr*]** 16, 182, 344, 739, 797
druckt ausdr im Fortran-Format. ◇ Die Anweisung Splice verwendet FortranForm. Mit der Anweisung Splice können Sie *Mathematica*-Ausdrücke auswerten, die in Fortran-Quelldokumenten eingebettet sind, und sie durch das FortranForm-Äquivalent des Ergebnisses ersetzen. FortranForm übersetzt einfache arithmetische Ausdrücke (bis zu Potenzen) und konvertiert eckige in runde Klammern. Es werden keine Deklarationen erzeugt. Array-Elemente (z.B. c[[n]]) und Kontroll-Strukturen werden nicht übersetzt. Mit der Anweisung Format können neue FortranForm-Übersetzungen definiert werden. Eine Liste aller vordefinierten Formate (zum Beispiel CForm, FortranForm und TeXForm) ist in der Systemvariablen $PrintForms enthalten. *Attribute: Protected. Vergleiche auch:* **CForm, Format, Splice, TeXForm, $PrintForms**.

**Fourier[*liste*]** 110, 679, 797
bestimmt die diskrete Fouriertransformierte einer Liste komplexer Zahlen. ◇ InverseFourier invertiert die Wirkung von Fourier. *Attribute: Protected. Vergleiche auch:* **InverseFourier, Fit, InterpolatingPolynomial, Cos, Exp, Sin**.

**FourierCosSeriesCoefficient** Calculus'FourierTransform'
**FourierCosTransform** Calculus'FourierTransform'
**FourierExpSeries** Calculus'FourierTransform'
**FourierExpSeriesCoefficient** Calculus'FourierTransform'
**FourierFrequencyConstant** Calculus'FourierTransform'
**FourierOverallConstant** Calculus'FourierTransform'
**FourierSample** Calculus'FourierTransform'
**FourierSinSeriesCoefficient** Calculus'FourierTransform'
**FourierSinTransform** Calculus'FourierTransform'
**FourierTransform** Calculus'FourierTransform'
**FourierTrigSeries** Calculus'FourierTransform'
**Frame -> True oder False** 139, 397, 418, 422, 798
ist eine Option für zweidimensionale Grafikfunktionen, die festlegt, ob ein Rahmen um das Diagramm gezeichnet werden soll. ◇ Die Voreinstellung ist False. Frame -> True kann sowohl für 2D- als auch 3D-Grafik angegeben werden. Der Stil des Rahmens wird durch die Optionen FrameStyle kontrolliert. Skalenstriche und Beschriftung können mit den Optionen FrameTicks und FrameLabel hinzugefügt werden. Andere Optionen, mit denen ähnliche Wirkungen erzielt werden können, sind Background, Boxed (für 3D-Grafik), Epilog und Prolog. *Attribute: Protected. Vergleiche auch:* **Background, Boxed, FrameLabel, FrameStyle, FrameTicks, Graphics, Plot, Show**.

*Framed -> True oder False* xix
ist eine veraltete Grafik-Option, ersetzt durch Frame. *Vergleiche auch:* **Frame**.

**FrameLabel** 139, 422, 798
ist eine Option für zweidimensionale Grafikfunktionen, die Beschriftungen spezifiziert, die an den Kanten eines Rahmens um ein Diagramm plaziert werden. *Attribute: Protected. Vergleiche auch:* **AxesLabel, PlotLabel**.

**Frames** Graphics'Animation'
***FrameStyle*** 422, 798
ist eine Option für zweidimensionale Grafikfunktionen, die spezifiziert, wie die Kanten eines Rahmens dargestellt werden sollen. *Attribute: Protected. Vergleiche auch:* **Prolog, Epilog, AxesStyle**.

***FrameTicks -> wert*** 139, 422, 798
ist eine Option für zweidimensionale Grafikfunktionen, die Skalenstriche für die Kanten eines Rahmens spezifiziert. ◇ Der Vorgabewert von FrameTicks ist Automatic, mit dem *Mathematica* „angemessene" Positionen für Skalenstriche wählt (normalerweise Punkte mit der kürzesten Dezimaldarstellung). Andere Einstellungen für FrameTicks sind: None - es werden keine Skalenstriche gezeichnet, {xticks,yticks}, wobei jedes xticks und yticks einen der folgenden Werte annimmt: None - es werden keine Skalenstriche gezeichnet, f - f[xmin,xmax] ist eine der anderen Einstellungen, {x1,x2,..} - plaziert Skalenstriche an den spezifizierten Stellen, {x1,kenn1},..} - plaziert Skalenstriche mit Beschriftungen, {x1,kenn1,len1},..} - Skalenstriche der Länge leni (wobei leni ein Bruchteil der Diagrammgröße ist). Mit den Beschriftungsspezifikationen können in Diagrammen rationale Werte, Vielfache von Pi oder wichtige Werte eines Parameters gekennzeichnet werden. Wenn eine Skalenstrich-Funktion verwendet wird, sollte sie die Form f[xmin,xmax] haben und eine der anderen möglichen Skalenstrichspezifikationen zurückgeben. Die Option Frame legt fest, ob ein Rahmen für die Grafik gezeichnet wird. Wenn Frame False (die Voreinstellung) ist, wird der Wert von FrameStyle ignoriert. Andere Optionen, die die Darstellung des Rahmens beeinflussen können, sind FrameLabel und FrameStyle. Die Option Ticks spezifiziert die Stellen für die Skalenstriche auf den Achsen. Wenn Skalenstriche auf dem Rahmen angezeigt werden, werden in der Voreinstellung von Ticks keine Skalenstriche auf den Achsen dargestellt. *Attribute: Protected. Vergleiche auch:* **Frame, Graphics, GridLines, Plot, Ticks.**

F

**FRatioCI** Statistics'ConfidenceIntervals'
**FRatioDistribution** Statistics'ContinuousDistributions'
**FRatioDistribution** Statistics'NormalDistribution'
**FRatioPValue** Statistics'HypothesisTests'
**FreeL** DiscreteMath'RSolve'
**FreeQ[*ausdr, form*]** 127, 196, 228, 725, 798
ergibt True, wenn kein Unterausdruck in expr zu form paßt, sonst False. FreeQ[ausdr, form, stufe] testet nur jene Teile von ausdr auf den durch stufe spezifizierten Stufen . ◇ Der Test FreeQ ist nicht exakt das Inverse des Operators MemberQ, da MemberQ nur auf der obersten Stufe des Ausdrucks sucht (wenn nicht anders festgelegt), während FreeQ in der Voreinstellung danach fragt, ob das Muster irgendwo im Ausdruck gefunden werden kann. Andere Funktionen, die nach dem Vorkommen eines Musters suchen, sind Cases, Count und Position. *Attribute: Protected. Vergleiche auch:* **Cases, Count, MemberQ, Position, stufenspez, muster.**
Heads -> True

**Frequencies** Statistics'DataManipulation'
***FresnelC*[*x*]**
ergibt das Fresnelsche Integral C[x] = Integrate[Cos[Pi t^2/2], {t, 0, x}]. ◇ Die Fresnelschen Integrale können in Ausdrücken der Fehlerfunktion Erf definiert werden. *Attribute: Listable Protected ReadProtected. Vergleiche auch:* **Erf, FresnelS.**

***FresnelS*[*x*]**
ergibt das Fresnelsche Integral S[x] = Integrate[Sin[Pi t^2/2], {t, 0, x}]. ◇ Die Fresnelschen Integrale können in Ausdrücken der Fehlerfunktion Erf definiert werden. *Attribute: Listable Protected ReadProtected. Vergleiche auch:* **Erf, FresnelS.**

**FromAdjacencyLists** DiscreteMath'Combinatorica'
*FromASCII["c"]* xix
ist eine veraltete Funktion, ersetzt durch FromCharacterCode. FromASCII["c"] ergibt den ganzzahligen ASCII-Code des Zeichens c. *Attribute: Protected. Vergleiche auch:* **FromCharacterCode.**

***FromCharacterCode*[*n*]** 366, 368, 374, 380, 799
liefert eine Zeichenkette, die aus den Zeichen mit dem ganzzahligen Code n besteht. FromCharacterCode[{n1, n2, ...}] liefert eine Zeichenkette, die aus der Folge der Zeichen mit den Codes ni besteht. *Attribute: Protected. Vergleiche auch:* **ToCharacterCode.**

**FromCycles** DiscreteMath'Combinatorica'
**FromCycles** DiscreteMath'Permutations'
**FromCycles** Examples'OneLiners'

***FromDate[datum]*** 524, 799
konvertiert ein Datum der Form {j, m, t, s, m, s} in die absolute Zahl der Sekunden seit Beginn des 1. Jan. 1900. ◇ Die Funktionen Date, FileDate und $CreationDate liefern alle Zeiten in Datumsform. Die Zeiten, die sie liefern, sind die aktuelle Zeit, die Zeit zu der eine Datei das letzte Mal modifiziert wurde und die Zeit zu der diese bestimmte Ausgabe von *Mathematica* erzeugt wurde. Die Transformation, die von FromDate ausgeführt wird, kann mit der Anweisung ToDate rückgängig gemacht werden. Die Anweisung AbsoluteTime gibt die aktuelle Zeit in Form der Gesamtzahl der Sekunden seit Beginn des 1. Jan. 1900 aus. *Attribute: Protected. Vergleiche auch:* **AbsoluteTime, Date, FileDate, TimeZone, ToDate, $CreationDate**.

**FromInversionVector** DiscreteMath'Combinatorica'
**FromOrderedPairs** DiscreteMath'Combinatorica'
**FromUnorderedPairs** DiscreteMath'Combinatorica'
**Front** Graphics'FilledPlot'
**Full** Miscellaneous'WorldPlot'
***FullAxes[grafik]***
liefert die Achsen-Optionen eines Grafik-Objektes. ◇ Die in Form von Regeln gelieferten Informationen sind die Werte der Optionen Axes, Ticks, GridLines, Frame und FrameTicks. Die Anweisung FullAxes[grafik] ähnelt der Konstruktion FullOptions[grafik, {Axes, Ticks, GridLines, Frame, FrameTicks}], aber die Konstruktion FullAxes liefert eine detailliertere Beschreibung. Die Anweisung FullGraphics gibt die Grafik-Primitiven aus, die zum Zeichnen einer vollständigen Grafik nötig sind, nicht nur die Achsen-Optionen. *Attribute: Protected. Vergleiche auch:* **Axes, AxesStyle, Frame, FrameTicks, FullGraphics, FullOptions, Graphics, GridLines, Options, Plot, SetOptions, Ticks**.

**FullDefinition[*s1, s2, ...*]** 479, 799
druckt die Definitionen der Symbole si und aller Symbole, von denen diese abhängen. ◇ Werte können mit den Anweisungen Set (z.B. f=a), SetDelayed (z.B. f:=a), TagSet (z.B. f/:f=a), TagSetDelayed (z.B. f/:f:=a), UpSet (z.B. f[x]^=a) oder UpSetDelayed (z.B. f[x]^:=a) zugewiesen werden. Definitionen können mit der Anweisung Clear gelöscht werden. Definitionen können mit der Anweisung Remove aufgehoben werden. Attribute können mit der Anweisung SetAttributes gesetzt, mit der Anweisung ClearAttributes gelöscht und mit der Anweisung Attributes angezeigt werden. Voreinstellungen können mit der Anweisung Default gesetzt und mit der Anweisung ClearAll gelöscht werden. Die ??-Anweisung druckt alle Werte und Attribute eines Symbols, sowie mehrere andere Klassen von Informationen. Die Anweisung Save sichert die vollständigen Definitionen (FullDefinition) eines Symbols in eine spezifizierte Datei. *Attribute: HoldAll Protected. Vergleiche auch:* **Attributes, Clear, Default, Definition, ReadProtected, Save, Set, TagSet, UpSet, ??**.

**FullForm[*ausdr*]** 190, 191, 194, 220, 238, 344, 359, 370, 799
druckt die vollständige Form von ausdr ohne spezielle Syntax. ◇ FullForm druckt ohne Formatierung (wie es von InputForm getan wird) und ohne die Verwendung irgendwelcher spezieller Eingabeformen. Folglich gibt FullForm[a+b] Plus[a,b] aus. Wenn FullForm auf ein Grafik-Objekt angewandt wird, liefert es eine Liste der Werte der Optionen und der Grafik-Primitiven, die zum Zeichnen des Hauptteils der Grafik verwendet werden. Mit der Anweisung FullOptions kann der Wert von Optionen gefunden werden. Beachten Sie, daß ein Ausdruck evaluiert wird, bevor er gedruckt wird. Die Evaluierung kann mit der Anweisung HoldForm verhindert werden. Die Anweisung TreeForm liefert eine strukturierte Darstellung der Information, die durch FullForm zurückgegeben werden. *Attribute: Protected. Vergleiche auch:* **FullGraphics, FullOptions, HoldForm, InputForm, OutputForm, TreeForm**.

***FullGraphics[g]*** 398, 799
nimmt ein Grafik-Objekt und erzeugt ein neues, in dem Objekte, die durch Grafik-Optionen spezifiziert werden, als explizite Listen von Grafik-Primitiven angegebenen werden. ◇ FullGraphics kann zusammen mit FullForm dazu verwendet werden, die zum Zeichnen von Grafik-Primitiven verwendeten Optionen, wie beispielsweise Skalenstriche und Achsen, zu besichtigen. Ähnliche Anweisungen sind FullForm, die die Grafik-Primitiven liefert, die zum Zeichnen einer Grafik verwendet werden, FullAxes, die die Grafik-Primitiven liefert, die zum Zeichnen der Achsen verwendet werden und FullOptions, die die Einstellungen der verwendeten Optionen liefert. *Attribute: Protected ReadProtected. Vergleiche auch:* **FullAxes, FullForm, FullOptions, Graphics, Options, Plot, SetOptions**.

***FullOptions[ausdr]*** 150, 398, 799

liefert die vollständigen Einstellungen der Optionen, die explizit in einem Ausdruck, wie z.B. einem grafischen Objekt, spezifiziert wurden. FullOptions[ausdr, name] liefert die vollständige Einstellung für die Option name. FullOptions[ausdr, {name1, name2, ...}] liefert eine Liste der vollständigen Einstellungen für die Optionen namei. ◇ Ähnliche Anweisungen sind FullForm, die die Grafik-Primitiven liefert, die zum Zeichnen einer Grafik verwendet werden, FullAxes, die die Grafik-Primitiven liefert, die zum Zeichnen der Achsen verwendet werden und FullGraphics, die die Optionen zu Grafik-Primitiven konvertiert. *Attribute: Protected ReadProtected. Vergleiche auch:* **FullAxes, FullForm, FullGraphics, Options, SetOptions**.

**FullReport** Statistics'HypothesisTests'

**Function[*rumpf*] *oder rumpf&*** 207, 211, 325, 800

ist eine reine Funktion. Die formalen Parameter sind # (oder #1), #2 usw. Function[x, rumpf] ist eine reine Funktion mit einem einzelnen formalen Parameter x. Function[{x1, x2, ...}, rumpf] ist eine reine Funktion mit einer Liste formaler Parameter. Function[{x1, x2, ...}, rumpf, {attribute}] hat während der Evaluierung die angegebenen Attribute. ◇ Wenn Function[ausdr] oder ausdr& auf eine Gesamtheit der Argumente angewandt wird, wird # (oder #1 oder Slot[1]) durch das erste Argument ersetzt, #2 durch das zweite usw. Wenn mehr Argumente als benötigt bereitgestellt werden, werden die restlichen Argumente ignoriert (z.B. (#+1)&[a,b] ergibt a+1). Wenn zu wenige Argumente bereitgestellt werden, tritt ein Fehler auf. In der Konstruktion Function[{x1,..},ausdr], werden die xi als lokal behandelt. ## oder SlotSequence[ ] steht für die Folge aller Argumente, ##n oder SlotSequence[n] steht für die Argumente von der Zahl n an. Identity ist der Identitätsoperator (d.h. Identity[ausdr] -> ausdr), nützlich zum Aufbau von Funktionen. Function implementiert dieselbe Idee, wie ein Lambda-Ausdruck in LISP. *Attribute: HoldAll Protected. Vergleiche auch:* **Apply, Attributes, Compose, Identity, Map, Nest, Slot, SlotSequence**.

G

**Function1** ProgrammingExamples'Skeleton'

**Function2** ProgrammingExamples'Skeleton'

**FunctionalGraph** DiscreteMath'Combinatorica'

## G

**Gamma[*a*]** 570, 572, 800

ist die Eulersche Gamma-Funktion Gamma(a). Gamma[a, z] ist die unvollständige Gamma-Funktion Gamma(a, z). Gamma[a, z0, z1] ist die verallgemeinerte unvollständige Gamma-Funktion Gamma(a, z0) - Gamma(a, z1). ◇ Gamma[a] ist durch Integrate[t^(a-1)/E^t,{t,0,Infinity}] definiert. Beachten Sie, daß für ganzzahlige Werte von a (a-1)!=Gamma[a] gilt. Gamma[a,z0,z1] ist durch Integrate[t^(a-1)/E^t, {t,z0,z1}] und Gamma[a,z]=Gamma[a,z,Infinity] definiert. Andere Funktionen, die in Ausdrücken der Gamma-Funktion definiert werden, sind Beta[x,y]=Gamma[x]*Gamma[y]/Gamma[x+y], Pochhammer[a,n]=Gamma[a+n]/Gamma[a] und PolyGamma[z]=Gamma'[z]/Gamma[z]. GammaRegularized[a, z] ist die unvollständige Gamma-Funktion Q(a, z) = Gamma(a, z)/Gamma(a). Die Eulersche Gamma-Funktion sollte nicht mit der Konstanten EulerGamma verwechselt werden, die ungefähr gleich 0.577216 ist. *Attribute: Listable Protected. Vergleiche auch:* **Beta, EulerGamma, Factorial, GammaRegularized, Pochhammer, PolyGamma**.

**GammaDistribution** Statistics'ContinuousDistributions'

**GammaRegularized[*a, z*]** 573, 800

ist die reguläre unvollständige Gamma-Funktion Q(a, z) = Gamma(a, z)/Gamma(a). GammaRegularized[a, z0, z1] ist die verallgemeinerte unvollständige Gamma-Funktion Q(a, z0) - Q(a, z1); ◇ Gamma[a] ist durch Integrate[t^(a-1)/E^t,{t,0,Infinity}] definiert. *Attribute: Listable Protected ReadProtected. Vergleiche auch:* **Beta, EulerGamma, Factorial, Gamma, Pochhammer, PolyGamma**.

***GaussianIntegers* -> True oder False** 556, 600, 800
ist eine Option für FactorInteger, PrimeQ, Factor und verwandte Funktionen, die angibt, ob die Faktorisierung über den ganzen Gausschen Zahlen ausgeführt werden soll. ◇ Die Voreinstellung ist GaussianIntegers -> False, die festlegt, daß über den (rationalen) ganzen Zahlen faktorisiert wird. Wenn GaussianIntegers -> True eingestellt ist, wird über die ganzen Gausschen Zahlen faktorisiert. Die ganzen Gausschen Zahlen sind alle komplexen Zahlen der Form n + m I, wobei n und m gewöhnliche ganze Zahlen sind und I die Quadratwurzel aus -1 ist. Jede ganze Zahl oder jedes Polynom, das prim über den ganzen Gausschen Zahlen ist, ist auch prim über den ganzen Zahlen, aber einige ganze Zahlen und Polynome, die prim über den ganzen Zahlen sind, können über den ganzen Gausschen Zahlen faktorisiert werden. Die Option Modulus für Factor spezifiziert, daß das Polynom über den ganzen Zahlen modulo einer gewissen Primzahl faktorisiert wird. *Attribute: Protected. Vergleiche auch:* **Factor, FactorInteger, FactorList, Modulus, Options, PrimeQ, SetOptions**.

**GaussianQuadratureError** NumericalMath'GaussianQuadrature'
**GaussianQuadratureWeights** NumericalMath'GaussianQuadrature'
***GaussKronrod* z.B. *Method* -> *GaussKronrod***
ist eine Auswahlmöglichkeit für die Option Method von NIntegrate. Method -> GaussKronrod veranlaßt die Anwendung der adaptiven Gauss-Kronrod-Quadratur. Für die mehrdimensionale Integration wird GaussKronrod auf ein Kartesisches Produkt eindimensionaler Gauss-Kronrod-Quadraturregeln zurückgeführt. ◇ Die Gauss-Kronrod-Methode ist am besten auf sich langsam ändernde Integranden ohne Singularitäten anwendbar. Der andere akzeptierte Wert für die Option Method von NIntegrate, DoubleExponential, ist besser an Integranden angepaßt, die Singularitäten an den Randpunkten haben. *Attribute: Protected. Vergleiche auch:* **DoubleExponential, GaussPoints, Method, NIntegrate, SetOptions**.

***GaussPoints* -> *n*** 688
ist eine Option für NIntegrate, die zur Spezifizierung der Anzahl der Punkte im Gaußschen Teil der Gauß-Kronrod-Quadratur dient. ◇ Der Vorgabewert von GaussPoints ist Automatic. GaussPoints kann auf eine positive ganze Zahl gesetzt werden. Wenn GaussPoints auf 4 gesetzt wird, wird jedes Panel mittels einer 4 Punkte Gauß-Quadratur evaluiert. Wenn GaussPoints einen großen Wert hat, kann die anfängliche Berechnung der Punkte und Gewichte für die Methode eine merkliche Zeitspanne in Anspruch nehmen. Wenn dies jedoch einmal getan wurde, brauchen diese Werte während der *Mathematica*-Session nicht noch einmal berechnet zu werden. Alle zukünftige Aufrufe von NIntegrate mit dieser Einstellung für die Punkte verwenden die vorher berechneten Werte. Die Option GaussPoints hat nur eine Wirkung, wenn die Option Method als Wert GaussKronrod hat. *Attribute: Protected. Vergleiche auch:* **GaussKronrod, Method, NIntegrate, Points, SetOptions**.

**GCD[*n1, n2, ...*]** 8, 553, 557, 598, 602, 789, 800, 845
ergibt den größten gemeinsamen Teiler der ganzen Zahlen ni. ◇ Die Funktion ExtendedGCD[n,m] liefert eine Liste mit 3 ganzen Zahlen {g,r,s}, wobei g=GCD[n,m] ist und r und s so sind, daß r*n+m*s=g gilt. LCM liefert das kleinste gemeinsame Vielfache von n und m, wobei LCM[n,m]=n*m/GCD[n,m] gilt. Quotient ist der ganzzahlige Quotient von n und m und Mod[n,m] ist der Rest, so daß n=Quotient[n,m]+Mod[n,m] gilt. Prime liefert die k-te Primzahl, PrimeQ bestimmt, ob eine Zahl prim ist und PolynomialGCD bestimmt den ggT von Polynomen. *Attribute: Listable Protected. Vergleiche auch:* **ExtendedGCD, PolynomialGCD, LCM, Mod, Prime, PrimeQ, Quotient**.

**gcd** Examples'OneLiners'
**GegenbauerC[*n, m, x*]** 567, 801
ergibt das n-te Gegenbauer-Polynom. ◇ Diese Polynome, auch ultrasphärische Polynome genannt, können mittels der assoziierten Legendre-Polynome definiert werden, da Gegenbauer[n,m,x]*(1-x^2)^(m/2)=LegendreP[n,m,x]. Die Polynome Gegenbauer[n,m,x] können für festes m durch die Menge der Polynome definiert werden, die orthonormal bezüglich der Norm P*Q=Integrate[P(x) Q(x) (1-x^2)^m,{x,-1,1}] sind. Die Gegenbauer-Polynome verallgemeinern die Tschebyscheff-Polynome, da ChebyshevT[n,x]=GegenbauerC[n,1/2,x], ChebyshevU[n,x]=Gegenbauer[n,-1/2,x] und werden selbst wieder durch die Jacobi-Polynome JacobiP verallgemeinert. *Attribute: Listable Protected ReadProtected. Vergleiche auch:* **ChebyshevT, ChebyshevU, HermiteH, JacobiP, LaguerreL, LegendreP, SphericalHarmonicY**.

**General::*tag*** 388, 801
ist ein Symbol, an das allgemeine System-Meldungen geknüpft werden. ◇ Wenn *Mathematica* versucht die Meldung f::tag auszugeben (oder wenn der Nutzer die Anweisung Message[f::tag] ausführt) und keine Meldung f::tag gefunden wird, dann gibt *Mathematica* die allgemeine Meldung General::tag aus. Mit den Anweisungen On und Off können alle Meldungen ein- und ausgeschaltet werden, die den Text der General-Meldung verwenden. Wenn *Mathematica* mehrere Male auf denselben Fehler stößt, druckt es dreimal die Fehlermeldung, dann die Meldung General::stop und unterdrückt dann jeden weiteren Ausdruck der Fehlermeldung. Wenn Sie alle Fehlermeldungen ausgedruckt haben wollen, führen Sie Off[General::stop] aus. *Attribute: Protected. Vergleiche auch:* **Messages, MessageName, Messages, Off, On**.

**GeneralMiniMaxApproxima tion** NumericalMath'Approximations'
**GeneralRationalInterpolation** NumericalMath'Approximations'
**GeneratingFunction** DiscreteMath'RSolve'
**Generic *z.B. Mode -> Generic***
ist eine Einstellung für die Option Mode von Solve und verwandte Funktionen. ◇ Generic ist ein Wert für die Option Mode, der angibt, daß rationale Zahlen und Nenner, die von Parametern abhängen, als Lösungen akzeptiert werden. Mode ist eine Option für MainSolve und jene Anweisungen, die MainSolve aufrufen, zum Beispiel Eliminate, Reduce, Solve und SolveAlways. Generic ist die Voreinstellung für Mode für die Anweisung Solve. Mode spezifiziert den Körper (oder den Ring) über den Lösungen für ein gegebenes Gleichungssystem gesucht werden. Der Vorgabewert von Mode (für alle Anweisungen außer Solve) ist Rational, das heißt, daß Lösungen als rationale Zahlen erwartet werden. Der andere akzeptierte Wert ist Modular (Gleichheit wird nur modulo einer ganzen Zahl gefordert). *Attribute: Protected. Vergleiche auch:* **Eliminate, MainSolve, Mode, Modular, Rational, Reduce, Solve, SolveAlways.**

G

**GeodeticToAuthalic** Miscellaneous'Geodesy'
**GeometricDistribution** Statistics'DiscreteDistributions'
**GeometricMean** Statistics'DescriptiveStatistics'
**Get["*name*"] *oder* << *name*** 178, 185, 340, 477, 519, 801, 810
liest eine Datei ein, evaluiert jeden Ausdruck in ihr und gibt den letzten zurück. Get["name", schlüssel] liest eine Datei ein, die mit einem bestimmten Schlüssel verschlüsselt wurde. ◇ Get dient zum Einlesen von Dateien, die *Mathematica*-Eingabe enthalten. Die Liste der Verzeichnisse $Path wird nach der benannten Datei durchsucht. Der Dateiname muß in Anführungsstrichen eingeschlossen werden (z.B. <<"dateiname"), wenn er beliebige alphanumerische Zeichen außer ./ und ~ enthält. Während eine Datei eingelesen wird, wird die Variable $Input auf den Namen der Datei gestellt. *Attribute: Protected. Vergleiche auch:* **Close, Encode, OpenAppend, OpenRead, OpenTemporary, Read, Put, $Input, $Path.**

***GetContext["kontext'"]***
lädt die Datei, die durch ContextToFilename["kontext'"] benannt wird, die den üblichen Dateinamen für ein Paket liefert, das „kontext'" definiert. ◇ GetContext["kontext'"] ist äquivalent zu Get[ContextToFilename["kontext'"]]. *Attribute: Protected. Vergleiche auch:* **Context, ContextToFilename, Get, Needs.**

**GetNumber** ProgrammingExamples'GetNumber'
**Gf** DiscreteMath'RSolve'
**Girth** DiscreteMath'Combinatorica'
**GoldenRatio** 139, 417, 566, 801
ist der goldene Schnitt (1 + Sqrt[5])/2 mit dem numerischen Wert 1.61803.... ◇ GoldenRatio ist der Vorgabewert von AspectRatio (Verhältnis von Breite zu Höhe) für Graphics. *Attribute: Constant Protected. Vergleiche auch:* **AspectRatio, Graphics.**

**Goto[*tag*]** 293, 295, 801, 883
durchsucht den aktuellen zusammengesetzten Ausdruck nach Label[tag] und überträgt die Steuerung an diesen Punkt. ◇ Goto-Label sollte stets das letzte Mittel sein. Der größte Teil der entsprechenden Anwendungen läßt sich besser mit For oder While implementieren. *Attribute: HoldAll Protected. Vergleiche auch:* **Catch, For, Label, Throw, While.**

**Grad** Calculus'VectorAnalysis'
**Grad** ProgrammingExamples'VectorCalculus'

**Gradient -> *ausdr***
ist eine Option für FindMinimum, mit der der Gradient der Funktion spezifiziert werden kann, deren Minimum gesucht wird. ◇ Der Vorgabewert ist Automatic, der *Mathematica* anweist, die Zielfunktion zu differenzieren. Wenn die Funktion von *Mathematica* nicht differenziert werden kann (z.B. eine Funktion, die mit einer If-Anweisung definiert wurde), dann kann der Nutzer *Mathematica* eine Gradientenfunktion mit dieser Option übergeben. Ein zweiter Ansatz, FindMinimum auf eine nichtdifferenzierbare Funktion anzuwenden, besteht darin, zwei Startpunkte anzugeben. Dann benutzt *Mathematica* einen Algorithmus, der keinen Gradienten benötigt. *Attribute: Protected. Vergleiche auch:* **D, FindMinimum, Jacobian**.

**Gram** Miscellaneous'Units'
**GramSchmidt** LinearAlgebra'Orthogonalization'
**Graph** DiscreteMath'Combinatorica'
**GraphCenter** DiscreteMath'Combinatorica'
**GraphComplement** DiscreteMath'Combinatorica'
**GraphDifference** DiscreteMath'Combinatorica'
**GraphicQ** DiscreteMath'Combinatorica'
**Graphics[*primitiven, optionen*]** 395, 802, 803
repräsentiert eine zweidimensionale grafische Abbildung. ◇ Mit Show können Grafik-Objekte auf dem Bildschirm „angezeigt“ oder darstellt werden. Koordinaten können auch in Ausdrücken der angezeigten Grafik angegeben werden (z.B. Ober- oder Unterseite) anstelle von absoluten Positionen mit der Anweisung Scaled. InputForm druckt die explizite Liste der Primitiven. Graphics3D repräsentiert 3D-Grafik. *Attribute: Protected ReadProtected. Vergleiche auch:* **Display, Graphics3D, ListPlot, ParametricPlot, Plot, Show**.

| | | | | | |
|---|---|---|---|---|---|
| AspectRatio | -> | GoldenRatio^(-1) | Axes | -> | False |
| AxesLabel | -> | None | AxesOrigin | -> | Automatic |
| AxesStyle | -> | Automatic | Background | -> | Automatic |
| ColorOutput | -> | Automatic | DefaultColor | -> | Automatic |
| DefaultFont | :> | $DefaultFont | DisplayFunction | :> | $DisplayFunction |
| Epilog | -> | {} | Frame | -> | False |
| FrameLabel | -> | None | FrameStyle | -> | Automatic |
| FrameTicks | -> | Automatic | GridLines | -> | None |
| PlotLabel | -> | None | PlotRange | -> | Automatic |
| PlotRegion | -> | Automatic | Prolog | -> | {} |
| RotateLabel | -> | True | Ticks | -> | Automatic |

**Graphics3D[*primitiven, optionen*]** 395, 803
repräsentiert eine dreidimensionale grafische Abbildung. ◇ Die Ausgabe von Plot3D und ListPlot3D, die die Form SurfaceGraphics hat, kann durch Graphics3D[SurfaceGraphics] in ein Graphics3D-Objekt konvertiert werden. Grafiken werden mit Show angezeigt. Sie können Grafik mittels Display in eine Datei (in PostScript-Form) schreiben. Graphics3D-Primitiven sind: Cuboid[{x1,y1,z1},{x2,y2,z2}], Line[{{x1,y1,z1},{x2,y2,z2},...}], Point[{x,y,z}], Polygon[{{x1,y1,z1},...}] und Text[ausdr,{x,y,z}]. Die Darstellung von Grafik wird durch folgende Graphics3D-Anweisungen beeinflußt: AbsoluteDashing[{d1,..}], AbsolutePointSize[größe], AbsoluteThickness[dicke], CMYKColor[zyan,magenta,gelb,schwarz], Dashing[{d1,..}], EdgeForm[{prim}], FaceForm[vorn,hinten], GrayLevel[st], Hue[f], LineForm[{prim}], PointForm[ {prim} ], PointSize[größe], RGBColor[r,g,b], SurfaceColor[spez] und Thickness[dicke]. Verschachtelte Listen von Primitiven können angegeben werden. Der Anwendungsbereich von Anweisungen, wie beispielsweise GrayLevel, ist die Liste, die sie enthält. Show zeichnet Objekte in der Reihenfolge, in der es auf sie stößt, wobei ältere Objekte überdeckt werden. Somit sind zuletzt aufgeliste Objekte „oben“, wenn sie angezeigt werden. InputForm druckt die explizite Liste der Primitiven. *Attribute: Protected ReadProtected. Vergleiche auch:* **ContourGraphics, Display, Graphics, Plot3D, ListPlot3D, Show, SurfaceGraphics**.

| | | | | | |
|---|---|---|---|---|---|
| AmbientLight | -> | GrayLevel[0.] | AspectRatio | -> | Automatic |
| Axes | -> | False | AxesEdge | -> | Automatic |
| AxesLabel | -> | None | AxesStyle | -> | Automatic |
| Background | -> | Automatic | Boxed | -> | True |
| BoxRatios | -> | Automatic | BoxStyle | -> | Automatic |
| ColorOutput | -> | Automatic | DefaultColor | -> | Automatic |
| DefaultFont | :> | $DefaultFont | DisplayFunction | :> | $DisplayFunction |
| Epilog | -> | {} | FaceGrids | -> | None |
| Lighting | -> | True | PlotLabel | -> | None |
| PlotRange | -> | Automatic | PlotRegion | -> | Automatic |
| Plot3Matrix | -> | Automatic | PolygonIntersections | -> | True |
| Prolog | -> | {} | RenderAll | -> | True |
| Shading | -> | True | SphericalRegion | -> | False |
| Ticks | -> | Automatic | ViewCenter | -> | Automatic |
| ViewPoint | -> | {1.3, -2.4, 2.} | ViewVertical | -> | {0., 0., 1.} |

LightSources -> {{{1.,0.,1.},RGBColor[1,0,0]},{{1.,1.,1.}, RGBColor[0, 1, 0]}, {{0., 1., 1.}, RGBColor[0, 0, 1]}}

G

**Graphics3D** Graphics'Graphics3D'

**GraphicsArray[*{g1, g2, ...}*]** 144, 164, 175, 395, 804

repräsentiert eine Zeile mit grafischen Objekten. GraphicsArray[{{g11, g12, ...}, ...}] repräsentiert ein 2D-Array der Grafik-Objekte. *Attribute: Protected. Vergleiche auch:* **Rectangle, RasterArray, TableForm.**

AspectRatio -> Automatic

***GraphicsSpacing* -> *x*** 146, 804

ist eine Option für GraphicsArray, die den Zwischenraum zwischen Elementen im Array festlegt. ◇ Der Vorgabewert von GraphicsSpacing ist 0.1, das heißt, daß Elemente eines GraphicsArray-Objektes durch einen Abstand getrennt werden, der gleich dem 0.1-fachen der Gesamtausdehnung der Grafik in dieser Richtung ist. *Attribute: Protected. Vergleiche auch:* **GraphicsArray.**

**GraphIntersection** DiscreteMath'Combinatorica'

**GraphJoin** DiscreteMath'Combinatorica'

**GraphPower** DiscreteMath'Combinatorica'

**GraphProduct** DiscreteMath'Combinatorica'

**GraphSum** DiscreteMath'Combinatorica'

**GraphUnion** DiscreteMath'Combinatorica'

**Gray** Examples'OneLiners'

**GrayCode** DiscreteMath'Combinatorica'

**GrayLevel[*stufe*]** 40, 396, 407, 472, 805

ist eine Grafikanweisung, die die Graustufen-Intensität festlegt, mit der die nachfolgenden grafischen Objekte angezeigt werden sollen. ◇ Das Argument stufe sollte sich im Bereich 0 (schwarz) bis 1 (weiß) befinden. Wenn es außerhalb des Bereiches ist, wird es auf einen Wert in diesen Bereich gesetzt. Andere Grafikanweisungen mit denen Farben spezifiziert werden können sind CMYKColor, Hue und RGBColor. Mit den Raster-Primitiven kann ein Array grauer oder farbiger Zellen spezifiziert werden. *Attribute: Protected. Vergleiche auch:* **ColorOutput, Graphics, Graphics3D, GrayLevel, Hue, Raster, RGBColor, ToColor.**

**Greater[*x*, *y*] *oder x* > *y*** 94, 805

ergibt True, wenn sich herausstellt, daß x größer als y ist. x1 > x2 > x3 ergibt True, wenn die xi eine streng fallende Folge bilden. ◇ Wenn *Mathematica* nicht in der Lage ist zu bestimmen, ob die Ungleichung True oder False ist, wird sie unevaluiert zurückgegeben. Mit der Anweisung TrueQ kann in solchen Fällen eine Entscheidung erzwungen werden. Gemischte Ungleichungen werden in die interne Form Inequality konvertiert. *Attribute: Protected. Vergleiche auch:* **And, Equal, GreaterEqual, Less, LessEqual, Not, Or, TrueQ, tests.**

**GreaterEqual[*x*, *y*] *oder x* >= *y*** 94, 805

ergibt True, wenn sich herausstellt, daß x größer oder gleich y ist. x1 >= x2 >= x3 ergibt True, wenn die xi eine nicht-wachsende Folge bilden. *Attribute: Protected. Vergleiche auch:* **And, Equal, Greater, Less, LessEqual, Not, Or, tests.**

**Gregorian** Miscellaneous'Calendar'

**GridGraph** DiscreteMath'Combinatorica'

***GridLines -> wert*** 139, 418, 423, 805
ist eine Option für zweidimensionale Grafikfunktionen, die Gitternetzlinien spezifiziert. ◇ Der Vorgabewert von GridLines ist None, der bewirkt, daß keine Gitter gezeichnet werden. Andere Werte für GridLines sind Automatic, der ein „angemessenes" Gitter zeichnet, und Werte der Form {xgrid, ygrid}, wobei jede Gitterspezifikation von einer der folgenden Formen ist: None - keine Gitternetzlinien in diese Richtung, Automatic - ein „angemessenes" Gitter in diese Richtung und {x1, x2, ...} - spezielle Gitternetzlinien. Gitternetzlinien werden normalerweise blau gezeichnet. FaceGrid spezifiziert, ob Gitter auf die Seitenflächen der 3D-Grafik zu zeichnen sind. FrameTicks spezifiziert Skalenstriche auf dem Rahmen der Grafik. Ticks spezifiziert Skalenstriche auf den Achsen der Grafik. Die Anweisung FullOptions zeigt die Positionen des Gitters an. *Attribute: Protected. Vergleiche auch:* **FaceGrids, FrameTicks, FullOptions, Ticks**.

**GroebnerBasis[*{poly1, poly2, ...}, {x1, x2, ...}*]** 622, 805
liefert eine Liste der Polynome, die eine Groebner-Basis für das Ideal bilden, das durch die polyi erzeugt wird. ◇ Beachten Sie, daß die Polynome in der Form x^2+2x sein müssen und nicht in Gleichungsform, z.B. x^2+2x==0. GroebnerBasis implementiert die Buchbergersche Groebner-Basis-Methode für die Reduktion eines Systems von Polynomgleichungen auf ein äquivalentes, aber einfacheres System. Für lineare Systeme ähnelt diese Reduktion der Gauß-Elimination. Diese Anweisung ähnelt AlgebraicRules, produziert aber eine Gesamtheit von Polynomen, anstatt einer Gesamtheit von Regeln. Die Routinen Solve, Reduce, Eliminate und MainSolve in *Mathematica* verwenden die Methode der Groebner-Basen. Die Anweisung PolynomialQ bestimmt, ob ein Ausdruck ein Polynom ist. *Attribute: Protected. Vergleiche auch:* **AlgebraicRules, Eliminate, FindRoot, LinearSolve, MainSolve, PolynomialQ, Reduce, Solve**.

## H

**HalfNormalDistribution** Statistics'ContinuousDistributions'
**HamiltonianCycle** DiscreteMath'Combinatorica'
**HamiltonianQ** DiscreteMath'Combinatorica'
**HankelMatrix** LinearAlgebra'MatrixManipulation'
**Harary** DiscreteMath'Combinatorica'
**HarmonicMean** Statistics'DescriptiveStatistics'
**Hash[*ausdr*]**
liefert einen ganzzahligen Hash-Code für jeden Ausdruck ausdr. *Attribute: Protected. Vergleiche auch:* **HashTable**.

**HashTable**
ist ein Teil des Objektes, das von Dispatch zurückgegeben wird. *Attribute: Protected. Vergleiche auch:* **Dispatch, Hash**.

**HasseDiagram** DiscreteMath'Combinatorica'
**Head[*ausdr*]** 191, 712, 806
ergibt den Kopf von ausdr. ◇ Der Kopf der meisten Ausdrücke kann auch durch Ausgabe von FullForm angezeigt werden, mit der Ausnahme von Atomen oder Einzeltermausdrücken, wie z.B. x oder die Zahl 2. *Attribute: Protected. Vergleiche auch:* **Complex, FullForm, Integer, Rational, Real, String, Symbol, muster**.

**HeadCompose[*a, b, c, d*]**
ergibt a[b][c][d]. ◇ Mit Operate und HeadCompose kann die Konstruktion f[g][x] erzeugt werden (z.B., wenn f der Differentialoperator ist, dann ist d[f][x] gleich f'[x]). Folglich sollten alle, bis auf die letzte Funktion, Operatoren sein, die auf Funktionen wirken. Composition implementiert die Funktional-Komposition, also Composition[f,g][x]=f[g[x]]. Mit Function können die Funktionen dieser Konstruktionen definiert werden. HeadCompose sollte nicht mit ComposeSeries verwechselt werden, das Potenzreihen komponiert. *Attribute: Protected. Vergleiche auch:* **ComposeList, ComposeSeries, Composition, Function, Head, Identity, Operate**.

**Headers**
spezifiziert, ob der Ausgabe auf diesem Kanal Notebook-Headers vorangestellt werden sollen. *Attribute: Protected.*

***Heads* -> True oder False** 191, 198, 205, 211, 214, 275, 289, 535, 710, 806
ist eine Option für Funktionen, die Stufenspezifikationen verwenden, und die angibt, ob Köpfe von Ausdrücken enthalten sein sollen. ◇ Die Option Heads versteht man am besten, indem man sich einen *Mathematica*-Ausdruck als LISP-Ausdruck vorstellt. Folglich ist der Kopf nur das erste Element der Liste, das den Ausdruck definiert. Der Ausdruck a+b wird zu (plus a b). *Attribute: Protected. Vergleiche auch:* **Apply, Cases, Count, DeleteCases, FreeQ, Level, Map, MapAll, MapIndexed, MemberQ, Position, Scan, stufenspez**.

**Heapify** DiscreteMath'Combinatorica'
**HeapSort** DiscreteMath'Combinatorica'
**HeatOfFusion** Miscellaneous'ChemicalElements'
**HeatOfVaporization** Miscellaneous'ChemicalElements'
***HeldPart*[*ausdr, pos*]** 282, 806
extrahiert den oder die Teile, die durch pos spezifiziert sind, und hüllt jedes in Hold ein. ◇ Hold kann mit der Anweisung ReleaseHold entfernt werden, ReplaceHeldPart ersetzt ein Teil eines Ausdrucks durch einen gehaltenen Ausdruck und ToHeldExpression konvertiert eine Zeichenkette in einen gehaltenen Ausdruck. *Attribute: Protected. Vergleiche auch:* **Hold, MapAt, Part, ReleaseHold, ReplaceHeldPart, ToHeldExpression, teilespez**.

H

**Helix** Graphics'Shapes'
**HermiteH[*n, x*]** 567, 806
ergibt das n-te Hermitesche Polynom. ◇ Für ganzzahlige Werte von n ist HermiteH[n, x] ein Polynom. Die Hermiteschen Polynome, oft $H_n(x)$ geschrieben, sind Lösungen der Differentialgleichung D[y,{x,2}]-2x*D[y,x]+2n*y=0. Sie sind orthogonal bezüglich der Norm P*Q=Integrate[P(x)Q(x)E^(-x^2),{x,-Infinity,Infinity}]. Die Hermiteschen Polynome können auch durch $H_n$(x)=(-1)^n E^(x^2)D[E^(-x^2),{x,n}] oder rekursiv durch $H_{n+1}$(x)-2x*$H_n$(x) + 2n*$H_{n-1}$(x) = 0 definiert werden. (Verschiedene Autoren definieren die Hermiteschen Polynome auf unterschiedliche, nicht-äquivalente Weise). Die parabolischen Zylinder- oder Weber-Funktionen können durch $D_n$(x)=$H_n$(x/Sqrt[2])/E^(x^2/4) definiert werden. *Attribute: Listable Protected. Vergleiche auch:* **ChebyshevT, ChebyshevU, GegenbauerC, JacobiP, LaguerreL, LegendreP, SphericalHarmonicY**.

**HiddenSurface -> True oder False** 156, 806
ist eine Option für SurfaceGraphics, die angibt, ob verdeckte Oberflächen entfernt werden sollen. ◇ Der Vorgabewert von HiddenSurface ist True, der bestimmt, daß Teile des Graphen, die durch nähere Teile verdeckt sind, gezeichnet werden, aber dann überdeckt und verdeckt werden. Mit der Option HiddenSurface -> False kann man die verdeckten Oberflächen durchscheinen lassen. Insbesondere produziert die Einstellung Shading -> False, HiddenSurface -> False ein Drahtdiagramm einer Oberfläche. Mit der Option Mesh (die Voreinstellung ist True) kann man das Gitternetz ausschalten. Mit der Option Shading kann man die Polygone gemäß ihrer Höhe schattieren (mit dem Vorgabewert True) oder weiß darstellen. Mit der Option Lighting lassen sich Schattierungen auf der Grundlage simulierter Beleuchtung erzeugen. Mit der Option RenderAll für Graphics3D kann man jede Darstellung verdeckter Polygone unterdrücken. (Dies ist strenger, als sie zu zeichnen und sie dann zu überdecken, da sie, wenn sie nur überdeckt werden, weiterhin im PostScript-Code für das Bild präsent sind.) *Attribute: Protected. Vergleiche auch:* **Lighting, ListPlot3D, Mesh, Plot3D, RenderAll, Shading, SurfaceGraphics**.

**HideCycles** DiscreteMath'Combinatorica'
**HilbertMatrix** LinearAlgebra'MatrixManipulation'
**HilbertPolynomial** NumberTheory'PrimeQ'
**HLSColor** Graphics'Colors'
**Hofstadter** DiscreteMath'CombinatorialFunctions'
**Hold[*ausdr*]** 281, 308, 498, 732, 806
beläßt ausdr in einer unevaluierten Form. ◇ Hold kann mit den Anweisungen ReleaseHold und Evaluate entfernt werden. ReplaceHeldPart ersetzt einen Teil eines Ausdrucks durch einen gehaltenen Ausdruck. HeldPart extrahiert einen Teil eines Ausdrucks und hüllt ihn in Hold ein. ToHeldExpression konvertiert eine Zeichenkette in den äquivalenten Ausdruck, eingehüllt in Hold. HoldAll, HoldFirst und HoldRest sind Attribute, die festlegen, daß bestimmte Parameter einer Funktion nicht evaluiert werden. Die Wirkung von Hold ist das Resultat seines Attributes HoldAll. HoldForm ist eine Druckformatierungsfunktion, die eine unevaluierte Form des Ausdrucks druckt. Mit Literal kann man einen Ausdruck in einem Muster in unevaluierter Form halten. *Attribute: HoldAll. Vergleiche auch:* **Evaluate, HeldPart, HoldAll, HoldFirst, HoldForm, HoldRest, Literal, ReleaseHold, ReplaceHeldPart, ToHeldExpression**.

**HoldAll** 272, 279, 729, 806
ist ein Attribut, das festlegt, daß alle Argumente einer Funktion in einer unevaluierten Form belassen werden sollen. ◇ Das Attribut HoldAll erlaubt der Funktion mit dem eigentlichen Ausdruck, der ihr übergeben wurde, zu arbeiten, anstatt mit dem, in das jener Ausdruck evaluiert wird. Das Attribut HoldAll muß zugewiesen werden, bevor einem Symbol irgendwelche Werte zugewiesen werden. Attribute eines Symbols werden mit der Anweisung Attributes ausgegeben, mit der Anweisung SetAttributes festgelegt und mit der Anweisung ClearAttributes entfernt. Andere übliche Attribute sind Flat (die Funktion ist assoziativ), Orderless (die Funktion ist kommutativ), HoldFirst (das erste Argument wird nicht evaluiert), HoldRest (nur das erste Argument wird evaluiert), Listable (die Funktion „verteilt" über Listen), OneIdentity (d.h. f[x]=x) und Protected (Funktionswerte können nicht verändert werden). HoldFirst und HoldRest bewirken, daß bestimmte Argumente einer Funktion unevaluiert belassen werden. Die Anweisung Hold bewahrt einen Ausdruck vor der Evaluierung und HoldForm ist ein Ausgabeformat. Die Funktionen Evaluate und ReleaseHold heben die hemmende Wirkung der Funktion Hold auf (wie auch die jeder anderen Funktion mit dem Attribut HoldAll, HoldFirst oder HoldRest). Literal wird verwendet, um in einem Muster einen Ausdruck in unevaluierter Form zu halten. *Attribute: Protected. Vergleiche auch:* **Attributes, ClearAttributes, Evaluate, HoldFirst, HoldRest, Hold, HoldForm, Literal**.

**HoldFirst** 272, 279, 806
ist ein Attribut, das festlegt, daß das erste Argument einer Funktion in einer unevaluierten Form belassen bleiben soll. ◇ Das Attribut HoldFirst erlaubt der Funktion mit dem eigentlichen Ausdruck, der ihr übergeben wurde, zu arbeiten, anstatt mit dem, wozu jener Ausdruck evaluiert wird. Das Attribut HoldFirst muß zugewiesen werden, bevor einem Symbol irgendwelche Werte zugewiesen werden. Attribute eines Symbols werden mit der Anweisung Attributes ausgegeben, mit der Anweisung SetAttributes festgelegt und mit der Anweisung ClearAttributes entfernt. Andere übliche Attribute sind Flat (die Funktion ist assoziativ), Orderless (die Funktion ist kommutativ), HoldFirst (das erste Argument wird nicht evaluiert), HoldRest (nur das erste Argument wird evaluiert), Listable (die Funktion „verteilt" über Listen), OneIdentity (d.h. f[x]=x) und Protected (Funktionswerte können nicht verändert werden). HoldAll und HoldRest bewirken, daß bestimmte Argumente einer Funktion unevaluiert gehalten werden sollen. Die Anweisung Hold bewahrt einen Ausdruck vor der Evaluierung, und HoldForm ist ein Ausgabeformat. Die Funktionen Evaluate und ReleaseHold heben die hemmende Wirkung der Funktion Hold auf (wie auch die jeder anderen Funktion mit dem Attribut HoldAll, HoldFirst oder HoldRest). Literal wird verwendet, um einen Ausdruck in einem Muster in unevaluierter Form zu belassen. *Attribute: Protected. Vergleiche auch:* **Attributes, ClearAttributes, Evaluate, HoldAll, HoldRest, Hold, HoldForm, Literal**.

**HoldForm[*ausdr*]** 281, 300, 349, 732, 807
druckt den Ausdruck ausdr, wobei ausdr in einer unevaluierten Form belassen wird. ◇ Die Anweisung Hold verhindert die Evaluierung eines Ausdrucks. Die Funktionen Evaluate und ReleaseHold heben die hemmende Wirkung der Funktion HoldForm auf (wie auch jeder anderen Funktion mit dem Attribut HoldAll, HoldFirst oder HoldRest). Literal wird verwendet, um einen Ausdruck in einem Muster in unevaluierter Form zu halten. *Attribute: HoldAll Protected. Vergleiche auch:* **Evaluate, Format, Hold, HoldAll, OutputForm, Release, ToHeldExpression, ToString, WriteString**.

**HoldRest** 279, 729, 807
ist ein Attribut, das festlegt, daß alle Argumente einer Funktion, außer dem ersten, in einer unevaluierten Form belassen bleiben sollen. ◇ Das Attribut HoldRest erlaubt der Funktion mit dem eigentlichen Ausdruck, der ihr, bis auf das erste Argument, zur Verfügung gestellt wird, zu arbeiten, anstatt mit dem, in das jener Ausdruck evaluiert wird. Das Attribut HoldRest muß einem Symbol zugewiesen werden, bevor irgendwelche Werte zugewiesen werden. Attribute eines Symbols werden mit der Anweisung Attributes ausgegeben, mit der Anweisung SetAttributes festgelegt und mit der Anweisung ClearAttributes entfernt. Andere übliche Attribute sind Flat (die Funktion ist assoziativ), Orderless (die Funktion ist kommutativ), HoldFirst (das erste Argument wird nicht evaluiert), HoldRest (nur das erste Argument wird evaluiert), Listable (die Funktion „verteilt" über Listen), OneIdentity (d.h. f[x]=x) und Protected (Funktionswerte können nicht verändert werden). HoldFirst und HoldRest bewirken, daß bestimmte Argumente einer Funktion unevaluiert gehalten werden. Die Anweisung Hold verhindert die Evaluierung eines Ausdrucks, und HoldForm ist ein Ausgabeformat. Die Funktionen Evaluate und ReleaseHold heben die hemmende Wirkung der Funktion Hold auf (wie auch jeder anderen Funktion mit dem Attribut HoldAll, HoldFirst oder HoldRest). Literal wird verwendet, um einen Ausdruck in einem Muster in unevaluierter Form zu halten. *Attribute: Protected. Vergleiche auch:* **Attributes, ClearAttributes, Evaluate, HoldAll, HoldFirst, Hold, HoldForm, Literal**.

***HomeDirectory*[ ]** 490, 807
liefert Ihr „Home"-Verzeichnis. ◇ Außer in Unix-Systemen, ist HomeDirectory im allgemeinen das Verzeichnis in dem *Mathematica* installiert ist. Der Eintrag „dateien" enthält eine Beschreibung, wie Verzeichnisse spezifiziert werden. Die Anweisung Directory liefert das aktuelle Arbeitsverzeichnis. Mit den Anweisungen SetDirectory und ResetDirectory wird das Arbeitsverzeichnis geändert. ParentDirectory liefert das Elternverzeichnis des aktuellen Verzeichnisses, d.h. das Verzeichnis über dem aktuellen Verzeichnis im Verzeichnisbaum. $Path enthält eine Liste der Inhaltsverzeichnisse, die nach der gewünschten Datei durchsucht werden, wenn versucht wird, eine existierende Datei zu öffnen oder in ihr zu lesen. Jeder Aufruf von SetDirectory stellt das letzte Verzeichnis der von DirectoryStack gelieferten Liste voran. Jeder Aufruf von ResetDirectory entfernt das erste Element aus dieser Liste und wechselt in dieses Verzeichnis. *Attribute: Protected. Vergleiche auch:* **CreateDirectory, DeleteDirectory, Directory, DirectoryStack, ParentDirectory, ResetDirectory, SetDirectory, $Path, dateien**.

**Horizontal** Graphics'Graphics'
**Horizontal** Graphics'Legend'
**HSBColor** Graphics'Colors'
**HSolve** DiscreteMath'RSolve'
***Hue*[*f*]** 40, 162, 407, 472, 807
ist eine Grafikanweisung, die bestimmt, daß nachfolgende grafische Objekte, wenn möglich, in einer Farbe dargestellt werden sollen, die dem Farbton f entspricht. Hue[f, s, h] spezifiziert Farben mittels Farbton, Sättigung und Helligkeit. ◇ Mit der Primitive Raster kann ein Array grauer oder farbiger Zellen spezifiziert werden. Wenn entweder die Option Lighting oder AmbientLight auf True gestellt wird, werden alle Farben in die RGBColor-Form konvertiert. *Attribute: Protected. Vergleiche auch:* **CMYKColor, ColorOutput, Graphics, Graphics3D, GrayLevel, Raster, RGBColor, ToColor**.

**Hull** DiscreteMath'ComputationalGeometry'
**Hypercube** DiscreteMath'Combinatorica'
**Hypergeometric0F1[*a, z*]** 570, 807
ist die hypergeometrische Funktion 0F1(; a; z). ◇ Diese Funktion ist durch die Reihe Hypergeometric0F1[a,z]= Sum[z^k/(Pochhammer[a,k]*k!), {k,0,Infinity}] definiert. Sie ist eine Lösung der Differentialgleichung z*y"[z]+a*y'[z]=y. Die Bessel-Funktion BesselJ kann mittels Hypergeometric0F1 definiert werden. Die Funktion Hypergeometric0F1[a,z] ist zur allgemeineren Funktion HypergeometricPFQ[{ },{a},z] äquivalent. *Attribute: Listable Protected. Vergleiche auch:* **HypergeometricPFQ, Hypergeometric1F1, Hypergeometric2F1, HypergeometricU, Hypergeometric0F1Regularized, Pochhammer, BesselJ**.

**Hypergeometric0F1Regularized[*a, z*]**
ist die hypergeometrische Funktion 0F1(; a; z)/Gamma(a). ◇ Wobei Hypergeometric0F1[a,z]= Sum[z^k/(Pochhammer[a,k]*k!), {k,0,Infinity}] ist. Die Funktion Hypergeometric0F1Regularized[a,z] ist äquivalent zur allgemeineren Funktion HypergeometricPFQRegularized[{ },{a},z]. *Attribute: Listable Protected. Vergleiche auch: seeAlsoFont HypergeometricPFQRegularized,* **Hypergeometric0F1, Gamma, Hypergeometric1F1Regularized**.

**Hypergeometric1F1[*a, b, z*]** 570, 578, 807
ist die Kummersche konfluente hypergeometrische Funktion 1F1(a; b; z). ◇ Diese Funktion ist durch die Reihe Hypergeometric1F1[a,b,z]= Sum[Pochhammer[a,k]*z^k/(Pochhammer[b,k]*k!), {k,0,Infinity}] definiert. Hieraus kann man ersehen, wenn sowohl a und b ganze Zahlen mit a<0 und entweder b>0 oder b<a sind, dann ist 1F1(a;b;z) ein Polynom mit einer endlichen Anzahl von Termen. Umgekehrt, wenn b<=0 eine ganze Zahl und a<0 ist, dann ist 1F1 undefiniert. Die Funktion Hypergeometric1F1 ist eine Lösung der Differentialgleichung z*y"[z]+(b-z)*y'[z]=a*y, die Kummersche Gleichung heißt. Aus diesem Grunde wird 1F1 manchmal Kummersche Funktion genannt. (Die Funktion HypergeometricU ist auch eine Lösung der Kummerschen Gleichung und wird auch Kummersche Funktion genannt.) 1F1(a;b;z) wird auch manchmal Phi(a;b;z) oder M(a,b,z) geschrieben. Eine Integralform ist Hypergeometric1F1[a,b,z]=Gamma[b]/(Gamma[b-a]*Gamma[a])Integrate[E^(z*t)t^(a-1)(1-t)^(b-a-1),{t,0,1}]. Die Bessel-, Fehler-, Gamma-, Hermite- und Laguerre-Funktionen sind Spezialfälle von 1F1. Zum Beispiel sind Erf[x]=2/Sqrt[Pi]*x*Hypergeometric1F1[1/2,3/2,-x^2] und Gamma[a,x]=x^a/a*Hypergeometric1F1[a,a+1,-x]. Die Funktion Hypergeometric1F1[a,b,z] ist äquivalent zur allgemeineren Funktion HypergeometricPFQ[{a},{b},z]. *Attribute: Listable Protected. Vergleiche auch:* **HypergeometricPFQ, Hypergeometric0F1, Hypergeometric2F1, HypergeometricU, Hypergeometric1F1Regularized, Pochhammer**.

**Hypergeometric1F1Regu larized[*a, b, z*]**
ist die Kummersche konfluente hypergeometrische Funktion 1F1(a; b; z)/Gamma(b). ◇ Wobei Hypergeometric1F1[a,b,z]= Sum[Pochhammer[a,k]*z^k/(Pochhammer[b,k]*k!), {k,0,Infinity}] ist. Die Funktion Hypergeometric1F1Regularized[a,b,z] ist äquivalent zur allgemeineren Funktion HypergeometricPFQRegularized[{a},{b},z]. *Attribute: Listable Protected. Vergleiche auch:* **Gamma, HypergeometricPFQRegularized, Hypergeometric1F1, Hypergeometric0F1Regularized**.

**Hypergeometric2F1[*a, b, c, z*]** 570, 579, 807
ist die hypergeometrische Funktion 2F1(a, b; c; z). ◇ Diese Funktion ist durch die Reihe Hypergeometric2F1[a,b,c,z]= Sum[Pochhammer[a,k]*Pochhammer[b,k]*z^k/(Pochhammer[c,k]*k!), {k, 0, Infinity}] definiert. Sie ist eine Lösung der Differentialgleichung z(1-z)y"[z]+(c-(a+b+1)z)y'[z]-a*b*y[z]=0, die hypergeometrische Gleichung oder Gaußsche Differentialgleichung heißt. Aus diesem Grund wird 2F1 manchmal Gauß-Funktion genannt. (Verwirrenderweise wird sie manchmal auch Kummersche Funktion genannt und teilt damit den Namen mit Hypergeometric1F1 und HypergeometricU.) 2F1(a,b;c;z) wird manchmal einfach F geschrieben. Eine Integralform ist Hypergeometric2F1[a,b,c,z]=Gamma[c]/(Gamma[b]*Gamma[c-b])*Integrate[t^(b-1)(1-t)^(c-b-1)/(1-t*z)^a,{t,0,1}]. Die Beta-, Tschebyscheff-, Gegenbauer- und Legendre-Funktionen sind Spezialfälle von 2F1. Zum Beispiel ist LegendreP[n,m,x]=(n+m)!*(1-x^2)^(m/2)/((n-m)!*(2^m*m!))Hypergeometric2F1[m-n,m+n+1,m+1,(1-x)/2]. Die Funktion Hypergeometric2F1-[a, b, c, z] ist äquivalent zur allgemeineren Funktion HypergeometricPFQ[{a,b},{c},z]. *Attribute: Listable Protected. Vergleiche auch:* **HypergeometricPFQ, Hypergeometric0F1, Hypergeometric1F1, HypergeometricU, Hypergeometric2F1Regularized, Pochhammer**.

**Hypergeometric2F1Regularized[*a, b, c, z*]**
ist die hypergeometrische Funktion 2F1(a, b; c; z)/Gamma(c). ◇ Wobei Hypergeometric2F1[a, b, c, z] = Sum[Pochhammer[a,k]*Pochhammer[b,k]*z^k/(Pochhammer[c,k]*k!), {k,0,Infinity}] ist. Die Funktion Hypergeometric2F1Regularized[a,b,c,z] ist äquivalent zur allgemeineren Funktion HypergeometricPFQRegularized[{a,b},{c},z]. *Attribute: Listable Protected.*

**HypergeometricDistribution** Statistics'DiscreteDistributions'
**HypergeometricF** DiscreteMath'RSolve'
***HypergeometricPFQ[zählliste, nennliste, z]***
ergibt die verallgemeinerte hypergeometrische Funktion pFq, wobei zählliste eine Liste der Parameter p im Zähler und nennliste eine Liste der Parameter q im Nenner ist. ◇ Für den Fall, daß die Länge von q 1 und die Länge von p 0, 1 oder 2 ist, ergeben sich die Funktionen Hypergeometric0F1, Hypergeometric1F1 und Hypergeometric2F1. Die Funktion HypergeometricPFQ wird mit dem Pochhammer-Symbol definiert: HypergeometricPFQ[{p1,..}, {q1,..}, z] = Sum[(Product[Pochhammer[pi,n],{i}]/Product[Pochhammer[qj,n],{j}]) z^n/n!, {n,0,Infinity}]. *Attribute: Protected ReadProtected. Vergleiche auch:* **HypergeometricPFQRegularized, Hypergeometric0F1, Hypergeometric1F1, Hypergeometric2F1, Pochhammer**.

***HypergeometricPF QRegularized[zählliste, nennliste, z]***
ergibt die regularisierte verallgemeinerte hypergeometrische Funktion pFq, wobei zählliste eine Liste der Parameter p im Zähler und q eine Liste der Parameter q im Nenner ist . HypergeometricPFQRegularized[zählliste, nennliste, z] == HypergeometricPFQ[zählliste, nennliste, z]/(Times @@ (Gamma /@ nennliste)), außer wenn nennliste eine nicht-positive ganze Zahl enthält, wenn sie als analytische Fortsetzung definiert ist, um die Unbestimmtheit zu entfernen. ◇ Für den Fall, daß die Länge von q 1 und die Länge von p 0, 1 oder 2 ist, ergeben sich die Funktionen Hypergeometric0F1Regularized, Hypergeometric1F1Regularized und Hypergeometric2F1Regularized. *Attribute: ReadProtected. Vergleiche auch:* **HypergeometricPFQ, Hypergeometric0F1Regularized, Hypergeometric1F1Regularized, Hypergeometric2F1Regularized**.

**HypergeometricU[*a, b, z*]** 570, 578, 807
ist die konfluente hypergeometrische Funktion U(a, b, z). ◇ Die Funktion ist eine Lösung der Differentialgleichung z*y"[z]+(b-z)*y'[z]=a*y, die Kummersche Gleichung genannt wird. Aus diesem Grunde wird U manchmal Kummersche Funktion genannt. (Die Funktion Hypergeometric1F1 ist auch eine Lösung der Kummerschen Gleichung und wird auch Kummersche Funktion genannt.) HypergeometricU[a,b,z] wird manchmal Psi(a;b;z) geschrieben. Eine Integralform ist HypergeometricU[a,b,z]=1/Gamma[a]*Integrate[E^(-z*t)t^(a-1)(1+t)^(b-a-1),{t,0,Infinity}]. *Attribute: Listable Protected. Vergleiche auch:* **HypergeometricPFQ, Hypergeometric0F1, Hypergeometric1F1, Hypergeometric2F1, Pochhammer**.

# I

**I** 50, 52, 566, 808
repräsentiert die imaginäre Einheit Sqrt[-1]. ◇ Eine komplexe Zahl kann in der Form a+bI eingegeben werden. *Mathematica* zeigt eine komplexe Zahl als a + b I an, repräsentiert sie aber intern als Complex[a,b]. Das Muster _Complex paßt zu einer komplexen Zahl. Das Muster a_+b_*I paßt nicht zu einer komplexen Zahl. Nur der Realteil von Zahlen der Form a+0.*I wird ausgedruckt. Die Operatoren Re und Im extrahieren den Real- und Imaginärteil einer komplexen Zahl, Conjugate ergibt die komplex konjugierte Zahl, Abs bestimmt die Norm und Arg ergibt das Argument oder den Phasenwinkel. GaussianIntegers ist eine Option für mehrere zahlentheoretische Funktionen, die festlegt, daß Berechnungen über alle Zahlen der Form n+m*I ausgeführt werden, wobei n und m ganze Zahlen sind. *Attribute: Locked Protected. Vergleiche auch:* **Abs, Arg, Complex, Conjugate, GaussianIntegers, Im, Re.**

**IdealDivide** NumericalMath'ComputerArithmetic'
**IdenticalQ** DiscreteMath'Combinatorica'
**Identity[*ausdr*]** 213, 808
ergibt ausdr (die Identitätsoperation). ◇ Identity ist der Identitätsoperator. Als solcher kann er durch die Operator-Manipulationsanweisungen Compose, Operate und Through manipuliert werden. Identity ist auch ein akzeptierter Wert der Option DisplayFunction, der festlegt, daß ein grafisches Bild verarbeitet, aber nicht gezeichnet wird. *Attribute: Protected. Vergleiche auch:* **Composition, Operate, Through, DisplayFunction.**

H

**IdentityMatrix[*n*]** 122, 649, 808
ergibt die (n,n)-Einheitsmatrix. ◇ Matrizen werden in *Mathematica* als Liste von Listen dargestellt, die alle die gleiche Länge haben, z.B. {{1,2},{3,4}}. Aber sie können mit der Anweisung MatrixForm als Matrix angezeigt werden. *Attribute: Protected. Vergleiche auch:* **DiagonalMatrix, Array, List, Table, MatrixForm.**

**If[*bedingung, t, f*]** 94, 279, 287, 808
ergibt t, wenn bedingung zu True und f, wenn sie zu False evaluiert wird. If[bedingung, t, f, u] ergibt u, wenn bedingung weder zu True noch False evaluiert wird. ◇ Die Form If[bedg,true] gibt Null zurück, wenn die Bedingung nicht True ergibt. Die Form If[bedg,true,false] springt unevaluiert zurück, wenn die Bedingung weder zu True noch zu False evaluiert wird. If evaluiert nur das Argument, das zurückgegeben wird. Mit dem Test TrueQ kann man erzwingen, daß eine Bedingung entweder True oder False ergibt. Andere prozedurale Programmierungsanweisungen sind Block und Module (um „lokale" Variablen aufzustellen), Switch und Which. Die Konstruktion Condition wird für die bedingte Anwendung von Regeln verwendet. *Attribute: HoldAll Protected. Vergleiche auch:* **Block, Catch, Condition, Goto, Module, Switch, Throw, TrueQ, Which, tests.**

***IgnoreCase* -> True oder False** 379, 384, 501, 808
ist eine Option zur Zeichenkettenmanipulation und für Suchfunktionen, die angibt, ob Klein- und Großbuchstaben als äquivalent behandelt werden sollen. ◇ IgnoreCase ist eine Option für die Funktionen FileNames, Find, FindList, StringMatchQ, StringPosition und StringReplace. In allen diesen Fällen ist ihr Vorgabewert False, das heißt, daß Groß- und Kleinbuchstaben als unterschiedlich betrachtet werden. *Attribute: Protected. Vergleiche auch:* **FileNames, Find, FindList, StringMatchQ, StringPosition, StringReplace, $Letters.**

**Im[*z*]** 52, 551, 604, 808
ergibt den Imaginärteil der komplexen Zahl z. ◇ Im[ausdr] bleibt unevaluiert, wenn ausdr keine Zahl ist. Der Operator Re extrahiert den Realteil einer komplexen Zahl, Conjugate bestimmt die komplex konjugierte Zahl, Abs bestimmt die Norm und Arg ergibt das Argument oder den Phasenwinkel. Komplexe Zahlen haben den Kopf Complex. *Attribute: Listable Protected. Vergleiche auch:* **Abs, Arg, Complex, ComplexExpand, Conjugate, I, Re.**

**ImP** DiscreteMath'RSolve'
**ImplicitPlot** Graphics'ImplicitPlot'
**Implies[*p, q*]** 619, 808
repräsentiert die logische Implikation p => q. ◇ Implies evaluiert seine Argumente nicht standardmäßig. Das zweite Argument wird nur evaluiert, wenn das erste Argument True ergibt. Folglich kann Implies auf dieselbe Weise wie eine If-Anweisung verwendet werden. Implies liefert die Werte True, False oder ein symbolisches Ergebnis in einer teilweise vereinfachten Form. Ein symbolisches Ergebnis kann mit LogicalExpand entwickelt werden. Implies[ausdr1,ausdr2] ist logisch äquivalent zu !ausdr1||ausdr2. *Attribute: Protected. Vergleiche auch:* **And, False, If, LogicalExpand, Not, Or, True, Xor.**

**In[*n*]** 54, 61, 62, 513, 514, 743, 808
ist ein globales Objekt, dem als verzögerter Wert die n-te Eingabezeile zugewiesen wird. ◇ InputForm formatiert Eingabe so, daß sie als Eingabezeile verwendet werden kann. Mit der Anweisung Format kann man die Druckform von In verändern. *Attribute: Listable Protected. Vergleiche auch:* **Format, Input, InputForm, InputString, Out, $Line, ??**.

**IncidenceMatrix** DiscreteMath'Combinatorica'
**IncludeConstant** Statistics'LinearRegression'
**IncludeSingularTerm**
ist eine Option für LerchPhi und Zeta, die spezifiziert, ob Terme der Form (k + a)^-s mit k + a == 0 einbezogen werden sollen. *Attribute: Protected.*

**Increment[*x*] *oder x++*** 248, 808
erhöht den Wert von x um 1 und gibt den alten Wert von x zurück. ◇ Die Increment-Anweisung wird gewöhnlich in For- und While-Schleifen verwendet. Sie ist im wesentlichen äquivalent zur Anweisungsfolge „x=x+1;x-1". Andere ähnliche Anweisungen sind PreIncrement (++x), die im wesentlichen äquivalent zu „x=x+1" ist, AddTo[x,y] (x+=y), die die Verwendung anderer Inkremente als 1 erlaubt und Decrement (x–). Die Anweisung PrependTo fügt ein Element zu einer existierenden Liste hinzu. *Attribute: HoldFirst Protected. Vergleiche auch:* **AddTo, Decrement, For, PreIncrement, Prependto, While**.

**Indent[*d*]** 517, 809
wird als Einzug für einen Unterausdruck der Tiefe d gedruckt. ◇ Der gedruckte Wert von Indent kann mit der Anweisung Format[Indent[n_]] := ausdr geändert werden. Die Voreinstellung für Indent[d] sind d Leerzeichen (die mit SpaceForm[d] erzeugt werden können). Das Symbol LineBreak wird zwischen Fortsetzungszeilen gedruckt, Continuation wird am Beginn von Fortsetzungszeilen gedruckt, StringBreak ist ein Symbol, das verwendet wird, wenn eine Zeichenkette in Ausgabezeilen umgebrochen wird, und Skeleton und StringSkeleton werden für Shallow- und Short-Formausgabe verwendet. *Vergleiche auch:* **Continuation, Depth, Format, LineBreak, Skeleton, SpaceForm, StringBreak, StringSkeleton**.

**IndependentSetQ** DiscreteMath'Combinatorica'
**Indeterminate** 547, 809
ist ein Symbol, das eine numerische Größe repräsentiert, deren Größe nicht bestimmt werden kann. ◇ Jede Berechnung, die Indeterminate enthält, gibt Indeterminate zurück. Indeterminate ähnelt NaN (Not a Number-Keine Zahl) im IEEE-Standard. Eine Berechnung, die Indeterminate produziert, erzeugt eine Warnmeldung, so daß es mit der Funktion Check abgefangen werden kann. *Attribute: Protected. Vergleiche auch:* **ComplexInfinity, DirectedInfinity, Check, Infinity**.

**Index** DiscreteMath'Combinatorica'
**InduceSubgraph** DiscreteMath'Combinatorica'
**Infinity** 50, 198, 548, 566, 809
ist ein Symbol, das eine positive unendliche Größe repräsentiert. ◇ Die interne Darstellung von ComplexInfinity ist DirectedInfinity[ ]. Die interne Darstellung von Infinity ist DirectedInfinity[1]. Eine Berechnung, die Infinity produziert, erzeugt oft eine Warnmeldung, so daß es mit der Funktion Check abgefangen werden kann. Einige arithmetische Operationen arbeiten mit Infinity, wie zum Beispiel 1/Infinity -> 0, Integrate[f,{x,a,Infinity}], NSum[term,{i,0,Infinity}], ArcCsc[Infinity] -> 0. Infinity>2 ergibt True, aber NumberQ[Infinity] liefert False (*Mathematica* behandelt Infinity nicht als Zahl). Infinity kann als Stufenspezifikation verwendet werden, um alle Stufen anzugeben. Die Genauigkeit und Präzision von ganzen Zahlen und Konstanten wird auf Infinity gesetzt. Eine Berechnung der Form Infinity/Infinity gibt das Symbol Indeterminate aus. *Attribute: Protected. Vergleiche auch:* **Check, ComplexInfinity, DirectedInfinity, Indeterminant**.

**Infix[*f[a1, a2, ...]*]** 362, 809
druckt f[a1, a2, ...] in der voreingestellten Infix-Form: a1 ~ f ~ a2 ~ f ~ a3 .... Infix[ausdr, h] druckt die Argumente durch h getrennt: a1 h a2 h a3 .... ◇ Infix kann mit der Anweisung Format verwendet werden, um ein Ausgabeformat, wie zum Beispiel PrintForm oder OutputForm, zu definieren. Andere Formatierungsanweisungen sind ColumnForm, SequenceForm, Subscript, Superscript, Infix, Postfix und Prefix. *Attribute: Protected. Vergleiche auch:* **Format, Flat, Left, NonAssociative, None, PrecedenceForm, Prefix, Postfix, Right, Subscripted**.

**Info** DiscreteMath'RSolve'

**Information[*symbol*]** 69, 722, 809
druckt Information über ein Symbol. ◇ Information[f] druckt die Anwendungs-Meldung für die Funktion f und alle Werte, die f zugewiesen wurden. Die Anwendungs-Meldung kann mit der Funktion MessageName definiert werden. Zum Beispiel, spezifizieren Sie eine Anwendungs-Meldung für die Funktion f durch f::"usage" = "f[arg] ist eine Funktion, die ...". Die Anweisung ?f liefert dieselbe Information wie Information[f]. Die Anweisungen ??f und Definition[f] liefern detailliertere Informationen über das Symbol f. Verschiedene Typen der Werte, die f zugewiesen wurden, können mit den Anweisungen Attributes, Options, DownValues, DefaultValues, FormatValues, NValues, OwnValues, SubValues und UpValues betrachtet werden. *Attribute: HoldAll Protected. Vergleiche auch:* **Attributes, Definition, DefaultValues, DownValues, FormatValues, Message, MessageName, ?, ??.**

**init.m**
◇ Die Datei init.m enthält Anweisungen, die beim Start von *Mathematica* ausgeführt werden. Sie können sich init.m so vorstellen, daß es Pakete und Einstellungs-Optionen lädt, die Sie häufig benutzen. In Systemen, außer Macintosh, wird auch das Anzeige-System durch die Anweisungen in init.m konfiguriert. Die Datei sysinit.m enthält weitere Initialisierungs-Anweisungen. Die Datei end.m enthält Anweisungen, die ausgeführt werden, wenn *Mathematica* beendet wird. In UNIX-Systemen enthalten die Dateien math und mathremote Anweisungstexte, die bestimmte System-Parameter konfigurieren und dann das *Mathematica*-Programm (das sich in der Datei mathexe befindet) mit den passenden Argumenten entweder für lokale oder Fern-Benutzung aufrufen. Die Systemvariable $CommandLine enthält die eigentlichen Anweisung, um mathexe auszuführen (aufgebaut als Parameterliste). *Vergleiche auch:* **end.m, math, mathexe, mathremote, sysinit.m, $CommandLine, $Path.**

I

**InitializeUnionFind** DiscreteMath'Combinatorica'

**Inner[*f, liste1, liste2, g*]** 217, 669, 810
ist eine Verallgemeinerung von Dot, in der f die Rolle der Multiplikation und g die der Addition spielt. ◇ Das äußere oder Kronecker-Produkt kann mit der Anweisung Outer erzeugt werden. *Attribute: Protected. Vergleiche auch:* **Det, Dot, Flatten, Inverse, Outer, Reverse, RotateLeft, RotateRight, Transpose.**

**InnerProduct** LinearAlgebra'Orthogonalization'

**Input[ ]** 511, 522, 810
liest interaktiv einen *Mathematica*-Ausdruck ein. Input["prompt"] fordert die Eingabe mittels der spezifizierten Zeichenkette als Prompt. ◇ InputString unterscheidet sich von Input dadurch, daß es die Eingabe als Zeichenkette, anstatt als Ausdruck, behandelt. Read ist ein allgemeiner Mechanismus zum Lesen aus Dateien. *Attribute: Protected. Vergleiche auch:* **EndOfFile, InputString, Read.**

**InputForm[*ausdr*]** 16, 144, 343, 371, 396, 739, 810
druckt eine Version von ausdr, die als Eingabe für *Mathematica* geeignet ist. ◇ InputForm druckt ohne Formatierung. InputForm[a^b] gibt also a^b aus, anstelle einer hochgestellten Form. Beachten Sie, daß der Ausdruck evaluiert wird, bevor er gedruckt wird. Mit der Anweisung HoldForm kann die Evaluierung verhindert werden. Mit InputForm kann man die interne Form einer Grafik anzeigen, z.B. FullForm[Plot[x^2,{x,0,1}]]. Die Operatoren FullForm und TreeForm liefern die vollständige Form des Ausdrucks, ohne die Benutzung von Alias-Ausdrücken (a+b ist ein Alias für Plus[a,b]). Eine Liste aller vordefinierten Druckformate (einschließlich InputForm und OutputForm) ist in der Systemvariablen $PrintForms enthalten. *Attribute: Protected. Vergleiche auch:* **Format, FullForm, HoldForm, OutputForm, TreeForm, $PrintForms.**

***InputStream["name", n]*** 484, 738, 810
ist ein Objekt, das einen Eingabestrom für Funktionen wie Read und Find repräsentiert. ◇ InputStream ist der Kopf für Dateien oder Ströme, die zum Lesen geöffnet wurden. Der zweite Parameter ist eine eindeutige Seriennummer, die zugewiesen wird, wenn der Strom geöffnet wird. Auf einen Eingabestrom, der sich auf eine benannte Datei bezieht, kann man sich auch mit einer Zeichenkette beziehen, die den Namen der Datei enthält. OpenRead liefert InputStream-Objekte, wenn es erfolgreich war. Read und Get lesen einen InputStream. Streams[ ] liefert eine Liste der Ströme, die zur Zeit offen sind, und $Input wird auf die Anweisungs-Eingabedatei gesetzt, die zur Zeit in Gebrauch ist. OutputStream ist ein ähnlicher Kopf für Dateien und Ströme in die *Mathematica* schreibt. *Attribute: Protected. Vergleiche auch:* **Find, Get, OpenAppend, OpenRead, OutputStream, Read, Streams, $Input.**

**InputString[ ]** 522, 810
liest interaktiv eine Zeichenkette ein. InputString["prompt"] fordert eine Eingabe an, mit der spezifizierten Zeichenkette als Prompt. ◇ InputString unterscheidet sich von Input dadurch, daß die Eingabe als Zeichenkette, statt als Ausdruck, behandelt wird. Read ist ein allgemeiner Mechanismus zum Lesen aus Dateien. WriteString schreibt einen Ausdruck als Zeichenkette. InputString sollte nicht mit InString verwechselt werden, das sich auf den Text der vorhergehenden Eingabezeilen bezieht. *Attribute: Protected. Vergleiche auch:* **EndOfFile, Input, InString, Read, WriteString**.

**Inscribed** Geometry'Polytopes'

**Insert[*liste, elem, n*]** 128, 811
fügt elem auf der Position n in liste ein. Wenn n negativ ist, wird die Position vom Ende gezählt. Insert[ausdr, elem, {i, j, ...}] fügt elem auf der Position {i, j, ...} in ausdr ein. Insert[ausdr, elem, {{i1, j1, ...}, {i2, j2, ...}, ...}] fügt elem an mehreren Positionen ein. ◇ Das erste Argument kann ein beliebiger Ausdruck sein. Es muß keine Liste sein. Drop entfernt ein spezifiertes Element aus einer Liste. Part[liste,n] (oder liste[[n]]) wählt ein Element aus einer Liste aus. Append und Prepend fügen ein neues Element am Ende oder am Anfang einer Liste hinzu (und sind äquivalent zu Insert[liste,elem,-1] und Insert[liste,elem,1]). Insert sollte nicht mit StringInsert verwechselt werden, das auf Zeichenketten wirkt. *Attribute: Protected. Vergleiche auch:* **Append, Drop, Part, Prepend, StringInsert, teilespez**.

**InsertIntoTableau** DiscreteMath'Combinatorica'

***InString*[*n*]** 62, 513, 743, 811
ist ein globales Objekt, dem der Text der n-ten Eingabezeile zugewiesen wird. ◇ Die Funktion, die in $Pre enthalten ist, wird auf die Eingabe angewendet, nachdem InString ein Wert zugewiesen und die Syntaxanalyse der Zeile ausgeführt wurde, aber bevor der Variablen In Werte zugewiesen werden . Dies unterscheidet sich von $PreRead, das auf die Eingabezeile angewendet wird, während sie noch eine Zeichenkette ist, bevor die Syntaxanalyse ausgeführt wird. InString sollte nicht mit InputString verwechselt werden, mit dem der Nutzer eine Eingabe als Zeichenkette in ein *Mathematica*-Programm einlesen kann. *Attribute: Listable Protected. Vergleiche auch:* **In, InputString, Out, $Line, $Pre, $PreRead**.

**Integer** 534, 712, 811
ist der Kopf für ganze Zahlen. ◇ Andere Köpfe sind Rational, Complex, Real und String. Das Prädikat IntegerQ testet, ob ein angegebenes Symbol eine ganze Zahl ist. Ganze Zahlen können mit dem Operator N (numerisch) in reelle Zahlen konvertiert werden. Sowohl der Operator Floor als auch der Operator Round konvertiert eine reelle Zahl in eine ganze Zahl; der eine durch Abschneiden, der andere durch Runden. Ganze Zahlen können mit der Anweisung ToString in Zeichenketten konvertiert werden und aus Zeichenketten mit der Anweisung ToExpression. Ganze Zahlen können durch die Form basis^^ziffern mit anderen Basen als 10 eingegeben werden. *Attribute: Protected. Vergleiche auch:* **Complex, Floor, IntegerQ, N, Rational, Real, Round, String, ToExpression, ToString**.

***IntegerDigits*[*n*]** 537, 553, 811
ergibt eine Liste der Dezimalziffern der ganze Zahl n. IntegerDigits[n, b] ergibt eine Liste der Ziffern zur Basis b der ganzen Zahl n. IntegerDigits[n, b, k] ergibt eine Liste der Länge k, die die letzten signifikanten Ziffern in n enthält. ◇ Die Wirkung von IntegerDigits[n, b, k] ist dieselbe wie entweder IntegerDigits[Mod[n,b^k], b] oder Take[IntegerDigits[n,b], -k]. MantissaExponent liefert eine Liste, die die Mantisse und den Exponenten einer Zahl in wissenschaftlicher Schreibweise enthält. Die einzelnen Ziffern einer reellen Gleitpunktzahl werden durch die Anweisung RealDigits in einer Liste ausgegeben. Mit der Anweisung BaseForm kann man eine Zahl auch in einer anderen Basis ausgeben (aber nicht als Liste von Ziffern). DigitQ bestimmt, ob ein Zeichenkette nur Dezimalziffern enthält. Eine Zeichenkette kann mit der Anweisung Characters in eine Liste der einzelnen Zeichen zerlegt werden. *Attribute: Listable Protected. Vergleiche auch:* **BaseForm, Characters, DigitQ, Integer, MantissaExponent, RealDigits**.

**IntegerQ[*ausdr*]** 227, 535, 811
ergibt True, wenn ausdr eine ganze Zahl ist, sonst False. ◇ Damit IntegerQ[x] True ergibt, muß x tatsächlich den Kopf Integer haben. Ein Symbol kann mit der Anweisung „x/: IntegerQ[x]=True“ (oder TagSet[IntegerQ[x],True]) zu einer ganzen Zahl erklärt werden. *Attribute: Protected. Vergleiche auch:* **Head, EvenQ, Negative, NonNegative, NumberQ, OddQ, PolynomialQ, Positive, PrimeQ, Integer, tests**.

**IntegerSpiral** Examples'OneLiners'

**Integrate[*f,x*]** 77, 90, 630, 635, 683, 812
ergibt das unbestimmte Integral von f bezüglich x. Integrate[f, {x,xmin,xmax}] ergibt das bestimmte Integral. Integrate[f, {x,xmin,xmax}, {y,ymin,ymax}] ergibt ein mehrfaches Integral. ◇ Die Integrationsvariable kann ein beliebiger Ausdruck sein, jedoch wird seine literale Form verwendet. Folglich wird Integrate[f,x^2] nicht in Integrate[2f*x,x] konvertiert. *Attribute: Protected ReadProtected.*

**Intern** ProgrammingExamples'Atoms'
**InterpolatedQuantile** Statistics'DescriptiveStatistics'
***InterpolatingFunction*[ *bereich, tabelle*]** 108, 212, 676, 696, 812
repräsentiert eine Näherungsfunktion, deren Werte durch Interpolation bestimmt werden. *Attribute: Protected.*

**InterpolatingPolynomial[*daten, var*]** 602, 675, 812
ergibt ein Polynom in der Variablen var, das eine exakte Anpassung an eine Datenliste bietet. Die Daten können die Formen {{x1, f1}, {x2, f2}, ...} oder {f1, f2, ...} haben, wobei im zweiten Fall die xi die Werte 1, 2, ... annehmen. Die fi können durch {fi, dfi, ddfi, ...} ersetzt werden, die die Ableitungen an den Punkten xi beschreiben. ◇ Im Gegensatz zur Funktion Fit, kann InterpolatingPolynomial mit symbolischen Daten arbeiten, und wenn ganzzahlige oder rationale Daten angegeben werden, gibt es ein Polynom mit rationalen Koeffizienten zurück. Fit führt eine Kleinste-Quadrate-Anpassung aus und kann zur Anpassung an eine Datenmenge verwendet werden, die mehr als einen Parameter hat, oder kann zur Anpassung an Daten mit einer beliebigen Funktionsmenge verwendet werden. Fourier produziert eine exakte Anpassung mit trigonometrischen Grundfunktionen. Mit Coefficient können die Koeffizienten eines Polynoms bestimmt werden und PolynomialQ bestimmt, ob ein beliebiger Ausdruck ein Polynom ist. *Attribute: Protected. Vergleiche auch:* **Coefficient, Fit, Fourier, PolynomialQ, Series.**

***Interpolation*[*daten*]** 676, 678, 679, 813
konstruiert ein InterpolatingFunction-Objekt, das eine Näherungsfunktion repräsentiert, die die Daten interpoliert. Die Daten können die Formen {{x1, f1}, {x2, f2}, ...} oder {f1, f2, ...} haben, wobei im zweiten Fall die xi die Werte 1, 2, ... annehmen. *Attribute: Protected. Vergleiche auch:* **InterpolatingPolynomial, Fit.**

***InterpolationOrder*** 678
ist eine Option für Interpolation, die die Ordnung des Ausgleichpolynoms festlegt. *Attribute: Protected.*

**InterquartileRange** Statistics'DescriptiveStatistics'
**Interrupt[ ]** 311, 813
erzeugt einen Interrupt. ◇ Wenn Interrupt[ ] ausgeführt wird, wird das Prompt „Interrupt>" angezeigt. Der Nutzer kann dann die auszuführende Handlung festlegen: a - brich die laufende Berechnung ab, c - setze die Berechnung fort, exit - beende *Mathematica*, i - Besichtigung der Variablenwerte, s - Anzeige der aktuellen Operation und t - schrittweise Verfolgung oder Anzeige aller Operationen. Die „a"-Anweisung bewirkt, daß die Anweisung das Ergebnis $Aborted liefert. Die „i"-Anweisung tritt in einen Dialog oder eine Unter-Session ein. Dies ist, wie wenn Sie die Anweisung Dialog[ ] ausgeführt hätten. Während dieser Unter-Session können Sie vor dem Verlassen des Dialogs die Variablenwerte besichtigen oder verändern und die Berechnung mit der Anweisung Return[ ] fortsetzen. Die „s"-Anweisung zeigt die *Mathematica*-Anweisung an, die als nächste ausgeführt wird und „t" zeigt alle nachfolgenden Anweisungen an (gewöhnlich eine große Zahl von Anweisungen). Dieselben Wirkungen, wie die von Interrupt[ ], werden erzeugt, wenn Sie die attention Interrupt-Taste betätigen, während eine *Mathematica*-Anweisung läuft. (Auf einem Macintosh können Sie eine Berechnung durch Drücken der <*Befehl*>-Taste (auf der sich ein Apfel befindet) und der „."-Taste unterbrechen. Auf MS/DOS- und UNIX-Systemen verwenden Sie ^C (Control-C).) *Attribute: Protected. Vergleiche auch:* **Abort, Dialog, Return, $Aborted.**

**Intersection[*liste1, liste2, ...*]** 129, 813
ergibt eine sortierte Liste der Elemente, die allen listi gemeinsam sind. ◇ Die Argumente von Intersection brauchen keine Listen zu sein, aber sie müssen alle denselben Kopf haben. *Attribute: Flat OneIdentity Orderless Protected. Vergleiche auch:* **Complement, Union, MemberQ.**

**Interval** NumericalMath'IntervalArithmetic'
**IntervalGraph** DiscreteMath'Combinatorica'

**Inverse[*m*]** 9, 123, 655, 657, 662, 813
ergibt die Inverse einer quadratischen Matrix m. ◇ Matrizen werden in *Mathematica* als Liste von Listen repräsentiert, die alle die gleiche Länge haben, z.B. {{1,2},{3,4}}. Die Funktion MatrixForm zeigt eine Matrix als reguläres Array, die Art in der Matrizen üblicherweise angezeigt werden. Schlecht konditionierte numerische Matrizen erzeugen eine Warnmeldung. Die Funktion Inverse akzeptiert Matrizen mit symbolischen Termen. (Wenn Sie mit großen symbolischen Matrizen arbeiten, sollten Sie erwägen, einen wirkungsvolleren Test in die Option ZeroTest hineinzusetzen.) Häufig ist es sinnvoller LinearSolve zu benutzen, als eine Matrix zu invertieren. Dot[A,B] (oder A.B) ergibt das konventionelle Matrizenprodukt. PseudoInverse bestimmt die Pseudoinverse einer Rechteckmatrix. Inverse sollte nicht mit InverseFunction verwechselt werden, das von Solve zur Definition der Inversen einer Funktion verwendet wird. *Attribute: Protected. Vergleiche auch:* **Det, Dot, Eigensystem, LinearSolve, NullSpace, PseudoInverse, RowReduce, Transpose, MatrixForm, InverseFunction**.
Modulus -> 0 ZeroTest -> (Together[#1] == 0 &)

**InverseBetaRegularized** Statistics'InverseStatisticalFunctions'
**InverseErf** Statistics'InverseStatisticalFunctions'
**InverseErfc** Statistics'InverseStatisticalFunctions'
**InverseFourier[*liste*]** 110, 679, 813
bestimmt die diskrete inverse Fouriertransformierte einer Liste von komplexen Zahlen. ◇ Die inverse Fouriertransformierte der Liste {b1,..,bn} ist die Liste {a1,..,an}, wobei ar = 1/Sqrt[n]*Sum[bs*Exp[-2Pi*I(r-1)(s-1)/n],{r,1,n}]. Die Liste der Datenpunkte muß numerische Werte haben, aber die Liste kann von beliebiger Länge sein. InverseFourier kann auch auf ein rechteckiges Werte-Array (von beliebige Tiefe) angewendet werden, um die multi-variable Fouriertransformierte zu produzieren. Beachten Sie, daß sich verschiedene Quellen im konstanten Anfangsfaktor oder der Indizierung unterscheiden (häufig beginnt die Indizierung mit 0). *Attribute: Protected. Vergleiche auch:* **Fourier, Fit, InterpolatingPolynomial, Cos, Exp, Sin**.

**InverseFourierCosTransform** Calculus'FourierTransform'
**InverseFourierSinTransform** Calculus'FourierTransform'
**InverseFourierTransform** Calculus'FourierTransform'
**InverseFunction[*f*]** 200, 213, 613, 814
stellt die Inverse der Funktion f dar, die so definiert ist, daß InverseFunction[f][y] den Wert x ergibt, für den f[x] gleich y ist. Für eine Funktion mit mehreren Argumenten stellt InverseFunction[f] die Inverse bezüglich des ersten Argumentes dar. InverseFunction[f, n] stellt die Inverse bezüglich des n-ten Argumentes dar. InverseFunction[f, n, tot] stellt die Inverse bezüglich des n-ten Argumentes dar, wenn es insgesamt tot Argumente gibt. ◇ Inverse Funktionen sind eine Methode zur Lösung einiger nicht-polynomialer Gleichungen. Wenn inverse Funktionen erlaubt sind, löst Solve zuerst f[ausdr], wendet dann InverseFunction[f] auf das Ergebnis an, setzt es mit ausdr gleich und versucht den Rest der Gleichung zu lösen. Die Funktion InverseSeries invertiert eine Reihe, wobei sie als Funktion betrachtet wird. *Attribute: Protected. Vergleiche auch:* **Composition, MainSolve, Eliminate, Reduce, Solve, SolveAlways, InverseFunctions, InverseSeries**.

**InverseFunctions -> *wert*** 612, 814
ist eine Option für Solve und verwandte Funktionen, die spezifiziert, ob inverse Funktionen verwendet werden sollen. ◇ Andere akzeptierte Werte sind True, der festlegt, daß inverse Funktionen ohne eine Warnmeldung verwendet werden und False, der festlegt, daß inverse Funktionen nicht verwendet werden. Inverse Funktionen sind eine Methode zur Lösung einiger nicht-polynomialer Gleichungen. Die voreingestellte Warnmeldung ist eine teilweise Lösung für das Problem der Invertierung einer Funktion wie Sin[x]. Die inverse Funktion kann mehrwertig sein, aber *Mathematica* kann nur einwertige Funktionen behandeln. Folglich gehen die meisten Lösungen verloren, wenn die inverse Funktion benutzt wird. Wenn inverse Funktionen erlaubt sind, löst Solve zuerst f[ausdr], wendet dann InverseFunction[f] auf das Ergebnis an, setzt es mit ausdr gleich und versucht den Rest der Gleichung zu lösen. *Attribute: Protected. Vergleiche auch:* **MainSolve, Eliminate, Reduce, Solve, SolveAlways, InverseFunction, Options, SetOptions**.

**InverseGammaRegularized** Statistics'InverseStatisticalFunctions'
**InverseJacobiCD[*v, m*]**
ergibt die Inverse der elliptischen Jakobi-Funktion cd in v für den Parameter m. Das Ergebnis befindet sich im Parallelogramm mit den Seiten 2K und 2I K' mit dem Mittelpunkt in K. *Attribute: Protected ReadProtected. Vergleiche auch:* **JacobiCD, elliptische schreibweise**.

**InverseJacobiCN[*v*, *m*]**
ergibt die Inverse der elliptischen Jakobi-Funktion cn in v für den Parameter m. Das Ergebnis befindet sich im Parallelogramm mit den Seiten 2K und 2I K' mit dem Mittelpunkt in K. *Attribute: Protected ReadProtected. Vergleiche auch:* **JacobiCN, elliptische schreibweise**.

**InverseJacobiCS[*v*, *m*]**
ergibt die Inverse der elliptischen Jakobi-Funktion cs in v für den Parameter m. Das Ergebnis befindet sich im Parallelogramm mit den Seiten 2K und 2I K' mit dem Mittelpunkt in K. *Attribute: Protected ReadProtected. Vergleiche auch:* **JacobiCS, elliptische schreibweise**.

**InverseJacobiDC[*v*, *m*]**
ergibt die Inverse der elliptischen Jakobi-Funktion dc in v für den Parameter m. Das Ergebnis befindet sich im Parallelogramm mit den Seiten 2K und 2I K' mit dem Mittelpunkt in K + I K'. *Attribute: Protected ReadProtected. Vergleiche auch:* **JacobiDC, elliptische schreibweise**.

***InverseJacobiDN*[*v*, *m*]**
ergibt die Inverse der elliptischen Jakobi-Funktion dn in v für den Parameter m. Das Ergebnis befindet sich im Parallelogramm mit den Seiten 2K und 2I K' mit dem Mittelpunkt in K + I K'. *Attribute: Protected ReadProtected. Vergleiche auch:* **InverseJacobiND**.

**InverseJacobiDS[*v*, *m*]**
ergibt die Inverse der elliptischen Jakobi-Funktion ds in v für den Parameter m. Das Ergebnis befindet sich im Parallelogramm mit den Seiten 2K und 2I K' mit dem Mittelpunkt in K + I K'. *Attribute: Protected ReadProtected. Vergleiche auch:* **JacobiDS, elliptische schreibweise**.

**InverseJacobiNC[*v*, *m*]**
ergibt die Inverse der elliptischen Jakobi-Funktion nc in v für den Parameter m. Das Ergebnis befindet sich im Parallelogramm mit den Seiten 2K und 2I K' mit dem Mittelpunkt in I K'. *Attribute: Protected ReadProtected. Vergleiche auch:* **JacobiNC, elliptische schreibweise**.

***InverseJacobiND*[*v*, *m*]**
ergibt die Inverse der elliptischen Jakobi-Funktion nd in v für den Parameter m. Das Ergebnis befindet sich im Parallelogramm mit den Seiten 2K und 2I K' mit dem Mittelpunkt in I K'. *Attribute: Protected ReadProtected. Vergleiche auch:* **InverseJacobiDN**.

**InverseJacobiNS[*v*, *m*]**
ergibt die Inverse der elliptischen Jakobi-Funktion ns in v für den Parameter m. Das Ergebnis befindet sich im Parallelogramm mit den Seiten 2K und 2I K' mit dem Mittelpunkt in I K'. *Attribute: Protected ReadProtected. Vergleiche auch:* **JacobiNS, elliptische schreibweise**.

**InverseJacobiSC[*v*, *m*]**
ergibt die Inverse der elliptischen Jakobi-Funktion sc in v für den Parameter m. Das Ergebnis befindet sich im Parallelogramm mit den Seiten 2K und 2I K' mit dem Mittelpunkt in 0. *Attribute: Protected ReadProtected. Vergleiche auch:* **JacobiSC, elliptische schreibweise**.

**InverseJacobiSD[*v*, *m*]**
ergibt die Inverse der elliptischen Jakobi-Funktion sd in v für den Parameter m. Das Ergebnis befindet sich im Parallelogramm mit den Seiten 2K und 2I K' mit dem Mittelpunkt in 0. *Attribute: Protected ReadProtected. Vergleiche auch:* **JacobiSD, elliptische schreibweise**.

**InverseJacobiSN[*v*, *m*]** 580, 584, 814
ergibt die Inverse der elliptischen Jakobi-Funktion sn in v für den Parameter m. Das Ergebnis befindet sich im Parallelogramm mit den Seiten 2K und 2I K' mit dem Mittelpunkt in 0. *Attribute: Protected ReadProtected. Vergleiche auch:* **JacobiSN, elliptische schreibweise**.

**InverseLaplaceTransform** Calculus'LaplaceTransform'

**InversePermutation** DiscreteMath'Combinatorica'

**InverseSeries[*s*]** 644, 814
nimmt die von Series erzeugte Reihe s und ergibt eine Reihe für die Inverse der Funktion, die durch s dargestellt wird. InverseSeries[s, y] ergibt die inverse Reihe in Termen der Variablen y. ◇ Eine Reihe wird durch die Funktion Series erzeugt und hat einen symbolischen Fehlerterm mittels des O-Operators. Sie kann mit Normal in ein Polynom konvertiert werden. SeriesCoefficient und ComposeSeries wirken auf Reihen. InverseSeries sollte nicht mit Inverse verwechselt werden, das Matrizen invertiert oder InverseFunction, das zur Lösung von Gleichungen verwendet wird. *Attribute: Protected. Vergleiche auch:* **ComposeSeries, Inverse, InverseFunction, Normal, O, Series, SeriesCoefficient**.

***InverseWeierstrassP[{P, P'}, g2, g3]***
ergibt den Wert von u, so daß P = WeierstrassP[u, g2, g3] und P' = WeierstrassPPrime[u, g2, g3]. Beachten Sie, daß P und P' nicht unabhängig sind. Es wird nicht versucht sicherzustellen, daß sich das Ergebnis in einem bestimmten periodischen Parallelogramm befindet. *Attribute: Protected ReadProtected.*

**Inversions** DiscreteMath'Combinatorica'
**InvolutionQ** DiscreteMath'Combinatorica'
**Islamic** Miscellaneous'Calendar'
**ISolve** DiscreteMath'RSolve'
**IsomorphicQ** DiscreteMath'Combinatorica'
**Isomorphism** DiscreteMath'Combinatorica'
**IsomorphismQ** DiscreteMath'Combinatorica'
**iteratoren** ***z.B. {i,imin,imax}***
◇ Der einfachste Laufindex, {n}, führt die Funktion n-mal aus. Laufindizes der Form {i,imax} führen eine Funktion für i = 1 bis i = Floor[imax] aus, wobei i in jeder Iteration um 1 erhöht wird. Ein Laufindex der Form {i, imin, imax} führt die Funktion für i=imin bis i=imax aus, wobei i in jeder Iteration um 1 erhöht wird. Der letzte Typ des Laufindex hat vier Elemente, {i,imin,imax,di}. Er dient zur Ausführung eines Ausdrucks mit i=imin bis i=Floor[imax], wobei i in jeder Iteration um di Einheiten erhöht wird. Mehrere *Mathematica*-Funktionen verwenden Laufindizes, z.B. Do, NProduct, NSum, Sum und Table. Obwohl die Anweisung Range nicht wirklich einen Laufindex benutzt, verwendet sie eine ähnliche Syntax. Die Laufindex-Konstruktion {i,imax} sollte nicht mit den Konstruktionen zur Stufenspezifikation {toplevel,bottomlevel}, zur Teilespezifikation {part1,part2} (Teil 2 von Teil 1) oder zur Folgenspezifikation {start,end} verwechselt werden. Sie sollte auch nicht mit der Listenkonstruktion {a,b} (oder List[a,b]) verwechselt werden. Die Iterationsvariable ist eine lokale Variable. *Vergleiche auch:* **Block, Do, List, NProduct, NSum, Product, Range, Sum, Table, stufenspez, teilespez, folgenspez**.

# J

**JacobiAmplitude[*u, m*]** 580, 583, 815
ergibt die Amplitude für elliptische Jacobi-Funktionen. ◇ Diese Funktion, gewöhnlich mit u bezeichnet, ist die Inverse des elliptischen Integrals der ersten Art. Wenn u=EllipticF[phi,m] ist, dann ist phi=JacobiAmplitude[u,m]. Mit der Funktion JacobiAmplitude können die beiden üblichen Benennungskonventionen für die elliptischen Integrale ineinander konventiert werden. Folglich ist die Amplitude phi=JacobiAmplitude[u], wobei u gewöhnlich als das Argument bezeichnet wird. Beachten Sie, daß die Relation JacobiSN[u,m]=Sin[JacobiAmplitude[u,m]] gilt. Siehe unter „elliptische schreibweise" wegen einer Zusammenfassung der unterschiedlichen Konventionen in den Schreibweisen auf diesem Gebiet. Diese Funktion sollte nicht mit dem Jacobi-Polynom JacobiP oder dem Jacobi-Symbol verwechselt werden. *Attribute: Protected ReadProtected. Vergleiche auch:* **EllipticF, JacobiSN, JacobiP, JacobiSymbol, elliptische schreibweise**.

**Jacobian -> *ausdr***
ist eine Option für FindRoot, mit der die Jakobi-Matrix des Systems von Funktionen angegeben werden kann, dessen Lösung gesucht wird. ◇ Der Vorgabewert ist Automatic, der *Mathematica* anweist, zu versuchen, die Zielfunktion zu differenzieren. Wenn die Funktion von *Mathematica* nicht differenziert werden kann (z.B. eine Funktion, die mit einer If-Anweisung definiert wurde), dann kann der Nutzer *Mathematica* mit dieser Option eine Funktion zur Verfügung stellen. Ein zweiter Ansatz, FindRoot auf eine nicht-differenzierbare Funktion anzuwenden, besteht darin, eine Menge zweier Startpunkte vorzugeben. In solchen Fällen verwendet FindRoot einen anderen Algorithmus, der die Jakobi-Matrix nicht benötigt. Die Option Gradient für FindMinimum operiert ähnlich wie Jacobian. *Attribute: Protected. Vergleiche auch:* **D, FindRoot, Gradient**.

**JacobianDeterminant** Calculus'VectorAnalysis'
**JacobianMatrix** Calculus'VectorAnalysis'
**JacobianMatrix** ProgrammingExamples'VectorCalculus'

**JacobiCD[*u, m*]**
ergibt die elliptische Jacobi-Funktion cd in u für den Parameter m. ◇ Diese Funktion wird gewöhnlich mit anderen elliptischen Funktionen durch JacobiCD[u,m]=JacobiCN[u,m]/JacobiDN[u,m] definiert. Die elliptischen Jakobi-Funktionen sollten nicht mit den Jacobi-Polynomen, JacobiP oder dem JacobiSymbol verwechselt werden. *Attribute: Protected ReadProtected. Vergleiche auch:* **InverseJacobiCD, JacobiCN, JacobiDN, JacobiAmplitude, JacobiP, JacobiSymbol, elliptische schreibweise.**

**JacobiCN[*u, m*]**
ergibt die elliptische Jacobi-Funktion cn in u für den Parameter m. ◇ Diese Funktion wird gewöhnlich mit anderen elliptischen Funktionen durch JacobiCN[u,m]=Sqrt[1-JacobiSN[u,m]^2] definiert. Für m -> 0 strebt JacobiCN[u,m] gegen Cos[u]. *Attribute: Protected ReadProtected. Vergleiche auch:* **InverseJacobiCN, JacobiSN, JacobiDN, JacobiAmplitude, JacobiP, JacobiSymbol, elliptische schreibweise.**

**JacobiCS[*u, m*]**
ergibt die elliptische Jacobi-Funktion cs in u für den Parameter m. ◇ Diese Funktion wird gewöhnlich mit anderen elliptischen Funktionen durch JacobiCS[u,m] = JacobiCN[u,m]/ JacobiSN[u,m] = 1/JacobiSC[u,m] definiert. *Attribute: Protected ReadProtected. Vergleiche auch:* **InverseJacobiCS, JacobiCN, JacobiSN, JacobiAmplitude, JacobiP, JacobiSymbol, elliptische schreibweise.**

**JacobiDC[*u, m*]**
ergibt die elliptische Jacobi-Funktion dc in u für den Parameter m. ◇ Diese Funktion wird gewöhnlich mit anderen elliptischen Funktionen durch JacobiDC[u,m]=JacobiDN[u,m]/ JacobiCN[u,m] = 1/JacobiCD[u,m] definiert. *Attribute: Protected ReadProtected. Vergleiche auch:* **InverseJacobiDC, JacobiCN, JacobiDN, JacobiAmplitude, JacobiP, JacobiSymbol, elliptische schreibweise.**



**JacobiDN[*u, m*]**
ergibt die elliptische Jacobi-Funktion dn in u für den Parameter m. ◇ Diese Funktion wird gewöhnlich mit anderen elliptischen Funktionen durch JacobiDN[u,m]=Sqrt[1-m*JacobiSN[u,m]^2] definiert. Für m -> 0 strebt JacobiDN[u,m] gegen 1. *Attribute: Protected ReadProtected. Vergleiche auch:* **InverseJacobiDN, JacobiND, JacobiSN, JacobiAmplitude, JacobiP, JacobiSymbol, elliptische schreibweise.**

**JacobiDS[*u, m*]**
ergibt die elliptische Jacobi-Funktion ds in u für den Parameter m. ◇ Diese Funktion wird gewöhnlich mit anderen elliptischen Funktionen durch JacobiDS[u,m]=JacobiDN[u,m]/ JacobiSN[u,m] = 1/JacobiSD[u,m] definiert. *Attribute: Protected ReadProtected. Vergleiche auch:* **InverseJacobiDS, JacobiDN, JacobiSN, JacobiAmplitude, JacobiP, JacobiSymbol, elliptische schreibweise.**

**JacobiNC[*u, m*]**
ergibt die elliptische Jacobi-Funktion nc in u für den Parameter m. ◇ Diese Funktion wird gewöhnlich mit anderen elliptischen Funktionen durch JacobiNC[u,m] = 1/JacobiCN[u,m] = 1/Sqrt[1 - JacobiSN[u,m]^2] definiert. Für m gegen 0 strebt JacobiNC gegen Sec[u]. *Attribute: Protected ReadProtected. Vergleiche auch:* **InverseJacobiNC, JacobiCN, JacobiSN, JacobiAmplitude, JacobiP, JacobiSymbol, elliptische schreibweise.**

**JacobiND[*u, m*]**
ergibt die elliptische Jacobi-Funktion nd in u für den Parameter m. ◇ Diese Funktion wird gewöhnlich mit anderen elliptischen Funktionen durch JacobiND[u,m]=1/JacobiDN[u,m]=1/Sqrt[1-m*JacobiSN[u,m]^2] definiert. Für m -> 0 strebt JacobiND gegen 1. *Attribute: Protected ReadProtected. Vergleiche auch:* **InverseJacobiND, JacobiDN, JacobiSN, JacobiAmplitude, JacobiP, JacobiSymbol, elliptische schreibweise.**

**JacobiNS[*u, m*]**
ergibt die elliptische Jacobi-Funktion ns in u für den Parameter m. ◇ Diese Funktion wird gewöhnlich mit anderen elliptischen Funktionen durch JacobiNS[u,m]=1/JacobiSN[u,m] definiert. JacobiSN kann durch den Sinus der JacobiAmplitude definiert werden, die wiederum die Inverse des elliptischen Integrals der ersten Art ist. *Attribute: Protected ReadProtected. Vergleiche auch:* **InverseJacobiNS, JacobiSN, JacobiAmplitude, EllipticF, JacobiP, JacobiSymbol, elliptische schreibweise.**

**JacobiP[*n, a, b, x*]** 567, 815
ergibt das n-te Jacobi-Polynom. ◇ Diese Polynome, gewöhnlich $P_n$^(a,b)(x) oder $J_n$^(a,b)(x) geschrieben, genügen der Orthogonalitätsrelation Integrate[JacobiP[n,a,b,x] JacobiP[m,a,b,x] (1-x)^a (1+x)^b, {x,-1,1}] = 0 für n ungleich m. Die Jacobi-Polynome sollten nicht mit den elliptischen Jakobi-Funktionen JacobiCD, CN, CS, DC, DN, DS, NC, ND, NS, SC, SD oder SN verwechselt werden. *Attribute: Listable Protected. Vergleiche auch:* **ChebyshevT, ChebyshevU, GegenbauerC, HermiteH, LaguerreL, LegendreP, SphericalHarmonicY**.

**JacobiSC[*u, m*]**
ergibt die elliptische Jacobi-Funktion sc in u für den Parameter m. ◇ Diese Funktion wird gewöhnlich mit anderen elliptischen Funktionen durch JacobiSC[u,m]=JacobiSN[u,m]/ JacobiCN[u,m] = 1/JacobiCS[u,m] definiert. *Attribute: Protected ReadProtected. Vergleiche auch:* **InverseJacobiSC, JacobiCN, JacobiSN, JacobiAmplitude, JacobiP, JacobiSymbol, elliptische schreibweise**.

**JacobiSD[*u, m*]**
ergibt die elliptische Jacobi-Funktion sd in u für den Parameter m. ◇ Diese Funktion wird gewöhnlich mit anderen elliptischen Funktionen durch JacobiSD[u,m]=JacobiSN[u,m]/ JacobiDN[u,m] = 1/JacobiDS[u,m] definiert. *Attribute: Protected ReadProtected. Vergleiche auch:* **InverseJacobiSD, JacobiDN, JacobiSN, JacobiAmplitude, JacobiP, JacobiSymbol, elliptische schreibweise**.

**JacobiSN[*u, m*]** 580, 815
ergibt die elliptische Jacobi-Funktion sn in u für den Parameter m. ◇ Diese Funktion ist die „primitivste" der elliptischen Jakobi-Funktionen, in dem Sinne, daß die anderen im allgemeinen durch sie definiert werden. JacobiSN[u,m] ist der Sinus der JacobiAmplitude, die die Inverse des elliptischen Integrals der ersten Art EllipticF ist. Also ist EllipticF[ArcSin[JacobiSN[u,m]],m]=u. Für m -> 0 strebt JacobiSN[u,m] gegen Sin[u]. JacobiCN ist durch Sqrt[1-JacobiSN[u,m]^2] definiert, und JacobiDN ist durch Sqrt[1-m*JacobiSN[u,m]^2] definiert. *Attribute: Protected ReadProtected. Vergleiche auch:* **InverseJacobiSN, JacobiCN, JacobiDN, JacobiAmplitude, EllipticF, JacobiP, JacobiSymbol, elliptische schreibweise**.

**JacobiSymbol[*n, m*]** 556, 815
ergibt das Jacobi-Symbol von n und m. ◇ Das Jacobi-Symbol (n/m) ist durch ein Produkt der Legendre-Symbole (n/$p_i$) definiert, wobei m das Produkt der Primfaktoren $p_i$ ist. Jedes Legendre-Symbol ist durch Null definiert, wenn n durch $p_i$ teilbar ist, 1, wenn n ein quadratisches Residuum mod $p_i$ ist, und -1 sonst. (n ist ein quadratisches Residuum mod $p_i$, wenn eine ganze Zahl k existiert, so daß k^2=n mod $p_i$ ist.) *Attribute: Listable Protected. Vergleiche auch:* **DivisorSigma, EulerPhi, FactorInteger, MoebiusMu, PrimeQ**.

***JacobiZeta[phi, m]*** 580, 815
ergibt die Jacobische Zeta-Funktion Z(phi|m). *Attribute: Listable Protected. Vergleiche auch:* **EllipticE, EllipticF, EllipticK**.

**JewishNewYear** Miscellaneous'Calendar'

**Join[*liste1, liste2, ...*]** 129, 815
verkettet Listen miteinander. Join kann auf jede Menge von Ausdrücken angewendet werden, die denselben Kopf haben. ◇ Anders als Join, eliminiert Union doppelte Einträge. Union sortiert die Elemente und liefert eine Liste der unterschiedlichen Elemente. Prepend und Append fügen ein einzelnes Element an den Anfang oder das Ende einer Liste hinzu. StringJoin verkettet Zeichenketten. Mit den Anweisungen First, Last und Take können Unterlisten extrahiert werden (im wesentlichen die zu Join inverse Operation). *Attribute: Flat OneIdentity Protected. Vergleiche auch:* **Append, First, Last, Prepend, Union, StringJoin, Take**.

***JordanForm[A]***
liefert {S, J }, wobei A = S . J . Inverse[S], und J die Jordansche Normalform von A ist. Alle Einträge von A müssen unendliche Präzision haben. *Attribute: Protected.*

**Josephus** DiscreteMath'Combinatorica'

**Julian** Miscellaneous'Calendar'

## K

**K** DiscreteMath'Combinatorica'

**K** DiscreteMath'RSolve'

**KnownStandardDeviation** Statistics'Common'HypothesisCommon'

**KnownVariance** Statistics'Common'HypothesisCommon'
**KSubsets** DiscreteMath'Combinatorica'
**Kurtosis** Statistics'ContinuousDistributions'
**Kurtosis** Statistics'DescriptiveStatistics'
**Kurtosis** Statistics'DiscreteDistributions'
**Kurtosis** Statistics'NormalDistributions'
**KurtosisExcess** Statistics'ContinuousDistributions'
**KurtosisExcess** Statistics'DescriptiveStatistics'
**KurtosisExcess** Statistics'DiscreteDistributions'
**KurtosisExcess** Statistics'NormalDistributions'

## L

**Label[*tag*]** 295, 815
repräsentiert eine Stelle in einem zusammengesetzten Ausdruck, der die Kontrolle mit Goto übertragen werden kann. ◇ Mit den Primitiven Goto, Label, Throw und Catch können Sie Code schreiben, dessen Kontrollfluß für jemanden, der ihn liest, nicht einleuchtend ist. Der meiste Code, der mit diesen Konstrukten geschrieben wird, kann ohne sie klarer geschrieben werden. *Attribute: HoldFirst Protected. Vergleiche auch:* **Catch, For, Goto, Throw, While**.

**LabeledListPlot** Graphics'Graphics'
**LabeledTreeToCode** DiscreteMath'Combinatorica'
**LabelPoints** DiscreteMath'ComputationalGeometry'
**LaguerreL[*n, x*]** 567, 815
ergibt das n-te Laguerre-Polynom. LaguerreL[n, a, x] ergibt das n-te verallgemeinerte Laguerre-Polynom. ◇ LaguerreL[n,x] ist durch LaguerreL[n,0,x] definiert. LaguerreL[n,a,x]=(-1)^a* D[LaguerreL[n, x],{x, a}]. Diese Polynome, gewöhnlich $L_n$^a(x) geschrieben, genügen der Orthonormalitätsbedingung Integrate[LaguerreL[n,a,x] LaguerreL[m,a,x]x^a * E^(-x), {x, -Infinity, Infinity}] = 0 für n ungleich m und 1 für n=m. Die Laguerre-Polynome sind Lösungen der Differentialgleichung x*D[y,{x,2}]+(a+1-x)D[y,x]+n*y=0. Eine explizite rekursive Relation ist (n+1)$L_{n+1}$(x)=(2n+1-x)$L_n$(x)-n*$L_{n-1}$(x). *Attribute: Listable Protected ReadProtected. Vergleiche auch:* **ChebyshevT, ChebyshevU, GegenbauerC, HermiteH, JacobiP, LegendreP, SphericalHarmonicY**.

**LambertAzimuthal** Miscellaneous'WorldPlot'
**LambertCylindrical** Miscellaneous'WorldPlot'
**LaplaceDistribution** Statistics'ContinuousDistributions'
**LaplaceTransform** Calculus'LaplaceTransform'
**Laplacian** Calculus'VectorAnalysis'
**Laplacian** ProgrammingExamples'VectorCalculus'
**Last[*ausdr*]** 125, 816
liefert das letzte Element in ausdr. ◇ Last[liste] ist äquivalent zu liste[[-1]] (oder Part[liste,-1]). Mit Take kann man eine allgemeinere Menge von Elementen aus einer Liste oder einer verschachtelten Liste auswählen, und First wählt das erste Element aus. Die Anweisung Append fügt ein neues Element am Ende der Liste hinzu. *Attribute: Protected. Vergleiche auch:* **First, Part, Take, Append**.

**LastLexicographicTableau** DiscreteMath'Combinatorica'
**LatticeReduce[*{v1, v2, ...}*]** 556, 816
liefert eine reduzierte Basis für die Menge der ganzzahligen Vektoren vi. ◇ LatticeReduce sollte nicht mit RowReduce oder Reduce verwechselt werden, die lineare Systeme bzw. Gleichungssysteme reduzieren. *Attribute: Protected. Vergleiche auch:* **DivisorSigma, EulerPhi, FactorInteger, JacobiSymbol, MoebiusMu, PrimeQ, Reduce, RowReduce**.

**LCM[*n1, n2, ...*]** 553, 816
ergibt das kleinste gemeinsame Vielfache der ganzen Zahlen ni. ◇ Für zwei Argumente gilt die Relation LCM[n,m]=n*m/GCD[n,m], wobei GCD der größte gemeinsame Teiler ist. *Attribute: Listable Protected. Vergleiche auch:* **GCD, PolynomialGCD, Mod, Prime, PrimeQ, Quotient**.

**LeadingCoef** DiscreteMath'RSolve'

**LeafCount[*ausdr*]** 528, 816
ergibt die Gesamtanzahl der nicht weiter teilbaren Unterausdrücke von ausdr. ◇ LeafCount zählt die Anzahl der Unterausdrücke in ausdr, die Primitiven oder „Blätter" im Ausdrucksbaum sind. ByteCount liefert die Anzahl der Bytes, die von einem Ausdruck verwendet werden. TreeForm liefert eine grafische Ansicht, wie der Ausdruck syntaktisch analysiert wird und zeigt dabei die Blätter des Baumes. *Attribute: Protected. Vergleiche auch:* **ByteCount, TreeForm, MemoryInUse, MaxMemoryUsed**.

**Left *z.B. ColumnForm[liste, Left]*** 357
dient zur Spezifizierung der Ausrichtung in Druckformen wie zum Beispiel ColumnForm und TableForm. ◇ Left ist die voreingestellte horizontale Ausrichtung für die Formatierungsanweisung ColumnForm. Wenn Left spezifiziert wird, wird die Spalte linksbündig. Andere mögliche horizontale Ausrichtungen für ColumnForm sind Center und Right. ColumnForm kann auch die vertikalen Ausrichtungen Above, Center, und Below (Voreinstellung) annehmen. Left ist auch eine Gruppierungseinstellung für die Formate Infix, Postfix und Prefix. Sie spezifiziert, daß ein angegebener Operator linksassoziativ ist, wie im Fall von Divide (z.B. (a/b)/c). Andere Gruppierungseinstellungen sind Right, None und NonAssociative. *Attribute: Protected. Vergleiche auch:* **Above, Below, ColumnForm, Center, Infix, NonAssociative, None, Postfix, Prefix, Right**.

**Legend** Graphics'Legend'
**LegendBackground** Graphics'Legend'
**LegendBorder** Graphics'Legend'
**LegendBorderSpace** Graphics'Legend'
**LegendLabel** Graphics'Legend'
**LegendLabelSpace** Graphics'Legend'
**LegendOrientation** Graphics'Legend'
**LegendPosition** Graphics'Legend'
**LegendreP[*n, x*]** 567, 570, 577, 816
ergibt das n-te Legendre-Polynom. LegendreP[n, m, x] ergibt das zugeordnete Legendre-Polynom. ◇ LegendreP[n,x]=LegendreP[n,0,x]. Die Legendre-Polynome, geschrieben $P_n$(x), genügen der Differentialgleichung (1-x^2)D[y,{x,2}]-2x*D[y,x]+n(n+1)y=0, der expliziten Form $P_n$(x)=D[(x^2-1)^n,{x,n}]/(2^n*n!) und der Rekursion (2n+1)x*$P_n$(x)=(n+1)*$P_{n+1}$(x) + n * $P_{n-1}$(x). Sie genügen der Orthogonalitätsrelation Integrate[$P_n$(x)*$P_m$(x),{x,-1,1}]=0, für n ungleich m und 2/(2n+1), für n=m. Sie können mit den hypergeometrischen Funktionen durch LegendreP[n,m,x]=(n+m)!*(1 - x^2)^(m/2)/ ((n -m)!*(2^m*m!)) Hypergeometric2F1[m -n,m + n + 1,m + 1,(1 - x)/2] definiert werden. *Attribute: Listable Protected ReadProtected. Vergleiche auch:* **ChebyshevT, ChebyshevU, GegenbauerC, HermiteH, Hypergeometric2F1, JacobiP, LaguerreL, SphericalHarmonicY**.
LegendreType -> Real

**LegendreQ[*n, z*]** 570, 577, 816
ergibt die n-te Legendre-Funktion der zweiten Art. LegendreQ[n, m, z] ergibt die assoziierte Legendre-Funktion der zweiten Art. ◇ Diese Funktionen genügen der Differentialgleichung (1-z^2)y''-2z y' + (n(n+1)-m^2/(1-z^2))y=0. *Attribute: Listable Protected ReadProtected. Vergleiche auch:* **LegendreP**.
LegendreType -> Real

**LegendreType -> Real/Complex** 578, 816
ist eine Option für LegendreP und LegendreQ, die die Wahl der Verzweigungsschnitte für Legendre-Funktionen in der komplexen Ebene angibt. ◇ Der Vorgabewert von LegendreType ist Real, der festlegt, daß die Verzweigungsschnitte von -Infinity bis -1 und von 1 bis Infinity laufen. Der andere mögliche Wert für LegendreType ist Complex, der festlegt, daß ein Verzweigungsschnitt von -Infinity bis +1 läuft. *Attribute: Protected. Vergleiche auch:* **Complex, LegendreP, LegendreQ, Options, Real, SetOptions**.

**LegendShadow** Graphics'Legend'
**LegendSize** Graphics'Legend'
**LegendSpacing** Graphics'Legend'
**LegendTextDirection** Graphics'Legend'
**LegendTextOffset** Graphics'Legend'
**LegendTextSpace** Graphics'Legend'

**Length[*ausdr*]** 83, 122, 196, 376, 492, 539, 593, 792, 817, 848, 874
liefert die Anzahl der Elemente in ausdr. ◇ Length zählt die Elemente auf der obersten Stufe von ausdr. Length[a+Sin[x^2+2x-b]] ergibt demnach 2. Obwohl der Kopf von ausdr nicht List sein muß, kann die Anweisung Length[liste] nützlich beim prozeduralen Programmieren sein. *Attribute: Protected. Vergleiche auch:* **Part, First, Last, List, LeafCount, Depth, TreeForm.**

**LengthWhile** Statistics'DataManipulation'

**LerchPhi[*z, s, a*]** 571, 575, 817
liefert die Lerchsche Transzendente Phi(z, s, a). ◇ LerchPhi, die Lerchsche Transzendente, ist eine Verallgemeinerung der Zeta- und Polylogarithmus-Funktionen. Sie wird durch LerchPhi[z,s,a]=Sum[z^k/((a+k)^s,{k,0,Infinity}] definiert, wobei Terme, in denen a+k=0 ist, ausgeschlossen werden. (Wenn die Option DoublyInfinite auf True gesetzt wird, wird sie durch Sum[z^k/(a+k)^s,{k,-Infinity,Infinity}] definiert.) Beachten Sie, daß Zeta[s,a]=LerchPhi[1,s,a] und PolyLog[n,z]=LerchPhi[z,n,0] sind. *Attribute: Listable Protected ReadProtected. Vergleiche auch:* **PolyLog, Zeta.**

DoublyInfinite -> False IncludeSingularTerm -> False

**Less[*x, y*] *oder x < y*** 94, 817
ergibt True, wenn ermittelt wurde , daß x kleiner als y ist. x1 < x2 < x3 ergibt True, wenn die xi eine streng wachsende Folge bilden. ◇ Wenn *Mathematica* nicht in der Lage ist zu bestimmen, ob die Ungleichung True oder False ergibt, wird sie unevaluiert zurückgegeben. Gemischte Ungleichungen werden in die interne Form Inequality konvertiert. *Attribute: Protected. Vergleiche auch:* **And, Equal, Greater, GreaterEqual, LessEqual, Not, Or.**

**LessEqual[*x, y*] *oder x <= y*** 94, 817
ergibt True, wenn ermittelt wurde, daß x kleiner oder gleich y ist. x1 <= x2 <= x3 ergibt True, wenn die xi eine nichtfallende Folge bilden. ◇ Wenn *Mathematica* nicht in der Lage ist zu bestimmen, ob die Ungleichung True oder False ergibt, wird sie unevaluiert zurückgegeben. Gemischte Ungleichungen werden in die interne Form Inequality konvertiert. *Attribute: Protected. Vergleiche auch:* **And, Equal, Greater, GreaterEqual, Less, Not, Or.**

L

***LetterQ*[*string*]** 378, 817
ergibt True, wenn alle Zeichen der Zeichenkette Buchstaben sind, sonst False. ◇ $Letters enthält die Zeichen, die als Buchstaben betrachtet werden. *Attribute: Protected. Vergleiche auch:* **LowerCaseQ, String, StringQ, UpperCaseQ, $Letters.**

**Level[*ausdr, stufenspez*]** 199, 817
liefert eine Liste aller Unterausdrücke von ausdr, deren Stufen durch stufenspez spezifiziert sind. Level[ausdr, stufenspez, f] wendet f auf die Liste der Unterausdrücke an. ◇ Level[ausdr,{n}] liefert alle Unterausdrücke auf der Stufe (oder der Tiefe) n, Level[ausdr,n] liefert alle Unterausdrücke auf der Stufe n oder darunter, und Level[ausdr,{-n}] liefert alle Unterausdrücke, die selbst die Tiefe n haben (so ist Level[ausdr,{-1}] eine Liste aller atomaren Ausdrücke oder Blätter in ausdr). Die Tiefe eines Ausdruck ist die maximale Stufe irgendeines Unterausdrucks und auch die Anzahl der Zeilen, die benötigt werden, um den Ausdruck in TreeForm zu drucken. Die Anweisung Part (oder ausdr[[n1,n2,..]]) wählt einen bestimmten Unterausdruck aus, und Level wählt alle Unterausdrücke auf einer angegebenen Stufe aus. Die Länge eines Ausdrucks ist die Anzahl seiner Unterausdrücke. Die Länge eines Ausdrucks ist die Anzahl der Unterausdrücke auf seiner obersten Stufe und sollte nicht mit Depth verwechselt werden. *Attribute: Protected. Vergleiche auch:* **Depth, TreeForm, Part, Length, stufenspez.**

**stufenspez**
◇ Die üblichen Stufenspezifikationen in *Mathematica* sind: n - Stufen 1 bis n, {n} - nur Stufe n, {n1,n2} - Stufen n1 bis n2 und Infinity - alle Stufen. Die Stufe 0 eines Ausdrucks ist der Ausdruck selbst. Mit einer negativen Spezifikation kann man Stufen von unten zählen. Folglich bezieht sich die Spezifikation „-1" auf die Atome des Ausdrucks (Zahlen, Variablen). Die Stufenspezifikationskonstruktion {toplevel,bottomlevel} sollte nicht mit den Konstruktionen für den Laufindex {i,imax}, der Teilespezifikation {part1,part2} (Teil 2 von Teil 1) oder der Folgenspezifikation {start,end} verwechselt werden. Sie sollte auch nicht mit der Listenkonstruktion {a,b} (oder List[a,b]) verwechselt werden. *Vergleiche auch:* **Apply, Cases, Count, DeleteCases, Depth, FreeQ, Heads, Level, List, Map, MapAll, MapIndexed, MemberQ, Position, Scan, Infinity, iteratoren, teilespez, folgenspez.**

**LexicographicPermutations** DiscreteMath'Combinatorica'
**LexicographicSubsets** DiscreteMath'Combinatorica'

**Lighting -> *wert*** 156, 161, 436, 455, 817
ist eine Option für Graphics3D und verwandte Funktionen, die angibt, ob in 3D-Bildern simulierte Beleuchtung eingesetzt werden soll. ◇ Um die Wirkung der Optionen AmbientLight (isotrope Beleuchtung) und LightSources (simuliertes Punktlicht) zu sehen, muß man die Option Lighting -> True setzen. Die Voreinstellung für Lighting ist True, aber die Einstellung False wird auch akzeptiert. Wenn GrayLevel oder RGBColor für ein Polygon spezifiziert wird, ergibt sich hieraus das Reflexionsvermögen des Polygons. Sonst ist das Polygon ein perfekter (diffuser) Reflektor. Polygone reflektieren das Licht nach dem Lambertschen Gesetz (Die Intensität des reflektierten Lichts ist proportional zum Kosinus des Einfallswinkels). AmbientLight legt eine Stufe für die isotrope Beleuchtung fest, LightSources spezifiziert den Ort (relativ zum Betrachter) und die Intensität der simulierten Punktlichtquellen. Die Option Shading (die Voreinstellung ist True) schaltet etwaige Schattierung (oder Färbung) der Polygone ein oder aus. *Attribute: Protected. Vergleiche auch:* **AmbientLight, LightSources, Shading, GrayLevel, RGBColor, Graphics3D, Plot3D, ListPlot3D, Options, SetOptions**.

**LightSources -> *wert*** 455, 818
ist eine Option für Graphics3D und verwandte Funktionen, die die Eigenschaften der Punktlichtquellen für simulierte Beleuchtung spezifiziert. ◇ Die Option Lighting muß auf True gesetzt werden, um die Wirkungen der Lichtquellen in LightSources zu sehen. Der Vorgabewert ist LightSources -> {{{1.,0.,1.}, RGBColor[1,0,0]}, {{1.,1.,1.}, RGBColor[0, 1, 0]}, {{0.,1.,1.}, RGBColor[0,0,1]}}. Akzeptierte Werte sind LightSources -> {s1,s2,..,sn}, das sind n separate Lichtquellen. Jeder s-Wert hat die Form {{x,y,z},i}, wobei i entweder GrayLevel[st] oder RGBColor[r,g,b] ist. Die verwendeten Koordinaten sind nicht die üblichen, sondern relativ zum Betrachter, wobei x nach rechts wächst, y wächst nach oben, und z wächst zum Betrachter hin. Das Licht wird als paralleler Strahl vorausgesetzt, die Länge von (x,y,z) ist irrelevant. Wenn GrayLevel oder RGBColor für ein Polygon spezifiziert wird, ergibt sich hieraus das Reflexionsvermögen des Polygons. Sonst ist das Polygon ein perfekter (diffuser) Reflektor. Polygone reflektieren das Licht nach dem Lambertschen Gesetz (Die Intensität des reflektierten Lichts ist proportional zum Kosinus des Einfallswinkels). AmbientLight stellt eine Stufe für die isotrope Beleuchtung ein, ViewPoint bestimmt die Blickrichtung (und damit den Beleuchtungswinkel). *Attribute: Protected. Vergleiche auch:* **Lighting, GrayLevel, RGBColor, AmbientLight, ViewPoint, Graphics3D, Plot3D, ListPlot3D, Options, SetOptions**.

**Limit[*ausdr, x -> x0*]** 102, 309, 646, 818, 898, 903
bestimmt den Grenzwert von ausdr, wenn x gegen x0 strebt. ◇ Limit kann Funktionen verarbeiten, die Potenzen, trigonometrische Funktionen, Exponentialfunktionen und logarithmische Funktionen enthalten. Es druckt eine Warnung, wenn es auf eine wesentliche Singularität stößt. Mit Series kann man Taylor- (und einige Laurent-) Reihen bestimmen, und SequenceLimit liefert den Grenzwert einer Folge. *Attribute: Listable Protected. Vergleiche auch:* **Infinity, Series, SequenceLimit, RealInterval**.

Analytic -> False    Direction -> Automatic

**Line[*{pt1, pt2, ...}*]** 400, 430, 434, 818
ist eine Grafik-Primitive, die einen Polygonzug repräsentiert, der eine Punktfolge verbindet. ◇ Line[{{x1,y1},{x2,y2},...}] ist eine Primitive für Graphics (2D-Grafik), und Line[{{x1, y1, z1},{x2, y2, z2},...}] ist eine Primitive für Graphics3D (3D-Grafik). Jede zeichnet ein Geradensegment zwischen aufeinanderfolgenden Punkte der Liste. Thickness[dicke] legt die Dicke von Linien fest, wobei dicke im Verhältnis zur Gesamtgröße des Bildes angegeben wird. GrayLevel[st] und RGBColor legen den Grauton oder die Farbe fest, wobei st, r, g und b zwischen 0 und 1 liegen. Dashing kann einen Typ der Strichelung für 2D-Linien spezifizieren. Mit Scaled kann man Koordinaten in Termen des angezeigten Bildes angeben (z.B. Scaled[{0.5,0.5}], in der Mitte). *Attribute: Protected. Vergleiche auch:* **Graphics, Graphics3D, Thickness, GrayLevel, RGBColor, Dashing, Scaled, Point, Polygon**.

**LinearFunction** ProgrammingExamples'MakeFunctions'

**LinearProgramming[*c, m, b*]** 707, 818
ermittelt den Vektor x, der die Größe c.x unter der Nebenbedingungen m.x >= b und x >= 0 minimiert. ◇ LinearProgramming akzeptiert symbolische Eingaben, produziert aber rationale Ergebnisse, wenn die Eingabe rationale oder ganze Zahlen enthält. Die Funktionen ConstrainedMax und ConstrainedMin sind äquivalent, drücken aber ihre Eingabe mittels linearer Funktionen und Ungleichungen, anstelle von Matrizenungleichungen, aus. LinearSolve löst ein lineares Gleichungssystem. *Attribute: Protected. Vergleiche auch:* **ConstrainedMax, ConstrainedMin, LinearSolve**.

**LinearScale** Graphics'Graphics'

**LinearSolve[*m, b*]** 660, 662, 819
ermittelt den Vektor x, der die Matrizengleichung m.x==b löst. *Attribute: Protected. Vergleiche auch:* **Inverse, LinearProgramming, NullSpace, PseudoInverse, RowReduce, Solve**.

Modulus -> 0    ZeroTest -> (Together[#1] == 0 &)

**LineBreak[*n*]** 517, 819
ist Ausgabe zwischen der n-ten und (n+1)-ten Zeile in einem mehrzeilig gedruckten Ausdruck. ◇ Die Voreinstellung für LineBreak ist die leere Zeichenkette. Die Druckform kann mit der Anweisung Format[LineBreak[n_]] := ausdr verändert werden. Das Symbol Continuation wird am Beginn von Fortsetzungszeilen gedruckt (sofort nach LineBreak). Indent legt den Einzug fest, der verwendet wird, wenn eine Zeile mit einem Unterausdruck beginnt, und wird nach Continuation gedruckt. StringBreak ist ein Symbol, das gedruckt wird, wenn eine Zeichenkette zwischen Ausgabezeilen umgebrochen wird. Es wird vor LineBreak gedruckt. Skeleton und StringSkeleton dienen zur Shallow- und Short-Formausgabe. Die Größe einer Seite, bevor die Ausgabe umgebrochen wird, wird von der Option PageWidth für den Ausgabestrom oder für die Datei kontrolliert. *Vergleiche auch:* **Format, Continuation, Indent, Skeleton, StringBreak, StringSkeleton**.

***LineForm*[*g*]**
ist eine 3D-Grafikanweisung, die festlegt, daß Linien mit der Grafikanweisung g oder der Liste der Grafikanweisungen g gezeichnet werden sollen. *Attribute: Protected.*

**LineGraph** DiscreteMath'Combinatorica'
**LineStyles** Graphics'MultipleListPlot'
***LinkPatterns*[*link*]** 511
ergibt die Liste der Muster, die im externen Paket definiert sind, auf das mit dem spezifizierten link zugegriffen wird.

**List[*a1, a2, ...*] *oder {a1, a2, ...}*** 56, 118, 192, 819
ist eine Liste mit Elementen. ◇ In *Mathematica* werden Vektoren, Matrizen und Tensoren als Listen oder Listen von Listen repräsentiert. *Attribute: Locked Protected. Vergleiche auch:* **Head, Join, Listable, Part, Reverse, RotateRight, Sequence, Table, Take, iteratoren**.

L

**Listable** 272, 275, 652, 727, 819
ist ein Attribut, das einem Symbol f zugewiesen werden kann, um anzugeben, daß die Funktion f automatisch auf Listen, die als seine Argumente auftreten, verteilt werden soll. ◇ Das Attribut Listable muß zugewiesen werden, bevor einem Symbol irgendwelche Werte zugewiesen werden. Die meisten üblichen arithmetischen Funktionen, wie zum Beispiel Plus oder Log, sind Listable. Attribute eines Symbols werden mit der Anweisung Attributes ausgegeben, mit der Anweisung SetAttributes festgelegt und mit der Anweisung ClearAttributes entfernt. Andere übliche Attribute sind Flat (die Funktion ist assoziativ), Orderless (die Funktion ist kommutativ), HoldFirst (das erste Argument wird nicht evaluiert), HoldAll (kein Argument wird evaluiert), Listable (die Funktion „verteilt" über Listen), OneIdentity (d.h. f[x]=x) und Protected (Funktionswerte können nicht verändert werden). Die Anweisungen Thread und Map erlauben allgemeineres „Verteilen" von Funktionen über Listen und über Ausdrücken mit anderen Köpfen als List. *Attribute: Protected. Vergleiche auch:* **Attributes, SetAttributes, HoldAll, Orderless, Protected, List, Thread, Map**.

**ListComplement** DiscreteMath'RSolve'
**ListContourPlot[*array*]** 164, 395, 819
erzeugt ein Konturdiagramm aus einem Array mit Höhenwerten. ◇ ListContourPlot liefert ein ContourGraphics-Objekt und kann mit der Anweisung Show angezeigt werden. Das Array der Höhenwerte muß rechteckig sein und entspricht nach Voraussetzung den Punkten {{(1,1),(1,2),..},{(2,1),..}}. Eine Funktion zweier Variablen kann mit der Anweisung ContourPlot in ein Konturdiagramm umgewandelt werden. *Attribute: Protected. Vergleiche auch:* **ContourPlot, ContourGraphics, Show, ListDensityPlot, ListPlot3D**.

| | | | |
|---|---|---|---|
| AspectRatio -> 1 | Axes -> False |
| AxesLabel -> None | AxesOrigin -> Automatic |
| AxesStyle -> Automatic | Background -> Automatic |
| ColorFunction -> Automatic | ColorOutput -> Automatic |
| ContourLines -> True | Contours -> 10 |
| ContourShading -> True | ContourSmoothing -> None |
| ContourStyle -> Automatic | DefaultColor -> Automatic |
| Epilog -> {} | Frame -> True |
| FrameLabel -> None | FrameStyle -> Automatic |
| FrameTicks -> Automatic | MeshRange -> Automatic |
| PlotLabel -> None | PlotRange -> Automatic |
| PlotRegion -> Automatic | Prolog -> {} |
| RotateLabel -> True | Ticks -> Automatic |
| DefaultFont :> $DefaultFont | DisplayFunction :> $DisplayFunction |

**ListDensityPlot[*array*]** 164, 395, 819
erzeugt ein Dichtediagramm aus einem Array von Höhenwerten. ◇ ListDensityPlot liefert ein DensityGraphics-Objekt und kann mit der Anweisung Show angezeigt werden. Das Array der Höhenwerte muß rechteckig sein und entspricht nach Voraussetzung den Punkten {{(1,1),(1,2),..},{(2,1),..}}. Eine Funktion zweier Variablen kann mit der Anweisung DensityPlot in ein Dichtediagramm umgewandelt werden. Raster produziert ein Grafik-Objekt, das ein Array grauer Zellen ist, ähnlich einem Dichtediagramm, und RasterArray produziert ein Array farbiger Zellen. *Attribute: Protected. Vergleiche auch:* **DensityPlot, DensityGraphics, Show, ListContourPlot, ListPlot3D, Raster, RasterArray**.

| | |
|---|---|
| AspectRatio -> 1 | Axes -> False |
| AxesLabel -> None | AxesOrigin -> Automatic |
| AxesStyle -> Automatic | Background -> Automatic |
| ColorFunction -> Automatic | ColorOutput -> Automatic |
| DefaultColor -> Automatic | Epilog -> {} |
| Frame -> True | FrameLabel -> None |
| FrameStyle -> Automatic | FrameTicks -> Automatic |
| Mesh -> True | MeshRange -> Automatic |
| MeshStyle -> Automatic | PlotLabel -> None |
| PlotRange -> Automatic | PlotRegion -> Automatic |
| Prolog -> {} | RotateLabel -> True |
| Ticks -> Automatic | DefaultFont :> $DefaultFont |
| DisplayFunction :> $DisplayFunction | |

**ListIntegrate** NumericalMath'ListIntegrate'

***ListPlay[{a1, a2, ...}]*** 177, 474, 820
spielt einen Ton, dessen Amplitude durch die Folge der Werte ai gegeben ist. ◇ ListPlay wirkt, indem jede Amplitude in der Liste in eine ganze Zahl der Länge SampleDepth (Voreinstellung 8 Bits) konvertiert wird und dieses Wellenmuster dann mit einer Abtastrate von SampleRate pro Sekunde (Voreinstellung 8192) abspielt. Der Ton wird dann durch zwei Bilder repräsentiert. Das obere Bild ist die eigentliche Welle und das untere Bild ist die Energie des Tonmusters. Jedes wird von links nach rechts als Funktion der Zeit angezeigt. (Für die meisten Töne, deren Frequenz hoch genug ist, um hörbar zu sein, ist das Wellendiagramm so kompliziert, daß keinerlei Ordnung erkennbar wird.) Die Grafiken, die von ListPlay produziert wurden, können mit der Anweisung Graphics[ton] in normale Grafiken konvertiert werden. Töne können mit der Anweisung Display[datei,ton] in eine Plattendatei gesichert werden (als Textdatei der hexadezimalen Abtastungen). Mit der Funktion Play kann ein Ton gespielt werden, dessen Wellenform durch eine Funktion beschrieben wird. Die Funktion ListPlay benötigt auf den meisten Computern Zeit, um die Daten vor dem Abspielen aufzubereiten. Dies kann man durch die Angabe eines speziellen Bereichs für die Funktion PlayRange etwas beschleunigen. Die interne Darstellung der Ton-Primitiven sind SampledSoundFunction und SampledSoundList. Mit der Funktion Sound kann man eine Liste mit Ton-Primitiven manipulieren. *Attribute: Protected. Vergleiche auch:* **Play, SampledSoundFunction, SampledSoundList, Show, Sound**.

| | | | |
|---|---|---|---|
| Epilog -> | { } | PlayRange -> | Automatic |
| Prolog -> | { } | SampleDepth -> | 8 |
| SampleRate -> | 8192 | DisplayFunction :> | $SoundDisplayFunction |

**ListPlot[*{y1, y2, ...}*]** 8, 164, 395, 820

druckt eine Wertetabelle. Die x-Koordinaten für jeden Punkt sind 1, 2, .... ListPlot[{{x1, y1}, {x2, y2}, ...}] druckt eine Wertetabelle mit spezifizierten x- und y-Koordinaten. ◇ ListPlot liefert ein Grafik-Objekt und kann mit der Anweisung Show angezeigt oder mit anderen Grafik-Objekten kombiniert werden. In der Voreinstellung werden die gedruckten Punkte nicht verbunden. Wenn die Option PlotJoined auf True gesetzt wird, werden Geradensegmente zwischen den Punkten gezeichnet. Graphen stetiger Funktionen können mit der Funktion Plot gedruckt werden, und Kurven, die parametrisch definiert werden, können mit der Anweisung ParametricPlot gezeichnet werden. *Attribute: Protected. Vergleiche auch:* **Graphics, ListPlot3D, Plot, Point, Show**.

| | | | |
|---|---|---|---|
| AspectRatio -> | GoldenRatio^(-1) | Axes -> | Automatic |
| AxesLabel -> | None | AxesOrigin -> | Automatic |
| AxesStyle -> | Automatic | Background -> | Automatic |
| ColorOutput -> | Automatic | DefaultColor -> | Automatic |
| Epilog -> | { } | Frame -> | False |
| FrameLabel -> | None | FrameStyle -> | Automatic |
| FrameTicks -> | Automatic | GridLines -> | None |
| PlotJoined -> | False | PlotLabel -> | None |
| PlotRange -> | Automatic | PlotRegion -> | Automatic |
| PlotStyle -> | Automatic | Prolog -> | { } |
| RotateLabel -> | True | Ticks -> | Automatic |
| DefaultFont :> | $DefaultFont | DisplayFunction :> | $DisplayFunction |

**ListPlot3D[*array*]** 164, 395, 447, 452, 820

erzeugt ein 3D-Diagramm einer Oberfläche, die durch ein Array mit Höhenwerten repräsentiert wird. ListPlot3D[array, schattierungen] erzeugt ein Diagramm, in dem jedes Element der Oberfläche gemäß der Festlegung in schattierungen schattiert wird. ◇ Das Array der Höhenwerte muß rechteckig sein und entspricht nach Voraussetzung den Punkten {{(1,1),(1,2),..},{(2,1),..}}. Wenn das Array die Dimension (m,n) hat, dann muß schattierungen die Dimension ((m-1),(n-1)) haben. Die Elemente von schattierungen müssen entweder GrayLevel[st] oder RGBColor[r,g,b] sein. Wenn irgendeines der Array-Elemente keine reelle Zahl ist, treten Löcher in der Oberfläche auf. Eine Funktion zweier Variablen kann mit der Anweisung Plot3D als 3D-Diagramm angezeigt werden. Andere Anweisungen, die Arrays von Höhenwerten anzeigen können, sind ListContourPlot und ListDensityPlot. ListPlot zeigt eine Liste mit Punkten als Funktion einer Variablen oder ein Streudiagramm an. *Attribute: Protected. Vergleiche auch:* **Plot3D, SurfaceGraphics, Show, ListContourPlot, ListDensityPlot, ListPlot, Graphics3D**.

| | | | |
|---|---|---|---|
| AmbientLight -> | GrayLevel[0] | AspectRatio -> | Automatic |
| Axes -> | True | AxesEdge -> | Automatic |
| AxesLabel -> | None | AxesStyle -> | Automatic |
| Background -> | Automatic | Boxed -> | True |
| BoxRatios -> | {1, 1, 0.4} | BoxStyle -> | Automatic |
| ClipFill -> | Automatic | ColorFunction -> | Automatic |
| ColorOutput -> | Automatic | DefaultColor -> | Automatic |
| Epilog -> | { } | FaceGrids -> | None |
| HiddenSurface -> | True | Lighting -> | True |
| Mesh -> | True | MeshRange -> | Automatic |
| MeshStyle -> | Automatic | PlotLabel -> | None |
| PlotRange -> | Automatic | PlotRegion -> | Automatic |
| Plot3Matrix -> | Automatic | Prolog -> | { } |
| Shading -> | True | SphericalRegion -> | False |
| Ticks -> | Automatic | ViewCenter -> | Automatic |
| ViewPoint -> | {1.3, -2.4, 2.} | ViewVertical -> | {0., 0., 1.} |
| DefaultFont :> | $DefaultFont | DisplayFunction :> | $DisplayFunction |

indent.1in LightSources -> {{{1., 0., 1.}, RGBColor[1, 0, 0]}, {{1., 1., 1.}, RGBColor[0, 1, 0]}, {{0., 1., 1.}, RGBColor[0, 0, 1]}}

**ListPlotVectorField** Graphics'PlotField'

**ListPlotVectorField3D** Graphics'PlotField3D'

***ListQ*[*ausdr*]**

ergibt True, wenn ausdr eine Liste ist, sonst False. *Attribute: Protected.*

**ListShadowPlot3D** Graphics'Graphics3D'

**ListSurfacePlot3D** Graphics'Graphics3D'

**Literal[*ausdr*]** 283, 731, 732, 820
ist äquivalent zu ausdr beim Mustervergleich, beläßt ausdr aber in einer unevaluierten Form. ◇ Die Wirkung von Literal ähnelt der des Operators Hold oder der Attribute HoldAll, HoldFirst und HoldRest. *Attribute: HoldAll Protected. Vergleiche auch:* **Hold, HoldAll, HoldFirst, HoldRest**.

**LocationReport** Statistics'DescriptiveStatistics'

**Locked** 272, 273, 728, 821
ist ein Attribut, das, sobald es zugewiesen wurde, die Änderung aller Attribute eines Symbols verhindert. ◇ Das Attribut Locked verhindert nicht selbst die Änderung der Symbolwerte. Es wird gewöhnlich dazu verwendet, die Entfernung der Attribute Protected oder ReadProtected zu verhindern. Da das Attribut Locked nicht reversibel ist, sollte es nicht gesetzt werden, bevor alle Zuweisungen für das Symbol ausgeführt wurden. Attribute eines Symbols werden mit der Anweisung Attributes ausgegeben, mit der Anweisung SetAttributes festgelegt und mit der Anweisung ClearAttributes entfernt. *Attribute: Protected. Vergleiche auch:* **Attributes, SetAttributes, ClearAttributes, HoldAll, Orderless, Protected, ReadProtected, Protect, Unprotect**.

**Log[*z*]** 49, 562, 821
ergibt den natürlichen Logarithmus von z (Logarithmus zur Basis E). Log[b, z] ergibt den Logarithmus zur Basis b. ◇ Die Funktion Log[z] ist die Inverse der Funktion Exp[z] (die zu E^z äquivalent ist). Die Funktion Log[b,z] ist die Inverse der Funktion b^z (oder Power[b,z]). Log[z] erscheint auch natürlicherweise als Lösung der Differentialgleichung y'[z]=1/z. (Beachten Sie: Obwohl die Funktion Log eine mehrwertige Funktion ist, ist die *Mathematica*-Implementation nur einwertig.) LogIntegral ist als Hauptwert von Integrate[1/Log[t],{t,0,z}] definiert. EllipticLog ist eine nicht standardmäßige elliptische Funktion, die von *Mathematica* verwendet wird. *Attribute: Listable Protected. Vergleiche auch:* **E, EllipticLog, Exp, LogIntegral, Power**.

***LogGamma*[*z*]** 572, 821
ist der Logarithmus der Eulerschen Gamma-Funktion Gamma(z). LogGamma[z] unterscheidet sich von Log[Gamma[z]] dadurch, daß sie einen einzelnen Verzweigungsschnitt längs der negativen reellen Achse hat. *Attribute: Listable Protected.*

**LogGridMajor** Graphics'Graphics'

**LogGridMinor** Graphics'Graphics'

**LogicalExpand[*ausdr*]** 94, 95, 98, 606, 612, 645, 821
entwickelt Ausdrücke, die logische Verknüpfungszeichen wie && und || enthalten. ◇ LogicalExpand verwendet Distributivgesetze (De Morgansche Gesetze). Anwendungen von LogicalExpand sind z.B. die Vereinfachung der Ergebnisse einer Solve-Operation und die Gleichsetzung der Terme von Potenzreihen in einer Reihenlösung einer Differentialgleichung. Die ähnlich klingende Anweisung Expand multipliziert einen Ausdruck aus, der Summen und Produkte enthält. *Attribute: Protected. Vergleiche auch:* **True, False, Or, Not, Xor, Implies, Expand**.

**LogIntegral[*z*]** 571, 575, 634, 821
ist die Integrallogarithmusfunktion li(z). ◇ LogIntegral[z] = Integrate[1/Log[t], {t,0,z}], wobei der Hauptwert genommen wird. Diese Funktion wird häufig li(z) oder Li(z) geschrieben. (Einige Quellen definieren li(z)=Integrate[1/Log[t],{t,2,z}].) Die Funktion LogIntegral wird gewöhnlich zum Studium der Primzahlverteilung benutzt, da sie eine gute Approximation für die Anzahl der Primzahlen kleiner oder gleich n ist (die Funktion PrimePi). In diesem Sinne kann sie als approximierte Inverse der Funktion Prime betrachtet werden. *Attribute: Listable Protected ReadProtected. Vergleiche auch:* **CosIntegral, ExpIntegralE, Integrate, Log, NIntegrate, Prime, PrimePi, SinIntegral**.

**LogisticDistribution** Statistics'ContinuousDistributions'

**LogListPlot** Graphics'Graphics'

**LogLogListPlot** Graphics'Graphics'

**LogLogPlot** Graphics'Graphics'

**LogNormalDistribution** Statistics'ContinuousDistributions'

**LogPlot** Graphics'Graphics'

**LogScale** Graphics'Graphics'

**LogSeriesDistribution** Statistics'DiscreteDistributions'

**LongestIncreasingSubse quence** DiscreteMath'Combinatorica'

**LongTake** Graphics'MultipleListPlot'

***LowerCaseQ*[*string*]** 378, 821
ergibt True, wenn alle Zeichen der Zeichenkette Kleinbuchstaben sind, sonst False. ◇ Die globale Variable $Letters enthält eine Liste der Zeichen, die als Buchstaben betrachtet werden. Diese Liste legt auch fest, welche Buchstaben als Groß- oder Kleinbuchstaben betrachtet werden. Die Anweisungen ToUpperCase und ToLowerCase konvertieren alle Buchstaben einer Zeichenkette in die entsprechende Form. IgnoreCase ist eine Option für bestimmte Anweisungen, die festlegt, daß Groß- und Kleinbuchstaben während einer Suche als gleich betrachtet werden. *Attribute: Protected. Vergleiche auch:* **IgnoreCase, LetterQ, String, StringQ, ToUpperCase, ToLowerCase, UpperCaseQ, $Letters**.

**LowerDiagonalMatrix** LinearAlgebra'MatrixManipulation'
**LU** LinearAlgebra'GaussianElimination'
**LUFactor** LinearAlgebra'GaussianElimination'
**LUSolve** LinearAlgebra'GaussianElimination'

## M

**M** DiscreteMath'Combinatorica'
**MachineID -> "*id*"** 480
ist eine Option für Encode, die den Wert von $MachineID festlegt, der von dem Computer verlangt wird, der die verschlüsselte Datei liest. Wenn kein Wert spezifiziert ist, ist ein beliebiger Wert von $MachineID auf dem Computer erlaubt, der die Datei liest. ◇ Wenn Encode mit dieser Option verwendet wird, wird eine Datei produziert, die nur (mittels der Anweisung Get) von einem Computer mit der spezifizierten ID gelesen werden kann. Die ID-Zahl Ihres Computers ist in der Systemvariablen $MachineID enthalten. Eine Maschinen-ID kann auch mit dem „mathinfo"-Programm produziert werden, das mit UNIX-Versionen von *Mathematica* geliefert wird. *Attribute: Protected. Vergleiche auch:* **Encode, Get, MachineName, $MachineID**.

**MachineName -> "*name*"**
ist eine Option für Encode, die den Wert von $MachineName festlegt, der von dem Computer verlangt wird, der die verschlüsselte Datei liest. Wenn kein Wert spezifiziert ist, ist ein beliebiger Wert von $MachineName auf dem Computer erlaubt, der die Datei liest. ◇ Wenn Encode mit dieser Option verwendet wird, wird eine Datei produziert, die nur (mittels der Anweisung Get) von einem Computer mit dem spezifizierten Namen gelesen werden kann. Der Name Ihres Computers ist in der Systemvariable $MachineName enthalten. Ein Maschinenname kann auch mit dem „mathinfo"-Programm produziert werden, das mit Unix-Versionen von *Mathematica* geliefert wird. *Attribute: Protected. Vergleiche auch:* **Encode, Get, MachineID, $MachineName**.

***MachineNumberQ*[*x*]** 540, 821
ergibt True, wenn x eine Maschinengleitpunktzahl ist, sonst False. *Attribute: Protected. Vergleiche auch:* **Precision, NumberQ**.

**MainSolve[*gln*]** 822

ist die zugrundeliegende Funktion bei der Transformation von Gleichungssystemen. Solve und Eliminate rufen sie auf. Die Gleichungen müssen die Form ls == rs haben. Sie können mittels && und || kombiniert werden. MainSolve gibt False zurück, wenn keine Lösungen für die Gleichungen existieren und True, wenn alle Werte der Variablen Lösungen sind. MainSolve stellt die Gleichungen mittels bestimmter Anweisungen um. MainSolve[gln, vars, elim, rest] versucht, die Gleichungen gln so umzuordnen, daß sie für die Variablen vars gelöst und die Variablen elim eliminiert werden. Die Liste rest kann eingefügt werden, um die Eliminminierungsreihenfolge für etwaige verbleibende Variablen festzulegen. ◇ MainSolve arbeitet primär mit linearen und Polynomgleichungen, aber einige transzendente Gleichungen können gelöst werden, wenn sie als Polynomgleichung einer einfachen transzendenten Funktion ausgedrückt werden können. Wenn MainSolve nicht in der Lage ist, ein System zu lösen (z.B. im Fall einer allgemeinen Gleichung fünften Grades), kann es die nicht gefundenen Wurzeln in der Form Roots liefern (eine numerische Lösung kann dann durch Anwendung der N-Funktion bestimmt werden). Anweisungen, die MainSolve verwenden, sind Eliminate, die eine Menge von Variablen eliminiert, Solve, die allgemeine Lösungen eines Gleichungssystem zu bestimmen versucht, und Reduce, die alle Lösungen bestimmt. Die Anweisung SolveAlways[gln,vars] ist äquivalent zu Solve[!Eliminate[!gln,vars]]. Die Anweisung LinearSolve ist effizienter, wenn alle Gleichungen linear sind. Wenn das System nicht-polynomiale Gleichungen enthält, verwendet FindRoot die Newton-Methode, um numerische Antworten zu bestimmen. Mit der Anweisung DSolve kann man einfache Differentialgleichungen lösen. MainSolve verwendet die Methode der Groebner-Basen. Die Anweisung GroebnerBasis erzeugt so eine Basis und die Anweisung AlgebraicRules kann auch dazu verwendet werden, die interne Form einer Groebner-Basis zu erzeugen. *Attribute: Protected. Vergleiche auch:* **AlgebraicRules, DSolve, Eliminate, FindRoot, GroebnerBasis, LinearSolve, Reduce, Roots, Solve, SolveAlways, ToRules**.

| | |
|---|---|
| InverseFunctions -> Automatic | MakeRules -> False |
| Method -> 1 | Mode -> Rational |
| Sort -> True | VerifySolutions -> False |
| WorkingPrecision -> Infinity | |

**MakeGraph** DiscreteMath'Combinatorica'
**MakeList** DiscreteMath'RSolve'
**MakeReal** DiscreteMath'RSolve'
**MakeRule** ProgrammingExamples'MakeFunctions'
**MakeRuleConditional** ProgrammingExamples'MakeFunctions'

**MakeRules -> True oder False**

ist eine Option für Solve und verwandte Funktionen, die festlegt, ob das Ergebnis als AlgebraicRulesData-Objekt dargestellt werden soll. ◇ MakeRules ist eine Option für MainSolve und jene Anweisungen, die MainSolve aufrufen, zum Beispiel Eliminate, Reduce, Solve und SolveAlways. Sie legt fest, daß das Format des Ergebnisses eine Menge von Regeln ist, anstelle einer Konjunktion von Gleichungen. Die Einstellung der Option MakeRules auf True bewirkt dasselbe, wie die Anwendung des Operators ToRules auf die Ergebnisse. *Attribute: Protected. Vergleiche auch:* **MainSolve, Eliminate, Reduce, Solve, SolveAlways, Options, SetOptions, ToRules**.

**MakeSimple** DiscreteMath'Combinatorica'
**MakeSymbol** Graphics'MultipleListPlot'
**MakeTree** DiscreteMath'Tree'
**MakeTrinomial** DiscreteMath'RSolve'
**MakeUndirected** DiscreteMath'Combinatorica'

***MantissaExponent*[*x*]** 538, 822

ergibt eine Liste, die die Mantisse und den Exponenten einer reellen Gleitpunktzahl x enthält. *Attribute: Listable Protected. Vergleiche auch:* **Log, RealDigits**.

**Map[*f, x*] *oder f /@ ausdr*** 204, 725, 822

wendet f auf jedes Element auf der ersten Stufe in ausdr an. Map[f, ausdr, stufenspez] wendet f auf die Teile von ausdr an, die durch stufenspez spezifiziert sind. ◇ Stufenspezifikationen werden im Eintrag „stufenspez" beschrieben. Eine Stufe kann mit der Anweisung Level betrachtet werden. Die Form Map[f,ausdr] ist äquivalent zu Map[f,ausdr,1]. Die Kurzform für Map, f /@ ausdr, sollte nicht mit den anderen Formen f@ausdr (oder f[ausdr]), f@@ausdr (oder Apply[f,ausdr]) oder f//@ausdr (oder MapAll[f,ausdr]) verwechselt werden. MapAll[f,ausdr] ist äquivalent zu Map[f,ausdr,{0,Infinity}], und MapAt wendet f auf einen speziellen Teil von ausdr an. Scan unterscheidet sich von Map dadurch, daß es kein Ergebnis liefert. Apply ersetzt die äußere Funktion (häufig List) durch die angewendete Funktion. Operate ist eine ähnliche Anweisung, wird aber verwendet, wenn Funktionen angewendet werden, die auf andere Funktionen wirken (d.h. Operatoren). *Attribute: Protected. Vergleiche auch:* **Apply, Level, MapAll, MapAt, Operate, Scan, stufenspez**.

Heads -> False

**MapAll[*f, x*]** ***oder f //@ ausdr*** 204, 214, 822
wendet f auf jeden Unterausdruck in ausdr an. ◇ Die Kurzform für MapAll, f //@ ausdr, sollte nicht mit den anderen Formen f@ausdr (oder f[ausdr]), f@@ausdr (oder Apply[f,ausdr]) oder f/@ausdr (oder Map[f,ausdr]) verwechselt werden. MapAll[f,ausdr] ist äquivalent zu Map[f,ausdr,{0,Infinity}], und MapAt wendet f auf einen speziellen Teil von ausdr an. Die Funktionen ExpandAll[ausdr] und ReplaceAll[ausdr,regeln] (oder ausdr /. regeln) sind äquivalent zu MapAll[Expand,ausdr] und MapAll[Replace[#,regeln]&,ausdr]. *Attribute: Protected. Vergleiche auch:* **ExpandAll, Map, MapAt, ReplaceAll.**
Heads -> False

**MapAt[*f, ausdr, n*]** 205, 823
wendet f auf das Element auf der Position n in ausdr an. Wenn n negativ ist, wird die Position vom Ende her gezählt. MapAt[f, ausdr, {i, j, ...}] wendet f auf den Teil von ausdr auf der Position {i, j, ...} an. MapAt[f, ausdr, {{i1, j1, ...}, {i2, j2, ...}, ...}] wendet f auf Teile von ausdr auf mehreren Positionen an. *Attribute: Protected. Vergleiche auch:* **MapAll, Map, Part, Position, partspecs.**

***MapIndexed*[*f, ausdr*]** 206, 725, 823
wendet f auf die Elemente von ausdr an, wobei die Teile-Spezifikation jedes Elementes als zweites Argument für f dient. MapIndexed[f, ausdr, stufspez] wendet f auf alle Teile von ausdr auf durch stufspez spezifizierten Stufen an. ◇ Die Teile-Spezifikation ist eine Liste. Ähnliche Funktionen sind FoldList, die eine Liste rekursiv erzeugt, indem es eine Funktion auf das vorhergehende und das nächste Element einer Liste anwendet, und Apply, das eine Funktion auf den Kopf einer Liste anwendet. Map wendet eine Funktion auf eine spezielle Position in einem Ausdruck an. MapThread wendet eine Funktion auf mehrere Listen an, und MapAll wendet eine Funktion auf alle Positionen in einem Ausdruck an. *Attribute: Protected. Vergleiche auch:* **Apply, FoldList, Map, MapAll, MapThread, stufenspez.**
Heads -> False

***MapThread*[*f, {{a1, a2, ...}, {b1, b2, ...}, ...}*]** 206, 823
ergibt {f[a1, b1, ...], f[a2, b2, ...], ...}. MapThread[f, {xa, xb, ...}, n] wendet f auf die n-te Stufe der n-dimensionalen Tensoren xa, xb, ... an. ◇ MapThread verwendet nicht die normale Stufenspezifikation, sondern spezifiziert eine einzelne Stufe durch eine ganze Zahl. Ähnliche Funktionen sind FoldList, die eine Liste rekursiv durch Anwendung einer Funktion auf das vorhergehende und das nächste Element einer Liste erzeugt, Apply, die eine Funktion auf den Kopf einer Liste anwendet, und ComposeList, die ein Liste mit Funktionen auf einen einzelnen Parameter anwendet. Map wendet eine Funktion auf eine spezielle Position in einem Ausdruck an. MapIndexed wendet eine Funktion auf eine Liste von Parametern an, mit einem Index als zweiten Parameter. MapAll wendet eine Funktion auf alle Positionen in einem Ausdruck an. NestList wendet eine Funktion auf einen Parameter eine spezifizierte Anzahl Mal an. *Attribute: Protected. Vergleiche auch:* **Apply, ComposeList, FoldList, List, MapIndexed, NestList, Thread.**

M

***MatchLocalNames*** 304, 823
ist eine Option für Trace und verwandte Funktionen, die spezifiziert, ob Symbole wie zum Beispiel x zu Symbolen mit lokalen Namen der Form x$nnn passen sollen. *Attribute: Protected.*

**MatchQ[*ausdr, form*]** 228, 288, 823
ergibt True, wenn das Muster form zu ausdr paßt, sonst False. ◇ Andere logische Prädikate oder Tests sind Equal (d.h. ls==rs), FreeQ (bestimmt, ob ein Ausdruck frei von einem angegebenen Symbol ist), MemberQ (bestimmt, ob ein Symbol in einem Ausdruck enthalten ist), OrderedQ (bestimmt, ob zwei Symbole, Zeichenketten usw. richtig angeordnet sind), StringMatchQ (vergleicht eine Zeichenkette mit einem Muster von Zeichen und Metazeichen), SameQ (oder ls===rs, bestimmt, ob mehrere Ausdrücke identisch sind) und ihre Inverse UnsameQ (oder ls =!=rs). *Attribute: Protected. Vergleiche auch:* **Equal, FreeQ, MemberQ, OrderedQ, SameQ, StringMatchQ, UnsameQ, muster, tests.**

**MatrixExp[*mat*]** 659, 824
ergibt die Matrix-Exponentialfunktion von mat. ◇ Exp ist die herkömmliche Exponentialfunktion. Wenn sie auf eine Matrix angewandt wird, wird Exp auf jeden einzelnen Eintrag angewandt. MatrixPower[mat,n] liefert die n-te Potenz einer Matrix und Dot[mat1,mat2] (oder mat1.mat2) ist das Matrizenprodukt. Series liefert die Taylor-Reihe einer Funktion. *Attribute: Protected. Vergleiche auch:* **Dot, Exp, MatrixForm, MatrixPower, MatrixQ, Series.**

**MatrixForm[*liste*]** 122, 354, 824
druckt die Elemente der Liste als reguläres Array. ◇ Andere Formatierungsanweisungen sind Subscript, Superscript, Infix, ColonForm, SequenceForm und ColumnForm. *Attribute: Protected. Vergleiche auch:* **Above, Array, Below, Center, ColumnForm, Format, Left, Right, Subscript, Superscript, TableForm.**

| | |
|---|---|
| TableAlignments -> Automatic | TableDepth -> Infinity |
| TableDirections -> Column | TableHeadings -> None |
| TableSpacing -> Automatic | |

**MatrixPower[*mat, n*]** 659, 824
ergibt die n-te Matrix-Potenz von mat. ◇ MatrixPower funktioniert nur mit quadratischen Matrizen. Es arbeitet auch mit symbolischen Matrizen. Gebrochene Potenzen werden akzeptiert (obwohl gebrochene Potenzen von symbolischen Matrizen, die größer als (4,4) sind, im allgemeinen nicht bestimmt werden können). Wenn n kleiner als Null ist, dann ergibt MatrixPower[mat,n] MatrixPower[Inverse[mat],-n]. MatrixPower[mat,2] ist äquivalent zu Dot[mat,mat] (oder mat.mat), nicht mat*mat. Die Form mat.mat ergibt das konventionelle Matrizenprodukt, mat*mat liefert ein Term-für-Term Produkt. *Attribute: Protected. Vergleiche auch:* **Dot, Inverse, MatrixExp, MatrixForm, MatrixQ, Power.**

**MatrixQ[*ausdr*]** 227, 652, 824
ergibt True, wenn ausdr eine Liste von Listen ist, die eine Matrix repräsentieren kann, sonst False. MatrixQ[ausdr, test] ergibt nur dann True, wenn test bei der Anwendung auf jedes Matrixelement in ausdr True ergibt. ◇ Beachten Sie, daß in *Mathematica* eine Matrix als Liste von Listen dargestellt wird. Der Test MatrixQ ergibt True, wenn der Ausdruck eine Liste ist, deren Elemente alle selbst wieder Listen mit einer gewissen festen Länge sind (d.h. alle Zeilen müssen dieselbe Länge haben). Der Test VectorQ bestimmt, ob ein Ausdruck ein Vektor ist (d.h. eine Liste, deren Elemente selbst keine Listen sind). Der TensorRank (Stufe des Tensors) eines Vektor ist 1 und der TensorRank einer Matrix ist 2. Dimensions liefert eine Liste der Längen der Unterlisten auf jeder Stufe eines Vektors, einer Matrix oder eines Tensors. Depth ist die Tiefe eines Ausdrucks. (Beachten Sie jedoch, daß die Tiefe einer Matrix mit nicht-numerischen Einträgen größer als 2 sein kann, da Depth auch die Verschachtelungstiefe der Ausdrücke beachtet.) *Attribute: Protected. Vergleiche auch:* **Depth, Dimensions, Length, MatrixForm, TensorRank, VectorQ.**

**Max[*x1, x2, ...*]** 49, 550, 824
ergibt das numerisch größte Element der xi. Max[{x1, x2, ...}, {y1, ...}, ...] ergibt das größte Element aller Listen. ◇ Max liefert eine Antwort, wenn alle seine Argumente zu reellen Zahlen evaluiert werden. Sonst springt Max unevaluiert zurück. Max[ ] liefert -Infinity. *Attribute: Flat OneIdentity Orderless Protected. Vergleiche auch:* **Min, ConstrainedMax, FindMinimum, Order, Sort.**

**MaxArrowLength** Graphics'PlotField'
**MaxArrowLength** Graphics'PlotField3D'
**MaxBend -> *x*** 143, 824
ist eine Option für Plot, die den maximalen Neigungswinkel zwischen aufeinanderfolgenden Geradensegmenten einer Kurve mißt. ◇ Die Voreinstellung ist 10., in welchem Fall das adaptive Druckprogramm ein Intervall zwischen Stützstellen nicht unterteilt, es sei denn, der Winkel zwischen 3 Punkten ist größer als 10. MaxBend können numerische Werte im Bereich von 0 bis 45 zugewiesen werden. Das Druckprogramm tastet zuerst die Funktion an PlotPoints (Voreinstellung von 25) äquidistanten Punkten ab. Wenn der Winkel zwischen 3 Punkten größer als MaxBend ist, wird das betreffende Intervall unterteilt und der Winkel erneut überprüft. Dieser Prozeß wird solange fortgesetzt, bis entweder der Winkel unter MaxBend fällt oder bis ein Intervall zwischen zwei der ursprünglichen Stützstellen durch PlotDivision (Voreinstellung 20) neue Punkte unterteilt wird. Folglich ist die höchstmögliche Auflösung des Diagramms 1/(PlotPoints*PlotDivision). *Attribute: Protected. Vergleiche auch:* **Plot, PlotDivision, PlotPoints.**

**MaximalMatching** DiscreteMath'Combinatorica'
**MaximumAntichain** DiscreteMath'Combinatorica'
**MaximumClique** DiscreteMath'Combinatorica'
**MaximumIndependentSet** DiscreteMath'Combinatorica'
**MaximumSpanningTree** DiscreteMath'Combinatorica'

**MaxIterations -> *n*** 695

ist eine Option für mehrere Funktionen, die einen iterativen Algorithmus benutzen und dient zur Spezifizierung der maximalen Anzahl der erlaubten Iterationen. ◇ Als Option für FindMinimum ist der Vorgabewert 30, und als Option für FindRoot ist der Vorgabewert 15. Wenn die maximale Anzahl der Iterationen überschritten wird, bevor AccuracyGoal erreicht wird, stoppt die Anweisung, gibt den Wert aus, den sie bis dahin berechnet hat und zeigt eine Warnmeldung an. *Attribute: Protected. Vergleiche auch:* **AccuracyGoal, FindMinimum, FindRoot, MaxRecursion, Options, SetOptions**.

**MaxMemoryUsed[ ]** 526, 743, 824

ergibt die maximale Anzahl der Bytes, die zum Speichern aller Daten für die laufende *Mathematica*-Session benutzt wird. ◇ MemoryInUse ergibt die Gesamtanzahl der Bytes des Speicherplatzes, der zur Zeit von *Mathematica* benutzt wird. Share versucht zu veranlassen, daß mehrere Unterausdrücke gemeinsamen Speicherplatz nutzen, um den genutzten Speicherplatz zu reduzieren, und mit Clear kann Speicherplatz durch Löschen von Variablendefinitionen freigegeben werden. MemoryConstrained kann verwendet werden, um eine Berechnung zu unterbrechen, wenn sie mehr als eine spezifizierte Speichergröße benutzt. *Attribute: Protected. Vergleiche auch:* **MemoryInUse, ByteCount, Share, Clear, MemoryConstrained**.

**MaxRecursion -> *n*** 688

ist eine Option für mehrere numerische Funktionen, die einen rekursiven Algorithmus verwenden, und dient zur Spezifizierung der maximal erlaubten Rekursionstiefe, unabhängig davon, ob Konvergenz erreicht wurde. ◇ Wenn Method -> GaussianQuadrature (Voreinstellung) spezifiziert ist, wird eine adaptive Methode benutzt. Diese Methode unterteilt das Integrationsintervall in Teilintervalle, integriert jedes Teilintervall mit der Gaußschen Quadraturformel und schätzt dann den Fehler auf jenem Teilintervall. Wenn er zu groß ist, wird jenes Teilintervall selbst unterteilt. Jedes gegebene Teilintervall wird ungeachtet des Fehlers maximal MaxRecursion Mal unterteilt. (Die Unterteilung wird mindestens MinRecursion Mal ausgeführt. Die maximale Rekursion in Intervallen, die einen Randpunkt des Integrationsintervalls enthalten, wird durch die Option SingularityDepth kontrolliert.) Die zweite Methode für NIntegrate ist Method -> DoubleExponential. Wenn diese Methode gewählt wird, wird die Trapezmethode benutzt und dann der Fehler geschätzt. Wenn der globale Fehler zu groß ist, wird die Schrittweite halbiert und der Prozeß wiederholt. Für diese Methode bezieht sich MaxRecursion auf die maximale Anzahl der erlaubten Halbierungen der Schrittweite. (Die Schrittweite wird immer mindestens MinRecursion Mal halbiert.) Die Systemvariable $RecursionLimit setzt einen globalen Grenzwert für die Anzahl der rekursiven Aufrufe, die während der Evaluierung eines Ausdrucks erlaubt sind. *Attribute: Protected. Vergleiche auch:* **DoubleExponential, GaussianQuadrature, MaxIterations, MinRecursion, NIntegrate, SingularityDepth, $RecursionLimit, Options, SetOptions**.

M

***MaxSteps* -> *n*** 700, 702

ist eine Option für NDSolve, die die maximale Schrittzahl festlegt. ◇ Der Vorgabewert für MaxSteps ist 500. Werte von MaxSteps müssen entweder eine ganze Zahl oder Infinity sein. Die Erhöhung von MaxSteps erhöht nicht die Genauigkeit von NDSolve, aber ein Wert von MaxSteps, der zu klein ist, bewirkt, daß NDSolve abgebrochen wird, wenn er überschritten wird. Der Zweck von MaxSteps, besteht darin, ein Ausufern der Berechnung zu verhindern. Die Option StartingStepSize für NDSolve kontrolliert die Schrittweite und AccuracyGoal, und PrecisionGoal überwachen die gewünschte Genauigkeit des Ergebnisses. andere Anweisungen. *Attribute: Protected. Vergleiche auch:* **AccuracyGoal, MaxIterations, NDSolve, PrecisionGoal, StartingStepSize**.

**Mean** Statistics'ContinuousDistributions'

**Mean** Statistics'DescriptiveStatistics'

**Mean** Statistics'DiscreteDistributions'

**Mean** Statistics'NormalDistributions'

**MeanCI** Statistics'ConfidenceIntervals'

**MeanDeviation** Statistics'DescriptiveStatistics'

**MeanDifferenceCI** Statistics'ConfidenceIntervals'

**MeanDifferenceTest** Statistics'HypothesisTests'

**MeanTest** Statistics'HypothesisTests'

**Median** Statistics'DescriptiveStatistics'

**MedianDeviation** Statistics'DescriptiveStatistics'

**MeltingPoint** Miscellaneous'ChemicalElements'

**MemberQ[*liste, form*]** 127, 228, 825
ergibt True, wenn ein Element von liste zu form paßt, sonst False. MemberQ[liste, form, stufenspez] testet alle Teile von liste, die durch stufenspez spezifiziert sind. ◇ MemberQ kann verwendet werden, um zu bestimmen, ob ein angegebener Ausdruck ein Element einer Liste ist. *Attribute: Protected. Vergleiche auch:* **Cases, Complement, Count, FreeQ, Intersection, Position, Union, stufenspez, muster**.
Heads -> False

**MemoryConstrained[*ausdr, b*]** 527, 825
evaluiert ausdr und stoppt, falls mehr als b Bytes an Speicher angefordert werden. MemoryConstrained[ausdr, b, fehlausdr] liefert fehlausdr, wenn die Speicherbedingung nicht eingehalten wird. ◇ MemoryConstrained erzeugt einen Interrupt (gibt $Interrupted aus), wenn der zusätzlich angeforderte Speicher zur Evaluierung von ausdr b Bytes überschreitet. Abhängig von der Evaluierung, kann der Interrupt verzögert werden, so daß die Evaluierung tatsächlich mehr als b Bytes benutzen kann. TimeConstrained führt dasselbe für Evaluierungen aus, die mehr als das festgelegte Zeitmaß beanspruchen, MemoryInUse liefert die Gesamtanzahl der Bytes, die von *Mathematica* zur Zeit im Speicher belegt werden und Share versucht zu erreichen, daß mehrere Unterausdrücke gemeinsam Speicherplatz nutzen, um den verwendeten Speicherplatz zu reduzieren. MaxRecursion und MaxIterations sind Optionen, die die Ressourcen einiger Berechnungen begrenzen können und $RecursionLimit beschränkt während der Evaluierung eines Ausdrucks die erlaubten Rekursionen global. Mit Check können Interrupts, die erzeugt wurden, aufgefangen werden. *Attribute: HoldFirst Protected. Vergleiche auch:* **TimeConstrained, MemoryInUse, MaxRecursion, MaxIterations, $RecursionLimit, $Interrupted, Check, Share**.

**MemoryInUse[ ]** 526, 743, 825
ergibt die Anzahl der Bytes, die zur Zeit zum Speichern aller Daten in der laufenden *Mathematica*-Session belegt werden. ◇ ByteCount liefert eine Schätzung der Speichergröße, die von einem Ausdruck benötigt wird. MaxMemoryUsed liefert den maximal während dieser Session verwendeten Speicherplatz. Mit MemoryConstrained kann eine Berechnung unterbrochen werden, wenn sie mehr als eine festgelegte Speichergröße benötigt. Share versucht zu erreichen, daß mehrere Unterausdrücke gemeinsamen Speicherplatz nutzen, um den verwendeten Speicherplatz zu reduzieren, und Clear kann verwendet werden, um Speicher durch Löschen der Variablendefinitionen freizugeben. *Attribute: Protected. Vergleiche auch:* **ByteCount, MaxMemoryUsed, MemoryConstrained, Share, Clear**.

**Mercator** Miscellaneous'WorldPlot'
**Mesh -> True oder False** 154, 156, 425, 449, 825
ist eine Option für SurfaceGraphics und DensityGraphics, die festlegt, ob ein explizites x-y-Netz gezeichnet werden soll. ◇ Der Stil des Gitternetzes (z.B. die Dicke oder Schattierung der Linien) kann mit der Option MeshStyle verändert werden. Die Optionen HiddenSurface und Shading können ausgeschaltet werden, wodurch nur das Gitternetz als Drahtdiagramm der Oberfläche übrigbleibt. Diese Option sollte nicht mit MeshRange verwechselt werden, die eine Option für ListPlot3D, ListDensityPlot und ListContourPlot ist, die festlegt, welcher Bereich der x- und y-Werte dem Array der z-Werte entspricht. Die Option Boxed spezifiziert, ob ein 3D-Diagramm von einem sichtbaren Kasten eingerahmt wird, und die Option Framed spezifiziert, ob ein Diagramm einen sichtbaren Rahmen hat. *Attribute: Protected. Vergleiche auch:* **Boxed, DensityPlot, Framed, HiddenSurface, ListDensityPlot, ListPlot3D, MeshRange, MeshStyle, Options, Plot3D, SetOptions**.

**MeshRange -> {{*xmin,xmax*},{*ymin,ymax*}}** 449, 825
ist eine Option für ListPlot3D, SurfaceGraphics, ListContourPlot, ListDensityPlot und verwandte Funktionen, die den Bereich der x- und y-Koordinaten festlegt, die dem gegebenen Array der z-Werte entsprechen. ◇ Der Vorgabewert ist MeshRange -> Automatic, der annimmt, daß die Array-Werte ganzzahlige Werte von x und y sind, wobei jeder mit 1 startet. Verwechseln Sie diese Optionen nicht mit Mesh und MeshStyle, die festlegen, ob und in welchem Stil ein Gitternetz gezeichnet wird, oder mit PlotRange, das den Bereich der zu zeichnenden z-Werte festlegt. *Attribute: Protected. Vergleiche auch:* **Mesh, ListPlot3D, ListDensityPlot, ListContourPlot, SurfaceGraphics, DensityGraphics, ContourGraphics, Options, SetOptions, MeshRange**.

**MeshStyle -> {*prim,..*}** 411, 425, 449, 825
ist eine Option für Plot3D, ContourPlot, DensityPlot und verwandte Funktionen, die festlegt, wie Gitternetzlinien dargestellt werden sollen. ◇ Der Vorgabewert ist MeshStyle -> { }. Akzeptierte Elemente der Liste sind Thickness, GrayLevel, RGBColor. Für 3D-Grafik werden auch 2D-Primitiven akzeptiert. Das Gitternetz kann mit der Optionseinstellung Mesh -> False unterdrückt werden. *Attribute: Protected. Vergleiche auch:* **Mesh, Plot3D, DensityPlot, ContourPlot, SurfaceGraphics, DensityGraphics, ContourGraphics, Options, SetOptions, MeshRange**.

**Message[*symbol::tag*]** 390, 486, 826
druckt die Meldung symbol::tag, wenn sie nicht abgeschaltet wurde. Message[symbol::tag, a1, a2, ...] druckt eine Meldung und setzt, wenn notwendig, die Werte der ai ein. ◇ Die Meldungen werden in die Dateien und Pipes gedruckt, die in der Systemvariablen $Messages aufgelistet sind (im allgemeinen ist eine von ihnen der Bildschirm). Meldungen können mit dem Operator MessageName spezifiziert werden, dessen Kurzschreibweise symbol::tag ist. Die Meldungen, die mit einem Symbol verknüpft sind, können mit der Anweisung Messages betrachtet werden. Wenn *Mathematica* versucht, die Meldung f::tag auszugeben (oder, wenn der Nutzer die Anweisung Message[f::tag] ausführt) und keine Meldung f::tag gefunden wird, gibt es die allgemeine Meldung General::tag aus. Mit den Anweisungen On und Off kann man die Ausgabe der Meldungen ein- und ausschalten. Wenn *Mathematica* mehrere Male auf denselben Fehler stößt, druckt es die Fehlermeldung 3-mal, druckt die Meldung General::stop aus und unterdrückt dann jede weitere Ausgabe der Fehlermeldung. Wenn Sie alle Fehlermeldungen sehen wollen, die gedruckt werden können, führen Sie Off[General::stop] aus. Fehlermeldungen können mit der Anweisung Check abgefangen werden. Die Abbildung von Variablen auf den Meldungsstring wird von der Anweisung StringForm vorgenommen. Die Meldungen, die mit dem Ablaufvervolgungsetikett verknüpft sind, werden nicht mit ihrem Symbol gespeichert und werden als Spezialfall behandelt. *Attribute: HoldFirst Protected. Vergleiche auch:* **Check, General, MessageName, Messages, Off, On, Print, StringForm, Write, $Messages.**

***MessageList*[*n*]** 389, 513, 743, 826
ist ein globales Objekt, dem eine Liste mit den Namen der Meldungen zugewiesen ist, die während der Verarbeitung der n-ten Eingabezeile erzeugt wurden. *Attribute: Listable Protected. Vergleiche auch:* **$MessageList.**

**MessageName[*symbol, "tag"*] *oder symbol::tag*** 387, 826
ist ein Name für eine Meldung. ◇ Mit der Konstruktion MessageName[symbol,tag] = "irgendetwas" (äquivalent zu symbol::tag="irgendetwas") werden Fehlermeldungen für die spätere Verwendung abgefaßt und gespeichert. Diese Meldungen können Zeichenketten sein oder Zeichenketten, die die Einfügung von Variablen wie in StringForm erlauben. Die Meldungen, die mit einem Symbol verknüpft sind, können mit der Anweisung Messages betrachtet und mit der Anweisung Message ausgegeben werden. Das Symbol General wird zur Speicherung von Meldungen benutzt, die von mehr als einem Symbol verwendet werden können. Mit den Anweisungen On und Off kann die Ausgabe der Meldungen ein- und ausgeschaltet werden. Fehlermeldungen können mit der Anweisung Check abgefangen werden. Für die meisten Symbole und Funktionen ist die Meldung f::usage definiert, die mitteilt, wie die Funktion zu verwenden ist. Diese Meldung kann mit den Anweisungen Information[f], ?f oder ??f gelesen werden. Die Meldungen, die mit dem Ablaufverfolgungsetikett verknüpft sind, werden nicht mit ihrem Symbol gespeichert und werden als Spezialfall behandelt. *Attribute: HoldFirst Protected. Vergleiche auch:* **Check, General, Information, Message, Messages, Off, On, StringForm, ?.**

**Messages[*symbol*]** 387, 736, 826
gibt alle Meldungen aus, die einem bestimmten Symbol zugewiesen wurden. ◇ Meldungen werden einem Symbol mit der Konstruktion MessageName[symbol,tag] = "irgendetwas" (äquivalent zu symbol::tag="irgendetwas") zugewiesen. Die Meldungen, die mit einem Symbol verknüpft sind, können mit der Anweisung Message ausgegeben werden. Mit dem Symbol General werden Meldungen gespeichert, die von mehr als einem Symbol verwendet werden können. Mit den Anweisungen On und Off kann die Ausgabe der Meldungen ein- und ausgeschaltet werden. Fehlermeldungen können mit der Anweisung Check abgefangen werden. Für die meisten Symbole und Funktionen ist die Meldung f::usage definiert, die mitteilt, wie die Funktion zu verwenden ist. Diese Meldung kann mit den Anweisungen ?f oder ??f gelesen werden. *Attribute: HoldAll Protected. Vergleiche auch:* **Check, General, Message, MessageName, Off, On.**

***MetaCharacters -> wert***
ist eine Option für StringPosition, die bestimmt, welche Zeichen, wenn vorhanden, eine spezielle Bedeutung haben. ◇ MetaCharacters ist auch eine Option für StringReplace. Der voreingestellte Wert von MetaCharacters ist None, der bedeutet, daß keine Metazeichen erkannt werden. Ein anderer akzeptierter Wert ist Automatic, der bedeutet, daß das Zeichen * zu jeder Folge von Zeichen paßt. Ein dritter möglicher Wert ist eine Zeichenkette, die aus 3 Zeichen besteht. StringPosition hat auch die Optionen Overlaps und IgnoreCase. StringReplace hat auch die Option IgnoreCase. Eine umfassendere Menge von Metazeichen kann von bestimmten Anweisungen benutzt werden, die Datei- und Symbolnamen manipulieren, wie auch von der Anweisung StringMatchQ. Diese Zeichen können auch innerhalb von Zeichenketten benutzt werden. Diese Metazeichen werden im Eintrag „metazeichen" dokumentiert. *Attribute: Protected. Vergleiche auch:* **IgnoreCase, Options, Overlaps, SetOptions, StringPosition, StringReplace, metazeichen.**

**metazeichen**
◇ Zusätzlich zu normalen Zeichen können die folgenden Metazeichen im Musterstring verwendet werden: * - null oder mehrere Zeichen, @ - ein oder mehrere Zeichen, die keine Großbuchstaben sind * - ein literales „*“, \@ - ein literales „@“, \\ - ein literales „\“, \b - Rückschritt, \t - Tab, \n - Newline, \f - Formfeed, \r - Wagenrücklauf, \0 - Nullbyte, ^A - ^Z - Control-A bis Control-Z, \nnn - Byte mit dem Oktalcode nnn und \.nn - Byte mit dem Hexadezimalcode nn. Anweisungen, die diese Metazeichen in ihren Zeichenketten verwenden können, sind Names, Clear, ClearAll, Remove, Protect, Unprotect, ?, FileNames, CopyFile und DeleteFile. UNIX-Nutzer sollten die Ähnlichkeit dieser Metazeichen zu GREP-Zeichenketten oder Shell-Metazeichen beachten, und MS-DOS-Nutzer können sie mit Anweisungszeilen-Metazeichen vergleichen. MS-DOS-Nutzer sollten beachten, daß das Verzeichnis-Trennzeichen \ von vielen Anweisungen, wie zum Beispiel FileNames, als Metazeichen interpretiert wird. *Vergleiche auch:* **Clear, CopyFile, DeleteFile, FileNames, Names, Protect, StringMatchQ, ?, ??**.

**Method -> *wert***
ist eine Option für Solve, verwandte Funktionen und mehrere numerische Funktionen, die angibt, welcher Algorithmus für die Evaluierung des Ergebnisses verwendet wird. ◇ Method ist eine Option für die Anweisungen AlgebraicRules, Eliminate, MainSolve, NIntegrate, NProduct, NSum, Reduce, Solve und SolveAlways. Als Option für MainSolve und verwandte Funktionen können die Werte 1, 2 oder 3 angenommen werden. Der Wert 1 bedeutet, daß nur ein Durchlauf für die Eliminierung der Variablen ausgeführt werden soll. Andere akzeptierte Werte sind 2, das heißt, daß in Fällen, in denen ein Ausdruck Null sein kann, eine Disjunktion zweier Gleichungen produziert werden soll und 3, das heißt, daß in den sich am Ende ergebenden Gleichungen nach den Wurzeln aufgelöst werden soll. Method hat für AlgebraicRules, MainSolve und SolveAlways den Vorgabewert 1, für Eliminate den Vorgabewert 2 und für Reduce und Solve den Vorgabewert 3 . Als Option für NProduct und NSum hat Method den Vorgabewert Automatic (der seit Version 2.03 Method -> Integrate zu spezifizieren scheint). Andere akzeptierte Werte sind Integrate (Euler-MacLaurin-Methode) und Fit (Wynnsche Epsilon-Methode). Wenn sie von NIntegrate verwendet wird, legt die Option Method fest, welche der beiden Methoden für die numerische Integration verwendet wird. Die voreingestellte Methode ist GaussianQuadrature, die die Gaußsche Quadratur-Methode mit n Punkten für jedes Panel verwendet (spezifiziert durch die Option GaussPoints) und jene Panele halbiert in denen der Fehler überschritten wird (bezüglich der Restriktionen, die durch die Optionen MaxRecursion, MinRecursion und SingularityDepth spezifiziert wurden). Die zweite mögliche Methode ist DoubleExponential, die das Integrationsintervall auf die ganze Gerade reparametrisiert und dann die Trapezregel verwendet, wobei, wenn nötig, die Anzahl der Intervalle verdoppelt wird (wiederum bezüglich der Restriktionen, die durch die Optionen MaxRecursion, MinRecursion und SingularityDepth spezifiziert wurden). *Attribute: Protected. Vergleiche auch:* **DoubleExponential, GaussKronrod, Fit, Integrate, MainSolve, MaxRecursion, MinRecursion, NIntegrate, NSum, SingularityDepth**.

**MethodEGF** DiscreteMath'RSolve'
**MethodGF** DiscreteMath'RSolve'
**Methods** DiscreteMath'RSolve'
**MiddleEast** Miscellaneous'WorldNames'
**Min[*x1, x2, ...*]** 49, 550, 826
ergibt das numerisch kleinste Element der xi. Min[{x1, x2, ...}, {y1, ...}, ...] ergibt das kleinste Element aus allen Listen. ◇ Min liefert eine Antwort, wenn alle seine Argumente zu reellen Zahlen evaluiert werden. Sonst spring Min unevaluiert zurück. Min[ ] liefert Infinity. *Attribute: Flat OneIdentity Orderless Protected. Vergleiche auch:* **Max, ConstrainedMin, FindMinimum, Order, Sort**.

**MiniMaxApproximation** NumericalMath'Approximations'
**MinimumChainPartition** DiscreteMath'Combinatorica'
**MinimumChangePermutati ons** DiscreteMath'Combinatorica'
**MinimumSpanningTree** DiscreteMath'Combinatorica'
**MinimumVertexCover** DiscreteMath'Combinatorica'
**Minors[*m, k*]** 657, 827
ergibt eine Matrix, die aus den Determinanten aller (k, k)-Untermatrizen von m besteht. *Attribute: Protected. Vergleiche auch:* **Det, Eigensystem, Inverse, NullSpace, RowReduce, Transpose, MatrixForm**.

**MinRecursion -> *n*** 688
ist eine Option für mehrere numerische Funktionen, die einen rekursiven Algorithmus verwenden, und dient zur Spezifizierung der minimalen Rekursionstiefe, die zu verwenden ist, bevor Konvergenztests ausgeführt werden. *Attribute: Protected. Vergleiche auch:* **DoubleExponential, GaussianQuadrature, MaxRecursion, NIntegrate, SingularityDepth, $RecursionLimit, Options, SetOptions**.

**Minus[*x*] *oder* -*x*** 47, 827
ist die arithmetische Negation von x. ◇ Die Form -x ist äquivalent zu 0-x (oder Subtract[0,x]). Minus, zusammen mit Plus (x+y), Times (x*y), Divide (x/y) und Subtract (x-y) sind elementare mathematische Funktionen. *Attribute: Listable Protected. Vergleiche auch:* **Divide, Plus, PreDecrement, Subtract, SubtractFrom, Times**.

**MixedMode** NumericalMath'ComputerArithmetic'
**MKS** Miscellaneous'Units'
**Mod[*m*, *n*]** 49, 553, 602, 827
ergibt den Rest der Division von m durch n. Das Ergebnis hat dasselbe Vorzeichen wie n. ◇ Verwechseln Sie Mod nicht mit Modulus oder Modular, die Optionseinstellungen für Solve und ähnliche Anweisungen sind. Modulus kann auch als Option für PolynomialGCD oder Factor verwendet werden, um anzugeben, daß Sie in einem endlichen Körper arbeiten. *Attribute: Listable Protected. Vergleiche auch:* **GCD, PolynomialGCD, PolynomialRemainder, LCM, PowerMod, Quotient, Modulus, Modular**.

**Mode -> Generic/Modular/Rational**
ist eine Option für Solve und verwandte Funktionen, die spezifiziert, in welchem Sinne die Gleichungen gelöst werden sollen. Die gültigen Werte für Mode sind Generic, Modular und Rational. ◇ Mode ist eine Option für MainSolve und jene Anweisungen, die MainSolve aufrufen, zum Beispiel Eliminate, Reduce, Solve und SolveAlways. Mode spezifiziert den Körper (oder den Ring) über den gearbeitet wird, wenn Lösungen für ein gegebenes Gleichungssystem gesucht werden. Der Vorgabewert von Mode für alle Anweisungen außer Solve ist Rational, das heißt, daß Lösungen als rationale Zahlen erwartet werden. Andere akzeptierte Werte sind Modular (d.h., daß Gleichheit nur modulo einer ganze Zahl gefordert wird) und Generic (d.h., daß rationale Zahlen und Nenner, die von Parametern abhängen, als Lösungen akzeptiert werden). Generic ist der Vorgabewert für Mode für die Anweisung Solve. Wenn Mode auf Modular gesetzt wird, produziert die Hinzufügung der Gleichung Modulus==p Lösungen über den Körper $Z_p$ der ganzen Zahlen mod p. *Attribute: Protected. Vergleiche auch:* **Eliminate, Generic, Modular, Modulus, MainSolve, Options, Rational, Reduce, Solve**.

M

**Mode** Statistics'DescriptiveStatistics'
**Modular *z.B. Mode -> Modular*** 620, 827
ist eine Einstellung für die Option Mode in Solve und verwandten Funktionen, die festlegt, daß Gleichungen nur modulo einer ganzen Zahl erfüllt sein müssen. ◇ Der Vorgabewert von Mode ist Rational, das heißt, daß Lösungen als rationale Zahlen erwartet werden. Wenn Mode auf Modular gesetzt wird, sucht das Programm nach einem speziellen ganzzahligen Modul für den die Gleichungen gelöst werden können. Wenn die Gleichung Modulus==p zum System hinzugefügt wird, werden Lösungen über den Körper $Z_p$ der ganzen Zahlen mod p produziert. Die Hinzufügung der Gleichung Modulus==p zur Menge der Gleichungen setzt Mode automatisch auf Modular. *Attribute: Protected. Vergleiche auch:* **Eliminate, Generic, MainSolve, Mode, Modulus, Rational, Real, Reduce, Solve, SolveAlways**.

**ModularInvariantj** NumberTheory'PrimeQ'
***Module*[{*x, y, ...*}, *ausdr*]** 115, 318, 326, 827
bestimmt, daß die Symbole x, y, ... in ausdr als lokal behandelt werden sollen. Module[{x = x0, ...}, ausdr] definiert Anfangswerte für x, .... *Attribute: HoldAll Protected. Vergleiche auch:* **With, Block, Unique**.

**Modulus -> *p*** 602, 620, 663, 827
ist eine Option, die für mehrere *Mathematica*-Operationen angegeben werden kann. Modulus -> n spezifiziert, daß Zahlen modulo n behandelt werden sollen. ◇ Gleichungen der Form Modulus==p können für Solve und verwandte Funktionen angegeben werden. Arithmetik wird gewöhnlich über dem Ring der ganze Zahlen Z ausgeführt. Wenn aber die Option Modulus -> p spezifiziert ist oder wenn die Gleichung Modulus==p enthalten ist, wird Arithmetik über dem endlichen Körper $Z_p$ der ganzen Zahlen mod p ausgeführt. Modulus ist eine Option für die Matrix-Anweisungen Det, Inverse und LinearSolve und die Faktorisierungs-Anweisungen Factor, FactorList, FactorSquareFree, FactorSquareFreeList, FactorTerms, FactorTermsList, GCD und PolynomialGCD. Sie kann auch von den Polynom-Anweisungen Resultant und Roots verwendet werden. Mode ist eine Option für MainSolve und jene Anweisungen, die MainSolve aufrufen, zum Beispiel Eliminate, Reduce, Solve und SolveAlways. Wenn Mode auf Modular gesetzt wird, produziert die Hinzufügung der Gleichung Modulus==p zum Gleichungssystem Lösungen über den Körper $Z_p$ der ganzen Zahlen mod p. *Attribute: Protected. Vergleiche auch:* **Abs, Det, Factor, GCD, LinearSolve, Mode, Modular, PolynomialGCD, Roots, Solve**.

**MoebiusMu[*n*]** 556, 828
ergibt die Moebius-Funktion mu(n). ◇ Diese Funktion, manchmal $\mu$(n) geschrieben, ist nach Definition 1, wenn n ein Produkt einer geraden Anzahl unterschiedlicher Primfaktoren ist, -1, wenn n ein Produkt einer ungeraden Anzahl unterschiedlicher Primfaktoren ist, und 0, wenn n einen Primfaktor der Vielfachheit größer 1 hat. Die Moebius-Funktion ist von theoretischem Interesse, wegen der Summationseigenschaft Sum[MoebiusMu[d],{d ist Teiler von n}] = 0, für alle n außer n=1. Dies ermöglicht die Definition einer Moebius-Transformierten für multiplikative Funktionen, etwa analog einer Fouriertransformierten. *Attribute: Protected. Vergleiche auch:* **Divisors, EulerPhi, FactorInteger**.

**MoebiusStrip** Graphics'Shapes'
**Mollweide** Miscellaneous'WorldPlot'
**MovieContourPlot** Graphics'Animation'
**MovieDensityPlot** Graphics'Animation'
**MovieParametricPlot** Graphics'Animation'
**MoviePlot** Graphics'Animation'
**MoviePlot3D** Graphics'Animation'
**MovingAverage** Statistics'MovingAverage'
***MultiDimensional***
ist eine Auswahlmöglichkeit für die Option Method von NIntegrate. Method -> MultiDimensional veranlaßt, daß ein mehrdimensionaler Algorithmus benutzt wird. Method -> MultiDimensional ist nur für die Integration in zwei oder mehr Dimensionen gültig. *Attribute: Protected. Vergleiche auch:* .

**Multinomial[*n1, n2, ...*]** 558, 828
ergibt den Multinomial-Koeffizienten (n1+n2+...)!/(n1! n2! ...). ◇ Diese Funktion, manchmal (n1+..+nm;n1,..,nm) geschrieben, ergibt die Anzahl der Möglichkeiten, n1+..+nm unterschiedliche Objekte in m Mengen der Größe n1,..,nm zu unterteilen. *Attribute: Protected. Vergleiche auch:* **Binomial, Factorial**.

**MultipleListPlot** Graphics'MultipleListPlot'
**MultiplicationTable** DiscreteMath'Combinatorica'
**Multiplicity -> *n***
ist eine Option für Roots, die die Vielfachheit einer jeden Wurzel im Endergebnis angibt. ◇ Im Grunde ist Roots[poly,x,Multiplicity -> 2] zu Roots[poly,x] || Roots[poly,x] äquivalent. *Attribute: Protected. Vergleiche auch:* **Roots, Options, SetOptions**.

**MyPrimePi** ProgrammingExamples'PrimePi'
**MyReadList** ProgrammingExamples'MyReadList'

# N

**N[*ausdr*]** 48, 51, 105, 106, 264, 536, 539, 687, 828
ergibt den numerischen Wert von ausdr. N[ausdr, n] berechnet mit n-stelliger Präzision. ◇ N[ausdr] ist äquivalent zu N[ausdr,machineprecision] (wobei die Maschinengenauigkeit im allgemeinen 16 oder 19 Stellen beträgt). N konvertiert alle Zahlen entweder in Real-Form oder in eine komplexe Zahl mit reellen Koeffizienten. Die Anweisung N[ausdr,n] berechnet ausdr unter Mitführung von n genauen Stellen in den Berechnungen. Dies führt nicht notwendigerweise zu einer Antwort, die auf n Stellen genau ist. Einige Algorithmen (z.B. NIntegrate usw.) versuchen eine Antwort zu liefern, die auf n Stellen genau ist. Während N rationale und ganzzahlige Formen in reelle Zahlen konvertiert, konvertiert Rationalize in rationale (Bruch) Form, Round konvertiert zur nächsten ganzen Zahl, und Chop konvertiert Zahlen, die kleiner als eine gewisse Schranke um Null sind. Accuracy und Precision sind Maße für die Genauigkeit einer Zahl. *Attribute: Listable Protected. Vergleiche auch:* **Accuracy, Chop, NIntegrate, NSum, NProduct, NRoots, Precision, Rationalize, Round**.

**NameQ[*"string"*]** 385, 828
ergibt True, wenn es irgendwelche Symbole gibt, deren Namen zum gegebenen Stringmuster passen, sonst False. ◇ In der Zeichenkette können alle Metazeichen verwendet werden, die im Eintrag StringMatchQ beschrieben sind. Folglich können Sie ganze Symbolklassen überprüfen, z.B. alle Symbole eines gegebenen Kontextes. Names liefert eine Liste aller Symbole, die zu einer gegebenen Zeichenkette oder Form passen. Remove löscht ein spezifiziertes Symbol. Unique liefert einen Symbolnamen, der noch nicht benutzt wurde. *Attribute: Protected. Vergleiche auch:* **Context, Names, Remove, StringMatchQ, Unique**.

**Names[*"string"*]** 385, 828
ergibt eine Liste der Symbolnamen, die zum String passen. Names["string", SpellingCorrection -> True] bezieht Namen ein, die nach Rechtschreibkorrektur passen. ◇ In der Zeichenkette können alle Metazeichen verwendet werden, die im Eintrag StringMatchQ beschrieben sind. Folglich kann man eine Liste mit ganzen Symbolklassen erhalten, z.B. alle Symbole in einem gegebenen Kontext. NameQ gibt True oder False zurück, abhängig davon, ob ein Symbol zu einer gegebenen Zeichenkette oder Form paßt oder nicht, Remove löscht ein spezifiziertes Symbol und Unique liefert einen Symbolnamen, der noch nicht benutzt wurde. Die Operatoren ? und ?? können auch mit Metazeichen benutzt werden, um Symbole zu finden, die zu einem Muster passen. *Attribute: Protected. Vergleiche auch:* **Context, NameQ, Remove, StringMatchQ, Unique, ?, ??**.

N

**NaN** NumericalMath'ComputerArithmetic'

**NBernoulliB[*n*]** 559, 828
ergibt den numerischen Wert der n-ten Bernoulli-Zahl. NBernoulliB[n, d] liefert das Ergebnis mit d-stelliger Präzision. ◇ Die Bernoulli-Zahlen werden aus den Bernoulli-Polynomen durch BernoulliB[n]=BernoulliB[n,0] abgeleitet. Die Bernoulli-Polynome genügen der erzeugenden Funktion t E^(xt)/(E^t-1)=Sum[BernoulliB[n,x] t^n/n!,{n,0,Infinity}]. NBernoulliB ist eine numerische Routine für die Berechnung der Bernoulli-Zahlen. Sie ist ersichtlich schneller als die Funktion BernoulliB, die sie exakt berechnet. Die Bernoulli-Zahlen treten in der Euler-MacLaurinschen Summationsformel auf (die Basis der Romberg-Methode und anderer numerischer Integrationsmethoden). Eine einfache Rekursion für die Bernoulli-Zahlen kann aus der Tatsache abgeleitet werden, daß Sum[Binomial[n,k]Bernoulli[k],{k,0,n-1}]=0 für alle n ist. Ebenso kann man die Bernoulli-Polynome aus den Bernoulli-Zahlen durch BernoulliB[n,z]=Sum[Binomial[n,k]BernoulliB[k]t^(n-k),{k,0,n}] erzeugen. *Attribute: Protected. Vergleiche auch:* **BernoulliB, N**.

**ND** NumericalMath'NLimit'

***NDSolve[gln,y,{x,min,max}]*** 7, 676, 683, 696, 697, 700, 829
bestimmt eine numerische Lösung der Differentialgleichungen gln für die Funktion y der unabhängigen Variablen x im Bereich von xmin bis xmax. NDSolve[gln, {y1, y2, ...}, {x, xmin, xmax}] bestimmt numerische Lösungen für die Funktionen yi. ◇ Differentialgleichungen müssen in Termen der Ableitungen wie zum Beispiel y'[x] aufgestellt werden, die mit D erhalten werden, nicht mit vollständigen Ableitungen, die mit Dt erhalten werden. Randbedingungen können durch Angabe von Gleichungen spezifiziert werden, wie zum Beispiel y'[0]==b. NDSolve löst gewöhnliche Differentialgleichungen, keine partiellen Differentialgleichungen. Das Ergebnis von NDSolve ist ein InterpolatingFunction-Objekt, das die gefundenen numerischen Punkte enthält. Die ähnlichen Anweisungen NIntegrate und NSolve produzieren unbestimmte Integrale und Lösungen für Mengen von (nicht-Differential) Gleichungen. DSolve versucht eine Differentialgleichung exakt zu lösen. Die Abhängigkeit von den Genauigkeitsoptionen in NDSolve ist unüblich. Die Voreinstellung für AccuracyGoal und PrecisionGoal ist Automatic, die 10 Stellen weniger festlegt als sie für WorkingPrecision festgelegt sind. *Attribute: Protected. Vergleiche auch:* **Derivative, DSolve, InterpolatingFunction, NIntegrate, NSolve**.

AccuracyGoal -> Automatic Compiled -> True
MaxSteps -> 500 PrecisionGoal -> Automatic
StartingStepSize -> Automatic WorkingPrecision -> 16

**NearestNeighbor** DiscreteMath'ComputationalGeometry'

**Needs["*kontext*'", "*datei*"]** 340, 829
lädt datei, wenn der spezifizierte Kontext nicht bereits in $Packages enthalten ist. Die Funktion Needs["kontext'"] lädt die durch ContextToFilename["kontext'"] spezifizierte Datei, falls der spezifizierte Kontext nicht bereits in $Packages enthalten ist. ◇ Die Anweisung Get["dateiname"] erfordert jedoch einen expliziten Dateinamen und lädt die Datei, auch wenn sie bereits geladen wurde. *Attribute: Protected. Vergleiche auch:* **BeginPackage, ContextToFilename, Get, $ContextPath**.

**Negative[*x*]** 829
ergibt True, wenn x eine negative Zahl ist. ◇ Wenn x offenkundig nichtnegativ ist, gibt Negative[x] False zurück. Sonst springt Negative unevaluiert zurück. Ein Symbol kann (mit dem Operator Upset) als Negative definiert werden, aber dies hat keine Wirkung auf das Ergebnis des Operators Positive für dieses Symbol. Folglich ist zu empfehlen, die Funktion Sign zu benutzen, um das Vorzeichen eines Symbols festzulegen. Negative sollte nicht mit Minus[x] (-x) verwechselt werden, das unäre negative Vorzeichen. *Attribute: Listable Protected. Vergleiche auch:* **Positive, Minus, NonNegative, Sign**.

**NegativeBinomialDistribu tion** Statistics'DiscreteDistributions'

**Nest[*f, ausdr, n*]** 201, 291, 829
ergibt einen Ausdruck, bei dem f n-mal auf ausdr angewendet wurde. ◇ Dies implementiert wiederholte Funktional-Komposition. Compose ist eine flexiblere Operation, die die Anwendung von unterschiedlichen Funktionen ermöglicht. NestList produziert eine Liste der Ergebnisse von Nest für wachsende Werte von n. FixedPoint verwendet eine ähnliche Konstruktion wie Nest, um Fixpunkte von Funktionen zu bestimmen. Mit Operate und HeadCompose kann man die ähnliche Konstruktion f[g][x] produzieren (z.B., wenn f der Differentialoperator ist, dann ist d[f][x] gleich f'[x]). Mit Function kann man die Funktionen für die jeweiligen Konstruktionen definieren. *Attribute: Protected. Vergleiche auch:* **Compose, NestList, FixedPoint, Operate, HeadCompose, Function**.

**NestList[*f, ausdr, n*]** 11, 201, 210, 830
ergibt eine Liste der Resultate bei 0 bis n-maliger Anwendung von f auf ausdr. ◇ Dies implementiert wiederholte Funktional-Komposition. Während NestList eine Wertetabelle produziert, produziert Nest den Wert der festgelegten Anwendung von f. Mit Operate und HeadCompose kann die ähnliche Konstruktion f[g][x] produziert werden (z.B., wenn f der Differentialoperator ist, dann ist d[f][x] gleich f'[x]). Accumulate produziert eine Liste der Ergebnisse der einmaligen Anwendung einer Funktion auf zunehmend längere Ketten von Operanden. Mit Function kann man die Funktionen für die jeweiligen Konstruktionen definieren. *Attribute: Protected. Vergleiche auch:* **Nest, Compose, Operate, HeadCompose, Accumulate, Function**.

**NetworkFlow** DiscreteMath'Combinatorica'
**NetworkFlowEdges** DiscreteMath'Combinatorica'
**NewProperties** Examples'Class'
**NewtonCotesError** NumericalMath'NewtonCotes'
**NewtonCotesWeights** NumericalMath'NewtonCotes'
**NewtonFixedPoint** ProgrammingExamples'Newton'
**NewtonZero** ProgrammingExamples'Newton'
**NextComposition** DiscreteMath'Combinatorica'
**NextKSubset** DiscreteMath'Combinatorica'
**NextPartition** DiscreteMath'Combinatorica'
**NextPermutation** DiscreteMath'Combinatorica'
**NextPrime** NumberTheory'NumberTheoryFunctions'
**NextSubset** DiscreteMath'Combinatorica'
**NextTableau** DiscreteMath'Combinatorica'
**NFourierCosSeriesCoeffi cient** Calculus'FourierTransform'
**NFourierExpSeries** Calculus'FourierTransform'
**NFourierExpSeriesCoeffic ient** Calculus'FourierTransform'
**NFourierSinSeriesCoeffic ient** Calculus'FourierTransform'
**NFourierTransform** Calculus'FourierTransform'
**NFourierTrigSeries** Calculus'FourierTransform'

**NIntegrate[*f, {x, xmin, xmax}*]** 2, 106, 683, 684, 686, 830
ergibt eine numerische Approximierung des Integrals von f bezüglich x über dem Intervall xmin bis xmax. ◇ Abhängig von der Einstellung der Option Method verwendet NIntegrate entweder eine adaptive Gaußsche Quadraturformel (Voreinstellung oder Method -> GaussianQuadrature) oder eine doppelt exponentielle Reparametrisierung gefolgt von der Trapezregel (Method -> DoubleExponential). Wenn es bekannte Singularitäten im Definitionsbereich der Integration gibt, sollten sie dem Integrator mit der Eingabeform NIntegrate[f,{x,x0,sing1,sing2,..,x1}] mitgeteilt werden. *Attribute: HoldAll Protected. Vergleiche auch:* **DoubleExponential, GaussianQuadrature, Integrate, N, NSum, NProduct**.

| | |
|---|---|
| AccuracyGoal -> DirectedInfinity[1] | Compiled -> True |
| GaussPoints -> Automatic | MaxRecursion -> 6 |
| Method -> Automatic | MinRecursion -> 0 |
| PrecisionGoal -> Automatic | SingularityDepth -> 4 |
| WorkingPrecision -> 19 | |

**NLimit** NumericalMath'NLimit'

**NonAssociative** *z.B. Infix[f[a1,..],h,preced,NonAssociative]*
ist ein Symbol, das einen nicht-assoziativen Operator in Formatierungsfunktionen repräsentiert. ◇ NonAssociative ist eine Gruppierungseinstellung für das Format Infix. (Sie wird auch von den Formaten Postfix und Prefix akzeptiert, hat aber in diesen Fällen keine Wirkung.) Sie spezifiziert, daß ein gegebener Operator mit mehreren Variablen keine runden Klammern haben soll. Dies ist normalerweise für eine assoziative Funktion der Fall, das heißt, eine mit dem Attribut Flat. Andere Gruppierungseinstellungen sind Left (z.B. (a/b)/c), None und Right (z.B. a^(b^c)). Die Einstellung None ergibt dieselbe Wirkung wie NonAssociative. *Attribute: Protected. Vergleiche auch:* **Flat, Infix, Left, None, Right**.

**NoncentralChiSquareD istribution** Statistics'ContinuousDistributions'
**NoncentralFRatioDistribu tion** Statistics'ContinuousDistributions'
**NoncentralStudentTDis tribution** Statistics'ContinuousDistributions'
**NonCommutativeMultiply[*a,b,c*]** ***oder a ** b ** c*** 716, 830
ist eine allgemeine assoziative, aber nicht-kommutative Form der Multiplikation. ◇ Der Operator Dot liefert Produkte von Matrizen und Vektoren. Times ist der normale Multiplikationsoperator. *Attribute: Flat OneIdentity Protected. Vergleiche auch:* **Alias, Format, Times, Dot**.



**NonConstants ->** ***liste*** 624, 830
ist eine Option für D, die eine Liste mit Objekten ergibt, die als implizit abhängig von den Differentiationsvariablen angesehen werden. ◇ NonConstants hat als Vorgabewert die leere Liste { }. Während D (partielle Differentiation) normalerweise voraussetzt, daß der Ausdruck f unabhängig von x ist, wird der Ausdruck f[x] als von x abhängig vorausgesetzt. Constants ist eine Option, die von Dt (vollständige Differentiation) verwendet wird, um Konstanten anzugeben. Constant ist ein Attribut für einen Ausdruck, das spezifiziert, daß das Ergebnis der Anwendung von Dt auf den Ausdruck Null sein soll. *Attribute: Protected. Vergleiche auch:* **D, Constants, Constant**.

**None** *z.B. Infix[f[a1,..],h,preced,None]* 141, 830
ist eine Einstellung für bestimmte Optionen. ◇ None ist eine Gruppierungseinstellung für das Format Infix. Sie wird auch von den Formaten Postfix und Prefix akzeptiert, hat aber in diesen Fällen keine Wirkung. Sie spezifiziert, daß ein gegebener Operator von mehreren Variablen keine runden Klammern haben soll. Dies ist für eine assoziative Funktion der Fall, das heißt eine mit dem Attribut Flat. Andere Gruppierungseinstellungen sind Left (z.B. (a/b)/c), NonAssociative und Right (z.B. a^(b^c)). Die Einstellung None hat dieselbe Wirkung wie NonAssociative. None ist auch eine Einstellung für die Option StringConversion für Ausgabefunktionen. Sie spezifiziert, daß Zeichenketten unverändert gedruckt werden. *Attribute: Protected. Vergleiche auch:* **Flat, Infix, Left, NonAssociative, Right, StringConversion**.

**NonNegative[*x*]** 831
ergibt True, wenn x eine nichtnegative Zahl ist. ◇ Wenn x offenkundig negativ ist, gibt NonNegative[x] False zurück. Sonst springt NonNegative unevaluiert zurück. NumberQ ergibt True für Argumente, die Zahlen sind. *Attribute: Listable Protected. Vergleiche auch:* **Negative, NumberQ, Positive, Sign**.

**NoPrint** Statistics'LinearRegression'

**Normal[*ausdr*]** 101, 645, 831
konvertiert ausdr in einen normalen Ausdruck, ausgehend von einer Vielzahl von speziellen Formen . ◇ Die Anweisung Normal[reihe] entfernt den O[x]^n-Term, der den Abbruchfehler der Reihe repräsentiert. Dies konvertiert die Reihe in ein Polynom mit endlich vielen Termen, das gezeichnet und manipuliert werden kann. Anweisungen, die mit einer Reihe arbeiten, sind ComposeSeries, InverseSeries, arithmetische Operationen, alle Funktionen mit einer definierten Ableitung, Differentiation und Integration. *Attribute: Protected. Vergleiche auch:* **ComposeSeries, InverseSeries, O, Series, SeriesCoefficient, SeriesData**.

**NormalCI** Statistics'ConfidenceIntervals'
**NormalDistribution** Statistics'ContinuousDistributions'
**NormalDistribution** Statistics'NormalDistribution'
**Normalize** LinearAlgebra'Orthogonalization'
**Normalized** LinearAlgebra'Orthogonalization'
**NormalizeVertices** DiscreteMath'Combinatorica'
**NormalPValue** Statistics'HypothesisTests'
**NorthAmerica** Miscellaneous'WorldNames'
**Not** ***oder !ausdr*** 94, 831
ist die logische Funktion NOT. Sie ergibt False, wenn ausdr True ist, und True, wenn er False ist. ◇ Not liefert die Werte True, False oder ein symbolisches Ergebnis in einer teilweise vereinfachten Form. Ein symbolisches Ergebnis kann mit LogicalExpand entwickelt werden. Not[ausdr] (oder !ausdr) sollte nicht mit UnEqual[ausdr1,ausdr2] (oder ausdr1!=ausdr2) oder der Anweisung !anweisung verwechselt werden, mit der eine Anweisung zum Betriebssystem gesendet wird. *Attribute: Protected. Vergleiche auch:* **LogicalExpand, True, False, Or, And, Xor, Implies, UnEqual**.

**NProduct[*f, {i, imin, imax}*]** 106, 683, 689, 831
liefert eine numerische Approximierung des Produktes von f, wobei i von imin bis imax läuft. NProduct[f, {i, imin, imax, di}] verwendet im Produkt eine Schrittweite di. ◇ NProduct verwendet die üblichen Laufindizes und behandelt die Iterationsvariable als lokale Variable. Beachten Sie, daß der äußerste Index zuerst geschrieben wird, so daß NProduct[f,{i,imax},{j,jmax}] zu NProduct[NProduct[f,{j,jmax}],{i,imax}] äquivalent ist. Product berechnet den exakten Wert eines Produktes und kann sehr viel langsamer als NProduct sein. *Attribute: HoldAll Protected. Vergleiche auch:* **N, NIntegrate, NSum, Product, Times, iteratoren**.

| | |
|---|---|
| AccuracyGoal -> Infinity | Compiled -> True |
| Method -> Automatic | NProductExtraFactors -> 12 |
| NProductFactors -> 15 | PrecisionGoal -> Automatic |
| VerifyConvergence -> True | WorkingPrecision -> 19 |
| WynnDegree -> 1 | |

***NProductExtraFactors -> n***
ist eine Option für NProduct, die die Anzahl der Faktoren angibt, die im Extrapolationsprozeß verwendet werden. NProductExtraFactors muß größer als das Doppelte von WynnDegree sein. ◇ Der Vorgabewert von NProductExtraFactors ist 12. Diese Option ist analog zur Option NSumExtraTerms für NSum. Die Option NProductFactors kontrolliert, wie viele Faktoren tatsächlich vor dem Extrapolationsschritt von NProduct multipliziert werden . *Attribute: Protected. Vergleiche auch:* **NProduct, NProductFactors, NSumExtraTerms, Options, SetOptions, WynnDegree**.

***NProductFactors -> n***
ist eine Option für NProduct, die die Anzahl der Faktoren angibt, die explizit vor der Extrapolation in das Produkt aufgenommen werden. ◇ Der Vorgabewert von NProductFactors ist 15 Terme. Wenn NProductTerms auf die Gesamtanzahl der Terme im Produkt gesetzt wird, ist die Wirkung dieselbe, wie wenn Product anstelle von NProduct verwendet wird. Diese Option ist analog zur Option NSumTerms für NSum. Die Option NProductExtraFactors kontrolliert, wie viele Faktoren im Extrapolationsschritt verwendet werden. *Attribute: Protected. Vergleiche auch:* **NProduct, NProductExtraFactors, NSumTerms, Options, SetOptions**.

**NRoots[*ls==rs, var*]**
ergibt eine Liste mit numerischen Approximationen der Wurzeln einer Polynomgleichung. ◇ Roots löst eine einzelne Polynomgleichung, wenn möglich, exakt. NSolve löst ein System von Polynomgleichungen in mehreren Variablen numerisch. FindRoot löst ein allgemeineres System von Gleichungen numerisch. LinearSolve löst ein lineares Gleichungssystem, das als Matrizengleichung dargestellt wird. *Attribute: Protected. Vergleiche auch:* **FindRoot, LinearSolve, NSolve, Roots, Solve, ToRules**.

***NSolve[gln, vars]*** 107, 609, 683, 691, 831
versucht eine Gleichung oder ein Gleichungssystem für die Variablen vars numerisch zu lösen. NSolve[gln, vars, elims] versucht die Gleichungen für vars numerisch zu lösen, wobei die Variablen elims eliminiert werden. ◇ NRoots löst eine einzelne Polynomgleichung numerisch. Solve löst ein System von Polynomgleichungen in mehreren Variablen exakt, wenn es möglich ist. FindRoot löst ein allgemeineres System von Gleichungen numerisch. LinearSolve löst ein lineares Gleichungssystem, das als Matrizengleichung dargestellt wird. Eliminate eliminiert eine spezifizierte Menge von Variablen aus einem Gleichungssystem. *Attribute: Protected. Vergleiche auch:* **Eliminate, FindRoot, LinearSolve, NDSolve, NRoots, Solve, ToRules.**

**NSum[*f, {i, imin, imax}*]** 106, 683, 689, 832
ergibt eine numerische Approximierung der Summe von f, wobei i von imin bis imax läuft. NSum[f, {i, imin, imax, di}] verwendet eine Schrittweite di in der Summe. NSum[f, {i, imin, imax}, {j, jmin, jmax}, ...] ergibt eine mehrdimensionale Summation. ◇ Es wird die übliche Laufindexform verwendet und die Iterationsvariable wird als lokale Variable behandelt. Beachten Sie, daß der äußerste Index zuerst geschrieben wird, so daß NSum[f,{i,imax},{j,jmax}] zu NSum[NSum[f,{j,jmax}],{i,imax}] äquivalent ist. Sum berechnet den exakten Wert einer Summe. *Attribute: HoldAll Protected. Vergleiche auch:* **NIntegrate, NProduct, Plus, Sum, Evaluate, iteratoren.**

| | |
|---|---|
| AccuracyGoal -> Infinity | Compiled -> True |
| Method -> Automatic | NSumExtraTerms -> 12 |
| NSumTerms -> 15 | PrecisionGoal -> Automatic |
| VerifyConvergence -> True | WorkingPrecision -> 19 |
| WynnDegree -> 1 | |

***NSumExtraTerms -> n*** 690
ist eine Option für NSum, die die Anzahl der Terme angibt, die mit der Methode SequenceLimit im Extrapolationsprozeß verwendet werden. NSumExtraTerms muß größer als das Doppelte von WynnDegree sein. ◇ Der Wert von NSumExtraTerms wird nur verwendet, wenn NSum die Wynnsche Epsilon-Methode verwendet (Method -> Fit). Der Vorgabewert von NSumExtraTerms ist 12 Terme. Die Option NSumTerms kontrolliert, wie viele Terme, beginnend am Anfang der Summation, tatsächlich addiert werden. Die Option NSumExtraTerms ist analog zur Option NProductExtraFactors für NProduct. *Attribute: Protected. Vergleiche auch:* **Fit, Method, NProductExtraFactors, NSum, NSumTerms, Options, SetOptions, WynnDegree.**

N

***NSumTerms -> n*** 690
ist eine Option für NSum, die die Anzahl der Terme angibt, die explizit vor der Extrapolation in die Summe aufgenommen werden. ◇ Der Wert von NSumTerms wird nur verwendet, wenn NSum die Wynnsche Epsilon-Methode verwendet (Method -> Fit). Der Vorgabewert von NSumTerms ist 15 Terme. Die Option NSumExtraTerms kontrolliert, wie viele Terme im Extrapolationsschritt verwendet werden. Die Option NSumTerms ist analog zur Option NProductFactors für NProduct. *Attribute: Protected. Vergleiche auch:* **Fit, Method, NProductFactors, NSum, NSumExtraTerms, Options, SetOptions.**

**NthPair** DiscreteMath'Combinatorica'
**NthPermutation** DiscreteMath'Combinatorica'
**NthSubset** DiscreteMath'Combinatorica'
**Null** 516, 746, 832
ist ein Symbol, mit dem das Nichterscheinen eines Ausdrucks oder eines Ergebnisses angezeigt wird. Wenn es als Ausgabe-Ausdruck auftritt, wird keine Ausgabe gedruckt. ◇ Null wird im allgemeinen nicht gedruckt. Die meisten Anweisungen, die kein Ergebnis zu liefern scheinen, geben tatsächlich Null zurück. Die meisten Kontrollfluß-Anweisungen geben Null zurück, zum Beispiel Break, Do, For, Return, Switch (wenn keine Übereinstimmung auftritt), Which (wenn keine Übereinstimmung auftritt) und While. Die Konstruktion CompoundExpression (d.h. ausdr1;ausdr2;..) gibt auch Null zurück, wenn sie mit einem Semikolon endet. Dateiöffnungsanweisungen geben Null zurück, wenn sie nicht in der Lage sind, die geforderte Datei oder Pipe zu öffnen. Read-Anweisungen geben Null zurück, wenn sie nicht in der Lage sind, Daten des geforderten Typs zu lesen. *Attribute: Protected. Vergleiche auch:* **Break, CompoundExpression, Do, For, OpenAppend, Read, ReadList, Return, Switch, Which, While.**

***NullRecords*** 496, 832
ist eine Option für Read und verwandte Funktionen, die festlegt, ob zwischen aufeinanderfolgenden Record-Separatoren die Existenz leerer Records angenommen werden soll. *Attribute: Protected. Vergleiche auch:* **WordSeparators.**

**NullSpace[*m*]** 660, 662, 832
ergibt eine Liste mit Vektoren, die eine Basis für den Nullraum der Matrix m bilden. ◇ NullSpace funktioniert mit rechteckigen wie auch mit quadratischen Matrizen. NullSpace arbeitet mit symbolischen Matrizen. (Für große symbolische Matrizen muß möglicherweise die Option ZeroTest geändert werden.) *Attribute: Protected. Vergleiche auch:* **Det, Dot, Eigensystem, Inverse, LinearSolve, PseudoInverse, RowReduce, Transpose, MatrixForm**.
Modulus -> 0 ZeroTest -> (Together[#1] == 0 &)

***NullWords*** 496, 832
ist eine Option für Read und verwandte Funktionen, die festlegt, ob zwischen aufeinanderfolgenden Wort-Separatoren die Existenz leerer Worte angenommen werden soll. *Attribute: Protected. Vergleiche auch:* **TokenWords, RecordSeparators**.

**Number** 181, 495, 514, 833, 899
repräsentiert eine exakte ganze Zahl oder eine reelle Gleitpunktzahl in Read. ◇ Die Anweisungen Read und ReadList lesen Rohdaten aus einer Datei oder Pipe. Die Typenspezifikation Number weist Read und Readlist an, die Daten als ganze Zahlen (z.B. 21), als Gleitpunktzahlen (z.B. 21.3) oder als Zahlen in wissenschaftlicher Schreibweise im FORTRAN-Format (z.B. 2.13E1) zu interpretieren. Zahlen werden entweder durch Wagenrücklauf (CR) oder Kommata begrenzt. Andere Formate, die von Read und ReadList verwendet werden, sind Byte, Character, Expression, Real, Record, String, Word und alle Ausdrücke, die eine Kombination dieser Typen enthalten. *Attribute: Protected. Vergleiche auch:* **Byte, Character, Expression, Read, ReadList, Real, Record, String, Word**.

**NumberedRule** Examples'CellularAutomata'

**NumberForm[*ausdr, n*]** 350, 352, 833
druckt Gleitpunktzahlen in ausdr mit n-stelliger Präzision. ◇ Andere Formate, mit denen Zahlen gedruckt werden können, sind NumberForm, EngineeringForm (Exponenten sind durch 3 teilbar) und AccountingForm (negative Zahlen werden in runden Klammern eingeschlossen). PaddedForm druckt Zahlen, die bis zu einer gegebenen Größe mit Leerzeichen und Nullen aufgefüllt werden. Mit BaseForm kann man Zahlen in einer anderen Basis als 10 drucken. Mit der Anweisung Format kann man ein spezielles Format zum voreingestellten Ausgabeformat erklären. *Attribute: Protected. Vergleiche auch:* **AccountingForm, BaseForm, EngineeringForm, Format, PaddedForm, ScientificForm**.

| | |
|---|---|
| DigitBlock -> Infinity | NumberPoint -> "." |
| SignPadding -> False | NumberSigns -> {"-", " "} |
| ExponentStep -> 1 | NumberFormat -> Automatic |
| NumberPadding -> {" ", " "} | NumberSeparator -> "," |
| ExponentFunction -> Automatic | |

***NumberFormat -> fkt*** 351, 833
ist eine Option für NumberForm und verwandte Funktionen, die festlegt, wie Mantisse, Basis und Exponent in der fertigen Druckform montiert werden sollen. ◇ Die Option NumberFormat kann auch für die Formate AccountingForm, EngineeringForm, PaddedForm und ScientificForm verwendet werden. Der Vorgabewert für NumberFormat druckt die Mantisse, gefolgt von einem Leerzeichen, die Basis und den Exponenten, der hochgestellt geschrieben wird. *Attribute: Protected. Vergleiche auch:* **AccountingForm, DigitBlock, EngineeringForm, ExponentFunction, NumberForm, NumberSeparator, Options, ScientificForm, SetOptions**.

**NumberOfCompositions** DiscreteMath'Combinatorica'

**NumberOfDerangements** DiscreteMath'Combinatorica'

**NumberOfInvolutions** DiscreteMath'Combinatorica'

**NumberOfPartitions** DiscreteMath'Combinatorica'

**NumberOfPermutations ByCycles** DiscreteMath'Combinatorica'

**NumberOfSpanningTrees** DiscreteMath'Combinatorica'

**NumberOfTableaux** DiscreteMath'Combinatorica'

***NumberPadding -> {string,string}*** 351, 833
ist eine Option für NumberForm und verwandte Funktionen, die die Zeichenketten angibt, die als Füllzeichen auf der linken und rechten Seite von Zahlen benutzt werden. ◇ Die Option NumberPadding kann auch für die Formate AccountingForm, EngineeringForm, PaddedForm und ScientificForm verwendet werden. Der Vorgabewert für NumberPadding ist {" ", " "}, der bewirkt, daß die Zahl ganz links im Feld ohne Füllzeichen plaziert wird. Eine übliche Einstellung für NumberPadding ist {" ", "0"}, die links mit Leerzeichen und rechts vom Dezimalpunkt mit Nullen auffüllt. *Attribute: Protected. Vergleiche auch:* **DigitBlock, ExponentFunction, NumberForm, NumberFormat, NumberPoint, NumberSeparator, NumberSigns, Options, PaddedForm, SetOptions, SignPadding**.

**NumberPoint -> *string*** 351, 833
ist eine Option für NumberForm und verwandte Funktionen, die die Zeichenkette angibt, die als Dezimalpunkt verwendet werden soll. ◇ Die Option NumberPoint kann auch für die Formate AccountingForm, EngineeringForm, PaddedForm und ScientificForm verwendet werden. Der voreingestellte Wert für NumberPoint ist ein Dezimalpunkt. *Attribute: Protected. Vergleiche auch:* **DigitBlock, ExponentFunction, NumberForm, NumberFormat, NumberPadding, NumberSeparator, NumberSigns, Options, SetOptions, SignPadding**.

**NumberQ[*ausdr*]** 227, 535, 834
ergibt True, wenn ausdr eine Zahl ist, sonst False. ◇ Damit NumberQ[x] True ergibt, muß x den Kopf Complex, Integer, Rational oder Real haben. Diese Definition verwirft allerdings offensichtliche Zahlen wie Sin[3]. Als Abhilfe kann man stattdessen NumberQ[N[ausdr]] abfragen. Ein Symbol kann mit der Anweisung "x/:NumberQ[x]=True" (oder TagSet[NumberQ[x],True]) als Zahl erklärt werden. *Attribute: Protected. Vergleiche auch:* **EvenQ, IntegerQ, Negative, NonNegative, OddQ, PolynomialQ, Positive, PrimeQ, Number**.

**NumberSeparator -> *string*** 351, 834
ist eine Option für NumberForm und verwandte Funktionen, die die Zeichenkette angibt, die in die Lücken zwischen Dezimalstellen eingefügt wird. ◇ Die Option NumberSeparator kann auch für die Formate AccountingForm, EngineeringForm, PaddedForm und ScientificForm verwendet werden. Der Vorgabewert ist ein Komma, da Zahlen manchmal in Blöcken von 3 Ziffern, getrennt durch Kommata, geschrieben werden, z.B. 3,127,543). Die Option NumberSeparator hat nur eine Wirkung, wenn die Option DigitBlock auf einen endlichen Wert gesetzt wird (seine Voreinstellung ist Infinity). *Attribute: Protected. Vergleiche auch:* **DigitBlock, ExponentFunction, NumberForm, NumberFormat, NumberPoint, NumberSeparator, NumberSigns, Options, PaddedForm, SetOptions, SignPadding**.

*NumberSigns* 351, 834
ist eine Option für NumberForm und verwandte Funktionen, die die Zeichenketten angibt, die als Vorzeichen für negative und positive Zahlen verwendet werden sollen. *Attribute: Protected. Vergleiche auch:* **SignPadding**.

**Numerator[*ausdr*]** 82, 834
liefert den Zähler von ausdr. ◇ Numerator arbeitet entweder mit rationalen Ausdrücken oder rationalen Zahlen. Die Funktion Denominator greift alle Terme heraus, deren Exponent eine negative Zahl als Faktor hat (Folglich wird (x+1)^(-3k) als Nenner von x(x+1)^(-3k)) herausgegriffen. Die verbleibenden Terme werden durch die Anweisung Numerator herausgegriffen. Wenn keine Terme übrigbleiben, wird 1 von der Anweisung Numerator zurückgegeben. Also gilt immer ausdr==Numerator[ausdr]/Denominator[ausdr]. Die Anweisung ExpandNumerator multipliziert jene Terme aus, die im Zähler stehen. Cancel kürzt gemeinsame Terme im Zähler und Nenner. Simplify führt eine allgemeinere Vereinfachung aus. Together und Apart stellen einen Ausdruck auf einen Hauptnenner bzw. führen eine Partialbruchzerlegung durch. *Attribute: Protected. Vergleiche auch:* **Denominator, ExpandNumerator, Cancel, Simplify, Together, Apart**.

O

**NumericPart** Calculus'Common'Support'

**NValues[*f*]** 736
liefert eine Liste mit Transformationsregeln, die allen numerischen Werten entsprechen (Werte für N[f[x,..],..] usw.), die für das Symbol f definiert sind. ◇ Die Werte und Regeln, die mit einem Symbol verknüpft sind, können mit dem Operator Information betrachtet werden (oder dem ?-Operator). Jene Werte, die Muster wie f[x1,..] ersetzen, heißen DownValues. Jene der Form fkt[f] können mit der Anweisung UpValues, jene der Form f=wert können mit der Anweisung OwnValues und jene der Form f[x,..][..] können mit der Anweisung SubValues betrachtet werden. Die spezielle Anweisung FormatValues liefert Regeln der Form Format[f]. Alle voreingestellten Werte, die f zugewiesen wurden, können mit der Anweisung DefaultValues betrachtet werden. Die Regeln, die mit NValues betrachtet werden, werden mit den Anweisungen Set (N[a]=b) und SetDelayed (N[a]:=b) eingegeben. Die N-Anweisung ist eine der wenigen ausgewählten Anweisungen (wegen einer vollständigen Liste siehe die Beschreibung der Anweisung Set), für die Regeln der Form N[s]=b mit dem Symbol s verknüpft sind, nicht mit N. Mit der Anweisung EditDefinition (nicht auf dem Macintosh vorhanden) kann man diese Regeln editieren. Der Test ValueQ ergibt True für ein Symbol, mit dem Werte oder Regeln verknüpft sind. *Attribute: HoldAll Protected. Vergleiche auch:* **DefaultValues, DownValues, FormatValues, Information, N, OwnValues, SubValues, UpValues, ValueQ, ?**.

# O

**O[*x*]^*n*** 641, 834
repräsentiert einen Term der Ordnung x^n. O[x]^n wird erzeugt, um in Potenzreihen weggelassene Terme höherer Ordnung darzustellen. O[x, x0]^n repräsentiert einen Term der Ordnung (x - x0)^n. ◇ Wenn die Anweisung Series zur Erzeugung einer Reihendarstellung verwendet wurde, enthält das Ergebnis einen O[x]^n Term. Dieser Term kann mit der Anweisung Normal entfernt werden (und die Reihe wird in ein reguläres Polynom umgewandelt) . Die interne Darstellung einer Potenzreihe ist ein SeriesData-Objekt. Der O[x]^n Term tritt als Teil der formatierten Ausgabe von SeriesData auf. *Attribute: Protected. Vergleiche auch:* **Normal, Series, SeriesData**.

**OblateSpheroidal** Calculus'VectorAnalysis'
**Oceania** Miscellaneous'WorldNames'
**Odd** DiscreteMath'RSolve'
**OddQ[*ausdr*]** 227, 535, 834
ergibt True, wenn ausdr eine ungerade ganze Zahl ist, sonst False. ◇ Damit OddQ[n] True ergibt, muß n eine ganze Zahl und ungerade sein. In allen anderen Fällen ergibt OddQ False. *Attribute: Listable Protected. Vergleiche auch:* **EvenQ, IntegerQ, NumberQ, PrimeQ, TrueQ**.

**Off[*symbol::tag*]** 70, 386, 387, 835
schaltet eine Meldung ab, so daß sie nicht mehr gedruckt wird. Off[s] schaltet Trace-Meldungen aus, die an das Symbol s geknüpft sind. Off[m1, m2, ...] schaltet mehrere Meldungen aus. Off[ ] schaltet alle Trace-Meldungen aus. ◇ Meldungen werden einem Symbol mit der Konstruktion MessageName[symbol,tag]="irgendetwas" (äquivalent zu symbol::tag="irgendetwas") zugewiesen. Die Meldungen, die mit einem Symbol verknüpft sind, können mit der Anweisung Message ausgegeben werden. Mit dem Symbol General können Meldungen gespeichert werden, die von mehr als einem Symbol verwendet werden können. Wenn *Mathematica* mehrere Male auf denselben Fehler stößt, druckt es die Fehlermeldung 3-mal, druckt die Meldung General::stop und unterdrückt dann jede weitere Ausgabe der Fehlermeldung. Wenn Sie alle Fehlermeldungen ausgedruckt sehen wollen, können Sie Off[General::stop] ausführen. Fehlermeldungen können mit der Anweisung Check abgefangen werden (Check fängt Fehlermeldungen auch ab, wenn ihre Ausgabe ausgeschaltet wurde). Die Meldungen, die mit dem Ablaufverfolgungsetikett verknüpft sind, werden nicht mit ihrem Symbol gespeichert und werden als Spezialfall behandelt. *Attribute: HoldAll Protected. Vergleiche auch:* **Check, General, Message, MessageName, Messages, On, $Off**.

***OldExpand*[*ausdr*]**
entwickelt Produkte und positive Potenzen in ausdr.

**On[*symbol::tag*]** 70, 386, 387, 835
schaltet eine Meldung an, so daß sie gedruckt werden kann. On[s] schaltet Trace für das Symbol s an. On[m1, m2, ...] schaltet mehrere Meldungen an. On[ ] schaltet Trace für alle Symbole an. ◇ Meldungen werden einem Symbol mit der Konstruktion MessageName[symbol,tag]="irgendetwas" zugewiesen (äquivalent zu symbol::tag="irgendetwas"). Die Meldungen, die mit einem Symbol verknüpft sind, können mit der Anweisung Message ausgegeben werden. Mit dem Symbol General können Meldungen gespeichert werden, die von mehr als einem Symbol verwendet werden können. Wenn *Mathematica* mehrere Male auf denselben Fehler stößt, druckt es die Fehlermeldung 3-mal, druckt die Meldung General::stop und unterdrückt dann jede weitere Ausgabe der Fehlermeldung. Wenn Sie alle Fehlermeldungen ausgedruckt sehen wollen, können Sie Off[General::stop] ausführen. Fehlermeldungen können mit der Anweisung Check abgefangen werden (Check fängt Fehlermeldungen auch dann ab, wenn ihre Ausgabe ausgeschaltet wurde). *Attribute: HoldAll Protected. Vergleiche auch:* **Check, Debug, General, Message, MessageName, Messages, Off, $Off**.

**OneIdentity** 230, 272, 734, 835
ist ein Attribut, das einem Symbol f zugewiesen werden kann, um anzuzeigen, daß beim Mustervergleich f[x], f[f[x]] usw. alle äquivalent zu x sind. ◇ Das Attribut OneIdentity ist insbesondere nützlich in Verbindung mit dem Attribut Flat (mit dem ein Operator als assoziativ erklärt wird) oder für einen Operator mit Default. Man kann dies mit dem Operator Plus erläutern, der als Voreinstellung 0 hat (d.h. 0+x paßt zu x). Wir wollen, daß der Ausdruck „3" zu einem Muster wie „x_.+y_." paßt, z.B., daß x zu 3 und y zu 0 paßt. Dieses Muster paßt zu etwas von der Form „3+" (d.h. Plus[3,]), aber wenn Plus nicht das Attribut OneIdentity hat, paßt es nicht zu 3. *Attribute: Protected. Vergleiche auch:* **Attributes, ClearAttributes, Default, Flat, Optional, SetAttributes**.

**OneSidedPValue** Statistics'HypothesisTests'
**Open** NumericalMath'NewtonCotes'

**OpenAppend[*"datei"*]** 485, 835
öffnet eine Datei, um Ausgabe am Ende anzuhängen, und liefert ein OutputStream-Objekt. ◇ Wenn OpenAppend ausgeführt wird, wird die Datei geöffnet, wenn sie noch nicht offen war. OpenAppend benutzt in Voreinstellung den Formattyp InputForm. Auf Computer-Systemen, die Pipes unterstützen, startet OpenAppend["!anw"] das externe Programm und öffnet eine Pipe zu ihm. OpenAppend gibt den Namen der Datei oder Pipe aus, wenn es erfolgreich war, oder Null, wenn nicht. *Mathematica* durchsucht die in $Path aufgelisteten Verzeichnisse nach der gewünschten Datei. Die Eigenschaften einer Pipe (d.h. die Optionen dieser Anweisung) können mit der Anweisung SetOptions verändert werden. Dateien können mit der Anweisung Close geschlossen werden und werden automatisch von den meisten Anweisungen, wie zum Beispiel Put, Write oder Read, geöffnet. *Attribute: Protected. Vergleiche auch:* **OpenRead, OpenWrite, OpenTemporary, OutputStream, Close, Get, Put, Write, $Path**.

| | | | | | |
|---|---|---|---|---|---|
| PageWidth | -> | 78 | PageHeight | -> | 22 |
| TotalWidth | -> | DirectedInfinity[1] | FormatType | -> | InputForm |
| TotalHeight | -> | DirectedInfinity[1] | StringConversion | :> | $StringConversion |

**OpenLog** ProgrammingExamples'SessionLog'

**OpenRead[*"datei"*]** 499, 502, 836
öffnet eine Datei, um daraus Daten zu lesen, und liefert ein InputStream-Objekt. ◇ Wenn OpenRead ausgeführt wird, wird die Datei geöffnet, wenn sie bisher noch nicht offen war. Auf Computern, die Pipes unterstützen, startet OpenRead["!anw"] das externe Programm und öffnet eine Pipe, um Eingabe von ihm zu erhalten. *Mathematica* durchsucht die in $Path aufgelisteten Verzeichnisse nach der gewünschten Datei. Dateien können mit der Anweisung Close geschlossen werden und werden automatisch von den meisten Anweisungen, wie zum Beispiel Get oder Read, geöffnet. *Attribute: Protected. Vergleiche auch:* **OpenAppend, OpenWrite, OpenTemporary, InputStream, Close, Get, Read, ReadList, $Path**.

**OpenTemporary[ ]** 482, 836
öffnet eine temporäre Datei, in die Ausgabe geschrieben werden kann, und liefert ein OutputStream-Objekt. ◇ Wenn OpenTemporary ausgeführt wird, wird die Datei erzeugt und geöffnet. OpenTemporary kann in Verbindung mit Put und Get verwendet werden, um Daten zwischen *Mathematica* und externen Programmen auszutauschen. OpenTemporary erzeugt eine neue Datei. In UNIX-Systemen erzeugt OpenTemporary in der Regel eine Datei im Verzeichnis /tmp. (Der Ort, an dem temporäre Dateien erzeugt werden, wird von der Systemvariablen $TemporaryPrefix kontrolliert.) Dateien können mit der Anweisung Close geschlossen werden. Die Anweisungen OpenAppend, OpenRead und OpenWrite erzeugen Dateien mit festgelegten Namen. *Attribute: Protected. Vergleiche auch:* **OpenAppend, OpenRead, OpenWrite, OutputStream, Close, Get, Put, $TemporaryPrefix**.

O

**OpenWrite[*"datei"*]** 371, 485, 836
öffnet eine Datei, um Ausgabe hineinzuschreiben, und liefert ein OutputStream-Objekt. ◇ Wenn OpenWrite ausgeführt wird, wird die Datei geöffnet, wenn sie vorher nicht offen war. Auf Computern, die Pipes unterstützen, startet OpenWrite["!anw"] das externe Programm und öffnet eine Pipe zu ihm. OpenWrite gibt den Namen der Datei oder Pipe aus, wenn es erfolgreich war, oder Null, wenn nicht. *Mathematica* durchsucht die in $Path aufgelisteten Verzeichnisse nach der gewünschten Datei. Die Eigenschaften einer Pipe (d.h. die Optionen dieser Anweisung) können mit der Anweisung SetOptions verändert werden. Dateien können mit der Anweisung Close geschlossen werden und werden automatisch von den meisten Anweisungen, wie zum Beispiel Put, Write oder Read, geöffnet. *Attribute: Protected. Vergleiche auch:* **OpenAppend, OpenRead, OpenTemporary, OutputStream, Close, Get, Put, Write, $Path**.

| | | | | | |
|---|---|---|---|---|---|
| PageWidth | -> | 78 | PageHeight | -> | 22 |
| TotalWidth | -> | DirectedInfinity[1] | FormatType | -> | InputForm |
| TotalHeight | -> | DirectedInfinity[1] | StringConversion | :> | $StringConversion |

**Operate[*p, f[x, y]*]** 214, 836
ergibt p[f][x, y]. Operate[p, ausdr, n] wendet p auf der Stufe n im Kopf von ausdr an. ◇ Mit Operate und HeadCompose können die Konstruktion f[g][x] produziert werden (z.B. wenn f der Differentialoperator ist, dann ist d[f][x] gleich f'[x]). Folglich sollten alle Funktionen, außer der letzten, Operatoren sein, die auf Funktionen wirken. Die Wirkung von Operate auf Funktionaloperatoren ist analog zur Wirkung von Map auf zusammengesetzte Funktionen. Compose implementiert die Funktionalkomposition, also ist Compose[f,g,x]=f[g[x]]. Mit Function können die Funktionen für die jeweiligen Konstruktionen definiert werden. Identity repräsentiert den Identitätsoperator und zusammengesetzte Operatoren können mit Through manipuliert werden. *Attribute: Protected. Vergleiche auch:* **HeadCompose, Compose, Function, Identity, Map, Through**.

**Opt1** ProgrammingExamples'OptionUse'

**Opt2** ProgrammingExamples'OptionUse'

**Optional** ***oder m:v*** 234, 719, 836
ist ein Musterobjekt, das einen Ausdruck der Form m darstellt, der, wenn er weggelassen wird, durch v ersetzt werden soll. ◇ Mit Optional paßt der Ausdruck x, der zu x+0 äquivalent ist, zum Muster „n_+m_.“. Es ist auch möglich, eine Voreinstellung für ein wahlfreies Muster mittels a : zu erklären, z.B. „n_+m_:0“. Die erste Form, „m_.“, ist zur vollständigen Form Optional[m_] äquivalent und ist nur sinnvoll, wenn für den Operator Plus ein Vorgabewert spezifiziert wurde. Mehrere Operatoren, zum Beispiel Plus, Times und Power, haben im voraus zugewiesene Vorgabewerte, und andere voreingestellte Werte können mit der Anweisung Default zugewiesen werden oder mit der Anweisung DefaultValue betrachtet werden. Die Form Optional[s_kopf] (z.B. Optional[x_Integer]) kann auch verwendet werden, sie hat aber keine Kurzform. Die Anweisung Optional sollte nicht mit der Anweisung Options verwechselt werden, mit der die Einstellungen der Optionen für eine Anweisung betrachtet werden können. *Attribute: Protected. Vergleiche auch:* **Alternatives, Default, DefaultValue, Options, muster**.

**OptionExtract** Examples'OptionUtilities'
**OptionList** Examples'OptionUtilities'
***OptionQ[e]***
ergibt True, wenn e als Option oder Liste mit Optionen betrachtet werden kann, sonst False. *Attribute: Protected.*

**Options[*symbol*]** 149, 236, 398, 724, 736, 837
liefert die Liste der Vorgabe-Optionen, die einem Symbol zugewiesen sind. Options[ausdr] liefert die Optionen, die explizit in einem bestimmten Ausdruck, wie zum Beispiel einem Grafik-Objekt, spezifiziert sind. Options[strom] oder Options["sname"] liefert die Optionen, die mit einem bestimmten Strom verknüpft sind. Options[ausdr, name] liefert die Einstellung für die Option name in einem Ausdruck. Options[ausdr, {name1, name2, ...}] liefert eine Liste der Einstellungen für die Optionen namei. ◇ SetOptions[anw,opt -> wert] setzt Optionswerte dauerhaft. Eine Option kann zeitweilig (für die Dauer einer Anweisung) mit der Form anw[x1,x2,..,Option -> einstellung] geändert werden. Die Einstellungen der Optionen für ein Symbol können auch mit ??, Information oder FullOptions betrachtet werden. Alle Optionen eines gegebenen Symbols können mit einer Anweisung der Form Options[symbol] = {opt1 -> wert1,..} festgelegt werden. Anstelle der Anweisung SetOptions kann zur Festlegung aller Optionen für ein Symbol die Form Options[symbol]={opt1 -> wert1,..} verwendet werden. Dies sollte jedoch mit Vorsicht getan werden, da diese Form sich nicht davon überzeugt, ob die benannten Optionen existieren. Das Konstrukt Literal kann mit Options verwendet werden, um die Evaluierung der Symbole zu verhindern, wie in Options[Literal[symbol]]. *Attribute: Protected ReadProtected. Vergleiche auch:* **Attributes, FullOptions, Information, Literal, Optional, SetOptions, ??**.

**OptionSelect** Examples'OptionUtilities'
**Or[*a1, a2, ...*]** ***oder a1* || *a2* || ...** 94, 289, 614, 837
ist die logische ODER-Funktion. Sie evaluiert ihre Argumente der Reihe nach und liefert sofort True, wenn eines davon True ist, und liefert False, wenn sie alle False sind. ◇ Or evaluiert seine Argumente nicht standardmäßig und evaluiert sie nur, wenn sie benötigt werden. Im Ausdruck a1||a2||a3 werden die ai der Reihe nach evaluiert. Sobald irgendein ai als True bestimmt wird, wird die Evaluierung gestoppt und True ausgegeben. Somit können die ai als Verzweigungen in einem Programm verwendet werden. Or liefert die Werte True, False oder ein symbolisches Ergebnis in einer teilweise vereinfachten Form. Ein symbolisches Ergebnis kann mit LogicalExpand entwickelt werden. *Attribute: Flat HoldAll OneIdentity Protected. Vergleiche auch:* **LogicalExpand, True, False, And, Not, Xor, Implies**.

**Order[*ausdr1, ausdr2*]** 101, 130, 215, 639, 837, 870
liefert 1, wenn ausdr1 in kanonischer Reihenfolge vor ausdr2 steht, und -1, wenn ausdr1 in kanonischer Reihenfolge nach ausdr2 steht. Es liefert 0, wenn ausdr1 mit ausdr2 identisch ist. ◇ Die voreingestellte Ordnung ist dieselbe Ordnung, wie sie die Anweisungen Sort und OrderedQ verwenden. Es werden zuerst die Kategorien Zahlen, dann Zeichenketten und Symbole sortiert. Zahlen werden in aufsteigender Ordnung der reellen Komponente sortiert (die Ordnung für Zahlen ist 0<1-I<1<1+I<2). Zeichenketten werden in lexikografischer (alphabetischer) Ordnung sortiert und Symbole werden auch lexikografisch sortiert. *Attribute: Protected. Vergleiche auch:* **OrderedQ, Orderless, Sort**.

**OrderedQ[*h[a1, a2, ...]*]** 133, 215, 228, 837
ergibt True, wenn die ai in kanonischer Reihenfolge vorliegen, sonst False. ◇ Die voreingestellte Ordnung ist dieselbe Ordnung, wie sie die Anweisungen Sort und Order verwenden. Es werden zuerst die Kategorien Zahlen, dann Zeichenketten und Symbole sortiert. Zahlen werden in aufsteigender Ordnung der reellen Komponente sortiert (die Ordnung für Zahlen ist 0<1-I<1<1+I<2). Zeichenketten werden in lexikografischer (alphabetischer) Ordnung sortiert, und Symbole werden auch lexikografisch sortiert. *Attribute: Protected. Vergleiche auch:* **Order, Orderless, Signature, Sort**.

**Ordering** DiscreteMath'Permutations'
**Ordering** Statistics'DataManipulation'
**Orderless** 230, 272, 275, 734, 837
ist ein Attribut, das einem Symbol f zugewiesen werden kann, um anzuzeigen, daß die Elemente ai in Ausdrücken der Form f[a1, a2, ...] automatisch in kanonischer Reihenfolge sortiert werden sollen. Diese Eigenschaft wird beim Mustervergleich beachtet. ◇ Das Attribut Orderless ist äquivalent dazu, daß man sagt, daß eine Funktion kommutativ ist (Plus und Times sind Orderless). Das Attribut Orderless muß zugewiesen werden, bevor einem Symbol irgendwelche Werte zugewiesen werden. Die voreingestellte Ordnung ist dieselbe Ordnung, wie sie die Anweisungen Sort und Order verwenden. Es werden zuerst die Kategorien Zahlen, dann Zeichenketten und Symbole sortiert. Zahlen werden in aufsteigender Ordnung der reellen Komponente sortiert (die Ordnung für Zahlen ist 0<1-I<1<1+I<2). Zeichenketten werden in lexikografischer (alphabetischer) Ordnung sortiert, und Symbole werden auch lexikografisch sortiert. *Attribute: Protected. Vergleiche auch:* **Attributes, ClearAttributes, Flat, HoldAll, Listable, OneIdentity, Order, Orderless, Protected, SetAttributes, Sort**.

**OrientGraph** DiscreteMath'Combinatorica'
**Orthographic** Miscellaneous'WorldPlot'
**Out[*n*]** ***oder %n*** 54, 61, 346, 513, 514, 743, 838
ist ein globales Objekt, dem der Wert zugewiesen wird, der auf der n-ten Ausgabezeile produziert wird. % liefert das zuletzt erzeugte Ergebnis. %% liefert das vorletzte Ergebnis. %%...% (k-mal) liefert das k-te vorhergehende Ergebnis. ◇ Die Funktionen, die in $Post und $PrePrint enthalten sind, werden auf die Ausgabe angewendet, bevor bzw. nachdem Out ein Wert zugewiesen wird. Out sollte nicht mit Print oder Write verwechselt werden, die Ausgabe zum Bildschirm bzw. in eine Datei senden. *Attribute: Listable Protected. Vergleiche auch:* **In, InString, OutputForm, Print, Write, $Line, $PrePrint, $Post, ??**.

O

**Outer[*f, liste1, liste2, ...*]** 133, 217, 654, 669, 838
ergibt das verallgemeinerte äußere Produkt der listei. ◇ Das Ergebnis besteht aus einer Kombination der Elemente der Listen in allen möglichen Anordnungen, wobei ein Element aus jeder Liste ausgewählt wird. Die Köpfe aller Listen müssen gleich sein, aber nicht notwendigerweise List sein. Das Ergebnis der Anwendung von Outer auf zwei Tensoren der Stufe r und s ist ein Tensor der Stufe r+s. Die Wirkung von Outer ähnelt der von Distribute. Das innere Produkt Inner ist eine Verallgemeinerung von Dot. Das äußere oder Kronecker-Produkt kann mit der Anweisung Outer produziert werden. *Attribute: Protected. Vergleiche auch:* **Dot, Det, Distribute, Inner, Inverse, Transpose, Flatten, Reverse, RotateLeft, RotateRight**.

**OutputControl** Statistics'LinearRegression'
**OutputForm[*ausdr*]** 343, 739, 838
druckt ausdr in standard *Mathematica*-Ausgabeform. ◇ OutputForm[ausdr] ergibt dasselbe Ergebnisse, wie das einfache Eintippen von ausdr. Das Format, das für die Ausgabe eines Ausdrucks verwendet wird, kann mit der Anweisung Format festgelegt werden. Die Evaluierung eines Ausdrucks, bevor er ausgedruckt wird, kann mit der Anweisung HoldForm verhindert werden. Mit InputForm kann ein Ausdruck ohne die Formatierung, die *Mathematica* gewöhnlich bei der Ausgabe verwendet, auf einer Zeile angezeigt werden. Die Operatoren FullForm und TreeForm liefern die vollständige Form des Ausdrucks, ohne die Benutzung von Alias-Ausdrücken (z.B. a+b ist ein Alias für Plus[a,b]). Eine Liste aller vordefinierter Formate (einschließlich InputForm, OutputForm und TextForm) ist in der Systemvariablen $PrintForms enthalten. *Attribute: Protected. Vergleiche auch:* **Format, FullForm, HoldForm, InputForm, TreeForm, $PrintForms**.

**OutputList** Statistics'LinearRegression'

***OutputStream["name", n]*** 484, 738, 838
ist ein Objekt, das einen Ausgabestrom für Funktionen wie Write repräsentiert. ◇ Der zweite Parameter ist eine eindeutige Seriennummer, die zugewiesen wird, wenn der Strom geöffnet wird. Auf Ausgabeströme, die benannte Dateien sind, kann man sich auch mit einer Zeichenkette beziehen, die den Dateinamen enthält. OpenWrite, OpenTemporary und OpenAppend liefern OutputStream-Objekte, wenn sie erfolgreich sind. Write, Put und Display schreiben in einen OutputStream. Streams[ ] liefert eine Liste mit Strömen, die gegenwärtig offen sind, und $Output wird auf die Dateien gesetzt, in die die Standard-Ausgabe geleitet wird. InputStream ist eine Anweisung für Dateien und Ströme, aus denen *Mathematica* liest. *Attribute: Protected. Vergleiche auch:* **Display, InputStream, OpenAppend, OpenTemporary, OpenWrite, Put, Write, Streams, $Output**.

**Overflow**
ist das Ergebnis einer numerischen Berechnung, deren Ergebnis zu groß ist, um es darzustellen. *Attribute: Protected.*

***Overlaps* -> True oder False**
ist eine Option für StringPosition, die bestimmt, ob sich Teil-Zeichenketten überlappen können. ◇ Der Vorgabewert ist Overlaps -> True. Mit diesem Wert liefert StringPosition zwei separate Positionen für zwei einander überlappende Vorkommen. Mit der Einstellung Overlaps -> False sucht StringPosition nicht nach Übereinstimmungen, die eine frühere Übereinstimmung überlappen. *Attribute: Protected. Vergleiche auch:* **Options, StringPosition, SetOptions**.

**OwnValues[*f*]** 736
ergibt eine Liste mit Transformationsregeln, die allen Selbst-Werten (Werte für f selbst) entsprechen, die für das Symbol f definiert sind. ◇ Die Werte und Regeln, die mit einem Symbol verknüpft sind, können mit dem Operator Information (oder dem ?-Operator) betrachtet werden. Jene Werte, die Muster wie f[x1,..] ersetzen, heißen DownValues. Jene der Form fkt[f] können mit der Anweisung UpValues, jene der Form N[f]=wert mit der Anweisung NValues und jene der Form f[x,..][..] mit der Anweisung SubValues betrachtet werden. Die spezielle Anweisung FormatValues liefert Regeln der Form Format[f]. Alle voreingestellten Werte, die f zugewiesen wurden, können mit der Anweisung DefaultValues betrachtet werden. Die Regeln, die mit UpValue betrachtet werden, werden mit den Anweisungen UpSet (f[a]=b) und SetDelayed (f[a]:=b) eingegeben. Mit der Anweisung EditDefinition (nicht auf dem Macintosh vorhanden) können diese Regeln editiert werden. *Attribute: HoldAll Protected. Vergleiche auch:* **DefaultValues, DownValues, FormatValues, Information, NValues, Set, SubValues, ValueQ, ?**.

# P

***PaddedForm[ausdr, n]*** 352, 355, 838
druckt alle Zahlen in ausdr so aufgefüllt, daß jeweils Platz für insgesamt n Stellen ist. PaddedForm[ausdr, {n, f}] druckt Gleitpunktzahlen mit genau f Stellen rechts vom Dezimalpunkt. ◇ Obwohl PaddedForm nicht das Attribut Listable hat, verhält es sich so, als ob es der Fall wäre. Auf einen Ausdruck angewandt, formatiert es alle Zahlen im Ausdruck, hat aber keine Wirkung auf die anderen Elemente des Ausdrucks. Andere Anweisungen für die Formatierung von Zahlen sind NumberForm, EngineeringForm (Exponenten sind durch 3 teilbar), ScientificForm und AccountingForm (negative Zahlen werden in runde Klammern eingeschlossen). Mit BaseForm kann man Zahlen mit einer anderen Basis als 10 drucken. Mit dem Operator Format kann PaddedForm zum voreingestellten Format erklärt werden. PaddedForm kann zusammen mit MatrixForm oder TableForm nützlich sein, wenn Spalten untereinander ausgerichtet werden sollen. Die Zeichen, die zum Auffüllen in Zahlen dienen, können mit der Option NumberPadding geändert werden. *Vergleiche auch:* **AccountingForm, BaseForm, EngineeringForm, Format, MatrixForm, NumberForm, ScientificForm, TableForm**.

| | |
|---|---|
| DigitBlock -> DirectedInfinity[1] | NumberPoint -> "." |
| SignPadding -> False | NumberSigns -> {"-", " "} |
| ExponentStep -> 1 | NumberFormat -> Automatic |
| NumberPadding -> {" ", "0"} | NumberSeparator -> "," |
| ExponentFunction -> Automatic | |

**Pade** Calculus'Pade'

**PageHeight -> *n*** 838
ist eine Option für Ausgabeströme, die festlegt, wie viele Textzeilen zwischen Seitentrennungen gedruckt werden sollen. ◇ Als Option für OpenAppend oder OpenWrite ist die Voreinstellung für PageHeight 22 Zeichen. PageHeight -> Infinity legt fest, daß keine Seitentrennung eingefügt werden soll. Andere Optionen für Ausgabedateien sind FormatType, PageWidth, TotalWidth, TotalHeight und StringConversion. Insbesondere gibt TotalHeight die maximale Zeilenzahl an, mit der ein Ausgabe-Ausdruck gedruckt wird. *Attribute: Protected. Vergleiche auch:* **FormatType, OpenAppend, OpenWrite, OutputStream, PageWidth, SetOptions, TotalHeight**.

**PageWidth -> *n*** 487, 488, 517, 738, 839, 865
ist eine Option, die für Ausgabeströme angegeben werden kann, um die Zeilenbreite für den gedruckten Text festzulegen. ◇ Als Option für OpenAppend, OpenWrite oder Splice ist die Voreinstellung für PageWidth 78 Zeichen. Wenn die Ausgabe PageWidth überschreitet, wird die Zeile umgebrochen, wobei die Zeichen eingefügt werden, die in den Variablen Continuation, LineBreak und StringBreak enthalten sind. PageWidth -> Infinity gibt an, daß die Zeilen von beliebiger Länge sein können. Andere Optionen für Ausgabedateien sind FormatType, PageHeight, TotalWidth, TotalHeight und StringConversion. Insbesondere gibt TotalWidth die maximale Zeichenzahl an, mit der ein Ausgabeausdruck gedruckt wird, bevor eine Short-Form verwendet wird. *Attribute: Protected. Vergleiche auch:* **Continuation, FormatType, LineBreak, OpenAppend, OpenWrite, OutputStream, PageHeight, SetOptions, StringBreak, TotalWidth**.

**ParabolicCylinderD** Calculus'Common'Support'
**ParabolicCylindrical** Calculus'VectorAnalysis'
**Paraboloidal** Calculus'VectorAnalysis'
**ParameterRanges** Calculus'VectorAnalysis'
**Parameters** Calculus'VectorAnalysis'
**ParameterTable** Statistics'LinearRegression'
**ParametricPlot[*{fx, fy}, {t, tmin, tmax}*]** 167, 395, 839
produziert ein parametrisches Diagramm der x- und y-Koordinaten fx und fy als Funktion von t. ParametricPlot[{{fx, fy}, {gx, gy}, ...}, {t, tmin, tmax}] druckt mehrere parametrische Kurven. ◇ ParametricPlot liefert ein Grafik-Objekt und kann mit der Anweisung Show gemeinsam mit anderen Grafik-Objekten angezeigt oder kombiniert werden. Die Funktionen fx und fy sollten zu reellen Zahlen evaluiert werden, sobald t ein numerischer Wert gegeben wird. Das Diagramm wird an jenen Punkten Löcher aufweisen, für die fx oder fy nicht reell ist. *Attribute: HoldAll Protected. Vergleiche auch:* **ListPlot, Plot, Show, Graphics**.

| | | | | | |
|---|---|---|---|---|---|
| AspectRatio | -> | GoldenRatio^(-1) | Axes | -> | Automatic |
| AxesLabel | -> | None | AxesOrigin | -> | Automatic |
| AxesStyle | -> | Automatic | Background | -> | Automatic |
| ColorOutput | -> | Automatic | Compiled | -> | True |
| DefaultColor | -> | Automatic | Epilog | -> | {} |
| Frame | -> | False | FrameLabel | -> | None |
| FrameStyle | -> | Automatic | FrameTicks | -> | Automatic |
| GridLines | -> | None | MaxBend | -> | 10. |
| PlotDivision | -> | 20. | PlotLabel | -> | None |
| PlotPoints | -> | 25 | PlotRange | -> | Automatic |
| PlotRegion | -> | Automatic | PlotStyle | -> | Automatic |
| Prolog | -> | {} | RotateLabel | -> | True |
| Ticks | -> | Automatic | DefaultFont | :> | $DefaultFont |
| DisplayFunction | :> | $DisplayFunction | | | |

***ParametricPlot3D*[*{f[x],g[x],h[x]},{x,x0,x1}*]** 168, 395, 703, 839
produziert eine Raumkurve mit dem Parameter x, wobei x den Bereich von x0 bis x1 durchläuft. ParametricPlot3D[{f[x, y], g[x, y], h[x, y]}, {x, x0, x1}, {y, y0, y1}] produziert eine Oberfläche mit den Parametern x und y. *Attribute: HoldAll Protected.*

P

| | | | | | |
|---|---|---|---|---|---|
| AmbientLight | -> | GrayLevel[0.] | AspectRatio | -> | Automatic |
| Axes | -> | True | AxesEdge | -> | Automatic |
| AxesLabel | -> | None | AxesStyle | -> | Automatic |
| Background | -> | Automatic | Boxed | -> | True |
| BoxRatios | -> | Automatic | BoxStyle | -> | Automatic |
| ColorOutput | -> | Automatic | Compiled | -> | True |
| DefaultColor | -> | Automatic | Epilog | -> | {} |
| FaceGrids | -> | None | Lighting | -> | True |
| PlotLabel | -> | None | PlotPoints | -> | Automatic |
| PlotRange | -> | Automatic | PlotRegion | -> | Automatic |
| Plot3Matrix | -> | Automatic | PolygonIntersections | -> | True |
| Prolog | -> | {} | RenderAll | -> | True |
| Shading | -> | True | SphericalRegion | -> | False |
| Ticks | -> | Automatic | ViewCenter | -> | Automatic |
| ViewPoint | -> | {1.3, -2.4, 2.} | ViewVertical | -> | {0., 0., 1.} |
| DefaultFont | :> | $DefaultFont | DisplayFunction | :> | $DisplayFunction |

LightSources -> {{{1.,0.,1.},RGBColor[1,0,0]},{{1.,1.,1.},
RGBColor[0, 1, 0]}, {{0., 1., 1.}, RGBColor[0, 0, 1]}}

**ParametricPlot3D** Graphics'ParametricPlot3D'

**ParametricPlot3D** ProgrammingExamples'ParametricPlot3D'

***ParentDirectory*[ ]** 490, 839

liefert das übergeordnete Verzeichnis des aktuellen Arbeitsverzeichnisses. ParentDirectory["dir"] liefert das übergeordnete Verzeichnis des Verzeichnisses dir. ◇ Der Eintrag „dateien" beschreibt, wie Verzeichnisse spezifiziert werden. Die Anweisung Directory liefert das aktuelle Arbeitsverzeichnis. Mit den Anweisungen SetDirectory und ResetDirectory wird das Arbeitsverzeichnis geändert. HomeDirectory ist ein spezielles Verzeichnis für jeden Nutzer, das nur für UNIX-Systeme definiert ist. $Path enthält eine Liste der Inhaltsverzeichnisse, die nach der gewünschten Datei durchsucht wird, wenn versucht wird, eine existierende Datei zu öffnen oder aus ihr zu lesen. Jeder Aufruf von SetDirectory fügt das letzte Verzeichnis vorn in die Liste ein, die von DirectoryStack zurückgegeben wird. Jeder Aufruf von ResetDirectory entfernt das erste Element dieser Liste und wechselt in dieses Verzeichnis. *Attribute: Protected. Vergleiche auch:* **CreateDirectory, DeleteDirectory, Directory, DirectoryStack, HomeDirectory, ResetDirectory, SetDirectory, $Path, $ParentLink, dateien**.

**Part[*ausdr, i*] *oder ausdr[[i]]*** 57, 58, 82, 125, 126, 195, 651, 840

liefert den i-ten Teil von ausdr. ausdr[[-i]] zählt vom Ende. ausdr[[0]] liefert den Kopf von ausdr. ausdr[[i, j, ...]] oder Part[ausdr, i, j, ...] ist äquivalent zu ausdr[[i]] [[j]] .... ausdr[[ {i1, i2, ...} ]] ergibt eine Liste der Teile i1, i2, ... von ausdr. ◇ Part verwendet eine Syntax, die der normalen Teilespezifikation ähnelt. *Attribute: Protected. Vergleiche auch:* **Depth, First, Head, Last, Length, Level, MapAt, Position, Take, TreeForm, teilespez**.

**PartialFractions** DiscreteMath'RSolve'

**PartialOrderQ** DiscreteMath'Combinatorica'

**Partition[*liste, n*]** 131, 840

zerlegt liste in nicht-überlappende Unterlisten der Länge n. Partition[liste, n, d] erzeugt Unterlisten mit Versatz d. Partition[liste, {n1, n2, ...}, {d1, d2, ...}] zerlegt aufeinanderfolgende Stufen in liste in Unterlisten der Länge ni mit Versatz di. ◇ Übriggebliebene Elemente werden in keine Liste aufgenommen. Der Kopf von liste braucht nicht List zu sein. Partition[liste,n] ist äquivalent zu Partition[liste,n,n]. Flatten und Join sind teilweise Inverse von Partition. Join verbindet Listen zu einer einzelnen Liste, und Flatten reduziert die Tiefe einer Liste auf Eins, wobei im Grunde eine Liste mit Unterlisten (wie sie von Partition produziert wird) zu einer einzelnen Liste verbunden wird. PartitionsP und PartitionsQ liefern die Anzahl der Zerlegungen einer ganzen Zahl ohne bzw. mit Einschränkungen. *Attribute: Protected. Vergleiche auch:* **PartitionsP, PartitionsQ, Flatten, Join**.

**PartitionQ** DiscreteMath'Combinatorica'

**Partitions** DiscreteMath'Combinatorica'

**PartitionsP[*n*]** 558, 840

liefert die Anzahl p(n) der Zerlegungen der ganzen Zahl n ohne Einschränkungen. ◇ Dies ist die Anzahl der Möglichkeiten, mit der man n ohne Berücksichtigung der Reihenfolge als Summe von positiven ganzen Zahlen schreiben kann. *Attribute: Protected. Vergleiche auch:* **Multinomial, Partition, PartitionsQ, StirlingS2**.

**PartitionsQ[*n*]** 558, 840
ergibt die Anzahl q(n) der Zerlegungen der ganzen Zahl n in unterschiedliche Teile. ◇ Dies ist die Anzahl der Möglichkeiten, mit der man n als Summe unterschiedlicher positiver ganzer Zahlen schreiben kann. *Attribute: Protected. Vergleiche auch:* **Multinomial, Partition, PartitionsP, StirlingS2.**

**teilespez**
◇ Einige Teilespezifikationen sind: n - Element Nummer n (beginnend mit 1), -n - Element n vom Ende gezählt, 0 - Kopf des Ausdrucks, {n1,n2,..,nj} - nj-ter Teil des n2-ten Teils des n1-ten Teils des Ausdrucks. Eine Liste mit mehreren Teilespezifikationen wird als poslist bezeichnet, oder Positionsliste. Mit der Teilespezifikation wird ein bestimmter Teil oder Teile eines Ausdrucks spezifiziert. Sie wird von den Funktionen Delete, Insert, MapAt, ReplaceHeldPart und ReplacePart verwendet. Eine Teilespezifikation wird von der Funktion Position als Ausgabe produziert. Die Funktion Part benutzt eine Folge von Zahlen, ähnlich wie die Teilespezifikation, um einen Teil eines Ausdrucks zu spezifizieren. Die Konstruktion {part1,part2} (Teil 2 von Teil1) zur Teilespezifikation sollte nicht mit den Konstruktionen für den Laufindex {i,imax}, der Stufenspezifikation {toplevel,bottomlevel} oder der Folgenspezifikation {start,end} verwechselt werden. Sie sollte auch nicht mit der Listenkonstruktion {a,b} (oder List[a,b]) verwechselt werden. *Vergleiche auch:* **Delete, Insert, List, Part, Position, MapAt, ReplaceHeldPart, ReplacePart, iteratoren, stufenspez, folgenspez.**

**Path** DiscreteMath'Combinatorica'
**PathConditionGraph** DiscreteMath'Combinatorica'
**Pattern *oder s:obj*** 223, 719, 840
repräsentiert das Muster-Objekt obj, dem der Name s zugewiesen wird. ◇ Ein vollständiges Muster kann, unabhängig von seinen Teilen, durch die Konstruktion „name:mst" benannt werden. Die Muster-Konstruktion wird tatsächlich häufiger benutzt als es scheint, da das Muster „x_" die Kurzform für „Pattern[x,Blank[ ]]" (d.h. „x:_") usw. ist. Die Kurzform „name:mst" sollte nicht mit der Kurzform für Optional[mst,wert] verwechselt werden, die „mst:wert" ist. *Attribute: HoldFirst Protected. Vergleiche auch:* **Blank, Optional, muster.**

**PatternList** DiscreteMath'RSolve'
**muster**
◇ Das Muster „x_" wird mit dem Operator Blank aufgebaut. Das Muster „x_" paßt zu allen einzelnen Ausdrücken und weist dem Ausdruck den Namen x zu. Das Muster „x_^n_" paßt zu einem Ausdruck, der in eine Potenz erhoben wurde, „x_^n" paßt zu einem Ausdruck, der in die n-te Potenz (die eigentliche Variable n) erhoben wurde. BlankSequence oder „__" (2 Unterstreichungszeichen) paßt zu einer Folge von einem oder mehreren Ausdrücken. BlankNullSequence oder „___" (3 Unterstreichungszeichen) paßt zu einer Folge von null oder mehreren Ausdrücken. Das Muster „x_:v" legt fest, daß, wenn ein Ausdruck zur Verfügung gestellt wird, dem Namen x der Wert v zugewiesen werden soll. Zum Beispiel paßt der Ausdruck x zum Muster „n_+m_:0". Das Muster „x_h" paßt zu einem Ausdruck ausdr, wenn Head[ausdr] == h ist, z.B. paßt das Muster „n_Integer" zu ganzen Zahlen. Das Muster „x_?test" paßt zu einem Ausdruck ausdr, wenn test[ausdr] True ergibt. Zum Beispiel paßt das Muster „n_?Positive" zu positiven Werten. Ein vollständiges Muster kann, unabhängig von seinen Teilen, durch die Konstruktion „name:mst" benannt werden. Das Muster „linie:a_?NumberQ + m_?NumberQ" paßt zum Ausdruck für eine Linie, wobei a dem x-Abschnitt, m der Neigung und linie dem vollständigen Ausdruck zugewiesen wird. Muster können mit dem Operator Alternatives kombiniert werden. Folglich paßt das Muster „(x_Integer | Complex[x_,_])" entweder zu einer ganzen oder einer komplexen Zahl, wobei x jeweils dem Realteil zugewiesen wird. *Vergleiche auch:* **Alternatives, Blank, Head, MatchQ, Optional, Pattern, PatternTest, ReplaceAll, tests.**

**PatternTest *oder m?test*** 228, 716, 841
ist ein Musterobjekt, das für jeden Ausdruck steht, der zu m paßt, und auf den die Anwendung von Test True ergibt. ◇ Jedes Ergebnis für den Test, außer True, wird als False angenommen (ähnlich wie die Wirkung des Tests TrueQ). Die Wirkung von PatternTest kann mit dem Operator Condition kopiert werden (z.B. f[n_]=ausdr /; test), aber PatternTest ist manchmal einfacher zu benutzen. *Attribute: HoldRest Protected. Vergleiche auch:* **Condition, TrueQ, muster, tests.**

***Pause*[*n*]** 524, 841
pausiert für mindestens n Sekunden. *Attribute: Protected.*

**PDF** Statistics'ContinuousDistributions'
**PDF** Statistics'DiscreteDistributions'
**PDF** Statistics'NormalDistribution'
**PearsonSkewness1** Statistics'DescriptiveStatistics'
**PearsonSkewness2** Statistics'DescriptiveStatistics'

P

**PercentagePoint** Statistics'NormalDistribution'
**PerfectQ** DiscreteMath'Combinatorica'
**PermutationGroupQ** DiscreteMath'Combinatorica'
**PermutationQ** DiscreteMath'Combinatorica'
**PermutationQ** DiscreteMath'Permutations'
**Permutations[*liste*]** 11, 14, 133, 560, 841, 872
erzeugt eine Liste aller möglichen Permutationen der Elemente in liste. ◇ Das Argument braucht keine Liste zu sein. Reverse, RotateRight, RotateLeft und Sort ordnen die Elemente einer Liste auf eine spezielle Weise um. Signature liefert 1 oder -1, abhängig davon, wie viele Transpositionen zur Sortierung einer Liste benötigt werden, und liefert 0, wenn zwei Elemente in der Liste identisch sind. *Attribute: Protected. Vergleiche auch:* **Partitions, Reverse, RotateRight, RotateLeft, Signature, Sort.**

**Permute** DiscreteMath'Combinatorica'
**Pi** 50, 566, 841
ist Pi mit dem numerischen Wert 3.14159.... ◇ Pi gibt einfach das Symbol Pi zurück, es sei denn, Sie erzwingen mit dem N-Operator eine numerische Evaluierung. Pi ist ein Symbol; es wird nicht als Zahl betrachtet. *Attribute: Constant Protected. Vergleiche auch:* **Cos, Degree, N, NumberQ, Sin.**

**PieChart** Graphics'Graphics'
**PiScale** Graphics'Graphics'
***Pivoting*** 667
ist eine Option für Funktionen zur Matrizenzerlegung, die festlegt, daß Spaltenpivotisierung ausgeführt werden soll. Das Ergebnis hat die Form {Q, R, P}, wobei P die Permutationsmatrix ist, so daß M . P = Conjugate[Transpose[Q]] . R ist, wobei M die Ausgangsmatrix ist. *Attribute: Protected.*

**Plain *z.B. TextRendering -> Plain***
ist eine Einstellung, die für die Option TextRendering angegeben werden kann, um Ausgabe auf ein zeichenorientiertes Anzeigegerät zu spezifizieren. Die Option TextRendering wird in Version 2.0 nicht unterstützt. *Attribute: Protected. Vergleiche auch:* **OpenAppend, OpenWrite, PostScript, SetOptions, TextRendering.**

**PlanarGraphPlot** DiscreteMath'ComputationalGeometry'
**PlanarQ** DiscreteMath'Combinatorica'
***Play[f, {t, tmin, tmax}]*** 5, 176, 474, 841
spielt einen Ton, dessen Amplitude durch f als Funktion der Zeit t in Sekunden zwischen tmin und tmax gegeben ist. ◇ Play bewirkt, daß die Funktion mit einer Rate von SampleRate Abtastungen pro Sekunde (Voreinstellung 8192) abgetastet wird und bei jeder Abtastung die Amplitude als ganze Zahl der Länge SampleDepth (Voreinstellung 8 Bits) gespeichert wird. Der Ton wird dann durch zwei Bilder repräsentiert. Das obere Bild ist die eigentliche Wellenform und das untere Bild ist die Energie der Tonabtastung. Jedes wird von links nach rechts als Funktion der Zeit angezeigt. (Für die meisten Töne, deren Frequenz hoch genug ist, ist das Wellendiagramm kompliziert und ohne erkennbare Ordnung.) Die Grafik, die von Play produziert wird, kann mit der Anweisung Graphics[ton] in normale Grafik konvertiert werden. Töne können mit der Anweisung Display[datei,ton] in eine Plattendatei gesichert werden (als Textdatei der hexadezimalen Abtastungen) . Mit der Funktion ListPlay kann eine explizit gegebene Liste mit Tonabtastungen abgespielt werden. Die Funktion Play benötigt auf den meisten Computern eine gewisse Zeit, um die Daten vor dem Abspielen aufzubereiten. Dies kann durch Angabe eines speziellen Bereiches für die Funktion PlayRange etwas beschleunigt werden. Die Einstellung der Option Compiled auf False verlangsamt die Abspielung der Töne. Die interne Darstellung der Ton-Primitiven sind SampledSoundFunction und SampledSoundList. Mit der Funktion Sound kann man eine Liste mit Ton-Primitiven manipulieren. *Attribute: HoldAll Protected. Vergleiche auch:* **ListPlay, SampledSoundFunction, SampledSoundList, Show, Sound.**

| | | | | | |
|---|---|---|---|---|---|
| Compiled | -> | True | Epilog | -> | {} |
| PlayRange | -> | Automatic | Prolog | -> | {} |
| SampleDepth | -> | 8 | SampleRate | -> | 8192 |
| DisplayFunction | :> | $SoundDisplayFunction | | | |

***PlayRange -> wert*** 177, 842
ist eine Option für Play und verwandte Funktionen, die angibt, welcher Bereich von Ton-Amplitudenwerten berücksichtigt werden soll. ◇ PlayRange sollte nicht mit PlotRange verwechselt werden, die eine ähnliche Funktion für Grafik ausführt. *Attribute: Protected. Vergleiche auch:* **DisplayFunction, ListPlay, Options, Play, PlotRange, SampleDepth, SampleRate, SetOptions.**

**Plot[*f*, *{x, xmin, xmax}*]** 134, 139, 279, 285, 395, 411, 842, 844

erzeugt ein Diagramm von f als Funktion von x von xmin bis xmax. Plot[{f1, f2, ...}, {x, xmin, xmax}] zeichnet mehrere Funktionen fi. ◇ Plot verwendet einen adaptiven Abtastalgorithmus, um zu bestimmen, wann und wo eine Funktion zusätzlich zu einer Anzahl von äquidistanten Punkten (spezifiziert durch die Option PlotPoints) berechnet werden soll. *Mathematica* berechnet dann den Winkel zwischen der Geraden vom ersten zum zweiten Punkt und der Geraden vom zweiten zum dritten Punkt. Wenn der Winkel dicht bei 180 Grad liegt, werden die Geradensegmente gezeichnet. Sonst wird jedes Intervall solange unterteilt bis in jedem Intervall Geraden gezeichnet werden oder die Unterteilungen eines Intervalls den Wert der Option PlotDivision erreicht hat. Also wird ein Abschnitt mit einer großen Krümmung häufiger abgetastet als ein flacher Abschnitt einer Funktion. *Attribute: HoldAll Protected. Vergleiche auch:* **ListPlot**, **ParametricPlot**, **ParametricPlot3D**, **Plot3D**, **Show**, **Graphics**.

| | | | | | |
|---|---|---|---|---|---|
| AspectRatio | -> | GoldenRatio^(-1) | Axes | -> | Automatic |
| AxesLabel | -> | None | AxesOrigin | -> | Automatic |
| AxesStyle | -> | Automatic | Background | -> | Automatic |
| ColorOutput | -> | Automatic | Compiled | -> | True |
| DefaultColor | -> | Automatic | Epilog | -> | {} |
| Frame | -> | False | FrameLabel | -> | None |
| FrameStyle | -> | Automatic | FrameTicks | -> | Automatic |
| GridLines | -> | None | MaxBend | -> | 10. |
| PlotDivision | -> | 20. | PlotLabel | -> | None |
| PlotPoints | -> | 25 | PlotRange | -> | Automatic |
| PlotRegion | -> | Automatic | PlotStyle | -> | Automatic |
| Prolog | -> | {} | RotateLabel | -> | True |
| Ticks | -> | Automatic | DefaultFont | :> | $DefaultFont |
| DisplayFunction | :> | $DisplayFunction | | | |

**Plot3D[*f*, *{x,min,max},{y,min,max}*]** 154, 156, 162, 285, 395, 447, 452, 842

erzeugt ein 3D-Diagramm von f als Funktion von x und y. Plot3D[{f, s}, {x,min,max},{y,min,max}] erzeugt ein 3D-Diagramm, in dem die Höhe der Oberfläche durch f spezifiziert ist und die Schattierung durch s. ◇ Plot3D liefert ein SurfaceGraphics-Objekt, das mit der Anweisung Show angezeigt werden kann. Die Anweisung Graphics3D konvertiert die Ergebnisse von Plot3D in ein Graphics3D-Objekt, so daß es mit anderen Diagrammen oder Primitiven kombiniert werden kann. Die Funktion f sollte eine reelle Zahl liefern, wenn x und y numerische Werte zugewiesen werden. An den Punkten, an denen f keine reelle Zahl liefert, wird das Diagramm Löcher aufweisen. Die Voreinstellungen von AmbientLight, Lighting und LightSources stellen die Oberfläche durch 3 Lichtquellen beleuchtet dar. Wenn die Option Lighting nicht auf True gesetzt wird und keine Schattierungsfunktion spezifiziert ist, wird die Oberfläche mit Graustufen entsprechend der Höhe oder der Einstellung der Option ColorFunction schattiert. Wenn die Schattierungsfunktion s spezifiziert ist, muß sie in jedem Punkt die Einstellung für Farbe (d.h. CMYKColor, Hue oder RGBColor) oder GrayLevel evaluieren. Ein Array der Höhenwerte kann in ein 3D-Diagramm mit der Anweisung ListPlot3D umgewandelt werden. Andere Anweisungen, die Funktionen zweier Variablen anzeigen können, sind ContourPlot und DensityPlot. Plot druckt eine Funktion einer Variable. Mit der Anweisung ParametricPlot3D kann entweder ein Diagramm einer Oberfläche, die durch zwei Parameter definiert ist, oder eine dreidimensionale Kurve gezeichnet werden. *Attribute: HoldAll Protected. Vergleiche auch:* **ContourPlot**, **DensityPlot**, **Graphics3D**, **ListPlot3D**, **Plot**, **Show**, **SurfaceGraphics**.

| | |
|---|---|
| AmbientLight -> GrayLevel[0] | AspectRatio -> Automatic |
| Axes -> True | AxesEdge -> Automatic |
| AxesLabel -> None | AxesStyle -> Automatic |
| Background -> Automatic | Boxed -> True |
| BoxRatios -> {1, 1, 0.4} | BoxStyle -> Automatic |
| ClipFill -> Automatic | ColorFunction -> Automatic |
| ColorOutput -> Automatic | Compiled -> True |
| DefaultColor -> Automatic | Epilog -> {} |
| FaceGrids -> None | HiddenSurface -> True |
| Lighting -> True | Mesh -> True |
| MeshStyle -> Automatic | PlotLabel -> None |
| PlotPoints -> 15 | PlotRange -> Automatic |
| PlotRegion -> Automatic | Plot3Matrix -> Automatic |
| Prolog -> {} | Shading -> True |
| SphericalRegion -> False | Ticks -> Automatic |
| ViewCenter -> Automatic | ViewPoint -> {1.3, -2.4, 2.} |
| ViewVertical -> {0., 0., 1.} | DefaultFont :> $DefaultFont |

DisplayFunction :> $DisplayFunction
LightSources -> {{{1.,0.,1.},RGBColor[1,0,0]},{{1.,1.,1.}, RGBColor[0, 1, 0]}, {{0., 1., 1.}, RGBColor[0, 0, 1]}}

**Plot3Matrix -> {{*m11*,.},.,{.,*m44*}}** xix

ist eine Option für Graphics3D und verwandte Funktionen, mit der die explizite homogene perspektivische Transformationsmatrix angegeben werden kann. ◇ Der Vorgabewert ist Plot3Matrix -> Automatic, der bewirkt, daß die Matrix aus der Einstellung der Option ViewPoint berechnet werden soll. Sonst wird Plot3Matrix als (4, 4)-Matrix erwartet. Diese Matrix wird mit dem Vektor {x,y,z,1} für jeden Punkt multipliziert, und die ersten beiden Elemente des resultierenden Vektors sind die x- und y-Bildschirmwerte. *Attribute: Protected. Vergleiche auch:* **ViewPoint, Graphics3D, Plot3D, Options, SetOptions**.

*PlotColor*

ist eine veraltete Grafik-Option, ersetzt durch ColorOutput. *Vergleiche auch:* **ColorOutput**.

**PlotDivision -> *x*** 143, 843

ist eine Option für Plot, die die maximale Anzahl der Unterteilungen festlegt, die beim Versuch eine glatte Kurve zu zeichnen, verwendet wird. ◇ Die Voreinstellung ist 20., das heißt, daß maximal 20 Punkte vom adaptiven Druckalgorithmus zwischen zwei der ursprünglichen Stützstellen eingefügt werden können. Der Druckalgorithmus tastet die Funktion zuerst an PlotPoints (Voreinstellung 25) äquidistanten Punkten ab. Wenn der Winkel zwischen 3 Punkten größer als MaxBend ist (Voreinstellung 10.), wird das betreffende Intervall unterteilt und der Winkel erneut überprüft. Dieser Prozeß wird solange fortgesetzt, bis entweder der Winkel unter MaxBend fällt oder bis der Höchstwert von PlotDivision erreicht wird. Folglich beträgt die höchstmögliche Auflösung des Diagramms 1/(PlotPoints*PlotDivision). *Attribute: Protected. Vergleiche auch:* **MaxBend, Options, Plot, PlotPoints, SetOptions**.

**PlotGradientField** Graphics'PlotField'

**PlotGradientField3D** Graphics'PlotField3D'

**PlotHamiltonianField** Graphics'PlotField'

**PlotJoined -> True oder False** 164, 843

ist eine Option für ListPlot, die angibt, ob die gezeichneten Punkte durch einen Polygonzug verbunden werden sollen. ◇ Die Voreinstellung für PlotJoined ist False, mit der ein Streudiagramm produziert wird. Die Einstellung PlotJoined -> True verbindet aufeinanderfolgende Punkte durch Geraden. Wenn die Punkte nach zunehmenden x-Werten aufgelistet werden, ähnelt das Ergebnis dem der Anweisung Plot. Wenn sie nicht geordnet sind, ähnelt die Wirkung der von ParametricPlot. Wenn PlotJoined auf True gesetzt wird, kann der Stil der Linie mit der Option PlotStyle festgelegt werden. *Attribute: Protected. Vergleiche auch:* **ListPlot, Options, PlotStyle, SetOptions**.

**PlotLabel -> *wert*** 139, 156, 418, 459, 843
ist eine Option für Grafikfunktionen, die eine Titelbeschriftung für ein Diagramm festlegt. ◇ Der Vorgabewert ist PlotLabel -> None. Die Einstellungen PlotLabel -> "string" und PlotLabel -> ausdr beschriften den Graphen mit der Zeichenkette bzw. dem evaluierten Wert von ausdr. Der Wert von PlotLabel kann auch ein FontForm-Objekt sein, mit dem unterschiedliche Schrifttypen und Schriftgrößen verwendet werden können. Die Option AxesLabel führt eine ähnliche Funktion für die Achsen des Graphen aus, und mit der Option FrameLabel kann man den äußeren Rahmen einer Grafik beschriften. Mit der Primitive Text kann man Text an eine beliebige Stelle einer Grafik schreiben. *Attribute: Protected. Vergleiche auch:* **AxesLabel, FontForm, FrameLabel, Options, Plot, Plot3D, SetOptions, Text**.

**PlotLegend** Graphics'Legend'
**PlotPoints -> *n*** 143, 152, 154, 156, 843
ist eine Option zum Plotten von Funktionen, die festlegt, wie viele Stützstellen zu verwenden sind. ◇ Plot verwendet einen adaptiven Abtastalgorithmus, um zu bestimmen, wann und wo, zusätzlich zu einer Anzahl äquidistanter Punkte (spezifiziert durch die Option PlotPoints), Stützstellen einer Funktion eingefügt werden. *Mathematica* tastet 3 aufeinanderfolgende Punkte ab. Dann wird der Winkel zwischen der Geraden vom ersten zum zweiten Punkt und der Geraden vom zweiten zum dritten Punkt berechnet. Wenn der Winkel dicht bei 180 Grad liegt, werden die Geradensegmente gezeichnet. Sonst wird jedes Intervall solange unterteilt, bis in jedem Intervall Geraden gezeichnet werden oder bis die Unterteilungen eines Intervalls den Wert der Option PlotDivision erreicht hat. Also wird ein Abschnitt mit einer großen Krümmung häufiger abgetastet als ein flacher Abschnitt einer Funktion. *Attribute: Protected. Vergleiche auch:* **Plot, ParametricPlot, Plot3D, PlotDivision, ContourPlot, DensityPlot, MaxBend, PlotDivision, Options, SetOptions**.

**PlotPolyaField** Graphics'PlotField'
**PlotRange -> *wert*** 139, 142, 150, 152, 156, 398, 414, 439, 450, 799, 843
ist eine Option für Grafikfunktionen, die festlegt, welche Punkte in ein Diagramm aufzunehmen sind. ◇ Der Vorgabewert von PlotRange ist Automatic. Dieser Wert bewirkt, daß Punkte außerhalb der allgemeinen Verteilung der Punkte weggelassen werden. Andere akzeptierte Werte sind: All - alle Punkte werden gezeichnet, {min,max} - Werte außerhalb des Wertebereiches werden weggelassen, {min,Automatic}, {Automatic,max} und {xrange,yrange}. Die letzte Einstellung, am brauchbarsten für Graphics, Graphics3D und ParametricPlot, kann eine der obigen Einstellungen für xrange und yrange haben. Mit PlotRange kann man auch die tatsächlichen Bereiche bestimmen, die zur Anzeige der Grafik verwendet werden. Folglich ist PlotRange[graphik] zum üblicheren FullOptions[graphik,PlotRange] äquivalent. Die Option ClipFill für Plot3D legt fest, wie die Flächen des Graphen zu behandeln sind, die durch die Wirkung von PlotRange ausgelöscht werden. Die Option PlotRegion legt fest, in welcher Region der Darstellungsfläche das Diagramm plaziert wird. PlotRange sollte nicht mit PlayRange verwechselt werden, das eine ähnliche Funktion für Töne ausführt. *Attribute: Protected. Vergleiche auch:* **ClipFill, Graphics, Graphics3D, Options, ParametricPlot, PlayRange, Plot, PlotRegion, Plot3D, SetOptions**.

P

***PlotRegion*** 414, 445, 843
ist eine Option für Grafikfunktionen, die angibt, welchen Bereich der endgültigen Darstellungsfläche ein Diagramm ausfüllen soll. *Attribute: Protected. Vergleiche auch:* **PlotRange, AspectRatio, Scaled, SphericalRegion**.

**PlotStyle -> *prim*** 143, 411, 844
ist eine Option für Plot und ListPlot, die den Stil von zu zeichnenden Linien oder Punkten festlegt. ◇ Der Vorgabewert ist PlotStyle -> Automatic, der bestimmte voreingestellte Grafik-Primitiven verwendet. Andere akzeptierte Werte haben die Form PlotStyle -> primitive, PlotStyle -> {primitive,...} oder PlotStyle -> {{prim,..},{prim,..},..}, wobei sinnvolle Primitiven Thickness, PointSize, Dashing, GrayLevel, und RGBColor sind. Die letzte Form der Option spezifiziert, daß jede Menge der Primitiven zum Zeichnen aufeinanderfolgender Linien oder Punkte verwendet wird. Die Optionen AxesStyle, MeshStyle und BoxStyle werden ähnlich verwendet, um den Stil für Achsen, Gitternetze und Rahmen (für 3D-Grafik) festzulegen. *Attribute: Protected. Vergleiche auch:* **Plot, ParametricPlot, PointSize, Thickness, GrayLevel, Options, SetOptions, AxesStyle, BoxStyle, MeshStyle**.

**PlotStyle** Graphics'Graphics'
**PlotVectorField** Graphics'PlotField'
**PlotVectorField3D** Graphics'PlotField3D'

**Plus[*x, y, z*] *oder x + y + z*** 47, 230, 234, 844
repräsentiert eine Summe von Termen. ◇ AddTo unterscheidet sich von Plus dadurch, daß es den Wert von x ändert. Sum addiert eine Folge von Termen. Da Plus das Attribut Flat hat, ist es assoziativ, d.h. (a+b)+c wird zu a+b+c vereinfacht. Da es das Attribut Orderless hat, werden die Terme in einer Summe automatisch ihrer Ordnung entsprechend angeordnet. Also wird b+a zu a+b konvertiert. Beim Mustervergleich hat Plus eine Voreinstellung von 0. Folglich paßt der Ausdruck „x+y" zum Muster „a_+b_+c_.", wobei a zu x, b zu y und c zu 0 paßt. *Attribute: Flat Listable OneIdentity Orderless Protected. Vergleiche auch:* **AddTo, Divide, Increment, Minus, PreIncrement, Subtract, Sum, Times, muster**.

**Pochhammer[*a, n*]** 571, 572, 844
liefert das Pochhammer-Symbol. ◇ Das Pochhammer-Symbol, gewöhnlich $(a)_n$ geschrieben, ist durch Pochhammer[a,n] = Gamma[a+n]/Gamma[a] definiert. Folglich gilt für ganzzahliges a und n Pochhammer[a,n] = (a+n-1)!/a!=(a+n-1)(a+n-2)..(a+1). Die Reihenentwicklungen für die hypergeometrischen Funktionen hängen vom Pochhammer-Symbol ab. Demgemäß ist Hypergeometric0F1[a,z] = Sum[z^k/(Pochhammer[a,k]*k!), {k,0,Infinity}], *Attribute: Listable Protected. Vergleiche auch:* **Beta, Binomial, Factorial, Gamma, Hypergeometric0F1, Hypergeometric1F1, Hypergeometric2F1**.

**Point[*koordn*]** 400, 430, 434, 844
ist eine Grafik-Primitive, die einen Punkt darstellt. ◇ Point[{x,y}] ist eine Primitive für Graphics (2D-Grafik), und Point[{x,y,z}] ist eine Primitive für Graphics3D (3D-Grafik). PointSize[größe] legt die Größe der Punkte fest, wobei die Größe im Verhältnis zur Gesamtgröße des Bildes angegeben wird. GrayLevel[st] und RGBColor spezifizieren den Grauton oder die Farbe, wobei st, r, g und b Werte zwischen 0 und 1 sind. Mit Scaled können Koordinaten in Termen des angezeigten Bildes angegeben werden (z.B. Scaled[{0.5,0.5}], in der Mitte). Andere Grafik-Primitiven sind Disk (die Point ähnelt), Line, Text und Polygon. Siehe unter Graphics oder Graphics3D wegen einer vollständigen Liste der Primitiven. Point sollte nicht mit Points verwechselt werden, einer Option für NIntegrate. *Attribute: Protected. Vergleiche auch:* **Graphics, Graphics3D, PointSize, GrayLevel, RGBColor, Scaled, Disk, Line, Polygon, Points, Text**.

**PointEC** NumberTheory'PrimeQ'
**PointECQ** NumberTheory'PrimeQ'
***PointForm*[*g*]**
ist eine 3D-Grafikanweisung, die festlegt, daß Punkte mit der Grafikanweisung g oder mit der Liste der Grafikanweisungen g gezeichnet werden sollen. *Attribute: Protected. Vergleiche auch:* .

**PointParametricPlot3D** Graphics'ParametricPlot3D'
**PointParametricPlot3D** ProgrammingExamples'ParametricPlot3D'
**PointsAndLines** DiscreteMath'Combinatorica'
**PointSize[*r*]** 408, 435, 844
ist eine Grafikanweisung, die bestimmt, daß die nachfolgenden Punkte, wenn möglich, als kreisförmige Regionen mit dem Radius r zu zeichnen sind. Der Radius r wird im Verhältnis zur Gesamtgröße des Graphen angegeben. ◇ Wenn keine Primitive für die Größe der Punkte angegeben ist, sind die Voreinstellungen PointSize[0.008] für 2D-Grafik und PointSize[0.01] für 3D-Grafik. *Attribute: Protected.*

**PoissonDistribution** Statistics'DiscreteDistributions'
**PolarListPlot** Graphics'Graphics'
**PolarMap** Graphics'ComplexMap'
**PolarMap** ProgrammingExamples'ComplexMap'
**PolarPlot** Graphics'Graphics'
**PoleMultiplicity** DiscreteMath'RSolve'
**PollardPTest** NumberTheory'PrimeQ'
**PollardRhoTest** NumberTheory'PrimeQ'
**Polya** DiscreteMath'Combinatorica'
**PolyGamma[z]** 571, 573, 844
liefert die Digamma-Funktion psi(z). PolyGamma[n, z] ergibt die n-te Ableitung der Digamma-Funktion. ◇ PolyGamma[z] ist durch PolyGamma[z]=Gamma'[z]/Gamma[z] definiert. Für ganzzahlige Werte von n gilt PolyGamma[z]=-EulerGamma+Sum[1/k,{k,1,n-1}]. Beachten Sie: Da PolyGamma[n,z]=(-1)^(n+1)n! Sum[1/(z+k)^(n+1),{k,0,Infinity}] ist, daß PolyGamma[n,0] = PolyLog[n+1,1] (-1)^(n+1)/n! gilt. PolyGamma springt unevaluiert zurück (aber ohne Fehlermeldung), wenn das erste Argument keine ganze Zahl ist. *Attribute: Listable Protected ReadProtected. Vergleiche auch:* **EulerGamma, Gamma**.

**Polygon[*{pt1, pt2, ...}*]** 396, 400, 430, 845
ist eine Grafik-Primitive, die ein ausgefülltes Polygon darstellt. ◇ Die Graphics3D-Primitive FaceForm spezifiziert GrayLevel oder RGBColor für die Vorder- und Rückseiten von 3D-Polygonen. Die Graphics3D-Primitive EdgeForm spezifiziert GrayLevel oder RGBColor für Schnittlinien zwischen 3D-Polygonen. *Attribute: Protected. Vergleiche auch:* **Cuboid, Disk, EdgeForm, FaceForm, Graphics, Graphics3D, GrayLevel, Raster, Rectangle, RGBColor, Scaled**.

***PolygonIntersections*** 467, 845
ist eine Option für Graphics3D, die festlegt, ob sich schneidende Polygone unverändert belassen werden sollen. *Attribute: Protected. Vergleiche auch:* **RenderAll**.

**PolygonsOnly** Utilities'DXF'
**Polyhedra** Graphics'Polyhedra'
**Polyhedron** Graphics'Polyhedra'
**PolyLog[*n, z*]** 571, 575, 634, 845
liefert die n-te polylogarithmische Funktion von z. ◇ PolyLog[n,z] (häufig $Li_n(z)$ geschrieben) ist durch Sum[z^k/k^n,{k,1,Infinity}] definiert. Sie wird manchmal Jonquieresche Funktion genannt. Der Spezialfall PolyLog[2,z] wird auch Dilogarithmus-Funktion genannt, und sie genügt der Gleichung PolyLog[2,z]=Integrate[Log[1-t]/t,{t,z,0}]. Die Funktion PolyLog[1-z] wird manchmal Spence-Integral genannt. Beachten Sie, daß Zeta[s]=PolyLog[s,1] und PolyGamma[n,0]=PolyLog[n+1,1](-1)^(n+1)/n! gilt. *Attribute: Listable Protected ReadProtected. Vergleiche auch:* **Log, LerchPhi, PolyGamma, Zeta**.

***PolynomialDivision[p, q, x]***
ergibt eine Liste mit dem Quotienten und dem Rest, die sich bei der Division der Polynome in x p und q ergeben. *Attribute: Protected.*

**PolynomialFit** NumericalMath'PolynomialFit'
**PolynomialGCD[*poly1, poly2, ...*]** 598, 845
liefert den größten gemeinsamen Teiler der Polynome poly1, poly2, ... . PolynomialGCD[poly1, poly2, ..., Modulus -> p] ergibt den ggT modulo der Primzahl p. ◇ Mit der Funktion Mod können die Koeffizienten eines Polynoms modulo n reduziert werden. Der Test PolynomialQ ergibt True, wenn sein Argument ein Polynom ist, und PolynomialQuotient und PolynomialRemainder dividieren Polynome. Die Resultante zweier Polynome ist das Produkt der Differenzen der Wurzeln ai-bj. *Attribute: Listable Protected. Vergleiche auch:* **GCD, Mod, PolynomialQ, PolynomialQuotient, PolynomialQuotientRemainder, PolynomialRemainder, Resultant**.
Trig -> False    Modulus -> 0

***PolynomialLCM[poly1, poly2, ...]*** 598, 845
liefert das kleinste gemeinsame Vielfache der Polynome poly1, poly2, ... . PolynomialLCM[poly1, poly2, ..., Modulus -> p] ergibt das kgV modulo der Primzahl p. *Attribute: Listable Protected. Vergleiche auch:* **PolynomialGCD, LCM**.

***PolynomialMod[poly, m]*** 598, 846
ergibt das Polynom poly reduziert modulo m. PolynomialMod[poly, {m1, m2, ...}] reduziert modulo aller mi. *Attribute: Protected. Vergleiche auch:* **PolynomicalGCD, Mod, PolynomialRemainder**.

**PolynomialQ[*ausdr, var*]** 227, 593, 846
ergibt True, wenn ausdr ein Polynom in var ist, sonst False. PolynomialQ[ausdr, {var1, ...}] testet, ob ausdr ein Polynom in den vari ist. ◇ Hiermit kann man auch testen, ob ein Polynom ein Polynom in einem bestimmten Ausdruck ist (Exp[x]^2+2Exp[x]+3 ist ein Polynom in Exp[x], aber nicht in x). Beachten Sie, daß PolynomialQ die Ergebnisse der Anweisung Series (d.h. ein Polynom mit einem Fehlerterm) nicht als Polynom identifiziert. Die Anweisung CoefficientList wählt die Koeffizienten eines Polynoms aus. PolynomialGCD bestimmt den größten gemeinsamen Teiler zweier Polynome. *Attribute: Protected. Vergleiche auch:* **CoefficientList, Collect, PolynomialGCD, PolynomialQuotient, PolynomialRemainder, MatrixQ, NumberQ, Series, VectorQ**.

**PolynomialQuotient[*p, q, x*]** 598, 846
liefert den Quotienten von p und q, die als Polynome in x betrachtet werden, ohne möglichen Rest. ◇ Mit der Funktion Mod kann man die Koeffizienten eines Polynoms mod n reduzieren. *Attribute: Protected. Vergleiche auch:* **Mod, PolynomialGCD, PolynomialQ, PolynomialQuotientRemainder, PolynomialRemainder, Quotient, Resultant**.

**PolynomialRemainder[*p, q, x*]** 598, 846
liefert den Rest der Division von p durch q, die als Polynome in x betrachtet werden. ◇ Die Resultante zweier Polynome ist das Produkt der Differenzen der Wurzeln ai-bj. Die Anweisung Cancel erzwingt das Kürzen gleicher Terme in Polynombrüchen, und Apart führt eine Partialbruchzerlegung aus. *Attribute: Protected. Vergleiche auch:* **Apart, Cancel, Mod, PolynomialGCD, PolynomialQ, PolynomialQuotient, PolynomialQuotientRemainder, Resultant**.

**Position[*ausdr, muster*]** 11, 127, 198, 205, 221, 222, 725, 846
liefert eine Liste der Positionen, an denen jene Objekte in ausdr auftauchen, die zu muster passen. Position[ausdr, muster, stufspez] findet nur die Objekte, die auf den Stufen auftauchen, die durch stufspez spezifiziert sind. ◇ Position[ausdr,mst] testet alle Unterausdrücke von ausdr, um zu sehen, ob sie zum Muster passen. Das Ergebnis ist eine Liste mit Teilespezifikationen (teilespez), die dann von den Anweisungen MapAt oder Part (z.B. ausdr[[i,j]]) verwendet werden kann. Count liefert die Gesamtanzahl der ausgewählten Elemente. Cases und Select liefern die tatsächlichen Elemente eines Ausdruck, die ein bestimmtes Muster oder einen Test erfüllen. Position und Cases sind allgemeiner als Select, da sie alle Stufen des Ausdrucks betrachten, nicht nur die oberste Stufe. *Attribute: Protected. Vergleiche auch:* **Cases, Count, FreeQ, MapAt, MemberQ, Part, Select, StreamPosition, StringPosition, muster, teilespez**.

**Positive[*x*]** 846,
ergibt True, wenn x eine positive Zahl ist. ◇ Wenn x offensichtlich nicht-positiv ist, ergibt Positive[x] False. Sonst wird Positive unevaluiert zurückgegeben. Ein Symbol kann als positiv definiert werden (mit dem Operator Upset), aber dies hat keine Wirkung auf das Ergebnis des Operators Negative für jenes Symbol. Die Funktion Sign setzt das Vorzeichen für ein Symbol. NumberQ ergibt True für Argumente, die Zahlen sind. *Attribute: Listable Protected. Vergleiche auch:* **Negative, NonNegative, NumberQ, Sign**.

**Postfix *oder ausdr // f*** 362, 847
druckt f[ausdr] in Vorgabe-Postfix-Form: ausdr // f. Postfix[f[ausdr], h] druckt als ausdrh. ◇ Postfix kann mit der Anweisung Format verwendet werden, um ein Ausgabe-Format wie zum Beispiel PrintForm oder OutputForm zu definieren. Andere Formatierungsanweisungen sind ColumnForm, SequenceForm, Subscript, Superscript, Infix und Postfix. *Attribute: Protected. Vergleiche auch:* **Infix, Format, Left, PrecedenceForm, Prefix**.

**PostScript[*"string1", "string2", ...*]** xx, 465, 847
ist eine Grafik-Primitive, die PostScript-Code angibt, der wörtlich in die Grafik-Ausgabe aufgenommen werden soll. ◇ PostScript ist auch eine Einstellung, die für die Option TextRendering (eine Option für die Anweisungen OpenAppend, OpenWrite und ResetMedium) angegeben werden kann. Die Voreinstellung für TextRendering als Option für OpenAppend oder OpenWrite ist Plain, das heißt, daß die Ausgabe reiner Text sein soll. Wenn TextRendering -> PostScript festgelegt wurde, wird die Ausgabe PostScript-Code sein. *Attribute: Protected. Vergleiche auch:* **Graphics, TextRendering, Plain**.

**Power[*x, y*] *oder x^y*** 47, 234, 847
ergibt x hoch y. ◇ Power liefert nur den Hauptwert von x^y. (Zum Beispiel gibt 4^(1/2) nur 2 aus.) Power hat einen voreingestellten Exponenten von 1, so daß 3 zum Muster „x_^y_." paßt, wobei 3 zu x und 1 zu y paßt. Ähnliche Funktionen sind Exp[x], das ist E^x, Sqrt, Times und PowerMod[a,b,n], die a^b(mod n) liefert. *Attribute: Listable OneIdentity Protected. Vergleiche auch:* **E, Exp, PowerMod, Sqrt, Times**.

***PowerExpand*[*ausdr*]** 81, 592, 847
entwickelt verschachtelte Potenzen, Potenzen von Produkten, Logarithmen von Potenzen und Logarithmen von Produkten. Verwenden Sie PowerExpand mit Umsicht, da PowerExpand keine Verzweigungsschnitte beachtet. *Attribute: Protected. Vergleiche auch:* **Expand, Distribute**.

**PowerMod[*a, b, n*]** 556, 847
ergibt Mod[a^b, n]. Für negative b liefert PowerMod[a, b, n] Inverse modulo n. ◇ Für positive Werte von b, ist PowerMod[a,b,n] äquivalent zu Mod[a^b,n], ist aber effizienter. Für negative Werte von b wird PowerMod[a,b,n] nicht evaluiert, wenn keine ganze Zahl k existiert, so daß k^b=a(mod n) ist. *Attribute: Listable Protected. Vergleiche auch:* **Mod, Power**.

**PowerSum** DiscreteMath'RSolve'

**PrecedenceForm[*ausdr, rang*]** 362, 847
druckt ausdr mit Klammern, so als ob es einen Operator mit Rangordnung rang enthielte. ◇ Die Rangordnung ist eine ganze Zahl. Der Ausgabe-Prozessor betrachtet die Ausgabe, und wenn ein Operator in einen Operator höherer Rangordnung verschachtelt ist, wird der innere Operator in runde Klammern eingeschlossen. Die Wirkung von PrecedenceForm kann mit bestimmten Varianten der Anweisungen Infix, Postfix und Prefix kopiert werden. Die Anweisung Format kann zusammen mit PrecedenceForm verwendet werden, um eine voreingestellte Rangordnung für einen Operator festzulegen. *Attribute: Protected. Vergleiche auch:* **Format, Infix, Prefix, Postfix**.

**Precision[*x*]** xv, 51, 350, 538, 539, 542, 543, 544, 700, 848, 866
gibt die Anzahl der gültigen Stellen in der Zahl x an. ◇ Die Präzision von ganzen Zahlen, rationalen Zahlen und Symbolen ist Infinity. Die Präzision einer komplexen Zahl ist das Minimum der Genauigkeiten der beiden Komponenten. Die Präzision einer reellen Zahl ist gleich dem Maximum von (Maschinengenauigkeit) und der Anzahl der spezifizierten Stellen. Die Präzision eines Ausdrucks kann explizit mit der Anweisung SetPrecision festgelegt werden. (Beachten Sie: Wenn Sie dies tun, wird die Zahl mit binären Nullen aufgefüllt, die in der Dezimaldarstellung normalerweise Unsinn ergeben.) Die Präzision wird in Verbindung mit Genauigkeit, der Anzahl der Stellen rechts vom Dezimalpunkt einer Zahl, verwendet. $MachinePrecision enthält die Stellenzahl einer hardware-unterstützten Zahl (im allgemeinen 16 oder 19), und MachinePrecisionQ ergibt True, wenn eine Zahl diese Präzision hat. Chop und Round wandeln eine gebrochene Zahl in eine ganze Zahl um, wobei die Präzision auf Infinity gesetzt wird. N wandelt jede Zahl in eine Gleitpunktzahl einer spezifizierten Präzision um. PrecisionGoal ist eine Option für bestimmte numerische Funktionen, die die gewünschte Präzision der Antwort bestimmt. Die Präzision eines Produktes zweier Ausdrücke ist das Minimum der Präzisionen der beiden Terme. Interne *Mathematica*-Funktionen (wie zum Beispiel Cot[ ]) legen die Präzision ihres Ergebnis fest, um die Genauigkeit des verwendeten Algorithmus widerzuspiegeln. *Attribute: Protected. Vergleiche auch:* **Accuracy, Chop, MachineNumberQ, N, PrecisionGoal, Round, SetPrecision, $MachinePrecision**.

***PrecisionGoal -> n*** 688, 690, 700, 848
ist eine Option für diverse numerische Operationen, die angibt, wie viele gültige Stellen im Endergebnis angestrebt werden sollen. Der Fehler wird als akzeptabel betrachtet, und das Ergebnis wird ausgegeben, wenn entweder AccuracyGoal oder PrecisionGoal erreicht wurde. ◇ Die Anweisungen FindMinimum, NDSolve, NIntegrate, NProduct und NSum verwenden diese Option dazu, dem Algorithmus mitzuteilen, wie viele gültige Stellen (die Anzahl der signifikante Ziffern) gewünscht werden. In den meisten Fällen muß WorkingPrecision höher als PrecisionGoal gesetzt werden. Die Einstellung PrecisionGoal -> n garantiert nicht, daß das Ergebnis eine Präzision von n haben wird. *Attribute: Protected. Vergleiche auch:* **AccuracyGoal, FindMinimum, NDSolve, NIntegrate, NProduct, NSum, Options, SetPrecision, SetOptions, WorkingPrecision**.

P

**PrecisionHS** DiscreteMath'RSolve'

**PrecisionST** DiscreteMath'RSolve'

**PreDecrement[*x*]** ***oder –x*** 248, 848
vermindert den Wert von x um 1 und gibt den neuen Wert von x zurück. ◇ PreDecrement[x] (–x) sollte nicht mit Minus[x] (-x, das unäre Minus), SubtractFrom[x,y] (x-=y), Decrement[x] (x–) oder Subtract[x,y] (x-y) verwechselt werden. *Attribute: HoldFirst Protected. Vergleiche auch:* **Decrement, PreIncrement, Subtract, SubtractFrom, Set**.

**PredictedResponse** Statistics'LinearRegression'

**Prefix[*f[ausdr]*]** 362, 848
druckt f[ausdr] in der Vorgabe-Präfix-Form: f @ ausdr. Prefix[f[ausdr], h] druckt als hausdr. ◇ Prefix kann zusammen mit der Anweisung Format verwendet werden, um ein Ausgabe-Format wie zum Beispiel PrintForm oder OutputForm zu definieren. Andere Formatierungsanweisungen sind ColumnForm, SequenceForm, Subscript, Superscript, Infix und Postfix. *Attribute: Protected. Vergleiche auch:* **Infix, Format, PrecedenceForm, Postfix**.

**PreIncrement[*x*]** ***oder ++x*** 248, 848
erhöht den Wert von x um 1 und gibt den neuen Wert von x zurück. ◇ PreIncrement[x] (++x) sollte nicht mit Plus[x] (+x, eine triviale Addition, äquivalent zu 0+x), AddTo[x,y] (x+=y), Increment[x] (x++) oder Plus[x,y] (x+y) verwechselt werden. *Attribute: HoldFirst Protected. Vergleiche auch:* **AddTo, Increment, PreDecrement, PrependTo, Set**.

**Prepend[*ausdr, elem*]** 128, 848
ergibt ausdr mit vorangestelltem elem. ◇ Die Anweisung Append fügt das neue Element am Ende der Liste hinzu. Die Anweisung Insert fügt ein Element in eine Liste ein. *Attribute: Protected. Vergleiche auch:* **Append, Insert, PrependTo, List**.

**PrependTo[*s, elem*]** 249, 848
stellt elem an den Anfang von s und setzt s gleich dem Ergebnis. ◇ PrependTo[s, elem] ist im wesentlichen äquivalent zu s=Prepend[s, elem]. *Attribute: HoldFirst Protected. Vergleiche auch:* **AddTo, AppendTo, Prepend, List**.

**Prime[*n*]** 12, 554, 849
ergibt die n-te Primzahl. ◇ Prime[1] ist 2. Die Funktion FactorInteger liefert eine Liste der Primfaktoren und ihrer Vielfachheiten, Divisors liefert eine Liste aller ganzen Zahlen, die n teilen, und PrimeQ bestimmt, ob n eine Primzahl ist. PrimePi ist die Anzahl der Primzahlen, die kleiner oder gleich n sind. PrimePi ist also eine einseitige Inverse der Funktion Prime. Die Funktion LogIntegral ist eine Näherung für PrimePi. *Attribute: Listable Protected. Vergleiche auch:* **Divisors, FactorInteger, LogIntegral, PrimePi, PrimeQ**.

***PrimePi*[*x*]** 554, 849
ergibt die Anzahl der Primzahlen kleiner oder gleich x. ◇ PrimePi ist eine einseitige Inverse der Funktion Prime, die die n-te Primzahl liefert. Die Funktion LogIntegral ist eine gute Näherung für die Funktion PrimePi. Eine weniger genaue Näherung ist die Funktion x/Log[x], oft als Primzahlsatz bezeichnet. *Attribute: Protected. Vergleiche auch:* **Divisors, FactorInteger, LogIntegral, Prime, PrimeQ**.

**PrimeQ[*ausdr*]** 227, 535, 554, 849
ergibt True, wenn ausdr eine Primzahl ist, sonst False. In der gegenwärtigen Version von *Mathematica* ist der Algorithmus für große ganze Zahlen probabilistisch aber sehr zuverlässig (Pseudoprimzahltest und Lucas-Test). ◇ Damit PrimeQ[n] True ergibt, muß n eine ganze Zahl und Primzahl sein. PrimeQ[1] ergibt False. Wenn n eine Primzahl ist, dann ergibt Prime[-n] True. *Attribute: Listable Protected. Vergleiche auch:* **EvenQ, Divisors, FactorInteger, IntegerQ, NumberQ, OddQ, Prime**.

GaussianIntegers -> False

**PrimeQCertificate** NumberTheory'PrimeQ'
**PrimeQCertificateCheck** NumberTheory'PrimeQ'
**PrimeQMessages** NumberTheory'PrimeQ'
**PrimitiveRoot** NumberTheory'NumberTheoryFunctions'
**Print[*ausdr1, ausdr2, ...*]** 116, 363, 486, 849
druckt die ausdri, gefolgt von einem Zeilenvorschub (newline). ◇ Die Ausgabe wird in die Dateien gesendet, die in der Systemvariablen $Output festgelegt sind (im allgemeinen der Bildschirm). Die Ausdrücke werden im Format OutputForm gedruckt, das mit der Anweisung Format modifiziert werden kann. Das verwendete Format, wie auch die Breite gedruckter Zeilen, kann mit der Anweisung SetOptions modifiziert werden. Die Anweisung Message ist ein Mittel für die Ausgabe von Fehler- oder Warnmeldungen auf den Bildschirm. Die Anweisung Write schreibt Ausdrücke in Dateien. Mit der Anweisung Put (oder >>datei) wird ein Ausdruck in eine Datei geschrieben. *Attribute: Protected. Vergleiche auch:* **Format, Message, OutputForm, Put, SetOptions, Write, $Echo, $Output**.

***PrintExpr***
DEBUG: PrintExpr ist RawPrint mit HoldFirst. *Attribute: HoldFirst Protected.*

**PrintForm[*ausdr*]** 344, 849
druckt die interne Druckform-Darstellung von ausdr. ◇ Die PrintForm eines Ausdrucks kontrolliert, wie er gedruckt wird. Dies wird von der Anweisung Print verwendet. Die Druckform ist aus den Primitiven HorizontalForm, VerticalForm und String zusammengesetzt. FullForm[ausdr] liefert die vollständige interne Form des Ausdrucks (ohne Alias-Ausdrücke). *Attribute: Protected. Vergleiche auch:* **FullForm, Print, String**, .

**PrintTime** ProgrammingExamples'PrintTime'
**Product[*f, {i, imax}*]** 90, 121, 683, 782, 849
evaluiert das Produkt von f, wobei i von 1 bis imax läuft. Product[f, {i, imin, imax}] beginnt mit i = imin. Product[f, {i, imin, imax, di}] verwendet die Schrittweite di. Product[f, {i, imin, imax}, {j, jmin, jmax}, ...] evaluiert ein mehrfaches Produkt. ◇ Product verwendet die normalen Laufindizes und behandelt die Iterationsvariable als lokale Variable. Der äußere Laufindex wird zuerst geschrieben, so daß Product[f,{i,imax},{j,jmax}] zu Product[Product[f,{j,jmax}],{i,imax}] äquivalent ist. Eine gewisse Anzahl unendlicher Produkte wird von *Mathematica* erkannt und in geschlossener Form geschrieben. NProduct bestimmt eine numerische Approximation eines (möglicherweise unendlichen) Produktes. Die Anweisung Sum implementiert das verwandte Konzept für Summen, und die Anweisungen Table oder Do dienen zur Iteration. *Attribute: HoldAll Protected. Vergleiche auch:* **Do, NProduct, Sum, Table, Times, iteratoren**.

**Project** Graphics'Graphics3D'
**Projection** LinearAlgebra'Orthogonalization'
**ProjectiveRationalize** NumberTheory'Rationalize'
**ProlateSpheroidal** Calculus'VectorAnalysis'
**Prolog -> *liste*** 412, 850
ist eine Option für Grafik-Funktionen, die eine Liste mit Grafik-Primitiven liefert, die ausgeführt werden sollen, bevor der Hauptteil der Grafik dargestellt wird. ◇ Der Vorgabewert ist die leere Liste { }. Auch wenn Prolog als Option für 3D-Grafik verwendet wird, können Sie 2D-Primitiven angeben. Grafik wird in einem 0,1-Koordinatensystem dargestellt. Durch Prolog spezifizierte Grafik-Primitiven werden dargestellt, nachdem Achsen, Kästen und Rahmen gezeichnet worden sind. Mit den Grafik-Optionen AxesStyle, BoxStyle, PlotStyle und Epilog können Grafik-Primitiven zum Zeichnen der Achsen, Rahmen und Graphen angeben werden, die verwendet werden, nachdem die Grafik gezeichnet wird. Listen der Grafik-Primitiven können in den Einträgen für Graphics und Graphics3D gefunden werden. *Attribute: Protected. Vergleiche auch:* **Graphics, Graphics3D, AxesStyle, BoxStyle, PlotStyle, Epilog, Options, SetOptions**.

**PromptForm[*prompt,ausdr*]**
druckt ein Ausgabeprompt und den Ausdruck ausdr. ◇ Wenn Sie Ihre Ausgabe mit dem Format PromptForm ausdrucken, können Sie das übliche *Mathematica*- Ausgabeformat „Out[3]= ..“ nachahmen. Ein anderer Weg zur Änderung des Ausgabeprompts besteht darin, für das Format des Symbols Out eine bestimmte andere Form festzulegen. Die Systemvariable $Line enthält die aktuelle Zeilenzahl. Input und InputString bewirken beide, daß ein Eingabeprompt ausgedruckt wird und dann Nutzer-Eingabe akzeptiert wird. *Attribute: Protected. Vergleiche auch:* **Format, Input, InputString, Out, $Line**.

**Properties** Examples'Class'
**Protect[*s1, s2, ...*]** 264, 273, 728, 850
setzt das Attribut Protected für die Symbole si. Protect["form1", "form2", ...] schützt alle Symbole, deren Namen zu einem der Stringmuster formi passen. ◇ Das Argument „form“ kann Metazeichen wie zum Beispiel * enthalten, wie sie im Eintrag für StringMatchQ angegeben sind. Protect["Context' *"] schützt alle Symbole in einem bestimmten Kontext. Protect[sym] macht dasselbe wie SetAttributes[sym,Protected]. Das Attribut Protected verhindert jede Änderung eines Symbols. Änderungen eines Symbols können ausgeführt werden, wenn vorher das Attribut Protected entfernt wurde. Die Setzung des Attributes Locked verhindert jede zukünftige Änderung der Attribute, einschließlich der Entfernung des Attributes Protected. Also, wenn Sie die Werte schützen wollen, die zu einem Symbol gehören: geben Sie alle gewünschten Werte ein, setzen Sie das Attribut Protected und dann das Attribut Locked. Das Attribut ReadProtected verhindert nicht die Einstellung oder die Benutzung der mit einem Symbol verknüpften Werte, sondern hindert den Nutzer am Lesen der Werte. Die Attribute, die mit einem Symbol verknüpft sind, können mit Attributes, dem ??-Operator oder der Funktion Information bestimmt werden. *Attribute: HoldAll Protected. Vergleiche auch:* **Unprotect, Protected, Locked, ReadProtected, Attributes, SetAttributes, ClearAttributes, Information, ??, StringMatchQ**.

**Protected** 272, 736, 850
ist ein Attribut, das verhindert, daß irgendein Wert, der mit einem Symbol verknüpft ist, modifiziert wird. ◇ Das Attribut Protected kann jedoch leicht verändert werden. Wenn ein dauerhafter Schutz von Werten gefordert wird, sollte das Attribut Protected und dann das irreversible Attribut Locked festgelegt werden. Der größte Teil der eingebauten *Mathematica*-Funktionen hat das Attribut Protected. Attribute eines Symbols werden mit der Anweisung Attributes ausgegeben, mit der Anweisung SetAttributes festgelegt und mit der Anweisung ClearAttributes entfernt. Die Anweisungen Protect und Unprotect sind äquivalent zu SetAttributes[f,Protected] bzw.ClearAttributes[f,Protected]. *Attribute: Protected. Vergleiche auch:* **Attributes, SetAttributes, ClearAttributes, HoldAll, Locked, ReadProtected, Protect, Unprotect**.

**ProvablePrimeQ** NumberTheory'PrimeQ'
**PseudographQ** DiscreteMath'Combinatorica'
**PseudoInverse[*m*]** 665, 850
bestimmt die Pseudoinverse einer rechteckigen Matrix. ◇ Die Pseudoinverse kann für nicht-quadratische und nicht-invertierbare quadratische Matrizen berechnet werden, für die Inverse nicht geeignet ist. Sie ist nützlich bei der Bestimmung einer Kleinste-Quatrate-Anpassung für Daten (wie es von der Anweisung Fit getan wird). Im Unterschied zu vielen anderen Matrix-Algorithmen arbeitet dieser Algorithmus nicht mit symbolischen Matrizen. Häufig ist es sinnvoller, LinearSolve zu benutzen, als eine Matrix zu invertieren. *Attribute: Protected. Vergleiche auch:* **Fit, Inverse, LinearSolve, MatrixForm, NullSpace, RowReduce, SingularValues**.

Tolerance -> Automatic

**psfix**
◇ Die Datei psfix wird mit UNIX-Versionen von *Mathematica* ausgeliefert. Sie ist ein Shell-Script, das einen Kopfteil zum PostScript-Code, der von *Mathematica* produziert wird, hinzufügt, so daß er von jedem PostScript-Gerät oder Programm verwendet werden kann. Die normale Verwendung dieser Anweisung ist psfix [optionen] [datei...], wobei die folgenden Optionen verwendet werden können: -bmarg unterer Rand in Zoll (Voreinstellung 0.5 Zoll) -tmarg oberer Rand in Zoll (Voreinstellung 0.5 Zoll) -lmarg linker Rand in Zoll (Voreinstellung 0.5 Zoll) -rmarg rechter Rand in Zoll (Voreinstellung 0.5 Zoll) -width Breite in Zoll (Voreinstellung 8.5 Zoll) -height Höhe in Zoll (Voreinstellung 11 Zoll) -land Querformat (x-Achse längs der 11 Zoll breiten Seite des Papiers) -stretch streckt das Bild, um eine Seite auszufüllen. Die Datei psfix ist eine gut kommentierte Textdatei. Die Anweisung Display schreibt die PostScript-Beschreibung einer *Mathematica*-Grafik in eine spezifizierte Datei. Die Systemvariable $Display enthält die Anweisung, die von *Mathematica* verwendet wird, um eine Grafik auf den Bildschirm zu zeichnen. *Vergleiche auch:* **Display, Hardcopy, $Display**.

**Put[*ausdr, "datei"*] *oder ausdr >> dateiname*** 178, 185, 371, 478, 850
schreibt ausdr in eine Datei. Put[ausdr1, ausdr2, ..., "dateiname"] schreibt eine Folge der Ausdrücke ausdri in eine Datei. ◇ Die Anweisung Save schreibt die vollständige Definition eines Ausdrucks, einschließlich aller Definitionen von denen er abhängt, in die spezifizierte Datei. Die Anweisung Dump (in UNIX-Systemen) sichert das binäre Abbild der *Mathematica*-Session in einer Datei. *Attribute: Protected. Vergleiche auch:* **Close, Definition, Display, Dump, Get, OpenWrite, OpenTemporary, OutputStream, PutAppend, Read, Save, Write**.

**PutAppend[*ausdr, "datei"*] *oder ausdr >>> dateiname*** 178, 478, 850
fügt ausdr am Ende einer Datei ein. PutAppend[ausdr1, ausdr2, ..., "dateiname"] fügt am Ende einer Datei eine Folge von Ausdrücken ausdri hinzu. ◇ PutAppend fügt die InputForm eines Ausdrucks am Ende einer Datei ein. PutAppend beginnt am Ende einer Datei zu schreiben. PutAppend fügt einen Zeilenvorschub am Ende seiner Ausgabe ein. Der Dateiname muß in Anführungszeichen eingeschlossen werden (z.B. ausdr>>>"dateiname"), wenn er irgendwelche alphanumerischen Zeichen außer .,/ und ~ enthält. *Attribute: Protected. Vergleiche auch:* **Put, OpenAppend, OpenWrite, OpenTemporary, Close, OutputStream, Read, Get, Display, Write**.

# Q

***QRDecomposition*[*m*]** 666, 851
liefert die QR-Zerlegung einer numerischen Matrix m. Das Ergebnis ist eine Liste {q, r}, wobei q eine orthogonale Matrix und r eine oberere Dreiecksmatrix ist. ◇ Die Ergebnisse der Zerlegung sind so, daß m = Conjugate[Transpose[q]].r ist. Wenn m mehr Zeilen als Spalten hat, dann ist q nicht quadratisch und kann somit nicht orthogonal sein, sondern ist zeilenorthonormal. Die QR-Zerlegung ist eine numerisch stabile Methode, die häufig angewendet wird. Wenn m vollen Spaltenrang hat, dann bilden die Zeilen von q eine orthonormale Basis für den Raum, der durch die Spalten von m aufgespannt wird. Die QR-Zerlegung bildet auch einen Schritt einer Berechnungsmethode für die Eigenwerte von Matrizen, die reelle Eigenwerte haben. Die Anwendung QRDecomposition[m, Pivoting -> True] liefert ein Tripel {q,r,p}, wobei p eine Permutationsmatrix und m.p=Conjugate[Transpose[q]].r ist. Die Anweisungen SingularValues und SchurDecomposition führen eine Singulärwert- bzw. Schur-Zerlegung einer Matrix aus. Eigenvalues, Eigenvectors und Eigensystem liefern die Eigenwerte und Eigenvektoren einer Matrix. *Attribute: Protected. Vergleiche auch:* **Eigensystem, Eigenvalues, Eigenvectors, SchurDecomposition, SingularValues**.
Pivoting -> False

**QuadraticRepresentation** NumberTheory'NumberTheoryFunctions'
**Quantile** Statistics'ContinuousDistributions'
**Quantile** Statistics'DescriptiveStatistics'
**Quantile** Statistics'DiscreteDistributions'
**Quantile** Statistics'NormalDistributions'
**QuantileForm** Statistics'DataManipulation'
**QuantileQ** Statistics'Common'DistributionsCommon'

**Quartics -> True oder False** 851
ist eine Option für Roots und verwandte Funktionen, die angibt, ob für irreduzible Gleichungen vierten Grades explizite Lösungen erzeugt werden sollen. ◇ Die Voreinstellung von Quartics -> True bewirkt, daß irreduzible Gleichungen vierten Grades mit der Formel vierten Grades gelöst werden. Gewöhnlich wird eine umfangreiche und komplexe Antwort produziert. Wenn Quartics -> False spezifiziert ist, bleiben irreduzible Gleichungen vierten Grades unevaluiert. Die Option Cubics führt dieselbe Funktion für kubische Gleichungen aus. *Attribute: Protected. Vergleiche auch:* **Cubics, N, NRoots, Roots, Solve.**

**QuartileDeviation** Statistics'DescriptiveStatistics'
**Quartiles** Statistics'DescriptiveStatistics'
**QuartileSkewness** Statistics'DescriptiveStatistics'
**Quit[ ]** 45, 519, 747, 851
beendet eine *Mathematica*-Session. ◇ Wenn die Systemvariable auf True gesetzt wird, dann wird *Mathematica* beendet, wenn es beim Lesen einer Datei auf ein Dateiende stößt. *Attribute: Protected. Vergleiche auch:* **Debug, end.m, Exit, $Epilog, $IgnoreEOF.**

**Quotient[*n, m*]** 553, 598, 846, 851
ergibt den ganzzahligen Quotienten von n und m, definiert durch Floor[n/m]. ◇ Quotient unterscheidet sich von Divide dadurch, daß nur ganze Zahlen verarbeitet und geliefert werden, während Divide eine rationale Zahl zurückgeben kann. Für Polynome hat die Funktion PolynomialQuotient eine ähnliche Wirkung. Mod[n,m] ist der Rest, so daß m=n*Quotient[m,n]+Mod[m,n] ist. GCD und LCM liefern den größten gemeinsamen Teiler und das kleinste gemeinsame Vielfache für eine Menge ganzer Zahlen. *Attribute: Listable Protected. Vergleiche auch:* **Divide, Floor, GCD, PolynomialQuotient, LCM, Mod.**

## R

**RadialEmbedding** DiscreteMath'Combinatorica'
**Radian** Miscellaneous'Units'
**Radius** DiscreteMath'Combinatorica'
**Radius** Miscellaneous'Geodesy'
**RamanujanTau** NumberTheory'Ramanujan'
**RamanujanTauDirichletSe ries** NumberTheory'Ramanujan'
**RamanujanTauGenera tingFunction** NumberTheory'Ramanujan'
**RamanujanTauTheta** NumberTheory'Ramanujan'
**RamanujanTauZ** NumberTheory'Ramanujan'
**Random[ ]** 49, 552, 588, 851
liefert eine gleichverteilte Zufallszahl vom Typ Real zwischen 0 und 1. Random[typ, bereich] liefert eine Pseudozufallszahl des angegebenen Typs, die im angegebenen Wertebereich liegt. Mögliche Typen sind Integer, Real und Complex. Der voreingestellte Wertebereich ist 0 bis 1. Sie können den Wertebereich {min, max} explizit vorgeben; eine Bereichsspezifikation max ist äquivalent zu {0, max}. ◇ Wenn Sie eine komplexe Zufallszahl wollen, definieren Sie einen komplexen Wertebereich, z.B. {1 + 3I, 4 + 7I}. Die Form Random[typ,bereich,präz] produziert eine Zufallszahl mit der spezifizierten Präzision. Der Startwert für den Zufallszahlengenerator wird mit einer Funktion der Zeit beim Start von *Mathematica* erzeugt. Folglich wird jedesmal, wenn Sie Random aufrufen, eine unterschiedliche Folge von Pseudozufallszahlen ausgegeben. Mit der Funktion SeedRandom können Sie einen festgelegten Startwert für den Zufallszahlengenerator angeben, so daß Sie dieselbe Folge mehrere Mal erhalten können. Mit ihr kann man auch den Generator zurücksetzen. *Attribute: Protected. Vergleiche auch:* **Complex, Integer, Real, SeedRandom.**

**Random** Statistics'DiscreteDistributions'
**RandomColors** Miscellaneous'WorldPlot'
**RandomComposition** DiscreteMath'Combinatorica'
**RandomGraph** DiscreteMath'Combinatorica'
**RandomGrays** Miscellaneous'WorldPlot'
**RandomHeap** DiscreteMath'Combinatorica'
**RandomKSubset** DiscreteMath'Combinatorica'
**RandomPartition** DiscreteMath'Combinatorica'
**RandomPermutation** DiscreteMath'Combinatorica'
**RandomPermutation** DiscreteMath'Permutations'

**RandomPermutation1** DiscreteMath'Combinatorica'
**RandomPermutation2** DiscreteMath'Combinatorica'
**RandomSubset** DiscreteMath'Combinatorica'
**RandomTableau** DiscreteMath'Combinatorica'
**RandomTree** DiscreteMath'Combinatorica'
**RandomVertices** DiscreteMath'Combinatorica'
**RandomWalk** ProgrammingExamples'RandomWalk'
**Range[*imax*]** 122, 651, 851
erzeugt die Liste {1, 2, ..., imax}. Range[imin, imax] erzeugt die Liste {imin, ..., imax}. Range[imin, imax, di] benutzt die Schrittweite di. ◇ Range erzeugt einen Vektor (Liste der Tiefe 1) von fortlaufenden Zahlen. Die Argumente von Range brauchen keine ganze Zahlen zu sein. Range[imin,imax,di] startet mit imin und addiert nacheinander die Inkremente di bis das Ergebnis größer als imax ist. Obwohl die Anweisung Range nicht die normale Laufindex-Form benutzt (z.B. Sum[ausdr,{i,imin,imax}]), verwendet sie eine ähnliche Konstruktion. Allgemeinere Vektoren oder Listen von größerer Tiefe (z.B. Matrizen) können mit Table und Array erzeugt werden. *Attribute: Listable Protected. Vergleiche auch:* **Table, Array, List, iteratoren**.

**RangeCounts** Statistics'DataManipulation'
**RangeLists** Statistics'DataManipulation'
**RankedEmbedding** DiscreteMath'Combinatorica'
**RankGraph** DiscreteMath'Combinatorica'
**RankPermutation** DiscreteMath'Combinatorica'
**RankSubset** DiscreteMath'Combinatorica'
***Raster*[*{{a11, a12, ...}, ...}*]** 400, 405, 852
ist eine zweidimensionale Grafik-Primitive, die ein rechteckiges Array grauer Zellen repräsentiert. ◇ Die aij sollten zu Zahlen zwischen 0 und 1 evaluiert werden (Zahlen außerhalb dieses Bereiches werden entweder zu 0 oder 1 abgeschnitten). Zellen werden, beginnend in der unteren linken Ecke der Grafik zeilenweise zur gegenüberliegenden Ecke, aufgelistet. Die Form Raster[{{a11, a12, ...}, ...}, {{xmin,ymin}, {xmax,ymax}}] legt fest, daß die Grafik im Rechteck, das durch die Punkte {xmin, ymin} und {xmax, ymax} beschränkt wird, angezeigt werden soll. Es gibt auch die ähnlichen 2D-Primitiven RasterArray (ein Array farbiger Rechtecke), Polygon und Rectangle. Die Anweisung DensityPlot druckt eine Funktion als Array grauer Zellen, ähnlich wie Raster. Siehe unter Graphics wegen einer vollständigen Liste der Primitiven. Show zeichnet Objekte in der Reihenfolge, in der es auf sie stößt, wobei ältere Objekte überdeckt werden. Folglich liegen Objekte, die zuletzt aufgelistet sind, „oben". *Attribute: Protected. Vergleiche auch:* **DensityPlot, Graphics, GrayLevel, Polygon, Rectangle, RasterArray, Scaled**.
ColorFunction -> Automatic

***RasterArray*[*{{g11, g12, ...}, ...}*]** 405, 852
ist eine zweidimensionale Grafik-Primitive, die ein rechteckiges Array von Zellen repräsentiert, die den Grafik-Anweisungen gij entsprechend gefärbt sind. ◇ Die gij sollten zu Primitiven der Form CMYKColor, GrayLevel, Hue oder RGBColor evaluiert werden. Zellen werden, beginnend in der unteren linken Ecke der Grafik zeilenweise zur gegenüberliegenden Ecke, aufgelistet. Die Form RasterArray[{{g11, g12, ...}, ...}, {{xmin,ymin}, {xmax,ymax}}] legt fest, daß die Grafik im Rechteck, das durch die Punkte {xmin, ymin} und {xmax, ymax} beschränkt wird, angezeigt werden soll. Es gibt auch die ähnlichen 2D-Primitiven Raster (ein Array grauer Rechtecke), Polygon und Rectangle. Die Anweisung DensityPlot zeichnet eine Funktion als Array grauer Zellen, ähnlich wie Raster. Siehe unter Graphics wegen einer vollständigen Liste der Primitiven. Show zeichnet Objekte in der Reihenfolge in der es auf sie stößt, wobei ältere Objekte überdeckt werden. Folglich sind Objekte, die zuletzt aufgelistet sind, „oben". *Attribute: Protected. Vergleiche auch:* **CMYKColor, DensityPlot, Graphics, GrayLevel, Hue, Polygon, Raster, Rectangle, RGBColor, Scaled**.

**RasterFunction** Graphics'Animation'

**Rational[*num, denom*]** 534, 712, 852
ist der Kopf für rationale Zahlen. ◇ Rationale Zahlen können mit der Anweisung N (numerisch) in reelle Zahlen konvertiert werden. Die Anweisung Floor konvertiert eine rationale Zahl in eine ganze Zahl, indem sie in die größte ganze Zahl konvertiert wird, die kleiner als die rationale Zahl ist. Die Anweisung Round konvertiert eine rationale Zahl in die nächste ganze Zahl. Die Anweisung Rationalize versucht eine reelle Zahl in eine nahe rationale Zahl zu konvertieren. Die Operatoren Numerator und Denominator extrahieren den Zähler bzw. Nenner einer rationalen Zahl. Andere häufige Köpfe sind Integer, Complex, Real, String und Symbol. Rational ist auch die Voreinstellung für die Option Mode in jenen Anweisungen, die MainSolve aufrufen, zum Beispiel Eliminate, Reduce und SolveAlways. (Die Voreinstellung für Mode für die Anweisung Solve ist Generic.) Die Einstellung Mode -> Rational gibt an, daß Lösungen als rationale Zahlen erwartet werden. Mode gibt den Körper (oder den Ring) an, über den Lösungen für eine gegebene Gleichungsmenge gesucht werden. Andere akzeptierte Werte für Mode sind Modular (d.h., Gleichheit wird nur modulo einer ganzen Zahl gefordert) und Generic (d.h. rationale Zahlen und Nenner, die von Parametern abhängen, werden als Lösungen akzeptiert). *Attribute: Protected. Vergleiche auch:* **Denominator, Floor, FullForm, Integer, Mode, N, Numerator, Rationalize, Real, Round**.

**RationalInterpolation** NumericalMath'Approximations'

**Rationalize[*x*]** 79, 536, 596, 852, 886
nimmt Real-Zahlen in x, die dicht bei rationalen Zahlen liegen, und konvertiert sie in exakte Rational-Zahlen. Rationalize[x, dx] führt die Konvertierung aus, wenn der dabei gemachte Fehler kleiner als dx ist. ◇ Eine rationale Zahl p/q wird als „hinreichend dicht" bei einer Real-Zahl x betrachtet, wenn Abs[p/q-x]<10^(-4)/q^2 ist. *Attribute: Protected. Vergleiche auch:* **Floor, N, Rational, Real, Round**.

**Raw[*h, "hexstring"*]** 712, 852
konstruiert ein Grund-Datenobjekt mit Kopf h, dessen Inhalt dem binären Bitmuster entspricht, das durch den String hexstring repräsentiert wird, interpretiert als Hexadezimalzahl. ◇ Die Ergebnisse der Operation Raw sind maschinenabhängig, da direkt die interne Darstellung manipuliert wird. Von ihrer Benutzung wird dringend abgeraten. Die unsachgemäße Verwendung von Raw, die ein Objekt mit einem illegalen Wert erzeugt, kann *Mathematica* abstürzen lassen. Der hexstring wird so interpretiert, daß jedes Paar von Zeichen ein einzelnes Byte repräsentiert. Raw sollte nicht mit RawMedium verwechselt werden, das zur Definition eines I/O-Mediums mit (maschinenspezifischen) Grunddaten verwendet wird. Auch von seiner Benutzung wird dringend abgeraten. *Attribute: Protected. Vergleiche auch:* **Head** .

**Ray** DiscreteMath'ComputationalGeometry'

**RayleighDistribution** Statistics'ContinuousDistributions'

**Re[*z*]** 52, 551, 604, 853
ergibt den Realteil der komplexen Zahl z. ◇ Re[ausdr] bleibt unevaluiert, wenn ausdr keine Zahl ist. Der Operator Im extrahiert den Imaginärteil einer komplexen Zahl. Conjugate bestimmt die komplex konjugierte Zahl. Abs bestimmt die Norm. Arg ergibt das Argument oder den Phasenwinkel. Komplexe Zahlen haben den Kopf Complex. Re sollte nicht mit Real, dem Kopf für reelle Zahlen, verwechselt werden. *Attribute: Listable Protected. Vergleiche auch:* **I, Im, Conjugate, Abs, Arg, Complex, Real**.

**Read[*strom*]** 499, 853

liest einen Ausdruck aus einem Eingabestrom und gibt den Ausdruck aus. Read[strom, typ] liest ein Objekt des angegebenen Typs. Read[strom, {typ1, typ2, ...}] liest eine Folge von Objekten der spezifizierten Typen. ◇ Gültige Typen sind: Byte - ein einzelnes Byte, als ganze Zahl ausgegeben, Character - ein einzelnes Zeichen, als String ausgegeben, Expression - ein *Mathematica*-Ausdruck, Number - eine ganze Zahl oder eine Zahl im Format dd.dEee, Real - eine Zahl Format im dd.d oder dd.dEee und String - ein String. Sie können für Read beliebig verschachtelte Liste mit Typen spezifizieren. Jedes nacheinander eingelesene Objekt wird auf der nächsten Position der Liste plaziert. Zum Beispiel liefert Read["datei",Times[Number,Number]] eine Liste der Produkte aufeinanderfolgender Zahlenpaare. Read gibt Null zurück, wenn es ein Objekt des gewünschten Typs nicht lesen kann. Read gibt für jedes Objekt, das Sie nach einem Dateiende einlesen wollen, EndOfFile zurück. Wenn die Datei noch nicht offen ist, dann öffnet Read sie und beginnt, am Anfang der Datei zu lesen. Sie können eine Datei mit OpenRead zum Lesen öffnen. Für jede Datei wird ein „Lesezeiger" verwaltet. Wenn Sie ein Objekt aus einer Datei lesen, wird der Lesezeiger auf die Position nach der von Ihnen gelesenen Eingabe gestellt. Aufeinanderfolgende Aufrufe von Read lesen aufeinanderfolgende Objekte in der Datei. Sie können den Lesezeiger an den Anfang der Datei zurücksetzen, indem Sie sie mit Close schließen und dann wieder öffnen. Read["!anweisung"] liest durch eine Pipe aus der gewünschten Anweisung. Die Inhalte einer Datei können auch mit der Anweisung !!datei betrachtet (aber nicht ausgeführt) werden. Die Anweisung Get (oder <<datei) liest und führt eine ganze Datei aus. Die Anweisung Input fordert den Nutzer zur Eingabe eines Ausdrucks auf. *Attribute: Protected. Vergleiche auch:* **Byte, Close, Character, Expression, Get, Input, Number, OpenRead, ReadList, Real, String, !!datei.**

**ReadGraph** DiscreteMath'Combinatorica'

**ReadList[*"datei"*]** 16, 181, 185, 493, 854

liest alle verbleibenden Ausdrücke in eine Datei ein und liefert eine Liste dieser Ausdrücke. ReadList["datei", typ] liest Objekte des spezifizierten Typs aus einer Datei, bis das Dateiende erreicht wird. Die Liste der gelesenen Objekte wird zurückgegeben. ReadList["datei", {typ1, typ2, ...}] liest Objekte mit einer Typenfolge, bis das Dateiende erreicht ist. ReadList["datei", typen, n] liest nur die ersten n Objekte der spezifizierten Typen. ◇ Gültige Typen sind: Byte - ein einzelnes Byte, als ganze Zahl ausgegeben, Character - ein einzelnes Zeichen, als String ausgegeben, Expression - ein *Mathematica*-Ausdruck, Number - eine ganze Zahl oder eine Zahl im Format dd.dEee, Real - eine Zahl im Format dd.d oder dd.dEee und String - ein String. Sie können für ReadList beliebig verschachtelte Listen mit Typen angeben. Jedes nacheinander zu lesende Objekt wird auf der nächsten Position in der Liste plaziert. Zum Beispiel liefert ReadList["datei",Times[Number,Number]] eine Liste der Produkte aufeinanderfolgender Zahlenpaare in der Datei. ReadList druckt eine Meldung, wenn es ein Objekt des gewünschten Typs nicht lesen kann. ReadList gibt für jedes Objekt EndOfFile zurück, das sie zu lesen versuchen, nachdem Sie das Dateiende erreicht haben. Wenn die Datei noch nicht offen ist, dann öffnet ReadList sie und beginnt am Dateianfang zu lesen. Mit OpenRead können Sie eine Datei zum Lesen öffnen. Mit der Anweisung !!datei können die Inhalte einer Datei auch betrachtet (aber nicht ausgeführt) werden. *Attribute: Protected. Vergleiche auch:* **Read, Byte, Character, Expression, Number, Real, String, OpenRead, !!datei.**

**ReadLoop** ProgrammingExamples'ReadLoop1'

**ReadProtected** 272, 854

ist ein Attribut, das Werte, die mit einem Symbol verknüpft sind, unsichtbar macht. ◇ Das Attribut ReadProtected kann jedoch leicht entfernt werden. Wenn dauerhafter Schutz von Werten gefordert wird, sollte das Attribut ReadProtected und dann das irreversible Attribut Locked festgelegt werden. Das Attribut ReadProtected blockiert die Anweisungen Information, Definition und ??. Werte, die mit einem Symbol verknüpft sind, können weiterhin in Berechnungen verwendet werden, auch wenn das Attribut ReadProtected festgelegt ist. Attribute für ein Symbol werden mit der Anweisung Attributes ausgegeben, mit der Anweisung SetAttributes festgelegt und mit der Anweisung ClearAttributes entfernt. Privater Code kann auch geschützt werden, indem er mit der Anweisung Encode in einer verschlüsselte Form geschrieben wird. *Attribute: Protected. Vergleiche auch:* **Attributes, ClearAttributes, Definition, Encode, HoldAll, Information, Locked, Protected, SetAttributes, ??.**

**Real** 495, 534, 712, 854
ist der Kopf für reelle Zahlen (Gleitpunktzahlen). ◇ Andere Köpfe sind Rational, Complex, Integer und String. Real-Zahlen können als ganze Zahlen (z.B. 312), Gleitpunktzahlen (z.B. 312.0), in wissenschaftlicher Schreibweise (z.B. 3.12 10^2, aber nicht 3.12E2) oder mit anderen Basen (z.B. zur Basis 12, in der 312 als 12^^120 geschrieben wird) eingegeben werden. Real wird auch als Typenspezifikation für die Anweisungen Read und ReadList verwendet. Read und ReadList lesen Rohdaten aus einer Datei oder Pipe. Die Typenspezifikation Real weist sie an, die Daten als Gleitpunktzahlen (z.B. 21.3) oder als FORTRAN-Format in wissenschaftlicher Schreibweise (z.B. 2.13E1) zu interpretieren. Andere Formate, die von Read und ReadList verwendet werden, sind Byte, Character, Expression, Number, Record, String, Word und alle Ausdrücke, die eine Kombination dieser Typen enthalten. Number unterscheidet sich von Real dadurch, daß es „23“ als die ganze Zahl 23, nicht die reelle Zahl 23.0, liest. Reelle Zahlen werden entweder durch Leerzeichen oder Wagenrücklauf begrenzt. Das Prädikat RealQ testet, ob ein gegebenes Symbol eine reelle Zahl ist. *Attribute: Protected. Vergleiche auch:* **Byte, Character, Complex, Expression, Integer, Number, Rational, Read, ReadList, RealQ, String, Word**.

***RealDigits***[*x*] 537, 854
liefert eine Liste der Ziffern in der Gleitpunktzahl x, zusammen mit der Anzahl der Stellen, die links vom Dezimalpunkt in wissenschaftlicher Schreibweise erscheinen. RealDigits[x, b] liefert eine Liste mit Basis-b-Ziffern in x. ◇ Die Länge der Liste der Ziffern ist gleich oder größer als die Präzision der Zahl. MantissaExponent liefert eine Liste, die die Mantisse und den Exponenten einer Zahl enthält, wie sie in wissenschaftlicher Schreibweise ausgedrückt werden. Die Ziffern einer ganzen Zahl können mit der Anweisung IntegerDigits in einer Liste angeordnet werden. Mit der Anweisung BaseForm kann eine Zahl auch in einer anderen Basis anzeigezeigt werden (aber nicht als Liste der Ziffern). DigitQ bestimmt, ob eine Zeichenkette nur Dezimalziffern enthält. Eine Zeichenkette kann mit der Anweisung Characters in eine Liste ihrer einzelnen Zeichen zerlegt werden. *Attribute: Listable Protected. Vergleiche auch:* **BaseForm, Characters, DigitQ, IntegerDigits, MantissaExponent, Precision, Real**.

***RealInterval***[*{min, max}*] 647
repräsentiert den Wertebereich zwischen min und max. ◇ Einige Funktionen liefern, wenn sie auf ein RealInterval angewendet werden, ein RealInterval, das den Wertebereich der Funktion über dem gegebenen Definitionsbereich repräsentiert. *Attribute: Protected. Vergleiche auch:* **Complex, Head, Real**.

**RealizeDegreeSequence** DiscreteMath'Combinatorica'
**RealQ** DiscreteMath'RSolve'
**RealValued** Algebra'ReIm'
**Recognize** NumberTheory'Recognize'
***Record*** 495, 514, 518, 854, 898
repräsentiert ein Record in Read, Find und verwandten Funktionen. ◇ Wenn der Vorgabewert RecordSeparators -> "\n" verwendet wird, ist jede Zeile ein Record. Andere Typen, die für Read spezifiziert werden können, sind: Byte, Character, Expression, Number, Real, String und Word. Die Option NullRecords für Read spezifiziert, ob leere Records ignoriert oder ausgegeben werden sollen. *Attribute: Protected. Vergleiche auch:* **Byte, Character, Expression, Find, FindList, NullRecords, Number, Read, Real, RecordSeparator, String, Word**.



***RecordLists*** 182, 494, 496, 855
ist eine Option für ReadList, die festlegt, ob Objekte aus separaten Records in separate Unterlisten ausgegeben werden sollen. *Attribute: Protected.*

***RecordSeparators* -> *string*** 496, 500, 501, 855
ist eine Option für Read, Find und verwandte Funktionen, die die Liste der Zeichenketten festlegt, die als Begrenzer für Records verwendet werden. ◇ Der Vorgabewert ist RecordSeparators -> "\n", mit dem jede Zeile zum Record wird. Mit der Option RecordSeparators können auch linke und rechte Record-Trennzeichen spezifiziert werden, in welchem Fall das innerste Paar von Trennzeichen Records trennt. Jeder Teil der Eingabe, der sich nicht innerhalb einer inneren Menge von Begrenzern befindet, wird verworfen. Die Option NullRecords für Read gibt an, ob leere Records ignoriert oder ausgegeben werden sollen. *Attribute: Protected. Vergleiche auch:* **AnchoredSearch, Find, FindList, IgnoreCase, NullRecords, Read, Record, WordSearch, WordSeparators**.

**Rectangle[*{xmin, ymin}, {xmax, ymax}*]** 400, 423, 855
ist eine zweidimensionale Grafik-Primitive, die ein gefülltes Rechteck repräsentiert, das parallel zu den Achsen orientiert ist. Rectangle[{xmin, ymin}, {xmax, ymax}, grafik] liefert ein Rechteck, das mit der spezifizierten Grafik ausgefüllt ist. ◇ GrayLevel[st] und RGBColor[r,g,b] spezifizieren den Grauton oder die Farbe, wobei st, r, g und b Werte zwischen 0 und 1 sind. Mit Scaled können Koordinaten in Termen des angezeigten Bildes angegeben werden (z.B. Scaled[{0.5,0.5}], in der Mitte). Show zeichnet Objekte in der Reihenfolge, in der es auf sie stößt, wobei ältere Objekte überdeckt werden. Folglich sind Objekte, die zuletzt aufgelistet sind, „oben". Es gibt auch die ähnlichen 2D-Primitiven Raster und RasterArray (Matrizen grauer bzw. farbiger Rechtecke), Polygon und Disk. Andere 2D-Grafik Primitiven sind Point und Line. Siehe unter Graphics wegen einer vollständigen Liste der Primitiven. *Attribute: Protected. Vergleiche auch:* **Graphics, GrayLevel, RGBColor, Scaled, Raster, RasterArray, Polygon, Disk, Point, Line.**

**Reduce[*gln, vars*]** 98, 614, 615, 855
vereinfacht die Gleichungen gln und versucht, sie für die Variablen vars zu lösen. Die von Reduce erzeugten Gleichungen sind äquivalent zu gln und enthalten alle möglichen Lösungen. Reduce[gln, vars, elims] vereinfacht die Gleichungen, wobei versucht wird, die Variablen elims zu eliminieren. ◇ Das Argument gln ist eine Menge der Form {ls1==rs1,ls2==rs2,..}, wobei ls==rs die Kurzform für Equal[ls,rs] ist. Die gln können auch die Form gl1&&gl2&& haben. (Wobei gl1&&gl2 die Kurzform für And[gl1,gl2] ist). Das zweite Argument vars kann ein Ausdruck sein. Reduce arbeitet primär mit linearen und Polynomgleichungen, aber einige transzendente Gleichungen können gelöst werden, wenn sie sich als Polynomgleichungen einer einfachen transzendenten Funktion ausdrücken lassen. Eliminate eliminiert eine Menge von Variablen, Solve versucht allgemeine Lösungen eines Gleichungssystems zu bestimmen, und Reduce bestimmt alle Lösungen. Alle diese Anweisungen benutzen die Routine MainSolve. Mit der Anweisung AlgebraicRules kann auch eine Groebner-Basis erzeugt werden, um ein Gleichungssystem zu lösen. Die Anweisung SolveAlways[gln,vars] ist äquivalent zu Solve[!Eliminate[!gln,vars]]. *Attribute: Protected. Vergleiche auch:* **AlgebraicRules, Eliminate, Equal, LogicalExpand, MainSolve, Solve, SolveAlways, ToRules.**

| | |
|---|---|
| InverseFunctions -> Automatic | MakeRules -> False |
| Method -> 3 | Mode -> Rational |
| Sort -> True | VerifySolutions -> False |
| WorkingPrecision -> Infinity | |

**Regress** Statistics'LinearRegression'
**RegularGraph** DiscreteMath'Combinatorica'
**RegularPolygon** Graphics'MultipleListPlot'
**RegularQ** DiscreteMath'Combinatorica'
**ReIm** Algebra'ReIm'
**Release[*ausdr*]** xix
wird nur aus Kompatibilitätsgründen zur Verfügung gestellt; seine beiden unabhängigen Funktionen sind jetzt durch Evaluate und ReleaseHold ersetzt worden. f[..., Release[ausdr], ...] ist äquivalent zu f[..., Evaluate[ausdr], ...], wodurch ausdr evaluiert wird, auch wenn f ansonsten die Evaluierung von ausdr auf dieser Position verhindern würde. Die Evaluierung von Release[ausdr] entfernt das äußere Hold von ausdr oder von seinem Kopf und seinen Argumenten. Es wird empfohlen, die ähnliche Funktion ReleaseHold anzuwenden. ◇ Die häufigste Anwendung von Release besteht darin, der Wirkung der Attribute HoldAll, HoldFirst oder HoldRest entgegenzuwirken. Release wirkt auch der evaluierungshemmenden Wirkung der Funktion Hold entgegen. *Attribute: Protected. Vergleiche auch:* **Hold, HoldAll, HoldFirst, HoldForm, HoldRest, Literal.**

**ReleaseHold[*ausdr*]** 282, 308, 856
entfernt Hold und HoldForm in ausdr. *Attribute: Protected. Vergleiche auch:* **Evaluate, Hold.**

**Remove[*symbol1, ...*]** 68, 335, 338, 385, 736, 856
entfernt Symbole vollständig, so daß ihre Namen von *Mathematica* nicht länger erkannt werden. Remove["form1", "form2", ...] entfernt alle Symbole, deren Namen zu einem der String-Muster formi passen. ◇ Remove["form"] kann Metazeichen wie * enthalten, die im Eintrag für StringMatchQ angegeben werden. Remove["Context' *"] löscht alle Symbole in einem bestimmten Kontext. Wenn ein Ausdruck ein Symbol enthält, das entfernt wurde, wird das entfernte Symbol als Removed["name"] gedruckt. Remove kann nützlich sein, um ein Symbol in einem Kontext zu entfernen, das den Zugriff auf ein Symbol mit demselben Namen in einem anderen Kontext blockiert. Remove hat keine Wirkung auf ein Symbol mit dem Attribut Protected. Clear löscht nur die Regeln und Werte, die mit einem Symbol verknüpft sind, ClearAll löscht alle Attribute, Meldungen oder Voreinstellungen, die mit einem Symbol verknüpft sind, zusätzlich zu Regeln und Werten, und ClearAttributes entfernt die zugehörigen Attribute. Eine Liste jener Symbole, die definiert wurden, kann mit der Anweisung Names bestimmt werden. Die Regeln, Werte und Attribute, die zu einem Symbol gehören, können mit ?? oder der Funktion Information gefunden werden. Die Konstruktion „x=." entfernt eine einzelne Regel oder einen Wert. *Attribute: HoldAll Protected. Vergleiche auch:* **Clear, ClearAll, ClearAttributes, Names, Information, Removed, StringMatchQ, ??.**

**Removed[*string*]**
wird gedruckt, um ein Symbol zu bezeichnen, das entfernt wurde. ◇ Die Anweisung Remove entfernt ein Symbol völlig aus dem *Mathematica*-System. Wenn man sich auf dieses entfernte Symbol bezieht, ohne daß es neu definiert wurde, druckt *Mathematica* Removed[string] aus. *Attribute: Protected. Vergleiche auch:* **Remove**.

**RemoveSelfLoops** DiscreteMath'Combinatorica'

***RenameDirectory*["*dir1*", "*dir2*"]** 493, 856
benennt das Verzeichnis dir1 in dir2 um. ◇ Verwandte Anweisungen sind CopyDirectory, CreateDirectory und DeleteDirectory. FileNames listet die Inhalte des aktuellen Arbeitsverzeichnisses auf, und Directory liefert den Namen des aktuellen Arbeitsverzeichnisses. RenameFile benennt eine Datei um oder bewegt sie. RenameDirectory führt Funktionen der UNIX-Anweisung mv aus. Um dieselbe Funktion unter MS-DOS auszuführen, müssen Sie das Verzeichnis mit xcopy kopieren, die Inhalte der ursprünglichen Kopie mit del löschen und zuletzt mit rmdir das ursprüngliche Verzeichnis löschen. *Attribute: Protected. Vergleiche auch:* **CopyDirectory, CreateDirectory, DeleteDirectory, Directory, FileNames, RenameFile, SetDirectory, $Failed, dateien.**

***RenameFile*["*datei1*", "*datei2*"]** 492, 856
benennt datei1 in datei2 um. ◇ Mit der Funktion ContextToFilename können Pfade auf eine maschinenunabhängige Weise produziert werden. FileNames liefert eine Liste der Dateien im aktuellen Verzeichnis. CopyFile und DeleteFile kopiert oder löscht Dateien, und RenameDirectory ändert den Namen eines Verzeichnis. RenameFile führt die Funktionen der UNIX-Anweisung mv (nur für Dateien) oder der MS-DOS-Anweisung copy gefolgt von der Anweisung del aus. *Attribute: Protected. Vergleiche auch:* **DeleteFile, File, FileInformation, FileNames, RenameDirectory, $Failed, dateien.**

R

**RenderAll -> True oder False** 466, 856
ist eine Option für Graphics3D, die spezifiziert, ob PostScript für alle Polygone erzeugt werden soll. ◇ Der Vorgabewert ist RenderAll -> True, mit dem PostScript-Code auch für jene Polygone erzeugt wird, die im endgültigen Bild völlig überdeckt werden. RenderAll sollte nicht mit der Option HiddenSurface für Plot3D und ListPlot3D verwechselt werden, die eine andere, aber ähnliche Wirkung für SurfaceGraphic-Objekte produzieren. Obwohl die Polygone in einem SurfaceGraphic-Objekt immer als PostScript-Code gezeichnet werden, ob verdeckt oder nicht, können mit der Einstellung HiddenSurface -> False „verdeckte" Polygone so dargestellt werden, daß sie durch die näheren Teile der Oberfläche hindurchscheinen. *Attribute: Protected. Vergleiche auch:* **Graphics3D, HiddenSurface, ViewPoint.**

**ReP** DiscreteMath'RSolve'

**Repeated *oder m..*** 237, 717, 856
ist ein Musterobjekt, das eine Folge von einem oder mehreren Ausdrücken repräsentiert, wobei jeder zu m paßt. ◇ Repeated oder „mst..", sollte nicht mit einer Form von Optional, „x:", verwechselt werden, die spezifiziert, daß ein Argument durch einen Vorgabewert ersetzt wird, wenn es weggelassen wird. Der Eintrag „muster" enthält eine allgemeine Diskussion der Muster in *Mathematica*. *Attribute: Protected. Vergleiche auch:* **BlankSequence, Optional, RepeatedNull, muster.**

**RepeatedNull** ***oder m...*** 237, 717, 857
ist ein Musterobjekt, das eine Folge von null oder mehreren Ausdrücken repräsentiert, wobei jeder zu m paßt. ◇ Der Eintrag „muster" enthält eine allgemeine Diskussion der Muster in *Mathematica*. *Attribute: Protected. Vergleiche auch:* **BlankNullSequence, Optional, Repeated, muster**.

**Replace[*ausdr, regeln*]** 245, 857
wendet eine Regel oder Regelliste an und versucht so, den gesamten Ausdruck ausdr zu transformieren. ◇ Regeln haben die Form ls -> rs (d.h. Rule[ls,rs]) oder ls:>rs (d.h. RuleDelayed[ls,rs]). Es ist auch möglich, eine Regelliste zu anzugeben. Spezielle Regeln werden vor allgemeinen Regeln angewandt. Wenn die Regeln sich in einer verschachtelten Liste befinden, dann wird Replace auf die inneren Listen angewandt. Folglich ist Replace[ausdr, {{regel11, regel12}, {regel21, regel22}}] zu {Replace[ausdr, {regel11, regel12}], Replace[ausdr, {regel21, regel22}]} äquivalent. Replace führt nur eine Ersetzung aus, wenn die linke Seite der Regel zum vollständigen Ausdruck paßt. Dies unterscheidet sich von ReplaceAll, bei dem ein passendes Gegenstück in beliebigen Teilen des Ausdrucks vorkommen darf. Mit den Anweisungen Map oder MapAt kann Replace gezwungen werden, zu Teilen des Ausdrucks zu passen. (Die Anwendung von Replace mit der Anweisung MapAll ist äquivalent zur Anweisung ReplaceAll.) ReplacePart ersetzt einen Teil eines Ausdrucks, der durch seine Position im Ausdruck festgelegt wird. Replace sollte nicht mit StringReplace verwechselt werden, das Teil-Zeichenketten-Ersetzungsregeln auf Zeichenketten anwendet. *Attribute: Protected. Vergleiche auch:* **Map, MapAt, ReplaceAll, ReplacePart, ReplaceRepeated, Rule, RuleDelayed, StringReplace**.

**ReplaceAll[*ausdr, regeln*] *oder ausdr /. regeln*** 243, 622, 857
wendet eine Regel oder Regelliste an und versucht so, jeden Unterbestandteil eines Ausdrucks ausdr zu transformieren. ◇ Regeln haben die Form ls -> rs (d.h. Rule[ls,rs]) oder ls:>rs (d.h. RuleDelayed[ls,rs]). Es ist auch möglich, eine Regelliste anzugeben. Spezielle Regeln werden vor allgemeinen Regeln angewandt. Wenn die Regeln in einer verschachtelten Liste angegeben werden, dann wird Replace auf die inneren Listen angewandt. Folglich ist ReplaceAll[ausdr, {{regel11,regel12}, {regel21,regel22}}] zu {ReplaceAll[ausdr, {regel11,regel12}], ReplaceAll[ausdr, {regel21,regel22}]} äquivalent. ReplaceAll führt Ersetzungen aus, wenn die linke Seite der Regel zu irgendeinem Teil des Ausdrucks paßt. Dies unterscheidet sich von Replace, das nur eine Ersetzung ausführt, wenn die linke Seite zum ganzen Ausdruck paßt. (Die Anwendung von Replace mit der Anweisung MapAll ist äquivalent zur Anweisung ReplaceAll.) Sobald ein passendes Gegenstück in einem Teil des Ausdrucks auftritt, werden keine weiteren Ersetzungen auf diesen Teil des Ausdrucks angewandt. ReplaceRepeated unterscheidet sich von ReplaceAll dadurch, daß, sobald eine Ersetzung auftritt, der Regelsatz rekursiv auf das Ergebnis dieser Ersetzung angewandt wird. ReplacePart ersetzt einen Teil eines Ausdrucks, der durch seine Position im Ausdruck festgelegt wird. *Attribute: Protected. Vergleiche auch:* **MapAll, Replace, ReplacePart, ReplaceRepeated, Rule, RuleDelayed**.

***ReplaceHeldPart*[*ausdr, Hold[neu], n*]** 282, 857
liefert einen Ausdruck, in dem der n-te Teil von ausdr durch neu ersetzt ist. ReplaceHeldPart[ausdr, Hold[neu], {i, j, ...}] ersetzt den Teil auf der Position {i, j, ...}. ReplaceHeldPart[ausdr, Hold[neu], {{i1, j1, ...}, {i2, j2, ...}, ...}] ersetzt Teile auf mehreren Positionen durch neu. ◇ Die Anweisung ReplaceHeldPart verwendet das normale Folgenspezifikationsformat, um die Elemente anzugeben, die ausgelassen werden sollen. *Attribute: Protected. Vergleiche auch:* **Append, Drop, HeldPart, Hold, HoldForm, Insert, Literal, Part, ReplaceAll, ReplacePart, Take, Unevaluated, teilespez**.

***ReplacePart*[*ausdr, neu, n*]** 128, 195, 857
ergibt einen Ausdruck, in dem der n-te Teil von ausdr durch neu ersetzt wird. ReplacePart[ausdr, neu, {i, j, ...}] ersetzt den Teil auf der Position {i, j, ...}. ReplacePart[ausdr, neu, {{i1, j1, ...}, {i2, j2, ...}, ...}] ersetzt Teile auf mehreren Positionen durch neu. ◇ Die Anweisung ReplacePart verwendet das normale Folgenspezifikationsformat, um die Elemente anzugeben, die ausgelassen werden sollen. Andere Anweisungen, mit denen gewöhnlich Ausdrücke manipuliert werden, sind Append, Drop, Insert, Part, ReplaceAll und Take. Mit der Anweisung ReplaceHeldPart können Sie Teile von Ausdrücken ersetzen, bevor sie evaluiert werden. *Attribute: Protected. Vergleiche auch:* **Append, Drop, Insert, Part, Prepend, Replace, ReplaceAll, ReplaceHeldPart, Rest, Take, teilespez**.

**ReplaceRepeated[*ausdr, regeln*] *oder ausdr //. regeln*** 244, 858
führt wiederholt Ersetzungen aus, bis ausdr sich nicht mehr verändert. ◇ Regeln haben die Form ls -> rs (d.h. Rule[ls,rs]) oder ls:>rs (d.h. RuleDelayed[ls,rs]). Es ist auch möglich, eine Regelliste anzugeben. Spezielle Regeln werden vor allgemeinen Regeln angewandt. Die erste passende Regel wird angewandt. Wenn die Regeln in einer verschachtelten Liste angegeben werden, dann wird Replace auf die inneren Listen angewandt. Folglich ist ReplaceRepeated[ausdr, {{regel11,regel12}, {regel21,regel22}}] zu {ReplaceRepeated[ausdr, {regel11,regel12}], ReplaceRepeated[ausdr, {regel21,regel22}]} äquivalent. ReplaceRepeated führt Ersetzungen aus, wenn die linke Seite der Regel zu irgendeinem Teil des Ausdrucks paßt. Dies unterscheidet sich von Replace, das nur eine Ersetzung ausführt, wenn die linke Seite zum ganzen Ausdruck paßt. (Die Anwendung von Replace mit der Anweisung MapAll ist äquivalent zur Anweisung ReplaceAll.) ReplacePart ersetzt einen Teil eines Ausdrucks, der durch seine Position im Ausdruck festgelegt wird. Sobald ein passendes Gegenstück in einem Teil des Ausdrucks auftritt, werden keine weiteren Ersetzungen auf diesen Teil des Ausdrucks angewandt. ReplaceAll unterscheidet sich von ReplaceRepeated dadurch, daß, wenn eine Ersetzung auftritt, für diesen Teil keine weiteren Ersetzungen versucht werden. *Attribute: Protected. Vergleiche auch:* **FixedPoint, Replace, ReplaceAll, ReplacePart, Rule**.

**Reset** DiscreteMath'RSolve'

***ResetDirectory*[ ]** 489, 490, 858
ändert das aktuelle Arbeitsverzeichnis in das vorhergehende um. ◇ Jeder Aufruf von SetDirectory stellt das letzte Verzeichnis an den Anfang der Liste, die von DirectoryStack ausgegeben wird. Jeder Aufruf von ResetDirectory entfernt das erste Element dieser Liste und wechselt in dieses Verzeichnis. Die Anweisung Directory liefert das aktuelle Arbeitsverzeichnis. Mit den Anweisungen SetDirectory und ResetDirectory wird das Arbeitsverzeichnis geändert. Siehe unter „dateien" wegen einer Beschreibung, wie Verzeichnisse spezifiziert werden. ParentDirectory repräsentiert das Verzeichnis oberhalb des aktuellen Verzeichnisses im Verzeichnisbaum, und HomeDirectory ist ein spezielles Verzeichnis für jeden Nutzer, das nur für UNIX-Systeme definiert ist. $Path enthält eine Liste der Verzeichnisse, die durchsucht werden, wenn versucht wird, eine Datei zu öffnen oder aus ihr zu lesen. *Attribute: Protected. Vergleiche auch:* **CreateDirectory, DeleteDirectory, Directory, DirectoryStack, HomeDirectory, ParentDirectory, SetDirectory, $Path, dateien**.

**ResetMedium[*„datei", optionen*]** xix
setzt die Optionen zurück, die mit einer Datei verknüpft sind, die bereits offen ist. ResetMedium[optionen] setzt die Optionen für die Standard-Ausgabe zurück. Es wird empfohlen, daß Sie in Version 2. SetOptions verwenden. *Attribute: Protected. Vergleiche auch:* **OpenWrite, FormatType, PageHeight, PageWidth, SetOptions, TextFont, TextLeading, TextRendering, TotalHeight, TotalWidth, $Path**.

**Residue[*ausdr, {x, x0}*]** 553, 648, 827, 858
bestimmt das Residuum von ausdr im Punkt x = x0. ◇ Im wesentlichen berechnet Residue Limit[f/x, x -> a], das ist der Koeffizient des -1. Terms der Laurent-Reihe für f in a. Diese Reihe kann mit der Anweisung Series berechnet werden. Residuen können für jeden endlichen Punkt oder für Infinity berechnet werden. Wenn *Mathematica* auf eine wesentliche Singularität im gewünschten Punkt stößt, wird eine Warnmeldung ausgegeben. *Attribute: Protected. Vergleiche auch:* **Limit, Series**.



**Rest[*ausdr*]** 125, 209, 858, 869
ergibt ausdr, wobei das erste Element entfernt wurde. ◇ Das Argument braucht keine Liste zu sein. First[liste] liefert das erste Element von liste, wie liste[[1]] (oder Part[liste,1]). Mit Drop kann man beliebige Elemente aus einer Liste entfernen, und mit Take kann man eine Menge von Elementen aus einer Liste oder einer verschachtelten Liste auswählen. Die Anweisung Prepend fügt ein neues Element an den Anfang der Liste hinzu. *Attribute: Protected. Vergleiche auch:* **Drop, First, Part, Take, Prepend**.

**Resultant[*poly1, poly2, var*]** 598, 858
berechnet die Resultante der Polynome poly1 und poly2 bezüglich der Variablen var. Resultant[poly1, poly2, var, Modulus -> p] berechnet die Resultante modulo der Primzahl p. ◇ Die Resultante zweier Polynome ist entweder eine Zahl oder ein Polynom. Für zwei normierte Polynome (d.h. die Leitkoeffizienten sind gleich 1) ist die Resultante das Produkt aller möglichen Differenzen zwischen den Wurzeln, Product[(ai-bj),{i,Exponent[poly1]},{j,Exponent[poly2]}]. Folglich ist die Resultante Null, wenn die Polynome eine gemeinsame Wurzel haben oder wenn ihre Leitkoeffizienten für die gleichen Parameterwerte gleich Null sind. PolynomialRemainder und PolynomialQuotient sind der Rest und der Quotient bei der Polynomdivision, so daß p=q*PolynomialQuotient[p,q,x]+PolynomialRemainder[p,q,x]. PolynomialGCD unterscheidet sich von GCD und ExtendedGCD[n,m], die den ggT ganzer Zahlen bestimmen. Mit der Funktion Mod können die Koeffizienten eines Polynoms modulo n reduziert werden. Der Test PolynomialQ ergibt True, wenn sein Argument ein Polynom ist. *Attribute: Listable Protected. Vergleiche auch:* **Mod, PolynomialGCD, PolynomialQ, PolynomialQuotient, PolynomialRemainder**.
Trig -> False Modulus -> 0

**ResultOfTest** Statistics'HypothesisTests'

**Return[*ausdr*]** 293, 306, 520, 858
liefert den Wert ausdr aus einer Funktion zurück. Return[ ] liefert den Wert Null. ◇ Mit Return kann man entweder eine Funktionsdefinition (d.h. CompoundExpression) oder eine Scan-Struktur verlassen. Return kann eine Do-Schleife nicht verlassen. Wenn Return in einer Scan-Struktur verwendet wird, gibt die Scan-Struktur einen anderen Wert als Null zurück, aber der Kontrollfluß wird nicht verändert. Mit der Anweisung Break kann man eine For- oder While-Schleife verlassen (aber keine Do-Schleife). Mit einem Catch-Throw-Paar kann man jede Kombination von Kontrollstrukturen verlassen. Exit und Quit beenden beide die *Mathematica*-Session. *Attribute: Protected. Vergleiche auch:* **Break, Catch, CompoundExpression, Throw, Exit, Quit**.

**RevealCycles** DiscreteMath'Combinatorica'

**Reverse[*ausdr*]** 130, 196, 376, 858, 875
kehrt die Reihenfolge der Elemente in ausdr um. ◇ Beachten Sie, daß Reverse auf der ersten Stufe von ausdr wirkt. Ähnliche Anweisungen sind RotateRight, RotateLeft, Transpose (vertauscht Stufen im Ausdruck) und Permutations (liefert eine Liste aller möglichen Permutationen der Elemente des Ausdrucks). *Attribute: Protected. Vergleiche auch:* **Permutations, RotateLeft, RotateRight, Transpose**.

**RGBColor[*rot, grün, blau*]** 40, 407, 472, 859
ist eine Grafikanweisung, die festlegt, daß nachfolgende grafische Objekte, wenn möglich, in der angegebenen Farbe dargestellt werden. ◇ Farben können mit der Anweisung ToColor oder der Option ColorOutput zwischen diesen Formen konvertiert werden. Mit der Primitive Raster kann ein Array grauer oder farbiger Zellen spezifiziert werden. Wenn entweder die Option Lighting oder AmbientLight auf True gesetzt wird, werden alle Farben in die Form RGBColor konvertiert. *Attribute: Protected. Vergleiche auch:* **CMYKColor, ColorOutput, Graphics, Graphics3D, GrayLevel, Hue, Raster, ToColor**.

***RiemannSiegelTheta*[ıt t]** 571, 859
ergibt die analytische Funktion theta(t), die die Gleichung RiemannSiegelZ[t] == Exp[I RiemannSiegelTheta[t]] Zeta[1/2 + I t] erfüllt. Das Argument t braucht nicht reell zu sein, wenn es aber reell ist, dann gilt RiemannSiegelTheta[t]] == Im[LogGamma[1/4 + I t/2]] - t Log[Pi]/2. ◇ Diese Funktion ist analytisch, außer auf den Verzweigungsschnitten auf der imaginären Achse von I/2 bis I*Infinity und von -I/2 bis -I*Infinity. *Attribute: Listable Protected. Vergleiche auch:* **RiemannSiegelZ, Zeta**.

***RiemannSiegelZ[t]*** 571, 859
ergibt die Funktion Exp[I RiemannSiegelTheta[t]] Zeta[1/2 + I t]. ◇ Diese Funktion ist analytisch, außer auf den Verzweigungsschnitten auf der imaginären Achse von I/2 bis I*Infinity und von -I/2 bis -I*Infinity. *Attribute: Listable Protected. Vergleiche auch:* **RiemannSiegelTheta, Zeta**.

**Right *z.B. ColumnForm[liste, Right]*** 357
dient zur Spezifizierung der Ausrichtung in Druckformen, wie zum Beispiel ColumnForm und TableForm. ◇ Right ist eine horizontale Ausrichtung für die Formatierungsanweisung ColumnForm. Wenn Right spezifiziert ist, wird die Spalte rechtsbündig angezeigt. Andere mögliche horizontale Ausrichtungen für ColumnForm sind Left (Voreinstellung) und Center. ColumnForm kann auch die vertikalen Ausrichtungen Above, Center und Below (Voreinstellung) annehmen. Right ist auch eine Gruppierungseinstellung für die Formate Infix, Postfix und Prefix. *Attribute: Protected. Vergleiche auch:* **Above, Below, Center, ColumnForm, Infix, Left, NonAssociative, None, Postfix, Prefix**.

**RootedEmbedding** DiscreteMath'Combinatorica'

**RootMeanSquare** Statistics'DescriptiveStatistics'

**Roots[*ls==rs, var*]** 13, 49, 81, 96-7, 564, 592, 606, 609, 847, 859, 871

liefert eine Disjunktion jener Gleichungen, die die Wurzeln einer Polynomgleichung repräsentieren. ◇ Roots kann nur eine einzelne Gleichung verarbeiten. Solve kann mit einem System von Gleichungen arbeiten. Roots ruft jeweils die Anweisungen Factor und Decompose auf, um zu versuchen Lösungen zu bestimmen. Wenn Roots keine Lösungen für die Gleichung findet, springt es unevaluiert zurück. Wenn eine numerische Antwort ausreichend ist, kann die Anweisung N (numerisch) angewendet werden. Dies ruft NRoots auf, einen numerischen Lösungssucher für Polynomgleichungen. Die Anweisung FindRoot bestimmt eine Lösung für eine nicht-polynomiale Gleichung. Solve ist ein allgemeinerer symbolischer Gleichungslöser. Während Roots nur mit einer einzelnen Polynomgleichung arbeitet, akzeptiert Solve Systeme von nicht-polynomialen Gleichungen. LinearSolve löst lineare Gleichungssysteme. ToRules konvertiert die Ergebnisse von Roots (Disjunktionen von Gleichungen) in eine Folge von Regeln, wie sie von Solve produziert werden. *Attribute: Protected. Vergleiche auch:* **FindRoot, LinearSolve, NRoots, Solve, ToRules**.

| | |
|---|---|
| Using -> True | Cubics -> True |
| Modulus -> 0 | Quartics -> True |
| EquatedTo -> Null | Eliminate -> False |
| Multiplicity -> 1 | |

**Rotate2D** Geometry'Rotations'

**Rotate3D** Geometry'Rotations'

***RotateLabel*** 422, 859

ist eine Option für zweidimensionale Grafikfunktionen, die spezifiziert, ob Beschriftungen auf vertikalen Rahmenachsen so gedreht werden sollen, daß sie vertikal verlaufen. *Attribute: Protected. Vergleiche auch:* **Text**.

**RotateLeft[*ausdr, n*]** 130, 132, 860

verschiebt die Elemente in ausdr zyklisch n Positionen nach links. RotateLeft[ausdr] verschiebt zyklisch eine Position nach links. RotateLeft[ausdr, {n1, n2, ...}] verschiebt Elemente in aufeinanderfolgenden Stufen zyklisch ni Positionen nach links. *Attribute: Protected. Vergleiche auch:* **Permutations, Reverse, RotateRight**.

**RotateRight[*ausdr, n*]** 130, 132, 860

verschiebt die Elemente in ausdr zyklisch n Positionen nach rechts. RotateRight[ausdr] verschiebt zyklisch eine Position nach rechts. RotateRight[ausdr, {n1, n2, ...}] verschiebt Elemente in aufeinanderfolgenden Stufen zyklisch ni Positionen nach rechts. *Attribute: Protected. Vergleiche auch:* **Permutations, Reverse, RotateLeft**.

**RotateShape** Graphics'Shapes'

**RotateVertices** DiscreteMath'Combinatorica'

**RotationMatrix2D** Geometry'Rotations'

**RotationMatrix3D** Geometry'Rotations'

**Round[*x*]** 49, 550, 860

ergibt die ganze Zahl, die am dichtesten bei x liegt. ◇ Round rundet halbzahlige Werte (d.h. Zahlen der Form x.5) in die Richtung der Zahl Null. Auf einen nicht-numerischen Ausdruck angewandt, bleibt Round unevaluiert. Sie können seine Evaluierung durch Anwendung des Operators N (numerisch) erzwingen. Ähnliche Anweisungen sind Ceiling, Floor und Chop (setzt Zahlen, die kleiner als eine bestimmte kleine Toleranz sind, auf Null). *Attribute: Listable Protected. Vergleiche auch:* **Ceiling, Chop, Floor, Integer**.

**RoundingRule** NumericalMath'ComputerArithmetic'

**RoundToEven** NumericalMath'ComputerArithmetic'

**RoundToInfinity** NumericalMath'ComputerArithmetic'

***Row z.B. TableDirections -> Row*** 356

ist eine Einstellung für die Option TableDirections von TableForm. ◇ TableDirections ist auch eine Option für MatrixForm. TableDirections kann den Wert Row annehmen, der festlegt, daß die erste Dimension als Zeile geschrieben werden soll, während die nachfolgenden Dimensionen alternierend dargestellt werden. Schließlich kann TableDimensions auch den Wert {dir1,dir2,...} annehmen, wobei jede Richtung dir entweder Row oder Column ist. Die Länge der Liste sollte gleich der Anzahl der Dimensionen in den Daten sein, mit spezifizierter Richtung für jede Dimension. Der Vorgabewert von TableDirections ist Automatic, der zur Einstellung Row (oder {Row,Column,Row,...}) äquivalent ist. *Attribute: Protected. Vergleiche auch:* **Automatic, Column, MatrixForm, TableDirections, TableForm**.

**RowJoin** Statistics'DataManipulation'

**RowReduce[*m*]** 660, 662, 860
ergibt die zeilenreduzierte Form der Matrix m. ◇ Um eine Matrix über die ganzen Zahlen zu reduzieren, verwenden Sie die Anweisung LatticeReduce. Dot[A,B] (oder A.B) ergibt das konventionelle Matrizenprodukt. PseudoInverse bestimmt die Pseudoinverse einer Rechteckmatrix. *Attribute: Protected. Vergleiche auch:* **Det, Dot, Eigensystem, Inverse, LatticeReduce, LinearSolve, NullSpace, PseudoInverse, Transpose, MatrixForm**.
Modulus -> 0 ZeroTest -> (Together[#1] == 0 &)

**RSolve** DiscreteMath'RSolve'
**RSquared** Statistics'LinearRegression'
**Rule[*ls, rs*] *oder ls -> rs*** 243, 258, 356, 737, 860
repräsentiert eine Regel, die ls in rs überführt. ◇ Die rechte Seite (rs) der Regel wird sofort evaluiert. Dagegen wartet RuleDelayed (d.h. ls :> rs) bis die Regel tatsächlich angewandt wird, um rs zu evaluieren. Regeln können mit den Operatoren Replace, ReplaceAll (d.h. ausdr /. regel) oder ReplaceRepeated (d.h. ausdr //. regel) angewendet werden. Mit Mustern (z.B. z_^n_) wird gewöhnlich eine ls definiert, die allgemeiner gilt. Mit der Anweisung Dispatch kann die Anwendung eines großen Regelsatzes beschleunigt werden. Rule sollte nicht mit AlgebraicRules verwechselt werden, das eine Groebner-Basis zur Lösung eines algebraischen Gleichungssystems definiert. *Attribute: Protected. Vergleiche auch:* **AlgebraicRules, Dispatch, Replace, ReplaceAll, ReplaceRepeated, RuleDelayed, Set, ToRules, muster**.

**RuleDelayed[*ls, rs*] *oder ls :> rs*** 243, 258, 283, 737, 860
repräsentiert eine Regel, die ls in rs überführt, wobei rs nur evaluiert wird, wenn die Regel angewendet wird. ◇ Die rechte Seite (rs) der Regel wird nicht evaluiert, wenn die Regel geschrieben wird, sondern wenn sie angewendet wird. Dagegen evaluiert Rule (d.h. ls -> rs) rs, sobald die Regel definiert wird. Regeln können mit den Operatoren Replace, ReplaceAll (d.h. ausdr /. regel) oder ReplaceRepeated (d.h. ausdr //. regel) angewendet werden. Mit Mustern (z.B. z_) wird gewöhnlich eine ls definiert, die allgemeiner gilt. Mit der Anweisung Dispatch kann die Anwendung eines großen Regelsatzes beschleunigt werden. Rule und RuleDelayed sollten nicht mit AlgebraicRules verwechselt werden, das eine Groebner-Basis zur Lösung eines algebraischen Gleichungssystems definiert. *Attribute: HoldRest Protected. Vergleiche auch:* **AlgebraicRules, Dispatch, Replace, ReplaceAll, ReplaceRepeated, Rule, SetDelayed, muster**.

**Run[*ausdr1, ausdr2, ...*]** 482, 861
erzeugt die Ausgabe-Form der Ausdrücke ausdri, getrennt durch Leerzeichen, und führt sie als externe Betriebssystemkommandos aus. ◇ Die Anweisung Run liefert eine ganze Zahl (normalerweise der Exit-Code des Betriebssystems). Run kann nicht mit Anweisungen benutzt werden, die interaktive Eingabe erwarten. Run ist nicht auf dem Macintosh vorhanden. Run["anw"] ähnelt der Konstruktion !anw. Der Unterschied besteht darin, daß Run eine ganze Zahl liefert, während !anw nicht als Anweisung betrachtet wird und deshalb keinen Wert zurückgibt. In UNIX-Systemen sendet die Konstruktion !anw die Anweisung zur voreingestellten Anwender-Shell, während Run die Anweisung aus Gründen der Widerspruchsfreiheit immer zur Bourne-Shell sendet. Andere ähnliche Anweisungen sind Put und Write, die in Dateien schreiben, Edit, das den voreingestellten Editor verwendet, um eine Anweisung zu editieren, und RunThrough, das die Standard-Ausgabe der Systemkommandos liest und sie *Mathematica* als Eingabe übergibt. Die Anweisung Splice wird in *Mathematica* verwendet, um Ausdrücke innerhalb einer C-, Fortran- oder TEXQuelldatei zu evaluieren. *Attribute: Protected. Vergleiche auch:* **Edit, Put, RunThrough, Splice, Write, !anw**.

**RungeKutta** ProgrammingExamples'RungeKutta'
**RungeKuttaOrderConditions** NumericalMath'Butcher'
**Runs** DiscreteMath'Combinatorica'
**RunThrough[*"anweisung", ausdr*]** 483, 861
führt ein externes Kommando aus, liefert die Ausgabe-Form von ausdr als dessen Eingabe, liest dessen Ausgabe als *Mathematica*-Eingabe und liefert dann das Ergebnis. ◇ Die Anweisung RunThrough liefert die Ausgabe des Systemkommandos, die als Ausdruck interpretiert wird. RunThrough kann nicht mit Anweisungen verwendet werden, die interaktive Eingabe erwarten. RunThrough ist nicht auf dem Macintosh vorhanden. In UNIX-Systemen wird anweisung von RunThrough zur Bourne-Shell gesendet. RunThrough unterscheidet sich von der Anweisung Run dadurch, daß es die Ausgabe des Systemkommandos liefert, während Run den System-Rückkehrcode ausgibt. Die Konstruktion !anw führt die Anweisung in der voreingestellten Anwender-Shell aus und gibt kein Ergebnis zurück (obwohl das Ergebnis ausgedruckt wird). Andere ähnliche Anweisungen sind Put und Write, die in Dateien schreiben, und Edit, das den voreingestellten Editor verwendet, um eine Anweisung zu editieren. Die Anweisung Get (oder <<datei) liest eine Anweisungsdatei ein und führt sie aus. Die Anweisung Splice wird von *Mathematica* verwendet, um Ausdrücke innerhalb einer C-, Fortran- oder TEXQuelldatei zu evaluieren. *Attribute: Protected. Vergleiche auch:* **Edit, Get, Put, Run, Splice, StartProcess, Write, !anw**.

# S

**SafeFirst** DiscreteMath'RSolve'
**SafeSeries** DiscreteMath'RSolve'
**SamenessRelation** DiscreteMath'Combinatorica'
**SameQ[*ls, rs*] *oder ls === rs*** 228, 288, 861
ergibt True, wenn der Ausdruck ls identisch zu rs ist, sonst False. ◇ Zwei Real-Zahlen werden als gleich betrachtet, wenn ihre Differenz kleiner als die Präzision einer jeden von ihnen ist. Wenn *Mathematica* nicht bestimmen kann, ob rs gleich ls ist, wird False zurückgegeben. Andere logische Prädikate sind Equal (d.h.ls==rs), Greater (d.h. ls>rs), Less (d.h. ls<rs), MemberQ (ob ein Symbol in einem Ausdruck enthalten ist), OrderedQ (ob zwei Symbole, Zeichenketten usw. richtig angeordnet sind), StringMatchQ (vergleicht eine Zeichenkette mit einem Muster aus Zeichen und Metazeichen) und UnsameQ (oder ls =!=rs). Equal unterscheidet sich von SameQ dadurch, daß es nur die numerische Gleichheit der Ausdrücke fordert und unevaluiert bleibt, wenn diese Gleichheit nicht bestimmt werden kann. Beachten Sie die Ähnlichkeit zwischen den Kurzformen des Zuweisungsoperators Set (d.h. ls=rs) und den logischen Operatoren Equal (d.h. ls==rs) und SameQ (d.h. ls===rs). *Attribute: Protected. Vergleiche auch:* **Equal, FreeQ, Greater, Less, MemberQ, OrderedQ, Set, StringMatchQ, TrueQ, Unequal, UnsameQ**.

***SameTest*** 201, 291, 861
ist eine Option für Funktionen wie FixedPoint, die die Vergleichsfunktion festlegt, die auf Ergebnispaare angewendet werden soll, um festzustellen, ob sie als gleich betrachtet werden sollen. *Attribute: Protected. Vergleiche auch:* **ZeroTest**.

***SampleDepth -> n*** 475, 861
ist eine Option für Ton-Primitiven, die angibt, wie viele Bits zur Kodierung von Ton-Amplitudenstufen verwendet werden sollen. ◇ Der Vorgabewert für SampleDepth ist 8, der 256 Amplitudenstufen erlaubt. Obwohl andere Stufen festgelegt werden können, verwenden die meisten Computer-Ton-Systeme (z.B. Macintosh, SUN4) 8 Bit-Töne, so daß größere Werte nutzlos sind. Ein kleinerer Wert produziert auf Kosten der Tonqualität kleinere Dateien. *Attribute: Protected. Vergleiche auch:* **DisplayFunction, ListPlay, Options, Play, PlayRange, SampleRate, SetOptions**.

***SampledSoundFunction*[ it f, n, r]** 475, 861
ist eine Ton-Primitive, die einen Ton repräsentiert, dessen Amplitude r-mal pro Sekunde durch Anwendung der Funktion f auf aufeinanderfolgende ganze Zahlen von 1 bis n abgetastet wird. ◇ Die Primitive SampledSoundFunction wird von der Funktion Play produziert und bei der Produktion vom Operator Sound eingehüllt. Töne können mit der Funktion Show abgespielt und mit der Anweisung Display[datei,ton] in einer Datei gesichert werden. Die grafische Anzeige eines Tons kann mit der Anweisung Graphics[ton] in ein konventionelles Grafik-Objekt konvertiert werden. Wenn SampledSoundFunction von Play mit der Voreinstellung Compiled -> True produziert wird, wird es durch eine CompiledFunction repräsentiert. In dieser Form kann ein Ton effizienter als durch eine gewöhnliche interpretierte Funktion produziert werden. Der Vorgabewert von 8192 für die Option SampleRate von Play produziert eine SampledSoundFunction mit dieser Abtastrate. *Attribute: HoldAll Protected. Vergleiche auch:* **Compiled, CompiledFunction, Display, ListPlay, Play, SampledSoundList, Show, Sound**.

***SampledSoundList*[*{a1, a2, ...}, r*]** 475, 862
ist eine Ton-Primitive, die einen Ton repräsentiert, dessen Amplitude die Stufen ai hat und die r-mal pro Sekunde abgetastet wird. ◇ Die Primitive SampledSoundList wird von der Funktion ListPlay produziert und bei der Produktion vom Operator Sound eingehüllt. Töne können mit der Funktion Show abgespielt und mit der Anweisung Display[datei,ton] in einer Datei gesichert werden. Die grafische Anzeige eines Ton kann mit der Anweisung Graphics[ton] in ein konventionelles Grafik-Objekt konvertiert werden. Der Vorgabewert von 8192 für die Option SampleRate von ListPlay produziert eine SampledSoundList mit dieser Abtastrate. *Attribute: Protected. Vergleiche auch:* **Display, ListPlay, Play, SampledSoundFunction, Show, Sound**.

**SampleRange** Statistics'DescriptiveStatistics'
***SampleRate -> wert*** 176, 862
ist eine Option für Ton-Primitiven, die die zu erzeugende Abtastrate pro Sekunde für Töne angibt. ◇ PlayRange sollte nicht mit PlotRange verwechselt werden, das eine ähnliche Funktion für Grafiken ausführt. Andere Optionen für Play und ListPlay, die den tatsächlich produzierten Ton beeinflussen, sind PlayRange, SampleDepth, und DisplayFunction. *Attribute: Protected. Vergleiche auch:* **ListPlay, Options, Play, PlayRange, SampleDepth, SetOptions**.

**Save[*"dateiname", symb1, symb2, ...*]** 178, 479, 862
fügt die Definitionen der Symbole symbi am Ende einer Datei hinzu. ◇ Die Anweisung Save sichert auch die Definition aller Symbole, auf die sich die zu sichernden Definitionen beziehen. Save verwendet die Anweisung FullDefinition. Die Anweisung Definition gibt die Definitionen für ein Symbol aus. Definitionen werden in InputForm gesichert. Definitionen, die mit der Anweisung Save geschrieben wurden, können mit der Anweisung Get (oder <<datei) wieder eingelesen werden. *Attribute: HoldRest Protected. Vergleiche auch:* **Definition, Display, Dump, FullDefinition, Get, InputForm, PutAppend**.

**ScalarTripleProduct** Calculus'VectorAnalysis'
**Scale** NumericalMath'NLimit'
**Scaled[*{x, y, ...}*]** 413, 440, 862
liefert die Position eines grafischen Objektes, wobei die Koordinaten so skaliert sind, daß sie in jeder Richtung den gesamten Plot von 0 bis 1 durchlaufen. Scaled[{dx, dy, ...}, {x0, y0, ...}] liefert eine Position, die erhalten wird, indem an den absoluten Koordinaten {x0, y0, ...} gestartet und dann in den skalierten Abständen {dx, dy, ...} fortgeschritten wird. ◇ Die Option PlotRange legt den zu zeichnenden Wertebereich fest. *Attribute: Protected. Vergleiche auch:* **Graphics, Graphics3D, PlotRange**.

**ScaleFactor** Graphics'PlotField'
**ScaleFactor** Graphics'PlotField3D'
**ScaleFactors** Calculus'VectorAnalysis'
**ScaleFunction** Graphics'PlotField'
**ScaleFunction** Graphics'PlotField3D'
**Scan[*f, ausdr*]** 207, 725, 862
evaluiert f nacheinander, angewendet auf jedes Element von ausdr. Scan[f, ausdr, stufenspez] wendet f auf die Teile von ausdr an, die durch stufenspez spezifiziert sind. ◇ Scan ist identisch zu Map, außer daß es Null zurückgibt. *Attribute: Protected. Vergleiche auch:* **Apply, Map, Return, Level, stufenspez**.

**ScatterPlot3D** Graphics'Graphics3D'
**Schlafli** Geometry'Polytopes'
***SchurDecomposition*[*m*]** 666, 862
liefert die Schur-Zerlegung einer numerischen Matrix m. Das Ergebnis ist eine Liste {q, t}, wobei q eine orthogonale Matrix und t eine obere Blockdreiecksmatrix ist. ◇ Die Ergebnisse der Zerlegung sind so, daß m = Conjugate[Transpose[q]].r gilt. Wenn m mehr Zeilen als Spalten hat, dann ist q nicht quadratisch und kann daher nicht orthogonal sein, sondern ist zeilenorthonormal. Die Schur-Zerlegung ist eine numerisch stabile Methode. Wenn m vollen Spaltenrang hat, dann bilden die Zeilen von q eine orthonormale Basis für den Raum, der von den Spalten von m aufgespannt wird. Die Schur-Zerlegung bildet auch einen Schritt in einer Methode zur Berechnung von Eigenwerten für Matrizen, die reelle Eigenwerte haben. Die Schur-Zerlegung unterscheidet sich von der ähnlichen QR-Zerlegung dadurch, daß sie eine obere Quasidreiecksmatrix in t liefert (eine Matrix, deren Elemente unterhalb der Diagonalen unter der Hauptdiagonalen alle Null sind), anstelle einer strengen oberen Dreiecksmatrix. Die Verwendung von SchurDecomposition[m, Pivoting -> True] liefert ein Tripel {q,r,p}, wobei p eine Permutationsmatrix und m.p=Conjugate[Transpose[q]].r ist. Die Anweisungen SingularValues und QRDecomposition führen eine Singulärwert- bzw. QR-Zerlegung einer Matrix aus. Eigenvalues, Eigenvectors und Eigensystem liefern die Eigenwerte und Eigenvektoren einer Matrix. *Attribute: Protected. Vergleiche auch:* **Eigensystem, Eigenvalues, Eigenvectors, QRDecomposition, SingularValues**.
Pivoting -> False

**ScientificForm[*ausdr*]** 350, 863
druckt alle reelle Zahlen in ausdr in wissenschaftlicher Schreibweise. ◇ Obwohl ScientificForm nicht das Attribut Listable hat, verhält es sich so, als wenn es der Fall wäre. Auf einen Ausdruck angewandt, formatiert es alle ganzen Zahlen im Ausdruck, hat aber keine Wirkung auf die anderen Elemente des Ausdrucks. Andere Formate, die zum Drucken von Zahlen verwendet werden können, sind NumberForm, EngineeringForm (Exponenten sind durch 3 teilbar) und AccountingForm (negative Zahlen werden in runden Klammern eingeschlossen). PaddedForm druckt Zahlen, die bis zu einer vorgegebenen Größe mit Leerzeichen und Nullen aufgefüllt werden. Mit BaseForm kann man Zahlen in einer anderen Basis als 10 drucken. Mit dem Operator Format kann man ScientificForm zum voreingestellten Format erklären. *Attribute: Protected. Vergleiche auch:* **AccountingForm, BaseForm, Format, NumberForm, PaddedForm, ScientificForm**.

DigitBlock -> Infinity
SignPadding -> False
ExponentStep -> 1
NumberPadding -> {" ", " "}
ExponentFunction -> Automatic
NumberPoint -> "."
NumberSigns -> {"-", " "}
NumberFormat -> Automatic
NumberSeparator -> ","

**Sec[*z*]** 562, 863
liefert den Sekans von z. ◇ Sec[z]=1/Cos[z]. Das Argument wird im Bogenmaß erwartet, kann aber durch Multiplikation mit der Konstanten Degree in Grad umgerechnet werden. *Attribute: Listable Protected. Vergleiche auch:* **ArcSec, Cos, Cot, Csc, Degree, Pi, Sech, Sin, Tan**.

**Sech[*z*]** 562, 863
liefert den Secans Hyperbolicus von z. ◇ Sech[z]=1/Cosh[z]=2/(E^z+E^(-z)). *Attribute: Listable Protected. Vergleiche auch:* **ArcSech, Cosh, Coth, Csch, E, Sec, Sinh, Tanh**.

**Second**
ist eine Zeiteinheit, die von Funktionen wie zum Beispiel Timing verwendet wird. *Attribute: Protected.*

**SeedRandom[*n*]** 552, 863
setzt den Pseudozufallszahlengenerator zurück und verwendet die ganze Zahl n als Startwert. SeedRandom[ ] setzt den Generator zurück und verwendet die Tageszeit als Startwert. ◇ Der Zufallszahlengenerator wird beim Start von *Mathematica* mit einer Funktion der Zeit initialisiert. Folglich kann man bei jeder Ausführung von Random eine unterschiedliche Folge von Pseudozufallszahlen erwarten. Mit SeedRandom können Sie eine Folge von Zufallszahlen erneut erzeugen. *Attribute: Protected. Vergleiche auch:* **Random**.

**Select[*liste, krit*]** 211, 221, 863
wählt alle Elemente ai aus liste aus, für die krit[ai] True ist. Select[liste, krit, n] wählt die ersten n Elemente aus, für die krit[ai] True ist. ◇ Das erste Argument von Select braucht keine Liste zu sein. Die Funktion Cases hat ähnliche Fähigkeiten wie die Funktion Select. Count und Position liefern die Gesamtanzahl der ausgewählten Elemente und ihre Positionen in der Liste. Für Cases und Position können auch die Stufen angegeben werden, die durchsucht werden. Take und Drop wählen oder löschen Elemente entsprechend ihrer Position in der Liste aus. *Attribute: Protected. Vergleiche auch:* **Cases, Count, Position, Take, Drop, tests**.

**SelectionSort** DiscreteMath'Combinatorica'
**Self** Examples'Class'
**SelfComplementaryQ** DiscreteMath'Combinatorica'
**SemimajorAxis** Miscellaneous'Geodesy'
**Sequence[*a1,a2,...*]**
ist eine Spezialform, die eine Argumentfolge in einem Ausdruck repräsentiert. ◇ Sequence sollte nicht mit SequenceForm, einer Formatierungsanweisung, verwechselt werden. *Attribute: Protected. Vergleiche auch:* **List, SequenceForm**.

**SequenceForm[*ausdr1, ausdr2, ...*]** 349, 361, 863
druckt die Text-Verkettung der gedruckten Formen der ausdri. *Attribute: Protected. Vergleiche auch:* **ColonForm, ColumnForm, Infix, Subscripted, TableForm**.

**SequenceLimit[*liste*]**
liefert die Approximation mit dem Wynnschen Epsilon-Algorithmus für den Grenzwert einer Folge, deren erste Terme in liste angegeben sind. Warnung: Der Wynnsche Epsilon-Algorithmus kann für divergente Folgen ein endliches Ergebnisse liefern. *Attribute: Protected. Vergleiche auch:* **Series, Limit, NSum**.

WynnDegree -> 1

**folgenspez**
◇ Die Folgen-Spezifikation wird von mehreren *Mathematica*-Funktionen verwendet, um eine Menge von Elementen aus einer Liste zu spezifizieren. Die normalen Folgen-Spezifikationen sind: n - die ersten n Elemente, -n - die letzten n Elemente, {n} - nur das Element n und {n,m} die Elemente n bis m. Die Anweisungen Drop, Subscripted, Take und Thread verwenden die normale Folgen-Spezifikation. Die Anweisungen StringDrop und StringTake verwenden auch die normale Folgen-Spezifikation und interpretiert sie als Positionen innerhalb einer Zeichenkette. Die Konstruktion zur Folgen-Spezifikation {start,end} sollte nicht mit den Konstruktionen für den Laufindex {i,imax}, der Stufenspezifikation {toplevel,bottomlevel} oder Teile-Spezifikation {part1,part2} (Teil 2 von Teil1) verwechselt werden. Sie sollte auch nicht mit der Listenkonstruktion {a,b} (oder List[a,b]) verwechselt werden. *Vergleiche auch:* **Drop, List, StringDrop, StringTake, Subscripted, Take, Thread, iteratoren, stufenspez, teilespez**.

**Series[*f, {x, x0, n}*]** 6, 100, 639, 863
erzeugt eine Potenzreihenentwicklung von f um den Punkt x = x0 bis zur Ordnung (x - x0)^n. Series[f, {x, x0, nx}, {y, y0, ny}] ermittelt nacheinander die Reihenentwicklungen nach y und dann nach x. ◇ Series konstruiert eine Taylor-Reihe, wie auch einige Laurent-Reihen (Reihen mit negativen Exponenten). Series kann Funktionen um Infinity entwickeln (es sei denn, die Funktion hat eine wesentliche Singularität in Infinity). Das Ergebnis einer Anweisung Series enthält ein O[x]-Symbol, das den Fehler repräsentiert. Dieser Term kann mit der Anweisung Normal entfernt werden, wodurch die Reihe in ein Polynom umgewandelt wird (um sie zu zeichnen oder mit ihr zu rechnen). Die interne Form einer Reihe ist ein SeriesData-Objekt. Zu den Funktionen, die mit einer Reihe arbeiten, gehören ComposeSeries, InverseSeries, arithmetische Operationen, jede Funktion mit einer definierten Ableitung, Differentiation und Integration. Um bestimmte andere Operationen auszuführen (wie zum Beispiel Drucken oder eine numerische Evaluierung), muß die Reihe mit der Anweisung Normal in ein Polynom umgewandelt werden. Series bestimmt Ableitungen mit dem Operator D. Folglich wird alles, was nicht offensichtlich eine Funktion von x ist, als Konstante vorausgesetzt. Reihen können mit der Anweisung ComposeSeries zusammengesetzt werden (genau wie Funktionen zusammengesetzt werden können, z.B. f[g[x]]), und ihre Koeffizienten können mit der Anweisung SeriesCoefficient extrahiert werden. Die Reihe, die der inversen Funktion entspricht, kann mit der Anweisung InverseSeries bestimmt werden. *Attribute: Protected ReadProtected. Vergleiche auch:* **ComposeSeries, D, InterpolatingPolynomial, InverseSeries, Limit, Normal, O, SeriesCoefficient, SeriesData**.

**SeriesCoefficient[*s,n*]**
liefert den Koeffizienten der n-ten Potenz der Variablen der Reihe s. ◇ In *Mathematica* werden Reihen-Objekte durch die Anweisung Series erzeugt, und ihre interne Form ist SeriesData. (Eine Potenzreihenentwicklung sieht aus wie ein gewöhnliches Polynom, mit O[x]^n als letztem Term.) *Attribute: Protected. Vergleiche auch:* **Coefficient, CoefficientList, Series, SeriesData**.

**SeriesData[*x, x0, {a0, a1, ...}, nmin, nmax, nen*]** 641, 864
repräsentiert eine Potenzreihe in der Variablen x um den Punkt x0. Die ai sind die Koeffizienten der Potenzreihe. Die vorhandenen Potenzen von (x-x0) sind nmin/nen, (nmin+1)/nen, ..., nmax/nen. ◇ Ein SeriesData-Objekt kann mit der Anweisung Normal in ein konventionelles Polynom umgewandelt werden. Eine Reihe (d.h. ein SeriesData-Objekt) wird von der Anweisung Series produziert. Ausgedruckt erscheint ein SeriesData-Objekt als Polynom mit dem symbolischen Fehlerterm O[x]^n. Anweisungen, die mit einer Reihe arbeiten, sind ComposeSeries, InverseSeries, arithmetische Operationen, jede Funktion mit einer definierten Ableitung, Differentiation und Integration. *Attribute: Protected ReadProtected. Vergleiche auch:* **ComposeSeries, FullForm, InputForm, InverseSeries, Normal, O, Series**.

**SeriesTerm** DiscreteMath'RSolve'

***SessionTime*[ ]** 524, 743, 864
ergibt die Gesamtanzahl der Sekunden in Real-Zeit, die seit dem Anfang Ihrer *Mathematica*-Session verstrichen ist. ◇ Die Anweisung TimeUsed liefert die gesamte Rechenzeit der *Mathematica*-Session . Timing liefert die gesamte Zeitspanne, die eine spezielle Anweisung benötigt, und TimeConstrained bewirkt, daß eine Anweisung abgebrochen wird, wenn sie mehr als eine spezifizierte Zeitspanne benötigt. *Attribute: Protected. Vergleiche auch:* **AbsoluteTime, TimeConstrained, TimeUsed, Timing, $TimeUnit**.

**Set[*ls, rs*] *oder ls = rs*** 75, 251, 255, 326, 735, 864
evaluiert rs und weist das Ergebnis ls als Wert zu. Von da an wird ls, wann immer es auftaucht, durch rs ersetzt. {l1, l2, ...} = {r1, r2, ...} evaluiert die ri und weist die Ergebnisse den entsprechenden li als Werte zu. ◇ Die rechte Seite (rs) der Regel wird evaluiert, wenn die Regel geschrieben wird. Hierin unterscheidet es sich von SetDelayed (d.h. ls:=rs), das rs evaluiert, wenn die Regel angewandt wird. Mit Mustern (z.B. x^n_) wird gewöhnlich eine ls definiert, die allgemeiner gilt. Die Wirkung der Anweisung Set besteht darin, eine Kopie der Regel „ls -> rs" in eine interne Regel-Tabelle zu setzen, die automatisch angewendet werden, wann immer sie passen. Regeln können mit der Anweisung Unset (d.h. ls=.) oder Clear entfernt werden. Wenn Sie eine Regel mit derselben ls wie eine frühere Regel definieren, wird die ältere Regel überschrieben. Regeln werden gewöhnlich in der Reihenfolge ihrer Eingabe ausgewertet. Wenn *Mathematica* erkennt, daß eine Regel zu allen Fällen einer vorher definierten Regel paßt (d.h., wenn es eine allgemeinere Regel ist), dann wird diese allgemeinere Regel nach der spezielleren Regel ausgewertet. Die ls wird evaluiert, bevor die Regel eingegeben wird, es sei denn, die Konstruktion Literal wird verwendet. Jede Regel ist mit einem Symbol verknüpft. Der Ausdruck „f[a]=b" verknüpft eine Regel mit dem Symbol „f". Um eine Regel mit einem anderen Symbol zu verknüpfen, verwenden Sie die Anweisung TagSet (z.B. g/:f[a]=b) oder die Anweisung UpSet (z.B. f[a]^=b). (Wenn s „N", „Format", „Options" oder „Default" ist, dann sind Regeln der Form s[f[..]]=rls mit f verknüpft.) Regeln, die mit einem gegebenen Symbol verknüpft sind, können mit dem ??-Operator oder der Anweisung Definition betrachtet werden. *Attribute: HoldFirst Protected. Vergleiche auch:* **SetDelayed, Rule, muster, TagSet, UpSet, Clear, Unset, Literal, ??, Definition**.

**SetAccuracy[*ausdr, n*]** 544, 865
liefert eine Version von ausdr, in der die Genauigkeit aller Zahlen in ausdr gleich n Stellen gesetzt wurde. ◇ Mit SetAccuracy kann der Nutzer die Genauigkeit (Anzahl der Stellen rechts vom Dezimalpunkt) einer Zahl festgelegen. (Beachten Sie: Wenn Sie die Genauigkeit erhöhen, wird die Zahl mit binären Nullen aufgefüllt, die normalerweise in der Dezimaldarstellung Unsinn ergeben.) Ganze Zahlen, rationale Zahlen und Konstanten haben die Genauigkeit Infinity. Die Genauigkeit einer komplexen Zahl ist das Minimum der Genauigkeiten der beiden Komponenten. Die Genauigkeit einer reellen Zahl ist gleich dem größten Wert von (Maschinengenauigkeit - #ziffern links vom Dezimalpunkt) und der Anzahl der spezifizierten Stellen. Die N-Anweisung produziert einen numerischen Wert für einen Ausdruck mit einer spezifizierten Präzision. Chop setzt hinreichend kleine Werte auf Null, wobei ihre Genauigkeit Infinity wird. Round wandelt Zahlen in ganze Zahlen um, wobei ihre Genauigkeit Infinity wird. $MachinePrecision ist die Anzahl der Dezimalstellen in Maschinenzahlen. *Attribute: Listable Protected. Vergleiche auch:* **Accuracy, N, Precision, Chop, Round, SetPrecision, $MachinePrecision**.

**SetArithmetic** NumericalMath'ComputerArithmetic'

**SetAttributes[*s, attr*]** 230, 271, 865
fügt attr der Attribut-Liste des Symbols s hinzu. ◇ Attribute eines Symbols mit dem Attribut Protected können geändert werden, jedoch die Attribute eines Symbols mit dem Attribut Locked nicht. Einem Symbol (oder einer Anweisung) kann auch mit der Anweisung „Attributes[symbol]={attr1,attr2,...}" eine Liste der Attribute zugewiesen werden. Zulässige Attribute sind: Constant - alle Ableitungen sind Null, Flat - die Funktion ist assoziativ, HoldAll - kein Argumente von f wird evaluiert, HoldFirst - das erste Argument von f wird nicht evaluiert, HoldRest - alle Argumente von f, bis auf das erste, werden nicht evaluiert, Listable - f wird automatisch über Listen „verteilt" (siehe Thread), Locked - Attribute von f können nicht verändert werden, OneIdentity - f[a],f[f[a]] sind beim Mustervergleich äquivalent, Orderless - die Funktion ist kommutativ, Protected - Werte von f (und Regeln) können nicht verändert werden, ReadProtected - Werte von f (und Regeln) können nicht gelesen werden, Stub - ein Paket wird automatisch geladen, wenn das Symbol verwendet wird und Temporary - eine lokale Variable, die entfernt wird, wenn sie nicht länger gebraucht wird. Einzelne Attribute können mit den Anweisungen Attributes oder ClearAttributes betrachtet bzw. gelöscht werden. Das Attribut Protected kann mit den Anweisungen Protect und UnProtect festgelegt oder entfernt werden. Attribute können auch mit den Anweisungen Information und ?? betrachtet werden. Die Anweisung SetAttributes versucht, das Symbol zu evaluieren, bevor das Attribut zugewiesen wird. Dieses Problem kann mit der Konstruktion Attributes[sym]={attr1,attr2,...} umgangen werden. Mit den Anweisungen Options und SetOptions können die Optionen eines Symbols manipuliert werden. *Attribute: Protected. Vergleiche auch:* **Attributes, ClearAttributes, Locked, Options, Protect, UnProtect**.

**SetClass** Examples'Class'

**SetClassDelayed** Examples'Class'

**SetCoordinates** Calculus'VectorAnalysis'

**SetDelayed[*ls, rs*] *oder ls := rs*** 255, 735, 865
bewirkt eine Zuweisung von rs als verzögerten Wert für ls. rs wird in unevaluierter Form belassen. Wenn ls erscheint, wird es durch rs ersetzt und jedesmal erneut evaluiert. ◇ Die rechte Seite (rs) der Regel wird nicht evaluiert, wenn die Regel geschrieben, sondern wenn sie angewandt wird. Hierin unterscheidet es sich von Set (d.h. ls=rs), das rs evaluiert, wenn die Regel geschrieben wird. Mit Mustern (z.B. x^n_) wird gewöhnlich eine ls definiert, die allgemeiner gilt. Die Wirkung der Anweisung SetDelayed besteht darin, eine Kopie der Regel „ls:>rs" (d.h. RuleDelayed[ls,rs]) in eine interne Regel-Tabelle zu stellen, die automatisch angewandt werden, wann immer sie passen. Regeln können mit der Anweisung Unset (d.h. ls=.) oder Clear entfernt werden. Wenn Sie eine Regel mit derselben ls wie eine frühere Regel definieren, wird die ältere Regel überschrieben. Regeln werden gewöhnlich in der Reihenfolge ausgewertet, in der sie eingegeben werden. Wenn *Mathematica* erkennt, daß eine Regel zu allen Fällen einer vorher definierten Regel paßt (d.h., wenn sie eine allgemeinere Regel ist) dann wird diese allgemeinere Regel nach der spezielleren Regel ausgewertet. Die ls wird evaluiert, bevor die Regel eingegeben wird, es sei denn, die Konstruktion Literal wird benutzt. Jede Regel ist mit einem Symbol verknüpft, so verknüpft „f[a]:=b" eine Regel mit dem Symbol „f". Um eine Regel mit einem anderen Symbol zu verknüpfen, verwenden Sie die Anweisung TagSetDelayed (z.B. g/:f[a]:=b) oder UpSetDelayed (z.B. f[a]^:=b). (Wenn s „N", „Format", „Options" oder „Default" ist, dann sind Regeln der Form s[f[..]]=rls mit f verknüpft.) Regeln, die mit einem gegebenen Symbol verknüpft sind, können mit dem ??-Operator oder der Anweisung Definition betrachtet werden. *Attribute: HoldAll Protected. Vergleiche auch:* **Set, Rule, muster, TagSetDelayed, UpSetDelayed, Clear, Unset, Literal, ??, Definition**.

***SetDirectory["dir"]*** 180, 489, 865
legt das aktuelle Arbeitsverzeichnis fest. ◇ Jeder Aufruf von SetDirectory stellt das letzte Verzeichnis an den Anfang der Liste, die von DirectoryStack zurückgegeben wird. Jeder Aufruf von ResetDirectory entfernt das erste Element dieser Liste und wechselt in dieses Verzeichnis. Die Anweisung Directory liefert das aktuelle Arbeitsverzeichnis. Mit den Anweisungen SetDirectory und ResetDirectory wird das Arbeitsverzeichnis gewechselt. ParentDirectory repräsentiert das Verzeichnis eine Stufe oberhalb des aktuellen Verzeichnisses im Verzeichnisbaum, und HomeDirectory ist ein spezielles Verzeichnis für jeden Nutzer, das nur für UNIX-Systeme definiert ist. $Path enthält eine Liste mit Verzeichnissen, die nach gewünschten Dateien durchsucht werden, wenn versucht wird, eine existierende Datei zu öffnen oder aus ihr zu lesen. *Attribute: Protected. Vergleiche auch:* **CreateDirectory, DeleteDirectory, Directory, DirectoryStack, HomeDirectory, ParentDirectory, ResetDirectory, $Path, dateien**.

**SetEpsilon** NumericalMath'IntervalArithmetic'

***SetFileDate["datei"]*** 492, 865
setzt das Änderungsdatum einer Datei auf das gegenwärtige Datum. SetFileDate["datei", datum] setzt das Änderungsdatum auf das angegebene Datum. Das Datum muß im Format {Jahr, Monat, Tag, Stunde, Minute, Sekunde } angegeben werden, das von Date verwendet wird. ◇ Mit der Funktion ContextToFilename kann man Pfade auf einer maschinenunabhängigen Weise erzeugen. Date liefert das aktuelle lokale Datum und die Zeit und ist auch die linke Seite einer der Regeln, die von FileInformation zurückgegeben wird. FileNames listet die Dateien im aktuelle Verzeichnis auf. FromDate und ToDate konvertiert das Format {j,m,t,s,m,s} in die Anzahl der Sekunden seit dem 1. Januar 1900 und zurück. *Attribute: Protected. Vergleiche auch:* **ContextToFilename, Date, FileDate, FileInformation, FileNames, FromDate, ToDate**.

**SetOptions[*s, name1 -> wert1, name2 -> wert2, ...*]** 149, 517, 724, 865
legt die angegebenen Vorgabe-Optionen für ein Symbol s fest. SetOptions[strom, ...] oder SetOptions["name", ...] legt Optionen für einen bestimmten Strom fest. ◇ Eine Option kann zeitweilig (für die Dauer einer Anweisung) mit der Form anw[x1,x2,..,Option -> einstellung] geändert werden. Die Optionseinstellungen für ein Symbol kann auch mit den Anweisungen Information oder ?? betrachtet werden. Alle Optionen eines gegebenen Symbol können mit einer Anweisung der Form Options[symbol] = {opt1 -> wert1,..} betrachtet werden. Mit der Form Options[symbol] = {opt1 -> wert1,...} oder Options[Literal[symbol]] = {opt1 -> wert1,...} können auch die Vorgabe-Options-Einstellungen für ein Symbol festlegt werden. Mit SetAttributes werden die Attribute eines Symbol manipuliert. *Attribute: Protected. Vergleiche auch:* **Information, Options, SetAttributes, ??**.

**SetPrecision[*ausdr, n*]** 544, 866
liefert eine Version von ausdr, in der die Präzision für alle Zahlen auf n Stellen gesetzt wurde. ◇ Mit SetPrecision kann der Nutzer die Präzision (Gesamtanzahl der gespeicherten Ziffern) einer Zahl festlegen. (Beachten Sie: Wenn Sie die Präzision erhöhen, wird die Zahl mit binären Nullen aufgefüllt, die normalerweise in der Dezimaldarstellung Unsinn ergeben.) Ganze Zahlen, rationale Zahlen und Konstanten haben die Präzision Infinity. Die Präzision einer komplexen Zahl ist das Minimum der Genauigkeiten der beiden Komponenten. Die Präzision einer reellen Zahl ist gleich dem größtem Wert von (Maschinengenauigkeit) und der Anzahl der spezifizierten Stellen. Die Anweisung N produziert einen numerischen Wert für einen Ausdruck mit einer spezifizierten Präzision. Chop setzt hinreichend kleine Werte auf Null, wobei ihre Genauigkeit auf Infinity gesetzt wird. Round wandelt Zahlen in ganze Zahlen um, wobei ihre Genauigkeit auf Infinity gesetzt wird. $MachinePrecision ist die Anzahl der Dezimalstellen von Maschinenzahlen. *Attribute: Listable Protected. Vergleiche auch:* **Accuracy, N, Precision, Chop, Round, SetAccuracy, $MachinePrecision**.

**SetProperties** Examples'Class'

***SetStreamPosition*[*strom, n*]**
setzt den aktuellen Punkt in einem offenen Strom fest. *Attribute: Protected.*

**Shading -> True oder False** 41, 156, 160, 162, 436, 452, 817, 866
ist eine Option für SurfaceGraphics, die bestimmt, ob die Oberflächen schattiert werden sollen. ◇ Die Voreinstellung ist True, das heißt, die einzelnen Polygone werden schattiert (oder gefärbt). Wenn Shading -> False ist, sind die Polygone weiß. Wenn Shading -> True ist, hängt die Vorgabe-Schattierung von der Höhe des Polygons ab (seiner z-Koordinate). Wenn Lighting -> True ist (die Voreinstellung ist False), hängt die Schattierung von der simulierten Beleuchtung ab. Die Optionen HiddenSurface -> False (die Voreinstellung ist True), Shading -> False produzieren transparente Polygone, die als Drahtdiagramm der Oberfläche gezeichnet werden. Mit der Option ClipFill kann angegeben werden, wie die Flächen einer Oberfläche gezeichnet oder schattiert werden, die abgeschnitten werden. Mit den Anweisungen Plot3D und ListPlot3D kann der Nutzer auch eine Schattierungsfunktion angeben. *Attribute: Protected. Vergleiche auch:* **ClipFill, HiddenSurface, Lighting, ListPlot3D, Mesh, Plot3D, SurfaceGraphics**.

**Shadow** Graphics'Graphics3D'
**ShadowBackground** Graphics'Legend'
**ShadowBorder** Graphics'Legend'
**ShadowBox** Graphics'Legend'
**ShadowForeground** Graphics'Legend'
**ShadowMesh** Graphics'Graphics3D'
**ShadowMeshStyle** Graphics'Graphics3D'
**ShadowOffset** Graphics'Legend'
**ShadowPlot3D** Graphics'Graphics3D'
**ShadowPosition** Graphics'Graphics3D'
**ShakeGraph** DiscreteMath'Combinatorica'

***Shallow*[*ausdr*]** 346, 517, 866
druckt eine flache Form von ausdr. Shallow[ausdr, tiefe] druckt alle Teile von ausdr unterhalb der angegebenen Tiefe in Skelettform. Shallow[ausdr, {tiefe, länge}] liefert auch die Teile in Skelettform, deren Längen den angegebenen Höchstwert überschreiten. Shallow[ausdr, {tiefe, länge}, form] verwendet die Skelettform für alle Teile, die zum Muster form passen. ◇ Die Länge eines Ausdrucks wird als Anzahl seiner Unterausdrücke gemessen. Die übliche Wirkung von Shallow besteht darin, jene Teile des Ausdrucks zu unterdrücken, die sich unterhalb einer spezifizierten Tiefe befinden, und sie durch das Symbol <<n>> zu ersetzen, wobei n Terme unterdrückt werden. Wenn die verkürzte Ausgabe eine Zeichenkette ist, werden die entfernten Zeichen durch „..“ repräsentiert. Die Symbole, die von Shallow zur Repräsentation der unterdrückten Ausgabe verwendet werden, sind die Werte der Variablen Skeleton und StringSkeleton. Die Werte dieser Variablen können mit der Anweisung Format verändert werden. Der Operator Short unterdrückt die Ausgabe jenseits einer spezifizierten Anzahl von Zeilen. Um die Ausgabe eines Ergebnisses zu unterdrücken, beenden Sie die Eingabezeile mit einem Semikolon. (Z.B. In[1]:= poly=Expand[(a+b)^1000];) *Attribute: Protected. Vergleiche auch:* **Depth, Format, Short, Skeleton, StringSkeleton**.

**ShapeReport** Statistics'DescriptiveStatistics'
**Shapes** Graphics'Shapes'

S

**Share[*ausdr*]** 528, 866
ändert die Weise, wie ausdr intern gespeichert wird, und versucht so, die Größe des verwendeten Speicherplatzes zu minimieren. Share[ ] versucht, den zur Speicherung aller Ausdrücke benötigten Platz zu minimieren. ◇ MemoryInUse liefert die gesamte Speichergröße, die während der *Mathematica*-Session benutzt wird und mit MemoryConstrained können Sie festlegen, daß eine Berechnung unterbrochen wird, wenn sie mehr als eine spezifizierte Speichergröße verwendet. ByteCount liefert eine Schätzung der Bytezahl des von einem Ausdruck benutzten Speicherplatzes. ByteCount berücksichtigt nicht die gemeinsame Nutzung von Speicherplatz, so daß die Wirkungen von Share nicht widergespiegelt werden. *Attribute: Protected. Vergleiche auch:* **ByteCount, MemoryConstrained, MemoryInUse**.

**Short[*ausdr*]** 83, 346, 517, 867
druckt eine Kurzform von ausdr, die etwas kürzer als eine Zeile ist. Short[ausdr, n] druckt ausdr in einer Form, die ungefähr n Zeilen lang ist. ◇ Um die Ausgabe eines Ergebnisses völlig zu unterdrücken, beenden Sie die Eingabezeile mit einem Semikolon. (Z.B. In[1]:= poly=Expand[(a+b)^1000];) *Attribute: Protected. Vergleiche auch:* **Format, Shallow, Skeleton, StringSkeleton**.

**ShortestPath** DiscreteMath'Combinatorica'
**ShortestPathSpanningTree** DiscreteMath'Combinatorica'
**Show[*grafik, optionen*]** 139, 144, 156, 157, 395, 397, 867
stellt 2D- und 3D-Grafiken unter Beachtung der angegebenen Optionen dar. Show[g1, g2, ...] zeigt mehrere Plots kombiniert. ◇ Show kann Grafiken der Form Graphics (erzeugt durch Plot, ListPlot usw.), Graphics3D, ContourGraphics (erzeugt durch ContourPlot), DensityGraphics (erzeugt durch DensityPlot) und SurfaceGraphics (erzeugt by Plot3D usw.) anzeigen. Die angezeigten Grafiken können auch verschiedene Primitiven enthalten (z.B. Point, Line), die unter den Einträgen Graphics und Graphics3D aufgelistet sind. Wenn Grafiken kombiniert werden, müssen sie alle entweder die Form Graphics oder Graphics3D haben. Die Optionslisten der verschiedenen Plots werden kombiniert, um die Optionsliste für Show zu bilden. Alle Optionen, die für Show angegeben werden, unterdrücken die Optionen, die für einen Plot angegeben wurden. Show zeichnet Objekte in der Reihenfolge, in der es auf sie stößt, wobei ältere Objekte überdeckt werden. Folglich liegen zuletzt aufgelistete Objekte „oben". Mit der Anweisung Display kann man die PostScript-Form einer Grafik in eine Datei schreiben. *Attribute: Protected. Vergleiche auch:* **Plot, Plot3D, Graphics, Graphics3D, ContourPlot, DensityPlot, Display, $DisplayFunction**.

**ShowAnimation** Graphics'Animation'
**ShowCA** Examples'CellularAutomata'
**ShowGraph** DiscreteMath'Combinatorica'
**ShowLabeledGraph** DiscreteMath'Combinatorica'
**ShowLegend** Graphics'Legend'
**ShowTime** ProgrammingExamples'ShowTime'
**ShowTime** Utilities'ShowTime'
**SI** Miscellaneous'Units'
**Sign[*x*]** 550, 604, 867
ergibt -1, 0 oder 1, je nachdem, ob x negativ, Null oder positiv ist. Sign[z] liefert das Vorzeichen der komplexen Zahl z. ◇ Negative sollte nicht mit Minus[x] (-x) verwechselt werden, dem unären negativen Vorzeichen. *Attribute: Listable Protected. Vergleiche auch:* **Abs, Negative, NonNegative, NumberQ, Positive**.

**Signature[*liste*]** 133, 558, 671, 867
ergibt das Signum der Permutation, mit der die Elemente von liste in kanonischer Reihenfolge angeordnet werden. ◇ Signature sollte nicht mit Sign verwechselt werden, das das (positive oder negative) Vorzeichen einer Zahl angibt. *Attribute: Protected. Vergleiche auch:* **Sign, OrderedQ, Sort, Order**.

**SignaturePermutation** DiscreteMath'Combinatorica'
**SignificanceLevel** Statistics'HypothesisTests'

***SignPadding* -> True oder False** 351, 867
ist eine Option für NumberForm und verwandte Funktionen, die angibt, ob Füllzeichen nach Vorzeichen eingefügt werden sollen. ◇ Diese Option legt fest, ob das Vorzeichen (falls vorhanden) unmittelbar links vor den signifikanten Ziffern oder auf der äußersten linken Seite des Feldes, in dem die Zahl gedruckt wird, angeordnet wird. Die Option SignPadding kann auch für die Formate AccountingForm, EngineeringForm, PaddedForm und ScientificForm benutzt werden. Der Vorgabewert für SignPadding ist False, der bewirkt, daß das Vorzeichen unmittelbar links neben den signifikanten Ziffern angeordnet wird. SignPadding hat nur eine Wirkung, wenn das erste Element der Option NumberPadding ungleich Null ist. *Attribute: Protected. Vergleiche auch:* **DigitBlock, ExponentFunction, NumberForm, NumberFormat, NumberPadding, NumberPoint, NumberSeparator, NumberSigns, Options, SetOptions**.

**Simple** Miscellaneous'WorldPlot'
**SimpleQ** DiscreteMath'Combinatorica'
**Simplify[*ausdr*]** 77, 78, 868
wendet eine Folge algebraischer Transformationen auf ausdr an und gibt die einfachste Form, die es findet, zurück. ◇ Verwandte Anweisungen zur Manipulation algebraischer Ausdrücke sind Apart (Partialbruchentwicklung), Collect (klammert gemeinsame Terme aus), Expand, Factor und Together (stellt auf einen Hauptnenner). *Attribute: Protected. Vergleiche auch:* **Apart, Collect, Expand, Factor, Together, LeafCount**.

**SimplifyComplex2** DiscreteMath'RSolve'
**SimplifyComplex3** DiscreteMath'RSolve'
**SimplifyComplex4** DiscreteMath'RSolve'
**SimplifyComplexE1** DiscreteMath'RSolve'
**SimplifyComplexE2** DiscreteMath'RSolve'
**SimplifyComplexN** DiscreteMath'RSolve'
**SimplifyErf** Calculus'Common'Support'
**SimplifySum** DiscreteMath'RSolve'
**SimplifyTrig** DiscreteMath'RSolve'
**Sin[z]** 49, 562, 603, 868
ergibt den Sinus von z. ◇ Das Argument wird im Bogenmaß erwartet, kann aber durch Multiplikation mit der Konstanten Degree in Grad umgewandelt werden. *Attribute: Listable Protected. Vergleiche auch:* **Cos, Tan, Sec, Csc, Cot, ArcSin, Degree, Pi, Sinh**.

**SingularityDepth -> *n*** 688
ist eine Option für NIntegrate, die die erlaubte Rekursionstiefe festlegt, bevor an den Randpunkten des Integrationsintervalls eine Variablensubstitution vorgenommen wird. ◇ SingularityDepth wird nur verwendet, wenn die Option Method für NIntegrate auf ihre Voreinstellung von GaussianQuadrature gesetzt worden ist. Wenn Method -> GaussianQuadrature (Voreinstellung) festgelegt wurde, wird eine adaptive Methode verwendet. Diese Methode unterteilt rekursiv Teilintervalle, in denen der Fehler überschritten wird. In jedem angegebenen Intervall wird diese rekursive Unterteilung mindestens MinRecursion Mal und maximal MaxRecursion Mal vorgenommen. Die Intervalle am Ende des ursprünglichen Integrationsintervalls werden jedoch anders behandelt. Dies wird getan, da angenommen wird, daß der intelligente Nutzer das Integrationsintervall an allen Singularitäten des Integranden unterteilt. Wenn eines dieser Randteilintervalle mehr als SingularityDepth Mal unterteilt wird, nimmt der Algorithmus an, daß sich dort eine Singularität befindet, und reparametrisiert das Teilintervall. SingularityDepth hat keine Wirkung, wenn es auf einen Wert gesetzt wird, der größer als MaxRecursion ist (Vorgabewert 6). Wenn SingularityDepth zu klein festgelegt wird und keine Singularität existiert, verschwendet der Algorithmus Zeit mit einer unnötigen Reparametrisierung. *Attribute: Protected. Vergleiche auch:* **GaussianQuadrature, MaxRecursion, MinRecursion, NIntegrate, Options, SetOptions**.

**SingularValues[*m*]** 665, 868
liefert die Singulärwert-Zerlegung für eine numerische Matrix m. Das Ergebnis ist eine Liste {u, w, v}, wobei w die Liste der Singulärwerte ist, die ungleich Null sind, und m kann in der Form Conjugate[Transpose[u]].DiagonalMatrix[w].v geschrieben werden. ◇ Die Pseudoinverse kann mittels der Singulärwert-Zerlegung ausgedrückt werden. *Attribute: Protected. Vergleiche auch:* **Det, Eigensystem, Inverse, LinearSolve, PseudoInverse, NullSpace, RowReduce, MatrixForm**.
Tolerance -> Automatic

**Sinh[z]** 562, 868
ergibt den Sinus Hyperbolicus von z. ◇ Sinh[z]=(E^z-E^(-z))/2. *Attribute: Listable Protected. Vergleiche auch:* **Cosh, Tanh, Sech, Csch, Coth, ArcSinh, E, Sin**.

***SinhIntegral*[*x*]**
ergibt den hyperbolischen Integralsinus Integrate[Sinh[t]/t, {t, 0, x}]. *Attribute: Listable Protected ReadProtected.*

**SinIntegral[*x*]** 571, 868
ergibt den Integralsinus Integrate[Sin[t]/t, {t, 0, x}]. ◇ SinIntegral[z] ist als Hauptwert von Integrate[Sin[t]/t,{t,0,z}] definiert. Dies ist der Integralsinus, der gewöhnlich mit Si(z) bezeichnet wird. Es gibt noch eine andere Funktion, die auch IntegralSinus genannt wird und mit si(z)=Si(z)-Pi/2=-Integrate[Sin[t]/t,{t,z,Infinity}] bezeichnet wird. Beachten Sie, daß die Relation ExpIntegralEi[I*z]=CosIntegral[z]+I*(SinIntegral[z]-SinIntegral[Infinity]) gilt. *Attribute: Listable Protected ReadProtected. Vergleiche auch:* **CosIntegral, ExpIntegralEi, Integrate, Sin**.

**Sinusoidal** Miscellaneous'WorldPlot'

***SixJSymbol*[*{a,b,e},{d,e,f}*]** 561, 868
liefert den Wert des 6-j Symbols. ◇ Parameter für SixJSymbol können ganze Zahlen, halbe ganze Zahlen oder symbolisch sein. Die Racah-Koeffizienten stehen zu den SixJSymbol in Beziehung. *Attribute: Protected. Vergleiche auch:* **ClebschGordan, SphericalHarmonicY, ThreeJSymbol**.

**Skeleton[*n*]** 517, 868
repräsentiert eine Folge von n weggelassenen Elementen eines Ausdrucks, der mit Short oder Shallow gedruckt wurde. Die Standard-Druckform von Skeleton ist <<n>>. ◇ Die Druckform von Skeleton kann mit der Anweisung Format[Skeleton[n_]] := ausdr verändert werden. StringSkeleton wird verwendet, wenn ein Zeichenkettenausdruck verkürzt wird. Die Anzahl der Zeichen, die in einem Ausdruck weggelassen werden, wird für das Ausgabemedium von der Option TotalWidth kontrolliert. *Vergleiche auch:* **Format, Shallow, Short, StringSkeleton, TotalWidth**.

**Skeleton** ProgrammingExamples'Skeleton'
**SkewGraphics** Graphics'Graphics'
**SkewGraphics3D** Graphics'Graphics3D'
**Skewness** Statistics'ContinuousDistributions'
**Skewness** Statistics'DescriptiveStatistics'
**Skewness** Statistics'NormalDistributions'

***Skip*[*strom, typ*]** 497, 499, 503, 855, 869
überspringt ein Objekt des angegebenen Typs in einem Eingabestrom. Skip[strom, typ, n] überspringt n Objekte des angegebenen Typs. *Attribute: Protected. Vergleiche auch:* **SetStreamPosition, Find**.

**Slot[1]** ***oder #*** 208, 869
repräsentiert das erste Argument einer reinen Funktion. #n repräsentiert das n-te Argument. ◇ Wenn Function[ausdr] oder ausdr& auf eine Menge von Argumenten angewendet wird, wird # (oder #1 oder Slot[1]) durch das erste Argument ersetzt, #2 durch das zweite usw. Wenn mehr Argumente als benötigt werden zur Verfügung stehen, werden die verbleibenden Argumente ignoriert (z.B. (#+1)&[a,b] ergibt a+1). Wenn zu wenige Argumente zur Verfügung gestellt werden, tritt ein Fehler auf. *Attribute: Protected. Vergleiche auch:* **SlotSequence, Function**.

**SlotSequence[1]** ***oder ##*** 208, 869
repräsentiert die Argumentfolge einer reinen Funktion. ##n repräsentiert die Argumentfolge einer reinen Funktion, beginnend mit dem n-ten Argument. ◇ SlotSequence[ ] oder ## repräsentiert die Folge von Argumenten, die einer reinen Funktion übergeben werden (d.h. mit Function spezifiziert werden). SlotSequence[n] oder ##n steht für die Folge von Argumenten, die mit dem n-ten Argument beginnt. *Attribute: Protected. Vergleiche auch:* **Slot, Function**.

**SmallPrime** NumberTheory'PrimeQ'
**SolidBarEdges** Graphics'Graphics3D'
**SolidBarEdgeStyle** Graphics'Graphics3D'
**SolidBarStyle** Graphics'Graphics3D'

**Solve[*gln, vars*]** 95, 607, 612, 615, 617, 620, 646, 659, 683, 691, 869

versucht eine Gleichung oder ein Gleichungssystem nach den Variablen vars aufzulösen. Solve[gln, vars, elims] versucht, die Gleichungen nach vars aufzulösen und dabei die Variablen elims zu eliminieren. ◇ Das Argument gln ist eine Menge der Form {ls1==rs1,ls2==rs2,..}, wobei ls==rs die Kurzform für Equal[ls,rs] ist. Die gln können auch die Form gl1&&gl2&&.. annehmen (Wobei gl1&&gl2 die Kurzform für And[gl1,gl2] ist). Variablen können beliebige Ausdrücke sein. Solve arbeitet primär mit linearen und Polynomgleichungen, aber einige transzendente Gleichungen können gelöst werden, wenn sie als Polynomgleichung einer einfachen transzendenten Funktion ausgedrückt werden können. Die Ausgabe von Solve ist eine Regel-Menge. Wenn Solve nicht in der Lage ist, ein System zu lösen (z.B. im Falle einer allgemeinen Gleichung fünften Grades), können die nichtgefundenen Lösungen in der Form Roots ausgegeben werden (eine numerische Lösung kann dann durch Anwendung der N-Funktion oder mit dem Operator NRoots bestimmt werden). Eliminate eliminiert eine Menge von Variablen; Solve versucht, allgemeine Lösungen eines Gleichungssystems zu bestimmen, und Reduce bestimmt alle Lösungen. Alle diese Anweisungen verwenden die Routine MainSolve. Die Anweisung LinearSolve ist effizienter als Solve, wenn alle Gleichungen linear sind. Wenn das System nicht-polynomiale Gleichungen enthält, benutzt die Anweisung FindRoot die Newton-Methode, um numerische Antworten zu bestimmen. Mit der Anweisung DSolve können einfache Differentialgleichungen gelöst werden. Mit der Anweisung AlgebraicRules kann auch eine Groebner-Basis für die Lösung eines Gleichungssystems erzeugt werden. Die Anweisung SolveAlways[gln,vars] ist äquivalent zu Solve[!Eliminate[!gln,vars]]. *Attribute: Protected. Vergleiche auch:* **AlgebraicRules, DSolve, Eliminate, FindRoot, LinearSolve, MainSolve, NRoots, NSolve, Reduce, Roots, SolveAlways, ToRules**.

| | |
|---|---|
| InverseFunction -> Automatic | MakeRules -> False |
| Method -> 3 | Mode -> Generic |
| Sort -> True | VerifySolutions -> False |
| WorkingPrecision -> Infinity | |

**SolveAlways[*gln, vars*]** 620, 870

liefert die Parameterwerte, für die die Gleichungen gln für alle Werte der Variablen vars gültig sind. ◇ Das Argument gln hat die Form gl1&&gl2&&.. (Wobei gl1&&gl2 die Kurzform für And[gl1,gl2] ist). Variablen können beliebige Ausdrücke sein. SolveAlways arbeitet primär mit linearen und Polynomgleichungen, aber einige transzendente Gleichungen können gelöst werden, wenn sie als Polynomgleichung einer einfachen transzendenten Funktion ausgedrückt werden können. Die Ausgabe von SolveAlways ist eine Regel-Menge. Wenn SolveAlways nicht in der Lage ist, ein Gleichungssystem zu lösen (z.B. im Falle einer allgemeinen Gleichung fünften Grades), kann es die nicht gefundenen Lösungen in der Form Roots ausgeben (eine numerische Lösung kann dann durch Anwendung der N-Funktion bestimmt werden.). Eliminate eliminiert eine Menge von Variablen; Solve versucht, allgemeine Lösungen eines Gleichungssystem zu bestimmen, und Reduce bestimmt alle Lösungen. Die Anweisung SolveAlways[gln,vars] ist äquivalent zu Solve[!Eliminate[!gln,vars]]. Alle diese Anweisungen verwenden, genau wie SolveAlways, die Routine MainSolve. Die Anweisung LinearSolve ist effizienter, wenn alle Gleichungen linear sind. Wenn das System nicht-polynomiale Gleichungen enthält, benutzt die Anweisung FindRoot die Newton-Methode, um numerische Antworten zu bestimmen. Mit der Anweisung AlgebraicRules kann auch eine Groebner-Basis zur Lösung eines Gleichungssystems erzeugt werden. Mit der Anweisung DSolve können einfache Differentialgleichungen gelöst werden. *Attribute: Protected. Vergleiche auch:* **AlgebraicRules, Eliminate, LinearSolve, MainSolve, Reduce, Roots, Solve, ToRules**.

| | |
|---|---|
| InverseFunction -> Automatic | MakeRules -> False |
| Method -> 1 | Mode -> Rational |
| Sort -> True | VerifySolutions -> False |
| WorkingPrecision -> Infinity | |

S

**Sort[*liste*]** 130, 214, 379, 870

sortiert die Elemente von liste in kanonischer Reihenfolge. Sort[liste, p] sortiert mittels der Ordnungsfunktion p. ◇ Jeder Operator mit dem Attribut Orderless sortiert automatisch seine Operanden. *Attribute: Protected. Vergleiche auch:* **Order, OrderedQ, Orderless, Reverse, RotateRight**.

***Sound*[*primitiven*]** 474, 870

repräsentiert einen Ton. ◇ Ton-Primitiven haben entweder die Form SampledSoundFunction oder SampledSoundList. Die Ton-Primitiven werden sequentiell abgespielt. Ton-Objekte werden von den Funktionen Play und ListPlay produziert. Sie können mit der Funktion Show abgespielt und mit der Anweisung Display[datei,ton] in eine Datei gesichert werden. Die grafische Anzeige eines Tons kann mit der Anweisung Graphics[ton] in ein konventionelles Grafik-Objekt konvertiert werden. *Attribute: Protected. Vergleiche auch:* **Display, Graphics, ListPlay, Play, SampledSoundFunction, SampledSoundList, Show**.

**SouthAmerica** Miscellaneous'WorldNames'

**Space**
ist eine Zeichenkette, die aus einem Leerzeichen besteht. ◇ (ASCII-Code 32). Tab ist eine Zeichenkette, die aus einem Tab-Zeichen besteht. SpaceForm[n] druckt n Leerzeichen (ist aber keine wirkliche Zeichenkette). *Attribute: Protected. Vergleiche auch:* **FromCharacterCode, SpaceForm, String, Tab, ToCharacterCode, metazeichen**.

**SpaceForm[*n*]**
druckt n Leerzeichen. ◇ SpaceForm ist selbst keine Zeichenkette. Die Druckform von SpaceForm kann mit der Anweisung Format verändert werden. Dies ist jedoch nicht zu empfehlen, da einige der internen Ausgabe-Prozeduren von SpaceForm abhängen können. Space ist eine Zeichenkette, die aus einem einzelnen Leerzeichen besteht. *Attribute: Protected. Vergleiche auch:* **Format, Space, Tab**.

***SparseCoefficientList* [*poly, var*]**
ergibt eine Liste mit Exponenten und Koeffizienten der Form {{ausdrt1, koeff1}, ..., {ausdrtN, koeffN}}. SparseCoefficientList[poly, {var1, var2, ...}] liefert eine Liste der Form {{ausdrt1, kliste1}, ..., {ausdrtN, klisteN}}, wobei jede klisteI eine SparseCoefficientList ist. *Attribute: Protected.*
Trig -> False    Modulus -> 0

**SpecialFunctions** DiscreteMath'RSolve'
**Spectrum** DiscreteMath'Combinatorica'
***SpellingCorrection*** 384, 870
ist eine Option für StringMatchQ, Names und verwandte Funktionen, die angibt, ob Zeichenketten als zueinander passend angesehen werden sollen, auch wenn einige ihrer Zeichen verschieden sind. *Attribute: Protected. Vergleiche auch:* **IgnoreCase**.

**Sphere** Graphics'Shapes'
**Spherical** Calculus'VectorAnalysis'
**SphericalCurve** ProgrammingExamples'SphericalCurve'
**SphericalDistance** Miscellaneous'Geodesy'
**SphericalHarmonicY[*l, m, theta, phi*]** 567, 870
ergibt die räumliche Kugelfunktion Ylm(theta, phi). ◇ Die räumlichen Kugelfunktionen, gewöhnlich mit $Y_l^m$(theta,phi) bezeichnet, sind orthogonal über der Einheitskugel. Sie sind Lösungen der Schrödinger-Gleichung für das Wasserstoffatom. *Attribute: Listable Protected ReadProtected. Vergleiche auch:* **ChebyshevT, ChebyshevU, GegenbauerC, HermiteH, JacobiP, LaguerreL, LegendreP**.

**SphericalPlot3D** Graphics'ParametricPlot3D'
**SphericalPlot3D** ProgrammingExamples'ParametricPlot3D'
***SphericalRegion*** 175, 446, 871
ist eine Option für 3D-Grafikfunktionen, die angibt, ob das endgültige Bild so skaliert werden soll, daß eine Kugel, die den 3D-Rahmen enthält, in die spezifizierte Darstellungsfläche paßt. *Attribute: Protected. Vergleiche auch:* **PlotRegion, ViewPoint**.

**SpheroidalDistance** Miscellaneous'Geodesy'
**SpinShow** Graphics'Animation'
**Splice[*"datei"*]** 184, 871
flechtet *Mathematica*-Ausgabe in eine externe Datei ein. Es nimmt Text, der in der Datei zwischen <* und *> eingeschlossen ist, evaluiert den Text als *Mathematica*-Eingabe und ersetzt den Text mit der sich ergebenden *Mathematica*-Ausgabe. ◇ Der Name der Eingabedatei wird in der Form „name.mc" für eine C-Quelldatei, „name.mf" für eine Fortran-Quelldatei oder „name.mtex" für eine TEXQuelldatei erwartet. In allen diesen Fällen wird die Ausgabe in die Datei mit dem Namen „name.c" (oder „name.f" oder „name.tex") gesendet und FormatType wird automatisch auf CForm, FortranForm bzw. TeXForm gesetzt. Wenn der Dateiname keine dieser Formen hat, muß FormatType spezifiziert werden. Mit den Anweisungen RunThrough und CallProcess kann *Mathematica* die Daten zu einem externen Prozeß senden und dann das Ergebnis als *Mathematica*-Ausdruck evaluieren. Read und Write sind die konventionellen I/O-Anweisungen. *Attribute: Protected. Vergleiche auch:* **CallProcess, CForm, FortranForm, Read, RunThrough, TeXForm, Write**.

| | |
|---|---|
| PageWidth -> 78 | FormatType -> Automatic |
| Delimiters -> {"<*", "* >"} | PageWidth -> 78 |
| FormatType -> Automatic | Delimiters -> {"<*", "* >"} |
| PageWidth -> 78 | FormatType -> Automatic |
| Delimiters -> {"<*", "* >"} | |

**Spline** Graphics'Spline'
**SplineDots** Graphics'Spline'

**SplinePoints** Graphics'Spline'
**SpringEmbedding** DiscreteMath'Combinatorica'
**Sqrt[z]** 49, 871
ergibt die Quadratwurzel von z. ◇ Sqrt liefert nur die positive Quadratwurzel (Hauptwurzel). Wenn unklar ist, welche Wurzel die Hauptwurzel ist, wird der Ausdruck unevaluiert zurückgegeben. Die Quadratwurzel von -1 wird mit I bezeichnet. *Attribute: Listable Protected. Vergleiche auch:* **Power, I**.

**SqrtMod** NumberTheory'NumberTheoryFunctions'
**SquareFreeQ** Examples'OneLiners'
**SquareFreeQ** NumberTheory'NumberTheoryFunctions'
**SquareMatrixQ** LinearAlgebra'MatrixManipulation'
**StableIsotopes** Miscellaneous'ChemicalElements'
**StableMarriage** DiscreteMath'Combinatorica'
***Stack*[ ]** 306, 309, 490, 732, 743, 780, 871, 903
zeigt den aktuellen Evaluierungsstapel, und liefert dabei eine Liste der Etiketten, die mit jenen Evaluierungen verknüpft sind, die gerade ausgeführt werden. Stack[muster] ergibt eine Liste mit Ausdrücken, die gerade evaluiert werden und die zu muster passen. *Attribute: HoldFirst Protected. Vergleiche auch:* **Trace**.

***StackBegin*[*ausdr*]** 308, 872
evaluiert ausdr und startet einen neuen Evaluierungsstapel. *Attribute: HoldAll Protected. Vergleiche auch:* **StackInhibit**.

***StackComplete*[*ausdr*]** 308, 872
evaluiert ausdr, wobei auch vorläufige Ausdrücke in der Evaluierungskette im Stapel abgelegt werden. *Attribute: HoldAll Protected. Vergleiche auch:* **TraceBackwards, TraceAbove**.

**StackGraphics** Graphics'Graphics3D'
***StackInhibit*[*ausdr*]** 307, 872
evaluiert ausdr, ohne den Evaluierungsstapel zu modifizieren. *Attribute: HoldAll Protected. Vergleiche auch:* **StackBegin**.

**StandardDeviation** Statistics'ContinuousDistributions'
**StandardDeviation** Statistics'DescriptiveStatistics'
**StandardDeviation** Statistics'DiscreteDistributions'
**StandardDeviation** Statistics'NormalDistributions'
**StandardDeviationMLE** Statistics'DescriptiveStatistics'
**StandardErrorOfSampleMea n** Statistics'DescriptiveStatistics'
**Star** DiscreteMath'Combinatorica'
***StartingStepSize -> n*** 700
ist eine Option für NDSolve, die die zu verwendende Anfangs-Schrittweite festlegt. ◇ Der Vorgabewert von StartingStepSize ist Automatic. Werte von StartingStepSize müssen ganzzahlig sein. Da die Algorithmen, die von NDSolve verwendet werden, die Schrittweite einstellen, ist die Wirkung von StartingStepSize, sowohl inbezug auf die Werte der Lösung als auch inbezug auf die von der Berechnung benötigte Zeit minimal. Die Option MaxSteps für NDSolve beschränkt die in einer Berechnung erlaubte Schrittzahl, und AccuracyGoal und PrecisionGoal überwachen die gewünschte Genauigkeit des Ergebnisses. *Attribute: Protected. Vergleiche auch:* **AccuracyGoal, MaxSteps, NDSolve, PrecisionGoal**.

*StartProcess["anweisung"]*
startet einen externen Prozeß, in dem Funktionen von *Mathematica* aufgerufen werden können. (StartProcess wurde durch MathLink-Operationen ersetzt.) ◇ Mit RunThrough kann auf denselben Geräten eine einzelne Anweisung ausgeführt werden, Put schreibt in eine Datei, und Run oder das Konstrukt !anw führt ein einzelnes Betriebssystemkommando aus. *Attribute: Protected. Vergleiche auch:* **CallProcess, EndProcess, RunThrough, Put, Run, !anw**.

**Stellate** Graphics'Polyhedra'
**StepFunction** ProgrammingExamples'MakeFunctions'
**Steradian** Miscellaneous'Units'
***StieltjesGamma*[*n*]**
ist die n-te Stieltjes-Konstante und steht mit der Laurent-Reihenentwicklung von Zeta[s] um s == 1 in Beziehung. *Attribute: Protected ReadProtected.*

**StirlingFirst** DiscreteMath'Combinatorica'

S

**StirlingS1[*n, m*]** 558, 872
ergibt die Stirlingsche Zahl der ersten Art. ◇ Sie wird oft mit $S_n$^{(m)} bezeichnet (wie auch StirlingS2). Die Anzahl der Permutationen von n Elementen, die genau m Zyklen enthalten, ist (-1)^(n-m) StirlingS1[n,m]. Diese Stirlingsche Zahlen genügen der erzeugenden Funktion x(x-1)..(x-n+1) = Sum[StirlingS1[n,m] x^m,{m,0,n}]. *Attribute: Protected. Vergleiche auch:* **Permutations, StirlingS2.**

**StirlingS2[*n, m*]** 558, 872
ergibt die Stirlingsche Zahl der zweiten Art. ◇ Multinomial[n1,n2,..] liefert die Anzahl der Möglichkeiten, n1+n2+.. unterschiedliche Elemente in Teilmengen der Größe n1, n2, .. aufzuteilen. PartitionsP und PartitionsQ liefern die Anzahl der Zerlegungen einer ganzen Zahl mit bzw. ohne Einschränkungen. *Attribute: Protected. Vergleiche auch:* **Multinomial, PartitionsP, PartitionsQ, StirlingS1.**

**StirlingSecond** DiscreteMath'Combinatorica'
**StoppingTime** ProgrammingExamples'Collatz'
***StreamPosition*[*strom*]** 503, 504, 872
liefert eine ganze Zahl, die die Position des aktuellen Punktes in einem offenen Strom angibt. ◇ StreamPosition sollte nicht mit Position, das die Position der Terme in einem Ausdruck bestimmt oder StringPosition, das die Position einer spezifizierten Teil-Zeichenkette in einer Zeichenkette bestimmt, verwechselt werden. *Attribute: Protected. Vergleiche auch:* **Position, StringPosition.**

***Streams*[ ]** 489, 519, 743, 872
ergibt eine Liste aller Ströme, die zur Zeit offen sind. Streams["name"] listet nur Ströme mit dem spezifizierten Name auf. *Attribute: Protected. Vergleiche auch:* **OpenRead, OpenWrite, $Input, Options, SetOptions.**

**String *oder "text"*** 365, 495, 712, 873
ist der Kopf einer Zeichenkette (character string) „text". ◇ Innerhalb einer Zeichenkette repräsentieren die Spezialcodes \, \n, \t, \nnn jeweils ein literales ", einen Zeilenvorschub, ein Tab und ein Zeichen mit Oktalcode nnn. String ist auch eine Typspezifikation für Read und ReadList. Die Anweisung ToString konvertiert einen Ausdruck in sein String-Äquivalent und ToExpression konvertiert Zeichenketten in Ausdrücke. Zeichenketten können mit den Anweisungen ToUpperCase und ToLowerCase und der Option StringConversion manipuliert werden. Die Anweisungen ToASCII und ToCharacterCode konvertierten Zeichen in ihre numerische Code-Äquivalente und zurück. *Attribute: Protected. Vergleiche auch:* **Read, ReadList, Byte, Character, Expression, Number, Real, StringConversion, ToASCII, ToCharacterCode, ToExpression, ToLowerCase, ToString, ToUpperCase, metazeichen.**

**StringBreak[*n*]** 517, 873
wird am Ende der n-ten Zeile ausgegeben, wenn eine Zeichenkette getrennt wird. ◇ Die Voreinstellung für StringBreak ist der String „\". Die Druckform kann mit der Anweisung Format[StringBreak[n_]] := ausdr verändert werden. StringBreak wird verwendet, wenn Symbolnamen, Zeichenketten und Zahlen am Ende einer Zeile umgebrochen werden. Man kann es sich als Trennungszeichen vorstellen. Das Symbol Continuation wird am Beginn von Fortsetzungszeilen gedruckt, Indent spezifiziert den Einzug, der verwendet werden soll, wenn eine Zeile mit einem Unterausdruck beginnt, LineBreak ist ein Symbol, das zwischen Ausgabezeilen gedruckt wird, und Skeleton und StringSkeleton dienen zur Ausgabe von Shallow- und Short-Formen. Die Seitenbreite für den Umbruch der Ausgabe wird für den Ausgabestrom oder für die Datei durch die Option PageWidth kontrolliert. *Vergleiche auch:* **Format, Continuation, Indent, LineBreak, PageWidth, Skeleton, StringSkeleton.**

***StringByteCount*["*string*"]** 374, 873
ergibt die Gesamtanzahl der Bytes für die Speicherung der Zeichen in einem String. ◇ Der Wert von StringByteCount ist für ASCII-Zeichenketten gleich dem von StringLength (Da ASCII jeden Buchstaben mit einem Byte kodiert. Dieser Wert wird für andere Kodierungsschemata unterschiedlich sein (z.B. 16-Bit-Zeichen für japanische Schriftzeichen). Der Wert von ByteCount ist größer als jener von StringByteCount, wegen des für den Organisationsaufwand benötigten Speicherplatz. *Attribute: Protected. Vergleiche auch:* **ByteCount, StringLength.**

***StringConversion* -> *fkt*** 469, 487, 738, 873
ist eine Option für Ausgabefunktionen, die angibt, wie Zeichenketten mit Sonderzeichen ausgegeben werden sollen. ◇ Andere Ausgabedatei-Optionen sind FormatType, PageHeight, PageWidth, TotalWidth und TotalHeight. *Attribute: Protected. Vergleiche auch:* **InputForm, None, OpenAppend, OpenWrite, OutputStream, SetOptions, $StringConversion, metazeichen.**

***StringDrop["string", n]*** 376, 873
ergibt „string", wobei die ersten n Zeichen weggelassen sind. StringDrop["string", -n] ergibt „string", wobei die letzten n Zeichen weggelassen sind. StringDrop["string", {n}] ergibt „string", wobei das n-te Zeichen weggelassen ist. StringDrop["string", {m, n}] ergibt „string", wobei die Zeichen m bis n weggelassen sind. ◇ StringDrop verwendet die normale Folgen-Spezifikation, um die Zeichen zu bezeichnen, die weggelassen werden. Andere Anweisungen zur Zeichenkettenmanipulation sind StringInsert, StringJoin, StringPosition, StringReplace, StringReverse und StringTake. StringDrop sollte nicht mit Drop verwechselt werden, das auf Listen und Ausdrücke wirkt. *Attribute: Protected. Vergleiche auch:* **Drop, StringInsert, StringJoin, StringPosition, StringReplace, StringReverse, StringTake, folgenspez**.

**StringForm[*"kontrollstring", ausdr1, ...*]** 348, 363, 381, 388, 874
druckt den Text von kontrollstring, wobei die gedruckten Formen der ausdri eingefügt sind. ◇ Der Kontroll-String kann Teilstrings der Form 'i' oder " enthalten. Jedes Exemplar der Form 'i' wird durch die Ausgabeform des i-ten Ausdrucks ersetzt. Jedes Exemplar der Form " wird durch den nächsten Ausdruck ersetzt. Mit StringForm kann formatierte Ausgabe produziert werden, ähnlich dazu, wie sie von C oder Fortran produziert wird. StringForm kann verwendet werden, um flexible Meldungen zu definieren (und wird von den meisten Standard-Meldungen in msg.m benutzt). Eine ähnliche Formatierungs-Primitive ist SequenceForm. *Attribute: Protected. Vergleiche auch:* **SequenceForm, String, Message**.

***StringInsert["string", "sneu", n]*** 376, 874
ergibt einen String, wobei "sneu", beginnend an der Position n, in „string" eingefügt wird. StringInsert["string", "sneu", -n] fügt „sneu" ein, beginnend an der Position n, jedoch vom Ende des Strings gezählt. ◇ StringInsert sollte nicht mit Insert verwechselt werden, das auf Listen und Ausdrücke wirkt. *Attribute: Protected. Vergleiche auch:* **Insert, StringDrop, StringJoin, StringPosition, StringReplace, StringReverse, StringTake**.

**StringJoin *oder "s1" <> "s2" <> ...*** 376, 378, 874
StringJoin["s1", "s2", ...] oder StringJoin[{"s1", "s2", ...}] ergibt einen String, der sich aus der Verkettung der si ergibt. ◇ StringJoin sollte nicht mit Join verwechselt werden, das Listen verkettet. *Attribute: Flat OneIdentity Protected. Vergleiche auch:* **Characters, Join, StringDrop, StringPosition, StringReplace, StringReverse, StringTake**.

**StringLength[*"string"*]** 374, 376, 874
liefert die Anzahl der Zeichen in einem String. ◇ Beachten Sie, daß StringLength[str] denselben Wert wie Length[Characters[str]] liefert. Characters zerlegt eine Zeichenkette in eine Liste ihrer Zeichen. Length liefert die Anzahl der Elemente einer Liste oder die Anzahl der Unterelemente auf der obersten Stufe eines Ausdrucks. StringLength[str] liefert auch denselben Wert wie StringByteCount[str], wenn ASCII-Code verwendet wird (der Normalfall). Diese zwei Werte unterscheiden sich, wenn eine andere Kodierung verwendet wird (z.B. 16-Bit-Zeichen für japanische Schriftzeichen). *Attribute: Protected. Vergleiche auch:* **Length, Characters, String, StringByteCount**.

**StringMatchQ[*"string", "muster"*]** 383, 874
ergibt True, wenn „string" zum angegebenen Zeichenkettenmuster paßt, sonst False. ◇ Zusätzlich zu den normalen Zeichen, können die folgenden Metazeichen in der Muster-Zeichenkette verwendet werden: * - null oder mehrere Zeichen, @ - null oder mehrere Kleinbuchstaben, wobei Großbuchstaben ausgeschlossen werden und * ein literaler „*" (auch \@, \\). Andere Metazeichen, die von StringMatchQ verwendet werden können, werden im Eintrag „metazeichen" beschrieben. Die Anweisung StringPosition liefert eine Liste der Positionen in einer Zeichenkette, an der eine bestimmte angegebene Teil-Zeichenkette gefunden wird. *Attribute: Protected. Vergleiche auch:* **Equal, FreeQ, MatchQ, MemberQ, OrderedQ, String, StringPosition, Names, metazeichen**.

IgnoreCase -> False SpellingCorrection -> False

***StringPosition["string", "teil"]*** 376, 379, 875
ergibt eine Liste mit den Anfangs- und Endpositionen, an denen „teil" in „string" als Teilstring erscheint. StringPosition["string", "teil", k] listet nur die ersten k Vorkommen von „teil" auf. StringPosition["string", {"teil1", "teil2", ...}] liefert die Positionen aller „teili". ◇ StringPosition sollte weder mit Position, das die Position der Terme in einem Ausdruck bestimmt, noch mit StreamPosition, das die aktuelle Position in einem offenen Strom oder einer Datei liefert, verwechselt werden. *Attribute: Protected. Vergleiche auch:* **Position, StreamPosition, StringDrop, StringInsert, StringMatchQ, StringReplace, StringReverse, StringTake, metazeichen, folgenspez**.

IgnoreCase -> False MetaCharacters -> None
Overlaps -> True

***StringQ[ausdr]***
ergibt True, wenn ausdr eine Zeichenkette ist, sonst False. ◇ Die Anweisung ToString konvertiert einen Ausdruck in eine Zeichenkette. *Attribute: Protected. Vergleiche auch:* **Head, LetterQ, LowerCaseQ, NameQ, NumberQ, PolynomialQ, String, ToString, UpperCaseQ**.

***StringReplace["string", "s1" -> "sp1"]*** 16, 376, 379, 514, 875
oder StringReplace["string", {"s1" -> "sp1", "s2" -> "sp2", ...}] ersetzt die „'si"' durch „spi", wann immer sie als Teil von „string" auftauchen. ◇ StringReplace sollte nicht mit Replace verwechselt werden, mit dem Regeln auf Ausdrücke angewendet werden. *Attribute: Protected. Vergleiche auch:* **Replace, StringDrop, StringInsert, StringMatchQ, StringPosition, StringReverse, StringTake**.
IgnoreCase -> False MetaCharacters -> None

***StringReverse["string"]*** 376, 875
kehrt die Reihenfolge der Zeichen in „string" um. ◇ StringReverse sollte nicht mit Reverse verwechselt werden, das die Reihenfolge von Ausdrücken umkehrt. *Attribute: Protected. Vergleiche auch:* **Reverse, StringDrop, StringInsert, StringMatchQ, StringPosition, StringReplace, StringTake**.

**Strings** DiscreteMath'Combinatorica'
**StringSkeleton[*n*]** 517, 875
repräsentiert eine Folge von n weggelassenen Zeichen in einer Zeichenkette, die mit Short gedruckt wird. Die Standard-Druckform für StringSkeleton ist ein Auslassungszeichen. ◇ Die Druckform von StringSkeleton kann mit der Anweisung Format[StringSkeleton[n_]] := ausdr verändert werden. Mit Skeleton wird ein Ausdruck abgekürzt, der keine Zeichenkette ist. Die Anzahl der Zeichen, die in einem Ausdruck weggelassen werden, wird für das Ausgabemedium von der Option TotalWidth kontrolliert. *Vergleiche auch:* **Format, Shallow, Short, Skeleton, TotalWidth**.

***StringTake["string", n]*** 376, 875
ergibt einen String, der die ersten n Zeichen von „string" enthält. StringTake["string", -n] ergibt die letzten n Zeichen von „string". StringTake["string", {n}] ergibt das n-te Zeichen in „string". StringTake["string", {m, n}] ergibt die Zeichen m bis n (inklusive) in "string". ◇ StringTake sollte nicht mit Take verwechselt werden, das Unterausdrücke aus einem Ausdruck auswählt. *Attribute: Protected. Vergleiche auch:* **Take, StringDrop, StringInsert, StringMatchQ, StringPosition, StringReplace, StringReverse, folgenspez**.

***StringToStream["string"]*** 376, 382, 504, 876
öffnet einen Eingabestrom zum Lesen aus einer Zeichenkette. *Attribute: Protected. Vergleiche auch:* **Characters**.

**StronglyConnectedComponen ts** DiscreteMath'Combinatorica'
**StruveH** ProgrammingExamples'Struve'
***Stub*** 272, 342, 876
ist ein Attribut, das bestimmt: Wenn ein Symbol jemals verwendet wird, dann sollte Needs automatisch den Kontext des Symbols aufrufen. *Attribute: Protected.*

**StudentTCI** Statistics'ConfidenceIntervals'
**StudentTDistribution** Statistics'ContinuousDistributions'
**StudentTDistribution** Statistics'NormalDistribution'
**StudentTPValue** Statistics'HypothesisTests'
**Subfactorial** DiscreteMath'CombinatorialFunctions'
**SubMatrix** LinearAlgebra'MatrixManipulation'
**Subscript[*ausdr*]** 361, 876
druckt ausdr tiefgestellt. ◇ Subscript[ausdr] druckt so, daß die Oberseite von ausdr unterhalb der Grundlinie erscheint. Eine allgemeinere Formatierungsanweisung ist Subscripted, mit der sowohl tiefgestellte als auch hochgestellte Zeichen gedruckt werden können. Andere Formatierungsanweisungen sind MatrixForm, Infix, ColonForm, SequenceForm und ColumnForm. *Attribute: Protected. Vergleiche auch:* **Superscript, Subscripted, ColumnForm, SequenceForm, MatrixForm, Infix, ColonForm**.

**Subscripted[*f[arg1, arg2, ...]*]** 360, 876
druckt die argi als tiefgestellte Indizes von f. Subscripted[ausdr, sub, sup] druckt die Argumente, die als sub spezifiziert sind, als tiefgestellte, und Argumente, die durch sup gekennzeichnet sind, als hochgestellte Indizes. Argumente, die weder in sub noch in sup enthalten sind, werden in der normalen Funktionalform gedruckt. Die Spezifikation n bezieht sich auf die ersten n Argumente, -n auf die letzten n Argumente und {m, n} auf die Argumente m bis n. ◇ Es wird die normale Folgen-Spezifikationen verwendet. Subscripted[f[a,b],{ },2] produziert nur hochgestellte Zeichen. Die Überlappung tief- und hochgestellter Zeichen ist in Subscripted nicht erlaubt. Mit der Anweisung Format kann das voreingestellte Format für die Ausgabe festgelegt werden. Andere Formatierungsanweisungen sind Subscript, Superscript, MatrixForm, Infix, ColonForm, SequenceForm und ColumnForm. *Attribute: Protected. Vergleiche auch:* **Format, ColumnForm, SequenceForm, Subscript, Superscript, folgenspez**.

**Subsets** DiscreteMath'Combinatorica'

**Subsets** Examples'OneLiners'

**Subtract *oder x - y*** 47, 876
ist äquivalent zu x + (-1 * y). ◇ SubtractFrom unterscheidet sich von Subtract insbesondere dadurch, daß es den Wert von x ändert. *Attribute: Listable Protected. Vergleiche auch:* **Decrement, Divide, FullForm, Minus, Plus, PreDecrement, SubtractFrom, Times**.

**SubtractFrom *oder x -= dx*** 248, 876
subtrahiert dx von x und gibt den neuen Wert von x zurück. ◇ PreDecrement[x] (oder –x) subtrahiert 1 von x und gibt den neuen Wert von x zurück. Ähnliche Anweisungen sind AddTo[x,y] (x+=y), TimesBy (x*=y) und DivideBy (x/=y). Dies sollte nicht mit Drop verwechselt werden, das eine ähnliche Aufgabe ausführt, indem ein Element einer Liste weggelassen (nicht „subtrahiert") wird. *Attribute: HoldFirst Protected. Vergleiche auch:* **Subtract, Decrement, PreDecrement, AddTo, TimesBy, DivideBy, Set, Drop**.

***SubValues[f]***
liefert eine Liste mit Transformationsregeln, die allen Unter-Werten (Werte für f[x,..][..] usw.) entsprechen, die für das Symbol f definiert sind. ◇ Die Werte und Regeln, die mit einem Symbol verknüpft sind, können mit dem Operator Information (oder dem ?-Operator) betrachtet werden. Jene Werte, die Muster wie f[x1,..] ersetzen, heißen DownValues. Jene der Form fkt[f] können mit der Anweisung UpValues betrachtet werden, jene der Form f=wert mit der Anweisung OwnValues und jene der Form N[f]=n mit der Anweisung NValues. Die spezielle Anweisung FormatValues liefert Regeln der Form Format[f]. Alle voreingestellten Werte, die f zugewiesen wurden, können mit der Anweisung DefaultValues betrachtet werden. Die Regeln, die mit SubValues betrachtet werden, werden mit den Anweisungen Set (f[n][a]=b) und SetDelayed (f[n][a]:=b) eingegeben. Mit der Anweisung EditDefinition (auf dem Macintosh nicht vorhanden) können diese Regeln editiert werden. Der Operator ValueQ ergibt True, wenn das Symbol mit einem Wert oder einer Regel verknüpft ist. *Attribute: HoldAll Protected. Vergleiche auch:* **DefaultValues, DownValues, FormatValues, Function, Information, NValues, OwnValues, Set, UpValues, ValueQ, ?**.

**Sum[*f, {i, imax}*]** 90, 285, 330, 683, 877
evaluiert die Summe von f, wobei i von 1 bis imax läuft. Sum[f, {i, imin, imax}] startet mit i = imin. Sum[f, {i, imin, imax, di}] benutzt die Schrittweite di. Sum[f, {i, imin, imax}, {j, jmin, jmax}, ...] evaluiert eine mehrfache Summe. ◇ Beachten Sie, daß der äußerste Index zuerst geschrieben wird, so daß Sum[f,{i,imax},{j,jmax}] zu Sum[Sum[f,{j,jmax}],{i,imax}] äquivalent ist. Eine begrenzte Anzahl unendlicher Summen wird von *Mathematica* erkannt und in geschlossener Form ausgegeben. *Attribute: HoldAll Protected. Vergleiche auch:* **Do, Integrate, NSum, Plus, Product, Series, Table, iteratoren**.

S

**SumOfSquaresR2** Examples'OneLiners'

**SuperClass** Examples'Class'

**Superscript[*ausdr*]** 361, 877
druckt ausdr hochgestellt. ◇ Superscript[ausdr] druckt die Unterseite von ausdr ein Zeichen über der Grundlinie. Eine allgemeinere Formatierungsanweisung ist Subscripted, mit der sowohl tief- als auch hochgestellte Zeichen geschrieben werden können. Andere Formatierungsanweisungen sind MatrixForm, Infix, ColonForm, SequenceForm und ColumnForm. *Attribute: Protected. Vergleiche auch:* **Subscript, Subscripted, ColumnForm, SequenceForm, MatrixForm, Infix, ColonForm**.

***SurfaceColor[dfarbe]*** 457, 877
ist eine 3D-Grafikanweisung, die bestimmt, daß die nachfolgenden Polygone als diffuse Reflektoren der Farbe dfarbe wirken sollen. SurfaceColor[dfarbe, sfarbe] bestimmt, daß eine Komponente spiegelnder Reflexion der Farbe sfarbe enthalten sein soll. SurfaceColor[dfarbe, sfarbe, n] spezifiziert, daß die Reflexion mit dem Spiegel-Exponenten n erfolgen soll. *Attribute: Protected.*

**SurfaceGraphics[*array*]** 155, 395, 447, 449, 450, 878
ist eine Darstellung eines 3D-Diagramms einer Oberfläche, wobei die Höhe eines jeden Punktes über einem Gitter durch die Werte in array festgelegt werden. SurfaceGraphics[array, schattierungen] repräsentiert eine Oberfläche, deren Teile gemäß dem Array schattierungen schattiert werden. ◇ Ein SurfaceGraphics-Objekt wird normalerweise als Ausgabe der Anweisung Plot3D oder ListPlot3D produziert. SurfaceGraphics-Objekte können mit der Anweisung Show angezeigt werden. Die Elemente des Arrays müssen reelle Zahlen sein. Die Oberfläche wird Löcher haben, wenn nicht alle Elemente des Arrays reell sind. Die Elemente des Arrays schattierungen müssen entweder GrayLevel[i] oder RGBColor[r,g,b] sein, wobei sich i, r, g und b im Intervall von 0 bis 1 befinden. Wenn das Werte-Array ein (m, n)-Array ist, muß das Array schattierungen ein ((m-1), (n-1))-Array sein. Ein SurfaceGraphics-Objekt kann mit anderen Grafik-Objekten kombiniert werden, indem es zuerst mit der Anweisung Graphics3D in ein entsprechendes Graphics3D-Objekt konvertiert wird. Sobald es konvertiert ist, kann es mit allen anderen Graphics3D-Objekten kombiniert werden. SurfaceGraphics-Objekte können mit der Anweisung DensityGraphics auch in DensityGraphics-Objekte oder mit der Anweisung ContourGraphics in ContourGraphics-Objekte konvertiert werden. Die interne Form des SurfaceGraphics-Objekts kann mit der Anweisung InputForm betrachtet werden. Obwohl man dieselbe Oberfläche auch mittels Graphics3D-Primitiven erzeugen kann, liegt der Vorteil der Verwendung eines SurfaceGraphics-Objektes darin, daß es wesentlich effizienter angezeigt werden kann. Da ein SurfaceGraphics-Objekt auf eine einzelne Oberfläche beschränkt ist, können bestimmte vereinfachende Voraussetzungen durch das zeichnende Programm angenommen werden. *Attribute: Protected ReadProtected. Vergleiche auch:* **ContourGraphics, DensityGraphics, Graphics3D, GrayLevel, InputForm, ListPlot3D, Plot3D, RGBColor, Show**.

| | | | | | |
|---|---|---|---|---|---|
| AmbientLight | -> | GrayLevel[0] | AspectRatio | -> | Automatic |
| Axes | -> | False | AxesEdge | -> | Automatic |
| AxesLabel | -> | None | AxesStyle | -> | Automatic |
| Background | -> | Automatic | Boxed | -> | True |
| BoxRatios | -> | {1, 1, 0.4} | BoxStyle | -> | Automatic |
| ClipFill | -> | Automatic | ColorFunction | -> | Automatic |
| ColorOutput | -> | Automatic | DefaultColor | -> | Automatic |
| Epilog | -> | {} | FaceGrids | -> | None |
| HiddenSurface | -> | True | Lighting | -> | True |
| Mesh | -> | True | MeshRange | -> | Automatic |
| MeshStyle | -> | Automatic | PlotLabel | -> | None |
| PlotRange | -> | Automatic | PlotRegion | -> | Automatic |
| Plot3Matrix | -> | Automatic | Prolog | -> | {} |
| Shading | -> | True | SphericalRegion | -> | False |
| Ticks | -> | Automatic | ViewCenter | -> | Automatic |
| ViewPoint | -> | {1.3, -2.4, 2.} | ViewVertical | -> | {0., 0., 1.} |
| DefaultFont | :> | $DefaultFont | DisplayFunction | :> | $DisplayFunction |

LightSources -> {{{1.,0.,1.},RGBColor[1,0,0]},{{1.,1.,1.},
RGBColor[0, 1, 0]}, {{0., 1., 1.}, RGBColor[0, 0, 1]}}

**SurfaceMesh** Graphics'Graphics3D'
**SurfaceMeshStyle** Graphics'Graphics3D'
**SurfaceOfRevolution** Graphics'SurfaceOfRevolution'
**SwinnertonDyerP** Examples'OneLiners'
**SwinnertonDyerP** ProgrammingExamples'SwinnertonDyer'
**Switch[*ausdr, form1, wert1, form2, wert2, ...*]** 287, 878
evaluiert ausdr, vergleicht ihn dann nacheinander mit jedem der formi und gibt dann jenes werti evaluiert zurück, das der ersten Übereinstimmung entspricht. ◇ Es wird nur der Wert evaluiert, der zum ersten form oder Muster paßt. Wenn kein Muster paßt, wird der Wert Null zurückgegeben. Sie können eine Übereinstimmung erzwingen, indem Sie als letztes Muster „_" angeben. Die Anweisungen Break, Return und Throw können verwendet werden, um eine Switch-Struktur früher zu verlassen. Die Anweisung Which ähnelt Switch. *Attribute: HoldAll Protected. Vergleiche auch:* **Block, Break, Condition, Goto, If, Return, Throw, Which, muster**.

**Symbol** 224, 712, 878
ist der Kopf, der mit einem Symbol verknüpft ist. ◇ Andere gewöhnlich verwendete Köpfe (oder Datentypen) sind Complex, Integer, Rational, Real und String. Die Anweisung Head gibt den Kopf eines Objektes aus. *Attribute: Locked Protected. Vergleiche auch:* **Complex, Head, Integer, Rational, Real, String**.

**SymbolicMod** DiscreteMath'RSolve'
**SymbolicSum** Algebra'SymbolicSum'

***SyntaxLength*["*string*"]** 381, 878
ermittelt die Anzahl der Zeichen, beginnend am Anfang einer Zeichenkette, die einer syntaktisch korrekten Eingabe eines einzelnen *Mathematica*-Ausdrucks entsprechen. *Attribute: Protected. Vergleiche auch:* **$SyntaxHandler**.

***SyntaxQ*["*string*"]**
ergibt True, wenn die Zeichenkette einer syntaktisch korrekten Eingabe für einen einzelnen *Mathematica*-Ausdruck entspricht, sonst False. *Attribute: Protected.*

**sysinit.m**
◇ Die Datei sysinit.m enthält *Mathematica*-Anweisungen, die ausgeführt werden, wenn *Mathematica* gestartet wird. Diese Anweisungen können Pakete einlesen, die Sie zur Verfügung haben wollen, oder bestimmte Einstellungen vornehmen, die Sie als Voreinstellungen wünschen. Die Datei init.m enthält weitere Initialisierungs-Anweisungen. Die Datei end.m enthält *Mathematica*-Anweisungen, die ausgeführt werden, wenn *Mathematica* beendet wird. In UNIX-Systemen enthalten die Dateien math und mathremote Anweisungstexte, die bestimmte System-Parameter konfigurieren und dann das eigentliche *Mathematica*-Programm (in der Datei mathexe) mit den passenden Argumenten entweder für lokale oder Fern-Benutzung aufrufen. Die Systemvariable $CommandLine enthält die eigentliche Anweisung, mit der mathexe ausgeführt wird (als Parameterliste aufgebaut). *Vergleiche auch:* **end.m, init.m, math, mathexe, mathremote, $CommandLine, $Path**.

## T

**Tab**
ist eine Zeichenkette, die aus einem Tab-Zeichen besteht. ◇ (ASCII-Code 9). Wenn Sie versuchen, Tab von der Tastatur aus einzugeben, konvertiert *Mathematica* ihn in eine Zeichenkette aus Leerzeichen, wenn er gelesen wird. Space ist eine Zeichenkette, die aus einem Leerzeichen besteht. Andere Zeichen können mit der Anweisung FromCharacterCode erhalten werden. Innerhalb einer *Mathematica*-Zeichenkette produziert der Code \t einen Tab, und der Code \nnn, wobei nnn eine Oktal-Darstellung der ganzen Zahl i ist, produziert dasselbe Zeichen wie FromCharacterCode[i] (Siehe unter „metazeichen"). Ausgabe kann mit der Anweisung TableForm in einer tabellarischen Form gedruckt werden. *Attribute: Protected. Vergleiche auch:* **FromCharacterCode, Space, String, TableForm, ToCharacterCode, metazeichen**.

**Table[*ausdr, {imax}*]** 8, 116, 118, 122, 251, 285, 330, 649, 668, 879
erzeugt eine Liste mit imax Kopien von ausdr. Table[ausdr, {i, imax}] erzeugt eine Liste der Werte von ausdr, wenn i von 1 bis imax läuft. Table[ausdr, {i, imin, imax}] startet mit i = imin. Table[ausdr, {i, imin, imax, di}] verwendet die Schrittweite di. Table[ausdr, {i, imin, imax}, {j, jmin, jmax}, ...] liefert eine verschachtelte Liste. Die zu i gehörende Liste ist die äußerste. ◇ Table verwendet die normale Laufindex-Form und behandelt die Iterationsvariable als lokale Variable. Table unterscheidet sich von der ähnlichen Anweisung Array dadurch, daß Table die Festlegung einer Iterationsvariablen fordert (z.B. Table[f[i],{i,5}]), während für Array die Variable implizit ist (z.B. Array[f,5]). Während für Table die Schrittweite angegeben werden kann, ist sie für Array auf 1 festgelegt. DiagonalMatrix und IdentityMatrix sind einfache Möglichkeiten, um bestimmte Listen der Tiefe 2 (d.h. Matrizen) zu erzeugen, und Range erzeugt Listen der Tiefe 1 (d.h. Vektoren). Table sollte nicht mit TableForm verwechselt werden, das die Ausgabe einer Liste in Form einer Tabelle formatiert. *Attribute: HoldAll Protected. Vergleiche auch:* **Array, DiagonalMatrix, Do, List, IdentityMatrix, Range, Sum, Product, TableForm, iteratoren**.

***TableAlignments -> {align1,align2,...}*** 357, 879
ist eine Option für TableForm und MatrixForm, die angibt, wie Einträge in jeder Dimension ausgerichtet werden sollen. ◇ Die Voreinstellung für TableAlignments ist Automatic, die festlegt, daß Zeilen linksbündig (die Einstellung Left) und Spalten an der Grundlinie (die Einstellung Bottom) ausgerichtet werden. Die Einträge in einer TableAlignments-Liste spezifiziert die Ausrichtungen der aufeinanderfolgenden Dimensionen einer Tabelle. Da eine Tabelle normalerweise so angeordnet wird, daß aufeinanderfolgende Dimensionen als Zeilen, Spalten, Zeilen, Spalten usw. dargestellt werden, ist der erste Eintrag gewöhnlich eine Zeilenausrichtung. Zeilen können die Ausrichtungen Left, Center und Right haben und Spalten Top, Center und Bottom. *Attribute: Protected. Vergleiche auch:* **Bottom, Center, Left, MatrixForm, Right, TableForm, Top**.

**TableauClasses** DiscreteMath'Combinatorica'
**TableauQ** DiscreteMath'Combinatorica'
**Tableaux** DiscreteMath'Combinatorica'
**TableauxToPermutation** DiscreteMath'Combinatorica'

***TableDepth -> n* / Infinity** 357, 879
ist eine Option für TableForm und MatrixForm, die die maximale Anzahl der Stufen festlegt, die in Tabellen- oder Matrix-Format gedruckt werden sollen. ◇ Die Voreinstellung für TableDepth ist Infinity, die angibt, daß alle Stufen in Tabellen-Form gedruckt werden sollen. Wenn TableDepth auf eine nichtnegative ganze Zahl n gesetzt wird, werden n Stufen in Tabellen-Form angezeigt. Es werden alle Daten angezeigt, aber die unteren Stufen in der Tabelle als Liste. Andere Optionen für TableForm und MatrixForm sind TableAlignments, TableDepth, TableHeadings und TableSpacing. *Attribute: Protected. Vergleiche auch:* **MatrixForm, Options, SetOptions, TableAlignments, TableDirections, TableForm, TableHeadings, TableSpacing**.

***TableDirections -> wert*** 356, 357, 879
ist eine Option für TableForm und MatrixForm, die angibt, ob aufeinanderfolgende Dimensionen als Zeilen oder Spalten angeordnet werden sollen. ◇ Der Vorgabewert Automatic spezifiziert, daß die erste Dimension als Zeile ausgegeben wird, die zweite als Spalte, die dritte als Zeile usw. Der Vorgabewert kann explizit als TableDirections -> Column geschrieben werden, der festlegt, daß die erste Dimension als Spalte geschrieben wird, wobei nachfolgende Dimensionen in der Richtung alternieren. TableDirections kann den Wert Row haben, der anweist, daß die erste Dimension als Zeile geschrieben wird, wobei nachfolgende Dimensionen alternieren. Schließlich kann TableDimensions den Wert {dir1,dir2,...} annehmen, wobei jede dir entweder Row oder Column ist. Die Länge der Liste sollte gleich der Anzahl der Dimensionen in den Daten sein, wobei die Richtung einer jeden Dimension spezifiziert wird. Andere Optionen für TableForm und MatrixForm sind TableAlignments, TableDepth, TableHeadings und TableSpacing. *Attribute: Protected. Vergleiche auch:* **Column, MatrixForm, Row, TableAlignments, TableDepth, TableForm, TableHeadings, TableSpacing**.

**TableForm[*liste*]** 119, 354, 880
druckt die Elemente von liste, in einem Array rechteckiger Zellen angeordnet. ◇ Elemente einer Liste der Tiefe 1 (z.B. {r1,r2,r3}) werden in einer Spalte angeordnet. Elemente einer Liste der Tiefe 2 (z.B. {{r11,r12},{r21},{r31,r32}}) werden in einer Tabelle angeordnet. Elemente von tiefer verschachtelten Listen werden als Folge von Tabellen angeordnet, wobei Dimensionen zwischen Zeilen und Spalten alternieren. Die Höhe einer jeden Zeile und die Breite einer jeden Spalte wird durch die maximale Größe eines Elementes in der Zeile oder Spalte bestimmt. Obwohl MatrixForm ähnliche Ergebnisse für Listen der Tiefe 1 sowie für rechteckige Listen der Tiefe 2 produziert, unterscheidet es sich bei der Produktion von Zellen einheitlicher quadratischer Größe. Mit der Anweisung Format kann TableForm als voreingestelltes Format für die Ausgabe gewisser Funktionen festgelegt werden. Andere Formatierungsanweisungen sind Subscript, Superscript, SequenceForm und ColumnForm. TableForm sollte nicht mit Table verwechselt werden, das eine Liste produziert. *Attribute: Protected. Vergleiche auch:* **Bottom, Center, ColumnForm, Format, Left, MatrixForm, Right, Subscript, Superscript, Table, Top**.

| | |
|---|---|
| TableAlignments -> Automatic | TableDepth -> Infinity |
| TableDirections -> Column | TableHeadings -> None |
| TableSpacing -> Automatic | |

***TableHeadings -> {{row1,row2,..},{farbe1,..},..}*** 357, 880
ist eine Option für TableForm und MatrixForm, die die Beschriftungen angibt, die für Einträge in jeder Dimension einer Tabelle oder Matrix gedruckt werden sollen. ◇ Der Vorgabewert ist None, der festlegt, daß keine Überschriften gedruckt werden sollen. Wenn Werte für TableHeadings angegeben werden, nehmen sie die Form einer Liste an, wobei jedes Element der Liste entweder None oder eine Liste der Beschriftungen für diese Dimension ist. Andere Optionen für TableForm und MatrixForm sind TableAlignments, TableDepth, TableDirections und TableSpacing. *Attribute: Protected. Vergleiche auch:* **MatrixForm, TableAlignments, TableDirections, TableDepth, TableForm, TableSpacing**.

***TableSpacing -> {dim1,dim2,..}*** 357, 880
ist eine Option für TableForm und MatrixForm, die angibt, wieviel Zwischenraum zwischen aufeinanderfolgenden Zeilen oder Spalten gelassen werden soll. ◇ Der Vorgabewert Automatic, versucht eine vernünftige Auswahl in Abhängigkeit von der Größe der Daten vorzunehmen. Werte sollten als Liste angegeben werden, z.B. TableSpacing -> {0, 5}. Jedes Element der Liste kann entweder None oder ein Wert sein. Andere Optionen für TableForm und MatrixForm sind TableAlignments, TableDepth, TableDirections und TableSpacing. *Attribute: Protected. Vergleiche auch:* **MatrixForm, TableAlignments, TableDirections, TableDepth, TableForm, TableHeadings**.

**TagSet** *oder f/: ls = rs* 262, 735, 880
weist rs den Wert von ls zu und bindet die Zuweisung an das Symbol f. ◇ Die rechte Seite (rs) der Regel wird evaluiert, wenn die Regel geschrieben wird. Hierin unterscheidet es sich von TagSetDelayed (d.h. f/:ls:=rs), das rs evaluiert, wenn die Regel angewandt wird. Mit Mustern (z.B. x^n_) wird gewöhnlich eine ls definiert, die allgemeiner gilt. Die Wirkung der Anweisung TagSet besteht darin, eine Kopie der Regel „ls -> rs" (d.h. Rule[ls,rs]) in eine interne Regel-Tabelle einzufügen, die mit f verknüpft sind und die automatisch angewandt werden, wann immer sie passen. Regeln können mit der Anweisung TagUnset (d.h. f/:ls=.) oder Clear entfernt werden. Wenn Sie eine Regel mit derselben ls wie eine frühere Regel definieren, wird die ältere Regel überschrieben. Regeln werden gewöhnlich in der Reihenfolge ihrer Eingabe ausgewertet. Wenn *Mathematica* erkennt, daß eine Regel zu allen Fällen einer vorher definierten Regel paßt (d.h., wenn sie eine allgemeinere Regel ist), dann wird diese allgemeinere Regel nach der spezielleren Regel ausgewertet. ls wird evaluiert, bevor die Regel eingegeben wird, es sei denn, die Konstruktion Literal wird verwendet. TagSet unterscheidet sich von Set, das die Regel f[a]=b mit f verknüpft, oder UpSet, das die Regel f[a]^=b mit dem Symbol b verknüpft. Regeln, die mit einem gegebenen Symbol verknüpft sind, können mit dem ??-Operator oder der Anweisung Definition betrachtet werden. *Attribute: HoldAll Protected. Vergleiche auch:* **TagSetDelayed, Set, UpSet, Rule, muster, TagUnset, Clear, Unset, Literal, ??**.

**TagSetDelayed** *oder f/: ls := rs* 262, 880
weist rs den verzögerten Wert von ls zu und verknüpft die Zuweisung mit dem Symbol f. ◇ Die rechte Seite (rs) der Regel wird nicht evaluiert, wenn die Regel geschrieben wird, sondern wenn sie angewandt wird. Hierin unterscheidet es sich von TagSet (d.h. f/:ls=rs), das rs evaluiert, wenn die Regel geschrieben wird. Mit Mustern (z.B. x_^n_) wird gewöhnlich eine ls definiert, die allgemeiner gilt. Die Wirkung der Anweisung TagSetDelayed besteht darin, eine Kopie der Regel „ls:>rs" (d.h. RuleDelayed[ls,rs]) in eine interne Regel-Tabelle zu stellen, die mit f verknüpft sind, und die automatisch angewandt werden, wann immer sie passen. Regeln können mit der Anweisung TagUnset (d.h. f/:ls=.) oder Clear entfernt werden. Wenn Sie eine Regel mit derselben ls wie eine frühere Regel definieren, überschreibt sie die ältere Regel. Regeln werden gewöhnlich in der Reihenfolge ihrer Eingabe ausgewertet. Wenn *Mathematica* erkennt, daß eine Regel zu allen Fällen einer vorher definierten Regel paßt (d.h., wenn sie eine allgemeinere Regel ist), dann wird diese allgemeinere Regel nach der spezielleren Regel ausgewertet. ls wird evaluiert, bevor die Regel eingegeben wird, es sei denn, die Konstruktion Literal wird verwendet. TagSetDelayed unterscheidet sich von SetDelayed, das die Regel f[a]:=b mit f verknüpft, und von UpSetDelayed, das die Regel f[a]^:=b mit dem Symbol b verknüpft. Regeln, die mit einem gegebenen Symbol verknüpft sind, können mit dem ??-Operator oder der Anweisung Definition betrachtet werden. *Attribute: HoldAll Protected. Vergleiche auch:* **TagSet, SetDelayed, UpSetDelayed, Rule, muster, TagUnset, Clear, Unset, Literal, ??**.

**TagUnset** *oder f /: ls =.* 718, 736, 881
entfernt alle für ls definierten Regeln, die mit dem Symbol f verknüpft sind. ◇ Regeln werden nur entfernt, wenn ihre linke Seite identisch zu ls ist. TagUnset entfernt alle Regeln, die von Set (d.h. ls=rs), SetDelayed (d.h. ls:=rs), TagSet (d.h. f/:ls=rs), TagSetDelayed (d.h. f/:ls:=rs), UpSet (d.h. ls^=rs) oder UpSetDelayed (d.h. ls^:=rs) produziert werden. Mit der einfacheren Anweisung Unset (d.h. ls=.) können nur Regeln entfernt werden, die von Set oder SetDelayed definiert wurden. Clear entfernt alle Regeln, die mit einem Symbol verknüpft sind. Regeln, die mit einem Symbol verknüpft sind, können mit dem ??-Operator oder der Anweisung Definition betrachtet werden. *Attribute: HoldAll Protected. Vergleiche auch:* **TagSet, TagSetDelayed, UpSet, UpSetDelayed, UnSet, Clear, ??, Definition**.

T

**Take[*liste, n*]** 125, 196, 881
liefert die ersten n Elemente von liste. Take[liste, -n] liefert die letzten n Elemente von liste. Take[liste, {m, n}] liefert die Elemente m bis n (inklusive) von liste. ◇ Take arbeitet mit allen Ausdrücken, nicht nur mit jenen, die den Kopf List haben. Take verwendet die normale Folgen-Spezifikation. Ähnliche Anweisungen zur Listenmanipulation sind Drop (entfernt spezifizierte Elemente aus einer Liste), First (liefert das erste Element), Last (liefert das letzte Element), Part (liefert ein spezifiziertes Element), Rest (liefert alle Elemente, außer dem ersten) und Cases (liefert alle Elemente, die bestimmte Bedingungen erfüllen). *Attribute: Protected. Vergleiche auch:* **Cases, Drop, First, Last, Part, Rest, folgenspez**.

**TakeColumns** LinearAlgebra'MatrixManipulation'
**TakeMatrix** LinearAlgebra'MatrixManipulation'
**TakeRows** LinearAlgebra'MatrixManipulation'
**TakeWhile** Statistics'DataManipulation'

**Tan[z]** 49, 562, 881
ergibt den Tangens von z. ◇ Tan[z]=Sin[z]/Cos[z]. Das Argument wird im Bogenmaß erwartet, kann aber durch Multiplikation mit der Konstanten Degree in Grad umgewandelt werden. *Attribute: Listable Protected. Vergleiche auch:* **Sin, Cos, Sec, Csc, Cot, ArcTan, Degree, Pi, Tanh**.

**Tanh[z]** 562, 881
ergibt den Tangens Hyperbolicus von z. ◇ Tanh[z]=Sinh[z]/Cosh[z]=(E^z-E^(-z))/(E^z+E^(-z)). *Attribute: Listable Protected. Vergleiche auch:* **Sinh, Cosh, Sech, Csch, Coth, ArcTanh, E, Tan**.

***TargetFunctions -> {fkt1, ...}*** 604
ist eine Option für ComplexExpand. Der Wert kann als Liste angegeben werden, deren Elemente aus {Re, Im, Abs, Arg, Conjugate, Sign} ausgewählt werden. ComplexExpand wird versuchen, Ergebnisse in Termen der gewünschten Funktionen zu liefern . ◇ Die Voreinstellung ist TargetFunctions -> {Re, Im, Abs, Arg, Conjugate, Sign}. Die Wirkung von TargetFunctions besteht darin, die komplexen Variablen in Termen der von TargetFunctions angegebenen Funktionen auszudrücken. Wenn TargetFunctions -> {Abs,Arg} ist, dann wird eine komplexe Variable x also zuerst als Abs[x]*Exp[I Arg[x]] geschrieben. Wenn kein Wert für TargetFunctions spezifiziert wird, wird x von ComplexExpand im allgemeinen in Termen von Re und Im entwickelt. *Attribute: Protected.*

***Temporary*** 272, 323, 881
ist ein Attribut, das Symbolen zugewiesen wird, die von Module als lokale Variablen erzeugt werden. *Attribute: Protected. Vergleiche auch:* **Module, Unique**.

**Tensor** ProgrammingExamples'Tensors'

**TensorRank[*ausdr*]** 668, 881
ergibt die Tiefe, bis zu der ausdr ein vollständiges Array ist, wobei alle Teile auf einer bestimmten Stufe Listen derselben Länge sind. ◇ TensorRank[liste] ist äquivalent zu Length[Dimensions[liste]]. Die Form TensorRank[ausdr,h] liefert die Tiefe, bis zu der ausdr mit dem Kopf h auf jeder Stufe rechteckig ist. Ähnliche Anweisungen sind Depth (die maximale Verschachtelungstiefe), Dimensions (eine Liste der Tensor-Dimensionen, solange ausdr von rechteckiger Form ist), VectorQ (ergibt True, wenn ausdr ein Vektor ist) und MatrixQ. *Attribute: Protected. Vergleiche auch:* **Depth, Dimensions, VectorQ, MatrixQ**.

**Terms** NumericalMath'NLimit'

**tests**
◇ Ein Test ist jeder *Mathematica*-Ausdruck, der True oder False zurückgibt. (Beachten Sie: In *Mathematica* können bestimmte Tests auch unevaluiert zurückspringen, wenn das Ergebnis unbestimmt ist. Sie können TrueQ benutzen, um False, anstelle eines unevaluierten Ergebnisses, zu erhalten.) Einfache Tests können mit logischen Verknüpfungszeichen wie And (z.B. a&&b), Or (z.B. a||b), Not (z.B. !a) oder Xor kombiniert werden. Vergleiche können mit Equal (z.B. a==b), SameQ (z.B. a===b) (wesentlich strenger als Equal), Greater (z.B. a>b), GreaterEqual (z.B. a>=b), Less (z.B. a<b) oder LessEqual (z.B. a<=b) ausgeführt werden. Mit der Funktion Head kann geprüft werden, ob ein Ausdruck von einem spezifizierten Typ ist (z.B. Head[x] == Integer). Ein Kriterium oder eine Prädikatsfunktion ist eine Funktion, die True und False zurückgibt. Die Namen der meisten Prädikatsfunktionen enden mit dem Buchstaben Q. Einige der am häufigsten verwendeten Prädikatsfunktionen sind FreeQ, MemberQ, AtomQ, EvenQ, Negative, Positive, NumberQ, PrimeQ, ValueQ, PolynomialQ, VectorQ und MatrixQ. Wegen weiterer Tests verweisen wir auf die Abschnitte über Programmierung und Logik im Kapitel B. Der Operator PatternTest kann aus einem Test ein Muster produzieren, und der Operator MatchQ produziert aus einem Muster einen Test. Die Programmierkonstrukte For, If, Select, Which und While verwenden Tests, um den Fluß der Ausführung zu überwachen. Der Operator Condition (oder regel/;test) verwendet einen Test, um die Anwendung einer Regel zu überwachen. *Vergleiche auch:* **And, Condition, Head, If, MatchQ, Not, Or, PatternTest, TrueQ, muster**.

**TeXForm[*ausdr*]** 16, 183, 344, 739, 881
druckt eine TEXVersion von ausdr. ◇ Die Hauptverwendung der TexForm-Übersetzung erfolgt durch die Anweisung Splice. Damit können Sie *Mathematica*-Ausdrücke evaluieren, die in TEX-Quelldokumenten eingebettet sind, und sie durch die TeXForm-Äquivalente des Ergebnisses ersetzen. Die Implementierung von TeXForm ist, im Gegensatz zu CForm und FortranForm, ziemlich vollständig. Da TeXForm nicht das Attribut HoldAll hat, evaluiert es den Ausdruck, bevor er in TeX übersetzt wird. Wenn Sie einen Ausdruck unevaluiert belassen wollen, hüllen Sie ihn in Hold ein, z.B. TeXForm[Hold[ausdr]], und entfernen dann die Funktion Hold manuell. Mit der Anweisung Format können neue TeXForm-Übersetzungen definiert werden. Eine Liste aller vordefinierten Formate (einschließlich CForm, FortranForm und TeXForm) ist in der Systemvariablen $PrintForms enthalten. TeXForm sollte nicht mit TextForm verwechselt werden, das große Textblöcke druckt, wobei Zeilen nur an Wortenden umgebrochen werden und zwischen den Zeilen kein Zwischenraum eingefügt wird. *Attribute: Protected. Vergleiche auch:* **CForm, Format, FortranForm, Splice, $PrintForms**.

**Text[*ausdr, koordn*]** 139, 181, 358, 375, 379, 387, 400, 412, 422, 430, 467, 469, 470, 495, 500, 505, 514, 740, 775, 793, 811, 859, 880, 882
ist eine Grafik-Primitive, die Text repräsentiert, der der Druckform von ausdr entspricht und der in dem durch koordn spezifizierten Punkt zentriert ist. ◇ Text["string",{x,y}] und Text["string",{x,y},{0,0}] zentrieren den Text in {x,y}, Text["string",{x,y},{-1,0}] richtet die linke Seite an {x,y} aus (linksbündig), Text["string",{x,y},{1,0}] richtet die rechte Seite an {x,y} aus (rechtsbündig), Text["string",{x,y},{0,1}] zentriert ihn über {x,y} und Text["string",{x,y},{0,-1}] zentriert ihn unter {x,y}. Mit FontForm können andere Schrifttypen und Größen gedruckt werden. Graphen können mittels PlotLabel und AxesLabel beschriftet werden. *Attribute: Protected. Vergleiche auch:* **Graphics, Graphics3D, Scaled, FontForm, PlotLabel, AxesLabel, Point, Line**.

**TextForm[*ausdr*]** 739, 882
druckt eine Textform von ausdr. ◇ TextForm druckt die meisten Ausdrücke auf dieselbe Weise wie OutputForm. Es unterscheidet sich in seiner Behandlung von Zeichenketten. Zeichenketten werden nur an Wortgrenzen umgebrochen, es werden keine Leerzeilen eingefügt, und das Zeichen StringBreak wird nicht verwendet, um zu markieren, wo Zeichenketten zwischen Zeilen umgebrochen werden. Die Form TextForm[ausdr,breite] bewirkt, daß die Gesamtbreite von ausdr auf die Anzahl der in breite angegebenen Zeichen gesetzt wird. Wenn die Länge der Ausgabe jene Grenze überschreitet, werden Zeichen gelöscht und durch das Zeichen Skeleton oder StringSkeleton ersetzt. Eine Liste aller vordefinierten Druckformate ist in der Systemvariablen $PrintForms enthalten. TextForm sollte nicht mit TeXForm verwechselt werden, das Ausdrücke für das TEXDokument-Formatiersystem formatiert. *Attribute: Protected. Vergleiche auch:* **Format, InputForm, OutputForm, StringBreak, TeXForm, $PrintForms**.

**TextListPlot** Graphics'Graphics'

**TextRendering -> *wert***
ist eine Option für OpenWrite usw., die festlegt, wie Text in einer bestimmten Ausgabedatei dargestellt werden soll. Diese Option wird nicht in Version 2.0. unterstützt. ◇ Als Option für OpenAppend oder OpenWrite ist die Voreinstellung für TextRendering Plain, das heißt, daß die Ausgabe reiner Text sein soll. Als Option für ResetMedium hat es keine Voreinstellung. Der andere gültige Wert für TextRendering ist PostScript, der festlegt, daß die Ausgabe PostScript-Code sein soll. Wenn TextRendering auf PostScript gesetzt worden ist, kann mit den Optionen GraphicsLeading, GraphicsFont, TextLeading und TextFont die Ausgabe im Einzelnen kontrolliert werden. Andere Optionen für Ausgabedateien sind FormatType, PageHeight, PageWidth, TotalWidth und TotalHeight. *Attribute: Protected. Vergleiche auch:* **OpenAppend, OpenWrite, SetOptions, FormatType, PageHeight, PageWidth, PostScript, Plain**.



**ThermalConductivity** Miscellaneous'ChemicalElements'

**Thickness[*r*]** 409, 434, 882
ist eine Grafikanweisung, die bestimmt, daß die nachfolgenden Linien mit einer Dicke r gezeichnet werden sollen. Die Dicke r wird im Verhältnis zur Gesamtbreite des Graphen angegeben. ◇ Thickness kann auch als 3D-Grafik-Primitive verwendet werden. Diese Funktion unterscheidet sich von der Primitiven AbsoluteThickness, die die Größe in Punkten angibt (1 Punkt = 1/72 Zoll). Die Erscheinung von Linien und Kreisen kann auch mit den Primitiven Dashing[ ], AbsoluteDashing[ ], GrayLevel[st] oder RGBColor[r,g,b] verändert werden. Listen mit Grafik-Primitiven können mit den Primitiven Dashing[ ], AbsoluteDashing[ ], GrayLevel[st] oder RGBColor[r,g,b] tief verschachtelt werden. Listen mit Grafik-Primitiven können tief verschachtelt werden, wobei AbsolutePointSize nur auf der Stufe wirkt, auf der es sich befindet. Siehe unter Graphics und Graphics3D wegen vollständiger Listen der Primitiven. Wenn keine Primitive für die Dicke von Linien spezifiziert ist, ist die Voreinstellung für 2D-Grafik Thickness[0.004] und für 3D-Grafik Thickness[0.001]. Mit den Primitiven AbsoluteDashing und AbsolutePointSize kann auch die Anzeige von Linien in Grafik kontrolliert werden. *Attribute: Protected. Vergleiche auch:* **AbsoluteThickness, Circle, Dashing, Graphics, Graphics3D, GrayLevel, Line, RGBColor**.

***ThisLink***
wird in Mustern für externe Pakete verwendet, um zwischen mehreren Vorkommen desselben Paketes zu unterscheiden.

**ThomsonBei** Calculus'Common'Support'
**ThomsonBer** Calculus'Common'Support'
**Thread[*f[args]*]** 216, 883
„verteilt" f über alle Listen, die in args erscheinen. Thread[f[args], h] verteilt f über alle Objekte mit Kopf h, die in args erscheinen. Thread[f[args], h, n] verteilt f über Objekte mit Kopf h, die in den ersten n args erscheinen. Thread[f[args], h, -n] verteilt f über die letzten n args. Thread[f[args], h, {m, n}] verteilt f über die Argumente m bis n (einschließlich). ◇ Thread verwendet die normale Folgen-Spezifikation. Jede Funktion, die das Attribut Listable hat, wird automatisch über Listen verteilt. Through unterscheidet sich von Thread dadurch, daß anstelle der Köpfe der Ausdrücke die Argumente „verteilt" werden. Distribute unterscheidet sich dadurch, daß alle möglichen Kombinationen der Argumente produziert werden. Map ist eine allgemeinere Konstruktion, insofern man mit ihr eine Funktion hinab bis zu einer spezifizierten Tiefe „verteilen" kann. Die Funktion Inner unterscheidet sich von Thread dadurch, daß sie nur über zwei Listen der Argumente verteilt, als Verallgemeinerung des inneren Produktes der Vektoralgebra. *Attribute: Protected. Vergleiche auch:* **Distribute, Inner, Listable, Map, Through, folgenspez**.

***ThreeJSymbol*[*{j1,m1},{j2,m2},{j3,m3}*]** 561, 883
evaluiert das 3-j Symbol. Die ji können symbolisch sein und müssen die Dreiecksbedingungen erfüllen. Beachten Sie auch, daß m1+m2+m3 = 0 ist. ◇ Parameter für ThreeJSymbol können ganze Zahlen, halbe ganze Zahlen oder symbolisch sein. Die Racah-Koeffizienten sind mit SixJSymbol verwandt. Andere Funktionen, die in der Quantenmechanik verwendet werden, sind SixJSymbol, SphericalHarmonicY und die ClebschGordan-Koeffizienten. Die ClebschGordan-Koeffizienten können durch ClebschGordan[{j1,m1},{j2,m2},{j,m}] = (-1)^(m+j1-j2) Sqrt[2*j3+1] ThreeJSymbol[{j1,m1},{j2,m2},{j,m}] in Termen der ThreeJSymbol ausgedrückt werden. *Attribute: Protected. Vergleiche auch:* **ClebschGordan, SixJSymbol, SphericalHarmonicY**.

**ThreeScript** Graphics'ThreeScript'
**Through[*p[f1, f2][x]*]** 214, 883
ergibt p[f1[x], f2[x]]. Through[ausdr, h] führt die Transformation aus, wo immer h im Kopf von ausdr auftritt. ◇ Die Wirkung von Through kann man sich als eine „Verteilung" der Wirkung der Operatoren f1 und f2 über den Operanden p vorstellen. Hiermit können Sie die Ergebnisse der Anwendung der Anweisung Operate verteilen. Der Operator Thread verteilt mehrere Operanden über einen einzelnen Operator. *Attribute: Protected. Vergleiche auch:* **Operate, Thread**.

**Throw[*ausdr*]** 293, 883
verläßt verschachtelte Kontrollstrukturen und übergibt den Wert ausdr dem nächsten einschließenden Catch. ◇ Mit Catch und Throw können nicht-lokale Rücksprünge und Sprünge in prozeduralen Programmen implementiert werden. Mit Catch und Throw kann eine Do-Schleife früher verlassen werden, ähnlich dazu, wie Break für While- und For-Schleifen verwendet werden kann. Mit dieser Konstruktion können Sie auch einen Satz verschachtelter Schleifen verlassen. Catch liefert den Wert, der der Anweisung Throw gegeben wurde. Goto veranlaßt eine unbedingte Verzweigung zu einer Marke. Dies ist flexibler als die Throw-Catch Kombination, aber anfälliger für eine mißbräuchliche Verwendung. *Attribute: Protected. Vergleiche auch:* **Catch, Return, Break, Goto**.

**Ticks -> *wert*** 139, 420, 463, 884
ist eine Option für Grafikfunktionen, die Skalenstriche für Achsen spezifiziert. ◇ Wenn der Vorgabewert von Ticks Automatic ist, wählt *Mathematica* „angemessene" Positionen für Skalenstriche (normalerweise Punkte mit der kürzesten Dezimaldarstellung). Andere Einstellungen für Ticks sind: None - es werden keine Skalenstriche gezeichnet, {xticks,yticks} oder {xticks,yticks,zticks}, wobei xticks, yticks und zticks einen der folgenden Werte annimmt: None - es werden keine Skalenstriche gezeichnet, Automatic - Skalenstriche werden automatisch plaziert, f - f[xmin,xmax] ist eine der anderen Einstellungen, {x1,x2,..} - plaziert Skalenstriche an den angegebenen Stellen, {x1,kenn1},..} - plaziert Skalenstriche mit Beschriftungen oder {x1,kenn1,len1},..} - Skalenstriche der Länge leni, wobei leni im Verhältnis zur Breite des Plots angegeben wird. Mit den Beschriftungs-Spezifikationen können Diagramme mit rationalen Werten, Vielfachen von Pi oder wichtigen Werten eines Parameters beschriftet werden. Wenn eine Skalenstrich-Funktion verwendet wird, sollte sie die Form f[xmin,xmax] haben und eine der anderen möglichen Skalenstrich-Spezifikationen liefern. Andere Optionen, die auf die Anzeige der Achsen einwirken, sind Axes, AxesLabel, und AxesStyle. *Attribute: Protected. Vergleiche auch:* **Axes, AxesLabel, AxesStyle, FrameTicks, Graphics, Graphics3D, MeshRange, Plot, Plot3D**.

**TimeConstrained[*ausdr, t*]** 525, 884
evaluiert ausdr und stoppt nach t Sekunden. TimeConstrained[ausdr, t, fehlausdr] gibt fehlausdr zurück, wenn die Zeitbedingung nicht eingehalten wird. *Vergleiche auch:* **MemoryConstrained, Timing, MaxRecursion, MaxIterations, $RecursionLimit, $Interrupted, Check**.

**Times[*x, y, z*] *oder x *y *z oder x y z*** 47, 230, 234, 884
repräsentiert ein Produkt von Termen. ◇ Times kann eine beliebige Anzahl von Argumenten haben. Times[ ] ist 1 und Times[x] ist x. Ähnliche Anweisungen sind TimesBy (z.B. x*=y, die im wesentlichen äquivalent zur Anweisung x=x*y ist), Dot (z.B. A.B), das Skalarprodukt von Vektoren und das Matrizenprodukt und NonCommutativeMultiply (z.B. x**y), ein verallgemeinerter assoziativer Operator, der nicht kommutativ ist. Power (z.B. a^b) ist die Potenzierung. Da Times das Attribut Flat hat, ist es assoziativ, d.h. (a*b)*c wird zu a*b*c vereinfacht. Da es das Attribut Orderless hat, werden die Faktoren in einem Produkt automatisch ihrer Reihenfolge entsprechend sortiert angeordnet. Folglich wird b*a in a*b konvertiert. Für den Mustervergleich hat Times eine Voreinstellung von 1. Folglich paßt der Ausdruck „x*y" zum Muster „a_*b_*c_.", wobei a zu x, b zu y und c zu 1 paßt. *Attribute: Flat Listable OneIdentity Orderless Protected. Vergleiche auch:* **Divide, Dot, NonCommutativeMultiply, Plus, Power, TimesBy**.

**TimesBy[*x, c*] *oder x *= c*** 248, 884
multipliziert x mit c und gibt den neuen Wert von x zurück. ◇ Ähnliche Anweisungen sind AddTo[x,y] (x+=y), SubtractFrom (x-=y), und DivideBy (x/=y). *Attribute: HoldFirst Protected. Vergleiche auch:* **Times, AddTo, SubtractFrom, DivideBy, Set**.

***TimeUsed*[ ]** 524, 743, 885
ergibt die Gesamtanzahl der Sekunden an Rechenzeit, die in der laufenden *Mathematica*-Session bislang verbraucht wurden. *Attribute: Protected. Vergleiche auch:* **AbsoluteTime, SessionTime, TimeConstrained, Timing, $TimeUnit**.

***TimeZone*[ ]** 523, 743, 885
liefert die Zeitzone, wie sie für Ihren Computer eingestellt ist. ◇ 0 entspricht der Mittleren Greenwich-Zeit. +1 ist die Mitteleuropäische Zeit (MEZ). Die Ergebnisse von AbsoluteTime[ ] und Date[ ] hängen von der vorausgesetzten lokalen Zeitzone ab. Wenn die Zeit inkorrekt ist, kann sie durch Einstellung der Umgebungsvariablen TZ (UNIX und MS-DOS) oder der CDEV im Kontrollfeld (Mac) korrigiert werden. Die aktuelle Zeit kann entweder mit AbsoluteTime als Anzahl der Sekunden seit dem 1. Januar 1900 oder mit Date als Liste ausgegeben werden, die jahr, monat, tag, stunde, minute und sekunde enthält. Die Anweisungen FromDate und ToDate konvertieren diese beiden Formate ineinander. *Attribute: Protected. Vergleiche auch:* **AbsoluteTime, Date, FromDate, ToDate**.



**Timing[*ausdr*]** xv, 525, 885
evaluiert ausdr und liefert eine Liste aus benötigter Zeit und dem erhaltenen Ergebnis zurück. ◇ Erinnern Sie sich, daß die erforderliche Zeit, um einen gegebenen Ausdruck zu evaluieren, vom verwendeten Computer und dem geladenen System abhängt. Beachten Sie auch, daß die ausgegebene Zeit nicht die tatsächlich verstrichene Zeit ist, da zusätzliche Zeit für die Organisation des Betriebssystems verwendet werden kann (und auf Multi-Task-Rechnern kann Zeit für andere Prozesse verwendet werden). *Attribute: HoldAll Protected. Vergleiche auch:* **TimeConstrained, ByteCount, MaxRecursion, MaxIterations, TimeUsed, $RecursionLimit**.

**ToAdjacencyLists** DiscreteMath'Combinatorica'

*ToASCII["c"]*
ist eine veraltete Funktion, die durch ToCharacterCode ersetzt wurde. ToASCII["c"] ergibt den ganzzahligen ASCII-Code des Zeichens c. *Attribute: Protected. Vergleiche auch:* **ToCharacter-Code**.

**ToAuthalicRadius** Miscellaneous'Geodesy'

***ToCharacterCode["string"]*** 366, 380, 885
liefert eine Liste der ganzzahligen Codes der Zeichen einer Zeichenkette. *Attribute: Protected. Vergleiche auch:* **FromCharacterCode, Characters, DigitQ, LetterQ**.

***ToColor[farbe, form]***
konvertiert farbe in form; wenn form GrayLevel, RGBColor oder CMYKColor ist, wird color in sie konvertiert. Sonst wird form[ farbe] evaluiert und es wird erwartet, daß das Ergebnis eine gültige Farbanweisung ist. ◇ Seit Release 2. von *Mathematica* 2.0 scheint die Funktion ToColor nicht vollständig implementiert zu sein und liefert inkorrekte Ergebnisse. *Attribute: Protected. Vergleiche auch:* **CMYKColor, ColorOutput, Graphics, Graphics3D, GrayLevel, Hue, RGBColor**.

**ToCycles** DiscreteMath'Combinatorica'

**ToCycles** DiscreteMath'Permutations'

***ToDate[time]*** 524, 885
wandelt eine absolute Zeit in Sekunden, gezählt seit Beginn des 1. Januars 1900, in ein Datum der Form {j, m, t, s, m, s}. ◇ Die von ToDate ausgeführte Transformation kann mit der Anweisung FromDate rückgängig gemacht werden. Die Funktionen Date, FileDate und $CreationDate liefern Zeiten in Datumsform. Die Zeiten, die sie liefern sind die gegenwärtige Zeit, die Zeit, zu der eine Datei zuletzt modifiziert wurde und die Zeit, zu der diese spezielle Ausgabe von *Mathematica* erzeugt wurde. *Attribute: Protected. Vergleiche auch:* **AbsoluteTime, Date, FileDate, FromDate, $CreationDate**.

**ToDegrees** Miscellaneous'Geodesy'

**ToDMS** Miscellaneous'Geodesy'

**ToExpression[*"string"*]** 380, 885
liefert den Ausdruck, der sich ergibt, wenn string als *Mathematica*-Eingabe eingegeben wird. ◇ Wenn „string" einen Syntaxfehler hat, gibt ToExpression $Failed zurück. ToExpression ruft nicht $SyntaxHandler auf, so daß die Syntaxkontrolle nicht verändert werden kann. ToString konvertiert einen Ausdruck in eine Zeichenkette. ToExpression sollte nicht mit ToCharacterCode verwechselt werden, das Zeichen in ihren numerischen Code konvertiert (normalerweise ASCII). *Attribute: Listable Protected. Vergleiche auch:* **Read, String, ToCharacterCode, ToHeldExpression, ToString, $Failed**.

**Together[*ausdr*]** 78, 596, 886
stellt Terme in einer Summe auf einen Hauptnenner und kürzt Faktoren im Ergebnis. ◇ Die Anweisung Apart führt eine Partialbruchzerlegung aus. PolynomialQuotient[ausdr] bestimmt den Polynom-Teil von Apart[ausdr]. Collect faßt gemeinsame Terme in einem Polynom zusammen, Cancel versucht, einen rationalen Ausdruck in kleinste Terme zu reduzieren. Die Funktion Simplify versucht Regeln anzuwenden, um ein Ergebnis einfacher auszudrücken. *Attribute: Listable Protected. Vergleiche auch:* **Apart, Cancel, Collect, Expand, Factor, Simplify**.
Modulus -> 0 Trig -> False

***ToHeldExpression["string"]*** 381, 886
ergibt den Ausdruck, den man erhält, wenn string als *Mathematica*-Eingabe, die in Hold[ ] eingeschlossen ist, eingegeben wird. *Attribute: Listable Protected. Vergleiche auch:* **TooExpression**.

**ToInversionVector** DiscreteMath'Combinatorica'

***TokenWords*** 496, 886
ist eine Option für Read und verwandte Funktionen, die eine Liste mit Token-Wörtern ergibt, die zur Begrenzung von Wörtern verwendet werden sollen. *Attribute: Protected. Vergleiche auch:* **Word-Separators**.

**Tolerance -> *wert*** 666
ist eine Option für bestimmte Funktionen, die die numerische Toleranz spezifiziert, mit der die Berechnung ausgeführt werden kann. ◇ Diese Option wird von ConstrainedMax, ConstrainedMin, PseudoInverse und SingularValues verwendet. Für die Anweisungen ConstrainedMax und ConstrainedMin ist die Voreinstellung Automatic, die eine Toleranz von 10^(-6) für interne Berechnungen ergibt. Für die Anweisungen PseudoInverse und SingularValues ist der Vorgabewert Automatic, der die Toleranz auf das 10-fache der numerischen Präzision (Zahl der genauen Stellen) der Eingabe setzt. Singulärwerte, die kleiner als das Toleranz-fache des maximalen Singulärwertes sind, werden aus der Liste der Singulärwerte gelöscht. Obwohl die Ausgabe der PseudoInverse keine explizite Liste der Singulärwerte enthält, werden sie im Prozeß der Berechnung der Pseudoinverse berechnet. *Attribute: Protected. Vergleiche auch:* **ConstrainedMax, ConstrainedMin, PseudoInverse, SingularValues**.

***ToLowerCase[string]*** 378, 886
ergibt einen String, in dem alle Buchstaben in Kleinbuchstaben konvertiert sind. ◇ Eine Liste aller Zeichen, die als Buchstaben erkannt werden, ist in der Systemvariablen $Letters enthalten. Diese Liste definiert auch die Buchstaben, die als Groß- bzw. Kleinbuchstaben betrachtet werden. Die Anweisung StringReplace dient zur allgemeineren Ersetzung in Zeichenketten. Die Tests UpperCaseQ und LowerCaseQ ergeben True, wenn eine Zeichenkette ausschließlich aus Buchstaben der entsprechenden Art bestehen. IgnoreCase ist eine Option für eine Anzahl Anweisungen, die sie anweist, während einer Suche Groß- und Kleinbuchstaben nicht zu unterscheiden. *Attribute: Protected. Vergleiche auch:* **IgnoreCase, LowerCaseQ, StringReplace, ToString, ToUpperCase, UpperCaseQ, $Letters**.

**ToMinutes** Miscellaneous'WorldPlot'

**ToOrderedPairs** DiscreteMath'Combinatorica'

**Top**
ist eine Einstellung für die Option TableAlignments von TableForm. *Attribute: Protected.*

**TopologicalSort** DiscreteMath'Combinatorica'

**Toroidal** Calculus'VectorAnalysis'

**ToRules[*gln*]** 607, 886
nimmt logische Kombinationen von Gleichungen, in der Form, wie sie von Reduce oder Roots erzeugt werden, und konvertiert sie in eine Folge von Regellisten, wobei der Folge Or und den Listen And entspricht. {ToRules[gln]} ergibt ein Ergebnis der Form, wie es von Solve produziert wird. ◇ Beachten Sie, daß das Ergebnis von ToRules eine Folge von Regeln ist, keine Liste. Diese Regelliste kann in Ersetzungen verwendet werden. Die Wirkung der Anwendung von ToRules auf die Ergebnisse von Solve und anderer solcher Funktionen ähnelt der Einstellung ihrer Option MakeRules auf True. *Attribute: Protected. Vergleiche auch:* **MakeRules, Reduce, ReplaceAll, Roots, Solve**.

**Torus** Graphics'Shapes'

**ToString[*ausdr*]** 380, 886
ergibt einen String, der der Druckform von ausdr entspricht. Optionen legen die Zeilenbreite, den Formattyp usw. fest. ◇ Beachten Sie, daß der Ausdruck evaluiert wird, bevor er in eine Zeichenkette konvertiert wird. Mit dem Operator HoldForm können Sie diese Evaluierung vermeiden. Beachten Sie auch, daß sich die gewöhnliche Druckform und damit die Zeichenkette, die von ToString ausgegeben wird, im gewöhnlichen unbearbeiteten *Mathematica*-Formatierungsstil befindet. Um diese Formatierung zu vermeiden, können Sie den Operator InputForm benutzen. Verwechseln Sie ToString nicht mit der Anweisung ToASCII, die ein einzelnes Zeichen in sein numerisches ASCII-Äquivalent konvertiert. *Attribute: Protected. Vergleiche auch:* **HoldForm, InputForm, String, ToASCII, ToExpression, WriteString**.



**TotalHeight -> *n*** 886
ist eine Option für Ausgabeströme, die die maximale Anzahl der Textzeilen angibt, die für jeden Ausgabe-Ausdruck gedruckt werden sollen. Short-Formen von Ausdrücken werden ausgegeben, wenn die Anzahl der Zeilen, die für die Ausgabe des ganzen Ausdrucks benötigt werden, zu groß ist. ◇ Die Voreinstellung für TotalHeight als Option für OpenAppend oder OpenWrite ist Infinity. Die Ausgabe einer verkürzten Form wird von der Variablen Skeleton und StringSkeleton verwaltet. Andere Optionen für Ausgabedateien sind FormatType, PageHeight, PageWidth, TotalWidth und StringConversion. Insbesondere legt PageHeight die maximale Anzahl der Zeilen fest, die gedruckt werden sollen, bevor eine Seitentrennung ausgegeben wird, und TotalWidth legt die maximale Anzahl der Zeichen fest, die in einem Ausdruck gedruckt werden. Auf Notebook-Systemen (z.B. Macintosh oder MSWindows) wird der Wert von TotalHeight für den Strom stdout ignoriert. *Attribute: Protected. Vergleiche auch:* **FormatType, OpenAppend, OpenWrite, OutputStream, PageHeight, SetOptions, Short, Skeleton, TotalWidth**.

**TotalStoppingTime** Examples'Collatz'

**TotalWidth -> *n*** 517, 738, 887

ist eine Option, die für Ausgabeströme angegeben werden kann, um die maximale Gesamtanzahl der Textzeichen festzulegen, die für jeden Ausgabe-Ausdruck gedruckt werden sollen. Short-Formen von Ausdrücken werden ausgegeben, wenn die Anzahl der benötigten Zeichen für den ganzen Ausdruck zu groß ist, um ihn zu drucken. ◇ Die Voreinstellung für TotalWidth als Option für OpenAppend oder OpenWrite ist Infinity. Die Ausgabe einer verkürzten Form wird von den Variablen Skeleton und StringSkeleton verwaltet. Andere Optionen für Ausgabedateien sind FormatType, PageHeight, PageWidth, TotalHeight und StringConversion. Insbesondere legt PageWidth die maximale Anzahl der Zeichen fest, die auf eine Zeile gedruckt werden und TotalHeight legt die maximale Anzahl der Zeilen fest, mit der ein Ausdruck gedruckt wird. *Attribute: Protected. Vergleiche auch:* **FormatType, OpenAppend, OpenWrite, OutputStream, PageWidth, SetOptions, Skeleton, TotalHeight**.

**ToUnorderedPairs** DiscreteMath'Combinatorica'

***ToUpperCase[string]*** 378, 887

ergibt eine Zeichenkette, in der alle Buchstaben in Großbuchstaben konvertiert wurden. ◇ Die globale Variable $Letters enthält eine Liste aller Zeichen, die Buchstaben sind. Diese Liste definiert auch die Buchstaben, die jeweils als Groß- bzw. Kleinbuchstaben betrachtet werden. Die Anweisung StringReplace führt allgemeinere Translationen oder Ersetzungen in Zeichenketten aus. Die Tests UpperCaseQ und LowerCaseQ ergeben True, wenn eine Zeichenkette ausschließlich aus Buchstaben der entsprechenden Art besteht. IgnoreCase ist eine Option für eine Anzahl von Anweisungen, die sie anweist, während einer Suche Groß- und Kleinbuchstaben als gleich zu betrachten. *Attribute: Protected. Vergleiche auch:* **IgnoreCase, LowerCaseQ, StringReplace, ToLowerCase, ToString, UpperCaseQ, $Letters**.

***Trace[ausdr]*** 11, 276, 295, 300, 304, 322, 347, 732, 887

erzeugt eine Liste aller Ausdrücke, die in der Evaluierung von ausdr verwendet werden. Trace[ausdr, form] beschränkt sich auf jene Ausdrücke, die zu form passen. Trace[ausdr, s] enthält alle Evaluierungen, die Transformationsregeln verwenden, die mit dem Symbol s verknüpft sind. *Attribute: HoldAll Protected. Vergleiche auch:* **TraceDialog, TracePrint, TraceScan**.

***TraceAbove*** 302, 308, 887

ist eine Option für Trace und verwandte Funktionen, die angibt, ob Evaluierungsketten berücksichtigt werden sollen, die die Evaluierungskette mit dem gesuchten Muster form enthalten. *Attribute: Protected. Vergleiche auch:* **StackComplete**.

***TraceAction***

ist eine Option für TracePrint und TraceDialog, die die Funktion angibt, die auf jeden Ausdruck während der Ablaufverfolgung angewendet werden soll. *Attribute: Protected.*

***TraceBackward*** 302, 308, 888

ist eine Option für Trace und verwandte Funktionen, die angibt, ob in der Evaluierungskette, die das gesuchte Muster form enthält, vorhergehende Ausdrücke berücksichtigt werden sollen. *Attribute: Protected. Vergleiche auch:* **StackComplete**.

***TraceDepth*** 301, 888

ist eine Option für Trace und verwandte Funktionen, die die maximale Verschachtelung der aufzuführenden Evaluierungsketten angibt. *Attribute: Protected. Vergleiche auch:* **TraceOff**.

***TraceDialog[ausdr]*** 305, 308, 888

initiiert einen Dialog für jeden Ausdruck, der bei der Evaluierung von ausdr eingesetzt wird. TraceDialog[ausdr, form] initiiert einen Dialog nur für Ausdrücke, die zu form passen. TraceDialog[ausdr, s] initiiert Dialoge nur für Ausdrücke, deren Evaluierungen Transformationsregeln verwenden, die mit dem Symbol s verknüpft sind. *Attribute: HoldAll Protected.*

```
MatchLocalNames -> True          TraceAbove -> False
TraceDepth -> DirectedInfinity[1]  TraceForward -> False
TraceOff -> None                 TraceOn -> None
TraceAction -> (StackInhibit[Message[TraceDialog::dgbgn];
  Dialog[#1]; Message[TraceDialog::dgend]] &)
```

***TraceForward*** 302, 888

ist eine Option für Trace und verwandte Funktionen, die angibt, ob in der Evaluierungskette, die das gesuchte Muster form enthält, nachfolgende Ausdrücke aufgeführt werden sollen. *Attribute: Protected. Vergleiche auch:* **TraceBackward**.

***TraceLevel***
Immer, wenn Trace[ ] oder eine verwandte Funktion evaluiert wird, liefert TraceLevel[ ] die Stufe ihrer Ausgabe, die gerade erfolgt. *Attribute: Protected.*

***TraceOff*** 300, 888
ist eine Option für Trace und verwandte Funktionen, die die Formen angibt, in denen die Ablaufverfolgung ausgeschaltet werden soll. *Attribute: Protected. Vergleiche auch:* **TraceDepth, TraceOn.**

***TraceOn*** 300, 889
ist eine Option für Trace und verwandte Funktionen, die angibt, wann die Ablaufverfolgung eingeschaltet werden soll. *Attribute: Protected. Vergleiche auch:* **TraceOff.**

***TraceOriginal*** 303, 889
ist eine Option für Trace und verwandte Funktionen, die festlegt, ob die Form eines jeden Ausdrucks getestet werden soll, bevor sein Kopf und seine Argumente evaluiert werden. *Attribute: Protected.*

***TracePrint[ausdr]*** 305, 889
druckt alle Ausdrücke, die bei der Evaluierung von ausdr verwendet werden. TracePrint[ausdr, form] beschränkt sich auf jene Ausdrücke, die zu form passen. TracePrint[ausdr, s] berücksichtigt alle Evaluierungen, die Transformationsregeln verwenden, die mit dem Symbol s verknüpft sind. *Attribute: HoldAll Protected.*

```
MatchLocalNames -> True             TraceAbove -> False
TraceDepth -> DirectedInfinity[1]   TraceForward -> False
TraceOff -> None                    TraceOn -> None
TraceAction -> ((Print[ ]; Print[Indent[TraceLevel[ ] -
  1], #1]) &)
```

***TraceScan[f, ausdr]*** 305, 889
wendet f auf alle Ausdrücke an, die bei der Evaluierung von ausdr verwendet werden. TraceScan[f, ausdr, form] beschränkt sich auf jene Ausdrücke, die zu form passen. TraceScan[f, ausdr, s] berücksichtigt alle Evaluierungen, die Transformationsregeln verwenden, die mit dem Symbol s verknüpft sind. TraceScan[f, ausdr, form, fp] wendet f vor und fp nach der Evaluierung auf die Ausdrücke an, die bei der Evaluierung von ausdr verwendet werden. *Attribute: HoldAll Protected.*

```
MatchLocalNames -> True             TraceAbove -> False
TraceDepth -> DirectedInfinity[1]   TraceForward -> False
TraceOff -> None                    TraceOn -> None
```

**Transcript** ProgrammingExamples'Transcript'
**TransformGraphics** Graphics'Graphics'
**TransformGraphics3D** Graphics'Graphics3D'
**TransitiveClosure** DiscreteMath'Combinatorica'
**TransitiveQ** DiscreteMath'Combinatorica'
**TransitiveReduction** DiscreteMath'Combinatorica'
**TranslateShape** Graphics'Shapes'
**TranslateVertices** DiscreteMath'Combinatorica'
**Transpose[*liste*]** 123, 132, 651, 657, 669, 890
vertauscht die ersten beiden Stufen in liste. Transpose[liste, {n1, n2, ...}] vertauscht die Stufen in liste, so daß die nk-te Stufe in liste zur k-ten Stufe im Ergebnis wird. ◇ Matrizen werden in *Mathematica* als Liste von Listen dargestellt, die alle die gleiche Länge haben, z.B. {{1,2},{3,4}}.. Wenn Transpose auf eine Matrix angewandt wird, ist das Ergebnis gewöhnlich die transponierte Matrix. Transpose funktioniert jedoch nicht mit einem Vektor. Das Skalarprodukt von Vektoren, „v1*Transpose[v2]", kann mit dem konventionellen Matrizenprodukt Dot[v1,v2] (auch v1.v2 geschrieben) erhalten werden. Das äußere Produkt zweier Vektoren „Transpose[v1]*v2", um eine Matrix zu erhalten, kann mit der Operation Outer[Times,v1,v2] erhalten werden. Inverse invertiert eine quadratische, invertierbare Matrix. Andere ähnliche Listenoperationen sind Flatten, Reverse, RotateLeft und RotateRight. Die allgemeinere Form von Transpose kann auch als Operation auf einem Tensor $T_{i_1,i_2,..}$ betrachtet werden. Die Anwendung von Transpose[T,{n1,n2,..}] ergibt $T_{i_{n1},i_{n2},...}$ Die ni brauchen nicht unterschiedlich zu sein. *Attribute: Protected. Vergleiche auch:* **Dot, Flatten, Inverse, LinearSolve, MatrixForm, Outer, Reverse, RotateLeft, RotateRight.**

**TransposePartition** DiscreteMath'Combinatorica'
**TransposeTableau** DiscreteMath'Combinatorica'

T

***Trapezoidal***
ist eine Auswahlmöglichkeit für die Option Method von NIntegrate. Method -> Trapezoidal veranlaßt, daß ein rekursiver Trapez-Algorithmus verwendet wird. Dies ist insbesondere nützlich, wenn der Integrand periodisch ist und das Integrationsintervall genau eine Periode umfaßt. Für die mehrdimensionale Integration wird Trapezoidal auf ein Kartesisches Produkt eindimensionaler Trapez-Regeln zurückgeführt. *Attribute: Protected.*

**TravelingSalesman** DiscreteMath'Combinatorica'
**TravelingSalesmanBounds** DiscreteMath'Combinatorica'
**TreeFind** DiscreteMath'Tree'
**TreeForm[*ausdr*]** 197, 344, 890
druckt verschiedene Stufen in ausdr auf unterschiedlicher Höhe. ◇ TreeForm liefert ein grafisches Abbild davon, wie der Ausdruck syntaktisch analysiert wird, indem die Blätter des Baumes dargestellt werden. LeafCount zählt die Anzahl der Unterausdrücke in ausdr, die Primitiven oder „Blätter" im Ausdrucksbaum sind. FullForm liefert denselben Text wie TreeForm, formatiert ihn aber nicht auf mehreren Zeilen. Jede horizontale Zeile in der Ausgabe entspricht einer Stufe im Ausdruck. Anweisungen, die auf Stufen operieren, sind Map, Apply und Scan. Depth ergibt die Anzahl der Stufen in einem Ausdruck. *Attribute: Protected. Vergleiche auch:* **LeafCount, FullForm, Level, Depth**.

**TreePlot** DiscreteMath'Tree'
**TreeQ** DiscreteMath'Combinatorica'
**TrialDivisionLimit** NumberTheory'PrimeQ'
**TriangleInequalityQ** DiscreteMath'Combinatorica'
**TriangularSurfacePlot** DiscreteMath'ComputationalGeometry'
**TridiagonalMatrix** LinearAlgebra'MatrixManipulation'
**TridiagonalSolve** LinearAlgebra'Tridiagonal'
***Trig* -> True oder False** 81, 603, 890
ist eine Option für algebraische Manipulationsfunktionen, die angibt, ob trigonometrische Funktionen als rationale Funktionen von Exponentialausdrücken behandelt werden sollen. ◇ Trig ist eine Option für die Funktionen Apart, Cancel, Expand, Simplify und Together. Der Vorgabewert für alle diese Funktionen, außer Simplify, ist Trig -> False. Simplify hat die Voreinstellung Trig -> True. Mit der Funktion ComplexExpand können trigonometrische und Exponentialfunktionen komplexer Argumente entwickelt werden. *Attribute: Protected. Vergleiche auch:* **Apart, Cancel, ComplexExpand, Expand, Options, SetOptions, Simplify, Together**.

**TrigArgument** ProgrammingExamples'TrigSimplification'
**TrigCanonical** Algebra'Trigonometry'
**TrigDefine** ProgrammingExamples'TrigDefine'
*TrigExpand[ausdr]*
TrigExpand wurde in *Mathematica* 2.0 durch ComplexExpand ersetzt. *Vergleiche auch:* **ComplexExpand, Expand**.

**TrigExpand** Algebra'Trigonometry'
**TrigFactor** Algebra'Trigonometry'
**TrigLinear** ProgrammingExamples'TrigSimplification'
**TrigNormal** ProgrammingExamples'TrigSimplification'
**TrigReduce** Algebra'Trigonometry'
**TrigToComplex** Algebra'Trigonometry'
**TrimmedMean** Statistics'DescriptiveStatistics'
**TrimPoints** DiscreteMath'ComputationalGeometry'
**True** 93, 141, 287, 890
ist das Symbol für den Booleschen Wert True. ◇ False und True können mit den Boolschen Operatoren And (d.h. a&&b), Or (d.h. a||b), Not (d.h. !a) und Xor kombiniert werden. Der Wert False kann von allen Tests in *Mathematica*, einschließlich Equal (d.h. a==b), zurückgegeben werden. *Attribute: Locked Protected. Vergleiche auch:* **And, Equal, False, Not, Or, TrueQ, Xor**.

**TrueQ[*ausdr*]** 288, 535, 890
ergibt True, wenn ausdr True ergibt, sonst False. ◇ Die Wirkung von TrueQ erzwingt, daß ein logisches Ergebnis entweder True oder False ist. Die Wirkung von TrueQ ähnelt dem Unterschied zwischen dem Operator Equal (d.h. a==b) und dem Operator SameQ (d.h. a===b). Während Equal True, False oder unbekannt (d.h. es gibt die Gleichung unevaluiert zurück) liefern kann, kann das Ergebnis von SameQ nur True oder False sein. TrueQ[ausdr] ist auch äquivalent zu If[ausdr,True,False,False]. *Attribute: Protected. Vergleiche auch:* **Equal, If, False, SameQ, SameQ, True.**

**Truncation** NumericalMath'ComputerArithmetic'
**TTQ** DiscreteMath'RSolve'
**Turan** DiscreteMath'Combinatorica'
**TwoColoring** DiscreteMath'Combinatorica'
**TwoSided** Statistics'HypothesisTests'
**TwoSidedPValue** Statistics'HypothesisTests'
**Type** NumericalMath'NewtonCotes'

## U

*UnAlias[input]*
◇ UnAlias ist eine veraltete Funktion, ersetzt durch $Pre und $PreRead. *Attribute: HoldAll Protected. Vergleiche auch:* **Alias, $Pre, $PreRead.**

**Underflow[ ]**
ist das Ergebnis einer numerischen Berechnung, deren Ergebnis zu klein ist, um es darzustellen. *Attribute: Protected.*

**Undirected** DiscreteMath'Combinatorica'
**UndirectedQ** DiscreteMath'Combinatorica'
**Unequal[*ls, rs*] *oder ls != rs*** 94, 890
gibt False zurück, wenn ls und rs identisch sind. ◇ ls!=rs ergibt True, wenn ls und rs als ungleich bestimmt werden, entweder durch Vergleich numerischer Werte oder von Zeichenkettenwerte. Zwei Zahlen werden als gleich betrachtet, wenn ihre Differenz kleiner als die Präzision einer jeden von ihnen ist. Wenn die Gleichung nicht offensichtlich True oder False ist, wird sie unevaluiert zurückgegeben. *Attribute: Protected. Vergleiche auch:* **Equal, FreeQ, Greater, Less, MemberQ, Not, OrderedQ, SameQ, StringMatchQ, UnsameQ.**

***Unevaluated*[*ausdr*]** 282, 732, 890
repräsentiert die unevaluierte Form von ausdr, wenn es als Argument einer Funktion auftritt. *Attribute: HoldAll Protected. Vergleiche auch:* **Hold, HoldFirst, ReplaceHeldPart.**

**UniformDistribution** Statistics'ContinuousDistributions'
***Uninstall*[*link*]** 186, 509, 891
beendet ein externes Programm, das durch Install gestartet wurde und entfernt von ihm aufgestellte *Mathematica*-Definitionen. *Vergleiche auch:* **Get, Install, Run, RunThrough.**

**Union[*liste1, liste2, ...*]** 129, 130, 891
ergibt eine sortierte Liste aller verschiedenen Elemente, die in irgendeiner der listei erscheinen. Union[liste] ergibt eine sortierte Version einer Liste, in der alle wiederholten Elemente weggelassen werden. ◇ Union behandelt jede Liste als Menge. Die Argumente müssen denselben Kopf haben, der aber nicht List zu sein braucht. Andere Operationen, die auf Listen wirken, als wenn sie Mengen wären, sind Intersection, Complement und MemberQ. Join verkettet Listen und StringJoin verkettet Zeichenketten. *Attribute: Flat OneIdentity Orderless Protected. Vergleiche auch:* **Complement, Intersection, MemberQ, Join, StringJoin.**

**UnionSet** DiscreteMath'Combinatorica'

**Unique[ ]** 323, 891
erzeugt ein neues Symbol, dessen Name die Form $nnn hat. Unique[x] erzeugt ein neues Symbol mit einem Namen der Form x$nnn. Unique[{x, y, ...}] erzeugt eine Liste mit neuen Symbolen. Unique["xxx"] erzeugt ein neues Symbol mit einem Namen der Form xxxnnn. Unique[name, {attr1, attr2, ...}] erzeugt ein Symbol, das die Attribute attri hat. ◇ Dies kann nützlich sein, wenn Sie bei jeder Ausführung einer bestimmten Routine einen neuen Namen vergeben wollen oder um das Überschreiben einer existierenden Variable zu verhindern. Die Anweisung Names liefert eine Liste aller Symbole, die zu einem gegebenen (GREP-ähnlichen) Muster passen. NameQ ergibt True, wenn ein gegebenes Symbol (oder ein Symbol, das zu einem gegebenen Muster paßt) definiert ist. Symbole können mit der Anweisung Remove entfernt (oder zerstört) werden. *Attribute: Protected. Vergleiche auch:* **Names, NameQ, Remove**.

**UnitScale** Graphics'Graphics'
**Unknown** Miscellaneous'ChemicalElements'
**Unprotect[*s1, s2, ...*]** 264, 273, 728, 891
entfernt bei den Symbolen si das Attribut Protected. Unprotect["form1", "form2", ...] entfernt das Attribut Protected bei allen Symbolen, deren Namen wortgetreu zu irgendeiner der formi passen. ◇ Unprotect["form"] erlaubt Metazeichen wie zum Beispiel *, wie sie im Eintrag für StringMatchQ angegeben worden sind. Unprotect["Context' *"] entfernt das Attribut Protected bei allen Symbolen eines bestimmten Kontextes. Unprotect[sym] führt dasselbe wie ClearAttributes[sym,Protected] aus. Das Attribut Protected verhindert, daß Änderungen an einem Symbol vorgenommen werden. Änderungen eines Symbols können erst ausgeführt werden, nachdem das Attribut Protected entfernt wurde. Die Zuweisung des Attributes Locked verhindert jede zukünftige Veränderung der Attribute, einschließlich der Entfernung des Attributes Protected. Folglich, wenn Sie die Werte, die mit einem Symbol verknüpft sind, dauerhaft schützen wollen, geben Sie alle gewünschten Werte ein, legen das Attribut Protected fest und dann das Attribut Locked. Das Attribut ReadProtected verhindert nicht die Zuweisung oder den Gebrauch der Werte, die mit einem Symbol verknüpft sind, sondern hindert den Nutzer daran, die Werte zu betrachten. Die Attribute, die mit einem Symbol verknüpft sind, können mit Attributes, dem ??-Operator oder der Funktion Information betrachtet werden. *Attribute: HoldAll Protected. Vergleiche auch:* **Protect, Protected, Locked, ReadProtected, Attributes, SetAttributes, ClearAttributes, Information, ??, StringMatchQ**.

**UnsameQ[*ls, rs*] *oder ls =!= rs*** 228, 288, 891
ergibt True, wenn der Ausdruck ls nicht identisch mit rs ist, sonst False. ◇ Beachten Sie die Ähnlichkeit zwischen den Kurzformen der logischen Operatoren Unequal (d.h. ls!=rs), UnsameQ (d.h. ls=!=rs) und Not (d.h. !ausdr). *Attribute: Protected. Vergleiche auch:* **Equal, FreeQ, MemberQ, Not, OrderedQ, SameQ, StringMatchQ, Unequal**.

**Unset[*ls*] *oder ls =.*** 75, 247, 251, 736, 891
entfernt alle für ls definierten Regeln. ◇ Regeln werden nur entfernt, wenn ihre linke Seite identisch zu ls ist. Unset entfernt Regeln, die von Set (d.h. ls=rs) oder SetDelayed (d.h. ls:=rs) produziert wurden. Unset[f[..]] betrachtet jedoch nur Regeln, die mit f verknüpft sind. Wenn eine Regel mit TagSet, TagSetDelayed, UpSet oder UpSetDelayed geschrieben wurde, müssen Sie TagUnSet (d.h. f/:ls=.) oder Clear benutzen, um sie zu entfernen. Clear entfernt alle Regeln, die mit einem Symbol verknüpft sind, und TagUnSet entfernt eine spezielle Regel von einem speziellen Symbol. *Attribute: HoldFirst Protected. Vergleiche auch:* **Set, SetDelayed, TagUnSet, UpSet, UpSetDelayed, Clear, ??, Definition**.

**Until** ProgrammingExamples'Until'
**UnweightedQ** DiscreteMath'Combinatorica'
**Update[*symbol*]** 310, 892
teilt *Mathematica* mit, daß verdeckte Änderungen erfolgt sind, die Einfluß auf Werte haben könnten, die mit einem Symbol verknüpft sind. Update[ ] spezifiziert, daß der Wert jedes Symbols betroffen sein könnte. ◇ Wenn ein Ausdruck in eine feste Form transformiert wurde, kennzeichnet *Mathematica* diesen Zustand und evaluiert ihn nur dann noch einmal, wenn es annimmt, daß sich gewisse „relevante" Bedingungen verändert haben. Es ist möglich, daß es nicht bemerkt, daß eine Änderung in der Bedingungsvariablen relevant für den Wert der Regelvariablen ist. Mit Condition kann man Seitenbedingungen für eine Regel plazieren, und $RecursionLimit setzt einen globalen Höchstwert für die Anzahl der rekursiven Anwendungen einer Regel fest. *Attribute: Protected. Vergleiche auch:* **Condition, $RecursionLimit**.

**UpdateCA** Examples'CellularAutomata'

***UpperCaseQ[string]*** 378, 892
ergibt True, wenn alle Zeichen der Zeichenkette Großbuchstaben sind, sonst False. ◇ Die globale Variable $Letters enthält eine Liste aller Zeichen, die Buchstaben sind. Diese Liste definiert auch die Buchstaben, die als Groß- bzw. Kleinbuchstaben betrachtet werden. Die Anweisungen ToUpperCase und ToLowerCase konvertieren alle Buchstaben in einer Zeichenkette in die jeweils passende Form. IgnoreCase ist eine Option für eine Anzahl von Anweisungen, die sie anweist, während einer Suche Klein- und Großbuchstaben nicht zu unterscheiden. *Attribute: Protected. Vergleiche auch:* **IgnoreCase**, **LetterQ**, **LowerCaseQ**, **String**, **StringQ**, **ToLowerCase**, **UpperCaseQ**, **$Letters**.

**UpperDiagonalMatrix** LinearAlgebra'MatrixManipulation'

**UpSet[*ls, rs*] *oder ls ^= rs*** 261, 735, 892
weist rs den Wert von ls zu und verknüpft die Zuweisung mit Symbolen, die in ls auf Stufe eins vorkommen. ◇ Die rechte Seite (rs) der Regel wird evaluiert, wenn die Regel geschrieben wird. Hierin unterscheidet es sich von UpSetDelayed (d.h. ls ^:= rs), das mit der Evaluierung von rs wartet, bis die Regel angewandt wird. Mit Mustern (z.B. x^n_) wird gewöhnlich eine ls definiert, die allgemeiner gilt. Die Wirkung der Anweisung UpSet besteht darin, Kopien der Regel „f[args] -> rs" (d.h. Rule[f[args],rs]) in interne Tabellen von Regeln zu stellen, die mit den Argumenten von f verknüpft sind und die automatisch angewandt werden, wann immer sie passen. Regeln können mit der Anweisung TagUnset (d.h. a/:ls=.) oder Clear entfernt werden, jedoch muß sie der Nutzer separat aus jeder Regelliste entfernen. Wenn Sie eine Regel mit derselben ls wie eine frühere Regel definieren, überschreibt sie die ältere Regel. Regeln werden gewöhnlich in der Reihenfolge ihrer Eingabe ausgewertet. Wenn *Mathematica* erkennt, daß eine Regel zu allen Fällen einer vorher definierten Regel paßt (d.h., wenn sie eine allgemeinere Regel ist) dann wird diese allgemeinere Regel nach der spezielleren Regel ausgewertet. ls wird evaluiert, bevor die Regel eingegeben wird, es sei denn, die Konstruktion Literal wird verwendet. UpSet unterscheidet sich von Set (z.B. f[a]=b), das die Regel mit f verknüpft, oder vom allgemeineren TagSet (z.B. g/:f[a]=b), das die Regel mit jeglichem Symbol verknüpft, das der Nutzer wünscht (in diesem Fall g). Regeln, die mit einem gegebenen Symbol verknüpft sind, können mit dem ??-Operator oder der Anweisung Definition betrachtet werden. *Attribute: HoldFirst Protected. Vergleiche auch:* **UpSetDelayed**, **Set**, **TagSet**, **Rule**, **muster**, **TagUnset**, **Clear**, **Literal**, **??**, **Definition**.

**UpSetDelayed[*ls, rs*] *oder ls ^:= rs*** 260, 261, 892
weist rs als verzögerten Wert von ls zu und verknüpft die Zuweisung mit Symbolen, die in ls auf Stufe eins auftreten. ◇ Die rechte Seite (rs) der Regel wird nicht evaluiert, wenn die Regel geschrieben wird, sondern wenn sie angewandt wird. Hierin unterscheidet es sich von UpSet (d.h. ls ^= rs), das rs evaluiert, wenn die Regel geschrieben wird. Mit Mustern (z.B. x^n_) wird gewöhnlich eine ls definiert, die allgemeiner gilt. Die Wirkung der Anweisung UpSetDelayed besteht darin, Kopien der Regel „f[args]:>rs" (d.h. RuleDelayed[f[args],rs]) in interne Tabellen von Regeln zu stellen, die mit jedem der Argumente von f verknüpft sind und die automatisch angewandt werden, wann immer sie passen. Regeln können mit der Anweisung TagUnset (d.h. f/:ls=.) oder Clear entfernt werden, aber der Nutzer muß sich daran erinnern, sie von jedem der Argumente zu entfernen. Wenn Sie eine Regel mit derselbe ls wie eine frühere Regel definieren, überschreibt sie die ältere Regel. Regeln werden gewöhnlich in der Reihenfolge ihrer Eingabe ausgewertet. Wenn *Mathematica* erkennt, daß eine Regel zu allen Fällen einer vorher definierten Regel paßt (d.h., wenn sie eine allgemeinere Regel ist), dann wird diese allgemeinere Regel nach der spezielleren Regel ausgewertet. ls wird evaluiert, bevor die Regel eingegeben wird, es sei denn, die Konstruktion Literal wird verwendet. UpSetDelayed unterscheidet sich von SetDelayed (z.B. f[a]=b), das die Regel mit f verknüpft, oder von der allgemeineren Anweisung TagSetDelayed (z.B. g/:f[a]:=b), die die Regel mit jedem Symbol verknüpft, das der Nutzer wünscht (in diesem Fall g). Regeln, die mit einem gegebenen Symbol verknüpft sind, können mit dem ??-Operator oder der Anweisung Definition betrachtet werden. *Attribute: HoldAll Protected. Vergleiche auch:* **UpSet**, **SetDelayed**, **TagSetDelayed**, **Rule**, **muster**, **TagUnset**, **Clear**, **Literal**, **??**, **Definition**.

U

***UpValues[f]*** 266, 736, 892
liefert eine Liste mit Transformationsregeln, die zu allen für das Symbol f definierten Auf-Werten gehören. ◇ Die Werte und Regeln, die mit einem Symbol verknüpft werden, können mit dem Operator Information (oder dem ?-Operator) betrachtet werden. Jene Werte, die Muster wie f[x1,..] ersetzen heißen, DownValues. Jene der Form N[f] können mit der Anweisung NValues, jene der Form f=wert mit der Anweisung OwnValues und jene der Form f[x,..][..] mit der Anweisung SubValues betrachtet werden. Die spezielle Anweisung FormatValues liefert Regeln der Form Format[f]. Mit Default voreingestellte Werte, die f zugewiesen wurden, können mit der Anweisung DefaultValues betrachtet werden. Die Regeln, die mit UpValues betrachtet werden, werden mit den Anweisungen UpSet (f/:g[f]=b) und UpSetDelayed (f/:f[f]:=b) eingegeben. Mit der Anweisung EditDefinition (auf dem Macintosh nicht vorhanden) können diese Regeln editiert werden. *Attribute: HoldAll Protected. Vergleiche auch:* **DefaultValues**, **DownValues**, **FormatValues**, **Information**, **NValues**, **OwnValues**, **SubValues**, **UpSet**, **UpValues**, **ValueQ**, **?**.

**UseApart** DiscreteMath'RSolve'
**UseMod** DiscreteMath'RSolve'
**UserSymbols** DiscreteMath'RSolve'
**Using -> True**
ist eine Option für Roots, die etwaige Hilfsgleichungen festlegt, die verwendet werden. Der Zweck von Using ist mir unklar. *Attribute: Protected. Vergleiche auch:* **Roots**.

## V

**V** DiscreteMath'Combinatorica'
**ValueQ[*ausdr*]** 228, 892
ergibt True, wenn ein Wert für ausdr definiert wurde, sonst False. In[1]:= Value[zz] Out[1]= False ◇ ValueQ[ausdr] ergibt True, wenn eine Zuweisung der Form ausdr=wert (Set[ausdr,wert]), ausdr:=wert (SetDelayed[ausdr,wert]), ausdr^=wert (UpSet[ausdr,wert]), ausdr^:=wert (UpSetDelayed[ausdr,wert]), x/:ausdr=wert (TagSet[x,ausdr,wert]), x/:ausdr:=wert (TagSetDelayed[x, ausdr, wert]) ausgeführt wurde. Wenn der Wert mit Unset (ausdr=.) oder TagUnset (x/:ausdr=.) entfernt wurde, gibt ValueQ[ausdr] False zurück. Wenn eine Anweisung der Form f[x]=y evaluiert wurde, gibt ValueQ[f] False zurück, da der Wert f[x] zugewiesen wurde, nicht f selbst. Werte, die einem gegebenen Symbol zugewiesen wurden, können mit den Anweisungen Information[symbol] oder ??symbol betrachtet werden. Beachten Sie jedoch, daß ein Wert für einen Ausdruck der Form f[a,b] entweder mit f, a oder b gespeichert werden kann. Wenn ein Wert für f[a,b] an irgendeiner dieser Stellen gespeichert wurde, gibt ValueQ[f[a,b]] True zurück. Ein Symbol kann existieren, ohne daß ihm ein Wert gegeben wurde. Der Test NameQ[symbol] ergibt True, wenn das Symbol existiert. *Attribute: HoldAll Protected. Vergleiche auch:* **Information, NameQ, Set, SetDelayed, TagSet, Unset, UpSet, ??**.

**Variables[*ausdr*]** 593, 892
liefert eine Liste aller unabhängigen Variablen eines Polynoms. ◇ Im Grunde bestimmt Variables alle Atome, die keine Konstanten sind. *Attribute: Protected. Vergleiche auch:* **AtomQ, Coefficient, CoefficientList, Exponent, Length, PolynomialQ**.

**Variance** Statistics'ContinuousDistributions'
**Variance** Statistics'DescriptiveStatistics'
**Variance** Statistics'DiscreteDistributions'
**Variance** Statistics'NormalDistributions'
**VarianceCI** Statistics'ConfidenceIntervals'
**VarianceMLE** Statistics'DescriptiveStatistics'
**VarianceOfSampleMean** Statistics'DescriptiveStatistics'
**VarianceRatioCI** Statistics'ConfidenceIntervals'
**VarianceRatioTest** Statistics'HypothesisTests'
**VarianceTest** Statistics'HypothesisTests'
**VectorHeads** Graphics'PlotField3D'
**VectorQ[*ausdr*]** 227, 652, 893
ergibt True, wenn ausdr eine Liste ist, bei der kein Element selbst wieder eine Liste ist, sonst False. VectorQ[ausdr, test] ergibt nur dann True, wenn die Anwendung von test auf jedes Element in ausdr True ergibt. ◇ In *Mathematica* wird ein Vektor als Liste dargestellt. Eine Matrix wird durch eine Liste von Listen repräsentiert, die alle die gleiche Länge haben (z.B. {{1,2},{3,4}}). Der Test MatrixQ bestimmt, ob ein Ausdruck eine Matrix ist (d.h. eine Liste von Listen derselben Länge). Length gibt die Länge eines Vektor aus. Der TensorRank eines Vektor ist 1 und der TensorRank einer Matrix ist 2. Dimensions liefert eine Liste der Längen von Unterlisten auf jeder Stufe eines Vektor, einer Matrix oder eines Tensors. Depth ist die Tiefe eines Ausdrucks. (Beachten Sie jedoch, daß die Tiefe eines Vektors mit nicht-numerischen Einträgen größer als 1 sein kann, da Depth auch die Verschachtelungstiefe der Ausdrücke beachtet.) *Attribute: Protected. Vergleiche auch:* **Depth, Dimensions, Length, List, MatrixQ, TensorRank**.

***VerifyConvergence***
ist eine Option für NSum und NProduct. VerifyConvergence -> True veranlaßt im Fall unendlicher Summen und Produkte die Prüfung der Grenzwerte der Terme und der Grenzwerte der Quotienten der Terme. VerifyConvergence -> False führt keine Prüfung aus. *Attribute: Protected.*

***VerifySolutions***
ist eine Option für Solve und verwandte Funktionen, die festlegt, ob die Lösungen verifiziert und unwesentliche Lösungen eliminiert werden sollen. Beachten Sie, daß nur jene Lösungen eliminiert werden, die offensichtlich unwesentlich sind. *Attribute: Protected.*

**VertexColoring** DiscreteMath'Combinatorica'
**VertexConnectivity** DiscreteMath'Combinatorica'
**VertexCoverQ** DiscreteMath'Combinatorica'
**Vertical** Graphics'Graphics'
**Vertical** Graphics'Legend'
**Vertices** DiscreteMath'Combinatorica'
**Vertices** Geometry'Polytopes'
**Vertices** Graphics'Polyhedra'
***ViewCenter*** 443, 893
ist eine Option für Graphics3D und SurfaceGraphics, die die skalierten Koordinaten jenes Punktes angibt, der im fertigen Plot im Zentrum der Darstellungsfläche liegt. *Attribute: Protected. Vergleiche auch:* **ViewVertical**.

**ViewPoint -> {*x,y,z*}** 158, 442, 893
ist eine Option für Graphics3D und SurfaceGraphics, die den Punkt im Raum angibt, von dem aus die gezeichneten Objekte betrachtet werden sollen. ◇ Der Vorgabewert ist ViewPoint -> {1.3,-2.4,2.}. Die Koordinaten sind skaliert, so daß die längste Seite des Rahmens die Länge 1 hat. Wenn ViewPoint weiter weg vom Objekt gewählt wird, wird die Verzerrung der Perspektive reduziert. Die Einstellung von ViewPoint wird verwendet, um einen Wert für Plot3Matrix zu berechnen, der eigentlichen perspektivischen Transformationsmatrix. Diese Matrix kann auch direkt manipuliert werden. *Attribute: Protected. Vergleiche auch:* **Plot3Matrix, Graphics3D, Plot3D, SurfaceGraphics, Options, SetOptions**.

*ViewVertical* 443, 893
ist eine Option für Graphics3D und SurfaceGraphics, die in skalierten Koordinaten die Richtung der Vertikalen im fertigen Bild festlegt. *Attribute: Protected. Vergleiche auch:* **ViewCenter**.

**Volume** Geometry'Polytopes'
**VoronoiDiagram** DiscreteMath'ComputationalGeometry'

## W

**WeaklyConnectedCompone nts** DiscreteMath'Combinatorica'
**WeibullDistribution** Statistics'ContinuousDistributions'
**WeierstrassP[*u, g2, g3*]** 580, 584, 894
ergibt die Weierstraßsche elliptische Funktion P. ◇ Diese Funktion wird gewöhnlich mit einem P in Schreibschrift bezeichnet. WeierstrassP[u,g2,g3] kann als der Wert von x definiert werden, für den u = Integrate[1/ Sqrt[4t^3-g2*t-g3],{t,Infinity,x}] ist. Sie genügt der Differentialgleichung P'(u)^2=4P(u)^3-g2*P(u)-g3. Die Ableitung von WeierstrassP nach u ist die Funktion WeierstrassPPrime (obwohl *Mathematica* dies nicht zu wissen scheint). Diese Funktion kann in Termen der elliptischen Jacobi-Funktionen durch WeierstrassP[u,g2,g3]=-1/3(1+k^2)+JacobiNS[u,k^2]^2 ausgedrückt werden, wobei k (der Modul) -Sqrt[e2-e3] ist und e2 und e3 durch e1+e2+e3=0, e2*e3+e3*e1+e1*e2=-g2/4, e1*e2*e3=g3/4 definiert werden. *Attribute: Protected ReadProtected. Vergleiche auch:* **JacobiNS, WeierstrassPPrime**.

**WeierstrassPPrime[*u, g2, g3*]** 580, 584, 894
ergibt die Ableitung der Weierstraßschen elliptischen Funktion P' nach u. ◇ Diese Funktion wird gewöhnlich mit einem P' in Schreibschrift bezeichnet. WeierstrassPPrime ist als Ableitung der Funktion WeierstrassP nach u definiert (obwohl *Mathematica* dies nicht zu wissen scheint). WeierstrassP[u,g2,g3] kann als der Wert von x definiert werden, für den u=Integrate[1/Sqrt[4t^3-g2*t-g3],{t,Infinity,x}] ist. Sie genügt der Differentialgleichung P'(u)^2=4P(u)^3-g2*P(u)-g3. Diese Funktion kann in Termen der elliptischen Jacobi-Funktionen durch WeierstrassP[u,g2,g3]=-1/3(1+k^2)+JacobiNS[u,k^2]^2 ausgedrückt werden, wobei k (der Modul) -Sqrt[e2-e3] ist und e2 und e3 durch e1+e2+e3=0, e2*e3+e3*e1+e1*e2=-g2/4, e1*e2*e3=g3/4 definiert werden. *Attribute: Protected ReadProtected. Vergleiche auch:* **JacobiNS, WeierstrassP**.

**Weights** Statistics'LinearRegression'
**Wheel** DiscreteMath'Combinatorica'

**When** DiscreteMath'RSolve'

**Which[*test1, wert1, test2, wert2, ...*]** 287, 894
evaluiert nacheinander jeden der testi und gibt den Wert werti zurück, der zum ersten Test gehört, der True ergibt. ◇ Which ähnelt Switch. Switch verwendet Tests, keine Muster. *Attribute: HoldAll Protected. Vergleiche auch:* **Block, Break, Goto, If, Return, Throw, Which, tests.**

**While[*test, rumpf*]** 292, 894
evaluiert test, dann rumpf, und dies wiederholt solange, bis test nicht mehr True liefert. ◇ While evaluiert seine Argumente nicht standardmäßig, da ihre Evaluierung zurückgehalten wird. Darüber kann man sich mit der Anweisung Evaluate hinwegsetzen. Eine While-Schleife gibt den Wert Null zurück. Die Anweisungen Do und For implementieren ebenfalls Kontrollstrukturen für die prozedurale Programmierung. Mit den Anweisungen Break und Continue können Sie eine While-Schleife verlassen bzw. zur nächsten Iteration einer While-Schleife übergehen. Return und Throw können verwendet werden, um aus mehreren verschachtelten Kontrollstrukturen auszubrechen oder um einen anderen Wert als Null zurückzugeben. Increment (d.h. i++) und Decrement (z.B. i–) werden gewöhnlich zur Inkrementierung eines Laufindexes in Schleifen verwendet. *Attribute: HoldAll Protected. Vergleiche auch:* **Break, Continue, Do, Evaluate, For, Null, Return, Throw, Increment, Decrement, tests.**

**WireFrame** Graphics'Shapes'

***With*[*{x = x0, y = y0, ...}, ausdr*]** 320, 321, 326, 894
legt fest, daß die Symbole x, y, ... in ausdr durch x0, y0, ... ersetzt werden sollen. *Attribute: HoldAll Protected. Vergleiche auch:* **Module, Block, ReplaceAll.**

***Word*** 495, 894
repräsentiert ein Wort in Read, Find und verwandten Funktionen. ◇ Die Anweisungen Read und ReadList lesen Rohdaten aus einer Datei oder Pipe. Der Parameter Word weist sie an, das nächste Wort aus einer Datei auszugeben. Ein Wort ist der Text bis zu den Strings, die in den Optionen WordSeparators, RecordSeparators oder TokenWords definiert wurden. Da die Voreinstellung für WordSeparators {" ","\t"}, für RecordSeparators „\n" und für TokenWords die leere Liste ist, kann ein Wort durch Leerzeichen, Tabs oder Zeilenvorschübe begrenzt werden. Andere Formate für Read und ReadList sind Character, Expression (Voreinstellung), Number, Real, Record, String, Word und jeder Ausdruck, der eine Kombination dieser Typen enthält. *Attribute: Protected. Vergleiche auch:* **Character, Expression, Number, Read, ReadList, Real, Record, String, TokenWords, Word, WordSeparators.**

***WordSearch* -> True oder False** 501, 894
ist eine Option für Find und FindList, die angibt, ob der gesuchte Text als Wort erscheinen muß. ◇ Der Vorgabewert ist WordSearch -> False, das heißt, daß eine Zeichenkette auch dann gefunden werden kann, wenn sie kein vollständiges Wort bildet. Die Definition, was Find als ein Wort betrachtet, kann mit der Option WordSeparators verändert werden. *Attribute: Protected. Vergleiche auch:* **AnchoredSearch, Find, FindList, IgnoreCase, RecordSeparators, Word, WordSeparators.**

**WordSeparators** 495, 501, 895
ist eine Option für Read, Find und verwandte Funktionen, die die Liste derjenenigen Strings festlegt, die als Begrenzer für Worte gelten sollen. *Attribute: Protected. Vergleiche auch:* **RecordSeparators, TokenWords.**

**WorkingPrecision -> *n*** 687, 688, 690, 695, 700, 895
ist eine Option für mehrere numerische Operationen, die angibt, wie viele gültige Stellen bei internen Berechnungen mitgeführt werden sollen. ◇ WorkingPrecision ist eine Option für die Anweisungen FindMinimum, FindRoot, NIntegrate, NProduct und NSum. Die Präzision einer Antwort kann mit der Anweisung Precision betrachtet werden. Präzision unterscheidet sich von Genauigkeit dadurch, daß das erste die Gesamtanzahl der Stellen, während letzteres die Anzahl der Stellen nach dem Dezimalpunkt angibt. Die Präzision einer Antwort kann mit der Option PrecisionGoal und die Genauigkeit einer Antwort mit der Option AccuracyGoal festgelegt werden. Die Werte von PrecisionGoal und AccuracyGoal müssen kleiner als der Wert von WorkingPrecision sein. Umgekehrt muß die Einstellung AccuracyGoal gewöhnlich so groß wie WorkingPrecision sein. Sonst werden die zusätzlich hinzugefügten Stellen der Genauigkeit nicht angezeigt. (In einigen Fällen bestimmt der verwendete Algorithmus, anstelle der in den Berechnungen mitgeführten Stellen, die Genauigkeit des Ergebnisses.) *Attribute: Protected. Vergleiche auch:* **Accuracy, AccuracyGoal, FindMinimum, FindRoot, NDSolve, NIntegrate, NProduct, NSolve, NSum, Precision, Options, SetOptions, $MachinePrecision.**

**World** Miscellaneous'WorldNames'

**WorldBackground** Miscellaneous'WorldPlot'

**WorldBorders** Miscellaneous'WorldPlot'
**WorldClipping** Miscellaneous'WorldPlot'
**WorldCountries** Miscellaneous'WorldPlot'
**WorldDatabase** Miscellaneous'WorldPlot'
**WorldFrame** Miscellaneous'WorldPlot'
**WorldFrameParts** Miscellaneous'WorldPlot'
**WorldGraphics** Miscellaneous'WorldPlot'
**WorldGrid** Miscellaneous'WorldPlot'
**WorldGridBehind** Miscellaneous'WorldPlot'
**WorldGridStyle** Miscellaneous'WorldPlot'
**WorldPlot** Miscellaneous'WorldPlot'
**WorldPoints** Miscellaneous'WorldPlot'
**WorldProjection** Miscellaneous'WorldPlot'
**WorldRange** Miscellaneous'WorldPlot'
**WorldRotatedRange** Miscellaneous'WorldPlot'
**WorldRotation** Miscellaneous'WorldPlot'
**WorldToGraphics** Miscellaneous'WorldPlot'
**WrapHold** ProgrammingExamples'WrapHold'

**Write[*kanal, ausdr1, ausdr2, ...*]** 485, 895
schreibt die Ausdrücke ausdri nacheinander und gefolgt von einem Zeilenvorschub in den angegebenen Ausgabekanal. ◇ Die Ausgabe wird mit einem einzelnen Newline (Zeilenvorschub) abgeschlossen. Wenn Write wieder aufgerufen wird, hängt es die Ausgabe an die existierende Datei an. Der Ausgabekanal kann eine einzelne Datei oder Pipe oder eine Liste von Dateien oder Pipes sein, wobei jede durch eine Zeichenkette mit ihrem Namen angegeben wird. Dateien können vor dem Schreiben mit OpenWrite oder OpenAppend oder Write geöffnet werden. Um eine Datei zu öffnen, die gegenwärtig nicht offen ist, rufen Sie OpenWrite auf. Dateien und Pipes werden von Write nicht geschlossen. Hierfür verwenden Sie Close. In der Voreinstellung erzeugt Write Ausgabe in der Form, wie sie in der Einstellung der Option FormatType für die Ausgabemedien festgelegt wurde. Diese Option wird durch die Anweisung OpenWrite oder OpenAppend festgelegt, kann durch die Anweisung SetOptions geändert werden und ihre anfängliche Voreinstellung ist Inputform. WriteString schreibt Ausdrücke als Zeichenketten in Dateien, Put und PutAppend schreiben Ausdrücke in Dateien, Display schreibt PostScript-Grafik in Dateien und Print schreibt zur Standard-Ausgabe (gewöhnlich der Bildschirm). Fehlermeldungen werden im allgemeinen mit der Anweisung Message geschrieben. *Attribute: Protected. Vergleiche auch:* **Display, Message, OpenWrite, OpenAppend, Print, Put, PutAppend, Read, SetOptions, Close, WriteString**.

**WriteDXF** Utilities'DXF'
**WriteGraph** DiscreteMath'Combinatorica'

**WriteString[*kanal, ausdr1, ausdr2, ...*]** 485, 895
konvertiert die ausdri in Zeichenketten und schreibt sie dann nacheinander in den angegebenen Ausgabekanal. ◇ Die Ausgabe wird durch ein einzelnes Newline (Zeilenvorschub) abgeschlossen. Wenn der Ausdruck eine literale Zeichenkette ist, kann mit den Codes \", \n, \toder \nnn ein literales ", ein Zeilenvorschub, ein Tab und das Zeichen mit dem Hexadezimalkode nnn dargestellt werden. Wenn WriteString wieder aufgerufen wird, hängt es die Ausgabe an die existierende Datei an. Der Ausgabekanal kann eine einzelne Datei oder Pipe oder eine Liste mit Dateien oder Pipes sein, wobei jede durch eine Zeichenkette mit ihrem Namen angegeben wird. Dateien können vor dem Schreiben mit OpenWrite oder OpenAppend geöffnet werden oder WriteString ruft OpenWrite auf, um jede Datei, die gegenwärtig nicht offen ist zu öffnen. WriteString schließt keine Dateien und Pipes. Hierfür können Sie Close verwenden. Write schreibt Ausdrücke als Zeichenketten in Dateien, Put und PutAppend schreiben Ausdrücke in Dateien, Display schreibt PostScript-Grafik in Dateien, und Print schreibt zur Standard-Ausgabe (gewöhnlich der Bildschirm). *Attribute: Protected. Vergleiche auch:* **Write, Put, PutAppend, Display, OpenWrite, OpenAppend, Print, Close**.

**WynnDegree -> *n***
ist eine Option für SequenceLimit, die den Grad des Algorithmus spezifiziert. WynnDegree -> 1 ergibt Aitkens Delta-Quadrat-Algorithmus. WynnDegree ist auch eine Option für NSum und NProduct, die SequenceLimit für die Extrapolation übergeben wird. ◇ Der Vorgabewert von WynnDegree für NProduct, NSum und SequenceLimit ist 1. WynnDegree wird nur als Option für NSum verwendet, wenn die Wynn-Epsilon-Methode spezifiziert worden ist (Method -> Fit). *Attribute: Protected. Vergleiche auch:* **Fit, NSum, NProduct, SequenceLimit**.

## X

**Xor[*a1, a2, ...*]** 94, 730, 895
ist die logische XOR-Funktion (Exklusiv-Oder). Sie ergibt True, wenn eine ungerade Anzahl der ai True und der Rest False sind. Sie ergibt False, wenn eine gerade Anzahl der ai True und der Rest False sind. ◇ Xor liefert die Werte True, False oder ein symbolisches Ergebnis in einer teilweise vereinfachten Form. Ein symbolisches Ergebnis kann mit LogicalExpand entwickelt werden. *Attribute: Flat OneIdentity Orderless Protected. Vergleiche auch:* **LogicalExpand, True, False, And, Or, Not, Implies.**

**XShadow** Graphics'Graphics3D'
**XShadowPosition** Graphics'Graphics3D'
**XSpacing** Graphics'Graphics3D'

## Y

**YIQColor** Graphics'Colors'
**YShadow** Graphics'Graphics3D'
**YShadowPosition** Graphics'Graphics3D'
**YSpacing** Graphics'Graphics3D'

## Z

**ZeroLimit** Calculus'Common'Support'
**ZeroMatrix** LinearAlgebra'MatrixManipulation'
**ZeroTest -> *test*** 662, 896
ist eine Option für LinearSolve und andere Funktionen der linearen Algebra, die eine Funktion angibt, die auf Konstruktionen von Matrixelemente angewendet wird, um zu bestimmen, ob sie als gleich Null betrachtet werden sollen. ◇ ZeroTest ist eine Option für LinearSolve, NullSpace, PolynomialGCD und RowReduce. Ihr Vorgabewert ist (Together[#]==0&). Während der Vorgabewert angemessen ist, solange Sie mit komplexen Zahlen arbeiten, werden andere ZeroTest-Einstellungen benötigt, wenn Sie über einem endlichen Ring (z.B. $Z_p$) oder über dem Ring der ganzen Zahlen arbeiten. Wenn Sie über dem Ring $Z_p$ der ganzen Zahlen modulo p arbeiten, ist ZeroTest -> (Mod[#,p]==0&) eine geeignete Einstellung. Wenn Sie über Polynomen arbeiten, sind ZeroTest -> (Expand[#]==0&) oder eine bestimmte Kombination von ExpandAll und Together geeignete Einstellungen. *Attribute: Protected. Vergleiche auch:* **ExpandAll, LinearSolve, Mod, NullSpace, PolynomialGCD, RowReduce, Together, tests.**

**Zeta** Graphics'Graphics3D'
**Zeta[*s*]** 2, 571, 574, 896
liefert die Riemannsche Zeta-Funktion zeta(s). Zeta[s, a] liefert die verallgemeinerte Riemannsche Zeta-Funktion. ◇ Zeta[s]=Zeta[s,0], wobei Zeta[s,a] durch Sum[1/(k+a)^s,{k,0,Infinity}] definiert ist und jeder Term mit k+a=0 von der Summation ausgeschlossen wird. Diese Funktion wird auch als Hurwitzsche Zeta-Funktion bezeichnet. Eine berühmte Vermutung, bekannt als die Riemannsche Hypothese der Zahlentheorie, behauptet, daß die Nullstellen von Zeta[s] alle auf der Geraden Re[s]=1/2 liegen. Eine weitere Vermutung der Zahlentheorie ist, daß die Zeta-Funktion als Produkt über den Primzahlen ausgedrückt werden kann: Zeta[s]=Product[1/(1-p^(-s)),{PrimeQ[p]}]. Beachten Sie: Zeta[s,a]=LerchPhi[1,s,a] (und damit Zeta[s]=LerchPhi[1,s,0]) und Zeta[s]=PolyLog[s,1]. *Attribute: Listable Protected ReadProtected. Vergleiche auch:* **LerchPhi, PolyLog, PrimePi, ReimannSiegelTheta, ReimannSiegelZ, Sum.**
IncludeSingularTerm -> False

**ZShadowPosition** Graphics'Graphics3D'

## $Globale Variablen

Globale Variablen

***$Aborted*** 311, 732, 896

ist ein Spezialsymbol, das als Ergebnis einer abgebrochenen Berechnung zurückgegeben wird. ◇ Die Funktion AbortProtect maskiert zeitweilig die Wirkung aller Abbrüche während einer Berechnung, und die Funktion CheckAbort entfernt diese maskierende Wirkung. Mit den Funktionen MemoryConstrained und TimeConstrained können Abbruchsignale produziert werden, wenn ein angegebener Speicher- oder Zeitbedarf überschritten wird. *Attribute: Locked Protected. Vergleiche auch:* **Abort, AbortProtect, CheckAbort, Interrupt, MemoryConstrained, TimeConstrained**.

***$BatchInput*** 529, 742, 896

ist True, wenn die Eingabe in der aktuellen Session dem *Mathematica*-Kern direkt im Batch-Mode übergeben wird. ◇ Diese Variable kann nur auf einem anweisungszeilenorientierten System, wie zum Beispiel UNIX, True sein. *Vergleiche auch:* **$BatchOutput, $Linked, $LinkSupported, $Notebooks, $ParentLink, $PipeSupported, $Remote.**

***$BatchOutput*** 529, 742, 896

ist True, wenn die Ausgabe in der aktuellen Session im Batch-Mode in für andere Programme lesbarer Form gesendet wird. ◇ Diese Variable kann nur auf einem anweisungszeilenorientierten System, wie zum Beispiel UNIX, True sein. *Vergleiche auch:* **$BatchInput, $Linked, $LinkSupported, $Notebooks, $ParentLink, $PipeSupported.**

**$CityFields** Miscellaneous'CityData'

**$CommandLine** 529, 742, 747, 896

ist eine Liste mit Strings, die die Elemente der ursprünglichen Befehlszeile des Betriebssystems enthält, mit der *Mathematica* aufgerufen wurde. ◇ Diese Befehlszeile ist die Anweisung, mit der die Datei mathexe aufgerufen wird. Normalerweise wird diese Datei nicht direkt durch den Nutzer aufgerufen. Stattdessen führt der Nutzer entweder die Script-Dateien math oder mathremote aus, die ihrerseits wiederum mathexe ausführen. (Offensichtlich ist diese Systemvariable für Macintosh- oder Windowsumgebungen nicht von großem Nutzen, aber merkwürdigerweise wird ein Wert zurückgegeben, so als ob eine Befehlszeile verwendet wurde.) *Attribute: Locked Protected. Vergleiche auch:* **Environment, init.m, $MachineID, $MachineName, $MachineType, $OperatingSystem, $Path, $System, $Version.**

**$Context** 333, 711, 745, 896

ist eine globale Variable, die den aktuellen Kontext angibt. ◇ Wenn End, EndAdd oder EndPackage aufgerufen wird, kehrt der aktuelle Kontext zu dem Wert zurück, den er hatte, bevor Begin oder BeginPackage aufgerufen wurde. Die Systemvariable $ContextPath enthält andere Kontexte, die aktiv sind und die jeweils nach Symboldefinitionen durchsucht werden. Die Kontrolle des Kontextes einer Variable ist eine Möglichkeit, Variablen zu erzeugen, deren Wirkungen lokal sind. Eine zweite Möglichkeit ist die Verwendung der Konstruktion Module. *Vergleiche auch:* **Begin, BeginPackage, Context, End, EndAdd, EndPackage, Module, $ContextPath.**

**$ContextPath** 334, 711, 745, 897

ist eine globale Variable, die eine Liste der Kontexte angibt, die bei der Suche nach einem eingegebenen Symbol nach $Context durchsucht werden. ◇ Wenn ein Symbol spezifiziert ist, durchsucht *Mathematica* zuerst den Kontext, der in $Context enthalten ist. Dann durchsucht es der Reihe nach die Liste der Kontexte in $ContextPath nach dem ersten Kontext, in dem das Symbol definiert ist. Wenn das Symbol in keinem dieser Kontexte gefunden wird, wird ein Symbol im aktuellen Kontext erzeugt. Kontexte werden durch Zeichenketten der Form „name'" spezifiziert. Mit der Anweisung Context kann man entweder den aktuellen Kontext (d.h. den Inhalt von $Context) oder den Kontext eines spezifizierten Symbols erhalten. Die Anweisung Contexts liefert eine Liste all jener Kontexte, die während dieser Session geladen wurden, unabhängig davon, ob sie sich noch in $ContextPath befinden. Die Inhalte von $ContextPath werden durch die Konstruktionen Begin-End, Begin-EndAdd oder BeginPackage-EndPackage geändert. Begin und End ändern $ContextPath nicht. EndAdd stellt einen neuen Kontext an den Anfang von $ContextPath. BeginPackage entfernt alle Kontexte, außer System', aus $ContextPath und sichert die alten Werte auf einem Stack. EndPackage stellt dann die Inhalte von $ContextPath vom Stack wieder her und stellt den neuen Kontext an den Anfang. Die Kontrolle des Kontextes einer Variable ist eine Möglichkeit Variablen zu erzeugen, deren Wirkungen lokal sind. Eine zweite Möglichkeit ist die Verwendung der Konstruktion Module. $ContextPath sollte nicht mit $Path verwechselt werden, das die Liste der Verzeichnisse (auf dem Macintosh werden sie Ordner genannt) enthält, die bei der Suche nach einer Datei durchsucht werden. *Vergleiche auch:* **Begin, BeginPackage, Context, End, EndAdd, EndPackage, Module, $Context, $Path.**

***$CreationDate*** 529, 741, 897
liefert Datum und Zeit, zu der Ihre spezielle Ausgabe des *Mathematica*-Kerns erzeugt wurde. ◇ Andere *Mathematica* Funktionen, die die Version des Programms, identifizieren sind $Version, $VersionNumber und $ReleaseNumber. *Attribute: Locked Protected. Vergleiche auch:* **Date, FileDate, FromDate, $DumpDates, $ReleaseNumber, $Version, $VersionNumber**.

***$DefaultFont*** 467, 745 897
liefert den Vorgabe-Schrifttyp für Text in Grafiken. ◇ Diese Variable wird als Voreinstellung der Grafik-Option DefaultFont verwendet. Gewöhnlich lautet der Startwert von $DefaultFont {"Courier,10}. Der Schrifttyp ist als Liste spezifiziert, die den Namen des Schrifttyps als Zeichenkette und seine Größe in Punkten enthält. Verwenden Sie FontForm zur Spezifizierung mehrerer Schrifttypen in einer einzelnen Grafik. *Vergleiche auch:* **FontForm, Graphics, Plot, Plot3D, $DefaultFont**.

**$Display** 465, 518, 742, 897
liefert eine Liste mit Dateien und Pipes, die mit der voreingestellten $DisplayFunction verwendet werden sollen. ◇ Üblicherweise wird $Display von $DisplayFunction als Voreinstellung für grafische Anzeige verwendet. *Vergleiche auch:* **Display, init.m, Plot, Plot3D, Show, $DisplayFunction, $Echo, $Output, $Messages, $SoundDisplay**.

**$DisplayFunction** 399, 742, 897
liefert die Voreinstellung für die Option DisplayFunction in Grafikfunktionen. ◇ Die Grafikfunktionen Plot, Plot3D und Show benutzen DisplayFunction. $DisplayFunction wird anfänglich auf Display[$Display,#]& gesetzt, wodurch veranlaßt wird, daß die PostScript-Grafik-Ausgabe in die Liste von Dateien oder Pipes gesendet wird, die durch die Systemvariable $Display spezifiziert worden sind. Die Variable $SoundDisplay führt eine ähnliche Funktion für Töne aus. *Vergleiche auch:* **Display, DisplayFunction, Plot, Plot3D, Show, $Display, $SoundDisplayFunction.**

**$DotShapes** Graphics'MultipleListPlot'

***$DumpDates*** 529, 741, 897
liefert die Liste aller Daten und Zeiten, zu denen Dump eingesetzt wurde, um das *Mathematica*-System zu erstellen, das gerade läuft. *Attribute: Locked Protected. Vergleiche auch:* **Date, Dump, FileDate, FromDate, $CreationDate, $DumpSupported**.

***$DumpSupported*** 530, 741, 897
ist True, wenn Dump in der von Ihnen eingesetzten *Mathematica*-Version verwendet werden kann, sonst False. ◇ $DumpSupported ist nur auf UNIX-basierten Systemen True. Die Anweisung Dump erzeugt eine ausführbare Datei, die, wenn sie ausgeführt wird, eine *Mathematica*-Session mit denselben Definitionen und Daten wie die gegenwärtige Session startet. Diese Datei ist häufig umfangreich. Andere effiziente Möglichkeiten für die Sicherung Ihrer Arbeit sind die Anweisungen Save und Put (d.h. >>"datei"). *Attribute: Locked Protected. Vergleiche auch:* **Dump, Put, Save, $DumpDates**.

**$Echo** 518, 742, 898
liefert eine Liste mit Dateien und Pipes, zu denen ein Echo der gesamten Eingabe geschickt wird. ◇ Wenn man einen Dateinamen an $Echo anhängt, wird eine primitive Protokoll-Funktion erzeugt. Für eine bessere Implementierung, siehe die Funktion OpenLog im Paket ProgrammingExamples/SessionLog.m. *Vergleiche auch:* **In, InString, $Display, $Pre, $PreRead, $Output, $Messages, $SoundDisplay, $SyntaxHandler**.

**$Epilog** 519, 522, 745, 898
ist eine Symbol, dessen Wert, falls vorhanden, evaluiert wird, wenn ein Dialog oder eine *Mathematica*-Session terminiert wird. ◇ Der Vorgabewert von $Epilog ist Get["end.m"] (d.h. <<"end.m"), der veranlaßt, daß die *Mathematica*-Anweisungen, die in der Datei end.m enthalten sind, eingelesen und ausgeführt werden. Der Wert von $Epilog wird evaluiert, wann immer die Anweisungen Exit oder Quit ausgeführt werden. $Epilog sollte nicht mit Epilog verwechselt werden, einer Option für Graphics und Graphics3D. *Vergleiche auch:* **end.m, Dialog, Epilog, Exit, Quit**.

***$Failed*** 477, 898
ist ein Spezialsymbol, das von bestimmten Funktionen zurückgegeben wird, wenn sie das, was Sie verlangt haben, nicht ausführen können. *Attribute: HoldAll Protected.*

**$FourierFrequencyConsta nt** Calculus'FourierTransform'

**$FourierOverallConstant** Calculus'FourierTransform'

**$IgnoreEOF** 520, 521, 745, 748, 898
spezifiziert, ob *Mathematica* terminieren soll, wenn es als Eingabe ein Dateiende-Zeichen empfängt. ◇ Der Vorgabewert von $IgnoreEOF ist False, das heißt, daß, wenn Sie ein Dateiende-Zeichen eintippen (in UNIX-Systemen normalerweise Ctrl-D), wird *Mathematica* beendet. Wenn Sie *Mathematica* interaktiv verwenden, können Sie $IgnoreEOF gleich True festlegen. Im Stapelverarbeitungsmodus (d.h. wenn eine Anweisung wie zum Beispiel „math<datei" ausgeführt wird), wird *Mathematica* immer beendet, wenn es auf ein Dateiende-Zeichen stößt. *Mathematica* wird nicht beendet, wenn es ein Dateiende-Zeichen mit irgendeiner der Read-Anweisungen einliest. Es konvertiert das Dateiende-Zeichen in das *Mathematica*-Symbol EndOfFile. Die Anweisung Exit oder Quit bewirkt auch, daß *Mathematica* beendet wird. *Vergleiche auch:* **EndOfFile, Exit, Quit, Read, $BatchInput**.

***$Input*** 519, 743, 898
ist eine globale Variable, deren Wert der Name des Stroms ist, von dem gerade die Eingabe für *Mathematica* erwartet wird. ◇ Wenn Zeilen mit der Anweisung Get (d.h. <<"datei") eingelesen und ausgeführt werden, ist folglich der Wert von $Input die Zeichenkette „datei". Während Anweisungen eingelesen werden, werden sie den Symbolen In und InString zugewiesen. $Echo ist eine Liste mit Dateien oder Strömen, zu denen ein Echo der Eingabezeilen gesendet wird, und $Output ist eine Liste mit Dateien oder Strömen, zu denen Ausgabezeilen gesendet werden. *Attribute: Locked Protected. Vergleiche auch:* **Get, In, InString, $Echo, $Output**.

***$Inspector = (fkt)&*** 744, 898
ist eine globale Variable, die eine Funktion liefert, die anzuwenden ist, wenn der Inspector von einem Interrupt-Menü aufgerufen wird. ◇ Die Funktion Interrupt präsentiert ein Menü mit Optionen, einschließlich der Terminierung der *Mathematica*-Session, der Terminierung der Berechnung und der Inspizierung des Systemstatus. Wenn die Option zur Überprüfung des Status gewählt wurde (auch manchmal als Dialog-Option bezeichnet), werden die Inhalte von $Inspector ausgeführt. (LISP-Programmierer können dies mit einem Multi-Level-Debugger vergleichen, wie er in einigen LISP-Varianten vorhanden ist.) *Vergleiche auch:* **Dialog, Interrupt, Return**.

*$Interrupted* 529
◇ Die Funktionen des veralteten Symbols $Interrupted wurden ab *Mathematica* 2.0 durch das Symbol $Aborted ersetzt. *Vergleiche auch:* **Abort, Interrupt, $Aborted**.

***$IterationLimit = n*** 309, 732, 745, 898
ergibt die maximale Länge der Evaluierungskette, die beim Versuch, einen beliebigen Ausdruck zu evaluieren, eingesetzt wird. ◇ Symbole zur Kontrolle laufender Evaluierungen sind: MemoryConstrained, TimeConstrained und $RecursionLimit. Während $IterationLimit jeden Evaluierungstyp kontrolliert, kontrolliert $RecursionLimit nur Evaluierungen der Form f[ausdr] -> f[neuausdr]. Die längste Liste, die von Trace produziert werden kann, hat die Länge $IterationLength. Mit der Funktion Check können Ausdrücke abfangen werden, die $IterationLimit überschreiten. Beachten Sie, daß $IterationLimit nicht die Gesamtanzahl der Evaluierungsschritte in einem gegebenen Ausdruck beschränkt, sondern die maximale Länge der Evaluierungskette. *Vergleiche auch:* **Check, MemoryConstrained, Trace, $RecursionLimit**.

***$Language*** 391, 519, 745, 899
ist eine Liste mit Zeichenketten, die die zu verwendenden Sprachen für Meldungen benennen. ◇ Die Sprachen werden üblicherweise mit ihrem englischen Namen angegeben. Wenn eine Meldung der Form symbol::"tag" angefordert wird, wird die Liste der Sprachen durchsucht und die erste Meldung der Form symbol::"tag"::"sprache" gedruckt, die gefunden wird. Wenn keine Meldung in irgendeiner der angeforderten Sprachen gefunden wird, wird die voreingestellte Meldung symbol::"tag" gedruckt. Meldungen können mit den Funktionen Message, Information oder dem ?-Operator angefordert werden oder durch einen von *Mathematica* gefundenen Fehler verursacht werden. Meldungen können mit dem Operator MessageName (d.h. symbol::"tag" oder symbol::"tag"::"sprache") erzeugt werden. Sie können mit dem Operator Message gedruckt werden. *Vergleiche auch:* **Information, Message, MessageName, ?, ??**.

***$Letters*** 379, 745, 899
ist eine Liste, die die Zeichen enthält, die als Buchstaben zu behandeln sind. Die klein- und großgeschriebenen Formen eines Buchstabens können in einer Unterliste angegeben werden. ◇ Der Vorgabewert von $Letters sind die Buchstaben der englischen Sprache. Einzelne Buchstaben können als Zeichenketten, und Buchstaben mit unterschiedlichen groß- und kleingeschriebenen Formen können als Liste der beiden Formen hinzugefügt werden. Die Tests LetterQ, LowerCaseQ und UpperCaseQ benutzen den Wert von $Letters. Die Funktionen ToUpperCase und ToLowerCase benutzen ebenfalls $Letters. Der Test StringMatchQ scheint $Letters nicht zu verwenden. *Vergleiche auch:* **LetterQ, LowerCaseQ, UpperCaseQ, ToLowerCase, ToUpperCase, metazeichen**.

**$Line** 513, 743, 899
ist eine globale Variable, die die Nummer der aktuellen Eingabezeile angibt. ◇ Wenn Sie den Wert von $Line vermindern, können alte Werte von In, Out und InString überschrieben werden. *Vergleiche auch:* **Format, In, InString, Out**.

**$LineStyles** Graphics'MultipleListPlot'

***$Linked*** 529, 741, 899
ist True, wenn der *Mathematica*-Kern über MathLink läuft. ◇ MathLink ist das WRI-Protokoll, mit dem *Mathematica* auf Maschinen, die Pipes unterstützen, mit anderen Programmen kommunizieren kann. Dieses Protokoll wird in einem Technical Report von WRI dokumentiert (siehe Kapitel H). Die Variable $PipeSupported gibt an, ob das Betriebssystem Pipes unterstützt. $LinkSupported gibt an, ob MathLink unterstützt wird. *Attribute: Locked Protected. Vergleiche auch:* **$BatchInput, $LinkSupported, $Notebooks, $ParentLink, $PipeSupported**.

***$LinkSupported*** 530, 741, 899
ist True, wenn MathLink in der von Ihnen gerade eingesetzten Version von *Mathematica* verwendet werden kann, sonst False. ◇ MathLink ist das WRI-Protokoll, mit dem *Mathematica* auf Maschinen, die Pipes unterstützen, mit anderen Programmen kommunizieren kann. Dieses Protokoll wird in einem Technical Report von WRI dokumentiert (siehe Kapitel H). *Attribute: Locked Protected. Vergleiche auch:* **$BatchInput, $Linked, $MachineType, $Notebooks, $OperatingSystem, $ParentLink, $PipeSupported, $Version**.

***$MachineEpsilon*** 546, 741, 899
liefert die kleinste Zahl mit Maschinengenauigkeit, die zu 1.0 hinzuaddiert eine Zahl ungleich 1.0 ergibt. ◇ MachineNumberQ bestimmt, ob eine Zahl in Maschinengenauigkeit statt mit beliebiger Präzision verwaltet wird. $MachinePrecision liefert die Anzahl der signifikanten Dezimalstellen für Zahlen in Maschinengenauigkeit. $MaxMachineNumber und $MinMachineNumber enthalten die größten und kleinsten Zahlen (in Absolutbetrag), die durch eine Zahl in Maschinengenauigkeit dargestellt werden können. Chop konvertiert jede kleine Zahl in Null. *Attribute: Protected. Vergleiche auch:* **Chop, MachineNumberQ, $MachinePrecision, $MaxMachineNumber, $MinMachineNumber**.

**$MachineID** 530, 741, 899
ist ein String, der, wenn möglich, einen eindeutigen Identifizierungscode für den verwendeten Computer angibt. ◇ $MachineID wird von einigen Systemen zum Kopierschutz verwendet. Mit Encode und $MachineID kann eine Datei für die Verwendung auf einem bestimmten Rechner verschlüsselt werden. Auf Rechnern, die keinen eindeutigen Identifizierungscode unterstützen, gibt diese Funktion „no mathid" aus. Andere ähnliche Funktionen sind $MachineName, die den Namen des einzelnen Rechners liefert, $MachineType und $System, die den Typ der verwendeten Hardware angeben, $OperatingSystem, die das verwendete Betriebssystem angibt, und $Version, die die Version von *Mathematica* liefert. *Attribute: Locked Protected. Vergleiche auch:* **Encode, MachineID, $MachineName, $MachineType, $OperatingSystem, $Version**.

**$MachineName** 530, 741, 900
ist eine Zeichenkette, die den dem eingesetzten Computer zugewiesenen Namen angibt, wenn ein solcher Name definiert ist. ◇ $MachineName wird von einigen Systemen für den Kopierschutz verwendet. MachineName ist eine Option für die Anweisung Encode, die den Rechner angibt, der für die Verschlüsselung vorausgesetzt wird. Andere ähnliche Funktionen sind $MachineID, die die ID-Zahl, falls vorhanden, des einzelnen Rechners angibt, $MachineType und $System, die den Typ der verwendeten Hardware angeben, $OperatingSystem, die das verwendete Betriebssystem angibt, und $Version, die die Version von *Mathematica* liefert. *Vergleiche auch:* **MachineName, $MachineID, $MachineType, $OperatingSystem, $System, $Version**.

***$MachinePrecision*** 540, 546, 741, 900
liefert die Anzahl der präzisen Dezimalstellen für Zahlen in Maschinengenauigkeit. ◇ MachineNumberQ bestimmt, ob eine Zahl in Maschinengenauigkeit statt mit beliebiger Präzision verwaltet wird. Der N-Operator konvertiert eine ganze Zahl, eine rationale Zahl oder ein Symbol in eine Gleitpunktzahl, wobei in der Voreinstellung eine Zahl mit der Präzision $MachinePrecision produziert wird. Mit den Funktionen Precision und SetPrecision können Sie die Anzahl der gespeicherten signifikanten Dezimalstellen einer Zahl besichtigen und festlegen. $MachineEpsilon ist die minimale positive Zahl in Maschinengenauigkeit, die zu 1.0 hinzuaddiert eine Zahl ungleich 1.0. ergibt. $MaxMachineNumber und $MinMachineNumber enthalten die größte und die kleinste Zahl (im Absolutbetrag), die durch eine Zahl in Maschinengenauigkeit dargestellt werden kann. *Attribute: Protected. Vergleiche auch:* **MachineNumberQ, N, Precision, SetPrecision, $MachineEpsilon, $MaxMachineNumber, $MinMachineNumber**.

***$MachineType*** 530, 741, 900
ist ein String, der den allgemeinen Computertyp angibt, auf dem *Mathematica* gerade läuft. ◇ $System liefert eine speziellere Beschreibung des Computers. Andere ähnliche Funktionen sind $MachineID, die die ID-Zahl des einzelnen Rechners angibt, $MachineName, die den Namen des Computers angibt, $OperatingSystem, die das verwendete Betriebssystem angibt, und $Version, die die Version von *Mathematica* angibt. *Attribute: Locked Protected. Vergleiche auch:* **$MachineID, $MachineName, $OperatingSystem, $System, $Version**.

***$MaxMachineNumber*** 546, 741, 900
ist die größte Zahl mit Maschinengenauigkeit, die auf einem bestimmten Computer verwendet werden. ◇ $MaxMachineNumber enthält die größte Zahl, die von einer Zahl mit Maschinengenauigkeit dargestellt werden kann. Diese ist durch die Anzahl der Bits des Exponenten festgelegt, die von der Hardware für die Darstellung von Maschinen-Gleitpunktzahlen verwendet werden, und unterscheidet sich für die einzelnen Computer. MachineNumberQ bestimmt, ob eine Zahl in Maschinengenauigkeit statt mit beliebiger Präzision verwaltet wird. $MachineEpsilon ist die minimale positive Zahl mit Maschinengenauigkeit, die zu 1.0 hinzuaddiert eine Zahl ungleich 1.0. ergibt. $MachinePrecision liefert die Anzahl der signifikanten Dezimalstellen für Zahlen mit Maschinengenauigkeit. $MaxMachineNumber und $MinMachineNumber enthält die größte und kleinste Zahl (in Absolutbetrag), die durch eine Zahl mit Maschinengenauigkeit dargestellt werden kann. *Attribute: Protected. Vergleiche auch:* **MachineNumberQ, $MachineEpsilon, $MachinePrecision, $MaxNumber, $MinMachineNumber**.

***$MaxNumber***
ergibt die größte darstellbare Zahl. ◇ Die Variablen $MachineEpsilon, $MachinePrecision und $MaxMachineNumber beziehen sich alle auf die Speicherung einer Zahl im Maschinenformat des jeweiligen Rechners, die für Zahlen moderater Größe verwendet wird. *Attribute: Protected. Vergleiche auch:* **$MachineEpsilon, $MachinePrecision, $MaxMachineNumber, $MinNumber**.

***$MessageList*** 389, 522, 743, 900
ist eine globale Variable, die eine Liste der Namen der Meldungen enthält, die während der Evaluierung der aktuellen Eingabezeile erzeugt werden. Jeder Meldungsname wird in HoldForm[ ] eingeschlossen. $MessageList wird in MessageList[n] gespeichert und auf { } zurückgesetzt, nachdem die n-te Ausgabezeile erzeugt wurde. ◇ Wenn eine Meldung durch die Anweisung Off ausgeschaltet wurde, wird sie nicht in $MessageList aufgelistet, auch wenn sie erzeugt wurde. Mit der Anweisung Check können Meldungen abgefangen und dann entsprechend Handlungen ausgeführt werden. *Attribute: Protected. Vergleiche auch:* **Check, MessageList, MessageName, Off, On**.

***$MessagePrePrint*** 388, 519, 744, 900
ist eine globale Variable, deren Wert, wenn sie einen hat, auf Ausdrücke angewandt wird, ehe sie im Text von Meldungen eingefügt werden. ◇ Der Vorgabewert von $MessagePrePrint ist Short, der bewirkt, daß alle übermäßig langen Meldungen in einer abgekürzten Form angezeigt werden. $MessagePrePrint wird angewandt, nachdem der Ausdruck in HoldForm eingehüllt wird. $MessageList ist eine Liste der Meldungen, die während der Evaluierung der aktuellen Eingabezeile ausgegeben werden, und $PrePrint und $PreRead wenden Funktionen auf die Ausgabe bzw. Eingabe an. *Vergleiche auch:* **HoldForm, Message, Short, $MessageList, $PrePrint, $PreRead**.

**$Messages** 518, 742, 900
liefert die Liste mit Dateien und Pipes, in die die Meldungsausgabe gesendet wird. ◇ Der Vorgabewert von $Messages ist die Liste, die nur die Pipe „stdout" enthält, womit *Mathematica* angewiesen wird, Ausgabe zum Bildschirm zu senden. Mit $Messages können alle Meldungen protokolliert werden. $Display, $Echo, $Output und $SoundDisplay sind Listen mit Dateien und Pipes, zu denen Grafik-Ausgabe, Eingabezeilen, Standardausgabe und Töne gesendet werden. OutputStream ist der Kopf einer offenen Datei oder Pipe. Meldungen werden mit der Anweisung Message gesendet und können mit den Anweisungen On und Off ein- bzw. ausgeschaltet werden. *Vergleiche auch:* **Message, Off, On, OutputStream, $Display, $Echo, $Output, $SoundDisplay**.

***$MinMachineNumber*** 546, 741, 901
ist die kleinste positive Zahl mit Maschinengenauigkeit, die auf einem bestimmten Computer verwendet werden kann. ◇ $MinMachineNumber enthält die kleinste Zahl (in Absolutbetrag), die durch eine Zahl mit Maschinengenauigkeit dargestellt werden kann. Diese ist durch die Anzahl der Bits des Exponenten festgelegt, die von der Hardware für die Darstellung von Maschinen-Gleitpunktzahlen verwendet werden, und unterscheidet sich für die einzelnen Computer. MachineNumberQ bestimmt, ob eine Zahl in Maschinengenauigkeit belassen wurde oder ob sie eine beliebige Präzision hat. $MachineEpsilon ist die minimale positive Zahl mit Maschinengenauigkeit, die zu 1.0 hinzuaddiert eine Zahl ungleich 1.0. ergibt. $MachinePrecision liefert die Anzahl der signifikanten Dezimalstellen für Zahlen mit Maschinengenauigkeit. $MaxMachineNumber enthält die größte (in Absolutbetrag) Zahl, die durch eine Zahl mit Maschinengenauigkeit dargestellt werden kann. *Attribute: Protected. Vergleiche auch:* **MachineNumberQ, $MachineEpsilon, $MachinePrecision, $MaxMachineNumber, $MinNumber.**

***$MinNumber***
ergibt die kleinste (positive) darstellbare Zahl. *Attribute: Protected. Vergleiche auch:* **$MachineEpsilon, $MachinePrecision, $MinNumber, $MinMachineNumber.**

***$ModuleNumber*** 322, 743, 901
ergibt die aktuelle Seriennummer, die für lokale Variablen verwendet werden soll, die von Module[ ] erzeugt wurden. ◇ Wenn eine neue lokale Variable mit dem Namen x durch ein Modul erzeugt wird, wird der tatsächliche Name mit x$n angegeben, wobei n der Wert von $ModuleNumber ist, bevor die Anweisung Module oder Unique aufgerufen wurde. Bei jedem Aufruf von Module wird der Wert von $ModuleNumber um eins erhöht. Der Wert von $ModuleNumber kann betrachtet oder verändert werden, wenn er aber vermindert wird, kann derselbe Variablenname verwendet werden, und dies kann zu Problemen führen. Wenn eine neue Variable mit dem Namen x mit der Anweisung Unique["x"] erzeugt wird, ist der tatsächliche Name der Variable xn, wobei n nicht der Wert von $ModuleNumber ist, sondern die kleinste ganze Zahl, für die der Name eindeutig ist. Die Systemvariable $NewSymbol enthält eine Funktion, die auf den Namen eines jeden neuen Symbols angewandt wird, wenn es erzeugt wird. Die Anweisung Names liefert die Namen aller Symbole, die zu einem spezifizierten Muster passen. *Vergleiche auch:* **Module, Names, Symbol, Unique, $NewSymbol.**

***$NewMessage*** 390, 744, 901
ist eine globale Variable, die, wenn sie gesetzt ist, auf die Symbolnamen und die Etiketten von solchen Meldungen angewendet wird, die angefordert, aber noch nicht definiert worden sind. ◇ Mit $NewMessage kann eine Datei definiert werden, die die Anwendungs-Meldungen für Symbole enthält, die noch nicht definiert wurden. Wenn das Symbol bereits definiert wurde, werden die Inhalte von $NewMessage nicht angewandt. Eine nützliche Einstellung für $NewMessage wäre: $NewMessage:=ToExpression[FindList["datei",ToString[MessageName[#1,#2]]]]&, die in der Datei „datei" nach Zeile sucht, die die Zeichenkette symbol::tag enthalten, und dann diese Zeile als *Mathematica*-Eingabe evaluiert. *Vergleiche auch:* **Message, MessageName, $NewSymbol.**

***$NewSymbol*** 386, 711, 744, 901
ist eine globale Variable, die, wenn sie gesetzt ist, auf den Namen und den Kontext eines jeden neuen Symbols angewendet wird, das *Mathematica* erzeugt. ◇ $NewSymbol wird nicht auf Variablen angewendet, die mit dem Konstrukt Module erzeugt wurden, aber es wird auch dann angewandt, wenn eine Variable bereits mit einem Stub-Attribut von einer DeclarePackage-Anweisung erzeugt wurde. *Vergleiche auch:* **Context, DeclarePackage, Module, Names, Symbol, $NewMessage.**

***$Notebooks*** 529, 742, 901
ist True, wenn *Mathematica* mit einer Notebook-Benutzeroberfläche verwendet wird. *Attribute: Protected. Vergleiche auch:* **$BatchInput, $Linked, $PipeSupported.**

***$NumberBits[x]***
liefert eine Liste, die das Vorzeichen, eine Liste der Bits, die als korrekt angesehen werden, eine Liste der Bits, die nicht als korrekt angesehen werden, und den binären Exponenten enthält. Die Zahl x muß den Kopf Real haben. ◇ $NumberBits zeigt die Maschinendarstellung der reellen Zahl an. Die Stellen, die als korrekt aufgelistet sind, sind jene, deren Anzahl durch Precision[x] festgelegt ist, während die Ziffern, die als nicht korrekt aufgelistet sind, als Teil der Implementierung gespeichert werden, aber sie sind nicht zuverlässig. Ähnliche Symbole sind $MachinePrecision und $MaxMachineNumber, die die Form angeben, in der Zahlen gespeichert werden. *Attribute: Listable Protected. Vergleiche auch:* **Precision, Real, $MachinePrecision, $MaxMachineNumber.**

**$Off**
wird verwendet, um Meldungen zu markieren, die ausgeschaltet wurden. ◇ $Off wird von den Ablaufverfolgungs-Funktionen On und Off verwendet, um eine Meldung ein- oder auszuschalten. Wenn eine Meldung ausgeschaltet ist, wird sie von der Funktion $Off in der Liste der Meldungen, die mit dem Symbol verknüpft sind, eingeschlossen. Meldungen können mit der Anweisung MessageName (oder symbol::"tag" = "message") definiert, mit der Anweisung Message ausgegeben und mit der Anweisung Messages betrachtet werden. *Attribute: Locked Protected. Vergleiche auch:* **Message, MessageName, Messages, Off, On**.

***$OperatingSystem*** 530, 741, 901
ist ein String, der den Typ des Betriebssystems angibt, unter dem *Mathematica* läuft. ◇ Die globalen Variablen $LinkSupported und $PipeSupported geben an, ob bestimmte Möglichkeiten des Betriebssystems unterstützt werden *Attribute: Locked Protected. Vergleiche auch:* **$LinkSupported, $MachineID, $MachineName, $MachineType, $PipeSupported, $System, $Version**.

**$Output** 518, 742, 901
liefert die Liste der Dateien und Pipes, an die von *Mathematica* Standardausgabe geschickt wird. ◇ Der Vorgabewert von $Output ist die Liste, die nur die Pipe OutputStream["stdout", 1] enthält und die Ausgabe nur zum Bildschirm sendet. Die Standardausgabe ist sowohl jene Ausgabe, die von der Anweisung Print produziert wird, als auch die Ausgabe, die der Variablen Out zugewiesen wird . $Display, $Echo, $Messages und $SoundDisplay sind Listen mit Dateien und Pipes, in die Grafik-Ausgabe, Eingabezeilen, Meldungen und Töne gesendet werden. Die Werte von $PrePrint und $Post sind Funktionen, die auf die Ausgabe angewendet werden, bevor sie gedruckt wird. Sie unterscheiden sich dadurch, daß $Post angewandt wird, bevor Out ein Wert zugewiesen wird, während $PrePrint angewandt wird, nachdem Out ein Wert zugewiesen wurde. Die charakteristischen Eigenschaften von Dateien oder Pipes, die in $Output aufgelistet sind, können mit der Anweisung SetOptions geändert werden. Wenn $Output ein Dateiname angehängt wird, wird eine primitive Protokollfunktion erzeugt. Wegen einer besseren Implementierung, siehe die Funktion OpenLog im Paket ProgrammingExamples/SessionLog.m. *Vergleiche auch:* **Out, Print, SetOptions, $Display, $Echo, $Messages, $PrePrint, $Post, $SoundDisplay**.

***$OutputForms*** 346, 516
ist eine Liste der Formatierungsfunktionen, die entfernt werden, wenn die Ausgabe in sie eingehüllt wurde. ◇ Der Vorgabewert von $OutputForm ist eine Vereinigung der Werte der Liste $PrintForms mit den Formen Short, Shallow, MatrixForm, TableForm, TreeForm, FullForm, NumberForm, EngineeringForm, ScientificForm, PaddedForm, AccountingForm und BaseForm. Mit der Funktion Format kann einem *Mathematica*-Symbol ein Ausgabeformat zugewiesen werden. Die Werte von $PrePrint und $Post sind Funktionen, die auf die Ausgabe angewendet werden, bevor sie gedruckt wird. Sie unterscheiden sich dadurch, daß $Post angewandt wird, bevor Out ein Wert zugewiesen wird, während $PrePrint angewandt wird, nachdem Out ein Wert zugewiesen wurde. *Attribute: Protected. Vergleiche auch:* **BaseForm, Format, FullForm, MatrixForm, NumberForm, Short, TreeForm, $Post, $PrintForms**.

***$Packages*** 338, 745, 902
liefert eine Liste der Kontexte, die zu allen Paketen gehören, die in Ihrer aktuellen *Mathematica*-Session bislang geladen wurden. ◇ Der Inhalt von $Packages ähnelt jenem von $ContextPath, sie werden jedoch unterschiedlich angewendet, und sie können unabhängig voneinander verändert werden (obwohl es selten geschieht). Pakete können entweder mit der Anweisung Needs oder Get (d.h. <<"datei") geladen werden. Die Anweisung DeclarePackage verknüpft ein Paket mit einer Menge von Symbolnamen, so daß das Paket geladen wird, wann immer sich auf eines der Symbole bezogen wird. *Attribute: Protected. Vergleiche auch:* **Contexts, DeclarePackage, EndPackage, Get, Needs, $ContextPath**.

**$Path** 181, 490, 745, 902
liefert eine Liste der Verzeichnisse, die beim Versuch eine externe Datei zu finden, durchsucht werden. *Vergleiche auch:* **Environment, $ContextPath, $PathnameSeparator**.

**$PathnameSeparator**
ist eine Zeichenkette, die vom jeweiligen Betriebssystem verwendet wird, um die Namen von Verzeichnissen und Dateien in Pfadnamen zu trennen. ◇ $PathnameSeparator hat auf Unix-Systemen den Wert „/", auf MS-DOS-Systemen den Wert „\" und „:" auf Macintosh-Computern. Die Anweisung ContextToFilename verwendet $PathnameSeparator, um einen expliziten Pfad von einem Kontextnamen zu erzeugen. Die Systemvariable $Path wird auf eine Liste der Verzeichnisse gesetzt, die bei der Suche nach einer Datei durchsucht werden. *Attribute: Protected . Vergleiche auch:* **ContextToFilename, $Path**.

***$Pipes***
ist True, wenn in dieser Version von *Mathematica* Pipes verwendet werden können, sonst False. *Attribute: Locked Protected.*

***$PipeSupported*** 530, 741, 902
ist True, wenn Pipes in Ihrer Version von *Mathematica* verwendet werden können, sonst False. ◇ $PipeSupported ist auf den meisten UNIX-Systemen True. Auf dem Macintosh und MS-DOS-Systemen ist es False. In *Mathematica* wird eine Pipe als ein anderer Typ von Strom betrachtet. Es wird als Objekt angesehen, dessen Kopf OutputStream oder InputStream ist. Diese Ströme werden mit OpenRead oder OpenWrite geöffnet. Die Anweisung Streams listet alle Ströme auf, die gerade offen sind. *Attribute: Locked Protected. Vergleiche auch:* **OpenRead, OpenWrite, OutputStream, Streams, $DumpSupported, $LinkSupported**.

**$Post** 514, 744, 902
ist eine globale Variable, deren Wert, sofern sie einen hat, auf jeden Ausgabe-Ausdruck angewandt wird. ◇ $Post wird zugewiesen, bevor der Variablen Out Werte zugewiesen werden . Die Einstellung $Post gleich N erzwingt die numerische Evaluierung aller nachfolgenden Ausgaben. Die Einstellung $Post gleich . (d.h. $Post =.), löscht den Wert von $Post. $PrePrint unterscheidet sich von $Post dadurch, daß es angewandt wird, nachdem der Variablen Out Werte zugewiesen wurden . Die Variablen $PreRead und $Pre werden auf Eingabezeilen angewendet, während sie noch in Zeichenkettenform sind bzw. nach der Syntaxanalyse. *Vergleiche auch:* **Out, $Pre, $PrePrint, $PreRead**.

**$Pre** 514, 744, 902
ist eine globale Variable, deren Wert, sofern sie einen hat, auf jeden Eingabe-Ausdruck angewendet wird. ◇ Die durch $Pre spezifizierte Funktion wird auf die Eingabe angewendet, nachdem InString ein Wert zugewiesen und die Zeile syntaktisch analysiert wurde, aber bevor der Variablen In Werte zugewiesen werden. Hierin unterscheidet sie sich von $PreRead, das auf die Eingabezeile angewendet wird, während sie noch eine Zeichenkette ist und bevor sie syntaktisch analysiert wird. Die Werte der Systemvariablen $Post und $PrePrint werden nach der Evaluierung des Ausdrucks angewandt und bevor bzw. nachdem Out Werte zugewiesen wurden. Außer wenn die Wirkung von $Pre die Verhinderung der Evaluierung einiger ihrer Argumente umfaßt, hat es dieselbe Wirkung wie $Post. Im Falle eines Fehlers wird der Wert der Systemvariablen $SyntaxHandler auf den Eingabestring nach $PreRead, aber vor $Pre angewendet. *Vergleiche auch:* **In, InString, $Post, $PrePrint, $PreRead, $SyntaxHandler**.

**$PrePrint** 514, 744, 902
ist eine globale Variable, deren Wert, sofern sie einen hat, auf jeden Ausdruck angewendet wird, bevor er gedruckt wird. ◇ $PrePrint wird häufig für Formatierungsanweisungen verwendet. Die Inhalte dieser Variablen haben keinen Einfluß darauf, welche Werte der Variablen Out zugewiesen werden. Mit der Anweisung Format kann das voreingestellte Ausgabeformat von spezifizierten Funktionen verändert werden. Die ähnliche Variable $Post unterscheidet sich von $PrePrint dadurch, daß sie angewandt wird, bevor der Variablen Out Werte zugewiesen werden. Die Funktion $PreRead wird auf den Eingabestring angewendet, bevor er syntaktisch analysiert wird und die Funktion $Pre wird auf den Eingabe-Ausdruck angewendet, nachdem er syntaktisch analysiert wird, aber bevor entweder In oder Instring ein Wert zugewiesen wird. *Vergleiche auch:* **Format, Out, $OutputForms, $Post, $Pre, $PreRead**.

***$PreRead*** 514, 744, 903
ist eine globale Variable, deren Wert, sofern sie einen hat, auf den Text jedes Eingabe-Ausdrucks angewendet wird, ehe er in *Mathematica* eingespeist wird. ◇ Die Funktion, die in $PreRead enthalten ist, wird auf die Eingabezeile angewendet, während sie noch eine Zeichenkette ist, bevor sie syntaktisch analysiert wird und bevor entweder InString oder In Werte zugewiesen werden. Hierin unterscheidet sie sich von $Pre, die auf den Eingabe-Ausdruck angewendet wird, nachdem $PreRead angewandt wurde und nachdem InString ein Wert zugewiesen wurde, aber bevor In ein Wert zugewiesen wird . Die Werte der Systemvariablen $Post und $PrePrint werden nach der Evaluierung des Ausdrucks angewandt und bevor bzw. nachdem Out Werte zugewiesen wurden. Der Wert der Systemvariablen $SyntaxHandler wird im Falle eines Fehlers auf den Eingabestring nach $PreRead, aber vor $Pre angewendet. *Vergleiche auch:* **In, InString, $Post, $Pre, $PrePrint, $SyntaxHandler**.

**$PrintForms**
ist die Liste der grundlegenden Druckformen. Sie wird automatisch aktualisiert, wenn Format-Definitionen mit neuen Druckformen ausgeführt werden. ◇ Der Anfangswert von $PrintForms ist die Liste {TextForm, OutputForm, InputForm, CForm, FortranForm, TeXForm}. Die Liste $PrintForms wird automatisch zur Liste $OutputForms hinzugefügt, die aus Funktionen besteht, die zur Formatierung dienen und entfernt werden, bevor der Wert Out zugewiesen wird. *Attribute: Locked Protected* . *Vergleiche auch:* **CForm, Format, FortranForm, InputForm, OutputForm, TeXForm, TextForm, $OutputForms**.

**$RecursionLimit =** ***n*** 308, 309, 330, 528, 732, 745, 903
liefert den aktuellen Höchstwert für die Anzahl der Rekursionsstufen, die *Mathematica* verwenden kann. ◇ Der Vorgabewert von $RecursionLimit ist 256. Ein Ausdruck, in dessen Evaluierung $RecursionLimit überschritten wird, liefert den teilweise evaluierten Ausdruck, wobei der unevaluierte Anteil in eine Hold-Funktion eingeschlossen ist. Weitere Symbole zur Kontrolle davongelaufener Evaluierungen sind MemoryConstrained, TimeConstrained und $IterationLimit. $RecursionLimit kontrolliert nur Evaluierungen der Form f[ausdr] -> f[neuausdr], während $IterationLimit alle Arten der Evaluierung kontrolliert. Mit der Funktion Check können Ausdrücke abgefangen werden, die $RecursionLimit überschreiten. *Vergleiche auch:* **Check, Hold, MemoryConstrained, TimeConstrained, $IterationLimit**.

***$ReleaseNumber*** 529, 741, 903
ist eine ganze Zahl, die die aktuelle Releasenummer des *Mathematica*-Kerns angibt und die für nachfolgende Releases jeweils erhöht wird. ◇ $CreationDate, $DumpDates, $Version und $VersionNumber sind globale Variablen, die die verwendete Version von *Mathematica* identifizieren. *Attribute: Locked Protected. Vergleiche auch:* **$CreationDate, $DumpDates, $Version, $VersionNumber**.

**$Remote**
ist True, wenn *Mathematica* im Fern-Modus oder mit einer Benutzeroberfläche verwendet wird, sonst False. ◇ Auf vielen Systemen wird die Einstellung von $Remote durch die An- bzw. Abwesenheit der Befehlszeilenoption „-remote" kontrolliert. (Der Nutzer legt sie gewöhnlich nicht direkt fest, sondern durch Aufruf entweder des Scriptes math oder des Scriptes mathremote.) Die Variable $BatchInput gibt an, ob die Eingabe aus einer Batch-Datei kommt. Die Variable $PipeSupported gibt an, ob das Betriebssystem Pipes unterstützt. $LinkSupported gibt an, ob MathLink unterstützt wird. Die ähnlichen Variablen $Linked und $Notebooks geben an, ob *Mathematica* mittels eines MathLink-Protokolls oder mit einer Notebook-Benutzeroberfläche läuft. $ParentLink ist, falls vorhanden, der Name des Verbindungsgliedes, über das *Mathematica* mit einer Benutzeroberfläche kommuniziert. *Attribute: Locked Protected. Vergleiche auch:* **$BatchInput, $Linked, $LinkSupported, $Notebooks, $ParentLink, $PipeSupported**.

***$SessionID*** 324, 530, 742, 903
ist eine Zahl, die eindeutig der jeweiligen *Mathematica*-Session zugeordnet wird. ◇ Der Wert von $SessionID basiert auf den Werten von AbsoluteTime, $MachineID (wenn definiert) und, auf UNIX-Rechnern, Betriebssystem-Parametern wie zum Beispiel der Prozeß-ID. Er wird so gestaltet, daß eine *Mathematica*-Session eindeutig identifiziert werden kann. *Attribute: Protected. Vergleiche auch:* **AbsoluteTime, $MachineID**.

***$SoundDisplay*** 518
◇ $SoundDisplay ist eine Liste der Dateien oder der Ausgabeströme, die die Ausgabe der Anweisungen Play oder PlayList empfangen. Wenn ein Ton in eine Datei geschrieben wird, werden die digitalen Abtastungen, die Hexadezimalformat zu haben scheinen, in eine PostScript-Datei eingefügt. $Display, $Echo, $Messages und $Output sind Listen mit Dateien und Pipes, zu denen Grafik-Ausgabe, Eingabezeilen, Meldungen und Ausgabe gesendet werden. *Vergleiche auch:* **Streams, $Display, $Echo, $Messages, $Output**.

***$SoundDisplayFunct ion*** 476, 742, 903
ergibt die Voreinstellung für die Option DisplayFunction in Ton-Funktionen. ◇ Die Funktionen, die die globale Variable $SoundDisplayFunction verwenden, sind ListPlay, Play und Show. Der Anfangswert von $SoundDisplayFunction ist (Display[$SoundDisplay, #])&, wobei $SoundDisplay eine Liste von Dateien und Pipes ist. Die Funktion $DisplayFunction führt eine ähnliche Funktion für Grafik aus. *Vergleiche auch:* **Display, DisplayFunction, ListPlay, Play, Show, $DisplayFunction, $SoundDisplay**.

**$SplineDots** Graphics'Spline'
**$SplinePoints** Graphics'Spline'

***$StringConversion*** 371, 744, 903
liefert die Voreinstellung für die Option StringConversion in Ausgabefunktionen. ◇ Die Anfangseinstellung von $StringConversion ist None, die festlegt, daß Zeichenketten ohne Änderung gedruckt werden. Die Einstellung Automatic legt fest, daß Zeichenketten in einer Form geschrieben werden, die als Eingabezeile geeignet ist, wobei spezielle und Metazeichen entfallen. Die Wirkung dieser Einstellung ist dieselbe, wie die Ausgabe von InputForm. Wenn $StringConversion gleich einer Funktion gesetzt wird, wird die Funktion auf alle Zeichenketten angewendet, bevor sie gedruckt werden. Die Wirkung von $StringConversion erstreckt sich auf die gesamte Ausgabe, Symbolnamen und Kommentare, und nicht nur auf Zeichenketten. $StringConversion beinflußt auch die Anwendung der Grafik-Primitiven Text. *Vergleiche auch:* **InputForm, None, StringConversion, $DisplayFunction, metazeichen.**

***$StringOrder*** 379, 745, 904
liefert die Reihenfolge der Zeichen, die bei der Sortierung von Zeichenketten und Symbolnamen verwendet wird. ◇ Der Vorgabewert von $StringOrder sind die Buchstaben in alphabetischer Ordnung (mit kleinem a vor großem A vor kleinem b usw.), gefolgt von den Ziffern 0 bis 9. Der Wert von $StringOrder muß eine Liste sein, deren Elemente entweder einzelne Zeichenketten oder Unterlisten sind, die nur einzelne Zeichenketten enthalten. Der Sortieralgorithmus ist: Sortiere die Zeichenketten, wobei Zeichen ignoriert werden, die nicht in $StringOrder erscheinen, und behandle Zeichen, die in derselben Unterliste sind, als äquivalent. Alle äquivalenten Zeichenketten werden dann weiter sortiert, indem zuerst die Ordnung der Zeichen in den Unterlisten betrachtet wird. Schließlich werden jene Buchstaben, die nicht in $StringOrder erscheinen, berücksichtigt, die kürzeren Listen werden zuerst plaziert und zuletzt werden die Zeichen entsprechend ihrem ganzzahligen Zeichen-Code sortiert (siehe ToCharacterCode). Wenn $StringOrder gleich der leeren Liste { } gesetzt wird, werden alle Sortierungen strikt entsprechend dem Zeichen-Code ausgeführt. Die Reihenfolge die von $StringOrder und dem obigen Algorithmus produziert wird, gilt für Symbole wie für Zeichenketten. Funktionen, die durch den Wert von $StringOrder beeinflußt werden, sind Order, OrderedQ und Sort. Außerdem ist dies die Ordnung, die von jeder Funktion mit dem Attribut Orderless verwendet wird. *Vergleiche auch:* **Order, OrderedQ, Sort, String, $Letters.**

**$SuppressInputFormHeads**
ist eine Liste der Köpfe von Ausdrücken, deren InputForm nicht automatisch zu Benutzerschnittstellen gesendet werden. ◇ $SuppressInputFormHeads wird intern verwendet, wenn ein Fern-Kern läuft, um den Netzwerkverkehr dadurch zu reduzieren, daß die Übertragung redundanter grafischer Informationen in PostScript- und InputForm-Formaten verhindert wird. Der Vorgabewert ist die Liste {Graphics, Graphics3D, ContourGraphics, DensityGraphics, SurfaceGraphics, GraphicsArray, Sound}. *Attribute: Protected. Vergleiche auch:* **$Notebooks, $Remote.**

***$SyntaxHandler*** 514, 745, 904
ist eine globale Variable, die, sofern sie gesetzt ist, auf jeden Eingabe-String angewendet wird, für den ein Syntaxfehler festgestellt wurde. Die Argumente, die in $SyntaxHandler angegeben werden, sind der vollständige Eingabe-String und eine ganze Zahl, die die Zeichenposition spezifiziert, an der der Syntaxfehler entdeckt wurde. ◇ $SyntaxHandler wird angewandt, nachdem die Funktion $PreRead auf den Eingabe-String angewendet wurde, aber bevor die Funktion $Pre auf den syntaktisch analysierten Ausdruck angewendet wird. Mit Check können Fehlermeldungen abgefangen und auf dieser Grundlage Handlungen ausgeführt werden. SyntaxLength bestimmt, beginnend am Anfang einer Zeichenkette, die Anzahl der Zeichen, die der syntaktisch korrekten Eingabe entsprechen. SyntaxQ ergibt True, wenn eine Zeichenkette eine syntaktisch korrekte *Mathematica*-Eingabe ist. *Vergleiche auch:* **Check, Get, InString, SyntaxLength, SyntaxQ, $Pre, $PreRead.**

**$System** 530, 741, 904
ist eine Zeichenkette, die den Typ des verwendeten Computers angibt. ◇ Andere ähnliche Funktionen sind $MachineID, die die ID-Zahl des jeweiligen Rechners liefert, $MachineName, die den Namen des Rechners angibt, $MachineType, die eine allgemeinere Beschreibung der Rechner-Hardware liefert, $OperatingSystem, die das verwendete Betriebssystem liefert, und $Version, die die Version von *Mathematica* liefert. *Attribute: Locked Protected. Vergleiche auch:* **$MachineID, $MachineName, $MachineType, $OperatingSystem, $Version, $VersionNumber.**

**$TemporaryPrefix**
bildet den Anfangsteil von Dateinamen, die von OpenTemporary[ ] ausgegeben werden. *Attribute: Protected . Vergleiche auch:* **OpenTemporary.**

***$TimeUnit*** 524, 525, 741, 904
ergibt das minimale Zeitintervall in Sekunden, das auf Ihrem Computer gemessen werden kann. *Attribute: Locked Protected. Vergleiche auch:* **AbsoluteTime, Date, FromDate, SessionTime, TimeUsed, ToDate.**

***$TraceOff***
ist der gerade aktive TraceOff-Optionswert für Trace und verwandte Funktionen. Er kann während der Ablaufverfolgung verändert werden, um die Menge der Ausdrücke zu ändern, für die die Ablaufverfolgung abgeschaltet wird. *Vergleiche auch:* **Trace, TraceOff**.

***$TraceOn***
ist der gerade aktive TraceOn-Optionswert für Trace und verwandte Funktionen. Er kann während der Ablaufverfolgung verändert werden, um die Menge der Ausdrücke zu ändern, für die die Ablaufverfolgung eingeschaltet ist. *Vergleiche auch:* **Trace, TraceOn**.

***$TracePattern***
ist das gerade aktive Muster-Argument für Trace und verwandte Funktionen. Er kann während der Ablaufverfolgung zurückgesetzt werden, um die Menge der Ausdrücke zu ändern, die protokolliert oder gedruckt werden. *Vergleiche auch:* **Trace**.

***$TracePostAction***
ist das gerade aktive vierte Argument für TraceScan (oder das Äquivalent in verwandten Funktionen). Es kann während der Ablaufverfolgung verändert werden, um die Wirkung zu ändern, nachdem aufgefangene Ausdrücke evaluiert worden sind. *Vergleiche auch:* **TraceScan**.

***$TracePreAction***
ist das gerade aktive erste Argument für TraceScan (oder das Äquivalent in verwandten Funktionen). Es kann während der Ablaufverfolgung verändert werden, um die Wirkung zu ändern, bevor aufgefange Ausdrücke evaluiert werden. *Vergleiche auch:* **TraceScan**.

**$Urgent** 518, 742, 743, 904
liefert die Liste der Dateien und Pipes, zu denen dringende Ausgabe von *Mathematica* geschickt wird. ◇ Dringende Ausgabe beinhaltet die Meldung von Syntaxfehlern in der Eingabe und die Ausgabe der Anweisung ?anw. Der Vorgabewert von $Urgent ist die Liste, die nur die Pipe OutputStream["stdout", 1] enthält. Diese Einstellung weist *Mathematica* an, Ausgabe zum Bildschirm zu senden. $Display, $Echo, $Messages, $Output und $SoundDisplay sind Listen von Dateien und Pipes, zu denen Grafik-Ausgabe, Eingabezeilen, Meldungen, Ausgabe und Töne gesendet werden. Die charakteristischen Eigenschaften von Dateien oder Pipes, die in $Urgent aufgelistet sind, können mit der Anweisung SetOptions geändert werden. Die Funktion $SyntaxHandler (wenn nicht leer) wird auf Eingabezeilen angewendet, in denen ein Syntaxfehler auftritt. *Vergleiche auch:* **SetOptions, $Display, $Echo, $Messages, $SoundDisplay, $SyntaxHandler, ?**.

**$Version** 529, 904
ist eine Zeichenkette, die die *Mathematica*-Version beschreibt, die gerade läuft. ◇ Die Systemvariable $VersionNumber liefert eine reelle Zahl, die die *Mathematica*-Version angibt, und $ReleaseNumber liefert eine Zahl, die die Ausgabe innerhalb der Version darstellt. $System beschreibt den Rechner und das Betriebssystem, und Environment liefert die System-Umgebungsvariablen. Die Variablen $CreationDate und $DumpDates geben die Daten an, da Ihre Version von *Mathematica* erzeugt wurde. *Attribute: Locked Protected* . *Vergleiche auch:* **$CreationDate, $DumpDates, $ReleaseNumber, $System, $VersionNumber**.

**$VersionNumber** 529, 905
ist eine reelle Zahl, die die aktuelle Versionsnummer des *Mathematica*-Kerns angibt und die für nachfolgenden Versionen jeweils erhöht wird. ◇ Die Systemvariable $Version liefert eine Zeichenkette, die die *Mathematica*-Version beschreibt, und $ReleaseNumber liefert eine Zahl, die die Ausgabe innerhalb der Version angibt. $System beschreibt den Rechner und das Betriebssystem, und Environment gibt die System-Umgebungsvariablen an. Die Variablen $CreationDate und $DumpDates geben die Daten an, da Ihre Version von *Mathematica* erzeugt wurde. *Attribute: Locked Protected. Vergleiche auch:* **$CreationDate, $DumpDates, $ReleaseNumber, $System, $Version**.

*$$Media*
ist ein veraltetes Symbol, ersetzt durch Streams[ ]. *Attribute: Protected* . *Vergleiche auch:* **InputStream, OutputStream, Streams**.

## ?

### ?symbol

◇ Im Unterschied zur Anweisung Information, kann die Konstruktion ?f mitten in einer Anweisung verwendet werden. Jedoch muß das ? das erste Zeichen der Zeile sein. Die ?f-Konstruktion kann alle Metazeichen verwenden (siehe unter „metazeichen"). Zum Beispiel liefert die Anweisung „?String*" die Anwendungsmeldungen aller Anweisungen, die mit „String" beginnen. Die Anweisungen ??f und Definition[f] liefern detailliertere Informationen über das Symbol f. *Vergleiche auch:* **Definition, Information, Message, MessageName, ??, metazeichen**.

### ??symbol

◇ Die Verwendung ??f ist eher eine Anweisungsumschaltung, als eine *Mathematica*-Anweisung. Folglich kann die Konstruktion ??f mitten in einer Anweisung verwendet werden, vorausgesetzt, das ? das erste Zeichen der Zeile ist. Die ??f-Konstruktion kann alle Metazeichen verwenden (siehe unter „metazeichen"). Zum Beispiel liefert die Anweisung „??String*" die Information für alle Anweisungen, die mit „String" beginnen. Die Anweisungsumschaltung ?f und die Anweisung Information[f] liefern nur die Anweisungsmeldung, Attributes[f] liefert die Attribute, Options[f] liefert die Optionen und Definition[f] liefert die Regeln, die mit f verknüpft sind. *Vergleiche auch:* **Attributes, Definition, Information, Message, Options, ?, metazeichen**.

## !

### !!datei

◇ Die Anweisung „!!dateiname" ist eine Anweisungsumschaltung, die den Inhalt einer Datei auf den Bildschirm ausdruckt. Die Datei wird nicht in den Kern eingelesen. Die Konstruktion !!datei unterscheidet sich von den konventionelleren Anweisungen Get (z.B. <<datei) Read und ReadList, die Dateien als Eingabe einlesen. Sie unterscheidet sich auch von der Anweisung Edit, die die Benutzung eines Systemeditors erlaubt, um eine Befehlszeile zu editieren. Die Konstruktion !anw führt die externe Anweisung anw aus (sendet anw zum Betriebssystem). Die Anweisung !!datei funktioniert auf dem Macintosh (im Unterschied zu !anw, die dort nicht funktioniert). *Vergleiche auch:* **Edit, Get, Read, ReadList, !anw**.

### !anw

◇ !anw führt die externe Anweisung anw aus (sendet die Anweisung anw zum Betriebssystem). Die Anweisungen Put und Write dienen zur Erzeugung und zum Schreiben in Dateien. Die Anweisung Edit ruft Ihren voreingestellten Editor auf, um einen Ausdruck zu editieren. Die Anweisungen CopyFile, DeleteFile, FileNames und SetDirectory dienen zur Manipulation von Dateien. *Vergleiche auch:* **CopyFile, DeleteFile, Edit, FileNames, Run, RunThrough, SetDirectory, !!datei**.

# D Mitgelieferte Pakete

Dieses Kapitel listet Pakete auf, die mit *Mathematica*, Version 2.1, ausgeliefert werden.

## D.1 Pakete: Alphabetische Liste

Bei MS-DOS-Rechnern sind die Namen der Verzeichnisse und Dateien (bis auf die Endung .m) höchstens acht Zeichen lang. Die Namen der MS-DOS Verzeichnisse und Pakete sind unten aufgeführt.

| **Vollständiger Name** | **MS-DOS** |
|---|---|
| **Verzeichnis Paket** | **Verzeichnis Paket** |
| Algebra | ALGEBRA |
| CountRoots.m | COUNTROO.M |
| Master.m | MASTER.M |
| ReIm.m | REIM.M |
| SymbolicSum.m | SYMBOLIC.M |
| Trigonometry.m | TRIGONOM.M |
| Calculus | CALCULUS |
| Common/Support.m | COMMON/SUPPORT.M |
| DiracDelta.m | DIRACDEL.M |
| DSolve.m | DSOLVE.M |
| FourierTransform.m | FOURIERT.M |
| LaplaceTransform.m | LAPLACET.M |
| Limit.m | LIMIT.M |
| Master.m | MASTER.M |
| Pade.m | PADE.M |
| VectorAnalysis.m | VECTORAN.M |
| DiscreteMath | DISCRETE |
| CombinatorialFunctions.m | COMBINA1.M |
| CombinatorialSimplification.m | COMBINA2.M |
| Combinatorica.m | COMBINAT.M |
| ComputationalGeometry.m | COMPUTAT.M |
| Master.m | MASTER.M |
| Permutations.m | PERMUTAT.M |
| RSolve.m | RSOLVE.M |
| Tree.m | TREE.M |
| Examples | EXAMPLES |
| CellularAutomata.m | CELLULAR.M |
| Collatz.m | COLLATZ.M |
| FileBrowse.m | FILEBROW.M |
| IntegerRoots.m | INTEGERR.M |
| Life.m | LIFE.M |
| OneLiners.m | ONELINER.M |
| OptionUtilities.m | OPTIONUT.M |
| StringPatterns.m | STRINGPA.M |
| Geometry | GEOMETRY |
| Master.m | MASTER.M |
| Polytopes.m | POLYTOPE.M |
| Rotations.m | ROTATION.M |
| Graphics | GRAPHICS |
| Animation.m | ANIMATIO.M |
| ArgColors.m | ARGCOLOR.M |
| Colors.m | COLORS.M |

| | |
|---|---|
| ComplexMap.m | COMPLEXM.M |
| FilledPlot.m | FILLEDPL.M |
| Graphics.m | GRAPHIC1.M |
| Graphics3D.m | GRAPHICS.M |
| ImplicitPlot.m | IMPLICIT.M |
| Legend.m | LEGEND.M |
| Master.m | MASTER.M |
| MultipleListPlot.m | MULTIPLE.M |
| ParametricPlot3D.m | PARAMETR.M |
| PlotField.m | PLOTFIE1.M |
| PlotField3D.m | PLOTFIEL.M |
| Polyhedra.m | POLYHEDR.M |
| Shapes.m | SHAPES.M |
| Spline.m | SPLINE.M |
| SurfaceOfRevolution.m | SURFACEO.M |
| ThreeScript.m | THREESCR.M |
| | |
| LinearAlgebra | LINEARAL |
| Cholesky.m | CHOLESKY.M |
| CrossProduct.m | CROSSPRO.M |
| GaussianElimination.m | GAUSSIAN.M |
| Master.m | MASTER.M |
| MatrixManipulation.m | MATRIXMA.M |
| Orthogonalization.m | ORTHOGON.M |
| Tridiagonal.m | TRIDIAGO.M |
| | |
| Miscellaneous | MISCELLA |
| Calendar.m | CALENDAR.M |
| ChemicalElements.m | CHEMICAL.M |
| CityData.m | CITYDATA.M |
| Geodesy.m | GEODESY.M |
| Master.m | MASTER.M |
| PhysicalConstants.m | PHYSICAL.M |
| SIUnits.m | SIUNITS.M |
| Units.m | UNITS.M |
| WorldData.m | WORLDDAT.M |
| WorldNames.m | WORLDNAM.M |
| WorldPlot.m | WORLDPLO.M |
| | |
| NumberTheory | NUMBERTH |
| Binomial.m | BINOMIAL.M |
| ContinuedFractions.m | CONTINUE.M |
| FactorIntegerECM.m | FACTORIN.M |
| Master.m | MASTER.M |
| NumberTheoryFunctions.m | NUMBERTH.M |
| PolynomialMod.m | POLYNOMI.M |
| PrimeQ.m | PRIMEQ.M |
| Ramanujan.m | RAMANUJA.M |
| Rationalize.m | RATIONAL.M |
| Recognize.m | RECOGNIZ.M |
| | |
| NumericalMath | NUMERICA |
| Approximations.m | APPROXIM.M |
| BesselZeros.m | BESSELZE.M |
| Butcher.m | BUTCHER.M |
| CauchyPrincipalValue.m | CAUCHYPR.M |
| ComputerArithmetic.m | COMPUTER.M |
| GaussianQuadrature.m | GAUSSIAN.M |
| InterpolateRoot.m | INTERPOL.M |
| IntervalAnalysis.m | INTERVAL.M |
| IntervalArithmetic.m | INTERVAL.M |
| ListIntegrate.m | LISTINTE.M |
| Master.m | MASTER.M |
| Microscope.m | MICROSCO.M |
| NewtonCotes.m | NEWTONCO.M |
| NLimit.m | NLIMIT.M |
| PolynomialFit.m | POLYNOMI.M |

| | |
|---|---|
| ProgrammingExamples | PROGRAMM |
| AlgExp.m | ALGEXP.M |
| ArgColors.m | ARGCOLOR.M |
| Atoms.m | ATOMS.M |
| BookPictures.m | BOOKPICT.M |
| Collatz.m | COLLATZ.M |
| ComplexMap.m | COMPLEXM.M |
| ComplexTest.m | COMPLEXT.M |
| Constants.m | CONSTANT.M |
| ExpandBoth.m | EXPANDBO.M |
| Fibonacci1.m | FIBONACC.M |
| FilterOptions.m | FILTEROP.M |
| GetNumber.m | GETNUMBE.M |
| MakeFunctions.m | MAKEFUNC.M |
| MyReadList.m | MYREADLI.M |
| Newton.m | NEWTON.M |
| Numerical.m | NUMERICA.M |
| OddEvenRules.m | ODDEVENR.M |
| OptionUse.m | OPTIONUS.M |
| ParametricPlot3D.m | PARAMETR.M |
| PrimePi.m | PRIMEPI.M |
| PrintTime.m | PRINTTIM.M |
| RandomWalk.m | RANDOMWA.M |
| ReadLoop1.m | READLOOP.M |
| RungeKutta.m | RUNGEKUT.M |
| SessionLog.m | SESSIONL.M |
| ShowTime.m | SHOWTIME.M |
| Skeleton.m | SKELETON.M |
| SphericalCurve.m | SPHERICA.M |
| Struve.m | STRUVE.M |
| SwinnertonDyer.m | SWINNERT.M |
| Tensors.m | TENSORS.M |
| Transcript.m | TRANSCRI.M |
| TrigDefine.m | TRIGDEFI.M |
| TrigSimplification.m | TRIGSIMP.M |
| Until.m | UNTIL.M |
| VectorCalculus.m | VECTORCA.M |
| WrapHold.m | WRAPHOLD.M |
| | |
| Statistics | STATISTI |
| Common/DistributionsCommon.m | COMMON/DISTRIBU.M |
| Common/HypothesisCommon.m | COMMON/HYPOTHES.M |
| ConfidenceIntervals.m | CONFIDEN.M |
| ContinuousDistributions.m | CONTINUO.M |
| DataManipulation.m | DATAMANI.M |
| DescriptiveStatistics.m | DESCRIPT.M |
| DiscreteDistributions.m | DISCRETE.M |
| HypothesisTests.m | HYPOTHES.M |
| InverseStatisticalFunctions.m | INVERSES.M |
| LinearRegression.m | LINEARRE.M |
| Master.m | MASTER.M |
| MovingAverage.m | MOVINGAV.M |
| NonlinearFit.m | NONLINEA.M |
| NormalDistribution.m | NORMALDI.M |
| | |
| Utilities | UTILITIE |
| BinaryFiles.m | BINARYFI.M |
| DXF.m | DXF.M |
| FilterOptions.m | FILTEROP.M |
| Language.m | LANGUAGE.M |
| Master.m | MASTER.M |
| ShowTime.m | SHOWTIME.M |

## D.2 Pakete: Querverweise

Dieser Abschnitt listet alle mit *Mathematica* Version 2, ausgelieferten Pakete in alphabetischer Reihenfolge auf.

| **Verzeichnis** | **Paket** |
|---|---|
| | **A** |
| ProgrammingExamples | AlgExp.m |
| Graphics | Animation.m |
| NumericalMath | Approximations.m |
| Graphics | ArgColors.m |
| ProgrammingExamples | ArgColors.m |
| ProgrammingExamples | Atoms.m |
| | **B** |
| NumericalMath | BesselZeros.m |
| Utilities | BinaryFiles.m |
| NumberTheory | Binomial.m |
| ProgrammingExamples | BookPictures.m |
| NumericalMath | Butcher.m |
| | **C** |
| Miscellaneous | Calendar.m |
| NumericalMath | CauchyPrincipalValue.m |
| Examples | CellularAutomata.m |
| Miscellaneous | ChemicalElements.m |
| LinearAlgebra | Cholesky.m |
| Miscellaneous | CityData.m |
| Examples | Collatz.m |
| ProgrammingExamples | Collatz.m |
| Graphics | Colors.m |
| DiscreteMath | CombinatorialFunctions.m |
| DiscreteMath | CombinatorialSimplification.m |
| DiscreteMath | Combinatorica.m |
| Statistics | Common/DistributionsCommon.m |
| Statistics | Common/HypothesisCommon.m |
| Calculus | Common/Support.m |
| Graphics | ComplexMap.m |
| ProgrammingExamples | ComplexMap.m |
| ProgrammingExamples | ComplexTest.m |
| DiscreteMath | ComputationalGeometry.m |
| NumericalMath | ComputerArithmetic.m |
| Statistics | ConfidenceIntervals.m |
| ProgrammingExamples | Constants.m |
| NumberTheory | ContinuedFractions.m |
| Statistics | ContinuousDistributions.m |
| Algebra | CountRoots.m |
| LinearAlgebra | CrossProduct.m |
| | **D** |
| Statistics | DataManipulation.m |
| Statistics | DescriptiveStatistics.m |
| Calculus | DiracDelta.m |
| Statistics | DiscreteDistributions.m |
| Calculus | DSolve.m |
| Utilities | DXF.m |
| | **E** |
| ProgrammingExamples | ExpandBoth.m |
| | **F** |
| NumberTheory | FactorIntegerECM.m |
| ProgrammingExamples | Fibonacci1.m |
| Examples | FileBrowse.m |
| Graphics | FilledPlot.m |
| ProgrammingExamples | FilterOptions.m |

| | |
|---|---|
| Utilities | FilterOptions.m |
| Calculus | FourierTransform.m |
| | **G** |
| LinearAlgebra | GaussianElimination.m |
| NumericalMath | GaussianQuadrature.m |
| Miscellaneous | Geodesy.m |
| ProgrammingExamples | GetNumber.m |
| Graphics | Graphics.m |
| Graphics | Graphics3D.m |
| | **H** |
| Statistics | HypothesisTests.m |
| | **I** |
| Graphics | ImplicitPlot.m |
| Examples | IntegerRoots.m |
| NumericalMath | InterpolateRoot.m |
| NumericalMath | IntervalAnalysis.m |
| NumericalMath | IntervalArithmetic.m |
| Statistics | InverseStatisticalFunctions.m |
| | **L** |
| Utilities | Language.m |
| Calculus | LaplaceTransform.m |
| Graphics | Legend.m |
| Examples | Life.m |
| Calculus | Limit.m |
| Statistics | LinearRegression.m |
| NumericalMath | ListIntegrate.m |
| | **M** |
| ProgrammingExamples | MakeFunctions.m |
| Algebra | Master.m |
| Calculus | Master.m |
| DiscreteMath | Master.m |
| Geometry | Master.m |
| Graphics | Master.m |
| LinearAlgebra | Master.m |
| Miscellaneous | Master.m |
| NumberTheory | Master.m |
| NumericalMath | Master.m |
| Statistics | Master.m |
| Utilities | Master.m |
| LinearAlgebra | MatrixManipulation.m |
| NumericalMath | Microscope.m |
| Statistics | MovingAverage.m |
| Graphics | MultipleListPlot.m |
| ProgrammingExamples | MyReadList.m |
| | **N** |
| ProgrammingExamples | Newton.m |
| NumericalMath | NewtonCotes.m |
| NumericalMath | NLimit.m |
| Statistics | NonlinearFit.m |
| Statistics | NormalDistribution.m |
| NumberTheory | NumberTheoryFunctions.m |
| ProgrammingExamples | Numerical.m |
| | **O** |
| ProgrammingExamples | OddEvenRules.m |
| Examples | OneLiners.m |
| ProgrammingExamples | OptionUse.m |
| Examples | OptionUtilities.m |
| LinearAlgebra | Orthogonalization.m |
| | **P** |
| Calculus | Pade.m |

| | |
|---|---|
| Graphics | ParametricPlot3D.m |
| ProgrammingExamples | ParametricPlot3D.m |
| DiscreteMath | Permutations.m |
| Miscellaneous | PhysicalConstants.m |
| Graphics | PlotField.m |
| Graphics | PlotField3D.m |
| Graphics | Polyhedra.m |
| NumericalMath | PolynomialFit.m |
| NumberTheory | PolynomialMod.m |
| Geometry | Polytopes.m |
| ProgrammingExamples | PrimePi.m |
| NumberTheory | PrimeQ.m |
| ProgrammingExamples | PrintTime.m |
| | **R** |
| NumberTheory | Ramanujan.m |
| ProgrammingExamples | RandomWalk.m |
| NumberTheory | Rationalize.m |
| ProgrammingExamples | ReadLoop1.m |
| NumberTheory | Recognize.m |
| Algebra | ReIm.m |
| Geometry | Rotations.m |
| DiscreteMath | RSolve.m |
| ProgrammingExamples | RungeKutta.m |
| | **S** |
| ProgrammingExamples | SessionLog.m |
| Graphics | Shapes.m |
| ProgrammingExamples | ShowTime.m |
| Utilities | ShowTime.m |
| Miscellaneous | SIUnits.m |
| ProgrammingExamples | Skeleton.m |
| ProgrammingExamples | SphericalCurve.m |
| Graphics | Spline.m |
| Examples | StringPatterns.m |
| ProgrammingExamples | Struve.m |
| Graphics | SurfaceOfRevolution.m |
| ProgrammingExamples | SwinnertonDyer.m |
| Algebra | SymbolicSum.m |
| | **T** |
| ProgrammingExamples | Tensors.m |
| Graphics | ThreeScript.m |
| ProgrammingExamples | Transcript.m |
| DiscreteMath | Tree.m |
| LinearAlgebra | Tridiagonal.m |
| ProgrammingExamples | TrigDefine.m |
| Algebra | Trigonometry.m |
| ProgrammingExamples | TrigSimplification.m |
| | **U** |
| Miscellaneous | Units.m |
| ProgrammingExamples | Until.m |
| | **V** |
| Calculus | VectorAnalysis.m |
| ProgrammingExamples | VectorCalculus.m |
| | **W** |
| Miscellaneous | WorldData.m |
| Miscellaneous | WorldNames.m |
| Miscellaneous | WorldPlot.m |
| ProgrammingExamples | WrapHold.m |

## D.3 Der Inhalt der Pakete

Dieser Abschnitt enthält die Anwendungs-Meldungen für die Pakete, die mit *Mathematica*, ab Version 2.1, ausgeliefert werden. Die Beschreibungen werden in alphabetischer Reihenfolge nach Paketnamen und dann nach Symbolnamen aufgeführt. Jeder Eintrag enthält den Namen und die Argumente, wenn es eine Funktion ist, zusammen mit einer kurzen Beschreibung des Symbols. Die Einträge werden im folgenden Format dargestellt:

## D.4 Schlüssel

### Dateiverzeichnis ' Kontext '

**Symbol[*args*]**
Am Anfang jeder Beschreibung befindet sich ein Symbol, zusammen mit den Argumenten, die es akzeptiert. Der Typ des Argumentes wird angegeben. Unten befindet sich eine Liste der verschiedenen Argumente, die von Funktionen eingesetzt werden.

| | | | |
|---|---|---|---|
| a, ausdr = | Ausdruck | m, mtr = | Muster |
| elem = | Element | pos = | Position |
| gl(n) = | Gleichung(en) | pt = | Punkt |
| f, fkn = | Funktion | poly = | Polynomial |
| datei = | Dateiname | regeln = | Regeln der Form n -> v |
| g = | Graph | s, symb = | Symbol |
| i = | Integer | str = | String |
| list = | Liste | t = | Zeit |
| M, m, mat = | Matrix | v = | Vektor |
| max = | Maximalwert | wer = | Wert |
| min = | Minimalwert | var = | Variable |
| n = | Zahl | w = | Frequenz |
| optn = | Optionen | z = | komplexe Zahl |

Für jedes Symbol gibt es eine kurze Beschreibung, was es tut. (Weitere Informationen finden Sie in Wolfram Researchs Technical Report mit dem Titel *Guide to Standard Mathematica Packages.*)

### Algebra ' CountRoots '

**CountRoots[*f,{x,a,b}*]**
berechnet mit der Sturmschen Methode die Anzahl der Nullstellen des reellen Polynoms f auf dem Intervall x -> [a,b]. Die Endpunkte können Unendlich sein. Mehrfache Wurzeln werden nur einmal gezählt.

### Algebra ' ReIm '

**RealValued[*f*]**
erklärt f als reellwertige Funktion (für reellwertige Argumente).

**ReIm.m**
definiert Vereinfachungsregeln für Re[ ], Im[ ] usw. Variablen können mit var/: Im[var] = 0 als reell erklärt werden.

### Algebra ' SymbolicSum '

**SymbolicSum[*f, {i, imin, imax}*]**
versucht den Wert von Sum[f, {i, imin, imax} ] für die Symbole imin,imax zu bestimmen. SymbolicSum[f, {i, imax}] evaluiert die Summe von f, wobei i von 1 bis imax läuft.

### Algebra ' Trigonometry '

**ComplexToTrig[*ausdr*]**
schreibt komplexe Exponetialausdrücke als trigonometrische Funktionen eines reellwertigen Winkels.

**TrigCanonical[*ausdr*]**
ist veraltet. Diese Funktionalität ist jetzt eingebaut.

**TrigExpand[*ausdr*]**
ist veraltet. Diese Funktionalität wird jetzt durch Expand[ausdr, Trig -> True] geboten.

**TrigFactor[*ausdr*]**
versucht Summen trigonometrischer Funktionen als Produkte zu schreiben.

**TrigReduce[*ausdr*]**
schreibt trigonometrische Funktionen mehrfacher Winkel als Summen von Produkten trigonometrischer Funktionen des Winkels.

**TrigToComplex[*ausdr*]**
schreibt trigonometrische Funktionen mit Hilfe komplexer Exponentialausdrücke.

## Calculus/Common'Support'

**ComposedFunctionQ[*ausdr, x*]**
liefert eine Liste der kleinsten Unterausdrücke, die x in ausdr enthalten.

**NumericPart[*ausdr*]**
ist der numerische Koeffizient von N[ausdr].

**ParabolicCylinderD[*nu, z*]**
ist die D-parabolische Zylinderfunktion.

**SimplifyErf[*ausdr*]**
versucht Erf in ausdr zu vereinfachen.

**ThomsonBei[*nu, z*]**
ist die Thomsonsche bei-Funktion.

**ThomsonBer[*nu, z*]**
ist die Thomsonsche ber-Funktion.

**ZeroLimit**
ist eine Option der Laplace-Transformation. Sie legt fest, wie der Grenzwert t -> 0,Direction -> 1 in der Transformationsdefinition behandelt wird. ZeroLimit -> All verwendet nur die Funktion Limit. ZeroLimit -> Automatic (Vorgabe) ist dasselbe wie ZeroLimit -> All, außer wenn Limit nicht evaluiert werden kann. In diesem Fall ist das Ergebnis der Ausdruck, der in 0 evaluiert wird.

## Calculus'DiracDelta'

**DiracDelta[*x*]**
ist eine Distribution, die 0 für x != 0 ist und die Integrate[DiracDelta[x], {x, -Infinity, Infinity}] = 1 erfüllt. DiracDelta[x1, x2, ...] ist eine Distribution, die 0 für x1 != 0 || x2 != 0 || ... ist und die Integrate[DiracDelta[x1, x2, ...], {x1, -Infinity, Infinity}, {x2, -Infinity, Infinity}, ...] = 1 erfüllt.

**SimplifyDiracDelta[*ausdr*]**
vereinfacht eine Null-Distribution in ausdr zu 0.

**SimplifyUnitStep[*ausdr*]**
liefert eine Form von ausdr mit einer geringeren Anzahl UnitStep.

**UnitStep[*x*]**
ist eine Funktion, die 1 ist für x > 0 und 0 für x < 0. UnitStep[x1, x2, ...] ist 1 für (x1 > 0) && (x2 > 0) && ... und 0 für (x1 < 0) || (x2 < 0) || ... .

**ZeroValue**
ist eine Option, die zur Angabe des Wertes von UnitStep verwendet wird, wenn eins oder mehrere Argumente Null sind. Insbesondere ist UnitStep[x1, x2, ..., ZeroValue -> 1] gleich 1 für (x1 >= 0) && (x2 >= 0) && ... und UnitStep[x1, x2, ..., ZeroValue -> 0] ist 0 für (x1 <= 0) || (x2 <= 0) || ... .

## Calculus'FourierTransform'

**$FourierFrequencyConstant**
ist die Voreinstellung für FourierTransform und verwandte Funktionen, die mit I w t in der Definition multipliziert wird.

**$FourierOverallConstant**
ist die Voreinstellung für FourierTransform und verwandte Funktionen der Konstanten, die mit dem Integral in der Definition multipliziert wird.

**FourierCosSeriesCoefficient[*ausdr, {x, x0, x1}, n*]**
liefert den Koeffizienten von Cos[2Pi n x / (x1-x0)] in der trigonometrischen Fourier-Entwicklung von ausdr (n >= 0).

**FourierCosTransform[*ausdr, t, w*]**
liefert die Fouriersche Kosinustransformation von ausdr. Sie wird definiert durch FourierCosTransform[ausdr, t, w] = FourierOverallConstant * Integrate[Cos[FourierFrequencyConstant w t] ausdr, {t, 0, Infinity}].

**FourierExpSeries[*ausdr, {x, x0, x1}, n*]**
liefert die Exponentialreihen-Entwicklung von ausdr bis zur Ordnung n.

**FourierExpSeriesCoefficient[*ausdr, {x, x0, x1}, n*]**
liefert den Koeffizienten von Exp[2Pi I n x / (x1-x0)] in der Fourierschen Exponentialreihen-Entwicklung von ausdr.

**FourierFrequencyConstant**
ist eine Option für FourierTransform und verwandte Funktionen, die die Konstante spezifizieren, die I w t in der Definition multipliziert. Der Vorgabewert von FourierFrequencyConstant ist $FourierFrequencyConstant.

**FourierOverallConstant**
ist eine Option für FourierTransform und verwandte Funktionen, die die Konstante spezifiziert, die mit dem Integral in der Definition multipliziert wird. Der Vorgabewert von FourierOverallConstant ist $FourierOverallConstant.

**FourierSample[*f, {t, t0, t1, dt}, wBereich*]**
erzeugt eine Liste von {w, F[w]}-Werten, wobei F[w] die Fourier-Transformierte von f ist, und w liegt zwischen -wBereich und wBereich inklusive. Die numerische Funktion f wird zwischen t0 und t1 in Intervallen von dt abgetastet, und es wird angenommen, daß sie sonst Null ist. Die Anzahl der Datenpunkte ist Floor[N[(t1-t0)/dt]]+1. FourierSample[f, {t, t0, t1}, {w0, w1}] spezifiziert, daß w zwischen w0 und w1 Radiant variiert. Als Anzahl der Datenpunkte ergibt sich ungefähr (w1-w0)(t1-t0)FourierFrequencyConstant/(2 Pi).

**FourierSinSeriesCoefficient[*ausdr, {x, x0, x1}, n*]**
liefert den Koeffizienten von Sin[2Pi n x / (x1-x0)] in der trigonometrischen Fourier-Reihenentwicklung von ausdr (n > 0).

**FourierSinTransform[*ausdr, t, w*]**
liefert die Fouriersche Sinustransformation von ausdr. Sie ist definiert durch FourierSinTransform[ausdr, t, w] = FourierOverallConstant * Integrate[Sin[FourierFrequencyConstant w t] ausdr, {t, 0, Infinity}].

**FourierTransform[*ausdr, t, w*]**
liefert die Fouriertransformation von ausdr. Sie ist definiert durch FourierTransform[ausdr, t, w] = FourierOverallConstant * Integrate[Exp[FourierFrequencyConstant I w t] ausdr, {t, -Infinity, Infinity}].

**FourierTrigSeries[*ausdr, {x, x0, x1}, n*]**
liefert die trigonometrische Reihenentwicklung von ausdr bis zur Ordnung n.

**InverseFourierCosTransform[*ausdr, w, t*]**
liefert die inverse Fouriersche Kosinustransformation von ausdr. Sie ist definiert durch InverseFourierCosTransform[ausdr, w, t] = (2 FourierFrequencyConstant / (Pi FourierOverallConstant)) * Integrate[Cos[FourierFrequencyConstant t w] ausdr, {w, 0, Infinity}].

**InverseFourierSinTransform[*ausdr, w, t*]**
liefert die inverse Fouriersche Sinustransformation von ausdr. Sie ist definiert durch InverseFourierCosTransform[ausdr, w, t] = (2 FourierFrequencyConstant / (Pi FourierOverallConstant)) * Integrate[Sin[FourierFrequencyConstant w t] ausdr, {w, 0, Infinity}].

**InverseFourierTransform[*ausdr, w, t*]**
liefert die inverse Fourier-Transformation von ausdr. Sie ist definiert durch InverseFourierTransform[ausdr, w, t] = (FourierFrequencyConstant / (2 Pi FourierOverallConstant)) * Integrate[Exp[-FourierFrequencyConstant I t w] ausdr, {w, -Infinity, Infinity}].

**NFourierCosSeriesCoefficient[*ausdr, {x, x0, x1}, n*]**
liefert den numerischen Wert des Koeffizienten von Cos[2Pi n x / (x1-x0)] in der trigonometrische Fourier-Reihenentwicklung von ausdr (n >= 0).

**NFourierExpSeries[*ausdr, {x, x0, x1}, n*]**
liefert die angenäherte Exponentialreihen-Entwicklung von ausdr bis zur Ordnung n.

**NFourierExpSeriesCoefficient[*ausdr, {x, x0, x1}, n*]**
liefert den numerischen Wert des Koeffizienten von Exp[2Pi I n x / (x1-x0)] in der Fourierschen Exponentialreihen-Entwicklung von ausdr.

**NFourierSinSeriesCoefficient[*ausdr, {x, x0, x1}, n*]**
liefert den numerischen Wert des Koeffizienten von Sin[2Pi n x / (x1-x0)] in der Fourierschen Exponentialreihen-Entwicklung von ausdr (n > 0).

**NFourierTransform[*ausdr, t, w*]**
liefert den numerischen Wert der Fourierschen Transformation von ausdr im Punkt w. Sie ist definiert durch NFourierTransform[ausdr, t, w] = FourierOverallConstant * NIntegrate[Exp[FourierFrequencyConstant I w t] ausdr, {t, -Infinity, Infinity}].

**NFourierTrigSeries[*ausdr, {x, x0, x1}, n*]**
liefert die angenäherte trigonometrische Reihenentwicklung von ausdr bis zur Ordnung n.

## Calculus' LaplaceTransform'

**InverseLaplaceTransform[*ausdr, s, t, optn*]**
liefert eine Funktion von t, deren Laplace-Transformierte ausdr ist, eine Funktion von s.

**LaplaceTransform[*ausdr, t, s, optn*]**
liefert eine Funktion von s, die die Laplace-Transformierte von ausdr ist, einer Funktion von t. Sie ist definiert durch LaplaceTransform[ausdr, t, s] = Integrate[Exp[-s t] ausdr, {t, 0, Infinity}].

## Calculus' Pade'

**EconomizedRationalApproximation[*funk, {x, {x0, x1}, m, k}*]**
liefert die ökonomisierte rationale Approximation von funk (eine Funktion der Variablen x), wobei (x0, x1) das Intervall ist, für das die Approximation gut sein soll, und m und k sind die Grade des Zählers und Nenners.

**Pade[*funk, {x, x0, m, k}*]**
liefert die Padésche Näherung für funk (eine Funktion der Variablen x), wobei die Konstante x0 der Entwicklungsmittelpunkt ist und m und k die Grade des Zählers und Nenners sind.

## Calculus' VectorAnalysis'

**ArcLengthFactor[*pt, t*]**
liefert die Ableitung der Bogenlänge einer durch pt gegebenen Kurve, bezüglich des Parameters t, im Vorgabe-Koordinatensystem. ArcLengthFactor[pt, t, koordsys] liefert die Ableitung der Bogenlänge einer durch pt gegebenen Kurve, bezüglich des Parameters t, im Koordinatensystem koordsys. Wenn pt nicht angegeben ist, werden die Vorgabe-Namen des Koordinatensystems verwendet.

**Biharmonic[*f*]**
liefert den Laplace-Operator des Laplace-Operators der skalaren Funktion f im Vorgabe-Koordinatensystem. Biharmonic[f, koordsys] liefert die biharmonische Funktion von f im Koordinatensystem koordsys.

**Bipolar[*u, v, z*]**
repräsentiert das bipolare Koordinatensystem mit Vorgabe-Parameter und Vorgabe-Variablennamen. Bipolar[u, v, z] repräsentiert das bipolare Koordinatensystem mit Variablennamen u, v und z und Vorgabe-Parameter. Bipolar[u, v, z, a] repräsentiert das bipolare Koordinatensystem mit Variablennamen u, v und z und Parameter a.

**Bispherical[*u, v, phi*]**
repräsentiert das räumliche Bipolarkoordinatensystem mit Vorgabe-Parameter und Vorgabe-Variablennamen. Bispherical[u, v, phi] repräsentiert das räumliche Bipolarkoordinatensystem mit Variablennamen u, v und phi und Vorgabe-Parameter. Bipolar[u, v, z, a] repräsentiert das räumliche Bipolarkoordinatensystem mit Variablennamen u, v und phi und Parameter a.

**Cartesian[*x, y, z*]**
repräsentiert das kartesische Koordinatensystem mit Vorgabe-Variablennamen. Cartesian[x, y, z] repräsentiert das kartesische Koordinatensystem mit Variablennamen x, y und z.

**ConfocalEllipsoidal[*lambda, mu, nu*]**
repräsentiert das elliptische Koordinatensystem im dreidimensionalen Raum mit Vorgabe-Parameter und Vorgabe-Variablennamen. ConfocalEllipsoidal[lambda, mu, nu] repräsentiert das elliptische Koordinatensystem im dreidimensionalen Raum mit Variablennamen lambda, mu und nu und Vorgabe-Parameter. ConfocalEllipsoidal[lambda, mu, nu, a, b, c] repräsentiert das elliptische Koordinatensystem im dreidimensionalen Raum mit Variablennamen lambda, mu und nu und Parametern a, b und c.

**ConfocalParaboloidal[*lambda, mu, nu*]**
repräsentiert das parabolische Koordinatensystem im dreidimensionalen Raum mit Vorgabe-Parameter und Vorgabe-Variablennamen. ConfocalParaboloidal[lambda, mu, nu] repräsentiert das parabolische Koordinatensystem im dreidimensionalen Raum mit Variablennamen lambda, mu und nu und Vorgabe-Parameter. ConfocalParaboloidal[lambda, mu, nu, a, b] repräsentiert das parabolische Koordinatensystem im dreidimensionalen Raum mit Variablennamen lambda, mu und nu und Parametern a und b.

**Conical[*lambda, mu, nu*]**
repräsentiert das Kegelkoordinatensystem mit Vorgabe-Parameter und Vorgabe-Variablennamen. Conical[lambda, mu, nu] repräsentiert das Kegelkoordinatensystem mit Variablennamen lambda, mu und nu und Vorgabe-Parameter. Conical[lambda, mu, nu, a, b] repräsentiert das Kegelkoordinatensystem mit Variablennamen lambda, mu und nu und Parametern a und b.

**CoordinateRanges[]**
liefert die Intervalle, über denen jede Koordinate im Vorgabe-Koordinatensystem variieren kann. CoordinateRanges[koordsys] liefert die Bereiche für jede der Koordinaten im Koordinatensystem koordsys.

**Coordinates[]**
liefert eine Liste der Vorgabe-Namen der Koordinatgenvariablen im Vorgabe-Koordinatensystem. Coordinates[koordsys] liefert eine Liste der Vorgabe-Namen der Koordinatenvariablen im Koordinatensystem koordsys.

**CoordinatesFromCartesian[*pt*]**
liefert die Koordinaten im Vorgabe-Koordinatensystem für den in kartesischen Koordinaten angegebenen Punkt pt. CoordinatesFromCartesian[pt, koordsys] liefert die Koordinaten im Koordinatensystem koordsys für den in kartesischen Koordinaten angegebenen Punkt.

**CoordinatesToCartesian[*pt*]**
liefert die kartesischen Koordinaten für den im Vorgabe-Koordinatensystem angegebenen Punkt pt. CoordinatesToCartesian[pt, koordsys] liefert die kartesischen Koordinaten für den im Koordinatensystem koordsys angegebenen Punkt.

**CoordinateSystem**
liefert den Namen des Vorgabe-Koordinatensystems.

**CrossProduct[*v1, v2*]**
liefert das Kreuzprodukt (mitunter auch als Vektorprodukt bezeichnet) der zwei Vektoren v1, v2 im dreidimensionalen Raum im Vorgabe-Koordinatensystem. CrossProduct[v1, v2, koordsys] liefert das Kreuzprodukt von v1 und v2 im Koordinatensystem koordsys.

**Curl[*f*]**
liefert die Rotation der vektorwertigen Funktion im Vorgabe-Koordinatensystem. Curl[f, koordsys] liefert die Rotation von f im Koordinatensystem koordsys.

**Cylindrical[*r, theta, z*]**
repräsentiert das zylindrische Koordinatensystem mit Vorgabe-Variablennamen. Cylindrical[r, theta, z] repräsentiert das zylindrische Koordinatensystem mit Variablennamen r, theta und z.

**Div[*f*]**
liefert die Divergenz der vektorwertigen Funktion f im Vorgabe-Koordinatensystem. Div[f, koordsys] liefert die Divergenz von f im Koordinatensystem koordsys.

**DotProduct[*v1, v2*]**
liefert das Punktprodukt (das mitunter auch als inneres Produkt oder Skalarprodukt bezeichnet wird) der zwei Vektoren v1, v2 im dreidimensionalen Raum im Vorgabe-Koordinatensystem. DotProduct[v1, v2, koordsys] liefert das Punktprodukt von v1 und v2 im Koordinatensystem koordsys.

**EllipticCylindrical[*u, v, z*]**
repräsentiert das elliptische Zylinderkoordinatensystem mit Vorgabe-Parameter und Vorgabe-Variablennamen. EllipticCylindrical[u, v, z] repräsentiert das elliptische Zylinderkoordinatensystem mit Variablennamen u, v und z und Vorgabe-Parameter. EllipticCylindrical[u, v, z, a] repräsentiert das elliptische Zylinderkoordinatensystem mit Variablennamen u, v und z und Parameter a.

**eta**
{xi,eta,phi} sind die Vorgabe-Koordinaten für die Koordinatensysteme ProlateSpheroidal und OblateSpheroidal.

**Grad[*f*]**
liefert den Gradienten der Skalarfunktion f im Vorgabe-Koordinatensystem. Grad[f, koordsys] liefert den Gradienten von f im Koordinatensystem koordsys.

**JacobianDeterminant[*pt*]**
liefert die Determinante der Jakobi-Matrix der Transformation vom Vorgabe-Koordinatensystem in das kartesische Koordinatensystem im Punkt pt. JacobianDeterminant[pt, koordsys] liefert die Determinante der Jakobi-Matrix der Transformation vom Koordinatensystem koordsys in das kartesische Koordinatensystem im Punkt pt. Wenn pt nicht angegeben ist, werden die Vorgabe-Namen der Koordinatenvariablen verwendet.

**JacobianMatrix[*pt*]**
liefert die Jakobi-Matrix der Transformation vom Vorgabe-Koordinatensystem in das kartesische Koordinatensystem im Punkt pt. JacobianMatrix[pt, koordsys] liefert die Jakobi-Matrix der Transformation vom Koordinatensystem koordsys in das kartesische Koordinatensystem im Punkt pt. Wenn pt nicht angegeben ist, werden die Vorgabe-Namen der Koordinatenvariablen verwendet.

**Laplacian[*f*]**
liefert den Laplace-Operator der Skalarfunktion f im Vorgabe-Koordinatensystem. Laplacian[f, koordsys] liefert den Laplace-Operator von f im Koordinatensystem koordsys.

**nu**
{lambda,mu,nu} sind die Vorgabe-Koordinaten für die Koordinatensysteme Conical, ConfocalEllipsoidal und ConfocalParaboloidal.

**OblateSpheroidal[*xi, eta, phi*]**
repräsentiert das Koordinatensystem des abgeplatteten Rotationsellipsoides mit Vorgabe-Parameter und Vorgabe-Variablennamen. OblateSpheroidal[xi, eta, phi] repräsentiert das Koordinatensystem des abgeplatteten Rotationsellipsoides mit Variablennamen xi, eta und phi und Vorgabeparameter. OblateSpheroidal[xi, eta, phi, a] repräsentiert das Koordinatensystem des abgeplatteten Rotationsellipsoides mit Variablennamen xi, eta und phi und Parameter a.

**ParabolicCylindrical[*u, v, z*]**
repräsentiert das parabolische Zylinderkoordinatensystem mit Vorgabe-Variablennamen. ParabolicCylindrical[u, v, z] repräsentiert das parabolische Zylinderkoordinatensystem mit Variablennamen u, v und z.

**Paraboloidal[*u, v, phi*]**
repräsentiert das parabolische Koordinatensystem mit Vorgabe-Variablennamen. Paraboloidal[u, v, phi] repräsentiert das parabolische Koordinatensystem mit Variablennamen u, v und phi.

**ParameterRanges[]**
liefert die Intervalle, über die jeder der Parameter (so es welche gibt) im Vorgabe-Koordinatensystem variieren darf. ParameterRanges[koordsys] liefert die Bereiche für jeden der Parameter im Koordinatensystem koordsys.

**Parameters[]**
liefert eine Liste der Vorgabe-Parameter des Vorgabe-Koordinatensystems. Parameters[koordsys] liefert eine Liste der Vorgabe-Parameter im Koordinatensystem koordsys. (Viele der Koordinatensysteme haben keine Parameter.)

**phi**
{r,theta,phi} sind die Vorgabe-Koordinaten des Koordinatensystems Spherical; {u,v,phi} sind die Vorgabe-Koordinaten der Koordinatensysteme Paraboloidal, Bispherical und Toroidal; {xi,eta,phi} sind die Vorgabe-Koordinaten der Koordinatensysteme ProlateSpheroidal und OblateSpheroidal.

**ProlateSpheroidal[*xi, eta, phi*]**
repräsentiert das Koordinatensystem des gestreckten Rotationsellipsoides mit Vorgabe-Parameter und Vorgabe-Variablennamen. ProlateSpheroidal[xi, eta, phi] repräsentiert das Koordinatensystem des gestreckten Rotationsellipsoides mit Variablennamen xi, eta und phi und Vorgabe-Parameter. ProlateSpheroidal[xi, eta, phi, a] repräsentiert das Koordinatensystem des gestreckten Rotationsellipsoides mit Variablennamen xi, eta und phi und Parameter a.

**ScalarTripleProduct[*v1, v2, v3*]**
liefert das skalare Dreierprodukt der drei Vektoren v1, v2 und v3 im dreidimensionalen Raum im Vorgabe-Koordinatensystem. ScalarTripleProduct[v1, v2, v3, koordsys] liefert das skalare Dreierprodukt von v1, v2 und v3 im Koordinatensystem koordsys.

**ScaleFactors[*pt*]**
liefert eine Liste der Skalierungsfaktoren im Punkt pt im Vorgabe-Koordinatensystem. ScaleFactors[pt, koordsys] liefert eine Liste der Skalierungsfaktoren im Punkt pt im Koordinatensystem koordsys. Wenn pt nicht angegeben ist, werden die Vorgabe-Namen der Koordinatenvariablen verwendet.

**SetCoordinates[*koordsys*]**
setzt das Vorgabe-Koordinatensystem gleich koordsys mit Vorgabe-Variablennamen. SetCoordinates[koordsys[x, y, z]] setzt das Vorgabe-Koordinatensystem gleich dem spezifizierten Koordinatensystem mit Variablennamen x, y und z. Bestimmte Koordinatensystemen sind mit Parametern verknüpft, und diese Parameter können durch die vollständige Beschreibung des Koordinatensystems gesetzt werden, wie zum Beispiel in SetCoordinates[Conical[lambda, mu, nu, a, b]].

**Spherical[*r, theta, phi*]**
repräsentiert das Kugelkoordinatensystem mit Vorgabe-Variablennamen. Spherical[r, theta, phi] repräsentiert das Kugelkoordinatensystem mit Variablennamen r, theta und phi.

**theta**
{r,theta,z} sind die Zylinderkoordinaten; {r,theta,phi} sind die Vorgabe-Kugelkoordinaten.

**Toroidal[*u, v, phi*]**
repräsentiert das Toruskoordinatensystem mit Vorgabe-Parameter und Vorgabe-Variablennamen. Toroidal[u, v, phi] repräsentiert das Toruskoordinatensystem mit Variablennamen u, v und phi und Vorgabe-Parameter. Toroidal[u, v, phi, a] repräsentiert das Toruskoordinatensystem mit Variablennamen u, v und phi und Parameter a.

**v**
{u,v,z} sind die Vorgabe-Koordinaten für die Koordinatensysteme ParabolicCylindrical, EllipticCylindrical und Bipolar; {u,v,phi} sind die Vorgabe-Koordinaten für die Koordinatensysteme Paraboloidal, Bispherical und Toroidal.

**y**
{x,y,z} sind die in Vorgabe kartesischen Koordinaten.

**z**
{x,y,z} sind die vorgegebenen kartesischen Koordinaten; {r,theta,z} sind die Vorgabe-Zylinderkoordinaten; {u,v,z} sind die Vorgabe-Koordinaten der Koordinatensysteme ParabolicCylindrical, EllipticCylindrical und Bipolar.

## DiscreteMath'CombinatorialFunctions'

**CatalanNumber[*n*]**
liefert die n-te Catalansche Zahl.

**Fibonacci[*n*]**
liefert die n-te Fibonacci-Zahl.

**Hofstadter**
Hoftstadter[n] liefert die Hoftstadter-Funktion.

**Subfactorial[*n*]**
liefert die Anzahl der Permutationen von n Objekten, die kein Objekt fest lassen.

## DiscreteMath'Combinatorica'

**AcyclicQ[*g*]**
gibt True, wenn der Graph g azyklisch ist. AcyclicQ[g,Directed] ergibt True, wenn g ein gerichteter azyklischer Graph ist.

**AddEdge[*g,{x,y}*]**
liefert den Graphen g mit einer neuen ungerichteten Kante {x,y}, während AddEdge[g,{x,y},Directed] den Graphen g mit einer neuen gerichteten Kante {x,y} liefert.

**AddVertex[*g*]**
fügt dem Graphen g einen nichtverbundenen Knoten hinzu.

**All**
ist eine Option, um bestimmte Funktionen darüber zu informieren, alle Lösungen und nicht nur die erste zu liefern.

**AllPairsShortestPath[*g*]**
liefert eine Matrix, bei der der (i,j)-te Eintrag die Länge des kürzesten Weges in g zwischen den Knoten i und j ist.

**ArticulationVertices[*g*]**
liefert eine Liste aller Zerfällungspunkte im Graphen g, das sind Knoten, deren Entfernung den Graphen zertrennen.

**Automorphisms[*g*]**
ermittelt die Automorphismengruppe eines Graphen g, die Menge der Isomorphismen von g in sich selbst.

**Backtrack[*s,teilQ,lösungQ*]**
führt eine Suche durch Rücksetzen (Backtracing) im Zustandsraum s durch, wobei eine Teillösung so lange entwickelt wird, wie teilQ True ergibt, und gibt die erste vollständige Lösung zurück, die durch lösungQ identifiziert wird.

**BiconnectedComponents[*g*]**
liefert eine Liste aller zweizusammenhängender Komponenten des Graphen g.

**BiconnectedComponents[*g*]**
liefert eine Liste der zweizusammenhängenden Komponenten des Graphen g.

**BiconnectedQ[*g*]**
liefert True, wenn der Graph g zweizusammenhängend ist.

**BinarySearch[*l,k,f*]**
durchsucht die sortierte Liste l nach dem Schlüssel k, wobei f eine Funktion ist, die den Schlüssel aus einem Element von l herauszieht.

**BinarySubsets[*l*]**
liefert alle Untermengen von l, sortiert entsprechend der binären Zeichenkette, die jede Untermenge definiert.

**BipartiteMatching[*g*]**
liefert die Liste aller Kanten, die zu einem maximalen zweifach teilbaren Graphen g gehören.

**BipartiteQ[*g*]**
liefert True, wenn der Graph g zweifach teilbar ist.

**BreadthFirstTraversal[*g,v*]**
führt einen Breitendurchlauf durch den Graphen g durch und beginnt dabei im Knoten v und liefert eine Liste der Knoten in der Reihenfolge, in der sie angetroffen wurden.

**Bridges[*g*]**
liefert eine Liste der Brücken des Graphen g, das sind die Kanten, deren Entfernung den Graphen zertrennen.

**CartesianProduct[*l1,l2*]**
liefert das kartesische Produkt der Listen l1 und l2.

**CatalanNumber[*n*]**
berechnet die n-te Catalansche Zahl für eine positive ganze Zahl n.

**ChangeEdges[*g,e*]**
konstruiert einen Graphen mit der Adjazenzmatrix e und der Einbettung des Graphen g.

**ChangeVertices[*g,v*]**
konstruiert einen Graphen mit der Adjazenzmatrix des Graphen g und der Liste v als ihrer Einbettung.

**ChromaticNumber[*g*]**
berechnet die chromatische Zahl des Graphen, das ist die kleinste Anzahl Farben, die zur Einfärbung des Graphen benötigt wird.

**ChromaticPolynomial[*g,z*]**
liefert das chromatische Polynom P(z) des Graphen g, das die Anzahl der Möglichkeiten angibt, g mit genau z Farben einzufärben.

**CirculantGraph[*n,l*]**
konstruiert einen zyklischen Graphen auf n Knoten, das heißt, daß für jedes i in der Liste l der i-te Knoten zum (i+j)-ten und (i-j)-ten Knoten benachbart ist.

**CircularVertices[*n*]**
konstruiert eine Liste von n Punkte, die äquidistant auf einem Kreis liegen.

**CliqueQ[*g,c*]**
liefert True, wenn die Liste der Knoten c eine Clique im Graph g definiert.

**CodeToLabeledTree[*l*]**
konstruiert den eindeutigen markierten Baum auf n Knoten aus dem Prüfer-Code l, der aus einer Liste aus n-2 ganzen Zahlen von 1 bis n besteht.

**Cofactor[*m,{i,j}*]**
berechnet die (i,j)-te Adjunkte der Matrix m.

**CompleteQ[*g*]**
liefert True, wenn der Graph g vollständig ist.

**Compositions[*n,k*]**
liefert eine Liste aller Kompositionen der ganzen Zahl n in k Teile.

**ConnectedComponents[*g*]**
liefert die Knoten des Graphen g, zerlegt in zusammenhängende Komponenten.

**ConnectedQ[*g*]**
liefert True, wenn der ungerichtete Graph zusammenhängend ist. ConnectedQ[g,Directed] und ConnectedQ[g,Undirected] liefert True, wenn g stark bzw. schwach zusammenhängend ist.

**ConstructTableau[*p*]**
wendet den Zusammenstoß-Algorithmus wiederholt auf alle Elemente der Permutation p an, die sich in voneinander verschiedenen Young-Tableaus befinden.

**Contract[*g,{x,y}*]**
liefert den Graphen, der sich durch Kontraktion der Kante {x,y} des Graphen g ergibt.

**CostOfPath[*g,p*]**
summiert die Gewichte der Kanten im Graphen g, die durch den Weg p definiert sind.

**Cycle[*n*]**
konstruiert den Zyklus auf n Knoten, einen 2-fach regulär zusammenhängenden Graphen.

**DeBruijnSequence[*a,n*]**
konstruiert eine de Bruijn-Folge auf dem Alphabet, das durch die Liste a beschrieben wird; das ist die kürzeste Folge, so daß jede Zeichenketteder Länge n über a als benachbarter Teilbereich der Folge auftritt.

**DegreeSequence[*g*]**
liefert die sortierte Gradsequenz des Graphen g.

**DeleteCycle[*g,c*]**
entfernt den ungerichteten Zyklus c aus dem Graphen g. DeleteCycle[g,c,Directed] entfernt den gerichteten Zyklus c aus dem Graphen g.

**DeleteEdge[*g,{x,y}*]**
liefert den Graphen g minus der ungerichteten Kante {x,y}, während DeleteEdge[g,{x,y},Directed] den Graphen g minus der gerichteten Kante {x,y} liefert.

**DeleteFromTableau[*t,r*]**
entfernt das letzte Element der Zeile r aus dem Young-Tableau t.

**DeleteVertex[*g,v*]**
entfernt den Knoten v aus dem Graphen g.

**DepthFirstTraversal[*g,v*]**
führt einen Tiefendurchlauf durch den Graphen g durch, beginnt dabei beim Knoten v und liefert eine Liste der Knoten in der Reihenfolge, in der sie angetroffen wurden.

**DerangementQ[*p*]**
prüft, ob die Permutatation p eine Permutation ohne Fixpunkt ist (d.h. keine Zyklen der Länge 1 enthält).

**Derangements[*p*]**
konstruiert alle Permutationen p, die kein Element festlassen.

**Diameter[*g*]**
berechnet den Durchmesser des Graphen g, die Länge des längsten kürzesten Weges zwischen zwei Knoten von g.

**Dijkstra[*g,v*]**
liefert den Entfernungsbaum von g bezüglich v einschließlich der Abstände.

**DilateVertices[*v,d*]**
multipliziert jede Koordinate jeder Knotenposition in Liste l mit d, und streckt so die Einbettung.

**Directed**
ist eine Option, mit der bestimmte Funktionen informiert werden, daß der Graph gerichtet ist.

**DistinctPermutations[*l*]**
liefert alle Permutationen der durch die Liste l beschriebenen Elemente (Mengen).

**Distribution[*l,menge*]**
listet die Häufigkeit des Auftretens jedes Elementes von s in der Liste l auf.

**DurfeeSquare[*p*]**
berechnet die Anzahl Zeilen, die bei Durfees Quadrat der Zerlegung p auftauchen, der Seite des größten Quadrates, der innerhalb von Ferrers Diagramm von p enthalten ist.

**Eccentricity[*g*]**
berechnet die Exzentrizität jedes Knotens des Graphen g, die Länge des längsten kürzesten Weges von v aus.

**Edge**
ist eine Option, mit der bestimmte Funktionen informiert werden, mit Kanten statt mit Knoten zu arbeiten.

**EdgeChromaticNumber[*g*]**
berechnet die kleinste Anzahl Farben, die notwendig ist, jede Kante des Graphen so einzufärben, daß keine zwei Kanten, die auf demselben Knoten inzident sind, dieselbe Farbe haben.

**EdgeColoring[*g*]**
verwendet Brelaz-Heuristik, um eine gute, aber nicht notwendigerweise minimale Kanteneinfärbung des Graphen g zu ermitteln.

**EdgeConnectivity[*g*]**
berechnet die minimale Anzahl Kanten, deren Entfernung aus dem Graphen g den Graphen zertrennen.

**Edges[*g*]**
liefert die Adjazenzmatrix des Graphen g.

**Element[*a,l*]**
liefert das l-te Element der verschachtelten Liste a, wobei l eine Liste von Indizes ist.

**EmptyGraph[*n*]**
erzeugt einen leeren Graphen auf n Knoten.

**EmptyQ[*g*]**
liefert True, wenn der Graph g keine Kanten enthält.

**EncroachingListSet[*p*]**
konstruiert die Menge geschachtelter Listen, die mit der Permutation p verknüpft ist.

**EquivalenceClasses[*r*]**
identifiziert die Äquivalenzklassen der Elemente der Matrix r.

**EquivalenceRelationQ[*r*]**
liefert True, wenn die Matrix r eine Äquivalenzrelation definiert. EquivalenceRelationQ[g] prüft, ob die Adjazenzmatrix des Graphen g eine Äquivalenzrelation definiert.

**Equivalences[*g,h*]**
listet die Knoten-Äquivalenzklassen zwischen den Graphen g und h auf, die durch die Heuristik „kürzester Pfad aller Paare“ definiert werden.

**Eulerian[*n,k*]**
berechnet die Anzahl der Permutationen der Länge n mit k Läufen.

**EulerianCycle[*g*]**
ermittelt einen Eulerschen geschlossenen Kantenzug des ungerichteten Graphen g, falls einer existiert. EulerianCycle[g,Directed] ermittelt einen Eulerschen geschlossenen Kantenzug des gerichteten graphen g, falls einer existiert.

**EulerianQ[*g*]**
liefert True, wenn g ein Eulerscher Graph ist, d.h. es existiert eine Tour (geschlossener Kantenzug), bei der jede Kante genau einmal durchlaufen wird. EulerianQ[g,Directed] liefert True, wenn der gerichtete Graph g Eulersch ist.

**ExactRandomGraph[*n,e*]**
konstruiert einen zufällig markierten Graphen mit genau e Kanten und n Knoten.

**ExpandGraph[*g,n*]**
erweitert den Graphen g auf n Knoten, indem es nichtverbundene Knoten hinzufügt.

**ExtractCycles[*g*]**
liefert eine Liste kantendisjunkter Zyklen im Graphen g.

**FerrersDiagram[*p*]**
zeichnet ein Ferrers-Diagramm der ganzzahligen Zerlegung p.

**FindCycle[*g*]**
ermittelt eine Liste der Knoten, die einen ungerichteten Zyklus im Graphen g definieren. FindCycle[g,Directed] ermittelt einen gerichteten Zyklus im Graphen g.

**FindSet[*n,s*]**
liefert die Wurzel der Menge, die n in der „Vereinige-und-finde“ Datenstruktur s enthält.

**FirstLexicographicTableau[*p*]**
konstruiert das erste Young-Tableau mit einer durch die Zerlegung p beschriebenen Gestalt.

**FromAdjacencyLists[*l*]**
konstruiert eine Adjazenzmatrix-Darstellung für einen Graphen mit der Adjazenzliste l mit einer kreisförmigen Einbettung. FromAdjacencyLists[l,v] verwendet v als die Einbettung für den sich ergebenden Graphen.

**FromCycles[*c*]**
erstellt aus einer Zyklenstruktur die ursprüngliche Permutation.

**FromInversionVector[*v*]**
rekonstruiert die eindeutige Permutation mit Inversionsvektor v.

**FromOrderedPairs[*l*]**
konstruiert, unter Verwendung einer kreisförmigen Einbettung, eine Adjazenzmatrix-Darstellung aus einer Liste von geordneten Paaren l. FromOrderedPairs[l,v] verwendet v als Einbettung für den sich ergebenden Graphen.

**FromUnorderedPairs[*l*]**
konstruiert, unter Verwendung einer kreisförmigen Einbettung, eine Adjazenzmatrix-Darstellung aus einer Liste von ungeordneten Paaren l. FromUnorderedPairs[l,v] verwendet v als Einbettung für den sich ergebenden Graphen.

**FunctionalGraph[*f,n*]**
konstruiert den funktionalen Digraphen auf n Knoten, definiert mit der ganzzahligen Funktion f.

**Girth[*g*]**
berechnet die Länge des kürzesten Zyklus im ungewichteten Graphen g.

**Graph[*g,v*]**
ist der Kopfteil für ein Graph-Objekt, bei dem g eine Adjazenzmatrix und v eine Liste der Knoten ist.

**GraphCenter[*g*]**
liefert eine Liste der Knoten eines Graphen g mit minimaler Exzentrizität.

**GraphComplement[*g*]**
liefert das Komplement des Graphen g.

**GraphDifference[*g,h*]**
konstruiert den Graphen, der sich ergibt, wenn man die Adjazenzmatrix des Graphen g von der des Graphen h subtrahiert.

**GraphicQ[*s*]**
liefert True, wenn die Liste der ganzen Zahlen s graphisch ist und repräsentiert so die Grad-Folge irgendeines Graphen.

**GraphIntersection[*g,h*]**
konstruiert den Graphen, der durch die Kanten definiert wird, die sich sowohl im Graphen g als auch h befinden.

**GraphJoin[*g,h*]**
konstruiert die Vereinigung der Graphen g und h.

**GraphPower[*g,k*]**
berechnet die k-te Potenz des Graphen g, d.h. es gibt zwischen jedem Knotenpaar in g eine Kante mit einem Weg der Länge von höchstens k.

**GraphProduct[*g,h*]**
konstruiert das Produkt der Graphen g und h.

**GraphSum[*g,h*]**
konstruiert den Graphen, der sich durch Addition der Adjazenzmatrizen der Graphen g und h ergibt.

**GraphUnion[*g,h*]**
konstruiert die Vereinigung der Graphen g und h. GraphUnion[n,g] konstruiert n Kopien des Graphen g, wobei n eine ganze Zahl ist.

**GrayCode[*l*]**
konstruiert einen binär reflektierten Gray-Code auf der Menge l.

**GridGraph[*n,m*]**
konstruiert einen n*m-Gittergraphen, das Produkt der Wege auf n und m Knoten.

**HamiltonianCycle[*g*]**
ermittelt einen Hamilton-Zyklus im Graphen g, falls einer existiert. HamiltonianCycle[g,All] liefert alle Hamilton-Zyklen des Graphen g.

**HamiltonianQ[*g*]**
liefert True, wenn es einen Hamilton-Zyklus im Graphen g gibt, mit anderen Worten wenn es einen Zyklus gibt, der genau einmal durch jeden Knoten geht.

**Harary[*k,n*]**
konstruiert den minimalen k-zusammenhängenden Graphen auf n Knoten.

**HasseDiagram[*g*]**
konstruiert ein Hasse-Diagramm der durch den gerichteten azyklischen Graphen g definierten Relation.

**Heapify[*p*]**
erstellt aus der Permuation p einen Heap.

**HeapSort[*l*]**
führt mit den Elementen der Liste l einen Heapsort durch.

**HideCycles[*c*]**
verschlüsselt die Zyklusstruktrur c kanonisch in eine eindeutige Permutation.

**Hypercube[*n*]**
konstruiert einen n-dimensionalen Hyper-Würfel.

**IdenticalQ[*g*,*h*]**
liefert True, wenn die Graphen g und h identische Adjazenzmatrizen haben.

**IncidenceMatrix[*g*]**
liefert die (0,1)-Inzidenzmatrix des Graphen g, die eine Zeile für jeden Knoten und eine Spalte für jede Kante hat, und es gilt (v,e)=1, genau dann, wenn der Knoten v inzident auf der Kante e ist.

**IndependentSetQ[*g*,*i*]**
liefert True, wenn die Knoten in Liste i eine unabhängige Menge im graphen g definieren.

**Index[*p*]**
liefert den Index der Permutation p, die Summe aller Indizes j, so daß p[j] größer als p[j+1] ist.

**InduceSubgraph[*g*,*s*]**
konstruiert den Untergraphen des Graphen g, induziert durch die Liste der Knoten s.

**InitializeUnionFind[*n*]**
initialisiert eine „Vereinige-und-finde“-Datenstruktur für n Elemente.

**InsertIntoTableau[*e*,*t*]**
fügt die ganze Zahl e in das Youngsche Tableau t mit dem Kollisionsalgorithmus ein.

**IntervalGraph[*l*]**
konstruiert den Intervall-Graphen, definiert durch die Intervall-Liste l.

**InversePermutation[*p*]**
ergibt die multiplikative Inverse der Permutation p.

**Inversions[*p*]**
zählt die Anzahl der Inversionen der Permutation p.

**InvolutionQ[*p*]**
liefert True, wenn die Permutation p zu sich selbst invers ist.

**IsomorphicQ[*g*,*h*]**
liefert True, wenn die Graphen g und h isomorph sind.

**Isomorphism[*g*,*h*]**
liefert einen Isomorphismus zwischen den Graphen g und h, falls einer existiert.

**IsomorphismQ[*g*,*h*,*p*]**
prüft, ob die Permutation einen Isomorphismus zwischen den Graphen g und h definiert.

**Josephus[*n*,*m*]**
erzeugt die Inverse der Permutation, die durch die Exekution jedes m-ten Mannes in einem Kreis von n Männern definiert wird.

**K[*n*]**
erstellt einen vollständigen Graphen auf n Knoten. K[a,b,c,...,k] erstellt einen vollständigen k-partiter Graphen der vorgeschriebenen Form.

**KSubsets[*l*,*k*]**
liefert alle Untermengen der Menge l, die genau k Elemente enthalten, in lexikografischer Anordnung.

**LabeledTreeToCode[*g*]**
reduziert den Baum g auf seinen Prufer-Code.

**LastLexicographicTableau[*p*]**
konstruiert das letzte Youngsche Tableau in der Gestalt, wie sie durch die Zerlegung p beschrieben wird.

**LexicographicPermutations[ *l*]**
konstruiert alle Permutationen der Liste l in lexikografischer Reihenfolge.

**LexicographicSubsets[*l*]**
liefert alle Untermengen der Menge l in lexikografischer Reihenfolge.

**LineGraph[*g*]**
konstruiert den Liniengraphen des Graphen g.

**LongestIncreasingSubseq uence[*p*]**
ermittelt die längste ansteigende auseinanderliegende Unterfolge der Permutation p.

**M[*g*]**
ergibt die Anzahl der Kanten im ungerichteten Graphen g.

**MakeGraph[*v,f*]**
konstruiert die Binärrelation, die durch die Funktion f auf allen Paaren von Elementen der Liste v definiert wird.

**MakeSimple[*g*]**
liefert einen ungerichteten, ungewichteten Graphen, der aus dem gerichteten Graphen g erhalten wird.

**MakeUndirected[*g*]**
liefert einen Graphen mit einer ungerichteten Kante für jede gerichtete Kante des Graphen g.

**MaximalMatching[*g*]**
liefert die Liste jener Kanten, die zu einer maximalen Paarung des Graphen g gehört.

**MaximumAntichain[*g*]**
liefert eine größte Menge, bezüglich der Teilordnung g, nicht in Beziehung stehender Knoten.

**MaximumClique[*g*]**
ermittelt die größte Clique im Graphen g.

**MaximumIndependentSet[*g*]**
ermittelt die größte unabhängige Menge des Graphen g.

**MaximumSpanningTree[*g*]**
ermittelt mit Kruskals Algorithmus einen maximalen Spannbaum des Graphen g.

**MinimumChainPartition[*g*]**
zerlegt die Teilordnung g in eine minimale Anzahl Ketten.

**MinimumChangePermuta tions[*l*]**
konstruiert alle Permutationen der Liste l, so daß benachbarte Permutationen sich nur durch eine Transposition unterscheiden.

**MinimumSpanningTree[*g*]**
ermittelt mit Kruskals Algorithmus einen minimalen Spannbaum des Graphen g.

**MinimumVertexCover[*g*]**
ermittelt die minimale Knoten-Überdeckung des Graphen g.

**MultiplicationTable[*l,f*]**
konstruiert die vollständige Übergangstabelle, die durch die Binärrelationsfunktion f auf den Elementen der Liste l definiert ist.

**NetworkFlow[*g,quelle,senke*]**
ermittelt den Maximalfluß durch den gerichteten Graphen g von der Quelle zur Senke.

**NetworkFlowEdges[*g,source,sink*]**
liefert die Adjazenzmatrix, die die Verteilung des Maximalflusses von Quelle zur Wurzel im Graphen g zeigt.

**NextComposition[*l*]**
konstruiert die ganzzahlige Komposition, die in einer kanonischen Reihenfolge nach l folgt.

**NextKSubset[*l,s*]**
berechnet die k-Teilmenge der Liste l, die in der lexikografischen Reihenfolge nach k-Teilmengen s erscheint.

**NextPartition[*p*]**
liefert die ganzzahlige Zerlegung, die in der umgekehrten lexikografischer Reihenfolge nach p folgt.

**NextPermutation[*p*]**
liefert die Permutation, die in der lexikografischer Reihenfolge nach p folgt

**NextSubset[*l,s*]**
konstruiert die Untermenge von l, die in der kanonischen Reihenfolge der Untermenge s folgt.

**NextTableau[*t*]**
liefert das Schema der Gestalt t, das in lexikografischer Reihenfolge t folgt.

**NormalizeVertices[*v*]**
liefert eine Liste mit Knoten, die dieselbe Struktur wie v hat, bei der jedoch alle Koordinaten aller Punkte zwischen 0 und 1 liegen.

**NthPair[*n*]**
liefert das n-te ungeordnete Paar positiver ganzer Zahlen, wenn sie so in einer Folge angeordnet sind, daß die Größe der größeren ganzen Zahl minimiert ist.

**NthPermutation[*n,l*]**
liefert die n-te lexikografische Permutation der Liste l.

**NthSubset[*n*,*l*]**
liefert die n-te Untermenge der Liste l in der kanonischen Reihenfolge.

**NumberOfCompositions[*n*,*k*]**
zählt die Anzahl voneinander verschiedener Kompositionen der ganzen Zahl n in k Teile.

**NumberOfDerangements[*n*]**
zählt die vollständigen Umordnungen auf n Elementen, die Permutationen ohne Fixpunkt.

**NumberOfInvolutions[*n*]**
zählt die Anzahl der Involutionen auf n Elementen.

**NumberOfPartitions[*n*]**
zählt die Anzahl unterschiedlicher ganzzahliger Zerlegungen von n.

**NumberOfPermutations ByCycles[*n*,*m*]**
liefert die Anzahl der Permutationen der Länge n mit genau m Zyklen.

**NumberOfSpanningTrees[*g*]**
berechnet die Anzahl von einander verschiedener markierter Spannbäume des Graphen g.

**NumberOfTableaux[*p*]**
zählt mit der Formel für Hakenlänge die Anzahl von Youngschen Tableaus mit einer durch die Zerlegung p definierten Gestalt.

**OrientGraph[*g*]**
weist jeder Kante eines brückenlosen, ungerichteten Graphen eine Richtung zu, so daß der Graph stark zusammenhängend ist.

**PartialOrderQ[*g*]**
liefert True, wenn die durch die Adjazenzmatrix des Graphen g definierte Binärrelation ein Teilordnung ist, d.h. sie ist transitiv, reflexiv und antisymmetrisch.

**PartitionQ[*p*]**
liefert True, wenn p eine ganzzahlige Zerlegung ist.

**Partitions[*n*]**
konstruiert alle Zerlegungen der ganzen Zahl n in umgekehrter lexikografischer Reihenfolge.

**Path[*n*]**
konstruiert einen Baum, der nur aus einem Weg auf n Ecken besteht.

**PathConditionGraph[*g*]**
ersetzt jede Nicht-Kante eines Graphen durch unendliche Kosten, so daß Kürzeste-Weg-Algorithmen korrekt funktionieren.

**PerfectQ[*g*]**
liefert True, wenn g ein perfekter Graph ist, d.h. daß für jeden induzierten Untergraphen die Größe der größten Clique gleich der chromatischen Zahl ist.

**PermutationGroupQ[*l*]**
liefert True, wenn die Liste der Permutationen l eine Permutationsgruppe bildet.

**PermutationQ[*p*]**
liefert True, wenn p eine Permutation darstellt, und False sonst.

**Permute[*l*,*p*]**
permutiert die Liste entsprechend der Permutation p.

**PlanarQ[*g*]**
liefert True, wenn der Graph planar (plättbar) ist, d.h., er kann in der Ebene so gezeichnet werden, daß sich keine zwei Kanten kreuzen.

**PointsAndLines[*g*]**
konstruiert eine teilweise grafische Darstellung eines Graphen g.

**Polya[*g*,*m*]**
liefert das Polynom, das die Anzahl der Färbungen mit m Farben, für eine durch die Permutationsgruppe g definierte Struktur angibt.

**PseudographQ[*g*]**
liefert True, wenn der Graph g ein Pseudograph ist, d.h. er enthält Schlingen.

**RadialEmbedding[*g*]**
konstruiert eine Radial-Einbettung des Graphen g, der vom Zentrum des Graphen aus strahlt.

**Radius[*g*]**
berechnet den Radius des Graphen g, die minimale Exzentrizität jedes Knoten von g.

**RandomComposition[*n*,*k*]**
konstruiert eine zufällige Komposition der ganzen Zahl n in k Teile.

**RandomGraph[*n,p,{l,h}*]**
konstruiert einen zufällig markierten Graphen auf n Ecken, mit einer Kantenwahrscheinlichkeit p und Kanten-Gewichtungen, die, gleichmäßig verteilt, aus dem Bereich (l, h) gezogen werden. RandomGraph[n,p,{l,h},Directed] konstruiert auf ähnliche Weise einen zufällig gerichteten Graphen.

**RandomHeap[*n*]**
konstruiert eine zufällige Permutation der n ersten Zahlen.

**RandomKSubset[*l,k*]**
liefert eine zufällige Untermenge der Menge l mit genau k Elementen.

**RandomPartition[*n*]**
konstruiert eine zufällige Zerlegung der ganzen Zahl n.

**RandomPermutation1[*n*]**
sortiert Zufallszahlen, und erzeugt so eine zufällige Permutation.

**RandomPermutation[*n*]**
liefert eine Zufalls-Permutation der Länge n.

**RandomPermutation2[*n*]**
verwendet zufällige Transpositionen zur Erzeugung zufälliger Permutationen.

**RandomSubset[*l*]**
erzeugt eine zufällige Untermenge der Menge l.

**RandomTableau[*p*]**
konstruiert ein zufälliges Young-Schema der Gestalt p.

**RandomTree[*n*]**
konstruiert einen zufällig markierten Baum auf n Ecken.

**RandomVertices[*g*]**
weist dem Graphen g eine zufällige Einbettung zu.

**RankedEmbedding[*g,l*]**
führt eine ranggeordnete Einbettung des Graphen g durch, wobei die Ecken-Ränge entsprechend der geodätischen Abstandes von einem Element der Liste l vergeben werden.

**RankGraph[*g,l*]**
zerlegt die Ecken in Klassen, basierend auf der kürzesten geodätische Entfernung zu einem Element der Liste l.

**RankPermutation[*p*]**
berechnet den Rang der Permutation p in lexikografischer Reihenfolge.

**RankSubset[*l,s*]**
berechnet den Rang, in kanonischer Reihenfolge, der Teilmenge s der Menge l.

**ReadGraph[*f*]**
liest einen Graphen, dargestellt als Kantenliste aus der Datei f, und gibt den Graphen als ein Grafik-Objekt zurück.

**RealizeDegreeSequence[*s*]**
konstruiert einen halbzufälligen Graphen mit Grad-Folge s.

**RegularGraph[*k,n*]**
konstruiert einen halbzufälligen k-regulären Graphen auf n Ecken, falls ein derartiger Graph existiert.

**RegularQ[*g*]**
liefert True, wenn g ein regulärer Graph ist.

**RemoveSelfLoops[*g*]**
konstruiert einen Graphen g mit denselben Kanten, bis auf etwaige Schlingen.

**RevealCycles[*p*]**
enthüllt die kanonische verdeckte Zyklusstruktur der Permutation p.

**RootedEmbedding[*g,v*]**
konstruiert eine verwurzelte Einbettung des Graphen g mit dem Knoten v als Wurzel.

**RotateVertices[*v,theta*]**
rotiert jede Knotenposition in der Liste v um theta Radiant um den Ursprung (0,0).

**Runs[*p*]**
zerlegt p in zusammenhängende ansteigende Teilfolgen.

**SamenessRelation[*l*]**
konstruiert eine Binärrelation aus einer Liste mit Permutationen l, die eine Äquivalenzrelation ist, wenn l eine Permutationsgruppe ist.

**SelectionSort[*l,f*]**
sortiert eine Liste l mittels einer Ordnungsfunktion f.

**SelfComplementaryQ[*g*]**
liefert True, wenn der Graph g selbstkomplementär ist, d.h. isomorph zu seinem Komplement.

**ShakeGraph[*g,d*]**
führt eine Zufallsperturbation der Ecken des Graphen g durch; jeder Knoten wird dabei höchstens um den Abstand d aus seiner ursprünglichen Position verschoben.

**ShortestPath[*g,start,ende*]**
ermittelt den kürzesten Weg zwischen den Ecken start und ende im Graphen g.

**ShortestPathSpanningTree[ıt g,v]**
konstruiert den Spannbaum des kürzesten Weges, der in v beginnt, so daß der kürzeste Weg im Graphen g von v zu jedem anderen Knoten der Weg im Baum ist.

**ShowGraph[*g*]**
stellt den Graphen g entsprechend seiner Einbettung dar. ShowGraph[g,Directed] stellt den gerichteten Graphen g entsprechend seiner Einbettung dar, wobei Pfeile die Orientierung jeder Kante angeben.

**ShowLabeledGraph[*g*]**
stellt den Graphen g entsprechend seiner Einbettung dar, wobei jeder Knoten mit seiner Knotennummer markiert ist. ShowLabeledGraph[g,l] verwendet das i-te Element der Liste l als Markierung für Knoten i.

**SignaturePermutation[*p*]**
liefert die Signatur der Permutation p.

**SimpleQ[*g*]**
liefert True, wenn g ein einfacher Graph ist, d.h. er ist ungewichtet und enthält keine Schlingen.

**Spectrum[*g*]**
liefert die Eigenwerte des Graphen g.

**SpringEmbedding[*g*]**
verschönert die Einbettung des Graphen g, indem es die Einbettung als ein System von Federn modelliert.

**StableMarriage[*mpref,fpref*]**
ermittelt die männliche optimale stabile Heirat, die durch Permutationslisten definiert ist, die männliche und weibliche Vorlieben beschreiben.

**Star[*n*]**
konstruiert einen Stern auf n Ecken, der ein Baum mit einem Knoten des Grades n-1 ist.

**StirlingFirst[*n,k*]**
berechnet die Stirling-Zahlen der ersten Art.

**StirlingSecond[*n,k*]**
berechnet die Stirling-Zahlen der zweiten Art.

**Strings[*l,n*]**
konstruiert alle möglichen Zeichenketten der Länge n aus den Elementen der Liste l.

**StronglyConnectedComp onents[*g*]**
liefert die stark zusammenhängenden Komponenten des gerichteten Graphen g.

**Subsets[*l*]**
liefert alle Teilmengen der Menge l.

**TableauClasses[*p*]**
zerlegt die Elemente der Permutation p in Klassen, entsprechend ihrer anfänglichen Spalten während der Konstruktion von Youngschen Tableaus.

**TableauQ[*t*]**
liefert True, genau dann, wenn t ein Youngsches Tableau darstellt.

**Tableaux[*p*]**
konstruiert alle Youngschen Tableaus, deren Gestalt durch eine ganzzahlige Zerlegung p gegeben ist.

**TableauxToPermutation[*t1,t2*]**
konstruiert die eindeutige Permutation, verknüpft mit den Youngschen Tableaus t1 und t2, wobei beide Tableaus dieselbe Gestalt haben.

**ToAdjacencyLists[*g*]**
konstruiert eine Adjazenzlisten-Darstellung für den Graphen g.

**ToCycles[*p*]**
liefert die Zyklusstruktur der Permutation p.

**ToInversionVector[*p*]**
berechnet den Inversionsvektor, der mit der Permutation p verknüpft ist.

**ToOrderedPairs[*g*]**
konstruiert eine Liste geordneter Paare, die die Kanten des ungerichteten Graphen g darstellen.

**TopologicalSort[*g*]**
liefert eine Permutation der Ecken des gerichteten azyklischen Graphen g, so daß eine Kante (i,j) impliziert, daß Knoten i vor Knoten j erscheint.

**ToUnorderedPairs[*g*]**
konstruiert eine Liste der Knotenpaare, die den Graphen g darstellen, mit einem Paar pro ungerichteter Kante.

**TransitiveClosure[*g*]**
ermittelt die transitive Hülle des Graphen g, die Obermenge von g, die die Kante {x,y} genau dann enthält, wenn es einen Weg von x nach y gibt.

**TransitiveQ[*g*]**
liefert True, wenn der Graph g eine transitive Relation definiert.

**TransitiveReduction[*g*]**
ermittelt den kleinsten Graphen, der dieselbe transitive Hülle wie g hat.

**TranslateVertices[*v,{x,y}*]**
addiert den Vektor {x,y} zu jedem Knoten in der Liste v.

**TransposePartition[*p*]**
spiegelt eine Zerlegung p von k Teilen entlang der Hauptdiagonalen und erzeugt dabei eine eine Zerlegung mit Maximalteil k.

**TransposeTableau[*t*]**
spiegelt ein Youngsches Tableau t entlang der Hauptdiagonalen, und erzeugt so ein unterschiedliches Tableau.

**TravelingSalesman[*g*]**
ermittelt die optimale Tour des Handlungsreisenden im Graphen g.

**TravelingSalesmanBounds[ıt g]**
berechnet die oberen und unteren Schranken für die Tour im Graphen g des Handlungsreisenden mit minimalen Kosten.

**TreeQ[*g*]**
liefert True, wenn der Graph g ein Baum ist.

**TriangleInequalityQ[*g*]**
liefert True, wenn die durch die Adjazenzmatrix des Graphen g definierte Gewichtsfunktion der Dreiecksungleichung genügt.

**Turan[*n,p*]**
konstruiert den Turan-Graphen, das ist der Extremalgraph auf n Ecken, der K[p] nicht enthält.

**TwoColoring[*g*]**
ermittelt eine Zweifärbung des Graphen g, wenn g zweifach teilbar ist.

**Undirected**
ist eine Option, mit der bestimmte Funktionen informiert werden, daß der Graph ungerichtet ist.

**UndirectedQ[*g*]**
liefert True, wenn der Graph g ungerichtet ist.

**UnionSet[*a,b,s*]**
vereinigt die Mengen, die a und b enthalten, in der „Vereinige-und-finde" Datenstruktur s.

**UnweightedQ[*g*]**
liefert True, wenn alle Einträge in der Adjazenzmatrix des Graphen g Null oder Eins sind.

**V[*g*]**
ergibt die Ordnung oder Anzahl der Ecken des Graphen g.

**VertexColoring[*g*]**
setzt Brelazsche Heuristik ein, um eine gute, aber nicht notwendigerweise minimale Knoteneinfärbung des Graphen g zu ermitteln.

**VertexConnectivity[*g*]**
berechnet die minimale Anzahl Ecken, deren Entfernung den Graphen nicht zusammenhängend machen.

**VertexCoverQ[*g,c*]**
liefert True, wenn die Ecken in der Liste c eine Knoten-Überdeckung des Graphen g definieren.

**Vertices[*g*]**
liefert die Einbettung des Graphen g.

**WeaklyConnectedCompon ents[*g*]**
liefert die schwach zusammenhängenden Komponenten des gerichteten Graphen g.

**Wheel[*n*]**
konstruiert ein Rad auf n Ecken, das die Vereinigung von K[1] und Cycle[n-1] ist.

**WriteGraph[*g,f*]**
schreibt einen Graphen g in Kantenlistendarstellung in eine Datei f.

## DiscreteMath'ComputationalGeometry'

**AllPoints**
Allpoints ist eine Option von ConvexHull, die anzeigt, ob alle verschiedenen Punkte auf der Hülle oder nur die Minimalmenge der zur Definition der Hülle benötigten Punkte zurückgegeben werden.

**ConvexHull[*{{x1,y1},{x2,y2},...,{xn,yn}}*]**
ergibt die (planare) konvexe Hülle der n Punkte, dargestellt als eine Liste der Punktindizes, entgegen dem Uhrzeigersinn angeordnet.

**DelaunayTriangulation[*{{x1,y1},{x2,y2},...,{xn,yn}}*]**
ergibt die (planare) Delaunay-Triangulation der Punkte. Die Triangulation wird dargestellt als eine Knoten-Adjazenzliste, ein Eintrag für jeden eindeutigen Punkt in der ursprünglichen Koordinatenliste, die die benachbarten Ecken im dem Uhrzeigersinn entgegengesetzter Reihenfolge anzeigt.

**DelaunayTriangulationQ[*{{x1,y1},{x2,y2},...,{xn,yn}},kal*]**
liefert True, wenn die Triangulation der {xi,yi}, dargestellt als Knoten-Adjazenzliste kal, eine Delaunay-Triangulation ist, und sonst False. In DelaunayTriangulationQ[{{x1,y1}, {x2, y2},...,-{xn, yn}},kal, hülle] ist hülle die konvexe Hülle der eindeutigen Punkte. Die Liste kal muß so beschaffen sein, daß ein Punkt der Hülle zuerst den Hüllnachbar auflistet, der dem Punkt bei Durchlauf im entgegengesetztem Urzeigersinn der Hülle folgt.

**DiagramPlot[*{{x1,y1},{x2,y2},...,{xn,yn}}*]**
zeichnet die {xi,yi} und die Polygone, entsprechend dem durch die {xi,yi} aufgestellten Voronoi-Diagram. DiagramPlot[{{x1,y1},{x2,y2] ,...,{xn,yn}},{q1,q2,...,qm},k al] zeichnet die Polygon-'Mittelpunkte' {xi,yi} und Polygon-Ecken qj, wie sie durch die Knoten-Adjazenzliste kal festgelegt wird.

**Hull**
ist eine Option von DelaunayTriangulation, die anzeigt, ob die konvexe Hülle, usätzlich zur Knoten-Adjazenzliste kal, die die Triangulation beschreibt, zurückgegeben werden soll. Hull -> False besagt, daß kal zurückgegeben wird, während Hull -> True besagt, daß {kal,hull} zurückgegeben wird.

**LabelPoints**
ist eine Option der Zeichenfunktionen in ComputationalGeometry.m. LabelPoints -> True bedeutet, daß die Punkte entsprechend ihrer Positionen in der Eingabeliste beschriftet werden. Wiederholte Exemplare eines Punktes werden einmal gezeichnet und entsprechend der Position des ersten Exemplars in der Liste beschriftet.

**NearestNeighbor[*{a,b},{{x1,y1},{x2, y2},...,{xn,yn}}*]**
ergibt die Beschriftung des nächsten Nachbars von {a,b} unter den Punkten {{x1, y1},{x2, y2},...,{xn, yn}}. NearestNeighbor[{a,b},{q1,q2,...,qm},k al] ergibt die Beschriftung des nächsten Nachbars von {a,b} unter Verwendung der Voronoi-Ecken qj und der Voronoischen Knoten-Adjazenzliste kal. NearestNeighbor[{{a1,b1},...,{ap,bp}},{{x1,x2},..., {xn,yn}}] oder Nearest-Neighbor[{{a1,b1},...,{ap, bp}},{q1, q2,...,qm}, kal] liefert die Beschriftungen der nächsten Nachbarn der Liste {{a1,b1},...,{ap,bp}}.

**PlanarGraphPlot[*{{x1,y1},{x2,y2},...,{ xn,yn}}*]**
zeichnet den ebenen Graphen, entsprechend der Delaunay-Triangulation, aufgestellt durch die {xi,yi}. PlanarGraphPlot[{{x1,y1},{x2,y2 },...,{xn,yn}},liste] zeichnet den planaren Graphen der {xi,yi}, wie es durch liste festgelegt wird; liste kann die Form {{l1,{l11,l12,...}, ...,{ln,{ln1,ln2,...}}} (Knoten-Adjazenzliste) oder {l1,...,ln} (repräsentiert einen geschlossenen Kantenzug) haben, wobei li die Position des i-ten eindeutigen Punktes in der Eingabeliste ist.

**Ray[*{x1,y1},{x2,y2}*]**
ist ein Mittel zur Darstellung der unendlichen Strahlen, die in Diagrammen mit offenen Polygonen gefunden werden. Hierbei zeigt {x1,y1} den Kopf des Strahls (ein Polygon-Knoten), und {x2,y2} kennzeichnet einen Punkt auf dem Strahl.

**TriangularSurfacePlot[*{{x1,y1,z1},...,{xn,yn,zn}}*]**
zeichnet die zi, entsprechend der planaren Delaunay-Triangulation, aufgestellt durch die {xi,yi}. TriangularSurfacePlot[{{x1,y1,z1},...,{xn, yn,zn}},kal] zeichnet die zi, entsprechend der planaren Triangulation {xi,yi}, festgelegt durch die Knoten-Adjazenzliste kal.

**TrimPoints**
ist eine Option von DiagramPlot, die die Ordnung des Diagramm-ausreißerknotens, der auf der PlotRange-Grenze liegt, anzeigt. Aus der Vorgabe TrimPoints -> 0 folgt, daß alle Diagrammknoten innerhalb von PlotRange liegen. TrimPoints -> n impliziert, daß der n-te größte Ausreißer auf der PlotRange-Grenze liegt.

**VoronoiDiagram[*{{x1,y1},{x2,y2},...,{xn,yn}}*]**
liefert das (planare) Voronoi-Diagramm der Punkte. Das Diagramm wird als zwei Listen dargestellt: (1) eine Voronoi-Knotenkoordinatenliste, und (2) eine Knoten-Adjazenzliste, ein Eintrag für jeden eindeutigen Punkt in der ursprünglichen Koordinatenliste, die die zugehörigen Voronoi-Polygonecken im dem Uhrzeigersinn entgegengesetzter Reihenfolge anzeigt. VoronoiDiagram[{{x1,y1},{x2,y2}, ...,{xn,yn}},kal] nimmt kal als die Knoten-Adjazenzliste der dualen Delaunay-Triangulation. In VoronoiDiagram[{{x1,y1},{x2,y2},...,{xn,yn}},kal,hülle] ist hülle die konvexe Hülle der eindeutigen Punkte.

## DiscreteMath'Permutations'

**FromCycles[*{p1,p2,..}*]**
liefert die Permutation, die einer Zyklenliste entspricht.

**Ordering[*liste*]**
liefert die Permutation, die die Elemente von liste entsprechend ihrer Reihenfolge anordnet.

**PermutationQ[*e*]**
ergibt True, wenn e eine Liste ist, die eine Permutation darstellt.

**RandomPermutation[*n*]**
ergibt eine zufällige Permutation von n Elementen.

**ToCycles[*p*]**
schreibt die Permutation p als eine Liste zyklischer Permutationen.

## DiscreteMath'RSolve'

**ArgPi**
Wenn es möglich ist, drückt ArgPi[z] die komplexe Zahl z in der Form Abs[z] E^(r Pi I) aus, wobei r eine rationale Zahl ist.

**ConjugateQ[*x, y*]**
prüft, ob x und y komplex konjugiert sind.

**EGf[*a*][*z*]**
wird von ExponentialPowerSum als Bezeichnung für Sum[a[n] z^n / n!, {n, 0, Infinity}] verwendet.

**Entails[*a, b*]**
stellt fest, ob a aus b folgt, wobei a und b Boolsche Kombinationen von Gleichungen und/oder Ungleichungen zwischen rationalen Funktionen einer einzelnen ganzzahligen Variablen sind.

**Even[*n*]**
ist äquivalent zu EvenQ[n], es bleibt jedoch unevaluiert, wenn der Kopf von n Symbol ist.

**ExponentialGeneratingF unction[{gl1, gl2, ..}, {a1[n], a2[*n*], *..*}, *n, z*]**
berechnet die Exponential-erzeugenden Funktionen Sum[ai[n + si] z^n / n!, {n, 0, Infinity}] für die Folgen a1[n], a2[n], .. die durch die Gleichungen gl1, gl2, ... definiert werden. Hierbei bezeichnet si den kleinsten Wert von n, so daß ai[n] in den Gleichungen erscheint. Eine Gleichung kann die Form gl /; bedg haben, wobei bedg eine Ungleichung ist, die den Bereich der Werte von n spezifiziert, für den gl gültig ist; wird keine bedingung angegeben, so wird n >= 0 angenommen.

**ExponentialPowerSum[*ausdr, {z, n, n0:0}*]**
berechnet Sum[ausdr z^(n-n0) / (n-n0)!, {n, n0, Infinity}]. Ist a[n] eine Folge, so wird der Name EGf[a][z] von ExponentialPowerSum zur Bezeichnung von Sum[a[n] z^n / n!, {n, 0, Infinity}] verwendet. ExponentialPowerSum wird über Listen und Gleichungen verteilt.

**FactorialSimplify[*ausdr*]**
vereinfacht die Vorkommen von Factorial[ ] innerhalb von ausdr.

**FirstPos[*l, muster*]**
liefert die Position des ersten Argumentes von l, das zu muster paßt, oder Null, wenn es kein derartiges Element gibt.

**FreeL[*ausdr, liste*]**
liefert True, wenn keines der Elemente von liste in ausdr erscheint, False sonst.

**GeneratingFunction[{gl1, gl2, ..}, {a1[n], a2[*n*], ..}, *n, z, optn*]**
berechnet die gewöhnlichen erzeugenden Funktionen Sum[ai[n] z^n, {n, si, Infinity}] für die Folgen a1[n], a2[n], .. definiert durch die Gleichungen gl1, gl2, ... Hierbei bezeichnet si den kleinsten Wert von n, so daß ai[n] in den Gleichungen erscheint. Eine Gleichung kann die Form gl /; bedg haben, wobei bedg eine Ungleichung ist, die den Bereich der werte von n spezfiziert, für den gl gültig ist; ist keine Bedingung angegeben, so wird angenommen, daß n >= 0.

**Gf[*a*][*z*]**
verwendet PowerSum als Bezeichnung für Sum[a[n] z^n, {n, 0, Infinity}].

**HSolve[gl, f[*z*], *z*]**
liefert eine hypergeometrische formale Reihenlösung für die Differentialgleichung gl mit unbekannter Funktion f[z] oder { }, wenn festgestellt wird, daß es keine Reihenlösung gibt. Es liefert $Failed, wenn beides nicht festgestellt wurde.

**HypergeometricF[*{a1, a2, ..}, {b1, b2, ..}, z*]**
ist die verallgemeinerte hypergeometrische Funktion mit oberen Parametern a1, a2,.. unteren Parametern b1, b2,.. und Argument z.

**ImP[*x*]**
liefert den Imaginärteil von x.

**Info[*n*]**
ist Information über n, ausgedrückt als eine Boolsche Kombination von Ungleichungen. Es sollte mit n verknüpft werden.

**ISolve[*ausdr*]**
löst eine Boolsche Kombination von Gleichungen und/oder Ungleichungen in einer einzigen ganzzahligen Variablen. Die Antwort erfolgt als eine Disjunktion disjunkter, Gleichheit zulassender Ungleichungen.

**K**
ist der Kopf, der von SeriesTerm für Summationsindizes verwendet wird.

**LeadingCoef[*poly, x*]**
liefert den führenden Koeffizienten des Polynoms poly[x].

**ListComplement[*list1, list2*]**
liefert die Mehrfachmengen-Differenz von l1 und l2.

**MakeList[*ausdr, head:List*]**
liefert die Liste der Argumente von ausdr, wenn der Kopf von ausdr zum angegebenen paßt, anderenfalls liefert es {ausdr}.

**MakeReal**
ist ein wahlfreier Parameter für RSolve und SeriesTerm. Mögliche Werte: MakeReal -> True (Vorgabe; ersetze Paare komplex konjugierter Größen durch ihre doppelten Realteile), MakeReal -> False (das Gegenteil).

**MakeTrinomial[*ausdr_*]**
versucht, ausdr in der Form Multinomial[a, b, c] zu schreiben.

**MethodEGF**
ist ein möglicher Wert für den Parameter Methods für RSolve. Er bezeichnet die Methode der Exponential-erzeugenden Funktionen.

**MethodGF**
ist ein möglicher Wert für den Parameter Methods für RSolve. Er bezeichnet die Methode der gewöhnlichen erzeugenden Funktionen.

**Methods**
ist ein wahlfreier Parameter für RSolve. Er spezifiziert, welche Methoden und in welcher Reihenfolge sie durch RSolve eingesetzt werden. Vorgabe: Methods -> {MethodGF, MethodEGF}. Wird eine einzige Methode angegeben, so muß sie nicht in einer Liste erscheinen.

**Odd[*n*]**
ist äquivalent zu OddQ[n], bleibt jedoch unevaluiert, wenn Symbol der Kopf von n ist.

**PartialFractions[*f, z, optn*]**
ergibt eine Partialbruchzerlegung von f[z] über den komplexen Funktionen.

**PatternList[*ausdr, muster*]**
liefert die Liste aller Unterausdrücke von ausdr, die zum gegebenen Muster passen, vorausgesetzt, daß ausdr Rule[ ] nicht enthält.

**PoleMultiplicity[*f, {z, a}*]**
berechnet die Vielfachheit des Pols von f in z = a.

**PowerSum[*ausdr, {z, n, n0:0}*]**
berechnet Sum[ausdr z^n, {n, n0, Infinity}]. Ist a[n] eine Folge, so wird der Name Gf[a][z] von PowerSum zur Bezeichnung von Sum[a[n] z^n, {n, 0, Infinity}] verwendet. PowerSum wird über Listen und Gleichungen verteilt.

**PrecisionHS**
ist ein wahlfreier Parameter für RSolve, GeneratingFunction, ExponentialGeneratingFunction und HSolve. Er spezifiziert die Präzision, mit der die Polynomwurzeln von HSolve berechnet werden sollen. Gelingt dies, so ist das Ergebnis von HSolve eine verallgemeinerte hypergeometrische Funktion, und diese Wurzeln sind ihre Parameter. Mögliche Werte: PrecisionHS -> n, PrecisionHS -> Infinity, PrecisionHS -> Automatic (Vorgabe). Infinity bedeutet exakte Wurzeln, aber jene Wurzeln, die nicht durch Solve[ ] gefunden werden können, werden numerisch berechnet. Automatic bedeutet, daß nur jene Wurzeln, die Solve[ ] ohne Rückgriff auf allgemeine Formeln zum Lösen von Gleichungen dritten und vierten Grades finden kann, exakt ermittelt werden, während andere numerisch berechnet werden.

**PrecisionST**
ist ein wahlfreier Parameter für RSolve und SeriesTerm. Er spezifiziert die Präzision, mit der die Wurzeln von Nennern rationaler Funktionen, die in Potenzreihen entwickelt werden sollen, durch SeriesTerm berechnet werden sollen. Mögliche Werte: PrecisionST -> n, PrecisionST -> Infinity, PrecisionST -> Automatic (Vorgabe). Infinity bedeutet exakte Wurzeln, aber jene Wurzeln, die nicht durch Solve[ ] gefunden werden können, werden numerisch berechnet. Automatic bedeutet, daß nur jene Wurzeln, die Solve[ ] ohne Rückgriff auf allgemeine Formeln zum Lösen von Gleichungen dritten und vierten Grades finden kann, exakt ermittelt werden, während andere numerisch berechnet werden.

**RealQ**
'RealQ[x] = True' dient dazu, x als reelle Zahl zu erklären.

**ReP[*x*]**
liefert den Realteil von x.

**Reset[*rekur, bdgn, unbekannte, startWerte, s0*]**
liefert die Liste {rekur, bdgn}, wobei die Startwerte der Indexmenge so geändert wurden, daß mit s0 statt mit startWerte für alle unbekannten Folgen begonnen wird.

**RSolve[{gl1, gl2, ..}, {a1[n], a2[*n], ..}, n, optn*]**
löst die Rekursionsgleichungen gl1, gl2, .. für die Folgen a1[n], a2[n], ... Gibt es eine einzige Folge oder Gleichung, muß diese nicht in Form einer Liste angegeben werden. Gleichungen können entweder Rekursionen oder Anfangs/Rand-Bedingungen sein. Eine Gleichung kann die Form gl /; bedg haben, wobei bedg eine Ungleichung ist, die den Bereich der Werte von n angibt, für die gl gültig ist; wird keine Bedingung angegeben, so wird angenommen, daß n >= 0 ist.

**SafeFirst[*l*]**
liefert das erste Argument von l oder Null, wenn die Länge von l Null ist.

**SafeSeries[*f, {z, a, n}*]**
behebt einen Fehler in Series[ ], das versagt, wenn n kleiner als der Grad der Nullstelle des Nenners von f in a ist.

**SeriesTerm[*ausdr, {z, a, n}, optn*]**
liefert den n-ten Koeffizienten der Laurent-Reihenentwicklung von ausdr in z = a, für symbolisches n. Alias: ST.

**SimplifyComplex2**
ist einer der Regel-Listen, die zum Ersetzen von Summen komplex konjugierter Größen durch ihre doppelten Realteile eingesetzt werden.

**SimplifyComplex3**
ist einer der Regel-Listen, die zum Ersetzen von Summen komplex konjugierter Größen durch ihre doppelten Realteile eingesetzt werden.

**SimplifyComplex4**
ist einer der Regel-Listen, die zum Ersetzen von Summen komplex konjugierter Größen durch ihre doppelten Realteile eingesetzt werden.

**SimplifyComplexE1**
ist einer der Regel-Listen, die zum Ersetzen von Summen komplex konjugierter Größen durch ihre doppelten Realteile eingesetzt werden.

**SimplifyComplexE2**
ist einer der Regel-Listen, die zum Ersetzen von Summen komplex konjugierter Größen durch ihre doppelten Realteile eingesetzt werden.

**SimplifyComplexN**
ist einer der Regel-Listen, die zum Ersetzen von Summen komplex konjugierter Größen durch ihre doppelten Realteile eingesetzt werden.

**SimplifySum**
ist eine Regel-Liste zur Vereinfachung von Summen.

**SimplifyTrig**
ist eine Regel-Liste, die trigonometrische Ausdrücke in kanonische Form überführt.

**SpecialFunctions**
ist ein wahlfreier Parameter für RSolve und SeriesTerm. Mögliche Werte: SpecialFunctions -> True (Vorgabe; verwende Spezialfunktionen wie LegendrePolynome, um das Ergebnis auszudrücken), SpecialFunctions -> False (das Gegenteil).

**SymbolicMod[*n, k*]**
ist gleich Mod[n, k] wenn n eine Zahl ist, und wird sonst unevaluiert belassen.

**TTQ[*bedg*]**
liefert True, wenn es feststellt, daß die über Variablen angegebene Information impliziert, daß bedg wahr ist, und sonst False.

**UseApart**
ist ein wahlfreier Parameter für RSolve und SeriesTerm. Er spezifiziert, ob Apart verwendet werden sollte, bevor die Entwicklung in eine Potenzreihe versucht wird und in welcher Form. Mögliche Werte: UseApart -> None (verwende Apart gar nicht), UseApart -> Automatic (Vorgabe; verwende Apart ohne zweites Argument), UseApart -> All (verwende Apart mit zweitem Argument). In Voreinstellung verwendet MethodGF UseApart -> Automatic und MethodEGF verwendet UseApart -> None. UseApart -> All ist nützlich, wenn die zu entwickelnde Funktion Parameter enthält.

**UseMod**
ist ein wahlfreier Parameter für RSolve und SeriesTerm. Mögliche Werte: UseMod -> True (Vorgabe; verwende Even, Odd und/oder SymbolicMod für die Formulierung des Ergebnisses), UseMod -> False (das Gegenteil).

**UserSymbols[*ausdr*]**
liefert eine Liste maximaler Unterausdrücke von ausdr mit der Eigenschaft, daß ihr Kopf Symbole enthält, die in einem anderen Kontext als System‘ definiert sind.

**When[*bedg, a, b*]**
liefert a, wenn es feststellt, daß die Information über die Variablen impliziert, daß bedg wahr ist, b, wenn es feststellt, daß die Information über die Variablen impliziert, daß bedg falsch ist, und sonst If[bedg, a, b].

## DiscreteMath'Tree'

**ExprPlot[*ausdr*]**
erzeugt eine grafische Darstellung eines Ausdrucks, betrachtet als ein Baum.

**MakeTree[*liste*]**
erstellt einen binären Baum, wobei jede Verzweigung durch ein Element in liste beschriftet ist.

**TreeFind[*baumliste, x*]**
ermittelt das kleinste Element größer als x in der Liste, aus der baumliste konstruiert wurde.

**TreePlot[*baumliste*]**
erzeugt eine grafische Darstellung eines Baums.

## Examples'CellularAutomata'

**CenterSpot[*liste, n*]**
erzeugt eine Liste mit n Nullen, die Elemente von liste befinden sich in der Mitte.

**EvolveCA[*init, regel, t*]**
entwickelt einen CA für t Zeitschritte und liefert so eine Liste der produzierten Konfigurationen.

**NumberedRule[*n*]**
liefert eine Regel-Tabelle für eine Regel k=2, r=1 , spezifiziert durch die ganze Zahl n.

**ShowCA[*liste*]**
zeigt grafisch eine Evolutionsgeschichte eines zellularen Automaten.

**UpdateCA[*liste, regel*]**
wendet einen Zeitschritt einer CA-Regel auf liste an. Die CA-Regel ist als Liste mit Ersetzungen in der Nachbarschaft angegeben, wie zum Beispiel {{1,0,0} -> 1, {1,1,1} -> 1, {1,1,_} -> 0, {1,0,1} -> 1, {0,a_,b_}:>Mod[a+b,2]}.

## Examples'Collatz'

**Collatz[*n*]**
liefert die Iterierten der Collatz-Abbildung bis zu einer der bekannten Zyklen.

**TotalStoppingTime[*n*]**
ergibt die Anzahl der Iterierten der Collatz-Abbildung bis zu einer der bekannten Zyklen. Es ergibt dasselbe Ergebnis wie Length[Collatz[n]]-1, ist jedoch sehr viel effizienter. Bei der Beantwortung liefert TotalStoppingTime[n] eine Überprüfung der 3x+1 Vermutung für n.

## Examples'FileBrowse'

Dieses Paket bietet Beispiele für Hilfsprogramme zur Arbeit mit externen Dateien. Die Funktion browse[n] erzeugt eine Tabelle der Dateien und Unterverzeichnisse bis zur Tiefe n, angefangen beim aktuellen Verzeichnis.

## Examples'IntegerRoots'

**BreakRoots[*ausdr*]**
extrahiert die ganzzahligen Teile rationaler Wurzeln ganzer Zahlen in ausdr.

## Examples'Life'

Dieses Paket liefert ein Beispiel einer Implementierung eines 2D „Game of Life". Es enthält Definitionen für: LifeRules, LifeUpdate, AddObject, Glider, LifeBlock, LifeEvolve, ShowLife.

## Examples'OneLiners'

**DetCirculant[*m*]**
berechnet die Determinante der zyklischen Matrix m, d.h. m ist eine Matrix, deren Zeilen zyklische Verschiebungen der ersten Zeile sind. Es wird angenommen, daß die Einträge Gleitpunktzahlen sind.

**DigitsToNumber[*liste, b*]**
liefert die ganze Zahl, deren Ziffern zur Basis b durch liste angegeben werden.

**FromCycles[*x*]**
liefert die Permutation, deren Zyklusstruktur durch x gegeben ist.

**gcd[*a, b*]**
ist eine Implementierung auf hohem Niveau, die den Euklidischen Algorithmus des eingebauten GCD mit zwei Argumenten verwendet.

**Gray[*n*]**
erzeugt die reflektierte Gray-Code-Anordnung der ganzen Zahlen 1,...,2^n, wobei zwei ganze Zahlen als benachbart angesehen werden, wenn ihre Differenz eine Potenz von 2 ist.

**IntegerSpiral[*n*]**
liefert die {x,y} Koordinaten einer Spirale der Länge ((n/2)^2 + 1 - Mod[n, 2]/4) auf dem ganzzahligen Gitter in der Ebene.

**SquareFreeQ[*n*]**
liefert True, wenn n nicht durch das Quadrat einer Primzahl teilbar ist, und sonst False.

**Subsets[*x*]**
erzeugt die Untermengen der Menge x.

**SumOfSquaresR2[*n*]**
ergibt die Anzahl der Darstellungen der positiven ganzen Zahl n als eine Summe zweier Quadrate, wobei Reihenfolge und Vorzeichen zählen.

**SwinnertonDyerP[*n, x*]**
berechnet das minimale Polynom der Quadratwurzeln der ersten n Primzahlen.

## Examples'OptionUtilities'

**OptionExtract[*arge, bekannt*]**
liefert eine Liste {parameter, optionen}, falls keine unbekannten Optionen gefunden werden, in welchem Fall der zurückgegebene Wert $Failed ist. arge werden vom letzten Element bis zum letzten Nicht-Option-Argument durchsucht, und alle gefundenen Ersetzungsregeln werden für die entsprechenden Regeln in bekannt substituiert Verbleibende arge werden als Parameter zurückgegeben.

**OptionList[*ausdr*]**
liefert eine Liste aller in ausdr gefundenen gültigen Optionen.

**OptionSelect[*eingabe, ziel*]**
ersetzt in ziel gefundene Optionen mit beliebigen in eingabe gefundenen entsprechenden Optionen.

## Examples'StringPatterns'

**AnchorHead**
Ein Wert für die Option AnchorMatch. Legt fest, daß das Muster am Anfang der Zeichenkette verankert sein wird.

**AnchorMatch**
Eine Option für StringPosition, die nur mit einem Zeichenkettenmuster verwendet wird. Legt fest, ob ein Muster am Kopf oder am Ende der Zeichenkette verankert werden sollte. Es werden die Werte AnchorHead, AnchorTail oder False akzeptiert.

**AnchorTail**
Ein Wert für die Option AnchorMatch. Legt fest, daß das Muster am Ende der Zeichenkette verankert werden soll.

**CharacterRange[*char1,char2*]**
erzeugt ein Muster für den Einsatz mit StringMatchQ und StringPosition. Das Muster paßt zu jedem Zeichen zwischen char1 und char2, wie es durch $StringOrder festgelegt wird. Zu beachten ist, daß Groß/Kleinschreibung unwichtig ist.

**StringMatchQ[*string,muster*]**
StringMatchQ[string,muster] bestimmt, ob die Zeichenkette zu muster paßt, wobei muster so beschaffen ist, wie es im Diskussionsabschnitt des Paketes StringPattern beschrieben wurde.

**StringMatchQ[*"string", "muster"*]**
ergibt True, wenn „string" zur spezifizierten Zeichenkette „muster" paßt, und sonst False.

**StringPosition[*string,muster*]**
StringPosition[string,muster] findet Vorkommen von muster in string, wobei muster so beschaffen ist, wie es im Diskussionsabschnitt des Paketes StringPattern beschrieben wurde. Bei dieser Verwendung ist eine zusätzliche Option AnchorMatch zugelassen.

**StringPosition[*"string", "sub"*]**
liefert eine Liste der Anfangs- und Endzeichenpositionen, an denen „sub" als eine Unterzeichenkette von „string" erscheint. StringPosition["string", "sub", k] führt nur die ersten k Vorkommen von „sub" auf. StringPosition["string", {"sub1", "sub2", ...}] liefert die Positionen aller „subi".

## Geometry'Polytopes'

**Area[*polytop*]**
liefert die Fläche jeder Seite mit Kantenlänge eins.

**Circumscribed[*polytop*]**
liefert den Radius eines einbeschriebenen Kreises/Kugel.

**Coords[*polytop*]**
ergibt eine Liste der Eckenkoordinaten.

**Dual[*p*]**
ergibt das Duale des Polytops p (wenn es existiert).

**Edges[*polytop*]**
ergibt die Anzahl der Kanten von polytop.

**Faces[*polytop*]**
ergibt die Anzahl der Seitenflächen von polytop.

**Inscribed[*polytop*]**
ergibt den Radius eines beschriebenen Kreises/Kugel.

**Schlafli[*p*]**
ergibt das Schlafli-Symbol für Polytop p.

**Vertices[*polytop*]**
ergibt die Anzahl der Ecken von polytop.

**Volume[*polytop*]**
ergibt den Rauminhalt bei Kantenlänge eins.

## Geometry'Rotations'

**Rotate2D[*vek,theta,(pt:{0,0})*]**
dreht den Vektor vek um den Winkel theta um den Punkt pt.

**Rotate3D[*vek,phi,theta,psi,(pt:{0,0,0})*]**
dreht den Vektor vek um spezifizierte Euler-Winkel um den Punkt pt.

**RotationMatrix2D[*theta*]**
ergibt die Matrix für die Drehung um den Winkel theta in zwei Dimensionen.

**RotationMatrix3D[*phi,theta,psi*]**
ergibt die Matrix für die Drehung um die spezifizierten Euler-Winkel in drei Dimensionen.

## Graphics'Animation'

**Animate[*anweisung, iterator, optionen...*]**
verwendet den Laufindex, um die angegebene Grafikanweisung zu starten und animiert die Ergebnisse.

**Animation**
Graphics/Animation.m enthält diverse Animationsfunktionen. Verwendete Optionen sind: RasterFunction, AnimationFunction, Frames, und Closed. Sie übergeben beliebige extra Optionen an die eingebettete Show[ ]-Anweisung zur Darstellung der Bilder.

**AnimationFunction**
ist eine Option von ShowAnimation[ ], die die Funktion spezifiziert, die verwendet werden soll, um die Animation zu zeigen. Sie wird auch von Animate[ ], MoviePlot[ ], SpinShow[ ] usw. eingesetzt.

**Closed -> False/True**
ist eine Option von Animate[ ] und SpinShow[ ], die spezifiziert, ob der letzte Wert des Animationslaufindexes dasselbe Bild wie der erste ergeben soll. Ist sie True, so wird das letzte Bild nicht erstellt. Zum Beispiel wird {t, 0, 2Pi}, Closed -> True, Frames -> 24 Bilder für t = 0, 2Pi/24,..., 2Pi - 2Pi/24 erstellen.

**Frames**
ist eine Option von Animate[ ] und SpinShow[ ], die die Anzahl der zu erstellenden Bilder spezifiziert, wenn der Animationslaufindex kein Inkrement spezifiziert.

**MovieContourPlot[f[*x,y,t], {x,x0,x1}, {y,y0,y1}, {t,t0,t1}, optionen...*]**
wird x,y-Konturdiagramme der gegebenen Funktion durch Variation von t animieren.

**MovieDensityPlot[f[*x,y,t], {x,x0,x1}, {y,y0,y1}, {t,t0,t1}, optionen...*]**
wird x,y-Dichtediagramme der gegebenen Funktion durch Variation von t animieren.

**MovieParametricPlot[{f[ it x,t],g{x,t}}, {x,x0,x1}, {t,t0,t1}, optionen...]**
wird parametrische Kurvendiagramme der gegebenen Funktion durch Variation von t animieren.

**MoviePlot[f[*x,t], {x,x0,x1}, {t,t0,t1}, optionen...*]**
wird Diagramme von f[x,t], gesehen als Funktion von x, animieren, wobei t als Animations- (oder Zeit-)Variable dient.

**MoviePlot3D[f[*x,y,t], {x,x0,x1}, {y,y0,y1}, {t,t0,t1}, optionen...*]**
wird x,y-Diagramme der spezifizierten Funktion durch Variation von t animieren.

**RasterFunction**
ist eine Option von ShowAnimation[ ], die die Funktion spezifiziert, mit der einzelne Bilder in einer Animation gerastert werden. Sie wird auch von Animate[ ], MoviePlot[ ], SpinShow[ ] usw. eingesetzt

**ShowAnimation[*{g,h,...}, optionen...*]**
produziert eine Animation aus einer Folge von Grafikobjekten.

**SpinShow[*grafik, optn...*]**
wird ein dreidimensionales Grafikobjekt durch Drehung animieren.

**System'DisplayAnimation**
DisplayAnimation[datei, glist] schreibt den PostScript-Code aller Bilder der Grafikliste glist in datei. Die Bilder werden durch Zell-Header-Zeilen getrennt. datei kann unter der Notebook-Benutzeroberfläche oder mit den meisten PostScript-Wiedergabesystemen, die mit Mathematica geliefert werden, animiert werden.

## Graphics'ArgColors'

**ArgColor[*z*]**
liefert einen Farbwert, dessen Farbton proportional zum Argument der komplexen Zahl z ist.

**ArgShade[*z*]**
liefert eine Graustufe, die proportional zum Argument der komplexen Zahl z ist.

**ColorCircle[*r, (licht:1)*]**
liefert einen Farbwert, dessen Farbton proportional zu r (mod 2Pi) mit Helligkeit licht ist.

## Graphics'Colors'

**CMYColor[*z,m,g*]**
repräsentiert eine Farbe im CMY-System (Zyan-Magenta-Gelb).

**HLSColor[*f,h,s*]**
repräsentiert eine Farbe im HLS-System (Farbton-Helligkeit-Sättigung).

**HSBColor[*f,s,h*]**
ist überflüssig. Siehe Hue[ ].

**YIQColor[*y,i,q*]**
repräsentiert eine Farbe im YIQ-System (NTSC Videoformat).

## Graphics'ComplexMap'

**CartesianMap[*f, {x0, x1, (dx)}, {y0, y1, (dy)}, optionen...*]**
zeichnet das Bild der kartesischen Koordinatenlinien unter der Funktion f. Die Vorgabewerte von dx und dy sind so gewählt, daß die Anzahl der Linien gleich dem Wert der Option PlotPoints von Plot3D[ ] ist.

**PolarMap[*f, {r0:0, r1, (dr)}, {phi0, phi1, (dphi)}, optionen...*]**
zeichnet das Bild der Polarkoordinatenlinien unter der Funktion f. Die Vorgabewerte von dr und dphi sind so gewählt, daß die Anzahl der Linien gleich dem Wert der Option PlotPoints von Plot3D[ ] sind. Die Vorgabe für den phi-Bereich ist {0, 2Pi}.

## Graphics'FilledPlot'

**Axis**
Wird bei der Option Fills verwendet, um anzugeben, daß eine der bei einer Fill-Operation zu verwendenden Kurven die x-Achse ist.

**Back**
Ein Wert für die Option Curves.

**Curves**
Eine Option für FilledPlot. Es gibt drei mögliche Werte dafür; None, Front oder Back. None bedeutet, die eigentlich für die Kurven verwendeten Linien nicht darzustellen; Front bedeutet, alle Kurven vor den fill-Operationen zu zeichnen. Back bedeutet, jene Kurven zu zeichnen, die bei einer fill-Operation in derselben Schicht wie die fill-Operation verwendet werden; so können einige Kurven durch spätere fill-Operationen verdeckt werden.

**FilledPlot[*function,{var,varmin,varmax}*]**
erzeugt ein Diagramm, bei dem die Fläche zwischen der Kurve und der Variablenachse var gefüllt ist. FilledPlot[{f1,f2,...},bereich] erzeugt ein Diagramm, bei dem die Flächen zwischen den Kurven f1 und f2, f2 und f3 usw. gefüllt sind. Die Schattierung der Füllung und andere Spezifikationen können durch die Fills-Option angegeben werden.

**Fills**
Eine Option für FilledPlot. Es gibt zwei Formen für diese Option, eine Liste mit Farb-Primitiven (d.h. Hue[0] usw.) oder eine Liste mit Paaren, wobei das erste Element ein anderes Paar ist, das zwei Kurven spezifiziert, und das andere eine Farb-Primitive (d.h. {{2,3},Hue[.3]} usw.). In dieser zweiten Form wird jede Kurve durch eine ganze Zahl spezifiziert, die die Position der Kurve in der Liste der Kurven, die an FilledPlot übergeben wird, anzeigt. Außerdem kann das Symbol Axis (bedeutet die x-Achse) spezifiziert werden. Wird nur die Liste der Farben angegeben, so ist dies äquivalent zu {{{1,2},farbe1},{lbracket2,3},farbe2} usw.}. Gibt es mehr Farben als Kurven, so werden überzählige Farben ignoriert. Gibt es so viele Farben wie Kurven, so ist die letzte Farbe die der Füllung zwischen der endgültigen Kurve und der Achse. Gibt es weniger Farben, dann werden nur die Füllungen bis einschließlich der angegebenen Farben durchgeführt.

## Graphics'Graphics'

**BarChart[*list1, list2, ...*]**
erzeugt ein Balkendiagramm der Daten in den Listen.

**BarEdges**
ist eine Option für die Balkendiagramme, die festlegt, ob die Balken mit Kanten gezeichnet werden sollen.

**BarEdgeStyle**
ist eine Option für die Balkendiagramme, die den Stil der Kanten festlegt.

**BarGroupSpacing**
ist eine Option für BarChart, die den Zwischenraum zwischen Balkengruppen (einzelne Balken, wenn nur ein Datensatz verwendet wird) festlegt.

**BarLabels**
ist eine Option für BarChart, StackedBarChart und PercentileBarChart, die zuläßt, daß eine Beschriftung am Skalenstrich für jeden Balken plaziert wird (oder Gruppe von Balken für mehrfache Datensätze). Beschriftungen werden in einer Liste spezifiziert.

**BarOrientation**
ist eine Option für BarChart, die festlegt, ob die Balken vertikal oder horizontal orientiert sind.

**BarSpacing**
ist eine Option für BarChart, die zur Plazierung der Balken in einer Balkengruppe den Anteil der Balkenbreite festlegt, oder, in StackedBarChart und PercentileBarChart, für den Zwischenraum zwischen den Balken. Siehe auch BarGroupSpacing.

**BarStyle**
ist eine Option für die Balkendiagramme, die den Vorgabestil für die Balken festlegt. Gibt es nur einen Datensatz, so werden die Stile zyklisch auf die Balken angewendet; gibt es mehrere Datensätze, so werden die Stile zyklisch auf die Sätze angewendet. Ist es eine Funktion, so wird die Funktion auf die Höhen der Balken angewendet.

**BarValues**
ist eine Option für BarChart und GeneralizedBarChart, die es ermöglicht, daß die Balkenlänge über jedem Balken dargestellt wird. Siehe auch BarValuePosition.

**DisplayTogether[*plotanweisungen, optn*]**
nimmt eine Folge von Zeichenanweisungen (d.h. Plot[Sin[x], {x,0, 2 Pi}] usw.) und kombiniert sie zur Erstellung einer einzigen Grafik. Die Einschränkungen dabei sind, die Anweisungen müssen alle in der Lage sein, die Option DisplayFunction -> Identity als ein Argument zu akzeptieren, und sie müssen alle Grafik produzieren, die mittels der Anweisung Show zusammengezeigt werden kann. Optionen für den Typ der zu erstellenden Grafik können mit übergeben werden.

**DisplayTogetherArray**
DisplayTogether[plotanweisungen, optn] nimmt eine Folge von Zeichenanweisungen (d.h. Plot[Sin[x], {x,0, 2 Pi}] usw.) und kombiniert sie zur Erstellung eines GraphicsArray der Diagramme. Die Einschränkung dabei ist, die Anweisungen müssen alle in der Lage sein, die Option DisplayFunction -> Identity als ein Argument zu akzeptieren. Beachten Sie, daß die Zeichenanweisungen auch in einem Array plaziert werden können, das sich für die Erstellung des Ausgabe-GraphicsArray eignet. Optionen für GraphicsArray können mit übergeben werden.

**ErrorListPlot[*{{y1, dy1}, {y2, dy2}, ...}*]**
zeichnet eine Datenliste mit Fehlerbalken. ErrorListPlot[{{x1, y1, dy1}, ...}] erlaubt, daß x- sowie y-Positionen spezifiziert werden.

**GeneralizedBarChart[*{{pos1, höhe1, breite1}, {pos2, höhe2, breite2},...}*]**
erzeugt ein Balkendiagramm; die Balken haben die angegebenen Positionen, Höhen und Breiten.

**Horizontal**
Vertical und Horizontal sind mögliche Werte für BarOrientation, eine Option von BarChart.

**LabeledListPlot[*{y1, y2, ...}*]**
zeichnet eine Liste, wobei jeder Punkt {i,yi} mit seiner Indexzahl i beschriftet ist. LabeledListPlot[{{x1,y1},{x2,y2}, ...}] beschriftet den Punkt {xi,yi} mit seiner Indexzahl i. TextListPlot[{{x1, y1, t1}, {x2, y2, t2}, ...}] beschriftet den Punkt {xi,yi} mit dem Text ti.

**LinearLogListPlot[*{y1, y2, ...}*]**
oder LinearLogListPlot[{{x1, y1}, {x2, y2}, ...}] erzeugt ein Diagramm von Log[yi] als Funktion von xi.

**LinearLogPlot[*f, {x, xmin, xmax}*]**
erzeugt ein Diagramm von Log[f] als Funktion von x.

**LinearScale[*xmin, xmax*]**
liefert eine Liste „schöner" Werte zwischen xmin und xmax, die sich als Skalenstrichpositionen eignen. LinearScale[xmin, xmax, n] versucht, n derartige Werte zu finden.

**ListAndCurvePlot[*list1,list2,...,kurve1,kurve2...,bereich*]**
setzt Kurven in eine einzige Variable und Datenlisten in ein einziges Diagramm. Kurven werden wie in Plot angegeben, Listen wie in ListPlot. Der Bereich wird wie in Plot spezifiziert und wird auf dieselbe Weise verwendet. Die Funktion akzeptiert gewöhnliche Graphics-Optionen und zusätzlich PlotStyle (das wie in Plot funktioniert). Listen und Kurven können in beliebiger Reihenfolge und gemischt spezifiziert werden.

**LogGridMajor[*xmin, xmax*]**
liefert eine Liste „schöner" Werte zwischen xmin und xmax, die sich zur Verwendung als Gitterlinienpositionen auf einer logarithmischen Skala eignen. Die Positionen sind dieselben wie jene für Hauptskalenstriche aus LogScale. LogGridMajor[xmin, xmax, n] versucht, n derartige Werte zu finden.

**LogGridMinor[*xmin, xmax*]**
liefert eine Liste „schöner" Werte zwischen xmin und xmax, die sich zur Verwendung als Gitterlinienpositionen auf einer logarithmischen Skala eignen. Die Positionen sind dieselben wie jene für Haupt- und Nebenskalenstriche aus LogScale. LogGridMinor[xmin, xmax, n] versucht, n derartige Werte zu finden.

**LogLinearListPlot[*{y1, y2, ...}*]**
oder LogLinearListPlot[{{x1, y1}, {x2, y2}, ...}] erzeugt ein Diagramm von yi als Funktion von Log[xi].

**LogLinearPlot[*f, {x, xmin, xmax}*]**
erzeugt ein Diagramm von f als Funktion von Log[x].

**LogListPlot[*{y1, y2, ...}*]**
oder LogListPlot[{{x1, y1}, {x2, y2}, ...}] erzeugt ein Diagramm von Log[yi] als Funktion von xi.

**LogLogListPlot[*{y1, y2, ...}*]**
oder LogLogListPlot[{{x1, y1}, {x2, y2}, ...}] erzeugt ein Diagramm von Log[yi] als Funktion von Log[xi].

**LogLogPlot[*f, {x, xmin, xmax}*]**
erzeugt ein Diagramm von Log[f] als Funktion von Log[x].

**LogPlot[*f, {x, xmin, xmax}*]**
erzeugt ein Diagramm von Log[f] als Funktion von x.

**LogScale[*xmin, xmax*]**
liefert eine Liste „schöner" Werte zwischen xmin und xmax, die sich als Skalenstrichpositionen auf einer logarithmischen Skala eignen. LogScale[xmin, xmax, n] versucht, n derartige Werte zu finden.

**PercentileBarChart[*list1, list2, ...*]**
erzeugt ein gestapeltes Balkendiagramm, wobei die Daten so skaliert sind, daß die Summe der Absolutwerte in einem gegebenem Punkt 1 ist.

**PieChart[*{y1, y2, ...}*]**
erzeugt ein Tortendiagramm zu den Werten yi. Die Werte yi müssen nicht positiv sein. Mehrere Optionen (PieLabels, PieStyle, PieLineStyle, PieExploded) stehen zur Verfügung, um den Stil der Torte zu modifizieren.

**PieExploded**
ist eine Option für PieChart. Sie akzeptiert eine Liste mit Entfernungen oder Paaren einer Tortenkeilzahl und einer passenden Entfernung. Entfernungen werden als Verhältnis der Entfernung zum Tortenradius ausgedrückt, d.h. 1 bewegt einen Keil um 1/10 des Tortenradius nach außen. Keile werden entgegengesetzt dem Uhrzeigersinn numeriert von theta = 0 (eine Gerade, die direkt vom Tortenzentrum ausgeht).

**PieLabels**
ist eine Option für PieChart; sie akzeptiert eine Liste mit Ausdrücken, die als Beschriftungen der Tortenkeile verwendet werden sollen. Hat sie den Wert None, so werden keine Beschriftungen angebracht.

**PieLineStyle**
ist eine Option für PieChart. Sie akzeptiert einen Stil oder eine Liste mit Stilen, die auf alle Linien (um die Keile) im Tortendiagramm angewendet wird.

**PieStyle**
ist eine Option für PieChart; sie akzeptiert eine Liste mit Stilen, die dem Polygon für jeden Tortenkeil zugeordnet werden. In Voreinstellung erhält jeder Keil eine andere Farbe.

**PiScale[*xmin, xmax*]**
liefert eine Liste „schöner" Werte zwischen xmin und xmax, die Vielfache von Pi sind. PiScale[xmin, xmax, n] versucht, n derartige Werte zu finden.

**PlotStyle[*grafik*]**
ist eine Option für Plot und ListPlot, die den Stil von zu zeichnenden Linien oder Punkten spezifiziert. PlotStyle[grafik] wird den PlotStyle für ein von Plot oder ListPlot erzeugtes grafisches Bild zurückgeben.

**PolarListPlot[*{r1, r2, ...}*]**
erzeugt ein Polardiagramm, unter der Annahme, daß die ri im Winkel gleich weit auseinanderliegen.

**PolarPlot[*r, {t, tmin, tmax}*]**
erzeugt ein Polardiagramm von r als Funktion von t. PolarPlot[{r1, r2, ...}, {t, tmin, tmax}] zeichnet im selben Graphen jeden der ri als Funktion von t.

**Scale**
ist eine Option für ScaledPlot und ScaledListPlot. Sie wird als eine reine Funktion oder als ein Paar reiner Funktionen angegeben; die erste wird auf alle x-Werte, die zweite auf alle y-Werte angewendet.

**ScaledListPlot[*data*]**
erzeugt ein Diagramm, wobei jeder Datenpunkt durch Funktionen skaliert wird, die in der Scale-Option spezifiziert werden.

**ScaledPlot[*f, {x, xmin, xmax}*]**
erzeugt ein Diagramm der Funktion, wobei jede Koordinate durch Funktionen skaliert wird, die in der Scale-Option spezifiziert werden.

**SkewGraphics[*grafik, m*]**
wendet die Matrix m auf alle Koordinaten in grafik an.

**StackedBarChart[*list1, list2, ...*]**
erzeugt ein gestapeltes Balkendiagramm der Daten in den Listen.

**TextListPlot[*{y1, y2, ...}*]**
zeichnet eine Liste, wobei jeder Punkt {i,yi} als seine Indexnummer i wiedergegeben wird. TextListPlot[{{x1,y1},{x2,y2} , ...}] gibt den Punkt {xi,yi} als seine Indexnummer i wieder. TextListPlot[{{x1, y1, t1}, {x2, y2, t2}, ...}] beschriftet den Punkt {xi,yi} mit dem Text ti.

**TransformGraphics[*grafik, f*]**
wendet die Funktion f auf alle Listen mit Koordinaten in grafik an.

**UnitScale[*xmin, xmax, unit*]**
liefert eine Liste „schöner" Werte zwischen xmin und xmax, die Vielfache von Eins sind. UnitScale[xmin, xmax, unit, n] versucht, n derartige Werte zu finden.

### Graphics'Graphics3D'

**BarChart3D[*liste, optn*]**
erstellt ein dreidimensionales Balkendiagramm der rechteckigen Matrixliste. BarChart3D[{{{z, stil},..}..},optn] erstellt ein Balkendiagramm mit einem speziellen Stil für jeden Balken. BarChart3D[{{{x, y, z}, stil}..}] erstellt ein Balkendiagramm, bei dem sich die Balken an den gegebenen x- und y-Koordinaten befinden und die Höhe z und einen angegebenen Stil haben.

**Color**
ist eine Option für ShadowPlot3D und ListShadowPlot3D, die festlegt, ob das Diagram farbig gezeichnet werden soll.

**Graphics3D[*primitives, optionen*]**
repräsentiert ein dreidimensionales Grafikbild. Graphics3D[grafik] projiziert ein zweidimensionales Grafikbild in ein dreidimensionales Grafikbild.

**ListShadowPlot3D[*array, (optn)*]**
erzeugt eine Oberfläche, die ein Array mit Höhenwerten mit Polygonen darstellt, die entsprechend der Oberflächenhöhe schattiert sind, sowie eine Projektion dieser Oberfläche auf die xy-Ebene.

**ListSurfacePlot3D[*{{{x11, y11, z11}, ...},{{x12, y12, z12}, ...}, (optionen)*]**
zeichnet eine Matrix aus Punkten in drei Dimensionen als eine Oberfläche.

**Project[*grafik, punkt*]**
projiziert ein Bild von grafik auf eine Ebene, die senkrecht auf der Geraden vom Zentrum von grafik zu punkt steht. Project[grafik, {e1, e2}, punkt] projiziert ein Bild von grafik auf eine Ebene mit den Basisvektoren {e1, e2} in punkt, entlang der Geraden vom Ursprung zu punkt. Project[grafik, {e1,e2}, punkt,zentrum] projiziert wie zuvor, jedoch entlang der Geraden von zentrum zu punkt. Die Projektion ist wie von Unendlich aus gesehen.

**ScatterPlot3D[*{{x1, y1, z1}, ...}, (optionen)*]**
zeichnet Punkte in drei Dimensionen als Streudiagramm.

**Shadow[*grafik, (optn)*]**
projiziert Bilder von grafik auf die xy-, xz-, und yz-Ebenen. Die Optionen XShadow, YShadow, ZShadow, XShadowPosition, YShadowPosition und ZShadowPosition legen fest, welche Projektionen gezeigt werden und wo sie plaziert werden. Die Norm der Positionen wird so skaliert, daß 1 die Breite des Diagramms auf der gegebenen Achse ist; sie wird vom Diagrammzentrum aus gemessen.

**ShadowMesh**
ist eine Option für ShadowPlot3D und ListShadowPlot3D, die festlegt, ob auf der Projektion ein Gitternetz gezeichnet wird.

**ShadowMeshStyle**
ist eine Option für ShadowPlot3D und ListShadowPlot3D, die den Stil des Gtternetzes auf der Projektion definiert.

**ShadowPlot3D[*f, {x, xmin, xmax}, {y, ymin, ymax}*]**
zeichnet die Funktion f über dem x- y-Bereich mit Polygonen, die entsprechend der Oberflächenhöhe schattiert sind, und zeichnet eine Projektion dieser Oberfläche auf die xy-Ebene.

**ShadowPosition**
ist eine Option für ShadowPlot3D und ListShadowPlot3D, die festlegt, ob die Projektion über oder unterhalb der Oberfläche (in der positiven oder negativen z-Richtung) liegt.

**SkewGraphics3D[*grafik, m*]**
wendet die Matrix m auf alle Koordinaten in grafik an.

**SolidBarEdges**
ist eine Option für BarChart3D, die festlegt, ob die Kanten der Balken gezeichnet werden.

**SolidBarEdgeStyle**
ist eine Option für BarChart3D, die den Stil der Balkenkanten festlegt.

**SolidBarStyle**
ist eine Option für BarChart3D, die den Stil der Balkenseitenflächen festlegt.

**StackGraphics[*{g1, g2, ...}*]**
erzeugt ein Graphics3D-Objekt, entsprechend einem „Stapel" mit zweidimensionalen Grafik-Objekten.

**SurfaceMesh**
ist eine Option für ShadowPlot3D und ListShadowPlot3D, die festlegt, ob auf der Oberfläche ein Gitteretz gezeichnet wird.

**SurfaceMeshStyle**
ist eine Option für ShadowPlot3D und ListShadowPlot3D, die den Stil des Gitternetzes auf der Oberfläche definiert.

**TransformGraphics3D[*graphik3d, f*]**
wendet die Funktion f auf alle Koordinatenlisten in graphik3d an.

**XShadow**
ist eine Option für Shadow, die festlegt, ob eine Projektion der Grafik in die x-Richtung gezeichnet wird.

**XShadowPosition**
ist eine Option für Shadow, die festlegt, ob die Projektion der Grafik in die x-Richtung in die positive oder negative x-Richtung erfolgt.

**XSpacing**
ist eine Option für BarChart3D, die den Zwischenraum zwischen den Balken in der X-Richtung festlegt. XSpacing kann gleich jeder rellen Zahl zwischen 0 und 1 gesetzt werden.

**YShadow**
ist eine Option für Shadow, die festlegt, ob eine Projektion der Grafik in die y-Richtung gezeichnet wird.

**YShadowPosition**
ist eine Option für Shadow, die festlegt, ob die Projektion der Grafik in die y-Richtung in die positive oder negative y-Richtung erfolgt.

**YSpacing**
ist eine Option für BarChart3D, die den Zwischenraum zwischen den Balken in der Y-Richtung festlegt. YSpacing kann gleich jeder rellen Zahl zwischen 0 und 1 gesetzt werden.

**ZShadow**
ist eine Option für Shadow, die festlegt, ob eine Projektion der Grafik in die z-Richtung gezeichnet wird.

**ZShadowPosition**
ist eine Option für Shadow, die festlegt, ob die Projektion der Grafik in die z-Richtung in die positive oder negative z-Richtung erfolgt.

## Graphics'ImplicitPlot'

**ImplicitPlot[*gl, {x, a, b}*]**
zeichnet einen Graphen der Menge der Punkte, die die Gleichung gl erfüllen. Die Variable x wird mit der Horizontalachse verknüpft und variiert zwischen a und b. Die verbleibende Variable in der Gleichung wird mit der vertikalen Achse verknüpft. ImplicitPlot[gl, {x, a, x1, x2, ..., b}] erlaubt dem Anwender, x-werte zu spezifizieren, bei denen besondere Vorsicht geübt werden soll. ImplicitPlot[{gl1,gl2,..},{x,a,b}] ermöglicht, daß mehr als eine Gleichung gezeichnet wird, wobei PlotStyles wie in der Plot-Funktion gesetzt werden. ImplicitPlot[gl,{x,a,b},{y,a,b}] setzt eine Konturdiagramm-Methode zur Erstellung des Diagramms ein. Diese Form erlaubt keine Spezifikationen von Zwischenpunkten.

## Graphics'Legend'

**Horizontal**
Wert der Option LegendOrientation.

**Legend**
Legend kann in zwei Formen aufgerufen werden. Legend[funktion,zahl,(mintext),(maxtext),optn] wendet die Funktion auf Zahlen zwischen 0 und 1 an, inkrementiert um die Anzahl Kästen zahl - 1. Dies wird eine Farb-Anweisung oder Grafik erzeugen, die sich für ein Kästchen in der Legende eignet. Legend[{{kasten,text},...},optn] ist der einfachere Gebrauch; es erstellt die Legende mit den angegebenen Kästen und Text. Kästen können Farb-Anweisungen sein (z.B. Hue) oder Grafik. Text kann eine Zeichenkette sein oder kann in FontForm[ ] eingehüllt sein. Beachten Sie: Optionen für ShadowBox werden auch akzeptiert und an ShadowBox weitergegeben.

**LegendBackground**
ist eine Option für Legend, die den Hintergrundstil einer Legende spezifiziert. LegendBackground setzt ShadowForeground fest und wird jeden an ShadowForeground übergebenen Wert unterdrücken.

**LegendBorder**
ist eine Option für Legend, die den Stil der Linien um Schlüsselkästen herum und Text in einer Legende spezifiziert.

**LegendBorderSpace**
ist eine Option für Legend, die den Raum um den ganzen Satz Schlüsselkästen und Text in der Legende festlegt.

**LegendLabel**
ist eine Option für Legend, die den Text spezifiziert, der als Beschriftung des Legenden-Kästchens verwendet werden soll. Argumente können String, FontForm oder None sein.

**LegendLabelSpace**
ist eine Option für Legend, die den Zwischenraum für LegendLabel festlegt. Sie kann im Verhältnis zur Größe eines Schlüsselkasten ausgedrückt werden (siehe LegendTextSpace) oder Automatic sein.

**LegendOrientation**
ist eine Option für Legend, die die Richtung spezifiziert, in der Schlüsselkästen ausgelegt werden. Die Einstellungen können Horizontal (von links nach rechts) oder Vertical (von oben nach unten) sein.

**LegendPosition**
ist eine Option für Legend, die den genauen Ort eines Legendenkästchens (die linke untere Ecke) spezifiziert. Erfolgt der Aufruf von ShowLegend aus, so wird die Position in dem Koordinatensystem sein, bei dem die Grafik in {0,0} zentriert ist und so skaliert ist, daß sie in {{-1,-1},{1,1}} paßt.

**LegendShadow**
ist eine Option für Legend. LegendShadow -> None spezifiziert keinen Schatten und einen transparenten Hintergrund für den Legendenkasten. LegendShadow -> Automatic spezifiziert, daß der Schatten routinemäßig plaziert wird. LegendShadow -> {x-versatz, y-versatz} spezifiziert den Versatz des Kasten-Schattens.

**LegendSize**
spezifiziert die Größe eines Legendenkasten. LegendSize -> Automatic bedeutet, daß eine Routine die Größe bestimmt. LegendSize -> Number wird die Größe so skalieren, daß sie in einen Kasten paßt, deren längere Kantenlänge gleich der angegebenen Länge. LegendSize -> {zahl, zahl} bestimmt die Größe mit {x-länge, y-länge}.

**LegendSpacing**
ist eine Option für Legend, die gleich einer Zahl oder Automatic sein kann. Legt den Freiraum um jeden Schlüsselkasten auf einer Skala fest, bei der der Kasten 1 ist. Sollen die Kästen benachbart (zum Beispiel zu einer stetigen Linie) sein, so sollte LegendSpacing gleich 0 gesetzt werden.

**LegendTextDirection**
ist eine Option für Legend, die die Richtung des Textes neben dem Schlüsselkasten spezifiziert. Das Argument kann gewöhnlicher Text[ ], ein Zahlenpaar oder Automatic sein.

**LegendTextOffset**
ist eine Option für Legend, die den Versatz des Textes neben dem Schlüsselkasten spezifiziert . Argumente können gewöhnlicher Text[ ], ein Zahlenpaar oder Automatic sein.

**LegendTextSpace**
spezifiziert den Zwischenraum für Text im Legendenkasten. Argumente können eine Zahl, die das Verhältnis des Textplatzes zur Größe eines Schlüsselkasten angibt, oder Automatic sein.

**PlotLegend**
ist eine Option für Plot, die Text zu Linien in einem 2D-Diagramm zuweist, um eine Legende für das Diagramm zu erzeugen. PlotLegend -> {txt1,txt2...} weist jeder Linie Text zu in der Art von PlotStyle. PlotLegend ermöglicht auch, daß Plot Optionen für Legend akzeptiert, die die erstellte Legende modifizieren.

**ShadowBackground**
ist eine Option für Shadowbox oder Legend, die den Stil eines Schlagschattens festlegt. Der Stil sollte eine Farb-Primitive sein. Die Vorgabe ist GrayLevel[0].

**ShadowBorder**
ist eine Option für ShadowBox oder Legend, die einen Rand um das Rechteck über einem Schatten legt. Die Stile sind dieselben wie für Line[ ]-Primitive.

**ShadowBox[*pos,größe,optn*]**
erstellt einen Kasten mit einem Schlagschatten, wobei die Farben durch optn spezifiziert sind. Er wird an der Position pos ({x,y}) erstellt, wobei größe durch {x-länge, y-länge} spezifiziert wird.

**ShadowForeground**
ist eine Option für ShadowBox oder Legend, die einen Stil für den Vordergrund eines Schattenkasten spezifiziert. Wird sie von Legend aus benutzt, so wird dies der Stil hinter Schlüsseln/Text sein. Der Stil sollte eine Farb-Primitive sein.

**ShadowOffset**
ist eine Option für ShadowBox oder Legend, die den Versatz vom Rest des Kasten festlegt. Er wird ausgedrückt als {x-abstand,y-abstand}. Wenn sie von Legend aus benutzt wird, so setzen Sie ShadowOffset gleich {0,0}, um einen Hintergrund ohne Schatten zu erhalten.

**ShowLegend[*grafik,{legendargs}...*]**
erstellt und zeigt eine grafik mit Legenden (Schlüsseln). legendargs haben dasselbe Format wie im Aufruf von Legend (siehe: Legend). Diese Routine versucht, grafik in ein Koordinatensystem zu plazieren, in dem der Grafikmittelpunkt in {0,0} liegt und in dem grafik in das Innere eines Kastens {{-1,-1},{1,1}} paßt. Es bewahrt das ursprüngliche Bildseitenverhältnis, so kann, falls diese Routine dieses Bildseitenverhältnis nicht finden kann, der Kasten übergroß sein (und Änderungen an PlotRange erfordern). Die Position für jede Legende sollte entsprechend diesem Koordinatensystem festgelegt werden. Die Routine wird versuchen, die erste Legende in der linken unteren Ecke zu plazieren, wenn sonst explizit keine Position angegeben wurde; alle anderen werden an der durch Legend spezifizierten Vorgabe-Position plaziert. Achten Sie bei dieser Funktion auf die genaue Anzahl der Klammern! Für einige Argumente benötigen Sie eventuell drei pro Zeile.

**Vertical**
Wert der Option LegendOrientation.

## Graphics'MultipleListPlot'

**$DotShapes**
ist die Liste der Zeichenpunkt-Form, die MultipleListPlot als Voreinstellung der DotShapes-Option verwendet.

**$LineStyles**
ist die Liste der Linienstile, die MultipleListPlot als Voreinstellung der LineStyles-Option verwendet.

**DotShapes**
ist eine Option für MultipleListPlot, die die Formen um Punkte in den folgenden Datenlisten spezifiziert. Eine Einstellung für DotShapes sollte die Form {symbol, symbol, ...} haben, wobei die Symbole durch MakeSymbol erzeugt wurden. Werden mehr Datenlisten als die Anzahl spezifizierter Punktformsymbole gezeichnet, so werden die Symbole in der angegebenen Reihenfolge wieder verwendet. In Voreinstellung ist DotShapes durch $DotShapes vektoriert.

**LineStyles**
ist eine Option für MultipleListPlot, die die Stile der Linien spezifiziert, die Punkte in nachfolgenden Datenlisten verbindet (und ist deshalb nur sinnvoll, wenn PlotJoined -> True spezifiziert ist). Eine Einstellung für LineStyles sollte die Form { {spez,spez,...}, ...} haben, d.h. eine Liste mit Listen mit Stilspezifikationen wie zum Beispiel RGBColor, GrayLevel, Thickness und Dashing. Werden mehr Datenlisten als die Stile spezifizierter Linienstile gezeichnet, so werden die Stile in der angegebenen Reihenfolge wieder verwendet. In Voreinstellung ist LineStyles durch $LineStyles vektoriert.

**LongTake[*liste, n* ]**
macht dasselbe wie Take[ liste, n ], wenn n <= der Listenlänge, sonst werden die Elemente der Liste der Reihe nach wiederholt, damit die Liste lang genug wird. Wenn das erste Argument keine Liste ist, liefert LongTake eine Liste mit n Kopien des ersten Argumentes. LongTake[beliebig,0] liefert { }. Ausnahme: LongTake[{ },n] liefert { } und eine Fehlermeldung, wenn n>0.

**MakeSymbol[ Line[*{ {x1,y1}, {x2,y2}, ... } ]* ]**
liefert eine reine Funktion, die, angewendet auf {a,b}, eine Kopie der ursprünglichen Linie, verschoben um {a,b}, liefert. Dies ist bei der Wandlung von Formen in Zeichensymbole nützlich, dies wird dann durch der Option DotShapes von MultipleListPlot nutzbar.

**MultipleListPlot[*l1, l2, ...* ]**
ermöglicht, daß viele Datenlisten im selben Graphen gezeichnet werden. Jede Liste kann entweder eine Liste mit Zahlenpaaren, in welchem Fall die Paare als x,y-Koordinaten angesehen werden, oder sonst eine Zahlenliste sein, in welchem Fall die Zahlen als y-Koordinaten und nachfolgende ganze Zahlen, beginnend mit 1, als x-Koordinaten zur Verfügung gestellt werden. Die Option DotShapes spezifiziert Zeichensymbole, die für die Datenlisten verwendet werden sollen, und (wenn die Option PlotJoined -> True spezifiziert wird) spezifiziert die Option LineStyles Stile für die Linien, die die Punkte verbinden.

**RegularPolygon[*n,rad,ztr, neigung,auslass*]**
erstellt ein regelmäßiges Polygon mit n Seiten und dem Radius rad, zentriert im Punkt ztr (dargestellt als eine Liste mit zwei reellen Zahlen), in entgegengesetzter Uhrzeigerrichtung geneigt aus der Vertikalen um den Winkel neigung, wobei jeder auslass-te Knoten verbunden wird. Vorgaben sind rad=1, ctr={0,0}, neigung =0, auslass =1.

## Graphics'ParametricPlot3D'

**CylindricalPlot3D[*z, {r-bereich}, {phi-bereich}, (optionen...)*]**
zeichnet z als Funktion von r und phi. CylindricalPlot3D[{z, stil}, ...] benutzt stil zur Darstellung jedes Oberflächenstückes.

**ParametricPlot3D[*{fx, fy, fz}, {t, tmin, tmax}*]**
produziert eine dreidimensionale Raumkurve parametrisiert durch eine Variable t, die von tmin bis tmax läuft. ParametricPlot3D[{fx, fy, fz}, {t, tmin, tmax}, {u, umin, umax}] produziert eine dreidimensionale Oberfläche, parametrisiert durch t und u. ParametricPlot3D[{fx, fy, fz, s}, ...] schattiert die Zeichnung entsprechend der Farb-Spezifikation s. ParametricPlot3D[{{fx, fy, fz}, {gx, gy, gz}, ...}, ...] zeichnet mehrere Objekte zusammen. ParametricPlot3D[{x,y,z,(stil)}, {u,u0,u1,du}, ({v,v0,v1,dv})] verwendet Inkremente du und dv statt der Option PlotPoints.

**PointParametricPlot3D[*{x,y,z}, {u,u0,u1,(du)}, (optionen..)*]**
zeichnet eine einparametrige Punktmenge im Raum. PointParametricPlot3D[{x,y,z}, {u, u0, u1, (du)}, {v, v0, v1, (dv)}, (optionen..)] zeichnet eine zweiparametrige Menge von Punkten im Raum. optionen werden Show[ ] übergeben.

**SphericalPlot3D[*r, {theta-bereich}, {phi-bereich}, (optionen...)*]**
zeichnet r als Funktion der Winkel theta und phi. SphericalPlot3D[{r, stil}, ...] benutzt stil zur Darstellung jedes Oberflächenstückes.

## Graphics'PlotField'

**ColorFunction**
ist eine Option für die PlotField-Funktionen, die die Farbe und den Stil festlegt, die zur Darstellung der Vektoren verwendet werden. Es ist eine reine Funktion, die einen Wert von 0 bis 1 akzeptiert; 0 entspricht dem kürzesten Vektor, 1 dem längsten.

**ListPlotVectorField[*{{vek11,vek12,..},...}*]**
akzeptiert ein rechteckiges Array mit Vektoren (größer als 2x2) und stellt sie dar, wobei jeder Vektor an derselben Stelle plaziert ist wie die Matrix sein würde (d.h. Vektor 1,1 in der oberen rechten Ecke). ListPlotVectorField[{{pt,vek},{pt,vek},...] stellt eine Vektorenliste dar, jede mit Basis am entsprechenden Punkt.

**MaxArrowLength**
ist eine Option für die PlotField-Funktionen, die den größten zu zeichnenden Vektor festlegt. Der Wert wird mit den Beträgen aller Vektoren verglichen und bewirkt, daß alle längeren Vektoren nicht gezeichnet werden. Dies erfolgt nach ScaleFunction, aber vor dem ScaleFactor. Die Anfangseinstellung ist MaxArrowLength -> None (kein Maximum).

**PlotGradientField[*f, {x, x0, x1, (xu)}, {y, y0, y1, (yu)}, (optionen)*]**
produziert ein Vektorfeld-Diagramm des Gradienten-Vektorfeldes der skalaren Funktion f, indem es ihre Ableitungen analytisch berechnet.

**PlotHamiltonianField[*f, {x, x0, x1, (xu)}, {y, y0, y1, (yu)}, (optionen)*]**
produziert ein Vektorfeld-Diagramm des Hamilton-Vektorfeldes der skalarwertigen Funktion f, indem es ihre Ableitungen analytisch berechnet.

**PlotPolyaField[f[*x + I y*]*, {x, x0, x1, (dx)}, {y, y0, y1, (dy)}, optionen*]**
zeichnet die Funktion f in der komplexen Ebene mit der Polya-Darstellung.

**PlotVectorField[*f, {x, x0, x1, (xu)}, {y, y0, y1, (yu)}, (optionen)*]**
produziert ein Vektorfeld-Diagramm der zweidimensionalen Vektorfunktion f.

**ScaleFactor**
ist eine Option für die PlotField-Funktionen, die die Vektoren auf eine spezifizierte Länge skaliert. Voreinstellung ist Automatic; bei dieser Einstellung werden bei Funktionen, die ein Koordinatenraster verwenden (PlotVectorField usw.), die Vektoren relativ zu diesem Raster skaliert. Diese Skalierung wird nach ScaleFunction und MaxArrowLength angewendet.

**ScaleFunction**
skaliert jeden Vektor auf eine Länge, die durch Anwendung einer reinen Funktion auf die aktuelle Länge des Vektors bestimmt wird. Sie wird Vektoren mit dem Betrag 0 ignorieren. Beachten Sie: weil dies vor dem ScaleFactor angewendet wird, ist dies am nützlichsten zur Änderung der Größe der relativen Längen der Vektoren. Dies wird auch vor MaxArrowLength angewendet.

## Graphics'PlotField3D'

**ColorFunction**
ist eine Option für die PlotField3D-Funktionen, die die Farbe und den Stil zur Darstellung der Vektoren festlegt. Es ist eine reine Funktion, die einen Wert von 0 bis 1 akzeptiert; 0 entspricht dem kürzesten Vektor, 1 dem längsten.

**ListPlotVectorField3D[*{{pt,vek},...},(optionen)*]**
zeichnet eine Liste mit Vektoren in drei Dimensionen, jeder Vektor mit der Basis jeweils im Punkt pt.

**MaxArrowLength**
ist eine Option für die PlotField3D-Funktionen, die den größten zu zeichnenden Vektor festlegt. Der Wert wird mit den Beträgen aller Vektoren verglichen und bewirkt, daß alle längeren Vektoren nicht gezeichnet werden. Dies wird nach ScaleFunction, aber vor ScaleFactor angewendet. Voreinstellung ist None (kein Maximum.)

**PlotGradientField3D[*funktion,xbereich,ybereich,zbereich,(optionen)*]**
zeichnet den Gradienten der gegebenen Skalarfunktion, über die ausgewiesenen Bereiche, wobei ein Bereich als {variable, min,max,(increment)} angegeben wird.

**PlotVectorField3D[*{xfunk,yfunk,zfunk},xbereich,ybereich,zbereich*]**
zeichnet ein Vektorfeld, gekennzeichnet durch die gegebenen Funktionen, über den gegebenen Bereichen, wobei ein Bereich beschrieben wird als {variable,min,max,(inkrement)}. Es werden auch Optionen wie jene von ListPlotVectorField3D akzeptiert.

**ScaleFactor**
ist eine Option für die PlotField3D-Funktionen, die die Vektoren auf eine spezifizierte Länge skaliert. Voreinstellung ist Automatic; bei dieser Einstellung werden bei Funktionen, die ein Koordinatenraster verwenden (PlotVectorField usw.), die Vektoren relativ zu diesem Raster skaliert. Diese Skalierung wird nach ScaleFunction und MaxArrowLength angewendet.

**ScaleFunction**
skaliert jeden Vektor auf eine Länge, die durch Anwendung einer reinen Funktion auf die aktuelle Länge des Vektors bestimmt wird. Sie wird Vektoren mit dem Betrag 0 ignorieren. Beachten Sie: weil dies vor dem ScaleFactor angewendet wird, ist dies am nützlichsten zur Änderung der Größe der relativen Längen der Vektoren. Dies wird auch vor MaxArrowLength angewendet.

**VectorHeads**
ist eine Option für die PlotField3D-Funktionen, die festlegt, ob die Vektoren mit Köpfen dargestellt werden. Voreinstellung ist VectorHeads -> False.

## Graphics'Polyhedra'

**Faces[*name*]**
liefert eine Liste der Seitenflächen des (geometrischen) Körpers. Jede Seitenfläche ist eine Liste der Eckenzahlen, die diese Seitenfläche bilden.

**Polyhedra**
ist eine Liste der bekannten Polyeder.

**Polyhedron[*name*]**
liefert ein Graphics3D-Objekt, das den spezifizierten (geometrischer) Körper mit Mittelpunkt im Ursprung und Abstand 1 zu den Mittelpunkten der Kanten darstellt. Polyhedron[name, mittelpunkt, größe] verwendet die angegebenen Werte mittelpunkt und größe. Die möglichen Namen befinden sich in der Liste Polyhedra.

**Stellate[*ausdr, (ratio:2)*]**
ersetzt jedes Polygon in ausdr durch eine Pyramide mit dem Polygon als Basis. Stellationsquotienten kleiner als 1 ergeben konkave Figuren.

**Vertices[*name*]**
liefert eine Liste der Knoten-Koordinaten für den benannten (geometrischen) Körper.

## Graphics'Shapes'

**AffineShape[*-Graphics3D-, {x, y, z}*]**
multipliziert alle Koordinaten mit jeweils x, y und z.

**Cone[*(r:1, h:1, (n:20r))*]**
ist eine Liste von n Polygonen, die einen Kegel approximieren, zentriert in der z-Achse mit Radius r und erstreckt sich von -h bis h.

**Cylinder[*(r:1, h:1, (n:20r))*]**
ist eine Liste von n Polygonen, die einen offenen Zylinder approximieren, zentriert in der z-Achse mit Radius r und halber Höhe h.

**DoubleHelix[*(r:1, h:0.5, (m:2, n:20r))*]**
ist eine Liste von n*m Polygonen, die eine Doppelschraubenlinie mit halber Höhe h und m Windungen approximieren.

**Helix[*(r:1, h:0.5, (m:2, n:20r))*]**
ist eine Liste von n*m Polygonen, die eine Schraubenlinie mit halber Höhe h und m Windungen approximieren.

**MoebiusStrip[*(r1:1, r2:0.5, (n:20r1))*]**
ist eine Liste von 2n Polygonen, die ein Möbiussches Band approximiert, zentriert in der z-Achse mit Radien r1 und r2.

**RotateShape[*-Graphics3D-, phi, theta, psi*]**
dreht das Grafikobjekt um die angegebenen Euler-Winkel.

**Shapes**
<<Graphics/Shapes.m definiert Funktionen zur Erstellung und Manipulation von grafischen Darstellungen von diversen geometrischen Objekten.

**Sphere[*(r:1, (n:20r, m:15r))*]**
ist eine Liste von n*(m-2)+2 Polygonen, die eine Kugel mit Radius r approximieren.

**Torus[*(r1:1, r2:0.5, (n:20r1, m:20r2))*]**
ist eine Liste von n*m Polygonen, die einen Torus, zentriert in der z-Achse mit Radien r1 und r2 approximieren.

**TranslateShape[*-Graphics3D-, {x, y, z}*]**
verschiebt das Grafikobjekt um den angegebenen Vektor.

**WireFrame[*-Graphics3D-*]**
ersetzt alle Polygone in -Graphics3D- durch Umrisse.

## Graphics'Spline'

**$SplineDots**
Vorgabewert für die Option SplineDots. Die Anfangseinstellung ist None.

**$SplinePoints**
liefert den Vorgabewert für die Option SplinePoints. Der Anfangswert ist 15.

**Bezier**
Bezier ist ein Splinetyp, der in Spline[ ] verwendet wird. Aus n gegebenen Punkten wird damit ein Spline des Grades n-1 erzeugt. Der Spline hat Parameterabstände Eins.

**CompositeBezier**
CompositeBezier ist ein Splinetyp, der in Spline[ ] verwendet wird. Die Vorgabe-Beschreibung verwendet Parameterabstände Eins zwischen Eckenmengen. Dies ist so eingestellt, daß C1-Stetigkeit zwischen Verbindungspunkten vorliegt; im allgemeinen ist jeder zweite Punkt, vom ersten Punkt an, ein interpolierender Kontrollknoten. Jedes Segment wird durch vier Ecken definiert, die erste und vierte ist interpoliert, die zweite gegeben, und die dritte wird durch die Stetigkeitsbedingung festgelegt und abgeleitet vom nachfolgenden nichtinterpolierten Kontrollknoten. Beachten Sie, daß dies am Ende nicht geht; hier werden, wenn die Anzahl vorgegebener Punkte gerade ist, die letzten zwei Punkte umgekehrt, so daß der Endpunkt interpoliert und der vorletzte ein Kontrollpunkt für das letzte Segment ist; ist die Anzahl ungerade, dann wird der letzte Knoten verdoppelt.

**Cubic**
Cubis ist ein Splinetyp, der in Spline[ ] verwendet wird.. Die Vorgabebeschreibung legt die zweite Ableitung = 0 in den Endpunkten und Parameterabstände Eins zwischen Knoten fest.

**Spline[*punkte,typ*]**
repräsentiert ein Splineobjekt der Art typ durch (oder kontrolliert durch) punkte. Es produziert eine Spline- Grafikprimitive der Form Spline[punkte,typ,kontrol]. kontrol ist Information, die für die jeweilige Splineart bedeutsam ist und die sie vollständig beschreibt.

**SplineDots**
SplineDots ist eine Option für Spline, die einen Stil für einen Punkt spezifiziert. SplineDots=None spezifiziert, daß nichts an jedem Kontrollpunkt erscheinen sollte. SplineDots=stil bewirkt, daß eine Point-Grafikprimitive an jedem Kontrollpunkt plaziert wird. Vorgabe ist $SplineDots.

**SplinePoints**
SplinePoints ist eine Option für Spline, die die Anzahl der Interpolationspunkte zwischen jedem Kontrollpunkt eines Splines festlegt. Vorgabe ist $SplinePoints.

## Graphics'SurfaceOfRevolution'

**Axis**
ist eine Option für die SurfaceOfRevolution-Funktionen. Es ist entweder ein Paar (das eine Achse in der x-z-Ebene repräsentiert) oder ein Tripel (das eine Achse im Raum repräsentiert.) Vorgabe ist {0,0,1} (die z-Achse).

**ListSurfaceOfRevolution[*pte,({t, tmin, tmax})*]**
wird aus der Punkteliste pte eine gedrehte Fläche erzeugen (entweder Paare in der x-z-Ebene oder Tripel im Raum), wobei die Drehvariable t ist, die zwischen tmin und tmax variiert. (Wird diese nicht verwendet, so wird die Drehung ganz herum um die Achse ausgeführt.) Es wird eine Option akzeptiert, die Axis spezifiziert, zusammen mit Graphics3D-Optionen.

**SurfaceOfRevolution[*fun, {u,u0,u1}, (optionen..)*]**
zeichnet die Drehfläche der Kurve, die durch die Funktion fun definiert wird (die abhängige Variable liegt in der z-Ebene). SurfaceOfRevolution[{x-fun,z-fun},{u,u0,u1},(optionen...)] zeichnet die Drehfläche der Kurve, die parametrisch durch {x-fun,z-fun} definiert wird. SurfaceOfRevolution[{x-fun, y-fun, z-fun}, {u, u0, u1}] ist auch erlaubt. Der Drehbereich kann auch nach dem Bereich der Variablen u durch {t,tmin,tmax} angegeben werden. Es wird eine Option akzeptiert, die Axis spezifiziert, zusammen mit ParametricPlot3D-Optionen.

## Graphics'ThreeScript'

**ThreeScript[*datei, grafik*]**
schreibt 3D-Grafik in eine Datei im ThreeScript-Format und liefert den Dateinamen. ThreeScript[ grafik] öffnet eine temporäre Datei, schreibt in die Datei und liefert den Dateinamen.

## LinearAlgebra'Cholesky'

**CholeskyDecomposition**
Für eine symmetrische positiv definite Matrix A liefert CholeskyDecomposition[A] eine obere Dreiecksmatrix U, für die A = Transpose[U] . U gilt.

### LinearAlgebra'CrossProduct'

**Cross[*vek1, vek2*]**
ergibt das Vektorprodukt der 3-Vektoren vek1 und vek2.

### LinearAlgebra'GaussianElimination'

**LU[*a, pivote*]**
ist das Datenobjekt, das durch LUFactor[ ] geliefert wird und muß als erstes Argument an LU-Solve[ ] übergeben werden. Die Matrix a repräsentiert untere und obere Dreiecksmatrizen der LU-Zerlegung, und pivote ist ein Record mit den in der Zerlegung verwendeten Pivoten

**LUFactor[*mat*]**
liefert die LU-Zerlegung zusammen mit einer Pivotliste der Matrix mat. Die Berechnung wird mit dem Gausschen Eliminationsverfahren mit teilweiser Pivotisierung durchgeführt. Das Ergebnis wird als ein Datenobjekt mit einem Kopf LU zurückgegeben. LUFactor[ ] kann im Kontext von ComputerArithmetic.m oder IntervalArithmetic.m verwendet werden.

**LUSolve[*lu, b*]**
löst das lineare System, das als lu (der Matrix) und der rechten Seite b repräsentiert wird. Die „Matrix" lu muß das Datenobjekt mit einem Kopf LU sein, der sich aus LUFactor[mat] ergibt, und b muß eine gewöhnliche Liste in einer geeigneten Größe sein. LUSolve[ ] kann im Kontext von ComputerArithmetic.m oder IntervalArithmetic.m verwendet werden.

### LinearAlgebra'MatrixManipulation'

**AppendColumns[*mat1, mat2...*]**
liefert eine neue Matrix, die aus den Untermatrizen mat1, mat2, usw. durch Zusammenfügen ihrer Spalten entsteht. Die Untermatrizen müssen alle die gleiche Anzahl Spalten haben.

**AppendRows[*mat1, mat2...*]**
liefert eine neue Matrix, die aus den Untermatrizen mat1, mat2, usw. durch Zusammenfügen ihrer Zeilen entsteht. Die Untermatrizen müssen alle die gleiche Anzahl Zeilen haben.

**BlockMatrix[*block*]**
liefert eine Matrix, die aus einer Matrix mit Matrizen besteht.

**HankelMatrix[*column,row*]**
liefert die Hankel-Matrix, definiert durch die gegebene Spalte und Zeile; achten Sie darauf, daß das letzte Element der Spalte mit dem ersten Element der Zeile übereinstimmen muß. HankelMatrix[col] liefert die Hankel-Matrix, deren erste Spalte col ist, und in der jedes Element unterhalb der Antidiagonalen mit Nullen angefüllt ist. HankelMatrix[n] ergibt die n x n Hankel-Matrix, wobei die erste Spalte aus den ganzen Zahlen 1 - n besteht.

**HilbertMatrix[*m,n*]**
liefert die m x n Hilbert-Matrix, bei der das (i,j)-te Element durch 1/(i + j + 1) definiert ist. HilbertMatrix[m] liefert die m x m Hilbert-Matrix.

**LowerDiagonalMatrix[*fn, größe*]**
erstellt eine Tridiagonalmatrix, bei der für i<= j das (i, j)-te Element f[i,j] ist und sonst Null.

**SquareMatrixQ[*mat*]**
testet, ob mat quadratisch ist.

**SubMatrix[*mat, start, dim*]**
liefert die Untermatrix der Dimension dim, beginnend an der Position start in mat.

**TakeColumns[*mat, teil*]**
nimmt die Spalten der Matrix mat, gegeben durch die Teil-Spezifikation teil. Dies verwendet dieselbe Schreibweise wie Take.

**TakeMatrix[*mat, start, ende*]**
liefert die Untermatrix, beginnend an der Position start und endend bei ende, wobei die Positionen Positionen in der Matrix sind, d.h. {1,2}.

**TakeRows[*mat, teil*]**
nimmt die Zeilen der Matrix mat, gegeben durch die Teil-Spezifikation teil. Dies verwendet dieselbe Schreibweise wie Take.

**TridiagonalMatrix[*fn, größe*]**
erstellt eine Tridiagonalmatrix, wobei für i= jdas (i, j)-te Element f[i,j] ist und Null sonst.

**UpperDiagonalMatrix[*fn, größe*]**
erstellt eine obere Diagonalmatrix, eigentlich Dreiecksmatrix, wobei für i>= j das (i, j)-te Element f[i,j] ist und Null sonst.

**ZeroMatrix[*m*]**
liefert eine m x m-Blockmatrix mit Nullen. ZeroMatrix[m, n] liefert eine m x n-Blockmatrix mit Nullen.

## LinearAlgebra'Orthogonalization'

**GramSchmidt[*vektoren*]**
führt das GramSchidt-Orthogonalisierungsverfahren für eine Liste mit Vektoren durch. Beachten Sie, daß ein inneres Produkt spezifiziert werden kann. Dies ermöglicht zum Beispiel die Verwendung eines Funktionsraumes. Die Option Normalized kann so gesetzt werden, daß festgelegt wird, ob die Basis orthonormal ist oder nicht.

**InnerProduct**
ist eine Option für Funktionen im Paket Orthogonalization, die ein inneres Produkt als reine Funktion angibt. Die Vorgabe ist Dot. Zum Beispiel: InnerProduct -> (Integrate[#1 #2,{x,-1,1}]&).

**Normalize[*vek*]**
normalisiert einen übergebenen Vektor; beachten Sie, daß ein inneres Produkt mit der Option InnerProduct spezifiziert werden kann. Dies ermöglicht zum Beispiel die Verwendung eines Funktionsraumes.

**Normalized**
ist eine Option für GramSchmidt, die festlegt, ob die erzeugte Basis orthonormal ist oder nicht. Ist sie True, dann ist die Basis orthonormal, anderenfalls wird False zurückgegeben.

**Projection[*v1,v2*]**
projiziert einen Vektor auf einen anderen Vektor. Beachten Sie, daß mit der Option InnerProduct ein inneres Produkt angegeben werden kann. Dies ermöglicht zum Beispiel die Verwendung eines Funktionsraumes.

## LinearAlgebra'Tridiagonal'

**TridiagonalSolve[*a, b, c, r* ]**
löst A . x == r für x, wobei A eine Tridiagonalmatrix ist. Die drei Diagonalen von A werden gegeben durch: \na11 = b[[1]], a12 = c[[1]],\na21 = a[[1]], a22 = b[[2]], a23 = c[[2]], ...\nEs wird keine Pivotisierung durchgeführt, deshalb kann der Algorithmus versagen, auch wenn eine Lösung existiert. Dies kann bei einer symmetrischen positiv-definiten Matrix nicht geschehen.

## Miscellaneous'Calendar'

**Calendar**
zeigt an, welches Kalendersystem verwendet wird. Entweder der Gregorianische, der Julianische oder Islamische Kalender.

**CalendarChange[*datum, kalender1, kalender2*]**
wandelt ein datum in kalender1 in ein datum in kalender2.

**DayOfWeek[*{j, m, t}, kal*]**
liefert den Wochentag für das Jahr j, den Monat m und den Tag t im Kalender kal. Der Vorgabe-Kalender ist der normale Amerikanische Kalender.

**DaysBetween[*{j1,m1, t1}, {j2,m2,t2}, kal*]**
liefert die Anzahl Tage zwischen den Daten {j1, m1, t1} und {j2, m2, t2} im Kalender kal. Der Vorgabe-Kalender ist der normale Amerikanische Kalender.

**DaysPlus[*{j, m, t}, n, kal*]**
liefert das Datum n Tage nach {j, m, t} im Kalender kal. Der Vorgabe-Kalender ist der normale Amerikanische Kalender.

**EasterSunday[*year*]**
berechnet das Datum vom Ostersonntag im Gregorianischen Kalender nach der Gregorianischen Berechnung.

**EasterSundayGreekOrthodo x**
EasterSunday[year] berechnet das Datum vom Ostersonntag entsprechend der Griechisch-Orthodoxen Kirche. Das Ergebnis wird als ein Gregorianisches Datum gegeben.

**Friday**
Wochentag.

**Gregorian**
Eine Option für DayOfWeek, DaysBetween und DaysPlus und Argument für CalendarChange. Es deutet an, daß der Gregorianische Kalender verwendet wird. Es wird angenommen, daß das Datum {1752, 9, 14} oder später sein muß.

**Islamic**
Eine Option für DayOfWeek, DaysBetween und DaysPlus und Argument für CalendarChange. Es deutet an, daß der Islamische Kalender verwendet wird. Dieser Kalender begann am {622, 7, 16} Julian, in anderen Worten ist dies {1, 1, 1} im Islamischen Kalender (der Hejira).

**JewishNewYear[*j*]**
liefert das Datum des Jüdischen Neujahrs im christlichen Jahr j, 1900 <= y < 2100. Addieren Sie 3761 zum christlichen Jahr j, und Sie erhalten das entsprechende Neujüdische Jahr.

**Julian**
Eine Option für DayOfWeek, DaysBetween und DaysPlus und Argument für CalendarChange. Es deutet an, daß der Julianische Kalender verwendet wird. Dieser Kalender ist nur gültig mit Beginn am {4, 3, 1}.

**Monday**
Wochentag.

**Saturday**
Wochentag.

**Sunday**
Wochentag.

**Thursday**
Wochentag.

**Tuesday**
Wochentag.

**Wednesday**
Wochentag.

## Miscellaneous'ChemicalElements'

**Abbreviation[*element*]**
liefert die Standardabkürzung des spezifizierten Elements.

**AtomicNumber[*element*]**
lioefert die Atomzahl des spezifizierten Elements.

**AtomicWeight[*element*]**
liefert das Atomgewicht des spezifizierten Elements.

**BoilingPoint[*element*]**
liefert den Siedepunkt des spezifizierten Elements.

**Density[*element*]**
liefert die Dichte des spezifizierten Elements, gewöhnlich bei 298 Kelvin. Für andere Temperaturen und für besondere Formen des Elements wird eine Meldung ausgegeben.

**ElectronConfiguration[*element*]**
stellt die Elektronenkonfiguration des spezifizierten Elements in einer Liste der Form {{1s}, {2s,2p}, {3s,3p,3d}, {4s,4p,4d,4f}, {5s,5p,5d,5f},{6s,6p,6d}, {7s}} dar.

**ElectronConfigurationForm at[*element*]**
überführt die Elektronenkonfiguration des spezifizierten Elements in Standardschreibweise.

**ElementAbbreviations**
ist eine Liste der Abkürzungen der chemischen Elemente, die im Paket ChemicalElements beschrieben werden.

**Elements**
ist eine Liste der chemischen Elemente, die im Paket ChemicalElements beschrieben werden.

**HeatOfFusion[*element*]**
liefert die Schmelzwärme des spezifizierten Elements.

**HeatOfVaporization[*element*]**
liefert die Verdämpfungswärme des spezifizierten Elements.

**MeltingPoint[*element*]**
liefert den Schmelzpunkt des spezifizierten Elements.

**StableIsotopes[*element*]**
liefert eine Liste der stabilen Isotope des spezifizierten Elements.

**ThermalConductivity[*element*]**
liefert die Wärmeleitfähigkeit des spezifizierten Elements bei 300 K.

**Unknown**
ist ein Symbol, das für unbekannte Elementeigenschaften zurückgegeben wird.

## Miscellaneous'CityData'

**$CityFields**
enthält eine Liste mit Datentypen (Felder) in der CityData-Datenbank.

**CityData[*stadt,typ*]**
wird für die spezifizierte stadt Daten des angeforderten Typs liefern. CityData[typ] wird eine Städteliste in der Datenbasis liefern, für die Information des angeforderten Typs zur Verfügung steht. CityData[stadt] wird allfällige Information, die von den in der globalen Variablen $CityFields spezifierten Typen ist, über stadt liefern.

**CityDistance[*stadt1,stadt2*]**
liefert den Abstand in km zwischen zwei Städten. CityDistance[stadt1,stadt2, CityDistanceMethod-> methode] ermittelt den Abstand mittels der Funktionsmethode.

**CityDistanceMethod**
ist eine Option für CityDistance; sie spezifiziert eine reine Funktion mit zwei Argumenten, die den Abstand zwischen Koordinaten festlegt.

**CityPosition**
ist ein Typ der Daten für CityData. Positionsinformation liegt in der Form von Breite und Länge vor, ausgedrückt als {breite,länge}. Koordinaten werden in der Form {g,m} oder {g,m,s} angegeben.

## Miscellaneous'Geodesy'

**Eccentricity**
ist eine Option für SpheroidalDistance, die die Exzentrizität des Ellipsoiden festlegt, der den Planeten definiert. Die Vorgabe ist für die Erde der WGS-84 Standard.

**GeodeticToAuthalic[*{breite,länge},e*]**
liefert die Breite und Länge eines Punktes auf einer authalischen Kugel, die auf einem Rotationsellipsoiden mit Exzentrizität e basiert, bei der breite und länge die geodätischen Koordinaten des Punktes auf dem Rotationsellipsoiden sind.

**Radius**
ist eine Option für SphericalDistance, die den Radius der Kugel, die den Planeten definiert, in km festlegt. Die Vorgabe ist für die Erde für die authalische Kugel, die auf dem WGS-84 Standard-Rotationsellipsoiden basiert.

**SemimajorAxis**
ist eine Option für SpheroidalDistance, die in km die große Halbachse des Rotationsellipsoiden festlegt, der den Planeten definiert. Die Vorgabe ist für die Erde und beruht auf dem WGS-84 Standard.

**SphericalDistance[*pt1,pt2*]**
liefert die Entfernung zwischen zwei Punkten auf der Erde und verwendet das sphärische Modell auf dem Planeten. Die Punkte werden ausgedrückt als {breite,länge}, wobei breite, länge in Graden oder der Form {g,m} oder {g,m,s} angegeben werden.

**SpheroidalDistance[*pt1,pt2*]**
liefert die Entfernung zwischen zwei Punkten auf der Erde in km und verwendet dabei das sphärische Modell des Planeten. Koordinaten werden so wie in SphericalDistance ausgedrückt.

**ToAuthalicRadius[*a,e*]**
liefert den Radius der authalischen Kugel, basierend auf dem Rotationsellipsoiden mit großer Halbachse a und Exzentrizität e.

**ToDegrees[*{d,m}*]**
oder ToDegrees[{g,m,s}] wandelt die Koordinatenformen Grad-Minute-Sekunde in Grade. Die Koordinaten werden so umgeformt, daß sie im Bereich [-180,180] Grad liegen. Beachten Sie, daß das Vorzeichen von g auch für m und s gilt; so daß {-34,3,2} 34 grad, 3 min und 2 sec W (oder S) bedeutet, genauso wie {-34,-3,-2}.

**ToDMS[*grad*]**
wandelt Koordinaten in Grad in das Format grad-minute-sekunde, gerundet zur nächsten Sekunde. Die Koordinaten liegen im Bereich [-180,180] Grad.

### Miscellaneous'PhysicalConstants'

Dieses Paket enthält Definitionen für die folgenden physikalischen Konstanten: SpeedOfLight, PlanckConstant, PlanckConstantReduced, ElectronCharge, ElectronMass, ProtonMass, AvogadroConstant, FaradayConstant, GravitationalConstant, FineStructureConstant, PlanckMass, BohrRadius, RydbergConstant, ElectronComptonWavelength, ClassicalElectronRadius, ThomsonCrossSection, ElectronMagneticMoment, ElectronGFactor, MagneticFluxQuantum, BoltzmannConstant, MolarGasConstant, MolarVolume, StefanConstant, IcePoint, WeakMixingAngle, AgeOfUniverse, HubbleConstant, AccelerationDueToGravity, SolarRadius, SolarConstant, EarthMass, EarthRadius, SpeedOfSound.

### Miscellaneous'SIUnits'

**Amp,**
Kurzform für Ampere, ist die Grund-SI-Einheit für elektrischen Strom.

### Miscellaneous'Units'

**AMU**
oder AtomicMassUnit ist eine Einheit für Masse.

**Apostilb**
ist eine Einheit für Luminanz (photometrische Helligkeit).

**AU**
oder AstronomicalUnit ist eine Längeneinheit.

**Bit**
ist die Grundeinheit für Information.

**BohrMagneton**
ist eine Einheit für magnetisches Moment.

**BTU**
oder BritishThermalUnit ist eine Energieeinheit.

**Candle**
ist eine Einheit für Lichtintensität.

**Centimeter**
ist die Grundeinheit im CGS-System für Länge.

**CGS[*ausdr*]**
wandelt ausdr in CGS-Einheiten (centimeter/gram/second).

**ChevalVapeur**
ist eine Einheit für Leistung.

**Convert[*alt, neu*]**
wandelt alt in eine Form, die nur Kombinationen der Einheiten neu beinhaltet.

**ConvertTemperature[*temp, alt, neu*]**
wandelt temp von der Skala alt zur Skala neu.

**Curie**
ist eine Einheit für Radioaktivität.

**Diopter**
ist eine Einehit für inverse Länge.

**Dyne**
ist die abgeleitete CGS-Einheit für Kraft.

**Erg**
ist die abgeleitete CGS-Einheit der Energie.

**FootCandle**
ist eine Einheit für Beleuchtung.

**Gal**
ist das abgeleitete CGS-Maß für die Gravitationsbeschleunigung.

**Gallon**
ist eine US-Volumeneinheit.

**Gauss**
ist die abgeleitete CGS-Einheit für magnetische Flußdichte.

**Gram**
ist die Grund-CGS-Einheit für Masse.

**Gravity**
ist ein Maß für die Beschleunigung aufgrund von Gravitation.

**Hefner**
ist eine Einheit für Leuchtintensität.

**HorsePower**
ist eine Einheit für Leistung.

**Kayser**
ist eine Einheit für inverse Länge.

**Knot**
ist eine Einheit für Geschwindigkeit.

**Lambert**
ist eine Einheit für Luminanz (photometrische Helligkeit).

**Lumerg**
ist eine Einheit für Lichtenergie (Lichtmenge).

**Maxwell**
ist die abgeleitete CGS-Einheit für magnetischen Fluß.

**MKS[*ausdr*]**
wandelt ausdr in MKS-Einheiten (meter/kilogramm/sekunde).

**Nit**
ist eine Einheit für Luminanz (photometrische Helligkeit).

**NuclearMagneton**
ist eine Einheit für magnetisches Moment.

**Oersted**
ist die abgeleitete CGS-Einheit für magnetische Feldstärke.

**Phot**
ist die abgeleitete CGS-Einheit der Belichtung (Illuminanz).

**Poise**
ist die abgeleitete CGS-Einheit der absoluten Viskosität.

**Rad**
ist eine Einheit für absorbierte Strahlungsdosis.

**Radian**
ist ein dimensionloses Maß für ebene Winkel.

**Reyn**
ist eine Einheit für absolute Viskosität.

**Rhes**
ist eine Einheit für Viskosität.

**Roentgen**
ist eine Einheit für Ausgesetztsein zu Röntgen- oder Gammastrahlung.

**Rontgen**
ist eine Einheit für Ausgesetztsein zu Röntgen- oder Gammastrahlung.

**Rutherford**
ist eine Einheit für Radioaktivität.

**SI[*ausdr*]**
wandelt ausdr in SI-Einheiten (Internationales System).

**Steradian**
ist ein dimensloses Maß für räumliche Winkel.

**Stilb**
ist die abgeleitete CGS-Einheit für Luminanz (photometrische Helligkeit).

**Stokes**
ist die abgeleitete CGS-Einheit für kinematische Viskosität.

**Talbot**
ist eine Einheit für Lichtenergie (Lichtmenge).

**UKGallon**
Britische Gallone ist eine britische Volumeneinheit.

## Miscellaneous'WorldNames'

**Africa**
enthält die Namen der Länder Afrikas, definiert in der WorldData-Datenbasis.

**Asia**
enthält die Namen der Länder Asiens, definiert in der WorldData-Datenbasis; inklusive des Mittleren Osten und der GUS.

**Europe**
enthält die Namen aller Länder Europas, definiert in der WorldData-Datenbasis; inklusive der GUS.

**MiddleEast**
enthält die Namen der Länder des Mittleren OstenS, definiert in der WorldData-Datenbasis.

**NorthAmerica**
enthält die Namen der Länder von Nord- und Zentralamerika, definiert in der WorldData-Datenbasis.

**Oceania**
enthält die Namen der Länder des Südpazifiks, definiert in der WorldData-Datenbasis.

**SouthAmerica**
enthält die Namen der Länder von Südamerika, definiert in der WorldData-Datenbasis.

**World**
Das Symbol World enthält die Namen aller Länder in der WorldData-Datenbasis.

## Miscellaneous'WorldPlot'

**Albers[*p1, p2*]**
ist eine Kartenprojektion zur Anwendung mit WorldGraphics, wobei p1, p2 die primären Breiten für die Verwendung für die Projektion spezifizieren.

**Equirectangular**
ist eine Kartenprojektion zur Anwendung mit WorldGraphics. Bildet die Länge direkt auf x, die Breite auf y ab. Mathematisch gesehen ist es die einfachste Projektion.

**Full**
ist ein Argument für die Option WorldClipping

**LambertAzimuthal**
ist eine Kartenprojektion zur Anwendung mit WorldGraphics. Warnung: mit dieser Projektion können Sie nicht den Punkt darstellen, der Ihrem Augpunkt gegenüber liegt.

**LambertCylindrical**
ist eine Kartenprojektion zur Anwendung mit WorldGraphics.

**Mercator**
ist eine Kartenprojektion zur Anwendung mit WorldGraphics. Warnung: Mercator bildet die Pole nach Unendlich ab.

**Mollweide**
ist eine Kartenprojektion zur Anwendung mit WorldGraphics.

**Orthographic**
ist eine Kartenprojektion zur Anwendung mit WorldGraphics. Warnung: die Projektion ist nur gut für eine Hemisphäre; Bereiche müssen sorgfältig gewählt werden.

**RandomColors[]**
ist eine Funktion zur Erstellung zufällig gewählter Farben.

**RandomGrays[]**
ist eine Funktion zur Erstellung zufällig gewählter Grautonwerte.

**Simple**
ist ein Argument für die Option WorldClipping

**Sinusoidal**
ist eine Kartenprojektion zur Anwendung mit WorldGraphics.

**ToMinutes[*grade*]**
ist eine Funktion zur Wandlung in Minuten; sie akzeptiert Grade oder Grad/Minuten/Sekunden-Formen. ToMinutes[grade] wandelt Grade; ToMinutes[{grade,minn,sekn}] wandelt aus der DMS-Form. Eine Koordinatenliste kann auch konvertiert werden, d.h., ToMinutes[{{{g,m,s},{g,m,s rbracket}, {{g,m,s},{g,m,s}}... }] wird in {{breite,länge},{breite,länge}. ..} umgewandelt, wobei die Koordinaten in Minuten vorliegen.

**WorldBackground**
ist eine Option für WorldGraphics. WorldBackground -> None spezifiziert keinen Hintergrund. WorldBackground -> stil spezifiziert den Stil des Polygons, das Hintergrund spezifiziert (Ozean zum Beispiel).

**WorldBorders**
ist eine Option für WorldPlot, die einen Stil für die Ränder spezifizieren kann oder eins der folgenden: None - lege keinen Rand um Polygone, Automatic - lege keine Ränder, wenn eine Schattierungsfunktion oder explizite Schattierungen vorhanden sind.

**WorldClipping**
ist eine Option für WorldGraphics, die den Typ des für Polygone durchzuführenden Clippings (Abschneiden) ausdrückt (im Interesse rechnerischer Effizienz.) None wird jedem Polygon oder jeder Linie, die sich teilweise innerhalb der WorldRange befindet, zu verbleiben erlauben, Simple wird sie entfernen, und Full (die Voreinstellung) wird sie korrekt abschneiden.

**WorldCountries**
ist eine Option für WorldPlot, die die Liste von Namen von Polygonsätzen (Ländern) in der Datenbasis spezifiziert, bei der die Namen in der Regel als Zeichenketten angegeben werden.

**WorldDatabase**
ist eine Option für WorldPlot, die das Symbol spezifiziert, in dem Polygondaten abgelegt werden. Die Vorgabe ist WorldData.

**WorldFrame**
ist eine Option für WorldGraphics. WorldFrame -> None spezifiziert keinen Rahmen. WorldFrame- -> stil spezifiziert den Stil der Linie um den Rand der Karte.

**WorldFrameParts**
ist eine Option für WorldGraphics. Wenn ein WorldFrame dargestellt wird, erlaubt WorldFrame-Parts, daß nur Teile davon gezeigt werden (besonders nützlich für bestimmte azimuthale Projektionen). Sie hat die Form einer Liste mit vier Nullen und Einsen; eine Eins zeigt an, daß eine bestimmte Seite dargestellt werden soll. Die Seiten sind im Uhrzeigersinn von der östlichen Kante des Bereichs an angeordnet.

**WorldGraphics[*primitives, optionen*]**
repräsentiert eine ebene Karte. Beinhaltet standard Grafiki- Primitiven. Unskalierte Orte von Lines, Polygone, Points und Text werden in Minuten Breite und Länge angegeben und durch die spezifizierte Projektion in x- und y-Koordinaten transformiert.

**WorldGrid**
ist eine Option für WorldGraphics, die Breiten- und Längenlinien an spezifizierten Orten plaziert. Argumente können eine Zahl (die den Abstand sowohl für Breite als auch Länge von 0 spezifizieren), ein Zahlenpaar (das jeweils für Breite und Länge spezifiziert) oder ein Paar Listen (das Orte spezifiziert) sein. Alle Werte werden in Grad angegeben. Die Vorgabe ist 30.

**WorldGridBehind**
ist eine Option für WorldGraphics; sie spezifiziert, ob die Breiten- und Längenlinien hinter oder vor der Grafik dargestellt werden sollen; die Vorgabe ist True (hinter).

**WorldGridStyle**
ist eine Option für WorldGraphics, die den Stil der Breiten- und Längenlinien spezifiziert.

**WorldPlot[*liste*]**
ist eine Funktion zur Erzeugung von Weltkarten, die Daten aus einer spezierten Datenbasis erstellen, wobei liste eine Liste von Ländern aus der Datenbasis ist. Ländernamen werden gewöhnlich als Zeichenketten spezifiziert. WorldPlot[{liste,schattierung}] produziert eine Karte, bei der schattierung entweder eine Funktion ist, die auf jeden Namen der Liste angewendet wird, und so eine Farbe oder einen Grauton produziert, oder aber sie ist eine Liste von Schattierungen, eine pro Namen in liste. Ein Graphics-Objekt oder ein WorldGraphics-Objekt kann produziert werden. Akzeptiert werden WorldGraphics- und Graphics-Optionen.

**WorldPoints**
ist eine Option für WorldGraphics, die die Anzahl Teilungen zwischen den minimalen und maximalen Längen des Bereichs spezifiziert und die Breite entsprechend skaliert. Dies ist der Zwischenraum, der bei den Rasterlinien oder entlang der Kanten abgeschnittener Polygone eingesetzt wird. Die Vorgabe ist 100.

**WorldProjection**
ist eine Option für WorldGraphics, spezifiziert als eine reine Funktion, die zwei Argumente akzeptiert und eine Liste liefert, wobei die Argumente die Breite und Länge eines Punktes sind, und die Liste enthält die x- und y-Koordinaten der Projektion. Die Vorgabe ist die Äquirektangular-Projektion. Beachten Sie, daß Breite und Länge in Bogenminuten angegeben werden.

**WorldRange**
ist eine Option für WorldGraphics, die den Bereich der Breite und Länge spezifiziert, der gezeichnet wird. Er wird ausgedrückt als {{minbreite,maxbreite},{minlänge,maxl änge}}. Bei Automatic wird der Bereich, gerundet auf die nächsten 10 Grad, gewählt und so, der alle zu zeichnenden Punkte umfaßt.

**WorldRotatedRange**
ist eine Option für WorldGraphics. Falls True, so wird WorldRange auf das Koordinatensystem angewendet, das sich aus der WorldRotation ergibt.

**WorldRotation**
ist eine Option für WorldGraphics, die jede beliebige Projektion in eine Transverse- oder Oblique-Projektion wandelt. Sie akzeptiert eine Liste mit drei Parametern, jeder ist ein Winkel in Grad; der erste drückt eine Drehung um die y-Achse aus (es wird angenommen, daß die Planetenachse anfangs mit der z-Achse ausgerichtet ist und daß die x-Achse durch den Hauptmeridian verläuft), der zweite Winkel dreht um die z-Achse und der dritte dreht um die gedrehte Planetenachse. Die Vorgabe ist {0,0,0}.

**WorldToGraphics**
ist eine Option für WorldPlot. Die Angabe von True oder False gibt an, ob ein Graphics- oder ob ein WorldGraphics-Objekt zu produzieren ist. Vorgabe ist False.

## NumberTheory'Binomial'

**BinomialMod[*n, k, p*]**
liefert auf effiziente Weise Mod[Binomial[n, k], p], wobei p eine Primzahl ist.

**FastBinomial[*n, k*]**
liefert auf effiziente Weise Binomial[n, k] für Werte von n und k mit hunderten Stellen.

**FastFactorial[*n*]**
ergibt auf effiziente Weise n! für n mit tausenden Stellen.

## NumberTheory'ContinuedFractions'

**ContinuedFraction[*x,n*]**
erzeugt die Kettenbruchdarstellung für die Zahl x bis zur Ordnung n. Beachten Sie, daß die zurückgegebene Ordnung kleiner als n sein kann, wenn der Kettenbruch vor n Schritten terminiert.

**ContinuedFractionForm[*{a0,a1,..}*]**
ist ein Kettenbruch; er wird mit Normal in eine gewöhnliche rationale Zahl konvertiert.

## NumberTheory'FactorIntegerECM'

**CurveCountLimit**
Die Option FactorIntegerECM[n, CurveCountLimit -> c] begrenzt die Gesamtanzahl der Kurven, die der Algorithmus verwendet. Dadurch kann der Nutzer den Algorithmus nach einer gegebenen Anzahl an Iterationen abbrechen. Der Vorgabewert ist 10^4 Kurven. FactorIntegerECM[n, CurveCountLimit -> c] liefert n, wenn kein nichttrivialer Faktor gefunden wurde.

**CurveNumber**
Die Option FactorIntegerECM[n, CurveNumber -> b] spezifiziert, daß der Algorithmus jeweils b Kurven für jede Iteration des Algorithmus verwendet. Diese Zahl muß eine Potenz von 2 sein.

**FactorIntegerECM[*n*]**
bestimmt einen einzelnen Faktor der zusammengesetzten Zahl n mit der Lenstras Methode der elliptischen Kurven.

**FactorSize**
Die Option FactorIntegerECM[n, FactorSize -> q] optimiert den Algorithmus so, daß Faktoren gefunden werden, deren Größe höchstens q ist. Der Vorgabewert ist q = Sqrt[n].

## NumberTheory'NumberTheoryFunctions'

**ChineseRemainderTheorem[ *liste1, liste2*]**
ergibt die minimale nicht-negative ganzzahlige Lösung von Mod[r, liste2] == liste1.

**ClassList[*d*]**
ergibt eine Liste mit nicht-äquivalenten quadratischen Formen der Diskriminante d, wobei d < 0 eine quadratfreie ganze Zahl der Form 4 n + 1 ist, und eine quadratische Form a x^2 + b x y + c y^2 durch {a, b, c} repräsentiert wird.

**ClassNumber[*d*]**
ergibt die Anzahl der nicht-äquivalenten quadratischen Formen der Diskriminante d, wobei d < 0 eine quadratfreie ganze Zahl der Form 4 n + 1 ist.

**NextPrime[*n*]**
ergibt die kleinste Primzahl p, so daß p > n ist.

**PrimitiveRoot[*n*]**
ergibt eine zyklische Erzeugende der multiplikativen Gruppe (mod n), wenn n eine Primzahlpotenz oder das Doppelte einer Primzahlpotenz ist.

**QuadraticRepresentation[*d, n*]**
ergibt {x, y}, wobei für ungerades n und positives d x^2 + d y^2 = n ist, wann immer eine solche Darstellung existiert.

**SqrtMod[*d, n*]**
ist die Quadratwurzel von d (mod n), wobei n eine ungerade Zahl ist.

**SquareFreeQ[*n*]**
ist True, wenn n eine quadratfreie ganze Zahl ist, sonst False.

## NumberTheory'PrimeQ'

**Certificate**
ist eine Option für ProvablePrimeQ, die genau dann ein Zertifikat für die Primeigenschaft oder Zusammengesetztheit von n ausdruckt, wenn Certificate -> True ist.

**CertificateDiscriminant**
wird als Zertifikat für die Primeigenschaft verwendet.

**CertificateK**
wird als Zertifikat für die Primeigenschaft verwendet.

**CertificateM**
wird als Zertifikat für die Primeigenschaft verwendet.

**CertificateNextPrime**
wird als Zertifikat für die Primeigenschaft verwendet.

**CertificatePoint**
wird als Zertifikat für die Primeigenschaft verwendet.

**CertificatePrime**
wird als Zertifikat für die Primeigenschaft verwendet.

**HilbertPolynomial[*d*]**
ergibt das irreduzible Polynom von ModularInvariantj[(-1 + Sqrt[d])/2], wobei d < 0 eine quadratfreie ganze Zahl der Form 4 n + 1 ist. Der Zerfällungskörper ist der Hilbertsche Klassenkörper (die maximale unverzweigte abelsche Erweiterung) von Q(Sqrt[d]).

**ModularInvariantj[*z*]**
ergibt die j-Invariante der komplexen Zahl z, Im[z] > 0.

**PointEC[*a, b, g2, g3, p*]**
ergibt einen Punkt auf der elliptischen Kurve y^2 = x^3 + g2 x + g3 (mod p).

**PointECQ[PointEC[*a, b, g2, g3, p*]]**
liefert True, wenn b^2 = a^3 + g2 a + g3 (mod p) ist, so daß der Punkt, wie behauptet, auf der elliptischen Kurve liegt.

**PollardPTest**
ist eine Option für ProvablePrimeQ und PrimeQCertificate, die True ist, wenn der Pollard-p-1-Faktorisierungsalgorithmus im Faktorisierungsteil von PrimeQCertificate[n] verwendet werden soll.

**PollardRhoTest**
ist eine Option für ProvablePrimeQ und PrimeQCertificate, die True ist, wenn der Pollard-rho-Faktorisierungsalgorithmus im Faktorisierungsteil von PrimeQCertificate[n] verwendet werden soll.

**PrimeQCertificate[*n*]**
druckt ein Zertifikat aus, daß n prim ist oder daß n zusammengesetzt ist.

**PrimeQCertificateCheck[*zert, n*]**
prüft, ob das Zertifikat zert ein korrektes Zertifikat für die Primeigenschaft oder Zusammengesetztheit von n ist. Wenn das Zertifikat korrekt ist, wird True ausgegeben. Wenn nicht True ausgegeben wird, wird ein Gegenbeispiel für PrimeQ[ ] ausgegeben, d.h. ein nichttrivialer Faktor einer Zahl, die durch PrimeQ als prim erklärt wurde.

**PrimeQMessages -> True**
ist eine Option für PrimeQCertificate, die das Fortschreiten des Algorithmus ausdruckt.

**ProvablePrimeQ[*n*]**
bestimmt, ob n prim ist und kann ein Zertifikat (Beweis) dafür liefern.

**SmallPrime**
ist eine Option für ProvablePrimeQ, PrimeQCertificate und PrimeQCertificateCheck, die eine untere Schranke für den Atkin-Morain-Primeigenschaftstest angibt.

**TrialDivisionLimit**
ist eine Option für ProvablePrimeQ und PrimeQCertificate, die spezifiziert, wieviele Primzahlen im Versuchs-Divisionsteil von PrimeQCertificate[n] verwendet werden sollen.

**x**
Unbestimmte im Hilbert-Polynom.

## NumberTheory'Ramanujan'

**RamanujanTau[*n*]**
ergibt den Koeffizienten von x^n in der Reihenentwicklung von x Product[1 - x^k, {k, 1, Infinity}]^24.

**RamanujanTauDirichletSe ries[*s*]**
ergibt den Wert der Dirichlet-Reihe Sum[RamanujanTau[n] n^(-s), {n, 1, Infinity}].

**RamanujanTauGener atingFunction[z]**
evaluiert die erzeugende Funktion von RamanujanTau[n], d.h. Sum[RamanujanTau[n] z^n, {n, 1, Infinity}].

**RamanujanTauTheta[*t*]**
ist analog zu RiemannSiegelTheta[t] in der Theorie der Riemannschen Zeta-Funktion. Insbesondere ist Exp[I RamanujanTauTheta[t]] * RamanujanTauDirichletSeries[6 + I t] gleich RamanujanTauZ[t] und für reelles t eine reellwertige Funktion.

**RamanujanTauZ[*t*]**
evaluiert die Funktion Gamma[6 + I t] RamanujanTauDirichletSeries[6 + I t] (2 Pi)^(-I t) Sqrt[Sinh[Pi t]/(Pi t Product[k^2 + t^2, {k, 5}])].

## NumberTheory'Rationalize'

**AffineRationalize[*{x1,...,xn}*]**
liefert rationale Zahlen {u1,...,un}, so daß ui xi für jedes 1 <= i <= n gut approximiert, und so, daß der Hauptnenner der ui klein ist. AffineRationalize[{x0,x1,...,xn}, präz] erlaubt eine Toleranz von 10^-präz. Die Zahlen xi müssen reell sein.

**ProjectiveRationalize[*{x0,x1,...,xn}*]**
liefert eine Liste ganzer Zahlen {s0,s1,...,sn}, so daß die Quotienten si/sj die Quotienten xi/xj für jedes Paar 0 <= i,j <= n gut approximieren. ProjectiveRationalize[{x0,x1,...,xn}, präz] erlaubt eine Toleranz von 10^-präz. Die Zahlen xi müssen reell sein.

## NumberTheory'Recognize'

**Recognize[*x,n,t*]**
bestimmt ein Polynom höchstens n-ten Grades in der Variablen t, so daß x eine angenäherte Nullstelle des Polynoms ist. Recognize[x,n,t,k] bestimmt auch ein Polynom höchstens n-ten Grades in der Variablen t, aber mit einer Strafe des Gewichtes k gegen Polynome höheren Grades. k muß eine nichtnegative ganze Zahl sein.

## NumericalMath'Approximations'

**Bias**
ist eine Option für RationalInterpolation, GeneralRationalInterpolation, MiniMaxApproximation und GeneralMiniMaxApproximation. Sie ist eine Zahl zwischen -1 und 1 und bewirkt, daß die Abszissen mit einem Bias links oder rechts vom Intervall gewählt werden. Bias -> 0 bewirkt, daß die Abszissen symmetrisch gewählt werden.

**Brake**
ist eine Option für MiniMaxApproximation und GeneralMiniMaxApproximation. Eine gültige Wahl für Brake ist eine Liste mit zwei nichtnegativen ganzen Zahlen, die kontrollieren, wie die Veränderungen von einer Iteration zur nächsten eingeschränkt werden sollen. Die erste ganze Zahl zeigt die Anzahl der Iterationen an, die eingeschränkt werden sollen und die zweite zeigt die Größe der ersten Einschränkung an. Die Einschränkungen streben mit Fortschreiten des Algorithmus gegen 0.

**Derivatives**
ist eine Option für MiniMaxApproximation und GeneralMiniMaxApproximation. Sie kann Automatic oder ein Ausdruck sein, der zu einer Liste evaluiert wird, die die Funktion, die erste Ableitung und die zweite Ableitung nach der Variablen enthält.

**GeneralMiniMaxApprox imation[*{x, y, (g)}, {t, {t0, t1}, m, k}, xvar, (optn)*]**
bestimmt die Minimax-Approximation für die Funktion y[x] auf dem Intervall t0 < t < t1, wobei x und y Funktionen von t sind, die parametrisch y[x] definieren, m und k sind die Grade des Zählers bzw. Nenners, und xvar ist die Variable, die für x in der Approximation verwendet wird. Das optionale g ist auch eine Funktion von t, und der zu minimierende Fehler ist (y[x[t]] - approx[x[t]])/g[t]. Die zurückgegebene Antwort ist {AbszissaList, {Approximation, MaxError}}, wobei AbszissaList eine Liste der Abszissen (Werte von t) ist, an denen der maximale Fehler auftritt, Approximation ist die gewünschte rationale Approximation und MaxError ist der Wert des Minimax-Fehlers.\nGeneralMiniMaxApproximation[{x, y, (g)}, approx, {t, {t0, t1}, m, k}, xvar, (optn)] ist eine Form, mit der der Nutzer die Iteration von einer bekannten Approximation aus starten kann. Hier muß approx die Form einer Antwort haben, wie sie von GeneralMiniMaxApproximation zurückgegeben wird.

**GeneralRationalInterpolatio n[*{x, y}, {t, m, k}, xvar, {t1, t2, ..., tmk1}*]**
(optn)] liefert die rationale Interpolierende der Funktion y[x] auf dem Intervall t0 < t < t1, wobei x und y Funktionen von t sind, die parametrisch y[x] definieren, m und k sind die Grade des Zählers bzw. Nenners, xvar ist die Variable, die in der Approximation für x verwendet wird und {t1, t2, ..., tmk1} ist eine Liste von m+k+1 Abszissen (Werte von t) der Interpolationspunkte. Eine alternative Form ist \nGeneralRationalInterpolation[{x, y}, {t, m, k}, xvar, {t, t0, t1}, (optn)], die die Liste der Abszissen implizit spezifiziert: die Abszissen kommen aus dem Intervall t0 < t < t1.

**MiniMaxApproximation[*funk, {x, {x0, x1}, m, k}, (optn)*]**
bestimmt die Minimax-Approximation für funk (eine Funktion der Variablen x) auf dem Intervall (x0, x1), wobei m und k die Grade des Zählers bzw. Nenners sind. Die zurückgegebene Antwort ist {AbszissaList, {Approximation, MaxError}}, wobei AbszissaList eine Liste der Abszissen ist, an denen der maximale Fehler auftritt, Approximation ist die gewünschte rationale Approximation und MaxError ist der Wert des Minimax-Fehlers.\nMiniMaxApproximation[f, approx, {x, {x0, x1}, m, k}, (optn)] ist eine Form mit der der Nutzer die Iteration von einer bekannten Approximation aus starten kann. Hier muß approx die Form einer Antwort haben, wie sie von GeneralMiniMaxApproximation zurückgegeben wird.

**RationalInterpolation[*funk, {x, m, k}, {x1, x2, ..., xmk1}, (optn)*]**
ergibt die rationale Interpolierende für funk (eine Funktion der Variablen x), wobei m und k die Grade des Zählers bzw. Nenners sind und {x1, x2, ..., xmk1} eine Liste der m+k+1 Abszissen der Interpolationspunkte ist. Eine alternative Form ist \nRationalInterpolation[funk, {x, m, k}, {x, x0, x1}, (optn)], die die Liste der Abszissen implizit spezifiziert: die Abszissen kommen aus dem Intervall (x0,x1).

## NumericalMath'BesselZeros'

**BesselJPrimeYJYPrimeZero s[*nu, l, n*]**
ergibt eine Liste der ersten n Nullstellen von BesselJ'[nu, z] BesselY[nu, l z] - BesselJ[nu, l z] BesselY'[nu, z]. BesselJPrimeYJYPrimeZeros[nu, l, {m, n}] ergibt eine Liste der m-ten bis n-ten Nullstelle.

**BesselJPrimeYP rimeJPrimeYPrimeZeros[*nu, l, n*]**
ergibt eine Liste der ersten n Nullstellen von BesselJ'[nu, z] BesselY'[nu, l z] - BesselJ'[nu, l z] BesselY'[nu, z]. BesselJPrimeYPrimeJPrimeYPrimeZeros[nu, l, {m, n}] ergibt eine Liste der m-ten bis n-ten Nullstelle.

**BesselJPrimeZeros[*nu, n*]**
ergibt eine Liste der ersten n Nullstellen der Ableitung BesselJ-Funktion der Ordnung nu. BesselJPrimeZeros[nu, {m, n}] ergibt eine Liste der m-ten bis n-ten Nullstelle.

**BesselJYJYZeros[*nu, l, n*]**
ergibt eine Liste der ersten n Nullstellen von BesselJ[nu, z] BesselY[nu, l z] - BesselJ[nu, l z] BesselY[nu, z]. BesselJYJYZeros[nu, l, {m, n}] ergibt eine Liste der m-ten bis n-ten Nullstelle.

**BesselJZeros[*nu, n*]**
ergibt eine Liste der ersten n Nullstellen BesselJ-Funktion der Ordnung nu. BesselJZeros[nu, {m, n}] ergibt eine Liste der m-ten bis n-ten Nullstelle.

**BesselYPrimeZeros[*nu, n*]**
ergibt eine Liste der ersten n Nullstellen der Ableitung der BesselY-Funktion der Ordnung nu. BesselYPrimeZeros[nu, {m, n}] ergibt eine Liste der m-ten bis n-ten Nullstelle.

**BesselYZeros[*nu, n*]**
ergibt eine Liste der ersten n Nullstellen der BesselY-Funktion der Ordnung nu. BesselYZeros[nu, {m, n}] ergibt eine Liste der m-ten bis n-ten Nullstelle.

## NumericalMath'Butcher'

**a[*i,j*]**
ist der Koeffizient von f[Y[j, x]] in der Formel für Y[i, x] bei der betrachteten Runge-Kutta-Methode.

**b[*j*]**
ist der Koeffizient von f[Y[j, x]] in der Formel für Y[x] bei der betrachteten Runge-Kutta-Methode.

**c[*i*]**
ist eine abgekürzte Schreibweise, die Sum[a[i, j], {j, 1, s}] in den Ordnungsbedingungen der betrachteten Runge-Kutta-Methode repräsentiert.

**RungeKuttaOrderConditions [*p, s*]**
ergibt eine Liste der Ordnungsbedingungen, die jede s-stufige Runge-Kutta-Methode der Ordnung p erfüllen muß. Diese Bedingungen werden in Termen der globalen Variablen a, b, c ausgedrückt, und die resultierende Runge-Kutta-Methode ist\n\nY[i,x] = y[x0] + (x - x0) Sum[a[i,j] f[Y[j,x]], {j, 1, s}], i = 1, ..., s\n\nY[x] = y[x0] + (x - x0) Sum[b[j] f[Y[j,x]], {j, 1, s}]\n\n, wobei c[i] == Sum[a[i, j], {j, 1, s}] ist.

## NumericalMath'CauchyPrincipalValue'

**CauchyPrincipalValue[f[*x*], {*x, a,* {*b, eps*}*, c*}*, optionen*]**
ergibt den Cauchyschen Hauptwert von NIntegrate[f[x], {x, a, c}, optionen] mit einer Singularität in x == b. Dies wird als NIntegrate[f[x], {x, a, b-eps, b, b+eps, c}, optionen] erreicht, wobei der Teil NIntegrate[f[x], {x, b-eps, b, b+eps}, optionen] als NIntegrate[f[b+t] + f[b-t], {t, 0, eps}, optionen] evaluiert wird. Wenn eps nicht erscheint, wird ein Vorgabewert verwendet. Allgemeiner ergibt CauchyPrincipalValue[f[x], {x, x0, ..., xi, ..., {xj}, ..., xn}] das Integral längs des Weges {x0, ..., xi, ..., xj, ..., xn} mittels des Cauchyschen Hauptwertes an jenen Abszissen, die in { } eingeschlossen sind, von denen jede ein vom Nutzer spezifiziertes eps haben kann.

## NumericalMath'ComputerArithmetic'

**Arithmetic[]**
ergibt eine Liste mit der zur Zeit gültigen Stellenzahl, der Basis, der Rundungsregel und dem Exponentenbereich.

**ComputerNumber[*vorzeichen, mantisse, exp, wert, x*]**
ist ein Datenobjekt, das eine Computer-Zahl repräsentiert, aber sein Vorgabe-Druckformat ist eine einfache Zahl in der durch SetArithmetic[ ] spezifizierten Basis. ComputerNumber[x] liefert das vollständige Datenobjekt, das die Zahl x repräsentiert. Ebenso ergibt ComputerNumber[vorzeichen, mantisse, exp] das vollständige Datenobjekt ComputerNumber[vorzeichen, mantisse, exp, wert, x], wobei wert und x den Wert vorzeichen * mantisse * basis^exp haben. Die Arithmetik mit wert ist Computer-Arithmetik; die Arithmetik mit x ist gewöhnliche Arithmetik mit hoher Präzision. Normal[ComputerNumber[...]] ergibt wert.

**ExponentRange**
ist eine Option für SetArithmetic[ ] und spezifiziert den für Exponenten erlaubten Bereich. Der Exponenten-Bereich muß die Form {minexp, maxexp} haben, wobei -1000 <= minexp < maxexp <= 1000 ist. Die Voreinstellung für ExponentRange ist {-50, 50}.

**IdealDivide[*x, y*]**
liefert das korrekt gerundete Ergebnis von x dividiert durch y. Der in Mathematica voreingestellte Divisionsoperator '/' führt in Wirklichkeit eine Multiplikation mit dem reziproken Wert aus und beinhaltet zwei Rundungsfehler und kann daher einen nicht korrekt gerundeten Quotienten ergeben. IdealDivide ist auch eine Option für SetArithmetic, die auf True oder False gestellt werden kann, um anzuzeigen, ob der voreingestellte Divisionsoperator '/' mit $PreRead in IdealDivide übersetzt werden soll.

**MixedMode**
ist eine Option für SetArithmetic[ ], die entweder True oder False sein kann. Sie spezifiziert, ob gemischte Arithmetik erlaubt ist. Der Vorgabewert ist False.

**NaN**
ist das Symbol, das in ComputerArithmetic.m verwendet wird, um eine nichtdarstellbare Zahl zu repräsentieren. NaN steht für Not-a-Number.

**RoundingRule**
ist eine Option für SetArithmetic[ ] und spezifiziert das zu verwendende Rundungsschema. Die möglichen Werte sind RoundToEven, RoundToInfinity und Truncation. Der Vorgabewert ist RoundToEven.

**RoundToEven**
ist eine mögliche Einstellung der Option RoundingRule von SetArithmetic[ ]. Sie spezifiziert, daß die Rundung zur nächsten darstellbaren Zahl ausgeführt wird, und im Fall von gleichen Abständen zu der Zahl, die mit einer geraden Mantisse dargestellt wird.

**RoundToInfinity**
ist eine mögliche Einstellung der Option RoundingRule von SetArithmetic[ ]. Sie spezifiziert, daß die Rundung zur nächsten darstellbaren Zahl ausgeführt wird, und im Fall von gleichen Abständen weg von 0.

**SetArithmetic[*dig*]**
evaluiert bestimmte globale Konstanten, die im Paket ComputerArithmetic.m verwendet werden, um Arithmetik korrekt mit dig Stellen Präzision auszuführen. Der Wert von dig muß eine ganze Zahl zwischen 1 und 10 (inklusive) sein, und der Vorgabewert ist 4. SetArithmetic[dig, basis] bewirkt, daß die Arithmetik mit dig Stellen zur Basis basis ausgeführt wird. Der Wert von basis muß eine ganze Zahl zwischen 2 und 16 sein, und der Vorgabewert ist 10. Die Änderung der Arithmetik und der Versuch, sich auf ComputerNumbers zu beziehen, die vor der Änderung definiert wurden, kann zu unberechenbaren Ergebnissen führen.

**Truncation**
ist eine mögliche Einstellung der Option RoundingRule von SetArithmetic[ ]. Sie spezifiziert, daß bei der "Rundung " einfach überschüssige Ziffern entfernt werden, genauso wie es Floor[ ] für positive Zahlen ausführt.

## NumericalMath'GaussianQuadrature'

**GaussianQuadratureError[*n, f, a, b, präz*]**
liefert das Anfangsglied des Fehlers in der elementaren n-Punkt Gaußschen Quadraturformel mit präz Stellen Präzision für die Funktion f auf einem Intervall von a bis b. Das Argument präz ist optional.

**GaussianQuadratureWeights [*n, a, b, präz*]**
ergibt eine Liste der Paare {abszisse, gewicht} mit präz Stellen Präzision für die elementare n-Punkt Gaußsche Quadraturformel für Quadraturen auf dem Intervall von a bis b. Das Argument präz ist optional.

## NumericalMath'InterpolateRoot'

**InterpolateRoot[*ls == rs, {x, x0, x1}*]**
sucht nach einer numerischen Lösung für die Gleichung ls == rs, beginnend mit x == x0 und x == x1. Es wird vorausgesetzt, daß ls und rs in einem Gebiet, das x0, x1 und die gesuchte einfache Wurzel enthält, analytisch ist. InterpolateRoot[f, {x, x0, x1}] sucht nach einer numerischen Lösung für die Gleichung f == 0, beginnend mit x == x0 und x == x1. Die Option MaxIterations gibt die maximale Anzahl der Iterationen an, die ausgeführt werden. AccuracyGoal bezieht sich auf die Genauigkeit der Wurzel und nicht auf die Größe der Abweichung der Wurzel. AccuracyGoal -> Automatic bedeutet 20 Stellen weniger als der Wert von WorkingPrecision. WorkingPrecision ist eine vorgeschlagene obere Schranke für die Präzision, die bei der Evaluierung der Funktion für Werte nahe der Wurzel verwendet wird, jedoch kann, wenn nötig, eine größere Präzision verwendet werden, um AccuracyGoal zu erreichen. Mit der Option PrintFlag (True oder False) kann das Fortschreiten dargestellt werden.

**PrintFlag**
ist eine Option für InterpolateRoot[ ], die die Werte True oder False annimmt und festlegt, daß das Fortschreiten dargestellt wird.

### NumericalMath'IntervalAnalysis'

**Interval[*unterschranke, oberschranke*]**
ist ein Datenobjekt, das eine Zahl in Intervallarithmetik repräsentiert. Grundarithmetik auf Intervallen ist automatisch.

### NumericalMath'IntervalArithmetic'

**Interval[*unterschranke, x, oberschranke*]**
ist ein Datenobjekt, das eine Zahl in Intervallarithmetik repräsentiert. Das zweite Argument ist der Wert, den die Zahl in gewöhnlicher Maschinenarithmetik haben würde, und unterschranke und oberschranke sind die Schranken des Intervalls. Interval[x] ergibt Interval[x - fuzz, x, x + fuzz], wobei fuzz Abs[x] * epsilon ist, und epsilon mittels SetEpsilon[ ] gesetzt wird. Interval[a,b] ergibt Interval[a,(a+b)/2,b]. Grundarithmetik auf Intervallen ist automatisch.

**SetEpsilon[*dig*]**
setzt eine Konstante, die bei der Konvertierung von einfachen Zahlen in Intervallen verwendet wird. Wenn Interval[x] Interval[x - fuzz, x, x + fuzz] ergibt, ist fuzz gleich Abs[x] * epsilon, wobei epsilon gleich 10^(-dig) ist. Der Wert von dig muß sich zwischen 1 und 10 (inklusive) befinden, und der Vorgabewert ist 6.

### NumericalMath'ListIntegrate'

**ListIntegrate[*{y0,y1,...,yn}, h, k*]**
ergibt eine Approximation des Integrals einer Funktion von x = x0 bis x = xn mit konstanter Schrittweite h zwischen den aufeinanderfolgenden x-Werten. Die integrierte Funktion ist stückweise vom Grad k-1 und ist das interpolierende Polynom durch die k/2 Punkte links und die k/2 Punkte rechts von x. Wenn k ungerade ist, wird es um 1 erhöht. k muß kleiner oder gleich der Gesamtanzahl der Datenpunkte sein. Der Vorgabewert von k ist 4. Mit ListIntegrate[{{x0,y0},{x1,y1} ,...,{xn,yn}},k] können unterschiedliche Schrittweite angegeben werden. Wenn bekannt ist, daß die Daten fehlerbehaftet sind, könnte es günstiger sein, Integrate[ ] auf dem Ergebnis auszuführen, das die Anwendung von Fit[ ] auf die Daten liefert.

### NumericalMath'Microscope'

**MachineError[*f, x -> a*]**
ergibt den Fehler, der bei der Evaluierung von f für x == a mit Maschinenarithmetik enthalten ist.

**Microscope[*f, {x, a}*]**
zeichnet den Ausdruck f (von dem angenommen wird, daß er eine einzelne Variable x enthält) in einer kleinen Umgebung von a. Microscope[f, {x, a, n}] zeichnet f von a - n ulps bis a + n ulps.

**MicroscopicError[*f, {x, a}*]**
zeichnet den Fehler, der durch die Maschinenarithmetik bei der Evaluierung des Ausdrucks f entsteht (von dem angenommen wird, daß er eine einzelne Variable x enthält) in einer kleinen Umgebung von a. MicroscopicError[f, {x, a, n}] zeichnet den Fehler von a - n ulps bis a + n ulps. Die Skala auf der vertikalen Achse repräsentiert die ulps im Ergebnis.

**Ulp[*x*]**
liefert die Größe eines ulp für Zahlen in der Nähe von x.

**Ulps**
ist eine Einheit für den Fehler in der Maschinenarithmetik. Ein ulp ist der Abstand zwischen zwei aufeinanderfolgenden Maschinenzahlen und hängt von der Größe der jeweiligen Zahlen ab.

### NumericalMath'NewtonCotes'

**Closed**
ist ein Wert für die Type-Option von NewtonCotesWeights und NewtonCotesError.

**NewtonCotesError[*n, f, a, b*]**
ergibt den Fehler in der elementaren n-Punkt Newton-Cotes Quadraturformel für die Funktion f auf dem Intervall von a bis b. NewtonCotesError hat die Option Type, die Open oder Closed sein kann.

**NewtonCotesWeights[*n, a, b*]**
ergibt eine Liste der Paare {abszisse, gewicht} für die elementare n-Punkt Newton-Cotes Quadraturformel auf dem Intervall von a bis b. NewtonCotesWeights hat die Option Type, die Open oder Closed sein kann.

**Open**
ist ein Wert für die Type-Option von NewtonCotesWeights und NewtonCotesError.

**Type**
ist eine Option von NewtonCotesWeights und NewtonCotesError, die Open oder Closed sein kann.

## NumericalMath'NLimit'

**EulerRatio**
ist eine Option für EulerSum, die den Parameter spezifiziert, der in der verallgemeinerten Euler-Transformation verwendet wird. EulerRatio kann sein: Automatic, ein einfacher Quotient oder eine Liste mit Quotienten oder Paare der Form {quot, grad + 1}. Im Fall einer Liste werden die diversen Quotienten nacheinander in iterierten Euler-Transformationen verwendet.

**EulerSum[*ausdr, bereich*]**
verwendet die Euler-Transformation, um numerisch die Summe von ausdr über den spezifizierten Bereich zu evaluieren.

**ExtraTerms**
ist eine Option für EulerSum. Sie spezifiziert die Anzahl der Terme, die im Extrapolationsprozeß nach den in Terms explizit enthaltenen Termen verwendet werden sollen. ExtraTerms muß mindestens 2 sein.

**ND[*ausdr, x, x0*]**
liefert eine numerische Approximation für die Ableitung von ausdr bezüglich x im Punkt x0. ND[ausdr, {x, n}, x0] liefert eine numerische Approximation für die n-te Ableitung von ausdr bezüglich x im Punkt x0. ND[ ] versucht, ausdr in x0 zu evaluieren. Wenn dies nicht gelingt, schlägt ND[ ] fehl.

**NLimit[*ausdr, x -> x0*]**
bestimmt numerisch den Grenzwert von ausdr für x gegen x0.

**Scale**
ist eine Option für NLimit und ND. Sie spezifiziert die Anfangsschrittgröße in der Schrittfolge.

**Terms**
ist eine Option für EulerSum, NLimit und ND. In EulerSum spezifiziert sie die Anzahl der Terme, die explizit aufgenommen werden, bevor der Extrapolationsprozeß beginnt. In NLimit und ND spezifiziert sie die Gesamtanzahl der verwendeten Terme.

## NumericalMath'PolynomialFit'

**FittingPolynomial[<>, *n*]**
repräsentiert ein Polynom n-ten Grades. Es wird von PolynomialFit[ ] zurückgegeben.

**PolynomialFit[*daten, n*]**
ergibt die Polynomanpassung nach der Methode der kleinsten Quadrate an Daten, sehr ähnlich wie Fit[daten,{1,x,x^2,...,x^n}, x] es tun würde, außer daß die Berechnung auf numerisch stabile Weise ausgeführt wird und das Ergebnis als numerisch stabiles FittingPolynomial ausgegeben wird. Die Änderung der Form des Ergebnisses ist aus Gründen der numerischen Stabilität NICHT zu empfehlen.

## ProgrammingExamples'AlgExp'

**AlgExpQ[*ausdr*]**
liefert True, wenn ausdr ein algebraischer Ausdruck ist.

## ProgrammingExamples'ArgColors'

**ArgColor[*z*]**
liefert einen Farbwert, dessen Farbton proportional zum Argument der komplexen Zahl z ist.

**ArgShade[*z*]**
ergibt einen Grauton proportional zum Argument der komplexen Zahl z.

**ColorCircle[*r, (licht:1)*]**
liefert einen Farbwert, dessen Farbton proportional zu r (mod 2Pi) mit der Helligkeit licht ist.

## ProgrammingExamples'Atoms'

**Explode[*ausdr*]**
verwandelt einen Ausdruck in eine Liste von Zeichen, die seinen Namen ergeben.

**Intern[*charliste*]**
verwandelt eine Liste von Zeichen in einen Ausdruck.

### ProgrammingExamples'Collatz'

**Collatz[*n*]**
ergibt eine Liste der Iterierten im 3n+1-Problem, beginnend mit n. Es wird vermutet, daß diese Folge stets terminiert.

**FindMaxima[*von*]**
druckt die aufeinanderfolgenden Maxima der gesamten Stoppzeit, wobei die Suche mit der ganzen Zahl von beginnt.

**StoppingTime[*n*]**
bestimmt die gesamte Stopzeit der ganzen Zahl n. Dies ist die Länge der Collatz-Folge, ehe 1 erreicht wird.

### ProgrammingExamples'ComplexMap'

**CartesianMap[*f, {x0, x1, (dx)}, {y0, y1, (dy)}, optionen...*]**
zeichnet das Bild der kartesischen Koordinatenlinien unter der Funktion f. Die Vorgabewerte von dx und dy werden so gewählt, daß die Anzahl der Linien gleich dem Wert der Option PlotPoints von Plot3D[ ] ist.

**PolarMap[*f, {r0:0, r1, (dr)}, {phi0, phi1, (dphi)}, optionen...*]**
zeichnet das Bild der Polar-Koordinatenlinien unter der Funktion f. Die Vorgabewerte von dr und dphi werden so gewählt, daß die Anzahl der Linien gleich dem Wert der Option PlotPoints von Plot3D[ ] ist. Die Voreinstellung für den phi-Bereich ist {0, 2Pi}.

### ProgrammingExamples'Constants'

**Constants.m**
definiert Regeln für die näherungsweise Arithmetik mit den mathematischen Konstanten Pi, Degree, GoldenRatio, E, EulerGamma und Catalan.

### ProgrammingExamples'ExpandBoth'

**ExpandBoth[*a*]**
entwickelt alle Zähler und Nenner in a.

### ProgrammingExamples'Fibonacci1'

**Fibonacci[*n*]**
berechnet die n-te Fibonacci-Zahl.

### ProgrammingExamples'FilterOptions'

**FilterOptions[*symbol, optionen...*]**
liefert eine Folge jener Optionen, die für symbol gültige Optionen sind.

### ProgrammingExamples'MakeFunctions'

**LinearFunction[*f, a, x0, x1, b*]**
definiert Regeln für f, so daß f[x] = a für x <= x0, f[x] = b für x >= x1 ist und f linear von a bis b zwischen x0 und x1 wächst.

**MakeRule[*f, x, rs*]**
definiert global die Regel f[x_] := rs.

**MakeRuleConditional[*f, x, rs, bedg*]**
definiert global die Regel f[x_] := rs /; bedg.

**StepFunction[*f, a, x0, b*]**
definiert Regeln für f, so daß f[x] = a für x <= x0, f[x] = b für x > x0 ist.

### ProgrammingExamples'Newton'

**NewtonFixedPoint[*f, x0*]**
bestimmt einen Fixpunkt der Funktion f, wobei die Iteration mit der Anfangsvermutung x0 gestartet wird.

**NewtonZero[*ausdr, x, x0*]**
bestimmt eine Nullstelle von ausdr als Funktion von x, wobei die Iteration mit der Anfangsvermutung x0 gestartet wird. NewtonZero[f, x0] bestimmt eine Nullstelle der Funktion f. Die Rekursionsgrenze bestimmt die maximale Anzahl der Iterationsschritte, die ausgeführt werden.

## ProgrammingExamples'OptionUse'

**g[*n, optionen...*]**
dient als ein Beispiel zur Nutzung der optionen.

**Opt1**
ist eine Option von g[ ].

**Opt2**
ist eine andere Option von g[ ].

## ProgrammingExamples'ParametricPlot3D'

**CylindricalPlot3D[*z, {r-bereich}, {phi-bereich}, (optionen...)*]**
zeichnet z als Funktion von r und phi. CylindricalPlot3D[{z, stil}, ...] verwendet stil, um jedes Oberflächenstück darzustellen.

**PointParametricPlot3D[*{x,y,z}, {u,u0,u1,(du)}, (optionen..)*]**
zeichnet eine einparametrige Menge der Punkte im Raum. PointParametricPlot3D[{x,y,z}, {u,u0,u1,(du)}, {v,v0,v1,(dv)}, (optionen..)] zeichnet eine zweiparametrige Menge der Punkte im Raum. Die Optionen werden Show[ ] übergeben.

**SphericalPlot3D[*r, {theta-bereich}, {phi-bereich}, (optionen...)*]**
zeichnet r als Funktion der Winkel theta und phi. SphericalPlot3D[{r, stil}, ...] verwendet stil, um jedes Oberflächenstück darzustellen.

## ProgrammingExamples'PrimePi'

**MyPrimePi[*x*]**
liefert die Anzahl der Primzahlen <= x.

## ProgrammingExamples'PrintTime'

**PrintTime[*ausdr*]**
druckt die Zeit, die zur Evaluierung von ausdr benötigt wird und liefert das Ergebnis der Evaluation.

## ProgrammingExamples'RandomWalk'

**RandomWalk[*n*]**
zeichnet eine zufällige Irrfahrt der Länge n.

## ProgrammingExamples'RungeKutta'

**RungeKutta[*{e1,e2,..}, {y1,y2,..}, {a1,a2,..}, {t1, dt}*]**
integriert die ei numerisch als Funktionen von yi mit den Anfangswerten ai. Die Integration schreitet in Schritten von dt von 0 bis t1 voran. RungeKutta[{e1,e2,..}, {y1,y2,..}, {a1,a2,..}, {t, t0, t1, dt}] integriert ein zeitabhängiges System von t0 bis t1.

## ProgrammingExamples'SessionLog'

**CloseLog[]**
schließt die von OpenLog[ ] geöffnete Protokolldatei.

**OpenLog[*dateiname*]**
startet die Protokollierung aller Ein- und Ausgaben in dateiname.

## ProgrammingExamples'ShowTime'

**ShowTime**
On[ShowTime] schaltet die Zeit-Information ein. Off[ShowTime] schaltet sie wieder aus. Die Zeit, die für jede Anweisung in Anspruch genommen wird, wird vor dem Ergebnis (wenn vorhanden) ausgedruckt.

### ProgrammingExamples'Skeleton'

**Function1[*n*]**
tut nichts.

**Function2[*n, (m:17)*]**
tut auch nichts.

**Skeleton.m**
ist ein Paket, das nichts tut.

### ProgrammingExamples'SphericalCurve'

**SphericalCurve[*{r, theta, phi}, {u,u0,u1,(du)}, (optionen...)*]**
zeichnet eine parametrische 3D-Kurve, die in Kugelkoordinaten angegeben ist.

### ProgrammingExamples'SwinnertonDyer'

**SwinnertonDyerP[*n, var*]**
ergibt das minimale Polynom der Summe der Quadratwurzeln der ersten n Primzahlen.

### ProgrammingExamples'Tensors'

**li[*index*]**
bezeichnet einen unteren Index in einem Tensor.

**Tensor[*h*]**
indizes] bezeichnet einen Tensor h mit der Indexliste indizes.

**ui[*index*]**
bezeichnet einen oberen Index in einem Tensor.

### ProgrammingExamples'Transcript'

**EndTranscript[]**
schließt die Abschrift, die mit Transcript[ ] geöffnet wurde.

**Transcript[*dateiname*]**
öffnet dateiname für eine Abschrift der aktuellen Session. Es überschreibt $Post

### ProgrammingExamples'TrigDefine'

**TrigDefine.m**
definiert globale Regeln für die Überführung von Produkten trigonometrischer Funktionen in Normalform.

### ProgrammingExamples'TrigSimplification'

**TrigArgument[*a*]**
schreibt trigonometrische Funktionen des mehrfachen Winkels als Produkte der Funktionen des einfachen Winkels.

**TrigLinear[*a*]**
entwickelt Produkte und Potenzen trigonometrischer Funktionen.

**TrigNormal[*a*]**
überführt Ausdrücke mit trigonometrischen Funktionen in Normalform.

### ProgrammingExamples'Until'

**Until[*rumpf, test*]**
evaluiert rumpf, bis test True ergibt.

### ProgrammingExamples'VectorCalculus'

**Div[*v, varliste*]**
berechnet die Divergenz des Vektorfeldes v bezüglich der gegebenen Variablen in kartesischen Koordinaten.

**Grad[*s, varliste*]**
berechnet den Gradienten von s bezüglich der gegebenen Variablen in kartesischen Koordinaten.

**JacobianMatrix[*fliste, varliste*]**
berechnet die Jakobi-Matrix der Funktionen fliste bezüglich der gegebenen Variablen.

**Laplacian[*s, varliste*]**
berechnet den Laplace-Operator des Skalarfeldes s bezüglich der gegebenen Variablen in kartesischen Koordinaten.

## ProgrammingExamples'WrapHold'

**WrapHold[*ausdr*]**
hüllt Hold[ ] um den Kopf und die Elemente von ausdr, ohne sie zu evaluieren.

## Statistics/Common'DistributionsCommon'

**QuantileQ[*q*]**
liefert True, wenn q eine gültige Quantil-Spezifikation ist (eine Zahl zwischen 0 und 1).

## Statistics/Common'HypothesisCommon'

**EqualVariances**
ist eine Option für bestimmte statistische Konfidenzintervall- und Hypothesentest-Funktionen, und sie gibt an, daß die passenden unbekannten Varianzen der Grundgesamtheit gleich sind.

**KnownStandardDeviation**
ist eine Option für statistische Konfidenzintervall- und Hypothesentest-Funktionen, und sie gibt die Standardabweichung der Grundgesamtheit an, wann immer Formeln angewendet werden sollen, die bekannten Standardabweichungen der Grundgesamtheit entsprechen. Die Spezifikation der Standardabweichung sollte eine Liste der Standardabweichungen sein, wenn mehr als eine verschiedene Standardabweichung spezifiziert werden soll. Wenn nur eine Standardabweichung angegeben wird, wird sie für alle passenden Grundgesamtheiten verwendet.

**KnownVariance**
ist eine Option für statistische Konfidenzintervall- und Hypothesentest-Funktionen, und dient zur Festlegung der Varianz der Grundgesamtheit, wann immer Formeln verwendet werden, die bekannten Varianzen der Grundgesamtheit entsprechen. Die Spezifikation der Varianz sollte eine Liste der Varianzen sein, wenn mehr als eine verschiedene Varianz spezifiziert werden soll. Wenn nur eine Varianz spezifiziert wird, wird sie für alle passenden Grundgesamtheiten verwendet.

## Statistics'ConfidenceIntervals'

**ChiSquareCI[*var, fgr, ConfidenceLevel -> c*]**
liefert eine Liste {min, max}, die ein Konfidenzintervall mit dem Konfidenzniveau c für die Varianz der Grundgesamtheit repräsentiert, basierend auf einer Stichprobe mit fgr Freiheitsgraden und erwartungstreuer Varianzschätzung var. Diese Funktion wird von VarianceCI verwendet.

**ConfidenceLevel**
ist ein Option, mit der das Konfidenzniveau in Funktionen spezifiziert wird, die statistische Konfidenzintervalle zurückgeben.

**FRatioCI[*quot, zählfgr, nennfgr, ConfidenceLevel -> c*]**
liefert eine Liste {min, max}, die ein Konfidenzintervall auf dem Konfidenzniveau c für quot representiert, wobei quot ein Quotient von Stichprobenvarianzen ist, zählfgr ist die Anzahl der Zählerfreiheitsgrade und nennfgr ist die Anzahl der Nennerfreiheitsgrade. Diese Funktion wird von VarianceRatioCI verwendet.

**MeanCI[*liste, optionen*]**
liefert eine Liste {min, max}, die ein Konfidenzintervall für den Mittelwert der Grundgesamtheit repräsentiert, wobei die Einträge in liste als eine Stichprobe aus der Grundgesamtheit verwendet werden.

**MeanDifferenceCI[*liste1, liste2, optionen*]**
liefert eine Liste {min, max}, die ein Konfidenzintervall für die Differenz Mean[liste1] - Mean[liste2] repräsentiert, dabei werden die Einträge in liste1 als eine Stichprobe aus der ersten Grundgesamtheit und die Einträge in liste2 als eine Stichprobe aus der zweiten Grundgesamtheit verwendet.

**NormalCI[*mittel, sa, ConfidenceLevel -> c*]**
liefert eine Liste {min, max}, die ein Konfidenzintervall auf dem Konfidenzniveau c für den Mittelwert der Grundgesamtheit repräsentiert, basierend auf dem Mittelwert der Stichprobe und ihrer Standardabweichung. Diese Funktion wird von MeanCI verwendet, wenn die Varianz der Grundgesamtheit spezifiziert wurde.

**StudentTCI[*mittel, sf, fgr, ConfidenceLevel -> c*]**
liefert eine Liste {min, max}, die ein Konfidenzintervall auf dem Konfidenzniveau c für den Mittelwert der Grundgesamtheit repräsentiert, basierend auf einem Stichprobenmittel, seinem Standardfehler sf und fgr Freiheitsgraden. Diese Funktion wird von MeanCI verwendet, wenn die Varianz der Grundgesamtheit aus der Stichprobe geschätzt wird.

**VarianceCI[*liste*]**
liefert eine Liste {min, max}, die ein Konfidenzintervall für die Varianz der Grundgesamtheit repräsentiert und dabei die Einträge in liste als eine Stichprobe gezogen aus der Grundgesamtheit verwendet.

**VarianceRatioCI[*liste1, liste2, optionen*]**
liefert eine Liste, die ein Konfidenzintervall für den Quotienten der geschätzten Grundgesamtheitsvarianzen Variance[liste1]/Variance[liste2] repräsentiert und dabei die Einträge in liste1 als eine Stichprobe aus der ersten Grundgesamtheit und die Einträge in liste2 als eine Stichprobe aus der zweiten Grundgesamtheit verwendet.

## Statistics'ContinuousDistributions'

**BetaDistribution[*alpha, beta*]**
repräsentiert die stetige Beta-Verteilung mit den Parametern alpha und beta.

**CauchyDistribution[*a, b*]**
repräsentiert die Cauchy-Verteilung mit den Parametern a und b.

**CDF[*verteilung, x*]**
ergibt die kumulative Verteilungsfunktion der Verteilung im Punkt x, definiert als das Integral der Wahrscheinlichkeitsdichte der Verteilung vom niedrigsten Wert im Definitionsbereich bis x.

**CharacteristicFunction[*verteilung, t*]**
ergibt die charakteristische Funktion der spezifizierten statistischen Verteilung als Funktion der Variablen t.

**ChiDistribution[*n*]**
repräsentiert die Chi-Verteilung mit n Freiheitsgraden

**ChiSquareDistribution[*n*]**
repräsentiert die Chi-Quadrat-Verteilung mit n Freiheitsgraden

**Domain[*verteilung*]**
ergibt den Definitionsbereich der spezifizierten Verteilung.

**ExponentialDistribution[*lambda*]**
repräsentiert die Exponential-Verteilung mit dem Parameter lambda > 0.

**ExtremeValueDistribution[*alpha, beta*]**
repräsentiert die Extremwert-(Fisher-Tippett)-Verteilung mit den Parametern alpha und beta.

**FRatioDistribution[*n1, n2*]**
repräsentiert die F-Verteilung mit n1 Zähler-Freiheitsgraden und n2 Nenner-Freiheitsgraden.

**GammaDistribution[*alpha, beta*]**
repräsentiert die Gamma-Verteilung mit dem Gestaltparameter alpha und dem Skalenparameter beta.

**HalfNormalDistribution[*theta*]**
repräsentiert die Halb-Normal-Verteilung mit dem Varianzparameter theta.

**Kurtosis[*verteilung*]**
ergibt den Wölbungskoeffizienten der spezifizierten statistischen Verteilung.

**KurtosisExcess[*verteilung*]**
ergibt den Wölbungsexzeß für die spezifizierte statistische Verteilung.

**LaplaceDistribution[*mu, beta*]**
repräsentiert die Laplace-(doppelte Exponential)-Verteilung mit dem Mittelwert mu und dem Varianzparameter beta.

**LogisticDistribution[*mu, beta*]**
repräsentiert die logistische Verteilung mit dem Mittelwert mu und dem Varianzparameter beta.

**LogNormalDistribution[*mu, sigma*]**
repräsentiert die Lognormalverteilung mit dem Mittelwertparameter mu und dem Varianzparameter sigma.

**Mean[*verteilung*]**
ergibt den Mittelwert der spezifizierten statistischen Verteilung.

**NoncentralChiSquareD istribution[*n, lambda*]**
repräsentiert die nichtzentrale Chi-Quadrat-Verteilung mit n Freiheitsgraden und Nichtzentralitätsparameter lambda.

**NoncentralFRatioDistribution[*n1, n2, lambda*]**
repräsentiert die nichtzentrale F-Verteilung mit n1 Zähler-Freiheitsgraden, n2 Nenner-Freiheitsgraden und dem Zähler-Nichtzentralitätsparameter lambda.

**NoncentralStudentTDistribution[*n, delta*]**
repräsentiert die nichtzentrale Studentsche t-Verteilung mit n Freiheitsgraden und dem Nichtzentralitätsparameter delta.

**NormalDistribution[*mu, sigma*]**
repräsentiert die (Gaußsche) Normalverteilung mit dem Mittelwert mu und der Standardabweichung sigma.

**PDF[*verteilung, x*]**
ergibt die Wahrscheinlichkeitsdichtefunktion der spezifizierten statistischen Verteilung evaluiert in x.

**Quantile[*verteilung, q*]**
liefert das q-te Quantil der spezifizierten statistischen Verteilung.

**Random[*verteilung*]**
ergibt eine Zufallszahl mit der spezifizierten statistischen Verteilung.

**RayleighDistribution[*sigma*]**
repräsentiert die Rayleigh-Verteilung mit dem Parameter sigma.

**Skewness[*verteilung*]**
ergibt den Schiefe-Koeffizienten der spezifizierten statistischen Verteilung.

**StandardDeviation[*verteilung*]**
ergibt die Standardabweichung der spezifizierten statistischen Verteilung.

**StudentTDistribution[*n*]**
repräsentiert die Studentsche T-Verteilung mit n Freiheitsgraden.

**UniformDistribution[*min, max*]**
repräsentiert die Gleichverteilung auf dem Intervall {min, max}.

**Variance[*verteilung*]**
ergibt die Varianz der spezifizierten statistischen Verteilung.

**WeibullDistribution[*alpha, beta*]**
repräsentiert die Weibull-Verteilung mit den Parametern alpha und beta.

## Statistics'DataManipulation'

**BinCounts[*daten, {xmin, xmax, dx}*]**
ergibt eine Liste mit der Anzahl der Elemente der Daten, die in den Bereichen liegen, die durch die Schrittweite dx aus dem Intervall xmin bis xmax entstehen. BinCounts[{{x1,y1}, {x2,y2}, ...}, {xmin, xmax, dx}, {ymin, ymax, dy}] ergibt ein Array mit der Anzahl der Elemente in den jeweiligen Bereichen.

**BinLists[*daten, {xmin, xmax, dx}*]**
ergibt Listen der Elemente der Daten, die in den Bereichen von xmin bis xmax in Schritten von dx liegen. BinLists[{{x1,y1}, {x2,y2}, ...}, {xmin, xmax, dx}, {ymin, ymax, dy}] ergibt ein Array mit den Elementen in den jeweiligen Bereichen.

**BooleanSelect[*liste, sel*]**
behält die Elemente aus liste, für die das sel entsprechende Element True ist.

**CategoryCounts[*daten, {{a11, a12, ...}, ...}*]**
ergibt eine Liste der Anzahl der Elemente der Daten, die zu einem Element in ai passen. CategoryCounts[{{x1,y1}, {x2,y2}, ...}, {xe1, xe2, ...}, {ye1, ye2, ...}] ergibt ein Array der jeweiligen Elemente.

**CategoryLists[*daten, {{a11, a12, ...}, ...}*]**
ergibt Listen der Elemente, die zu einem beliebigen Element der ai passen. CategoryCounts[{{x1,y1}, {x2,y2}, ...}, {xa1, xa2, ...}, {ya1, ya2, ...}] ergibt ein Array der Zählungen pro Kategorie.

**Column[*daten, n*]**
ergibt die n-te Spalte in daten. Column[daten, {n1, n2, ...}] ergibt eine Liste der Spalten n1, n2, ...

**ColumnDrop[*daten, spez*]**
entfernt die spezifizierten Spalten in daten.

**ColumnJoin[*daten1, daten2, ...*]**
verbindet Elemente in entsprechenden Spalten der dateni.

**ColumnTake[*daten, spez*]**
nimmt die spezifizierten Spalten in daten.

**CumulativeSums[*liste*]**
ergibt kumulative Summen von liste.

**DropNonNumeric[*daten*]**
entfernt Elemente oder Zeilen in daten, die nichtnumerische Elemente enthalten.

**DropNonNumericColumn[*daten*]**
entfernt Spalten in daten, die nichtnumerische Elemente enthalten.

**Frequencies[*liste*]**
ergibt eine Liste der voneinander verschiedenen Elemente in liste, zusammen mit der Häufigkeit ihres Auftretens.

**LengthWhile[*liste, präd*]**
ergibt die einander benachbarten Elemente, beginnend am Anfang von liste, für die präd True ist.

**Ordering[*liste*]**
ergibt die Permutation, die die Elemente von liste entsprechend ihrer Reihenfolge anordnet.

**QuantileForm[*liste*]**
sortiert die Elemente in liste, und liefert eine Liste der Elemente, paarweise mit ihrer Quantil-Position.

**RangeCounts[*daten, {c1, c2, ...}*]**
ergibt eine Liste der Anzahl der Elemente in daten, die in aufeinanderfolgenden Abschnitten liegen. RangeCounts[{{x1,y1}, {x2,y2}, ...}, {xc1, xc2, ...}, {yc1, yc2, ...}] ergibt ein Array mit der Anzahl der jeweiligen Elemente.

**RangeLists[*daten, {c1, c2, ...}*]**
ergibt Listen der Elemente in daten, die in aufeinanderfolgenden Abschnitten liegen. RangeLists[{{x1,y1}, {x2,y2}, ...}, {xc1, xc2, ...}, {yc1, yc2, ...}] ergibt ein Array der jeweiligen Elemente.

**RowJoin[*daten1, daten2, ...*]**
verbindet Elemente in entsprechenden Zeilen der dateni.

**TakeWhile[*liste, präd*]**
nimmt die Elemente vom Anfang der liste, solange präd True ist.

## Statistics'DescriptiveStatistics'

**CentralMoment[*liste, n*]**
ergibt das n-te zentrale Moment der Einträge in liste bezüglich ihres Mittelwertes.

**DispersionReport[*liste*]**
ergibt die Streuungsstatistiken für liste.

**GeometricMean[*liste*]**
ergibt das geometrische Mittel der Einträge in liste.

**HarmonicMean[*liste*]**
ergibt das harmonische Mittel der Einträge in liste.

**InterpolatedQuantile[*liste, q*]**
ergibt das q-te Quantil der Wahrscheinlichkeitsverteilung, abgeleitet durch lineare Interpolation der Einträge in liste.

**InterquartileRange[*liste*]**
ergibt für die Einträge in liste die Differenz zwischen den oberen und unteren Quartilen.

**Kurtosis[*liste*]**
ergibt den Wölbungskoeffizienten für die Einträge in liste.

**KurtosisExcess[*liste*]**
ergibt den Wölbungsexzeß für die Einträge in liste.

**LocationReport[*liste*]**
ergibt die Lagestatistiken für liste.

**Mean[*liste*]**
ergibt den Mittelwert der Einträge in liste.

**MeanDeviation[*liste*]**
ergibt die mittlere absolute Abweichung vom Mittelwert der Einträge in liste.

**Median[*liste*]**
ergibt den Median der Einträge in liste.

**MedianDeviation[*liste*]**
ergibt die mediane absolute Abweichung vom Median der Einträge in liste.

**Mode[*liste*]**
ergibt den Modalwert der Einträge in liste. Eine Liste der Modalwerte wird zurückgegeben, wenn die Daten bimodal, trimodal oder multimodal sind.

**PearsonSkewness1[*liste*]**
ergibt Pearsons ersten Koeffizienten der Schiefe der Einträge in liste.

**PearsonSkewness2[*liste*]**
ergibt Pearsons zweiten Koeffizient der Schiefe der Einträge in liste.

**Quantile[*liste, q*]**
ergibt das q-te Quantil der Einträge in liste.

**QuartileDeviation[*liste*]**
ergibt den halben Quartilsabstand oder den Viertelwertsabstand der Einträge in liste.

**Quartiles[*liste*]**
ergibt eine Liste der Quartile der Einträge in liste.

**QuartileSkewness[*liste*]**
ergibt den Quartil-Koeffizienten der Schiefe der Einträge in liste.

**RootMeanSquare[*liste*]**
ergibt das quadratische Mittel der Werte in liste.

**SampleRange[*liste*]**
ergibt den Wertebereich der Werte in liste.

**ShapeReport[*liste*]**
ergibt die Gestaltstatistiken für liste.

**Skewness[*liste*]**
ergibt den Schiefe-Koeffizienten der Einträge in liste.

**StandardDeviation[*liste*]**
ergibt die Standardabweichung der Einträge in liste. Es wird durch n-1 dividiert.

**StandardDeviationMLE[*liste*]**
liefert die Standardabweichung der Einträge in liste. Es wird durch n dividiert und so ergibt sich eine Maximum-Likelihood-Schätzung der Standardabweichung der Grundgesamtheit.

**StandardErrorOfSampleM ean[*liste*]**
liefert eine erwartungstreue Schätzung des Standardfehlers (Standardabweichung) des Stichprobenmittels, unter Verwendung der Einträge in liste als Stichprobe aus der Grundgesamtheit.

**TrimmedMean[*liste, f*]**
ergibt den Mittelwert der Einträge in liste, wobei der f-te Teil der Einträge auf jeder Seite der sortierten Liste weggelassen wird. TrimmedMean[liste, {f1, f2}] bestimmt den Mittelwert, wobei der f1-te und f2-te Teil vom Anfang bzw. Ende der sortierten Liste weggelassen wird.

**Variance[*liste*]**
ergibt die Varianz der Einträge in liste. Es wird durch n-1 (anstatt durch n) dividiert, so ergibt sich eine erwartungstreue Schätzung der Varianz der Grundgesamtheit (Verwenden Sie VarianceM-LE[liste] für eine Maximum-Likelihood-Schätzung).

**VarianceMLE**
VaranceMLE[liste] ergibt die Varianz der Einträge in liste. Es wird durch n (anstatt durch n-1) dividiert, so ergibt sich eine Maximum-Likelihood-Schätzung der Varianz der Grundgesamtheit (Verwenden Sie Variance[liste] für eine erwartungstreue Schätzung).

**VarianceOfSampleMean[*liste*]**
liefert eine erwartungstreue Schätzung der Varianz des Stichprobenmittels, wobei die Einträge in liste als eine Stichprobe aus der Grundgesamtheit verwendet werden.

## Statistics'DiscreteDistributions'

**BernoulliDistribution[*p*]**
repräsentiert die Bernoulli-Verteilung mit dem Mittelwert p.

**BinomialDistribution[*n, p*]**
repräsentiert die Binomial-Verteilung für n Versuche mit der Wahrscheinlichkeit p.

**CDF[*verteilung, x*]**
ergibt die kumulative Verteilungsfunktion von verteilung im Punkt x, definiert als Integral der Wahrscheinlichkeitsdichte der Verteilung vom kleinsten Wert im Definitionsbereich von x an.

**CharacteristicFunction[*verteilung, t*]**
ergibt die charakteristische Funktion der spezifizierten statistischen Verteilung als Funktion der Variablen t.

**DiscreteUniformDistribution [*n*]**
repräsentiert die diskrete Gleichverteilung mit n möglichen Ausgängen.

**Domain[*verteilung*]**
ergibt den Definitionsbereich der spezifizierten Verteilung.

**GeometricDistribution[*p*]**
repräsentiert die geometrische Verteilung für die Wahrscheinlichkeit p.

**HypergeometricDistribution[ *n, ntreff, ntot*]**
repräsentiert die Hypergeometrische Verteilung für Stichproben des Umfangs n, gezogen aus einer Grundgesamtheit ohne Zurückzulegen mit ntreff Treffern und einem Gesamtumfang ntot.

**Kurtosis[*verteilung*]**
ergibt den Wölbungskoeffizienten der spezifizierten statistischen Verteilung.

**KurtosisExcess[*verteilung*]**
ergibt den Wölbungsexzeß der spezifizierten statistischen Verteilung.

**LogSeriesDistribution[*theta*]**
repräsentiert die logarithmische Reihen-Verteilung mit dem Parameter theta.

**Mean[*verteilung*]**
liefert den Mittelwert der spezifizierten statistischen Verteilung.

**NegativeBinomialDistribut ion[*n, p*]**
repräsentiert die Negative Binomialverteilung für die Zahl der Mißerfolge n und Wahrscheinlichkeit p.

**PDF[*verteilung, x*]**
liefert die Wahrscheinlichkeitsdichtefunktion der spezifizierten statistischen Verteilung im Punkt x.

**PoissonDistribution[*mu*]**
repräsentiert die Poisson-Verteilung mit dem Mittelwert mu.

**Quantile[*verteilung, q*]**
liefert das q-te Quantil der spezifizierten statistischen Verteilung.

**Random[*verteilung*]**
liefert eine Zufallszahl mit der spezifizierten statistischen Verteilung.

**Skewness[*verteilung*]**
liefert den Schiefe-Koeffizienten der spezifizierten statistischen Verteilung.

**StandardDeviation[*verteilung*]**
liefert die Standardabweichung der spezifizierten statistischen Verteilung.

**Variance[*verteilung*]**
liefert die Varianz der spezifizierten statistischen Verteilung.

## Statistics'HypothesisTests'

**ChiSquarePValue[*teststat, fgr*]**
liefert die kumulative Dichte jenseits vom Punkt teststat für die ChiSquareDistribution mit fgr Freiheitsgraden.

**FRatioPValue[*teststat, zählfgr, nennfgr*]**
liefert die kumulative Dichte jenseits vom Punkt teststat für die FRatioDistribution mit zählfgr Zähler-Freiheitsgraden und nennfgr Nenner-Freiheitsgraden.

**FullReport**
ist eine Option für statistische Hypothesentests, die anzeigt, ob die Schätzung, die Test-Statistik und die Anzahl der Freiheitsgrade in die Ausgabe aufgenommen werden sollen.

**MeanDifferenceTest[*liste1, liste2, diff0, optionen*]**
liefert Wahrscheinlichkeitsschätzungen (p-Werte) und andere Hypothesentestinformationen für das Verhältnis zwischen der mittleren Differenz der hypothetischen Grundgesamtheit diff0 und Mean[liste1] - Mean[liste2].

**MeanTest[*liste, mu0, optionen*]**
liefert eine Wahrscheinlichkeitsschätzung (p-Wert) für das Verhältnis zwischen dem Mittelwert der hypothetischen Grundgesamtheit mu0 und dem Mittelwert der Einträge in liste.

**NormalPValue[*teststat*]**
liefert the kumulative Dichte jenseits vom Punkt teststat für NormalDistribution[ ].

**OneSidedPValue**
wird bei der Ausgabe von statistischen Hypothesentests verwendet, um die Wahrscheinlichkeit anzugeben, daß Stichprobenparameter weiter vom entsprechenden Parameter der Grundgesamtheit entfernt sind als der aktuelle Populationsparameter und daß sie sich auf derselben Seite der Stichprobenverteilung befinden.

**ResultOfTest[*pwert, optionen*]**
ist ein Werkzeug, das von Hypethesentestfunktionen verwendet wird, um die Schlußfolgerung aus dem Test zu ziehen, unter Verwendung der Wahrscheinlichkeitsschätzungen pwert für den Test, der durch optionen beschrieben ist.

**SignificanceLevel**
ist eine Option für statistische Hypothesentests und wird verwendet, um das Signifikanzniveau des Tests zu spezifizieren.

**StudentTPValue[*teststat, fgr*]**
liefert die kumulative Dichte jenseits vom Punkt teststat für die StudentTDistribution mit fgr Freiheitsgrade.

**TwoSided**
ist eine Option für statistische Hypothesentests und wird verwendet, um einen zweiseitigen Test anzufordern.

**TwoSidedPValue**
wird bei der Ausgabe von statistischen Hypothesentests verwendet, um die Wahrscheinlichkeit für Stichprobenparameter anzugeben, daß sie weiter vom entsprechenden Parameter der Grundgesamtheit entfernt sind als der aktuelle Populationsparameter, auf irgendeiner der Seiten der Stichprobenverteilung.

**VarianceRatioTest[*zählliste, nennliste, quotient0, optionen*]**
liefert Wahrscheinlichkeitsschätzungen (p-Werte) und andere Hypothesentestinformationen für die Beziehung zwischen quotient0 und dem Quotienten Variance[zählliste]/Variance[nennliste].

**VarianceTest[*liste, var0, optionen*]**
liefert Wahrscheinlichkeitsschätzungen (p-Werte) und andere Hypothesentestinformationen für die Beziehung zwischen var0 und Variance[liste].

## Statistics'InverseStatisticalFunctions'

**InverseBetaRegularized[*x0,p,a,b*]**
liefert den Wert von x, so daß p == BetaRegularized[x0,x,a,b] gilt. InverseBetaRegularized[x0,-p,a,b] liefert den Wert von x, so daß p == BetaRegularized[x,x0,a,b] gilt. a, b, x0 und p müssen reell sein, a > 0, b > 0, 0 <= x <= 1 und BetaRegularized[x,0,a,b] <= p <= BetaRegularized[x,1,a,b].

**InverseErf[*p*]**
liefert den Wert von x, so daß p == Erf[x] gilt. InverseErf[x0,p] liefert den Wert von x, so daß p == Erf[x0,x] gilt. InverseErf[x0,-p] liefert den Wert von x, so daß p == Erf[x,x0] gilt. x0 und p müssen reell sein, und p muß zwischen Erf[x0, -Infinity] und Erf[x0, Infinity] liegen.

**InverseErfc[*p*]**
liefert den Wert von x, so daß p == Erfc[x] gilt. p muß der Ungleichung 0 <= p <= 2 genügen.

**InverseGammaRegularized[*a,x0,p*]**
liefert den Wert von x, so daß p == GammaRegularized[a,x0,x] gilt. InverseGammaRegularized[a, x0, -p] liefert den Wert von x, so daß p == GammaRegularized[a,x,x0] gilt. a, x0 und p müssen reell sein, a > 0, 0 <= x <= Infinity und GammaRegularized[a,x,0] <= p <= GammaRegularized[a,x,Infinity].

## Statistics'LinearRegression'

**AdjustedRSquared**
wird bei der Ausgabe von Regressionsfunktionen zur Angabe des multiplen Korrelationskeoffizienten verwendet, wobei die Anzahl der Freiheitsgrade in der Anpassung berücksichtigt werden.

**ANOVATable**
wird bei der Ausgabe von Regressionsfunktionen zur Angabe der Varianzanalyse-Tabelle verwendet. Diese Tabelle enthält F-Quotienten-Tests zum Vergleich der Modelle, die in der Funktion spezifiziert sind, und die Freiheitsgrade und Quadratsummen die verwendet werden, um diese F-Quotienten zu erhalten.

**BasisNames**
ist eine Option für Regressionsfunktionen und wird verwendet, um Überschriften für alle Basis-Funktionen in die Ausgabe einzufügen.

**BestFit**
wird bei der Ausgabe von Regressionsfunktionen verwendet, um die beste Anpassung anzugeben.

**BestFitCoefficients**
wird bei der Ausgabe von Regressionsfunktionen verwendet, um die Werteliste der Anpassungsparameter in der besten Anpassung anzugeben.

**ConfidenceIntervalTable**
wird bei der Ausgabe von Regressionsfunktionen verwendet, um eine Tabelle von Vertrauensintervallen für die Parameter der besten Anpassung anzugeben.

**CorrelationMatrix**
wird bei der Ausgabe von Regressionsfunktionen verwendet, um die geschätzte Korrelationsmatrix der Anpassungskoeffiziente anzugeben.

**CovarianceMatrix**
wird bei der Ausgabe von Regressionsfunktionen verwendet, um die geschätzte Kovarianzmatrix der Anpassungskoeffizienten anzugeben.

**DesignedRegress[*designmatrix,rdata*]**
bestimmt eine Kleinste-Quadrate-Anpassung für eine gegebene Design-Matrix und einen Vektor der Wirkungsdaten.

**DesignMatrix[*daten,funkn,varn*]**
liefert die Design-Matrix zur Modellierung der Daten als Linearkombination der Funktionen. Die Daten können die Form {{x1, y1, ..., f1}, {x2, y2, ..., f2}, ...} haben, wobei die Anzahl der Koordinaten x, y, ... gleich der Anzahl der Variablen in der Liste varn ist. Die Daten können auch die Form {f1, f2, ...} haben, mit einer einzelnen Koordinate, die die Werte 1, 2, ... annimmt. Das Argument funkn kann jede Liste mit Funktionen sein, die nur von den Objekten varn abhängen.

**EstimatedVariance**
wird bei der Ausgabe von Regressionsfunktionen verwendet, um die Varianzschätzung oder das residuale mittlere Abweichungsquadrat anzugeben.

**FitResiduals**
wird bei der Ausgabe von Regressionsfunktionen verwendet, um die Liste der Differenzen zwischen den Wirkungsdaten und der besten Anpassung anzugeben, die in den gleichen Abzissenpunkten evaluiert werden.

**IncludeConstant**
ist eine Option für die Funktion Regress und wird verwendet, um anzuzeigen, ob ein konstanter Term automatisch in die Modelle aufgenommen wird.

**NoPrint**
spezifiziert, daß die Option OutputControl nur die Ausgabe der Informationen erzwingt, die durch die Option OutputList spezifiziert werden.

**OutputControl**
ist eine Option für Regressionsfunktionen, die spezifiziert, ob Standard-Informationen automatisch in der Ausgabe erscheinen.

**OutputList**
ist eine Option für Regressionsfunktionen, die eine Liste der Statistiken spezifiziert, die über die Anpassung berichten.

**ParameterTable**
wird bei der Ausgabe von Regressionsfunktionen verwendet, um eine Tabelle von Informationen über die Parameter der besten Anpassung anzugeben.

**PredictedResponse**
wird bei der Ausgabe von Regressionsfunktionen verwendet, um die beste Anpassung, die in den Datenpunkten evaluiert wurde, anzugeben.

**Regress[*daten, funkn, varn*]**
bestimmt eine Kleinste-Quadrate-Anpassung für eine Datenliste als Linearkombination der Funktionen funkn der Variablen varn. Die Daten können die Form {{x1, y1, ..., f1}, {x2, y2, ..., f2}, ...} haben, wobei die Anzahl der Koordinaten x, y, ... gleich der Anzahl der Variablen in der Liste list varn ist. Die Daten können auch die Form {f1, f2, ...} haben, mit einer einzelnen Koordinate, die die Werte 1, 2, ... annimmt. Das Argument funkn kann jede Liste mit Funktionen sein, die nur von den Objekten varn abhängen.

**RSquared**
wird bei der Ausgabe von Regressionsfunktionen verwendet, um die Quadrate des multiplen Korelationskeoffizienten anzugeben.

**Weights**
ist eine Option für Regressionsfunktionen, die einen Gewichtsvektor für die Varianzen definiert. Wenn Gewichte spezifiziert sind, wird die gewichtete Kleinste-Quadrate-Anpassung berechnet.

## Statistics'MovingAverage'

**MovingAverage[*liste,n*]**
liefert eine Liste der n-ten gleitenden Durchschnitte von liste.

## Statistics'NonlinearFit'

**LevenbergMarquardt**
ist ein Wert für die Option Method von NonlinearFit. Sie bewirkt, daß NonlinearFit die Levenberg-Marquardt-Methode zur Minimierung von chi^2 verwendet.

**NonlinearFit[*daten,model,varn,params,(opts)*]**
verwendet iterative Methoden, um die daten an model anzupassen, die die angegebenen Variablen und Parameter enthalten. Parameter können als Liste von Symbolen oder durch {symbol, startwert}-Paare ausgedrückt werden. Die Daten werden als {{x1, y1, ..., f1},{x2, y2, ... f2},...} angegeben; einige andere Varianten sind ebenfalls möglich (siehe Dokumentation).

**ShowProgress**
ist eine Option für NonlinearFit. Wenn sie gleich True gesetzt ist, wird eine Zusammenfassung von Zwischenergebnissen für jede Iteration des Algorithmus ausgedruckt.

**Weights**
ist eine Option für NonlinearFit. Man kann ein Gewichts-Array angeben, jeweils ein Gewicht für jeden Punkt der Datenmenge.

## Statistics'NormalDistribution'

**CDF[*verteilung, x*]**
liefert die kumulative Verteilungsfunktion der Verteilung im Punkt x, definiert als Integral der Wahrscheinlichkeitsdichte der Verteilung vom kleinsten Wert im Definitionsbereich für x.

**CharacteristicFunction[*verteilung, t*]**
liefert die charakteristische Funktion der spezifizierten statistischen Verteilung als Funktion der Variablen t.

**ChiSquareDistribution[*n*]**
repräsentiert die Chi-Quadrat-Verteilung mit n Freiheitsgraden.

**Domain[*verteilung*]**
liefert den Definitionsbereich der spezifizierten Verteilung.

**FRatioDistribution[*n1, n2*]**
repräsentiert die F-(Varianzquotient)-Verteilung mit n1 Zähler-Freiheitsgraden und n2 Nenner-Freiheitsgraden.

**Kurtosis[*verteilung*]**
liefert den Wölbungskoeffizienten der spezifizierten statistischen Verteilung.

**KurtosisExcess[*verteilung*]**
liefert den Wölbungsexzeß der spezifizierten statistischen Verteilung.

**Mean[*verteilung*]**
liefert den Mittelwert der spezifizierten statistischen Verteilung.

**NormalDistribution[*mu, sigma*]**
repräsentiert die Gaußsche Normalverteilung mit dem Mittelwert mu und der Standardabweichung sigma.

**PDF[*verteilung, x*]**
liefert die Wahrscheinlichkeitsdichtefunktion der spezifizierten statistischen Verteilung im Punkt x.

**PercentagePoint[*verteilung, q*]**
liefert den Prozentpunkt, der q entspricht, von der spezifizierten statistischen Verteilung. Für symmetrische Verteilungen ist dies äquivalent zu Quantile[verteilung (q+1)/2].

**Quantile[*verteilung, q*]**
liefert das q-te Quantil der spezifizierten statistischen Verteilung.

**Random[*verteilung*]**
liefert eine Zufallszahl mit der spezifizierten statistischen Verteilung.

**Skewness[*verteilung*]**
liefert den Schiefe-Koeffizienten der spezifizierten statistischen Verteilung.

**StandardDeviation[*verteilung*]**
liefert die Standardabweichung der spezifizierten statistischen Verteilung.

**StudentTDistribution[*n*]**
repräsentiert die Studentsche T-Verteilung mit n Freiheitsgraden.

**Variance[*verteilung*]**
liefert die Varianz der spezifizierten statistischen Verteilung.

## Utilities'BinaryFiles'

**ByteConversion**
ist eine Option für WriteBinary; spezifiziert eine Funktion, um Daten in Binärform zu konvertieren (eine Liste von ganzen Zahlen zwischen 0 und 255). Die Voreinstellung ist ToBytes. Wenn Ihre Daten in Form ganzer Zahlen zwischen 0 und 255 vorliegen, möchten Sie möglicherweise stattdessen die Funktion (# &) verwenden.

**ByteOrder**
ist eine Option für ReadBinary, ReadListBinary und ToBytes; sie spezifiziert, ob bei ganzen Zahlen von der Form signifikantes-Byte-zuerst oder einer anderen Form ausgegangen werden soll. Die Voreinstellung ist MostSignificantByteFirst. Auf Maschinen mit einem Intel-Prozessor oder anderen Architekturen der Form wenigstes-signifikantes-Byte-zuerst wollen Sie dies möglicherweise in LeastSignificantByteFirst ändern.

**CString**
Ein Binärtyp zur Benutzung mit ReadBinary. Null terminiert Zeichenketten, ASCII Werte zwischen 1 und 255 inklusive.

**Double**
Ein Binärtyp zur Benutzung mit ReadBinary. Gleitpunktzahlen doppelter Präzision im IEEE-Format: 8 Bytes.

**Int16**
ist ein Binärtyp zur Benutzung mit ReadBinary. Vorzeichenlose 16-Bit-ganze Zahl.

**Int32**
ist ein Binärtyp zur Benutzung mit ReadBinary. Vorzeichenlose 32-Bit-ganze Zahl.

**Int8**
ist ein Binärtyp zur Benutzung mit ReadBinary. Dasselbe wie Byte - nimmt Werte zwischen 0 bis 255 (inklusive) an.

**IntegerConvert**
ist eine Option für ToBytes. Sie liefert den Typ der Byte-Form, in den ganze Zahlen konvertiert werden sollen. Die Voreinstellung ist Int16.

**LeastSignificantByteFirst**
Ein Wert für die Option ByteOrder.

**MostSignificantByteFirst**
Ein Wert für die Option ByteOrder.

**OpenAppendBinary[*"dateiname"*]**
öffnet eine benannte Datei, um etwas anzufügen; liefert ein OutputStream-Objekt, mit dem WriteBinary verwendet werden kann.

**OpenReadBinary[*"dateiname"*]**
öffnet eine benannte Datei zum Lesen; liefert ein InputStream-Objekt, mit dem ReadBinary verwendet werden kann.

**OpenWriteBinary[*"dateiname"*]**
öffnet eine benannte Datei zum Schreiben; liefert ein OutputStream-Objekt, mit dem WriteBinary verwendet werden kann.

**ReadBinary[*strom, type*]**
liest den Binärtyp type aus dem strom. ReadBinary[strom,{type1,type2,...,typen}] liest eine Liste von Binärtypen. Es können auch komplexere Strukturen verwendet werden. ReadBinary["dateiname",type] öffnet die Datei zum Lesen; nach dem Lesen bleibt die Datei geöffnet.

**ReadListBinary[*"dateiname",type*]**
liest eine Liste der Binärtypen aus der Datei, bis das Dateiende erreicht wird. ReadListBinary["dateiname",type,{n}] liest n Elemente des benannten Typs type. Type kann eine Liste von Binärtypen oder eine komplexere Struktur sein (wie in ReadBinary.) ReadListBinary[strom, type] liest vom aktuellen Punkt in einem offenen Strom bis zum Ende des Stroms.

**RealConvert**
ist eine Option für ToBytes. Sie liefert den Typ der Byteform, in den Real-Zahlen konvertiert werden sollen. Die Voreinstellung ist Double.

**SignedByte**
Ein Binärtyp zur Benutzung mit ReadBinary. Nimmt ganzzahlige Werte zwischen -128 bis 127 (inklusive) an.

**SignedInt16**
ist ein Binärtyp zur Benutzung mit ReadBinary. 16-Bit Integer-Zahlen mit Vorzeichen.

**SignedInt32**
ist ein Binärtyp zur Benutzung mit ReadBinary. 32-Bit Integer-Zahlen mit Vorzeichen.

**SignedInt8**
ist ein Binärtyp zur Benutzung mit ReadBinary. Dasselbe wie SignedByte.

**Single**
ein Binärtyp zur Benutzung mit ReadBinary. Gleitpunktzahl einfacher Präzision im IEEE-Format: 4 Bytes.

**StringConvert**
ist eine Option für ToBytes. Sie liefert den Typ der Byteform, in den Strings konvertiert werden. Die Voreinstellung ist CString.

**ToBytes[*ausdr*]**
bildet die Blätter von ausdr ab und konvertiert sie in Listen mit ganzen Zahlen, die ihre Binärform darstellen. Dies funktioniert am besten mit Listen und Arrays numerischer Daten. Optionen, die kontrollieren, in welchen binären Typ jedes Objekt konvertiert werden soll, sind verfügbar. Objekte, die behandelt werden, sind: Real, Integer und String. Optionen, die die Wandlung dieser Typen kontrollieren, sind: RealConvert, IntegerConvert und StringConvert. ToBytes[ausdr,type] erzwingt die Wandlung der Blätter von ausdr in den benannten Typ und setzt sich über die obigen Optionen hinweg. Beachten Sie, daß in der Binärform ganzer Zahlen negative Zahlen automatisch in die vorzeichenbehaftete Darstellung des benannten Typs konvertiert werden.

**WriteBinary[*strom,daten*]**
konvertiert daten mittels der in der Option ByteConversion spezifizierten Funktion in das Binärformat. Die Daten werden dann in der Binärform in den Strom geschrieben. WriteBinary["dateiname",daten] öffnet die benannte Datei, bevor in sie geschrieben wird; die Datei bleibt nach dem Schreiben geöffnet.

## Utilities'DXF'

**PolygonsOnly**
Eine Option für WriteDXF. Wenn sie gleich True gestellt ist, werden nur Polygone in die dxf-Datei geschrieben.

**WriteDXF[*dateiname,graphics3D*]**
schreibt die Grafik in die durch den String dateiname spezifizierte Datei im AutoCAD .dxf-Format. Mit der Option PolygonsOnly können nur Polygone geschrieben werden.

## Utilities'FilterOptions'

**FilterOptions[*symbol, optionen...*]**
liefert eine Folge jener Optionen, die für symbol gültig sind.

## Utilities'Language'

**CharacterTable[]**
zeigt eine Tabelle der Oktal-Codes und die ihnen entsprechenden 8-Bit-Zeichen-Repräsentationen an. CharacterTable[ opts] übergibt opts an TableForm.

## Utilities'ShowTime'

**ShowTime**
On[ShowTime] schaltet die Zeitinformation an. Off[ShowTime] schaltet sie wieder aus. Die für jede Anweisung benötigte Zeit wird vor dem Ergebnis ausgedruckt (falls es existiert).

# E Elektronische Information

Sehr viel Information über *Mathematica* liegt in elektronischer Form vor. Auf einige dieser Informationen können Sie mit einem Modem, das an einen Computer angeschlossen ist, zugreifen. Weitere Information steht zur Verfügung, sofern Sie ein Internet- oder Bitnet-Konto haben.

## E.1 News Group

Das elektronische schwarze Brett von Usenet kann eine großartige Informationsquelle sein. Die News Group `sci.math.symbolic` enthält häufig Diskussionen über *Mathematica*. Die Programme `rn` und `readnews` sind zum Lesen von Usenet-Nachrichten gedacht. Diese Programme können in der Regel auf Systemen gefunden werden, die Zugriff auf Usenet haben. Wenn Sie Usenet nutzen wollen, wenden Sie sich an Anterior Technology oder UUNET Technologies.

Anterior Technology
P.O. Box 1206
Menlo Park, CA 94026-1206
Email:
`info@fernwood.mpk.ca.us`
Fax: 415-322-1753
Tel. 415-328-5615

UUNET Technologies, Inc.
3110 Fairview Park Drive
Suite 570
Falls Church, VA 22042
Email: `info@uunet.uu.net`
Fax: 703-204-8001
Tel. 703-204-8000

## E.2 Mailing-Listen

Steve Christensen verwaltet eine elektronische Mailing-Liste speziell für *Mathematica*-Anwender. Wenn Sie in diese Liste eingetragen werden wollen, so schicken Sie email an

`stevec@yoda.physics.unc.edu`,
`steve@physics.unc.edu` oder an
`MathGroup@yoda.physics.unc.edu`.

## E.3 Elektronische Archive

Es gibt mehrere Archive mit *Mathematica*-Paketen und Notebooks. Mit Hilfe des Internet File-Transfer Protocol (FTP) können Anwender auf diese Archive zugreifen.

| **Host-Name/ID** | **Beschreibung/Dateiverzeichnis** |
|---|---|
| `otter.stanford.edu`<br>36.21.0.104 | ein gut verwaltetes Archiv<br>`mma` |

| | |
|---|---|
| `yoda.physics.unc.edu` 128.109.180.137 | `pub` |
| `ftp.ncsa.uiuc.edu` 128.174.20.50 | `UNIX/Symbolic/Mathematica` |
| `nic.funet.fi` 128.214.6.100 | `pub/sci/math` |
| `siam.unibe.ch` 130.92.66.11 | Beispiele aus Maeders Buch `Mathematica` |
| `vax.eedsp.gatech.edu` 130.207.226.2 | Signalverarbeitung `Mathematica` |

### Nutzung von FTP

Dieser Abschnitt beschreibt einige der Befehle, die beim Einsatz von FTP nützlich sind.

Um eine FTP-Session zu beginnen, müssen Sie sich in einen Computer einloggen, der zu Internet Zugang hat, und dann `ftp` *hostname* eintippen. Um zum Beispiel Zugriff auf Dateien von `otter.stanford.edu` zu erhalten, geben Sie ein:

```
ftp otter.stanford.edu
```

Wenn Ihre Maschine den Host-Namen (`otter.stanford.edu`) nicht kennt, geben Sie die numerische Adresse (36.21.0.104) an.

```
ftp 36.21.0.104
```

Bei Herstellung der Verbindung wird der entfernte Host Sie auffordern, einen Namen und ein Passwort einzugeben. Loggen Sie sich entweder mit `ftp` oder `anonymous` und mit Ihrem Namen als Passwort ein.

```
Name: anonymous
```

Nach Start einer ftp-Session stehen Ihnen die folgenden Anweisungen zur Verfügung.

| **Anweisung** | **Beschreibung** |
|---|---|
| `dir` oder `ls` | Liste die Dateinamen und Dateiverzeichnisse auf |
| `cd` *dir* | Ändere das Dateiverzeichnis in *dir* |
| `cd ..` | Wechsle zum übergeordneten Verzeichnis |
| `get` *datei* | Übertrage *datei* zu Ihrem lokalen Host |
| `mget` *dateien* | Übertragen Sie mehrere Dateien |
| `quit` oder `bye` | Terminiere eine ftp-Session |
| `?` | Drucke eine Liste der zur Verfügung stehenden Anweisungen |
| `help` *anweisung* | Gib Information über *anweisung* aus |

## E.4 MathSource

MathSource enthält zu *Mathematica* gehöriges Material, das von *Mathematica*-Anwendern aus der ganzen Welt und von Wolfram Research, Inc. stammt. Über Computer-Netzwerke, elektronische Mail und durch direkte Einwahl haben Sie freien Zugriff auf das MathSource-System. Dieser Service steht seit Sommer 1992 zur Verfügung.

Weitere Informationen über den Zugriff auf MathSource erhalten Sie, wenn Sie eine einzeilige Nachricht "help access" an `ms-request@wri.com` oder an `MathSource@wri.com` senden. Mail an diese Adressen wird eine automatische Hilfe-Antwort des MathSource-Server erzeugen.

Wenn Sie die Formulare für Beiträge, Autorenverträge oder die Informationen mit den Beitragsrichtlinien erhalten wollen, so schicken Sie die einzeilige Nachricht "help submit" an `ms-request@wri.com` oder an `MathSource@wri.com`.

Detaillierte Information über den Einsatz von MathSource erhalten Sie durch Abschicken der Nachricht "help intro" an `ms-request@wri.com` oder an `MathSource@wri.com`.

Wenn Sie weitere Hilfen benötigen, so wenden Sie sich an `ms-admin@wri.com`.

## E.5 CompuServe

Wolfram Research hat im Rahmen von CompuServe eine Diskussionsgruppe oder -forum eingerichtet. Weitere Informationen erhalten Sie von Wolfram Research, Inc., Tel.: 217-398-0700 oder rufen Sie CompuServe unter 800-848-8199 an und fragen Sie nach dem Vertreter 207 (von außerhalb der U.S. und Canada wählen Sie 614-457-0802).

Wenn Sie bereits CompuServe-Mitglied sind, so geben Sie `GO WOLFRAM` ein, um das Wolfram Research Forum zu erreichen.

## E.6 Mailboxes und weiteres

Für weitere Informationen über Mailboxes, Mailing-Listen, elektronische Archive und Dateitransfer empfehle ich das Buch *The BMUG Guide to Bulletin Boards and Beyond* von Bernard Aboba (BMUG Press, 1992, ISBN 1-879791-03-X).

# F Benutzeroberfläche

Die Anwenderschnittstelle zu *Mathematica* wird Benutzeroberfläche (engl. Front End) genant. Es gibt im Grunde zwei verschiedene Benutzeroberflächen für *Mathematica*: eine Befehlszeilen- und die Notebook-Schnittstelle, die zur Zeit für Macintosh- und NeXT-Rechner und unter MS-Windows für MS-DOS- Rechner zur Verfügung steht.

Wenn Sie Ihre Maus herumbewegen, während Sie die Notebook-Benutzeroberfläche verwenden, ändert der Zeiger auf dem Bildschirm seine Form. Nachdem Sie eine Berechnung eingegeben haben, zeichnet die Notebook-Benutzeroberfläche Zellklammern im rechten Rand. Dieser Abschnitt beschreibt die verschiedenen Arten Zeiger und Markierungen an Zellklammern und wann sie verwendet werden.

## F.1 Zeiger

Die Form des Zeigers zeigt die mögliche Aktion an. Die in diesem Abschnitt aufgeführten Zeiger entstammen der Macintosh-Version von *Mathematica*. Während Sie diesen Abschnitt lesen, sollten Sie jeden der Zeiger probehalber verwenden.

Der vertikale I-Balken

Der vertikale I-Balken erscheint, wenn auf editierbaren Text (oder Eingabe) gezeigt wird. Klicken Sie den Mausknopf irgendwo im Text. Der Zeiger wird sich dann in einen vertikalen blinkenden I-Balken verwandeln.

Der horizontale I-Balken

Der horizontale I-Balken erscheint, wenn auf den Zwischenraum zwischen zwei Zellen oder auf das Gebiet vor der ersten und nach der letzten Zelle gezeigt wird. Sobald Sie den Mausknopf betätigen, wird eine horizontale Linie gezeichnet. Wenn Sie dann einige Zeichen eintippen, wird eine neue Zelle erzeugt.

Der Zellklammer-Zeiger

Der Zellklammer-Zeiger erscheint, wenn man auf eine Zellklammer zeigt. Klicken Sie die Maus, um die Zelle oder Gruppe von Zellen, eingeschlossen durch die Klammer, zu wählen. Dann können Sie die Zelle kopieren, etwas anderes in die Zelle einfügen oder die Zelle erneut ausführen. Mit einem Doppelklick können Sie eine Zellgruppe öffnen oder schließen. Die Inhalte geschlossener Zellen werden nicht gezeigt. Stattdessen wird ein kleines Rechteck nahe der Zellbasis gezeichnet, um anzuzeigen, daß die Zelle geschlossen ist.

Der formatierte-Zelle-Zeiger

Der formatierte-Zelle-Zeiger erscheint, wenn auf Zellen gezeigt wird, die formatiert sind. Zellen, die *Mathematica*-Ausgabe und Grafik enthalten, sind formatiert. Klicken Sie irgendwo in der Grafikzelle, um die Grafik zu selektieren. Ein Rahmen, der die Grafik einschließt, wird gezeichnet, wenn die Grafikzelle selektiert ist. In einer selektierten Grafikzelle erscheint der formatierte-Zelle-Zeiger nur, wenn sich der Zeiger außerhalb des die Grafik einschließenden Rahmens befindet. Der formatierte-Zelle-Zeiger zeigt an, daß die Zelle formatiert ist, und, was noch wichtiger ist, daß Sie an dieser Stelle keine Eingabe machen können.

Der Grafik-Zeiger

Der Grafik-Zeiger erscheint, wenn sich der Zeiger innerhalb des Rahmens einer selektierten Grafik befindet. Die Grafik wird auf dem Bildschirm bewegt, indem die Maustaste niedergedrückt und dann die Maus bewegt wird.

Der Koordinatenzeiger

Die Koordinaten des Zeigers erscheinen, wenn Sie die Taste <*Befehl*> gedrückt halten, während sich der Zeiger innerhalb des Rahmens einer selektierten Grafik befindet. Die Koordinaten des Zeigers werden in der Statuszeile unten links im Notebook-Fenster dargestellt. Klicken Sie die Maus, wenn Sie auf dem Bild Punkte plazieren wollen, oder ziehen Sie die Maus bei niedergedrückter Taste, um eine Punktfolge zu zeichnen. Sie erhalten eine Liste der Koordinaten für die Punkte mit der Tastenkombination <*Befehl*>-c oder durch Wahl von *Copy* im *Edit*-Menü. Fügen Sie die Koordinaten durch Wahl von *Paste* im *Edit*-Menü oder durch Eingabe von <*Befehl*>-v ein.

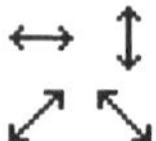

Die Größenänderungs-Zeiger

Die Größenänderungs-Zeiger erscheinen, wenn auf die ýAnfasserÝ eines Grafikrahmens gezeigt wird. Klicken und ziehen Sie die Maus, um die Grafik in der durch den Zeiger angezeigten Richtung zu reskalieren. Betätigen Sie die <*Befehl*>-Taste zusammen mit der Tilde-Taste (~) oder den <*Option*> und <*Befehl*>-Tasten, während Sie die Maus ziehen, um einen Grafikteil abzuschneiden oder den weißen Zwischenraum zu vergrößern, ohne die Größe der eigentlichen Grafik zu ändern.

Der Hand-Zeiger

Der Hand-Zeiger erscheint, wenn Sie die Taste <*Option*> betätigen, während Sie in das Notebook-Fenster zeigen. Statt mit Rollbalken können Sie mit der Hand die Fensterinhalte nach rechts, links, oben oder unten ziehen oder bewegen.

Der Warte-Zeiger

Der Warte-Zeiger erscheint, wenn *Mathematica* gestartet wird oder wenn die Benutzeroberfläche beschäftigt ist. Solange der Warte-Zeiger auf dem Bildschirm zu sehen ist, können keine Anweisungen eingegeben werden. Sie können nur die Maus bewegen und darauf warten, daß ein anderer Zeiger erscheint. Wenn Sie einen Macintosh oder ein MS-DOS-System einsetzen und den Warte-Zeiger für eine unangebracht lange Zeit sehen, so sollten Sie einen Neustart erwägen.

Der Fragezeichen-Zeiger

Der Zeiger ändert sich in ein Fragezeichen, wenn Sie die Tasten <*Befehl*> und Fragezeichen ? oder die Hilfe-Taste auf einer erweiterten Apple-Tastatur betätigen. Der Fragezeichen-Zeiger dient dazu, Information über die Notebook-Benutzeroberfläche einzuholen. Bewegen Sie das Fragezeichen zu der Stelle, über die Sie etwas wissen wollen. Sobald Sie die Maustaste betätigen, taucht ein Dialogkästchen mit Information auf.

## F.2 Zellklammern

Was ist eine Zelle? Es ist die Grundeinheit der Organisation in einem Notebook. Eine Zelle enthält Text, *Mathematica*-Eingabe, *Mathematica*-Ausgabe oder andere Zellen. *Mathematica* unterscheidet Text von Eingabe durch Inspektion der Zellatribute. Der Stil oder die Markierungen auf den Klammern im rechten Rand zeigen die Zellattribute an, und die Größe der Klammern zeigt die Ausdehnung.

]

Unformatierte Zellen

Eine unformatierte Zelle enthält gewöhnlichen Text, der sich mit normalen Editiertechniken bearbeiten läßt. Unformatierte Zellen enthalten *Mathematica*-Eingabe (in `InputForm`) oder Text. Unformatierte Zellen mit *Mathematica*-Eingabe haben in der Regel das Attribut *Active*. Eine *Active*-Zelle kann mit *Mathematica* evaluiert werden.

]

Inaktive Zelle

Die Inhalte einer inaktiven Zelle können nicht ausgeführt werden. Beachten Sie, daß Zellen mit *Mathematica*-Ausgabe (Ausdrücke in `OutputForm` oder Grafik) inaktiv sind. Inaktive Zellen haben in der Regel das Attribut *Formatted*. Der formatierte-Zelle-Zeiger erscheint, wenn auf Zellen gezeigt wird, die formatiert sind. Sie können eine inaktive Zelle an einem horizontalen Strich unterhalb des oberen Endes der Klammer erkennen.

]

Initialisierungszelle

Die Inhalte einer Initialisierungszelle werden evaluiert, wenn das Notebook entweder mit `<<` (`Get`) oder `Needs` gelesen wird. Wenn Sie ein Notebook öffnen, fragt die Benutzeroberfläche, ob Sie die Initialisierungszellen evaluieren wollen. Wenn Sie wollen, können Sie die Benutzeroberfläche anweisen, die Initialisierungszellen automatisch beim Öffnen eines Notebooks zu evaluieren. Alle Definitionen in Paketen sind in Initialisierungszellen enthalten. Sie können eine Initialisierungszelle an einem i-förmigen Strich unterhalb des oberen Endes der Klammer erkennen.

]

Gesperrte Zelle

Der Inhalt einer gesperrten Zelle läßt sich auf keinerlei Weise ändern, solange Sie das Attribut *Locked* nicht entfernt haben. Im Unterschied zu einer formatierten Zelle können Sie jedoch Text in einer gesperrten Zelle selektieren und kopieren. Eine gesperrte Zelle können Sie an einem X unterhalb des oberen Endes der Klammer erkennen.

]

PICT-Zelle

Grafik wird in *Mathematica* in PostScript-Form dargestellt. Um Platz auf der Platte zu sparen, können Sie jede Grafik in PICT umwandeln. PICT-Grafiken lassen sich jedoch nicht so schön skalieren wie PostScript-Grafiken. Wenn Sie also vorhaben könnten, die Größe der Grafik zu ändern oder sie auszudrucken, so sollte die PostScript-Beschreibung beibehalten werden. Eine PICT-Zelle können Sie an dem fetten oberen Ende der Klammer mit einem horizontalen Strich direkt unterhalb des oberen Endes der Klammer erkennen.

Zelle fester Höhe

Die Höhe einer Zelle fester Höhe kann beliebig variiert werden. Sie können die Größe einer Grafik in einer Zelle fester Höhe beliebig ändern. Wird die Grafik jedoch über den Zellrand hinaus vergrößert, so wird nur noch der Teil innerhalb der Zelle dargestellt. Eine Zelle fester Höhe können Sie an dem gefüllten Rechteck am unteren Klammerende erkennen. Mit diesem Rechteck läßt sich die Zellhöhe variieren.

Geschlossene Gruppe

Eine Gruppe verschachtelter Zellen kann geschlossen werden, so daß nur die erste Zelle der Gruppe sichtbar ist. Durch Schließen und Zusammenklappen von Zellgruppen können Sie eine Gliederungsform des Notebooks erzeugen. Sobald eine Zelle geschlossen ist, werden die Inhalte der geschlossenen Zellen nicht mehr auf dem Bildschirm dargestellt. Stattdessen wird ein Rechteck gezeichnet. Die Breite des Rechteckes deutet die Anzahl der Rechtecke an, die zusammengeklappt wurden. Mit einem Doppelklick auf dem Rechteck oder der äußersten Zelle öffnen Sie die Gruppe. Mit einem Doppelklick auf der äußersten Zelle einer offenen Gruppe schließen Sie die Gruppe. Eine geschlossene Gruppe erkennen Sie an dem gefüllten Dreieck am unteren Ende der Gruppierungsklammer und am Rechteck unten links neben der Kopfzell-Klammer. Sobald die geschlossene Gruppe selektiert ist, wird die Zelle ganz rechts hervorgehoben, und das Rechteck wird gefüllt oder hervorgehoben.

Evaluierungsgruppe

Eine Zellgruppe kann als eine *Evaluierungsgruppe* ausgewiesen werden. Alle Zellen in der Gruppe werden automatisch evaluiert, sobald eine der Zellen evaluiert wird. Eine Evaluierungsgruppe läßt sich an einem kleinen offenen Dreieck am oberen Ende der Gruppierungsklammer erkennen.

Laufen oder Evaluieren

Wenn der Kern gerade ein Ergebnis berechnet, so fügt die Benutzeroberfläche das Wort **Running** gefolgt von drei Punkten (...) in den Titelbalken des Fensters ein, und die Klammer, die die Zelle umschließt, die die gerade evaluierte *Mathematica*-Eingabe enthält, erscheint in Konturform. Sobald das Ergebnis berechnet wurde, erscheint der Name des Notebooks wieder im Titelbalken und die Zellklammer nicht mehr in Konturform.

*Änderung der Attribute*

Es gibt Menüpunkte, mit denen die Attribute einer Zelle geändert werden können. Wenn Sie die Formatierung einer Zelle mit *Mathematica*-Ausgabe aufheben, so wird die Eingabeform der Zelle dargestellt. Heben Sie die Formatierung einer Zelle mit Grafik auf, so werden Sie den PostScript-Code zur Darstellung der Grafik sehen.

# G Glossar

Das Glossar definiert Begriffe, die in dieser Anleitung verwendet werden.

**Alias**
Eine abkürzende Schreibweise für eine Funktion. Zum Beispiel ist `/@` das Alias für die Funktion `Map`.

**Anonyme Funktion**
Eine Operation, der kein Name zugewiesen ist. In *Mathematica* werden derartige Funktionen reine Funktionen genannt. Eine anonyme Funktion wird mit `Function` oder dem Alias `&` spezifiziert. Die Funktion `(#^2)&` quadriert ihr Argument.

**Argumente**
Die Eingabewerte oder -parameter für eine Funktion. Zum Beispiel sind im Ausdruck `Integrate[Sin[x], x]` die Argumente von `Integrate` `Sin[x]` und `x`.

**Atomarer Ausdruck**
Ein Ausdruck ohne Unterausdrücke. Jeder Ausdruck setzt sich aus Objekten eines oder mehrerer der folgenden atomaren Typen zusammen: `Integer`, `Real`, `Rational`, `Complex`, `Symbol`, `String`.

**Attribute**
Eine Eigenschaft, die einer Funktion zugewiesen ist. Zu den Attributen, die Funktionen zugewiesen werden können, gehören: `Constant`, `Flat`, `HoldAll`, `HoldFirst`, `HoldRest`, `Locked`, `Orderless`, `Protected`, `ReadProtected`, `Stub` und `Temporary`. Attribute sollten vor der Spezifizierung einer Funktion zugewiesen werden. Attribute sind vom Anwender nicht erweiterbar. Sie können die Attribute einer Funktion durch Aufruf der Funktion `Attributes` sehen. Der Operator `??` zeigt Ihnen alle zugewiesenen Attribute. Die Funktionen `ClearAll` und `ClearAttributes` löschen die Attribute einer Funktion.

**Zelle**
Die Grundeinheit für die Organisation in einem Notebook. Die Information in einem Notebook befindet sich in Zellen, deren Typ Text, Eingabe, Ausgabe, oder Grafik sein kann. Die Zellklammer am rechten Rand zeigt die Zellausdehnung. Die Gestalt und Auszeichnung auf der Zelle deuten die Attribute der Zelle an (siehe Kapitel F).

**Kontext**
Ein Kontext ist ein Ort, in dem alle Symbolnamen im wesentlichen den Kontextnamen als Erweiterungen ihres Namens erwerben. Kontexte verhindern, daß Symbole miteinander kollidieren. Ein Kontextname ist eine Zeichenkette, deren letztes Zeichen ein Gravis (`) ist, z.B. `LaplaceTransform``.

**Kriterium**
Eine Funktion, die die Werte `True` und `False` liefert. Einige in *Mathematica* eingebaute Kriterien sind: `DigitQ`, `IntegerQ`, `LetterQ`, `LowerCaseQ`, `MachineNumberQ`, `MatrixQ`, `Negative`, `NonNegative`, `NumberQ`, `NameQ`, `OddQ`, `Positive`, `PrimeQ`, `UpperCaseQ`, `ValueQ`, `VectorQ`.

**Gleichung**
Eine Gleichung in *Mathematica* wird dargestellt als *ls* == *rs*. Diese Schreibweise wird

auch zum Test auf Gleichheit verwendet. Die Kreisgleichung $x^2 + y^2 = 1$ wird in *Mathematica* durch `x^2 + y^2 == 1` dargestellt.

**Schrifftype fester Breite**
Eine Schrifttype, bei der alle Zeichen dieselbe Breite haben. `Courier` wird als Schrifttype fester Breite angesehen. Exponenten und tiefgestellte Indizes sind korrekt ausgerichtet, wenn Sie in *Mathematica* eine Schrifttype fester Breite verwenden.

**Benutzeroberfläche**
Die Anwender-Schnittstelle von *Mathematica* wird als Benutzeroberfläche bezeichnet. Es gibt im Grunde zwei verschiedene Benutzeroberflächen für *Mathematica*: die Befehlszeilen- und die Notebook-Schnittstelle, die zur Zeit für Macintosh- und NeXT-Rechner sowie für MS-Windows auf MS-DOS-Rechnern zur Verfügung steht.

**Funktionsschablone**
Die Schablone für eine Anweisung läßt die Anzahl und den Typ der Argumente erkennen, mit denen die Funktion aufzurufen ist. Zum Beispiel läßt die Schablone `Abs[z]` erkennen, daß diese Funktion als ihr Argument eine komplexe Zahl hat.

**Globale Variable**
Eine Variable, deren Wert ohne weiteres zur Verfügung steht. Die Namen der meisten in *Mathematica* eingebauten globalen Variablen beginnen mit einem Dollar-Zeichen, `$`, z.B. `$VersionNumber`

**Laufindex**
Ein Laufindex gibt an, wie oft eine Berechnung ausgeführt werden muß. Mehrere Funktionen verwenden Laufindizes, unter anderem `Do`, `Product`, `Sum`, `Table`. Beispiele für verschiedene Typen von Laufindizes sind:

| | |
|---|---|
| `Do[`*ausdr*`, {`*max*`}]` | Evaluiert *ausdr max* Mal |
| `Product[`*ausdr*`, {`*i*`, `*max*`}]` | Evaluiert das Produkt *ausdr*, wobei *i* von 1 bis *max* läuft |
| `Sum[`*ausdr*`, {`*i*`, `*min*`, `*max*`}]` | Evaluiert die Summe von *ausdr*, wobei *i* von *min* bis *max* läuft |
| `Table[`*ausdr*`, {`*i*`, `*min*`, `*max*`, `*step*`}]` | Erzeugt eine Liste der *ausdr*, wobei *i* von *min* bis *max* läuft, und i jeweils um *step* erhöht wird |

**Kern**
Die berechnende Softwaremaschinerie von *Mathematica* wird Kern genannt.

**Liste**
Eine Zusammenfassung von Objekten, eingeschlossen in geschweiften Klammern `{}` und durch Kommata getrennt, z.B., `{4, 6.7, Sin[x]}`.

**Lokale Variable**
Eine Variable, deren Wert in einem begrenzten Geltungsbereich bekannt ist. Siehe `Block`, `Module`, und `With`.

**Matrix**
*Mathematica* stellt eine Matrix als eine Liste von Listen, alle mit derselben Länge, dar. Zum Beispiel stellt `{{1, 4}, {2, 7}}` eine 2 x 2 Matrix dar.

**Notebook**
Ein Dokument, das eine Mischung aus Text, *Mathematica*-Input, *Mathematica*-Ergebnissen und Grafiken enthält. Eine Notebook-Benutzeroberfläche steht für Macintosh- und NeXT-Rechner und für MS-Windows auf MS-DOS-Rechnern zur Verfügung.

**Optionen**
Optionen sind Argumente, die nicht angegeben werden müssen und die in beliebiger Reihenfolge angegeben werden können. Wenn Sie nicht angegeben werden, haben sie einen Vorgabewert. Im Fall der Funktion `Plot3D` ist die Option `Lighting` zum Beispiel in der Vorgabe gleich `True` (in Version 1.2 ist sie gleich `False`). Optionen werden gewöhnlich als Regeln der Form *OptionName* -> *OptionValue* angegeben.

**PostScript**
Eine Sprache zur Beschreibung von Seiteninhalten, die von der Fa. Adobe entwickelt wurde und häufig in Laserdruckern verwendet wird. Bei der Erstellung eines Diagramms erzeugt *Mathematica* den PostScript-Code und setzt dann einen PostScript-Interpreter zur Darstellung des Graphen auf Ihrem Bildschirm ein.

**Prozedurale Programmierung**
Eine Programmiertechnik, bei der eine Funktion oder Prozedur als eine Abfolge von Schritten geschrieben wird.

**Reine Funktionen**
Eine anonyme Funktion. Eine Operation oder Funktion, der kein Name zugewiesen ist. Die Funktion `(Precision[#] == Infinity)&` legt fest, ob ihr Argument als exakt angesehen wird (im Gegensatz zu angenähert).

**Rekursive Funktion**
Eine Funktion, die durch sich selbst definiert ist. Zum Beispiel, `factorial[n_] := n factorial[n-1]; factorial[1] = 1.`

**Regelbasierte Programmierung**
Eine Programmiertechnik, die aus der Angabe einer Regel-Reihe besteht. Der Integrator wird mit Regeln spezifiziert.

**Session**
Beim Einsatz von *Mathematica* führt der Anwender einen Dialog mit dem Computer. Der Anwender spezifiziert die Eingabe, und der Computer liefert eine Antwort. Jedem "Ein-Ausgabepaar" wird eine fortlaufende Nummer zugewiesen, die mit 1 beginnt. Immer, wenn Sie *Mathematica* erneut starten, fangen Sie eine neue Session an. Sie haben nur auf die Ein- und Ausgaben der aktuellen Session Zugriff.

**Spezialformen**
Die Kurzschreibweise, die anstelle des Funktionsnamen verwendet werden kann. Auf der inneren Seite des vorderen Buchdeckels dieser Anleitung finden Sie eine vollständige Liste der Spezialformen.

**TEX**
Ein Satz-System. Es eignet sich besonders zur Darstellung mathematischer Ausdrücke. Diese Anleitung wurde mit TEX gesetzt.

**Anwendungs-Meldung**
Die Anwendungs-Meldung besteht in der Regel aus einer Schablone, die zeigt, wie ein Befehl aufzurufen ist, d.h. was der Befehl als Argument erwartet. Wolfram Research stellt Anwendungs-Meldungen für in *Mathematica* eingebaute Befehle zur Verfügung. Auf diese Anwendungs-Meldungen können Sie mit dem ?-Operator, dem der Namen der Anweisung folgt, zugreifen. Anwendungs-Meldungen für Ihre eigenen Funktionen können Sie wie folgt schreiben: *funktion*`::usage = ''`*funktion [arg1, arg2] liefert irgendwas.''*

**Variable Symbols, Inc.**
Eine Firma, gegründet von Nancy Blachman im Jahre 1989, die Training und Werkzeuge anbietet, um die Nutzung technischer Software, wie zum Beispiel *Mathematica*, zu

erleichtern. Variable Symbols, Inc., 2161 Shattuck Ave., Suite 202, Berkeley, CA 94704-1313, USA, Fax 001-510-843-8702, Telephon 001-510-843-8701.

**Version 1.0**
Eine Version von *Mathematica*, die zuerst im Juni 1988 herauskam.

**Version 1.2**
Eine Version von *Mathematica*, die zuerst gegen Ende 1988 herauskam.

**Version 2.0**
Eine Version von *Mathematica*, die zuerst im Sommer 1991 herauskam.

# H Hilfe

Wenn Sie Probleme mit *Mathematica* haben, an wen können Sie sich wenden?

## H.1 Anwendergruppen

Lokale *Mathematica*-Anwendergruppen bilden sich überall in der Welt. Es folgt eine Liste mit einer kleinen Auswahl.

*Berkeley Mathematical Software User Group*
Kontakt: Nancy Blachman
Variable Symbols, Inc.
2161 Shattuck Ave., Suite 202
Berkeley, CA 94704-1313
Email: `nb@cs.stanford.edu`
Fax: 510-843-8702
Telefon: 510-843-8701

*U.K. Mathematica Users Group*
Kontakt: Dr. Allan Hayes
Dept. of Mathematics
University of Leicester
Leicester, U.K.
Email: `Hay@Leicester.ac.uk`
Fax: 0533-522200
Telefon: 0533-523883
Telefon: 0533-714198 (privat)

*Lawrence Livermore Mathematica User Group*
Kontakt: Al Kaufman
Lawrence Livermore Laboratories
Mail Stop L85, P.O. Box 808
Livermore, CA 94550
`kaufman@icdc.llnl.gov`
Telefon: 415-422-1599

*REL-MIT*
Kontakt: Amaury Fonseca Jr.
Room 1-008
MIT
Cambridge, MA 02139
Email: `amaury@rel.mit.edu`
Telefon: 617-253-2318

*Stanford University Mathematical Software User Group*
Kontakt: Sha Xin Wei
Sweet Hall, 4th floor
Stanford University
Stanford, CA 94305-3090
`xinwei@jessica.stanford.edu`
Fax: 415-725-8240
Telefon: 415-725-3152

*Club Ritme des Utilisateurs Mathematica*
Kontakt: Laurence Benoist
Ritme Informatique
86 Grande Rue
92310 Sèvres, FRANCE
Email: `Ritme@prodix.fr`
Fax: 33-1-45-34-02-51
Telefon: 33-1-45-34-74-74

*High School Mathematica User Group*
Kontakt: Sandra Dawson
Glenbrook South High School
4000 West Lake Ave.
Glenview, IL 60025
Telefon: 708-729-2000

*MATHPRUSER*
Kontakt: Dr. Ernesto Esteban
P.O. Box 10100
CUH Station
Humacao, Puerto Rico 00661
`E-Estaban@upr1.upr.clu.edu`
Telefon: 809-852-7810

Wenn Sie Interesse an der Gründung einer *Mathematica*-Anwendergruppe haben, so würde Wolfram Research Ihnen gerne helfen. Für weitee Informationen wenden Sie sich an Wolfram Research.

Wolfram Research, Inc.
100 Trade Center Drive
Champaign, IL 61820-7237
Telefon: 217-398-0700

## H.2 Bücher und andere Nachschlagewerke

Infolge der Popularität von *Mathematica* wächst der Umfang des Nachschlagematerials zum Programm. Dieser Abschnitt führt Bücher, Videobänder und anderes für *Mathematica*-Anwender interessantes Sekundärmaterial auf.

Blachman, Nancy. *Mathematica: A Practical Approach* (Prentice Hall, 1992, ISBN 0-13-563826-7). Mit Erlaubnis von Prentice-Hall sind in diesem Buch Material der Anhänge B, E, F, G, H sowie zusammenfassende Informationen abgedruckt. Dieses Übungsbuch behandelt vor allem die praktische Nutzung von *Mathematica* . Es richtet sich vor allem an neue Anwender, erfahrene Anwender werden jedoch auch daraus lernen.

Campbell, Robert. *The Mathematica Help Stack for Version 2* (Variable Symbols, Inc., 1992). Dieser Stapel erleichtert das Auffinden von Information über Funktionen und Anweisungen, indem es alle Anweisungen *Mathematicas* kategorisiert und durch Querverweise verbindet sowie einprägsame Sinnbilder anbietet. Es enthält Beispiele für alle Funktionen.

Abell, Martha L. and James P. Braselton. *Mathematica by Example* (Academic Press, 1992, 0-12-041540-2).

Crandall, Richard E. *Mathematica for the Sciences* (Addison-Wesley, 1990, ISBN-0-201-51001-4).

Crooke, Philip and John Ratcliffe, *A Guidebook to Calculus with Mathematica* (Wadsworth, 1991).

Ellis, Wade and Ed Lodi. *A Tutorial Introduction to Mathematica* (Brooks/Cole, 1990, ISBN 0-534-15588-X).

Gray, Alfred. *Curves and Surfaces* (CRC Press, Spring 1992).

Gray, Theodore, and Jerry Glynn. *A Beginners Guide to Mathematica, Version 2* (Addison-Wesley, 1992, ISBN 0-201-58221-X Paperback).

Gray, Theodore, and Jerry Glynn. *Exploring Mathematics with Mathematica* (Addison-Wesley, 1991, ISBN 0-201-52818-5 Paperback, ISBN 0-201-52809-6 Hardcover).

Keiper, Jerry B. and Robert D. Skeel. *Elementray Numerical Computing with Mathematica* McGraw–Hill, 1993).

Maeder, Roman. *Programming in Mathematica* (Addison-Wesley, 1991, 2nd edition, ISBN 0-201-54877-1 Hardcover, 0-201-54878 Paperback). Dieses Buch ist für erfahrenen *Mathematica*-Anwender gedacht.

Pinsky, Mark A. (Appendix by Alfred Gray) *Partial Differential Equations with Boundary Value Problems and Applications* (Second Edition, McGraw-Hill).

Riddle, Alfred, *Nodal: The Symbolic & Numerical Circuit Analysis Package* (Macallan Consulting, 1583 Pinewood Way, Milpitas, CA 95035, Telefon 408-262-3575).

Skiena, Stephen. *Implementing Discrete Mathematics: Combinatorics and Graph Theory with Mathematica* (Addison-Wesley, 1990). (ISBN 0-201-50943-1)

Uhl, Jerry, J., H. Porta, and Don P. Brown. *Calculus & Mathematica* (Addison-Wesley).

Vardi, Ilan. *Computational Recreations in Mathematica* (Addison-Wesley, 1991, (ISBN 0-201-52989-0).

Wagon, Stan. *Mathematica in Action* (W. H. Freeman, 1991, ISBN 0-7167-2202-X Paperback, 0-7167-2229-1 Hardcover).

Wolfram, Stephen. *Mathematica: A System for Doing Mathematics by Computer* (Addison-Wesley, 992 pp., 1991, 2nd edition, ISBN 0-201-51507-5 Paperback, ISBN 0-201-51502-4 Hardcover).

### Zeitschriften und Rundschreiben

*The Mathematica Journal* (Miller Freeman, Inc., 600 Harrison St, San Francisco, CA 94107, 415-905-2200).

*Mathematica in Education*, Paul Wellin, editor (Department of Mathematics, Sonoma State University, 1801 E. Cotati Avenue, Rohnert Park, CA 94928, email `wellin@sonoma.edu`, Telefon 707-664-2368, fax 707-664-2505).

### Videobänder

Mehrere Videobänder geben Einführungen in *Mathematica*.

*Mathematica: A Practical Approach*, eine 10-stündige Videoserie von Nancy Blachman und Cameron Smith, finanziell gefördert von der National Technological University (NTU) und von Stanford University's Instructional Television Network (SITN). Dieser Kurs aus dem Jahr 1991 ist erhältlich von SITN, 401 Durand, Stanford University, Stanford, CA 94305, Telefon 415-725-3000.

*Mathematica for Engineers*, ein Videoband von F. S. Hill, Jr., und Lawrence Seiford, produziert im Jahre 1990 durch das Video Instructional Program der University of Massachusetts at Amherst, 113 Marcus Hall, University of Massachusetts, Amherst, MA 01003, Telefon 413-545-0063.

*Introducing Mathematica*, ein Videoband, produziert im Jahr 1989 von Science Television, P.O. Box 2498, Times Square Station, New York, NY 10108.

## H.3 Training

Viele Studien haben gezeigt, daß Leute am besten durch praktisches Tun lernen. Mitunter hätte man jedoch gerne Anleitung von jemandem, der *Mathematica* ausgiebig eingesetzt hat. Ich gabe gerade aus diesem Grund Variable Symbols, Inc. gegründet. Wir bieten Workshops in *Mathematica* für Anfänger sowie erfahrene Anwender. Da wir unsere Workshops entsprechend den besonderen Bedürfnissen der Teilnehmer individuell gestalten, profitieren auch jene von einem Seminar, die vorher bereits mit *Mathematica* gearbeitet haben. Wenn Sie Interesse an einem Training für Ihre Abteilung oder Firma haben oder wenn Sie einfach mehr über unsere Workshops wissen wollen, so wenden Sie sich direkt an uns.

Variable Symbols, Inc.
2161 Shattuck Ave., Suite 202
Berkeley, CA 94704-1313
Fax: 510-843-8702
Telefon: 510-843-8701

## H.4 Die *Mathematica*-Konferenz

Wolfram Reseach hat mehrere Konferenzen abgehalten. Diese Konferenzen waren eine ausgezeichnete Informationsquelle über *Mathematica*. Die Entwickler von *Mathematica* halten Sessions ab, in denen beschrieben wird, wie der von Ihnen geschriebene Code einzusetzen ist, Erzieher diskutieren, wie *Mathematica* im Unterricht einzusetzen ist, und Wissenschaftler sprechen darüber, wie sie *Mathematica* in ihrer Arbeit einsetzen. Wolfram Research veröffentlicht und verkauft Konferenzberichte und Übungsnotizen. Weitere Informationen über die *Mathematica*-Konferenz erhalten Sie von Wolfram Research, Inc.

## H.5 Math-Mode

Math-mode ist ein Anpassungspaket für GNU Emacs-Anwender, das die Interaktion mit *Mathematica* ermöglicht. Dieses Paket wurde von David Jacobson von den Hewlett-Packard Laboratories entwickelt. Haben Sie Zugriff auf Internet, so ist math-mode erhältlich mit anonymen ftp von `otter.stanford.edu` (36.21.0.104). Suchen Sie im Dateiverzeichnis `mma` oder deren Unterverzeichnissen nach einer Datei mit Namen `math.el`. Es kann auch bezogen werden von `yoda.physics.unc.edu` (128.109.180.137) im Dateiverzeichnis `pub/JACOBSON`. Sie können math-mode von jedem kopieren, der es hat, oder bitten Sie David Jacobson, `jacobson@hplabs.hp.com` um eine Kopie.

GNU Emacs ist ein fortgeschrittener, weit verbreiteter Texteditor. Sie erhalten ihn von der Free Software Foundation, 675 Massachusetts Avenue, Cambridge, MA 02139. Mit ftp erhalten Sie ihn von
`prep.ai.mit.edu` in `/u2/emacs/GETTING.GNU.SOFTWARE`.

### TeX/*Mathematica*

TeX/*Mathematica* ist ein Satz von Werkzeugen, die die Möglichkeiten von *Mathematica*-Notebooks in einer UNIX-Umgebung unter GNU Emacs zur Verfügung stellen. Es unterstützt die Verwendung von TeX/LaTeX, um *Mathematica*-Eingabe und -Ausgabe mit Anmerkungen versehen zu können sowie die automatische Erzeugung von *Mathematica*-Paketen aus TeX/*Mathematica*-Dokumenten. TeX/*Mathematica* kann über anonymes ftp von `chem.bu.edu` (128.197.30.18) im Dateiverzeichnis `/pub/tex-mathematica` bezogen werden.

## H.6 Technical Reports

Wolfram Research hat einen Satz Technical Reports zu verschiedenen Aspekten von *Mathematica* erstellt. Die folgende Tabelle führt die Titel einiger Technical Reports auf.

| *Nr.* | *Titel* |
|---|---|
| 2 | The 3-Script File Format |
| 3 | Information about Contexts and Packages (version 1.2) |
| 5 | Tips for TCP (MacTCP Network Installation Tips) |
| 6 | MathLink External Communication in *Mathematica* |
| 7 | PostScript Generated by *Mathematica* |
| 8 | The *Mathematica* Compiler, 5 pages |
| 9 | *Mathematica* Warning Messages |
| 10 | Guide to Standard *Mathematica* Packages |
| 11 | Upgrading packages to *Mathematica* Version 2.0 |
| 12 | Major New Features in Version 2.0 |
| 13 | Enhancements to the Macintosh Front End |

## H.7 Fehlt etwas?

Ich hoffe aufrichtig, daß dieses Buch Ihnen beim effektiven Einsatz von *Mathematica* hilft. Ich habe versucht, wichtige Information aufzunehmen und in logischer Form zu organisieren. Lassen Sie es mich wissen, wenn ich dieses Buch auf irgendeine Weise verbessern kann. Alle Kommentare sind mir willkommen. Ich würde mich freuen, von Ihnen zu hören.

Nancy R. Blachman
Variable Symbols, Inc.
2161 Shattuck Ave., Suite 202
Berkeley, CA 94704-1313
Email: `nb@cs.stanford.edu`
Fax: 510-843-8702
Telefon: 510-843-8701

## H.8 Über die Autorin

Nancy Blachman ist eine international bekannte Autorin und Dozentin für *Mathematica*. Sie ist die Autorin des Übungsbuches *Mathematica: A Practical Approach* und Mitentwicklerin des *Mathematica Help Stack*. Sie ist die Gründerin von Variable Symbols, Inc., einer Firma, die sich auf *Mathematica*-Training und -Beratung spezialisiert hat. Sie ist auch eine Dozentin am Computer Science Department der Stanford University. Zuvor war Sie bei Wolfram Research, Inc., dem Entwickler von *Mathematica*, tätig. Sie erwarb akademische Grade in Mathematik, Operations Research und Computer Science an der University of Birmingham (U.K.), der University of California in Berkeley und der Stanford University.

## Mathematik mit DERIVE

von Wolfram Koepf, Adi Ben-Israel und Bob Gilbert

*1993. XIV, 394 Seiten mit 80 Abbildungen, zahlreichen Übungsaufgaben und Mustersitzungen sowie einer Einführung in DERIVE. Kartoniert. ISBN 3-528-06549-4*

Inhalt: Mengen – natürliche und reelle Zahlen – Polynome und rationale Funktionen – Folgen und Konvergenz – transzendente Funktionen – Stetigkeit – Integration und Differentation – Potenzreihen und Taylorapproximation – zwei- und dreidimensionale Darstellungen.

Das Buch ist ein Lehrbuch der höheren Mathematik, insbesondere der Analysis einer Variablen. Neu ist die Zuhilfenahme des symbolischen Mathematikprogramms DERIVE als technisches Hilfsmittel zur praxisnahen und dennoch strengen Wissensvermittlung. Alle dargestellten Konzepte werden durch praktische Übungen mit DERIVE unterstützt. Dabei werden sowohl die numerischen, die symbolischen als auch die graphischen Fähigkeiten solcher Systeme zum besseren Verständnis der betrachteten Konzepte herangezogen.

Verlag Vieweg · Postfach 58 29 · 65048 Wiesbaden

## Das Mathematica Arbeitsbuch

von Elkedagmar Heinrich und
Hans-Dieter Janetzko

*1993. X, 260 Seiten. Kartoniert.*
*ISBN 3-528-06528-1*

Inhalt: Analysis – Algebra – Graphik – Mathematica als Programmiersprache.

Nachdem Computeralgebra-Pakete wie Mathematica immer mehr Verbreitung finden, entsteht oft die Frage, welche mathematischen Probleme damit überhaupt angegangen werden können. Dieses Buch beschreibt die Mathematik, wie sie Studierende an Fachhochschulen oder Universitäten brauchen, an vielen Beispielen mit Hilfe von Mathematica. Damit lernt der Leser Mathematica nicht als Selbstzweck, sondern als Werkzeug zum Lösen seiner mathematischen Probleme kennen.

Verlag Vieweg · Postfach 58 29 · 65048 Wiesbaden